DE
L'EXPLOITATION
DES BOIS.

PREMIERE PARTIE.

DE L'EXPLOITATION DES BOIS,

OU

MOYENS DE TIRER UN PARTI AVANTAGEUX

DES TAILLIS, DEMI-FUTAIES

ET HAUTES-FUTAIES,

ET D'EN FAIRE UNE JUSTE ESTIMATION:

Avec la Description des Arts qui se pratiquent dans les Forêts :

Faisant partie du Traité complet des BOIS & des FORESTS.

Par M. *DUHAMEL DU MONCEAU*, de l'Académie Royale des Sciences ; de la Société R. de Londres ; de l'Acad. Imp. de Petersbourg ; des Académies de Palerme & de Besançon ; Honoraire de la Société d'Edimbourg, & de l'Académie de Marine ; de plusieurs Sociétés d'Agriculture ; Inspecteur Général de la Marine.

OUVRAGE ENRICHI DE FIGURES EN TAILLE-DOUCE.

PREMIERE PARTIE.

A PARIS,

Chez H. L. GUERIN & L. F. DELATOUR, rue S. Jacques, à S. Thomas d'Aquin.

M. DCC. LXIV.

Avec Approbation & Privilege du Roi.

TABLE

DES CHAPITRES ET ARTICLES
du Traité de l'Exploitation des Bois.

PREMIERE PARTIE: Livres I. II & III.

LIVRE SECOND.

Des Taillis. 167

CHAPITRE I. *De l'âge où il convient d'abattre les Taillis, relativement à l'avantage qu'en peut retirer un Propriétaire.* 168

I. Partie. b

LIVRE TROISIEME.

De la visite des futaies & de leur abattage. 251

CHAPITRE I. *De la visite des Bois de haute-futaie,* 252

CHAPITRE II. *Comment & à quels signes on peut connoître si les Arbres sur pied seront propres à la construction des Vaisseaux, à la charpente & à toute autre espece de service,* 257

TABLE.

Fin de la Table de la premiere Partie.

PRÉFACE.

PRÉFACE.

L'ouvrage que je préfente au Public, eft un des plus utiles qu'on puiffe defirer fur la matiere des Forêts, puifque la vente des bois met le Propriétaire en état de retirer le revenu d'une Terre qui, depuis long-temps, ne lui fourniffoit prefque rien; & que cette vente doit le dédommager avec intérêt de toutes les avances qu'il n'avoit pu fe difpenfer de faire, pour élever, entretenir & conferver le bois de fes terres. Je crains cependant que ce volume ne foit pas reçu favorablement de tous les Lecteurs : l'utile eft ordinairement férieux ; & le férieux ennuie. Je n'ignore pas que la plupart des hommes préferent d'être amufés à l'avantage d'être inftruits ; & que le moyen de plaire, fur - tout aux Gens opulents, feroit de leur fournir des

a

idées pour faire dans leurs terres un pompeux étalage de toutes les magnificences qui les entourent dans les grandes villes. Ainsi ils s'intéressent à voir toutes les parties d'un grand parc, aussi proprement peignées que le pourroit être un petit jardin de Ville ; mais le dégoût se montre quand on veut les occuper d'objets plus utiles.

Persuadé depuis long-temps de ces tristes vérités, j'ai fait mon possible dans les Volumes précédents pour conduire mes Lecteurs vers les choses utiles, où je tendois par des détours agréables. C'est, par exemple, dans cette vue, & pour leur faire naître le goût des Semis & des Plantations que je leur ai donné des moyens d'établir des Bosquets pour toutes les Saisons, des massifs, des quinconces, des avenues agréables qui font la plus belle décoration des Châteaux. Mais présentement & dans ce Volume, je suis obligé d'abandonner toutes prétentions relatives aux agréments de cette espece, puisque je ne m'occupe que de détruire les promenades, d'abattre les bois, les avenues,&c. Soit que des accidents imprévus mettent un Propriétaire dans la dure nécessité de chercher des ressources pour remédier aux dérangements de sa fortune, soit que ses bois trop âgés tombent en dégradation ; dans ces cas, qu'on peut dire forcés, où il faut se résoudre à renoncer à tous les agréments que les bois sûr pied pouvoient procurer, je me suis proposé de fournir aux Propriétaires des expédients, pour tirer le meilleur parti possible d'un bien dont ils font obligés de faire le facrifice. Les détails où j'entrerai, procureront en même temps aux Acquéreurs les moyens de faire une exploitation affez avantageufe, pour qu'ils puiffent acheter les bois leur jufte valeur, fans porter trop haut une enchere qui pourroit leur devenir à charge : car je tâcherai toujours de tenir une jufte balance entre les intérêts des Propriétaires & ceux des Acquéreurs.

Tout le monde conviendra que cet objet eft intéreffant; cependant, j'ofe le dire, il n'a pas été approfondi avec affez d'attention. Je n'ai garde de méprifer les écrits qui ont été publiés fur la matiere des forêts; mais la plupart ne font, ou que de fimples Commentaires fur l'Ordonnance, faits pour établir quelques regles de Police tendante à éviter les fraudes dans les adjudications, & à prévenir la déprédation des bois, ou des difcuffions de faits de Jurifdiction & de Compétance, auxquels il n'y a gueres que les Officiers des eaux & forêts qui puiffent prendre quelque intérêt. Si dans le cours d'une exploitation il fe préfente quelque cas relatif au fond de cet objet, les Bûcherons font ordinairement confultés; & les regardant comme experts, on décide communément felon leur avis. La plupart des Marchands de bois qui ont grand intérêt à faire une exploitation avantageufe, confultent leurs Gardes-ventes, & fe déterminent fur leurs confeils : les Charpentiers n'examinent prefque jamais les bois, que relativement à la dimenfion des pieces, & n'ont que des notions très-vagues fur le fond d'un objet, qui, j'ofe le dire , eſt auſſi étendu que diverſifié , & même , dans certains cas , trop favant pour de ſimples Ouvriers.

Qu'on ne me foupçonne pas cependant de regar-der avec mépris ces Ouvriers qui, nés dans les fo-rêts & livrés au travail dès leur enfance , ne ſe font occupés que de l'objet qui fait leur état. Non, la ſueur & la pouſſiere dont ils font couverts ; leur peau brûlée par le ſoleil, ou flétrie par le froid ; les haillons dont ils font vêtus, ne me font point illuſion. Je me fuis pluſieurs fois entretenu avec quelques-uns de ces bonnes gens ; je les ai reconnus doués d'un bon jugement naturel, & capables de réflexions juſtes ſur leurs opérations ; mais ils font trop conſtamment occupés de leurs travaux, pour pouvoir ſe livrer à des recherches : toujours preſſés dans leurs opérations, ils n'ont pas le loiſir d'étendre leurs réflexions ; & les be-foins pour la ſubſiſtance de leur famille , les contrai-gnent de ſuivre, fans s'en écarter , les pratiques qu'ils ont reçues de leurs peres. La plupart favent très-bien ce qu'ils ont vu & revu ; ils font même de temps en temps des remarques qui les conduifent à mieux opérer , ou à éviter quelques-uns des inconvénients qui réfultent des pratiques établies ; mais renfermés dans un petit cercle d'idées, leur jugement naturel ne les met pas à portée de tirer toutes les conféquences que pourroient leur fournir leurs propres opéra-tions. Gardons‑nous bien de traiter d'automates ces ſimples & bons opérateurs : je me fais un plaiſir d'avouer qu'ils ont été mes premiers Maîtres ; mais aussi ne nous persuadons pas qu'ils sachent tout ce qu'on peut savoir sur les objets qui les occupent. Ce n'est donc point dans la vue de les humilier, que j'ai cru qu'il convenoit de venir à leur secours. Mais en nous aidant des lumieres de la Physique, ne présumons point trop des nôtres ; gardons-nous de commencer par imaginer des systêmes pour en faire la base de raisonnements spécieux ; évitons de trop généraliser des faits particuliers ; soyons bien persuadés que si l'édifice que nous entreprenons d'élever, n'est pas fondé sur l'Expérience & sur l'Observation, il ne sera pas de longue durée : le réveil dissipera bientôt toutes les espérances flatteuses qu'un songe agréable avoit fait naître. Comme il n'est point question ici de faire un Roman, ni de présenter des fictions, mais d'offrir des faits, nous devons éviter de nous livrer avec trop de confiance aux productions de l'imagination, qui n'enfante ordinairement que des éclairs passagers, qui se dissipant aussi-tôt, nous laissent errer à l'avanture au milieu d'épaisses ténébres. Il n'y a que l'expérience & l'observation, qui puissent fournir au Physicien une lumiere permanente, capable de satisfaire tout homme judicieux , & à l'aide de laquelle il soit possible de marcher avec sûreté dans la carriere des connoissances humaines. Il faut donc faire des épreuves , en combiner les résultats , en comparer les avantages & les inconvénients , & asservir toujours la théorie aux faits bien observés. Quoiqu'une pareille route soit

bien longue, bien coûteuse & bien pénible par l'af-
fiduité qu'exigent les expériences, j'ai cru devoir la
fuivre, parce qu'elle m'a paru être la feule qui pût me
conduire à la découverte de la vérité. Je ne diffimu-
lerai pas cependant que cette route-là même, que je
crois la feule qu'on puiffe fuivre en Phyfique, ne diffipe
pas entiérement les incertitudes. Lorfque je faifois
mes expériences fur de très-petits morceaux de bois,
je pouvois y mettre beaucoup de précifion ; mais je ne
devois m'attendre qu'à des différences peu fenfibles.
Si, pour en avoir de plus frappantes, j'employois de
groffes pieces, la précifion ne pouvoit être auffi
exactement obfervée : on verra que dans la vue de
multiplier mes obfervations, j'ai fait abattre quantité
d'arbres, que je les ai dépofés fous un hangar, &
que pendant l'efpace de 10 ou 12 ans, je les ai fait
pefer fix ou fept fois, afin de parvenir à connoître
ceux qui confervoient le plus de leur poids. Mais ces
bois mis en pile ne pouvoient être tous également
expofés à l'air : les pieces du deffous des piles ne
pouvoient être auffi feches, que celles du deffus :
d'ailleurs, fuivant l'état de l'air, dans le temps de
mes pefées, les bois pouvoient être plus pefants
ou plus légers. J'ai prévu tous ces inconvénients,
j'ai fait ce qu'il m'a été poffible pour les prévenir ;
mais qui fait à quel point de précifion j'ai pu atteindre ? Enfin, comme je n'ai aucun intérêt à établir
une chofe plutôt qu'une autre ; & comme j'ai voué
toutes les dépenfes confidérables que j'ai faites, &

confacré toutes mes peines à l'avantage du Public, j'ai foin de prévenir mes Lecteurs, quand l'occafion s'en préfente, des fcrupules qui me font reftés fur l'exactitude de mes recherches.

Pour mettre le Lecteur en état de juger fi j'ai paffablement bien rempli l'objet de mon Ouvrage, je vais lui en tracer le plan.

PLAN DE L'OUVRAGE.

Le Traité que je préfente au Public, eft divifé en cinq Livres : j'en vais détailler les objets les uns après les autres, afin de donner une légere idée de ce qu'ils contiennent.

Livre I. Nous expofons d'abord le point de vue fous lequel nous nous propofons de confidérer le Bois : fans avoir égard à fon organifation, nous le regarderons comme un corps folide, capable d'une certaine force, d'une certaine durée ; mais fufceptible d'altération & de dépériffement. Pour prouver que le bois n'eft point une fubftance homogene, & qu'il eft compofé de fubftances différentes, plus altérables les unes que les autres, nous le foumettons à une décompofition chymique. Il ne faut cependant pas s'attendre à trouver dans notre Ouvrage une analyfe complette des végétaux ; nous nous fommes bornés à ce qui nous a paru de plus immédiatement applicable à l'objet qui nous occupe.

Comme tous les bois qui fe détruifent tombent en

pourriture, & comme la pourriture eſt une ſuite de
la fermentation, je commence par donner une idée
générale de la fermentation , & j'indique ce qui
peut la précipiter ou la retarder : je prouve enſuite
que les plantes contiennent des huiles, & des ſubſtances muqueuſes, gommeuſes & réſineuſes ; beaucoup de flegme, des acides de tous les genres, des
ſels eſſentiels , des ſels volatils urineux, différents
ſels moyens, des ſels alkalis fixes, & de la terre : je
fais remarquer celles de ces ſubſtances qui exiſtent
dans les végétaux dans le même état qu'on les en retire;
& celles qui ſont un produit des opérations chymiques. Enfin j'eſſaie de diſtinguer les ſubſtances qui
peuvent procurer de la fermeté & de la durée au
bois, de celles qui ſemblent contribuer à ſa deſtruction. Ces préliminaires nous conduiſent à examiner la décompoſition naturelle du bois.

Je crains que ces recherches chymiques, quelque ſimples qu'elles ſoient , ne rebutent ceux de
mes Lecteurs qui n'ont aucune notion de cette ſcien-
ce ; mais ils peuvent ſans inconvénient paſſer le premier Chapitre, quoique ce qui y eſt traité , ſoit utile
pour faciliter l'intelligence de ce qui me reſte à dire
dans la ſuite.

Il n'eſt pas douteux que la nature du ſol où les
arbres ont pris leur croiſſance, n'influe ſur la qualité
de leur bois. C'eſt pour cette raiſon que je mets en
queſtion, ſi, dans le choix qu'on fait des bois pour
les conſtructions, les charpentes, & toute autre eſpece

de

de fervice, on doit avoir égard à la qualité du terrein où ils ont crû, & dans quelle nature de terrein les bois peuvent être réputés de la meilleure qualité.

Pour fatisfaire à cette queſtion, j'examine fuccef-fivement en quoi les terreins aquatiques, les fa-bleux & graveleux, les terres légeres & feches, les terres graſſes, fortes & argilleufes peuvent influer fur la qualité du bois des arbres qui y ont été élevés; & cette difcuſſion m'a conduit à faire remarquer que quand on veut juger de l'effet de la nature du terrein fur la qualité du bois, il faut prendre pour objet de comparaifon deux arbres d'une même efpece; car, par exemple, le bois d'un Platane qui aura été tiré d'un fol fort humide, fera bien plus dur, que celui d'un Bouleau ou d'un Tremble qui auroit pris croif-fance dans un terrein fec. Mais le bois d'un Tilleul tiré d'une bonne terre, plus feche qu'humide, fera bien meilleur, que celui d'un pareil arbre élevé dans un fol marécageux. J'indique à peu près quels font les terreins qui conviennent le mieux aux arbres les plus connus & les plus communs; & je fais remar-quer qu'on peut tirer un parti très-avantageux de toutes efpeces de bois, fi l'on fait varier convena-blement les ufages auxquels ils peuvent être em-ployés.

Après avoir fuffifamment difcuté ce que la nature du terrein peut produire fur la qualité des bois, j'examine fi dans le choix qu'on fait des bois pour des

travaux confidérables, on doit avoir égard à la fituation & à l'expofition où les arbres fe trouvent dans
les forêts , & quelles peuvent être la fituation & l'expofition auxquelles le bois des arbres eft eftimé de la
meilleure qualité.

Il eft vrai que, généralement parlant, les bois des
pays chauds font plus durs que ceux des pays froids ;
mais cette regle n'eft pas générale : car j'ai reçu de
Saint-Domingue & de Cayenne certains bois ,
qui font plus légers qu'aucuns des bois blancs
qui s'élevent dans notre zone tempérée. Au refte,
je difcute en particulier ce qui peut réfulter des
différents climats , de la fituation des bois, foit en
plaine foit en montagne ; & à différentes expofitions,
Midi, Nord, Eft, Oueft; de ceux qui fe trouvent
ifolés ou dans les lifieres, par comparaifon avec ceux
qui croiffent dans le plus épais des futaies, ou dans le
fond des valons. Cette difcuffion me conduit à conclure qu'il n'eft point d'expofition ni de fituation
qui n'ait fes avantages & fes inconvénients : ce que
je fais remarquer fenfiblement en mettant fous les
yeux du Lecteur , ce que le vent peut produire d'a-
vantageux ou de préjudiciable aux arbres, ce qu'on
peut efpérer d'une tranfpiration bien ménagée , & ce
qu'il y a à craindre d'une tranfpiration trop abondante ou trop foible ; enfin quelles font les circonftances dans lefquelles les fortes gelées d'hiver , ou
les petites gelées du printemps peuvent endommager
les arbres. Tous ces accidents peuvent bien occa-

fionner des vices locaux dans les arbres ; mais on peut dire, à l'égard du Chêne qui eft un arbre de la zone tempérée, & qui ne fe trouve gueres ni dans la zone torride, ni dans la zone glaciale, que le bois de cet arbre fera d'autant plus dur & compacte qu'il aura crû dans un pays où la chaleur fera plus forte : c'eft pour cette raifon que le bois du Chêne de Provence eft infiniment plus dur que celui de Lorraine. Mais le bois de ces Chênes qui eft fi dur, fi compacte, eft fort fujet à fe fendre, pendant que celui des Chênes qui ont crû dans des climats plus froids & plus humides, ne fe fend & ne fe tourmente prefque pas. Le bois de ceux-ci eft donc d'un meilleur emploi pour la Menuiferie ; & les premiers font plus convenables pour les fortes charpentes. Quant aux arbres qui fe tirent des pleines fûtaies, ils font prefque toujours d'une plus belle taille, que ceux qui font ifolés ou placés dans les lifieres : ceux-ci produifent beaucoup de branches, & fourniffent des courbes pour la Marine ; leur bois noueux & rebours ne peut être d'ufage pour la fente, ni pour la Menuiferie ; mais il eft d'un excellent emploi pour les gros ouvrages qui doivent être expofés à l'eau & aux injures de l'air. C'eft ainfi qu'en variant l'ufage des différents bois, on peut employer utilement toute forte d'arbres.

Je me propofe enfuite d'éclaircir une queftion bien importante : favoir, fi l'on doit avoir égard à l'âge des arbres dont on deftine le bois pour des ouvrages de conséquence : quelle peut être la différente qualité des bois, suivant leur âge : à quel âge le bois de Chêne est dans sa perfection, & propre à être employé à toute espece de service.

Les arbres, ainsi que tous les êtres vivants, sont dans les premieres années dans un état d'accroissement, & leur bois se ressent de la foiblesse de la jeunesse ; ils parviennent peu à peu à un état de perfection, & alors leur bois a toute la force dont il est capable ; la dégradation de la vieillesse vient ensuite ; les bois perdent une partie de leur bonne qualité, & ils finissent enfin par tomber en pourriture.

Comme les arbres n'acquierent que peu à peu toute la hauteur où ils peuvent parvenir, & comme leur bois n'acquiert aussi toute sa dureté que par degrés, ce feroit un double dommage que de les abattre avant le terme de leur perfection ; mais d'un autre côté, on feroit une perte réelle, si l'on attendoit pour les abattre, qu'ils eussent commencé à dépérir : le terme intermédiaire est donc celui où il convient de les exploiter. Malheureusement ce terme mitoyen ne peut être fixé, ni par l'âge des arbres ni par leur grosseur ; puisque l'on voit que dans un mauvais terrein, un jeune arbre qui a peu de grosseur, fera déja en retour, pendant que dans un excellent fol, un autre arbre beaucoup plus âgé, beaucoup plus gros, ne fera pas encore parvenu à la grosseur totale où il peut parvenir.

Une suite d'expériences assez délicates dans leur

exécution, & fatiguantes par la précifion qu'elles ont exigée, m'ont mis en état, 1°, de faire connoître quelle peut être l'augmentation de denfité des bois, relativement à leur âge ; & le dépériffement des bois trop vieux ; 2°, de prouver que le bois du centre, & du pied des arbres, qui, fuivant ce que nous avons dit dans le Traité intitulé, *Phyfique des Arbres*, eft le premier formé, eft auffi celui qui reçoit les premieres impreffions d'altération ; 3°, de fournir un moyen de découvrir ce commencement de dégradation dans un arbre, qui, à la feule infpection, paroîtroit fain dans toutes fes parties ; mais pour employer ce moyen, il faut que l'arbre foit abattu. Cependant comme il eft bon de favoir, avant de fe déterminer à abattre un arbre, s'il eft encore dans un état de vigueur, ou s'il commence à entrer en retour ; on courra peu de rifque de fe tromper à cet égard, fi l'on fuit les indications que je donne fur cette matiere.

Comme il s'agit dans ce premier Livre de donner aux Propriétaires des bois, ainfi qu'à ceux qui en font l'acquifition, des idées générales qui puiffent être avantageufes aux uns & aux autres, j'ai cru qu'il convenoit de préfenter d'une maniere abrégée, les Regles qui font prefcrites par les Ordonnances, ou établies par l'ufage, afin de pouvoir éviter des conteftations qui pourroient naître de l'ignorance de ces Loix. C'eft donc fous ce point de vue que je traite des Forêts, en Taillis, & en Futaies ; des Réferves ; des motifs & de la néceffité de ces Réferves,

fur-tout à l'égard des futaies ; de la maniere de diftribuer les taillis par ventes, & en coupes réglées ; de
leur Affiette ; du Martelage & Ballivage ; de différentes efpeces d'Adjudications ; du Souchetage ; des
regles qui regardent l'exploitation ; du Récolement ;
de la Vuidange ; des termes des paiements, &c. J'in-
fifte particuliérement fur les conditions à exprimer
dans les Marchés, afin que la clarté de leur expofition
dans un Acte de convention , ôte toute occafion
aux conteftations & aux procès entre le Vendeur
& l'Acquéreur.

Je ne crois pas m'être beaucoup écarté de la vérité
dans tout ce que j'ai dit fur l'Ordonnance ; cependant, comme je n'ai pas fait une étude bien approfondie de la partie légale des Forêts, j'avoue qu'il
m'auroit pu échapper de confondre ce qui n'eft
établi que par l'ufage, avec ce qui eft expreffément
ordonné par la Loi : je crois devoir en prévenir le
Lecteur , pour éviter qu'il ne s'engage fur ma parole
dans quelque procès mal fondé.

L ivr e II. Après avoir donné dans le Livre précédent des principes généraux & préliminaires, je m'attache dans celui-ci à des chofes de détail, en conféquence de la diftinction que j'ai faite des forêts en taillis & en futaies : ce fecond Livre eft uniquement deftiné à l'exploitation des taillis. On fe rappellera qu'on
comprend fous cette dénomination, tous les bois qui
n'ont pas atteint quarante ans, & qui, pour l'ordi-

naire, font mis en coupe réglée. J'examine un bois
& les différents états où les arbres ont dû paſſer depuis qu'ils ont commencé à croître, juſqu'à ce qu'ils
ſoient devenus au point de pouvoir être abattus,
c'eſt-à-dire, lorſqu'ils ceſſent d'être réputés bois taillis pour prendre la dénomination de bois de futaies :
dans tout ce détail, je ne perds jamais de vue l'utilité
du Propriétaire qui vend ſes bois, ni celle de l'Acquéreur qui s'en rend Adjudicataire ; car il ne ſeroit
pas juſte que l'avantage du premier ſe trouvât être au
préjudice du ſecond.

Une queſtion des plus intéreſſantes, & que nous
traitons pour cette raiſon en premier lieu, eſt de
trouver à quel âge il convient d'abattre les Taillis,
relativement à l'avantage qu'en peut retirer un Propriétaire. Il n'eſt pas douteux que dans un fort mauvais ſol, où les bois dépériſſent à 15 ou à 20 ans, on
perdroit beaucoup, ſi l'on ſe propoſoit de ne les
abattre que tous les 30 ans : il eſt donc indiſpenſable
de les abattre avant qu'ils commencent à dépérir,
quand même on n'en devroit retirer que du fagotage.

Les bois deſtinés pour des uſages particuliers,
doivent être abattus auſſi-tôt qu'ils pourront être employés ſelon leur deſtination : les taillis de Châtaigniers, par exemple, dont on fait de très-bons cerceaux, ſe vendent très-avantageuſement, quand ils
ſont de l'âge requis : ils n'augmenteroient pas de
valeur, ſi on les laiſſoit plus long-temps ſur pied.
Mais cette ſpéculation ne doit pas s'étendre à toutes

especes de taillis, comme le font quantité de Propriétaires , toujours impatients de jouir de leur revenu.
Pour les éclairer sur leurs intérêts , je leur fais sentir
qu'il y a souvent un avantage très-considérable à laisser
subsister pendant plusieurs années les taillis qui se
trouvent être en bon fond : je leur démontre quelle
peut être , année par année, l'augmentation de prix
d'un bon taillis ; & j'entre à cet égard dans les plus
grands détails. Je démontre que si un taillis de 20 ans
produit par arpent 8 cordes de bois & 800 de fagots ; ce même taillis produiroit, à l'âge de 25 ans ,
12 cordes de bois, & 1200 de fagots ; à 30 ans , 18
cordes de bois, & 1800 de fagots ; en sorte que si le
bois d'un arpent étoit vendu 120 livres à l'âge de
20 ans , il vaudroit 180 liv. à 25 ; & 270 liv. à 30 ans,
non compris l'augmentation du prix des arbres de
Réserve , ainsi que je l'établis au même endroit.

Toutes ces considérations m'autorisent à conclure,
que si un arpent de taillis de 20 ans , y compris les
Réserves, vaut 134 liv. le taillis de 25 ans vaudra
206 liv. & celui de 30 ans 317 livres.

Comme ces détails sont très-intéressants pour les
Propriétaires, je les ai étendus à de plus grands objets. On s'apperçoit bien sans que j'en avertisse, que la
regle que j'ai établie , doit souffrir bien des restric-
tions , relativement à la qualité du sol , qui influe
considérablement sur l'accroissement des arbres , qui,
dans un mauvais fond, profiteront moins en grosseur
& en hauteur ; la valeur de ces arbres doit encore
faire

faire une grande différence fur les prix que j'ai établis.
On fera donc libre de n'envifager la regle que j'ai
établie que comme une fimple hypothefe, qui s'écar-
tera cependant peu de la vérité, quand on pourra
l'appliquer aux bois crûs dans un excellent terrein,
& lorfque ces bois fe vendront un prix avantageux.
Au refte dans toutes autres circonftances, un Propriétaire pourra favoir à quoi s'en tenir, en partant
d'un accroiffement moins fubit, & d'un prix plus
modique.

Il y a un point bien important, & qui intéreffe
également le Vendeur & l'Acquéreur ; c'eft de faire
une eftimation équitable des taillis de toute éfpece
de bois & de toute grandeur ; & je traite cette matiere fort en détail. Je commence par fixer la faifon
de couper les Ofiers : j'explique comment on en fend
les brins, pour les vendre aux Tonneliers ; comment
on les écorce pour les Vaniers.

Je paffe enfuite au travail des Bûcherons & des
Abatteurs ; je dis comment ils font les cordes parées,
les cordes de taillis, & celles pour le charbon ; la maniere de faire les cotrets, les fagots, les bourrées à
l'attelier & fous le pied ; &, par occafion, je parle
des bois qu'on fait abattre pour le fervice des Armées, & que l'on emploie pour les barricades, les
fauciffons, les fafcines, les claies, les gabions, &c. Je
me fuis un peu étendu fur ces fortes d'ouvrages,
pour faire connoître que quand on n'y veille pas attentivement, leur exploitation occafionne prefque

toujours une déprédation terrible & fort inutile.

Il eſt à propos d'avertir que dans certaines circonſtances, on peut faire dans les taillis, des échalas de
brin, des perches pour ramer le houblon, ou pour
fournir aux Tourneurs ; des fourches pour faner le
foin, & pour les Métayers ; & je décris la façon de
travailler ces ſortes de petits ouvrages, ainſi que la
maniere de préparer les bâtons ou perches de Frêne
dont on fait des échelles légeres, des manches de
houſſoirs & de balais, des écuyers pour les eſcaliers :
ces perches dont il ſe fait un grand débit dans Paris,
ſe façonnent dans le Beauvoiſis & principalement à la
Boiſſiere près Méru, à Parfondeval, au Haut-Silly,
&c. Comme ces bâtons doivent être de différente
groſſeur & longueur, on les abat dans des taillis
de différents âges, & communément de 18 ans. Le
terrein où croiſſent ces Frênes, eſt une terre rouſſe
& graveleuſe : auſſi-tôt que les Frênes ont été abattus,
& pendant qu'ils ſont encore remplis de ſeve, on met
les perches chauffer dans un four ; on les en retire,
quand elles ſont très-chaudes pour les redreſſer ;
puis on les remet au four, & on les gêne de nouveau, juſqu'à ce qu'elles ſoient parfaitement droites. Pour les redreſſer avec plus de facilité, on les
paſſe dans des trous faits à une membrure poſée verticalement, & arrêtée ſolidement ; ces trous ſont de
pluſieurs diametres, pour les perches de toute groſſeur ; on appuie fortement à l'endroit défectueux ;
enfin on finit par les arrondir avec une *Mouchette*.

Comme on peut retirer du profit de l'écorce de Tilleul & de celle du Mûrier dont on fait des cordes à puits ; & que l'on fait une grande confommation d'écorce du Chêne pour le Tan , je dis dans cet Ouvrage, comment fe font ces écorcements : j'explique encore fort en détail l'art du Cerclier, & celui du Charbonnier. Je ne crois pas avoir omis aucun des ufages qu'on peut faire des taillis , & des arts qui s'y pratiquent ; par-là j'efpere que la lecture de ce fecond Livre pourra être intéreffante.

Livre III. Après avoir traité fort en détail la matiere des taillis, je paffe à des objets de plus grande conféquence ; à l'Exploitation des futaies. Et pour procéder avec ordre dans cette ample matiere qui occupera le refte du Volume, je fuppofe d'abord qu'un Connoiffeur en ce genre eft chargé de faire la vifite d'un bois de cette efpece ; foit pour faire un martelage, & un choix d'arbres pour le fervice de la Marine, ou pour quelqu'ouvrage de conféquence, tel qu'une grande éclufe, les ceintres d'un pont, une charpente confidérable, &c ; foit pour faire l'eftimation de la futaie : quel qu'en foit l'objet, il eft néceffaire, pour réuffir dans une femblable commiffion, de connoître la taille des arbres, & pénétrer , pour ainfi dire, dans leur intérieur, afin de juger fi le bois en eft de bonne qualité, ou s'il eft affecté & *tarré* de quelques défauts confidérables.

Quant à ce qui concerne la taille des arbres, j'indique différentes méthodes qu'on peut employer pour mesurer la hauteur & la grosseur des arbres étant sur pied , & pour savoir à peu près , & d'une façon expéditive , quel pourra être leur équarrissage.

La figure des arbres mérite une singuliere attention ; car, selon différentes circonstances , telle figure peut être plus avantageuse que toute autre : c'est en conséquence de cela que je traite successivement des arbres dont le port est droit , de ceux qui sont courbes , des arbres noueux , des arbres raffauts ou rabougris , de leur trop grande inégalité de grosseur , enfin des arbres qui ont crû sur de vieilles souches , par comparaison avec ceux qui sont venus immédiatement de sémence.

Il est intéressant , pour faire un bon martelage , de connoître la qualité du bois des arbres qui sont encore sur pied, & les défauts qu'ils peuvent renfermer intérieurement. A cette occasion j'avertis qu'il faut se rappeller ce que j'ai dit dans le premier Livre , sur la différence des terreins , sur la situation , l'exposition & l'âge des arbres ; à quoi j'ajoute dans ce Livre-ci , l'énumération des signes qui peuvent faire juger si un arbre est vigoureux , & si son bois est de bonne qualité ; ensuite, & par opposition , les signes qui peuvent faire connoître si un arbre est foible & languissant ; s'il est en retour ; si son bois sera tendre & de mauvaise qualité ou tarré de défauts essentiels. Il est vrai qu'il y a quantité de défauts qu'il n'est pas possi-

ble d'appercevoir, lorfque les arbres font encore fur
pied, & qui deviennent fenfibles, lorfqu'ils ont été
abattus, & en partie débités. Nous nous bornons cependant dans ce Livre à faire connoître les fignes
extérieurs que préfentent les arbres qui font fur pied;
nous renvoyons à traiter par la fuite des défauts intérieurs, & qu'on ne peut appercevoir qu'en débitant
les pieces.

Comme on pourroit commettre un martelage à
un homme, d'ailleurs fort inftruit de tout ce qui
concerne les bois, mais qui pourroit ignorer la forme
qu'il doit donner à fon procès-verbal de Rapport,
pour préfenter un tableau net & précis de fes propres
obfervations, j'ai cru qu'il ne feroit pas fuperflu de
donner dans ce Livre le modele d'un pareil procès-
verbal. Nonobftant tout ce que j'ai dit fur la maniere
de bien procéder dans ces vifites, j'ai cru devoir avertir qu'il eft prefque toujours défavantageux de faire
des marchés pour choifir, marquer, retenir & acheter les arbres fur pied; parce qu'il n'eft gueres poffible de reconnoître certains défauts intérieurs, ni de
juger, fans fe tromper, de la qualité des arbres, lorfqu'ils font fur pied, qu'après qu'ils ont été abattus,
en partie travaillés, & après qu'ils ont perdu une
partie de leur feve. Ce point regarde particuliérement l'Acquéreur. Quant aux Propriétaires, je les exhorte à ne pas fe perfuader qu'ils pourront jamais
parvenir à tirer un parti auffi avantageux que le
Marchand, en exploitant eux-mêmes leurs bois; car

foit qu'ils tentent de les détailler pour la vente comme font les Marchands, foit qu'ils veuillent retirer les bois qui leur feroient néceffaires pour quelque conftruction ou pour quelques grandes réparations, je leur annonce qu'ils en feront prefque toujours les dupes : les Ouvriers parviendront à fe faire payer plus cher la main-d'œuvre ; ils ne manqueront pas de prétextes pour tourner à leur avantage la meilleure partie de l'exploitation ; quantité de bois fera pillée ; au lieu qu'un Marchand intelligent fait tirer un bon parti des bois de toute qualité & de toute efpece de dimenfions, même de ceux qu'un Propriétaire ne jugeroit être propres qu'à brûler. S'il a befoin de pieces pour une charpente, il n'héfitera pas à y employer fon bois quel qu'il foit, gras ou tendre ; au lieu qu'un Marchand fera débiter un bois de cette qualité pour la Menuiferie, qui eft le meilleur ufage qu'on en puiffe faire : enfin un Marchand qui vit avec les Charpentiers, les Charrons, les Menuifiers, trouvera toujours mieux le débouché de fa marchandife, qu'un Propriétaire qui eft obligé d'attendre que les Acquéreurs viennent fe préfenter à lui.

Mais auffi, comme il ne faut pas que les Propriétaires foient dupés par les Marchands qui tâchent toujours, fous différents prétextes, d'avoir le bois à bas prix, j'ai eu foin d'indiquer la maniere de faire une eftimation équitable d'une futaie, ou d'une demifutaie.

Il eft certain que toutes les efpeces d'arbres qui fe

rencontrent dans les forêts, ne font pas d'une égale valeur; & que pour en tirer parti, il faut favoir les deftiner à différents ufages : moyennant ces attentions, tous ont une valeur réelle & proportionnée à leur effence; cette confidération m'a engagé à rapporter les différents ufages qu'on peut faire de toutes les efpeces de bois qui font la maffe de nos forêts. Mais j'avertis que je ne parle en cet endroit que des bois *en eftant* dans les forêts; car je remets à parler ailleurs de ceux qu'on trouve en partie débités dans les chantiers des Marchands. C'eft par cette raifon que je ne regarde point préfentement comme des efpeces différentes, le Chêne blanc, le Chêne roux, le vergété, le fort, le gras, &c; parce que ce ne font que des accidents qui fe rencontrent dans les mêmes efpeces, & qui fervent feulement à connoître qu'un arbre eft bien ou mal conftitué. Je préviens encore mes Lecteurs, que mon deffein eft de ne faire attention aux différentes efpeces d'arbres, qu'autant qu'elles influent fur la qualité de leur bois : que les feuilles foient plus ou moins grandes, plus ou moins découpées; que leurs fruits foient plus ou moins gros, je n'y ai aucun égard; mais je fais une diftinction très-expreffe du Chêne qui perd fes feuilles pendant l'hyver d'avec celui qui les conferve dans cette même faifon, parce que la qualité du bois de l'un & de l'autre eft très-différente. Après avoir expofé fous quel point de vue je me propofe de confidérer cet objet, j'examine dans autant d'articles particuliers, la qualité du bois des Chênes verds , des Chênes blancs, des Ormes , des Hêtres, des Châtaigniers , des Frênes , des Noyers, des Platanes , des Mûriers , des faux-Acacias, des Pins , des Sapins , des Melezes, des Tilleuls , des Peupliers, des Erables , des Saules , des Charmes , des Aunes , des Bouleaux , des Ceri-fiers , des Micacouliers , des Cytifes des Alpes , des Poiriers , des Pommiers , des Sorbiers , des Aliziers , des Cyprès , des Cedres, & de plufieurs autres arbres de moindre conféquence ; & je renvoie pour de plus grands détails , à ce que j'en ai déja dit dans le *Traité des Arbres & Arbuftes* , &c.

Après avoir mis ceux qui feroient chargés de faire la vifite & l'exploitation des bois , en état de favoir l'ufage qu'on peut faire de chaque genre & de chaque efpece d'arbre , & de diftinguer un arbre fain d'avec un arbre affecté de défauts, il femble que je devrois tout de fuite donner la façon d'abattre les gros arbres; mais , avant d'en parler, j'ai cru devoir difcuter une queftion importante fur la faifon la plus favorable pour abattre les arbres , relativement à la qualité de leur bois. Je fais que cette faifon a été fixée par l'Or-donnance , qui eft en cela d'accord avec tous ceux qui font dans la pratique de l'exploitation des forêts : cependant en réfléchiffant fur la viciffitude des faifons, & fur les différents états où fe trouvent les arbres dans ces différentes circonftances, j'ai cru qu'il ne falloit pas s'abandonner aveuglément au torrent , & qu'une pareille queftion méritoit d'être examinée

férieufement

férieufement & avec toute l'attention poffible : cet objet m'a engagé dans une fuite d'expériences très-pénibles & fort difpendieufes dont je donne le détail.

Ceux qui décident affirmativement qu'il faut abattre les arbres pendant l'hiver, alleguent pour principale raifon, qu'il faut faire cette opération dans la faifon où leur bois contient le moins de feve ; & ils s'imaginent que c'eft l'hiver, fe fondant fur la prétention dénuée de toutes preuves, que pendant l'automne la feve du tronc & des branches d'un arbre fe précipite vers les racines. Il eft vrai que les arbres femblent être morts pendant l'hiver ; cependant je crois avoir démontré dans *la Phyfique des Arbres*, que la feve fe meut dans le corps des arbres, quand il ne gele pas ; qu'on apperçoit de nouvelles racines qui fe développent ; que les parties qui doivent fe montrer au printemps, fe forment clandeftinement pendant l'hiver fous les enveloppes écailleufes des boutons ; & je rapporte dans le troifieme Livre des expériences qui prouvent que le tronc des arbres augmente & diminue de groffeur pendant l'hiver, felon les variations de l'atmofphere. Mais voulant parvenir à connoître par des expériences directes, dans quelle faifon les arbres étant fur pied, contiennent le moins de feve, j'ai fait abattre pendant tout le cours d'une année 18 pieces de bois, tous les quinze jours ; je les faifois équarrir fur le champ, puis réduire à de juftes dimenfions par un Menuifier ; je les ai pefées, & j'ai apporté

d

la plus grande diligence dans toutes ces opérations.
Ces expériences, & quantité d'autres que je paſſe ſous
ſilence, prouvent aſſez bien que les bois ſont plus
peſants en hiver que dans l'été. D'où peut procéder le
ſurcroît de poids ? Dépend-il de ce qu'il y a réellement en hiver plus de ſeve dans les arbres que pendant l'été ? ou bien réſulte-t-il de ce que les fibres
ligneuſes ſont plus rapprochées les unes des autres
dans une ſaiſon que dans une autre ? Les variations
que j'ai apperçues dans la groſſeur des arbres, ſemblent prouver que l'approchement des fibres ligneuſes peut avoir lieu. Quoi qu'il en ſoit, cette réflexion
m'a replongé dans une nouvelle ſuite d'expériences,
par leſquelles je me ſuis propoſé d'examiner, ſi la
ſupériorité de poids que j'appercevois dans les bois
remplis de ſeve, & abattus en hiver, ſe ſoutiendroit
dans les mêmes bois, lorſqu'ils ſeroient devenus ſecs.
Ces expériences très-pénibles à ſuivre, m'ont encore
fait appercevoir quelque légere ſupériorité de poids
pour les bois abattus pendant l'hiver. Mais ce petit
ſurcroît de poids qui annonce un avantage pour les
arbres abattus dans cette ſaiſon, ne pourroit-il pas
être anéanti par d'autres plus conſidérables, & qui
ſeroient en faveur des arbres abattus dans les autres
ſaiſons. En conſéquence de ce doute, je me ſuis propoſé de parvenir à découvrir les différents effets que
la ſeve peut produire dans les bois, ſuivant les différentes ſaiſons où ils auroient été abattus ; & en même
temps l'état où ſe trouvent les fibres ligneuſes obſer-

vées pareillement en différentes faisons. Pour parvenir à terminer ces difcuffions par quelque fait pofitif, j'ai fait abattre des Chênes, des Ormes, des Bois blancs, dans toutes les faifons de l'année; je les ai confervés pendant plufieurs années, les uns dans leur écorce, les autres équarris; & pour mieux connoître au bout de ce temps, quelle étoit la qualité de leur bois, j'en ai fait rompre des barreaux de tous les abattages; j'en ai fait auffi pourrir.

Quoique j'aie fupprimé dans cet Ouvrage une partie des expériences que j'ai exécutées, & que j'aie abrégé le plus qu'il m'a été poffible le détail de celles que je rapporte, je dois demander grace au Lecteur de l'ennui que ne peut manquer de lui caufer le récit d'un auffi grand nombre de faits. Mais j'efpere que l'on conviendra que celui qui s'eft chargé de l'exécution de pareilles expériences, a dû être bien autrement fatigué. Je n'ai cependant pas encore borné là mes recherches; j'ai fait quantité d'autres expériences, pour pouvoir reconnoître fi l'on doit avoir égard aux différentes lunaifons, pour abattre les arbres, plutôt au décours de la lune, que dans fon croiffant; fi l'on doit abattre plutôt pendant le vent de Nord, que pendant celui du Sud; & fi l'on doit interrompre les abattages, lorfqu'il furvient de fortes gelées.

Quoique je n'aie épargné ni foins ni dépenfes pour exécuter un fi grand nombre d'expériences avec toute l'attention & l'exactitude dont je puis être capable , j'avoue cependant qu'elles ne m'ont point fait appercevoir de différences affez frappantes dans la qualité des bois que j'avois fait abattre en différentes faifons.

J'ai eu dans tous les abattages d'excellents bois ; j'en ai eu d'autres qui s'altéroient aifément : il paroît donc que la bonne ou la mauvaife qualité des bois dépend beaucoup du différent tempérament des arbres ; j'emploie ce terme pour faire comprendre qu'il y a des arbres mal conftitués , dont le bois fe pourrit aifément , & qu'il y en a d'autres qui fubfiftent long-temps fans s'altérer.

Comme mes expériences ont été fuivies avec foin , chacun pourra tirer des faits qui en réfultent telles conféquences qu'il jugera raifonnables. Voici cependant celles qu'on en peut déduire fans crainte de fe tromper :

1°, Qu'il fe trouve au moins autant de feve dans les arbres pendant l'hiver que dans l'été : 2°, Qu'il n'eft pas encore certain, que pour conferver aux bois toute leur bonne qualité , il foit avantageux de les deffécher le plus promptement qu'il eft poffible : 3°, Que c'eft dans la faifon du printemps & dans celle de l'été , que les bois fe deffechent le plus promptement : 4°, Que les arbres qui ont été abattus pendant l'hiver, font un peu plus pefants , même lorfqu'ils font devenus fecs , que ceux abattus au printemps ou en été : 5°, Que l'aubier des arbres abattus en été s'eft mieux confervé , que celui des arbres abattus en hiver : 6°, Que tous ces bois, quand on les a rompus, se sont trouvés à peu près de la même force les uns que les autres : 7°, Que la pourriture a affecté à peu près également le bois des arbres abattus dans toutes les saisons de l'année ; car de tous les abattages il s'en est trouvé de bons & de mauvais : il m'a semblé que l'altération des uns & la durée des autres, étoient une conséquence du tempérament particulier de chacun de ces arbres, & indépendantes de la saison où on les avoit abattus : 8°, Que dans la plupart des épreuves, les pieces abattues au printemps & en été se sont trouvées plus fendues que celles qui l'avoient été en hiver : 9°, Qu'on a cru appercevoir un peu plus de dureté en travaillant les bois abbatus dans le printemps & en été, que dans ceux qui avoient été mis à bas pendant l'hiver : 10°, Que c'est un préjugé dénué de toute preuve, que de prétendre que les bois abattus en décours de Lune se conservent mieux, que ceux qui ont été abattus pendant son croissant : 11°, Qu'il est indifférent d'abattre les arbres, quand le vent est au Nord ou au Sud ; mais qu'il faut cesser d'abattre pendant les grands vents : 12°, Enfin qu'il faut discontinuer les abattages, lorsque les gelées sont fortes.

Après avoir constaté tous ces faits, je rapporte les expériences que j'ai faites pour parvenir à augmenter la dureté & la densité du bois, en écorçant les arbres sur pied, & ne les abattant qu'après qu'ils ont été en-tiérement morts. Des Auteurs célebres ont proposé d'entailler les arbres par le pied ; & ils ont affuré qu'au moyen de cette entaille, ils fe purgeoient d'une feve rouffe qui accélere le dépériffement des bois. J'ai entaillé, j'ai écorcé des arbres par le pied ; mais je n'ai point vu cet écoulement de feve, ni remarqué aucune perfection particuliere dans leur bois. Il n'en a pas été de même, quand j'ai fait écorcer de gros arbres dans toute la longueur de leur tronc. Je n'y ai, à la vérité, apperçu aucun écoulement de feve ; mais après avoir fupprimé l'organe qui produit les couches ligneufes, les gros arbres ont fubfifté trois & quatre ans fur pied, fans augmentation de groffeur : j'ai lieu de croire que la grande quantité de feve qui avoit paffé dans leur tronc, pour le développement des bourgeons & des feuilles, & pour réparer la tranfpiration confidérable qui fe fait dans les arbres garnis de leurs feuilles ; cette quantité de feve ne pouvant augmenter la groffeur de ces arbres, s'étoit fixée dans les pores du bois, & en avoit augmenté la denfité, & que c'eft par cette caufe que le bois s'eft trouvé fort dur : j'efpere que le détail de ces utiles expériences fera reçu favorablement du Lecteur.

Après avoir indiqué tout ce qui peut guider dans les vifites des bois, foit pour en pouvoir faire une eftimation équitable, foit pour marquer fur pied les arbres propres à quelque ouvrage de conféquence, eu égard à leur taille & aux indices qui pourroient faire juger fi leur bois fera de bonne ou de mauvaife qualité ; après avoir détaillé les différents genres

& les différentes efpeces d'arbres qui fe trouvent dans nos forêts, & avoir indiqué l'ufage qu'on en peut faire ; après avoir répandu le plus grand jour qu'il m'a été poffible fur les circonftances qui peuvent déterminer à abattre les arbres, plutôt dans une faifon que dans une autre ; enfin après avoir indiqué les moyens de pouvoir augmenter la dureté du bois, pendant que les arbres font encore fur pied, je paffe aux attentions qu'il faut que les Bûcherons apportent en mettant la cognée au pied des arbres pour les abattre. Il faut qu'ils obfervent de ne point faire tomber les arbres qu'ils mettent à bas fur ceux qui font de réferve ; parce que ces arbres ainfi encroués s'endommagent mutuellement. Si les Bûcherons ne favent pas bien former leur entaille, l'arbre qu'ils abattent, s'éclattera par le pied, ou bien il fortira de fon centre un éclat qui endommage cette partie ; enfin fi l'arbre tomboit fur fes branches, elles fe briferoient, & il eft quelquefois très-important de les ménager. C'eft pour mettre les Bûcherons en état de prévenir ces accidents, que je me fuis étendu fur le détail des précautions qu'on doit prendre pour abattre les gros arbres avec ménagement.

Il eft défendu par les Ordonnances de pivoter les arbres, c'eft-à-dire, de faire une foffe au pied pour en couper les racines à raze terre, afin de pouvoir arracher le corps d'un arbre avec fon pivot. Cette façon d'abattre eft quelquefois très-avantageufe aux Marchands de bois, qui, par cette méthode, peuvent

fe procurer des arbres-tournants de moulin, des jumelles de preffoirs; & par cette raifon, les Officiers
des eaux & forêts leur permettent quelquefois de
pivoter un petit nombre de pieds, ce qui, felon
moi, n'eft fujet à aucun inconvénient, d'autant que
je crois avoir prouvé dans mon *Traité des Semis*, qu'il
n'y a pas lieu d'efpérer un bon recrû des vieilles
fouches; d'ailleurs les Marchands pourroient tirer un
avantage confidérable de la vente des groffes racines
qui peuvent fournir des courbes, ou qui reftant
jointes avec le tronc, formeroient des *Ringeots*, qui
font des pieces de conftruction fort rares. Cet objet
m'a engagé à expliquer comment on peut, fans trop
multiplier les frais d'Ouvriers, & avec le fecours de
quelques machines, principalement du cric, tirer
les racines hors de terre, & même arracher les
arbres.

L'Ordonnance défend encore expreffément d'a-
battre les arbres avec la fcie, à caufe, dit-elle, du
préjudice confidérable qui en réfulte relativement
aux nouvelles productions de la fouche. Cet article
peut être important pour de jeunes fouches vigoureufes; mais pour celles des gros & vieux arbres, je
le répete, elles méritent peu d'être ménagées. Cependant, comme j'ai voulu m'affurer, s'il étoit vrai
que le trait de la fcie faffe un grand tort aux arbres,
j'ai choifi un orme vigoureux, & qui portoit cinq
ou fix groffes branches; j'ai fait couper les unes avec
la cognée, & les autres avec la fcie, en laiffant à

l'origine

l'origine de chaque branche un moignon de 7 à 8 pouces de longueur : toutes ces branches ont poussé à peu près aussi bien les unes que les autres , avec cette différence, qu'entre celles qui avoient été coupées avec la coignée, plusieurs avoient produit des bourgeons qui sortoient d'entre le bois & l'écorce ; au lieu qu'aux branches sciées, les bourgeons sortoient immédiatement de l'écorce , un pouce ou environ au dessous de l'endroit scié. Je ne vois donc pas qu'il y ait un grand inconvénient à scier les arbres au pied & à raze-terre. Par ce moyen qui est expéditif, on ménageroit tout le bois qui tombe en pure perte , lorsqu'on pratique l'entaille. J'avoue que je n'ai fait cette épreuve que sur de l'Orme ; & qu'il seroit peut-être à propos de s'assurer s'il en seroit de même des autres arbres.

LIVRE IV. Quand les arbres ont été abattus, en observant les précautions indiquées , & qu'ils n'ont point été endommagés ni dans leur tronc ni dans leurs branches , il s'agit ensuite de les travailler grossiérement, & de les débiter suivant les emplois qu'on en veut faire. Mais avant d'entrer dans ces détails , j'ai cru devoir discuter deux questions qu'il m'a paru important d'éclaircir : 1°, Si après que les arbres ont été abattus, il faut les laisser quelque temps à terre avec leurs branches & dans leur écorce : 2°, s'il est plus à propos de les ébrancher & de les équarrir sur le champ : cette derniere question m'a conduit

e

à en diſcuter une troiſieme , qui n'eſt pas moins inté-
reſſante : ſavoir , quelle eſt la cauſe des fentes & des
éclats qui endommagent aſſez ſouvent les bois de la
meilleure qualité.

Comme on peut enviſager les queſtions que nous
venons d'expoſer ſous deux points de vue, ſoit relativement à la qualité intrinſeque du bois , ſoit eu égard
aux fentes & aux éclats qui endommagent quelquefois
conſidérablement les plus belles pieces, il en eſt réſulté
un partage de ſentiments entre ceux qui s'appliquent
aux exploitations : les uns ſoutiennent qu'on ne peut
trop tôt ébrancher & équarrir les arbres , & d'autres
penſent qu'il eſt plus à propos de les laiſſer plus ou
moins de temps dans leur écorce. J'ai cru qu'il étoit
important de prêter une égale attention à ces deux
objets ; & j'ai commencé par examiner quel peut être
l'effet de l'écorcement & de l'équarriſſage des arbres
abattus , relativement à la qualité de leur bois.

Ce qui détermine à croire qu'il faut promptement
équarrir les arbres, eſt l'idée que l'on a que le bois des
arbres qui meurent ſur pied , ſe trouve aſſez ſouvent
de mauvaiſe qualité ; & l'on s'imagine qu'il en eſt d'un
arbre comme d'un animal qu'on peut faire mourir ſubitement. En partant de cette conſéquence , on a
décidé qu'il falloit équarrir & débiter promptement
les arbres. Mais je réponds , d'abord, qu'on trouve
quelquefois des arbres morts ſur pied, dont le bois
eſt de bonne qualité ; & en ſecond lieu qu'il eſt certain que les arbres abattus ne meurent qu'après un

eſpace de temps conſidérable : les greffes & les boutures en ſont une preuve ſenſible. Cependant il eſt
certain que la ſeve s'échappe bien plutôt d'un arbre
écorcé ou équarri, que d'un autre qui reſte en grume;
ce que je prouve par pluſieurs expériences qui démontrent que l'écorce eſt un corps ſpongieux qui ſe
charge auſſi aiſément de l'humidité, qu'elle l'abandonne. On verra encore par mes expériences que les
bois, ſoit équarris ſoit écorcés, perdent plus prompt-
tement de leur poids, & par conſéquent de leur
ſeve, que ceux dont on a conſervé l'écorce; mais
qu'enſuite ceux-ci, qui d'abord perdent peu de leur
poids, diminuent à leur tour plus que les bois écorcés ou équarris; de ſorte que quand ces bois équarris
ſont parvenus à un certain degré de deſſéchement,
ils ne perdent enſuite preſque plus de leur poids; au
lieu que les bois en grume qui d'abord ont peu perdu
de leur ſeve, diminuent enſuite beaucoup de peſanteur. S'il n'étoit queſtion que de préſerver les bois de
la corruption que l'humidité de la ſeve peut produire, il n'eſt pas douteux qu'il faudroit équarrir les
bois auſſi-tôt qu'ils ſont abattus, & que l'on parviendroit par-là à un plus prompt deſſéchement; mais je
prouve par des expériences, que les bois qui ſe
deſſechent trop promptement, ſe fendent & ſe tourmentent à un tel point, que ceux-mêmes qui ſont
de la meilleure qualité, deviennent quelquefois inutiles. Les bois qu'on emploie pour les Galeres,
ſont la plupart bois de ſciage, & auſſi exactement

travaillés que la plus belle menuiferie. J'ai remarqué dans un féjour que je faifois à Marfeille , qu'une grande quantité des bois deftinés pour la Marine reftoit en pure perte , à caufe des fentes & des éclats qui traverfoient les pieces , qui devoient être refendues à la fcie : cette perte qui tomboit fur d'excellentes pieces de bois , m'engagea à rechercher quelle pouvoit être la caufe des gerces , des fentes & des éclats , qui endommageoient les bois de la meilleure qualité ; pourquoi ces bois étoient plus fujets à fe voiler & à fe tourmenter; dans quels cas ces accidents étoient principalement à craindre ; & quels moyens on pourroit employer pour les prévenir. Mes recherches n'ont point été infructueufes ; & M. d'Héricourt alors Intendant des Galeres , ayant ordonné qu'on agît en conféquence de mes vues , on s'apperçut pendant quatre ou cinq ans , & tant que les Galeres ont refté dans le port de Marfeille , qu'il en étoit réfulté une grande économie fur les bois qu'on employoit à leur conftruction. Je ne rapporte ce fait que pour me juftifier envers mes Lecteurs qui pourroient me reprocher de m'être trop étendu fur l'objet des fentes , des éclats & des contours bizarres que les bois de la meilleure qualité contractent en fe defféchant : puifqu'il eft poffible de prévenir en partie ces accidents , mes recherches ne peuvent être taxées d'être minutieufes ; on les jugera dignes de l'application que nous y avons apportée.

Ces deux principales queftions ont donné lieu à la

diſcuſſion d'un grand nombre d'autres moins étendues : il a fallu prouver que la ſeve s'échappe à travers les plus groſſes écorces, mais auſſi qu'elle ſe diſſipe beaucoup plus promptement, quand les bois ont
été écorcés, & encore plus quand ils ſont équarris.
J'ai eſſayé de connoître ſi en ralentiſſant le deſſéchement du bois, il éprouvoit une altération ſenſible :
j'ai reconnu que la diſſipation qui ſe fait de la ſeve
pendant l'hiver, eſt peu de choſe ; mais que cette diſſipation eſt très-conſidérable dans le printemps & en
été : il m'a paru que les bois qu'on faiſoit deſſécher
très-promptement, étoient un peu plus durs que ceux
dans leſquels la ſeve ne s'étoit diſſipée que lentement ;
mais auſſi que ceux-ci ſe trouvoient moins endommagés par les fentes. Pour parvenir à connoître la
cauſe de tous ces faits, j'ai pris pour terme de
mes comparaiſons un cylindre de glaiſe, pour examiner ce qui ſe paſſoit dans un corps homogene quand
il ſe deſſéchoit : j'ai prouvé en conſéquence de mon
obſervation, que les parties de ce corps homogene
en ſe rapprochant d'un même ton, il ne ſe formeroit
point de fentes dans cette maſſe, ſi l'on pouvoit faire
enſorte que le deſſéchement ſe fît également & au
centre & à la circonférence. Je fais voir que la même
choſe ne peut être dans un cylindre de bois, lorſqu'il
ſe deſſeche, parce que les parties de la ſubſtance dont il
eſt compoſé, ſont plus denſes & moins contractiles au
centre qu'à la circonférence ; & après avoir examiné
la maniere dont ſe contractent les couches ligneuſes

de la circonférence d'un cylindre & celles qui sont
plus voisines de l'axe, j'en conclus que la totalité du
corps d'un arbre doit éprouver des fentes ; & que
tout ce qu'on peut opérer en tentant de ralentir l'é-
vaporation de la seve, c'est qu'au lieu d'une grande
fente qui s'y feroit, & qui endommageroit une piece
de bois, il s'en formeroit beaucoup de petites qui né
lui feroient presque aucun tort. Mais il n'en est pas
de même quand on peut faire refendre promptement
à la scie de long les arbres abattus, parce que la contraction des couches ligneuses peut se faire sans que
les fibres se séparent : toutes les fois que le cœur de
l'arbre se trouve hors d'une piece refendue, cette
partie qui est la moins contractile, reste bombée ; la
circonférence se contracte, & il ne s'y forme point
de fente.

Jusques-là je n'ai parlé que de ce qui peut résulter
du rapprochement des fibres, dans le sens de la circonférence du cylindre, ou par leur rapprochement
vers le centre. Je prouve ensuite que ces fibres longitudinales se raccourcissent, & qu'elles perdent de leur
longueur à mesure que les bois se dessechent ; & je fais
voir que, dans certaines circonstances, ce raccourcissement peut produire des fentes, & que dans d'autres
il occasionne que les planches se *cofinent*, se tourmentent & se courbent. Je rapporte ensuite les tentatives que j'ai faites pour empêcher les bois de se
fendre ; & je propose les moyens qu'on peut employer dans certaines circonstances pour prévenir
cette altération.

Il eſt certain que les bois pourris ne ſe fendent point ; que les bois gras & tendres ſe fendent peu ; & que ce ſont les bois forts, & de la meilleure qualité, qui ſe fendent le plus. En cherchant à découvrir la cauſe de ces faits qui ſont connus de tout le monde, je n'ai pu m'empêcher de hazarder quelques conjectures ; mais j'ai eu l'attention de ne les préſenter que comme telles.

Je conclus du grand nombre d'expériences que je rapporte dans ce quatrieme Livre, qu'il y a des cas où il faut ralentir l'évaporation de la ſeve ; que dans d'autres cas, il faut la précipiter le plus qu'il eſt poſſible ; & qu'il y a toujours une grande économie à refendre à la ſcie, & auſſi-tôt leur abattage, les bois qui ne doivent point être employés dans leur entier.

Après avoir éclairci le mieux qu'il m'a été poſſible toutes ces queſtions, je reprends l'ordre de l'exploitation des grands bois. Je parle en premier lieu des bois qui ſe vendent en grume, ou qui ſe travaillent en place dans les forêts pour le compte des Marchands. En conſéquence, je dis d'abord comment on doit débiter les bois qu'on fournit aux Charrons ou pour le ſervice de l'Artillerie ; & ceux qu'on livre en grume, ſoit à la Marine, ſoit à différents Ouvriers : enſuite j'entre dans le détail des Arts qui ſe pratiquent dans les forêts mêmes, pour les ſabots, les petits barrils de Saule d'une ſeule piece, le travail du Fendeur pour les échalas de quartier, les lattes, les gournables, le douvain, merrain ou traverſin, les

cerches pour les feilles, &c. Enfuite je paffe aux ouvrages qu'on nomme de *Raclerie*, qui fe font pour la
plupart avec le Hêtre : favoir, les écliffes ou clayettes,
les copeaux à l'ufage des Gaîniers,& ceux pour éclaircir les vins, les lattes pour les fourreaux de fabres &
d'épées, les panneaux de foufflets, les attelles de
colliers de bêtes de trait, les écopes pour vuider
l'eau des bateaux, les pelles à four, les bâts pour
les bêtes de charge, les arçons de felle, les moules
à fuif, les fébilles, les lanternes d'écurie, &c.

Livre V. En fuppofant que l'on aura lu avec
attention les Livres précédents, je penfe que l'on
fera fuffifamment inftruit fur la maniere d'abattre les
Taillis & les Futaies, & des précautions convenables
pour que les arbres ne foient point endommagés, ni
dans leur tronc ni dans leurs branches. On faura comment on peut tirer parti des branches des grands arbres, & de tout le corps des taillis qui doit être
converti en bois de corde, lorfqu'il ne peut être
bon qu'à cet ufage ; comment on peut faire avec le
bois de brin, des échalas, des cerceaux, des fourches, des perches pour différents ufages ; comment
on convertit en charbon ou en cotrets le bois le
plus menu ; comment on fait avec la rame, des fagots & des bourrées ; quels font les bois qui fe vendent en grume, foit aux Charpentiers, foit aux Charrons, foit pour le fervice de l'Artillerie ; aux Sabottiers,aux Fendeurs,& autres Ouvriers. Maintenant
je

je suppose qu'une vente a été débarrassée de tous ces bois, & qu'il n'y reste plus que les grandes pieces qui doivent être équarries.

Je commence par indiquer au Marchand, comment il pourra, à l'aide de quelques regles d'approximation très-expéditives, réduire les bois ronds en bois quarrés, connoître, à peu de chose près, ce que les bois en grume qui sont restés dans sa vente, pourront lui produire de bois quarré. Je distingue d'abord les pieces en bois droits & en bois courbes ; & après avoir dit en gros l'usage qu'on peut faire des uns & des autres, j'indique la maniere dont on doit équarrir les bois droits, pour perdre le moins de bois qu'il est possible.

Je parle ensuite de la façon d'équarrir les bois courbes, qui sont ordinairement bien précieux pour la Marine.

Comme il est très-important de ménager certaines pieces qu'il est rare de trouver dans les forêts ; & comme il est avantageux pour un Marchand d'être assorti de toutes les pieces que les Charpentiers s'attendent à trouver dans les chantiers, je donne les dimensions les plus communes des bois destinés pour les bâtiments civils, comme celles des pieces pour les pressoirs à roue, les moulins à chandelier & à eau, les bateaux, & pour la construction des Vaisseaux. Je fais quelques réflexions particulieres sur les bois qu'on exploite pour le service de la Marine ; je fais mention de quelques usages d'Angleterre, de Hol-

f

lande & de France fur cet objet, & je finis par faire
remarquer les avantages & les inconvénients de chacune de ces pratiques, & les circonftances dans lefquelles les unes font préférables aux autres : j'efpere
que ceux qui connoîtront cette partie d'exploitation
relativement à la Marine, trouveront que mes réflexions font intéreffantes.

Les recherches que j'ai faites fur la différente qualité des bois relativement à leur âge, trouvent ici
leur application naturelle à la pratique ; car je fais
voir qu'il eft à propos de prendre les *Membres* dans les
arbres les moins gros qu'il eft poffible ; d'autant que
j'ai prouvé que dans les jeunes arbres, le bois du
cœur eft plus fort & plus denfe que celui de la circonférence; & qu'en équarriffant ces jeunes arbres à
vive-arrête, on confervoit le meilleur bois. Mais
comme j'ai démontré que dans les gros & vieux arbres, le bois du centre avoit contracté un commencement d'altération, il eft évident que, quand on
prend une piece de médiocre groffeur dans le corps
d'un pareil arbre, on ne conferve que la partie qui a
déja contracté un commencement d'altération, c'eft-
à-dire, un acheminement à la pourriture. Cette remarque eft très importante : elle apprend pourquoi
les groffes pieces pourriffent toujours par le centre,
au contraire de celles qui font moins groffes, & dont
le bois du centre refte fain ; elle nous fait encore connoître que quand un arbre eft menu, il en faut ménager le centre, qui eft la partie la plus précieufe ;

au lieu que dans les gros arbres, il eſt ſouvent avantageux de retrancher cette partie, quand la choſe eſt
poſſible. J'indiquerai dans la ſuite les occaſions où
l'on peut faire uſage de ces principes.

Après avoir parlé des bois quarrés, c'eſt-à-dire, des
pieces que l'on fait équarrir à la cognée dans la forêt,
je paſſe enſuite aux bois de ſciage, que l'on débite
avec la ſcie de long ; & après avoir décrit la façon
d'établir les pieces à refendre ſur des tréteaux ou des
chevalets, j'explique la maniere de mener la ſcie : je
démontre qu'il n'eſt point indifférent pour les bois
qu'on deſtine à la Menuiſerie, de donner le trait de
ſcie dans un ſens plutôt que dans un autre; & j'indique
comment il faut placer ce trait, relativement à l'u-
ſage qu'on veut faire des planches que l'on refend
ainſi. Je me ſuis un peu étendu ſur ce point, parce
qu'il m'a paru très-important.

Pour mettre les Marchands de bois en état de garnir
leurs chantiers de bois bien aſſortis de toutes les
pieces qui peuvent convenir aux Charpentiers & aux
Menuiſiers, je donne des états de dimenſion des bois
de ſciage dont il eſt néceſſaire que les chantiers de
Paris ſoient pourvus.

J'ai dit dans le troiſieme Livre que l'on marquoit
ſur pied dans les forêts les arbres néceſſaires pour
être employés à des ouvrages de conſéquence ; j'ai
fait connoître les ſignes auxquels on peut juger, ſi ces
arbres ſur pied ſont ſains, ſi leur bois ſera de bonne
qualité, &c; en avertiſſant néanmoins qu'on ne

f ij

pouvoit pas juger avec autant de certitude de la qualité du bois pendant que les arbres font fur pied, qu'a-
près qu'ils ont été abattus , & en partie débités. Je
fuppofe dans ce Livre-ci qu'un arbre a été abattu , &
travaillé, comme on le fait communément dans les forêts ; c'eft en cet état que les gens à ce connoiffeurs
peuvent, avec plus de fureté , retenir & marquer les
bois dont on prévoit avoir befoin pour des ouvrages
importants : pour aider à faire ce choix avec difcer-
nement , je fais connoître tous les défauts dont les
bois peuvent être attaqués. J'avertis néanmoins que
ces défauts deviennent bien plus fenfibles, quand les
bois ont perdu une partie de leur feve, que quand ils
font tout nouvellement abattus. J'indique donc dans
autant d'articles particuliers , ce que c'eft que la
Roulure, la *Cadranure* , la *Gelivure,* le *Double-Aubier* ,
ou la *Gelivure entrelardée*, le *Bois roux , vergété, gras,*
&c , ce que caufe l'inégalité d'épaiffeur des couches
ligneufes ; enfin je parle des bois dont les fibres font
trop torfes. J'ai effayé de faire connoître d'où pro-
cedent ces défauts, de quelle conféquence ils font
pour l'emploi auquel on deftine les bois ; les circonftances où il eft effentiel de ne point faire ufage de
ces bois, & les cas où l'on peut en tirer quelque parti.

Comme , à égal degré de féchereffe, les bois les
plus pefants font réputés les meilleurs , je donne la
pefanteur la plus ordinaire du bois de Chêne qu'on
tire de différentes Provinces.

Quoique j'aie lieu d'efpérer que moyennant les

caraĉteres que j'ai fixés pour connoître les bons bois, ceux qui feront chargés de les marquer , pourront en faire un choix jufte & convenable ; cependant j'ai cru devoir ajouter quelques remarques pour rendre encore cet objet plus utile. Je dis qu'il faut faire une grande différence entre les défauts qui n'affeĉtent qu'une partie d'une piece,& ceux qui influent abfolument fur la qualité du bois : en retranchant dans le premier cas la partie affeĉtée , on peut employer très-utilement le refte ; mais quand la nature du bois eft mauvaife , il faut abfolument en rejetter les pieces , quand il s'agit d'ouvrages de conféquence. Au refte il ne faut pas croire que ces pieces rebutées foient entiérement perdues ; un Marchand intelligent faura bien en tirer partie , & leur trouver une deftination convenable.

C'eft dans bien des occafions une erreur que d'exiger que les groffes pieces foient équarries à vive-arrête avant de les recevoir, puifque nous avons prouvé que c'eft dans l'axe des plus gros arbres que fe trouve très-fréquemment le plus mauvais bois ; & il y a cela de très-fâcheux pour tous les ouvrages qui exigent des pieces de fortes dimenfions , qu'il eft impoffible d'en trouver dans lefquelles on n'apperçoive des marques de retour ; de-là vient que les poutres des grands bâtiments , les bois des Vaiffeaux , les principales pieces qu'on emploie dans la fabrique des grandes éclufes , durent fi peu , & qu'elles périffent toujours dans le cœur. C'eft fouvent à tort qu'on prétend qu'un si prompt dépérissement dépend de la qualité du terrein où les arbres dont on emploie le bois, ont pris leur croissance, de la saison dans laquelle on les a abattus, &c. C'est presque toujours, parce que le bois du centre de ces arbres étoit vicié, avant qu'ils eussent été abattus. Si l'on objecte que l'on trouve dans les plus vieux bâtiments des poutres fort grosses, & qui font encore très-saines, je répondrai que dans le temps que ces bâtisses ont été faites, les bois étant alors plus communs, on pouvoit choisir les meilleures pieces; & qu'on trouvoit dans d'excellents terreins, plus secs qu'humides, des arbres fort gros encore pleins de vigueur, & sans aucuns signes de retour. Mais nous ne sommes plus dans des circonstances aussi heureuses : nous nous voyons maintenant réduits à nous servir de ce que nos prédécesseurs auroient rebuté, & forcés de recevoir les moins mauvais bois : cette extrémité n'est que trop réelle, & j'en ai fait l'expérience dans des occasions où j'ai été présent à la réception de parties très-considérables de bois pour le service de la Marine.

On doit parer à l'herminette tous les endroits suspects d'une grosse piece de bois, sonder avec la tarriere ou avec le ciseau les nœuds pourris, & les *malandres*; scier le bout des pieces pour voir s'ils ne font ni *roulis*, ni *gélifs*, ni *cadrannés*, &c. Quand une piece aura été jugée bonne & recevable, on la roulera sur des chantiers ou sur des copeaux, on la couvrira auſſi avec des copeaux, pour empêcher qu'elle ne ſe fende ; mais on aura eu avant l'attention de la marquer avec le marteau, de la numéroter avec la rouanne, & de la porter ſur l'Inventaire qui doit être dreſſé, & ſur lequel il faut encore marquer les routes & les moyens qu'on peut employer pour tranſporter ces pieces ; enfin on doit y ſpécifier la quantité de pieds-cubes ou de ſolives que chaque piece contient. Je finis ce Volume par un abrégé du Toiſé des Bois. Je me borne à cet abrégé, parce qu'on a donné pluſieurs Traités ſur ce Toiſé : M. Segondat, Ecrivain de la Marine, vient d'en faire imprimer un tout récemment qui eſt fort complet.

Il eſt, je l'avoue, très-important, tant pour les Vendeurs que pour les Acquéreurs, que les bois ſoient exactement arpentés ; mais je n'aurois pu rien ajouter d'intéreſſant à ce qu'on peut trouver dans les Traités de Géometrie, & particuliérement dans l'*Arpenteur Foreſtier* que M. Guiot, Garde-marteau de la Maîtriſe de Rambouillet, vient de mettre au jour.

Je crois être entré dans un détail ſuffiſant ſur tout ce qui concerne les bois que j'ai ſuppoſé être encore dans les forêts. Je traiterai dans un autre Ouvrage, des bois dans leur tranſport, puis vendus dans les chantiers ; enſuite je parlerai des uſages auxquels on peut les employer.

F I N   D E   L A   P R É F A C E.

TRAITÉ

TRAITÉ
DE L'EXPLOITATION
DES BOIS.

LIVRE PREMIER.

Du Bois confidéré phyſiquement ; ou connoiſ-
ſances néceſſaires à ceux qui veulent s'inſtruire
ſur la nature des Bois relativement à leur
exploitation.

Cᴇ ǫᴜɪ ꜰᴀɪᴛ l'objet du premier Livre de ce Traité ne
peut être d'aucune utilité aux Bucherons ; mais comme nous
travaillons pour des gens d'un ordre ſupérieur , & qui exigent
qu'on leur rende raiſon des Pratiques qu'ils voyent en uſage,
nous ne devons pas nous borner à expoſer ſimplement tous
les détails des opérations de l'Exploitation des Bois, mais
nous nous propoſons de jetter tout le jour que la Phyſique
peut fournir, ſur les Pratiques auxquelles nous croyons que
l'on doit donner la préférence. Dans cette vue , nous débu-

A

tons par préfenter quelques difcuffions purement phyfiques,
& par donner à nos Lecteurs des connoiffances que nous
croyons leur devoir être utiles. Les Livres fuivants traiteront
des chofes pratiques, fans cependant nous interdire la liberté
d'y mêler encore de temps en temps, & lorfque l'occafion s'en
préfentera, des raifonnements phyfiques, que nous fortifie-
rons toujours par un très-grand nombre d'expériences.

Nous nous fommes attachés dans le Traité *des Arbres &*
Arbuftes que nous avons publié il y a quelques années, à examiner les parties extérieures des végétaux; parce qu'il étoit
important de faire connoître les différentes efpeces d'arbres,
& de mettre les Lecteurs en état de ne les point confondre.
Dans la *Phyfique des arbres* qui a été enfuite mife au jour, nous
avons confidéré les végétaux comme des corps organifés &
vivants; & cela a fervi de bafe à ce que nous avions à dire
dans le Traité des *Semis & Plantations*, imprimé en dernier
lieu, fur la maniere de multiplier & d'élever les arbres, d'en
former des avenues, des maffifs, &c.

Après avoir ainfi examiné les Arbres en eux-mêmes, ou eu
égard à ce qui peut empêcher ou favorifer leur végétation, il
convient maintenant de les confidérer par rapport à nous, ou
relativement aux ufages que nous pouvons en faire lorfqu'ils
ont été abattus. Il ne fera plus queftion déformais de faire valoir
les agréments qu'ils nous procurent lorfqu'ils font fur pied:
cet objet ayant été fuffifamment difcuté dans les volumes qui
traitent des Arbres & Arbuftes, ainfi que dans le Traité des
Semis & Plantations; il s'agit maintenant d'objets plus effentiels ou d'une utilité plus réelle.

En effet, quand les propriétaires économes & fenfés font
de la dépenfe pour former des avenues ou des maffifs de bois
fort étendus, ce n'eft pas feulement dans la vue de décorer
leurs terres ou leurs maifons de campagne, de fe fournir des
abris contre le vent, ni de fe ménager de l'ombre dans la faifon où le foleil fe fait fentir trop vivement; ils ont encore
pour point de vue, de procurer dans la fuite à eux & à leurs
familles des avantages plus importants, & qui tiennent aux

chofes de premiere néceffité. Tant que les arbres croiffent, un pere de famille jouit de tous les agréments que fes Bois lui procurent : le plaifir qu'un propriétaire reffent à voir croître fes femis & fes plantations, peut être comparé à la fatisfaction qu'il auroit de voir croître & s'élever dans le fein de fa maifon, des enfants qui lui donnent les plus grandes efpérances. Mais quand les arbres font parvenus à leur grandeur, les fucceffeurs de ces bons Patriotes fe trouvent en état d'en tirer un profit confidérable, & fouvent capable de rétablir une fortune délabrée, en même temps qu'ils fourniffent à la fociété les moyens de faire tous les ouvrages de Charpenterie, de Menuiferie, de Tour, de Boiffelerie, de Tonnellerie, enfin la matiere premiere de tant d'arts qui fervent à nos befoins les plus preffants ; & c'eft alors que les arbres rendent l'intérêt des dépenfes qu'on avoit faites pour les élever, & qu'ils payent le loyer du terrein qu'ils ont long-temps occupé. Voilà le point de vue fous lequel nous allons envifager cet objet ; & c'eft par ces motifs que nous ne regarderons plus les arbres comme des corps vivants & organifés, ni relativement à leurs fleurs & à leur feuillage ; mais nous confidérerons le bois comme une fubftance morte ou comme un corps folide, formé d'une matiere capable d'une certaine réfiftance, mais fufceptible auffi d'altération. Nous allons donc examiner les Bois, abftraction faite de toute organifation ; mais nous nous garderons de les préfenter comme des corps homogenes : nous prouverons au contraire qu'ils font formés de différentes fubftances, les unes plus altérables que les autres. Le plus fûr moyen de faire connoître ces différentes fubftances, eft de les extraire du Bois par des opérations chymiques ; d'ailleurs, quand on fe propofe d'étudier un objet, il eft toujours avantageux de l'examiner fous toutes les faces qu'il peut préfenter ; en conféquence, nous allons examiner fucceffivement & dans autant de chapitres différents :

1°, La décompofition du Bois, foit artificielle, foit naturelle.

2°, Ce que la différente qualité des terreins peut occafionner fur celle des Bois qui y ont pris leur accroiffement.

3°, Ce que peut produire, fur la qualité du Bois, la fitua-tion & l'expofition où ils fe font trouvés pendant leur ac-croiffement.

4°, A quel âge la qualité du Bois eft réputée la meilleure.

Ce Livre qu'on pourroit intituler *la Phyfique du Bois*, ren-ferme des connoiffances préliminaires, & bien néceffaires pour l'intelligence de ce qui fera dit dans la fuite.

CHAPITRE PREMIER.

Quelques confidérations fur la décompofition des Bois.

Les Bois peuvent fe décompofer, ou par art, au moyen des opérations chymiques, ou naturellement, par la deftru-ction qui eft commune à tous les corps.

Article I. *Analyfe chymique du Bois.*

Je sai que ce que je vais dire fur l'analyfe des végétaux ne pourra être entendu que de peu de perfonnes curieufes de s'inftruire; mais comme j'écris pour toutes fortes de lecteurs, j'efpere qu'il s'en trouvera quelqu'un qui ne fera pas fâché de trouver ici des notions capables de l'éclairer fur tous les rai-fonnements qu'il auroit à faire relativement à la denfité & à la durée des différents Bois. Néanmoins comme les extra-ctions chymiques dont je vais parler n'ont pas une applica-tion directe à mon objet, je me bornerai à des idées géné-rales, & je reftreindrai les détails le plus qu'il me fera pof-fible; cependant comme ce que j'ai à dire fur l'analyfe chy-mique des végétaux, a particuliérement trait à ce qui concerne leur altération & leur deftruction par la pourriture, je dois commencer par expofer quelques principes généraux fur les progrès de la fermentation.

ARTICLE II. *Quelques idées générales fur la fermentation & la putréfaction.*

LA FERMENTATION eft un mouvement inteftin des parties d'un corps, par lequel l'union, le tiffu, la couleur, la faveur, & l'odeur du corps qui fermente, font changés.

Quelques fubftances font détruites par la fermentation, & d'autres font le produit de la fermentation : un corps *mucide* s'échauffe; il entre plus ou moins en effervefcence; il perd fa *mucidité*, & prend une odeur & une faveur vineufes; la fermentation continuant, il devient aigre & acide, puis il tombe en corruption; & la putridité eft le dernier terme de la fermentation.

Tous les végétaux & même prefque toutes leurs parties (a) font fufceptibles de fermentation, les uns cependant plus que les autres. Comme les acides concentrés à un certain point, forment un obftacle à la fermentation, les plantes *acefcentes* fermentent lentement; les muqueufes paffent ordinairement par tous les états de la fermentation, vineufe, acide & putride : au contraire, les plantes *alkalefcentes*, & qui ont une grande difpofition à fermenter, parviennent fi promptement à l'état de putréfaction, que les autres états, fi tant eft qu'ils exiftent, ne font pas fenfibles.

Trois chofes font néceffaires pour que la fermentation s'opere; favoir, 1°, *l'humidité* : les corps fecs & tenus en un lieu fec, ne fermentent point : je dis l'humidité; car un corps plongé dans beaucoup d'eau, qui ne fermente point, y refte long-temps fans fouffrir aucune altération : le bois, la paille ne fe corrompent point quand on les tient toujours plongés dans une eau vive. 2°, *Une chaleur modérée :* les corps fufceptibles de fermentation ne reçoivent aucune altération quand ils font tenus dans un air très-froid; la viande gelée ne fe corrompt

(a) Les réfines, & les baumes naturels & fans mélange ne fermentent point.

point ; des fruits affez tendres ont été confervés long-temps
dans des glacieres ; le cidre , le vin, la bierre fe confervent
en bon état dans des caves fraîches , & fans paffer à la fermentation acide. Une chaleur très-vive, en deffechant certains corps, fait un obftacle à la fermentation ; c'eft par cette
raifon que le poiffon fec ne fe corrompt point.

3°, Il faut *le contact de l'air* pour exciter le mouvement intérieur, puifqu'il n'y a point de fermentation dans le vuide ;
& c'eft par cette raifon qu'on tient bien bouchés & exactement remplis, les vaiffeaux où l'on renferme des liqueurs qui
ont de la difpofition à fermenter.

4°, Les fubftances *graffes & mucides* ont fur-tout une grande
difpofition à fermenter ; au contraire , tous les fels font un
obftacle à la fermentation : je donne pour exemple , la falaifon
des viandes. Les acides concentrés à un certain point , ainfi
que les fpiritueux , arrêtent la fermentation ; c'eft pour cela
que les fruits ne fe corrompent point dans le vinaigre ni dans
l'efprit-de-vin , la vapeur du foufre brûlant a fur-tout cette
propriété ; elle empêche le vin doux de fermenter : au contraire, les fubftances qui fermentent & qui fe pourriffent, font
un véhicule qui engage les corps voifins à fermenter & à fe
corrompre : le jet de bierre , le levain font fermenter la pâte ,
ainfi que les liqueurs qui ont par elles-mêmes peu de difpofition à la fermentation.

Les fibres ligneufes qui dans les végétaux font les parties
les plus folides, perdent cette folidité par la putréfaction ; il
ne fubfifte plus d'adhérence entre les parties dont elles font
compofées ; ces fibres fe changent alors en une pulpe friable.

5°, Après la fermentation, les végétaux analyfés donnent
des principes différents de ceux qu'ils auroient fournis avant
la fermentation : tout ceci s'éclaircira par la fuite.

ARTICLE III. *Que les Plantes contiennent des huiles
ou des fubftances réfineufes & gommeufes.*

LES SUBSTANCES réfineufes fe montrent d'elles-mêmes

dans quantité d'arbres : la térébenthine s'accumule dans des vessies qui gonflent l'écorce des Sapins ; il s'en rassemble aussi une grande quantité entre le bois & l'écorce, & même entre les couches ligneuses du Mélese : si l'on fait des plaies au Pin, il en découle de la résine : les Lentisques fournissent du mastic ; le Térébinthe, le Styrax, le Liquidambar, le Laurier, le Benjoin, &c, donnent des baumes plus ou moins épais & plus ou moins fluides.

Les végétaux en fournissent encore qui sont plus ténus, & qu'on nomme des huiles essentielles. On retire abondamment de ces huiles des fruits du genre des oranges, en crevant les petites vessies qui sont à l'extérieur de leur écorce. Les fleurs de l'Oranger donnent aussi de l'huile essentielle, mais dont l'odeur est différente de celle de son fruit. Toutes les plantes aromatiques parvenues à un certain degré de maturité, contiennent de cette huile ténue. Si, en cet état, on les distille sans eau & à un feu très-lent, il vient d'abord un phlegme légèrement chargé de l'odeur de la plante ; & si on laisse cette liqueur exposée à l'air, elle perd cette odeur, & il ne reste que le phlegme. On retire l'huile essentielle en distillant les plantes odorantes avec beaucoup d'eau : l'huile passe dans le récipient avec l'eau, & elle s'en sépare pour la plus grande partie d'elle-même, en se portant à la superficie. Ces huiles ténues ont l'odeur, le goût, & souvent une partie des propriétés des plantes, ce qui leur a fait donner le nom d'*Huiles essentielles*.

Il y a des fleurs très-odorantes, telles que la Tubéreuse, le Jasmin, qui étant distillées, comme nous venons de le dire, ne donnent qu'un phlegme & presque point d'odeur ; le peu qu'elles en retiennent, se dissipe promptement à l'air. Ces huiles essentielles très-ténues, ou cet *esprit recteur* ne s'unit presque pas au phlegme ; mais il s'unit beaucoup mieux avec les huiles faites par expression, & il leur communique une forte odeur de ces plantes aromatiques. Si on lave ensuite ces huiles avec de l'esprit-de-vin, celui-ci se charge de l'odeur, & l'huile n'en conserve plus.

Il y a des plantes, telles que le Romarin, dont toutes les

parties contiennent de l'huile effentielle ; les feuilles fur-tout
en font chargées : à d'autres plantes, la Lavande, par exemple,
ce font les fleurs qui en contiennent beaucoup ; les pétales
des fleurs d'orange en font très-chargées, ainfi que l'écorce
des fruits des Citronniers, Orangers, Bergamotte, &c.

Quelques-unes de ces huiles font plus pefantes que l'eau ;
elles fe précipitent au fond ; elles font de différentes couleurs :
les unes font fort liquides, d'autres font plus épaiffes, & quelques-unes font figées.

Suivant les Mémoires de l'Académie Royale des Sciences,
lorfqu'on analyfe les huiles effentielles, on en retire un phlegme chargé de fel volatil urineux ; on peut prouver qu'elles
contiennent de l'acide ; & quand il fait bien froid, il fe forme
dans ces huiles des cryftaux de fel effentiel.

En faifant bouillir certaines plantes dans l'eau, on en retire des efpeces de graiffes ou d'huiles épaiffes comme le beurre
de Cacao, l'huile de Laurier, & les baies du Galé de la Louifiane, font couvertes d'une fubftance réfineufe, qui fe diffout
dans l'eau bouillante, & qu'on appelle *Cire végétale*.

Il fe forme fur l'écorce des Sapins des veffies remplies d'une
térébenthine très-claire ; il en découle auffi des Mélefes, des
Térébinthes, des Styrax, &c ; ce qui fournit, comme nous
l'avons dit, différents baumes liquides : fi l'on diftille ces baumes ou ces térébenthines avec de l'eau, il s'éleve, & il paffe
dans le récipient une huile effentielle très-ténue, & d'une
odeur plus ou moins agréable ; enfuite il refte dans la cucurbite, avec l'eau qu'on y a mis, une réfine feche.

Les Pins fourniffent deux efpeces de réfines, dont l'une affez
coulante, peut être regardée comme une térébenthine commune
ou imparfaite ; il s'amaffe auffi fur les plaies qu'on a faites aux
Pins, une réfine feche ; pour la rendre encore plus feche, on
la cuit, ou bien on la diftille avec de l'eau ; & dans ce cas on
obtient un peu d'effence de térébenthine : ce qui refte dans la
cucurbite eft la réfine feche ou la colophone.

En brûlant à petit feu, ou en réduifant en charbon dans des
fourneaux bien clos, le bois de Pin, on obtient le gaudron.

Si

Si l'on diftille les réfines à la cornue, on voit paffer d'abord
une huile ténue ; en continuant la diftillation, cette huile s'é-
paiffit, & devient empyreumatique ; il refte au fond de la cornue une fuliginofité, ou charbon gras ; dans cette diftillation il
paffe un peu d'acide.

Il y a des bois qui contiennent de la réfine en trop petite
quantité pour qu'on l'apperçoive raffemblée dans l'écorce ou
dans le bois ; mais on peut la retirer par un moyen bien fimple :
on rape ou on pulvérife ces fortes de bois, & on en met la
pouffiere dans l'efprit-de-vin : comme cet efprit a la propriété
de diffoudre les fubftances réfineufes, celui qu'on retire de
deffus cette poudre ligneufe eft chargé de la réfine qui étoit
dans le bois, & on la précipite en affoibliffant beaucoup l'efprit-de-vin par quantité d'eau ; car comme les réfines ne font
point diffolubles par les liqueurs phlegmatiques, elles tombent
au fond de la liqueur ; néanmoins on ne peut pas par ce moyen
retirer les fubftances réfineufes des bois qui en contiennent
trop peu, ni même toute celle que les bois réfineux contiennent. Il faut, pour épuifer les bois de leur fubftance huileufe
ou graffe, avoir recours au feu & à la diftillation. Pour y
parvenir, on met le bois dans une cornue qu'on expofe à un
grand feu : il paffe dans le récipient, avec plufieurs produits
dont nous parlerons dans la fuite, une fubftance huileufe à laquelle le feu a donné une mauvaife odeur, & qu'on nomme
pour cette raifon *Huile empyreumatique.* Ces fortes d'huiles retirées de différents bois, ne font pas toutes de même nature : celle
que fournit le Pin, eft un vrai gaudron immifcible pour la plus
grande partie avec l'eau (a) ; l'huile empyreumatique du Chêne
fe mêle en grande partie avec les liqueurs phlegmatiques ;
une partie nage au-deffus ; les huiles qui viennent à la fin de la
diftillation, & qu'on obtient par un très-grand feu, principa-

(*a*) On ne peut pas dire, exactement parlant, que les huiles effentielles, le gau-dron, les huiles empyreumatiques, foient immifcibles avec l'eau, puifque quand on les fait bouillir avec, elle en prend l'odeur : le phlegme des plantes s'en charge en plus grande quantité, quand il eft combiné avec l'acide végétal : c'eft pour cela que l'eau qui a fervi à rectifier les huiles effentielles, retient l'odeur de ces huiles ; c'eft auffi de-là que vient la faveur âcre de l'eau de gau-dron.

lement celle des bois durs de la Zone torride , font pefantes &
tombent au fond de l'eau ; au lieu que la plupart de celles des
bois de ce pays-ci furnagent, ou reftent mêlées avec l'eau :
quand on a atténué ces huiles fétides par des rectifications
répétées avec l'eau & des fubftances abforbantes , elles perdent une partie de leur odeur défagréable , & elles approchent
alors des huiles effentielles ; de même que les huiles effentielles qui font vieilles & épaiffies , deviennent ténues & fubtiles quand on les rectifie , comme je viens de le dire ; mais
elles éprouvent un grand déchet : il refte dans la cucurbite
une efpece de réfine ordinairement graffe , quelquefois feche.

Dans la diftillation du Benjouin & de quelques autres fubftances réfineufes, il s'éleve des paillettes concrettes qu'on
nomme *Fleurs* ; elles fe diffolvent dans l'eau , & elles ont une
faveur acide ; il paffe enfuite un phlegme acidule , puis une
huile épaiffe qui tombe au fond de l'eau ; enfin il refte dans la
cornue un charbon léger.

La cire eft une fubftance végétale qu'on peut regarder
comme réfineufe , quoiqu'elle ne fe diffolve pas parfaitement
dans l'efprit-de-vin , qui ne fait que l'attendrir ; mais elle ne
fe peut diffoudre dans l'eau ; elle fe fond au feu, elle eft
inflammable ; elle donne d'abord un phlegme acide, puis un
peu d'huile liquide , enfin une huile épaiffe , figée , ou une efpece de beurre; il refte dans la cornue très-peu de charbon,
fur-tout fi l'on a employé de la cire blanche.

Les plantes fourniffent encore d'autres fubftances très-dif-
férentes des réfineufes ; ce font les gommes qu'on voit fuinter des Pêchers , des Cerifiers , des Amandiers , des Pruniers ;
la gomme arabique que fournit un petit Acacia du Sénégal , la
gomme adragante qui fort, en forme de vermiffeaux, des branches du Tragacantha , &c. Voici les caracteres qui diftinguent
les gommes des réfines. Les réfines ont beaucoup d'odeur &
de faveur ; elles brûlent avec beaucoup d'activité ; elles fe
diffolvent dans l'efprit-de-vin , & point dans l'eau : au lieu
que plufieurs gommes ont peu de faveur & d'odeur ; elles
brûlent difficilement; aucunes ne font diffolubles par l'efprit-de-

vin, mais bien par l'eau. Quand après les avoir étendues dans beaucoup d'eau, on les diſtille, l'eau ſeule monte, la gomme s'épaiſſit au fond de l'alambic; & ſi l'on pouſſe le feu, on voit paſſer dans le récipient beaucoup de phlegme, &, à-peu-près, les mêmes produits que dans la diſtillation des bois mêmes.

Il y a ſûrement beaucoup de ſubſtance gommeuſe ou muqueuſe dans l'intérieur de beaucoup de végétaux; on n'en peut douter, quand on fait attention que la Guimauve, la Bruyere, les pepins de Coin, la graine de Lin, &c, rendent un mucilage quand on les fait cuire dans l'eau; mais après avoir fait évaporer cette décoction, comme il s'eſt diſſout pluſieurs ſubſtances qui ſont confondues les unes avec les autres, on obtient ce qu'on appelle l'extrait, dans lequel la ſubſtance muqueuſe ſe trouve mêlée avec d'autres matieres de différente nature.

Certains extraits contiennent des parties réſineuſes, parce que l'eau qui n'eſt point le diſſolvant des réſines, ne laiſſe pas de les attaquer avec le ſecours des autres ſubſtances qui ſont dans l'extrait : les extraits des plantes diſtillées à la cornue, donnent les mêmes produits que les plantes, excepté qu'il reſte moins de charbon.

Les graines farineuſes, pluſieurs fruits, tels que la Châtaigne, le Maron d'Inde, le Gland, &c; les racines d'Arum, l'Aſphodèle, les Pommes de terre, &c, donnent une farine fine, qu'on nomme Amidon: lorſqu'on les diſtille à la cornue, il vient d'abord un peu de phlegme, puis un eſprit acide un peu clair, enfin une huile empyreumatique, & il reſte au fond, & en aſſez grande quantité, une ſubſtance charbonneuſe.

Toutes ces ſubſtances fourniſſent une matiere viſqueuſe, qui, étendue dans ſuffiſante quantité d'eau, fermente comme le vin doux, la Manne, le Miel, le Sucre & les Gommes.

Les végétaux fourniſſent encore des gommes-réſines, qui ſont diſſolubles par l'eau & par l'eſprit-de-vin; ce nom leur convient, puiſqu'elles paroiſſent être compoſées de deux ſubſtances, ſavoir, de gomme & de réſine : la Myrrhe eſt en partie réſineuſe, puiſqu'une grande portion ſe diſfout par l'efprit-de-vin ; mais elle contient auffi une partie gommeufe qui eft diffoluble par l'eau : les extraits de quantité d'écorces font diffolubles , & par l'eau , & par l'efprit-de-vin; l'extrait de Rhubarbe eft de ce genre ; on retire de cette fub-ftance , ainfi que du Quinquina , de la Cannelle , du Safran , de la Squine , &c, les mêmes fubftances par l'eau & l'efprit-de-vin.

A l'égard des parties colorantes des végétaux, dont les Teinturiers font un fi grand ufage, & qui font confondues dans les extraits, les unes peuvent être diffoutes par l'eau, d'autres par l'efprit-de-vin, d'autres par les fels alcalis, fixes ou volatils.

Les feuilles d'Iris donnent à l'efprit-de-vin une belle couleur verte, mais qui n'eft pas permanente ; la Gaude, le Sa-fran, la Géniftrole donnent une couleur jaune à l'eau; les fels alcalis dévelopent la couleur du Safranum ; la fubftance colorante du vin eft également diffoluble par l'efprit-de-vin & par l'eau.

Outre les fubftances dont nous venons de parler, beaucoup de graines parvenues à leur maturité, rendent de l'huile par une fimple expreffion : la Noix, la Noifette, les Amandes, le Chénevis, la Graine de Lin, celle de Navette, de Colza, broyées ou pilées, & enfuite fortement exprimées, donnent beaucoup d'huile inflammable, qu'on appelle huile par ex-preffion. Quelques fruits rendent auffi de pareille huile, les Olives peuvent être données pour exemple, quand elles ont été broyées & exprimées. On voit nager beaucoup d'huile graffe fur une fubftance phlegmatique qui fort de ces fruits ; lorfque les Olives font trop vertes, elles ne donnent prefque que du phlegme, & un peu d'huile très-fine ; quand le fruit eft fort mûr, il donne beaucoup plus d'huile, mais elle eft moins parfaite.

Pour obtenir une plus grande quantité d'huile des graines ou des fruits parvenus à leur maturité, on arrofe le marc avec de l'eau bouillante ; car en même temps que la chaleur rend l'huile plus coulante, l'eau facilite la féparation de l'huile, qui à la vérité en eſt moins parfaite, parce que l'eau diſſout toujours quelque partie de la ſubſtance extractive.

Quand on diſtille l'huile d'olive ſans addition, on retire quel-que goutte d'huile liquide, enſuite un peu de phlegme acide; vient après un beurre, & il reſte dans la cornue très-peu de charbon.

La combinaiſon des ſels alkalis & de la chaux avec les hüiles, forme le ſavon. On peut faire une eſpece de ſavon volatil, en verſant de l'huile eſſentielle ſur un alkali bien ſec; à la longue ces ſubſtances s'uniſſent.

Comme il me ſuffit d'avoir prouvé que les ſubſtances gom-meuſes, réſineuſes & huileuſes, dont je viens de parler, exiſ-tent dans les végétaux, je penſe qu'il eſt inutile d'entrer dans de plus grands détails ſur l'analyſe chymique de ces différen-tes ſubſtances conſidérées en particulier; il ſuffit, pour avoir une idée de l'altération de ces ſubſtances contenues dans le bois, qu'on ſache en général: 1°, que les huiles par expreſſion, ainſi que les huiles eſſentielles & les réſines, ne ſe mêlent point avec l'eau, ou au moins qu'elles ne s'y mêlent qu'en très-petite quantité, & qu'elles ne fermentent point, à moins qu'on ne les mêle avec d'autres ſubſtances (ᵃ): 2°, que les unes & les autres ſont inflammables: 3°, que les huiles eſſen-tielles & même les réſines, ſe diſſolvent dans l'eſprit-de-vin: 4°, que les huiles par expreſſion, & les gommes ne ſont point diſſolubles par cet eſprit: (ᵇ) 5°, que les gommes ſe diſſol-vent parfaitement dans l'eau: 6°, qu'en général, les corps mucides & inſipides ont une grande diſpoſition à fermenter & à tomber en putréfaction: 7°, que quand on diſtille les réſines & les huiles eſſentielles avec de l'eau, la partie la plus ténue s'éleve avec l'eau; mais que ſi l'on diſtille les huiles graſſes & les gommes avec de l'eau, alors rien ne s'éleve avec l'eau: 8°, que ſi l'on rectifie des huiles graſſes avec de la chaux ou

___

(*a*) Les huiles eſſentielles & celles par expreſſion ranciſſent; étant gardée·, elles deviennent fort âcres: elles ſouffrent donc une altération, mais qu'on ne peut pas appeller une vraie fermentation.

(*b*) Je crois néanmoins qu'une goutte d'huile par expreſſion, qui nage ſur l'eſ-prit-de-vin, s'incorpore à la longue dans cet eſprit.

d'autres fubftances abforbantes , elles en deviennent d'autant
plus ténues , qu'on répete plus de fois ces rectifications ; elles
deviennent plus diffolubles par l'efprit-de-vin , & auffi plus inflammables ; & ainfi elles acquierent quelques-unes des qualités
des huiles effentielles : 9°, que par la combinaifon de l'acide
du vitriol avec l'efprit-de-vin , on obtient quelque chofe de
fort approchant des huiles effentielles ou des fubftances réfineufes : 10°, que dans la fermentation vineufe , une partie de
l'huile des végétaux s'atténue & entre dans la compofition de
la partie fpiritueufe, & qu'une autre partie entre dans la compofition des fels tartareux dont je parlerai dans la fuite : 11°, qu'en
rectifiant avec l'eau de chaux les huiles empyreumatiques , on
obtient , après un grand nombre de rectifications , une huile
qui a perdu fa fétidité & qui tient beaucoup des huiles effentielles : 12°, que l'Anis pilé & exprimé , donne de l'huile par
expreffion ; en diftillant cette femence avec de l'eau, on retire une huile effentielle ; & quand on la diftille à la cornue ,
on obtient une huile empyreumatique ; il eft probable que ces
trois fubftances font en grande partie fournies par le fuc propre des plantes , combiné & uni avec des fubftances différentes.

Je terminerai cet article en faifant remarquer que les gommes , les réfines, les huiles par expreffion , & les huiles effentielles exiftent en nature dans les végétaux , puifqu'on les en
retire fans aucune opération chymique & fans le fecours du
feu ; il n'en eft pas de même des huiles empyreumatiques &
des extraits qu'on obtient par une forte coction ; mais ceux
qu'on obtient à la maniere de M. de la Garaye, ainfi que ceux
qu'on retireroit par une fimple infufion , ne peuvent gueres
être regardés comme des combinaifons nouvelles produites
par le feu. Les fubftances gommeufes peuvent , en perdant
leur humidité , contribuer à la dureté des bois ; les réfines
peuvent auffi contribuer à leur dureté ; on peut encore les regarder comme un baume confervateur qui s'oppofe à la corruption , ou comme un vernis qui empêche qu'ils ne foient
pénétrés par l'eau, ou enfin comme une fubftance aromatique
qui écarte plufieurs infectes.

ARTICLE IV. *Que les Plantes contiennent du phlegme.*

ON a dû voir dans le Traité de la *Physique des Arbres*, page 62 de la premiere Partie, que les végétaux contiennent beaucoup de lymphe: en effet, il y a des Plantes inodores, comme le Pourpier, le Plantain, qui en rendent une si prodigieuse quantité, par l'expression & par la distillation à feu lent, qu'on seroit tenté de croire qu'elles ne font presque que de l'eau: on verra dans la suite de ce Volume, qu'il s'en échappe des bois, à mesure qu'ils se dessechent, beaucoup plus qu'il n'est nécessaire, pour que la fermentation s'opere.

Outre la lymphe pure qu'on retire des végétaux, cette liqueur est mêlée en abondance avec toutes les autres substances: elle tient les gommes & les résines dans un état de liquidité; & à mesure qu'elle s'évapore, ces substances deviennent solides. La térébenthine & les baumes, en se desséchant, font des résines seches: l'huile d'olive abandonne difficilement son phlegme; mais les huiles que les Peintres emploient, celles de Lin, de Noix, d'Œillet, perdent à la longue leur phlegme, & elles deviennent très-seches; c'est par cette raison qu'on les nomme siccatives. Les Peintres augmentent encore cette propriété, en les faisant cuire avec un mélange de substance métallique.

La partie ligneuse devient plus dure & plus ferme en perdant son phlegme; nous en parlerons lorsque nous traiterons expressément du desséchement des bois; cependant il n'est pas hors de propos de dire d'avance, que les racines succulentes perdent, en se desséchant, à-peu-près les trois quarts de leur poids; que les tiges des mêmes Plantes en perdent les cinq sixiemes; & beaucoup de bois, les deux cinquiemes. Malgré ce desséchement, on retire encore beaucoup de phlegme quand on les distille, & beaucoup davantage quand on les brûle; ensorte que la somme du phlegme contenu dans une Plante est très-considérable.

La plupart des plantes étant diftillées à la cornue, donnent d'abord à une lente chaleur, du phlegme, enfuite une liqueur qui devient de plus en plus acide à mefure qu'on augmente le feu ; cette liqueur fe colore, & il paffe une huile empyreumatique qui devient de plus en plus épaiffe, au point d'être quelquefois, à la fin de la diftillation, plus pefante que l'eau ; il refte dans la cornue un charbon qui étant brûlé, donne une très-petite quantité de cendres.

Outre les fubftances que nous venons de dire qu'on retire des végétaux par la diftillation, ils fourniffent encore beaucoup d'air qui briferoit les vaiffeaux qui le contiennent, fi l'on ne prenoit pas certaines précautions pour éviter cet accident.

On dira fans doute qu'il y a beaucoup plus de parties fixes dans le bois que dans des plantes qui ont perdu les cinq fixiemes de leur poids par un fimple defféchement, ou qui ont fourni très-peu de cendres : pour prévenir cette objection, il eft bon de rapporter des expériences faites avec exactitude.

§. I. *Premiere Expérience.*

Trois pouces cubes d'excellent bois, cœur de Chêne, confervé depuis un an fous un hangard, & pefant dix-neuf onces, ont été réduits en petits copeaux, & diftillés dans une cucurbite de verre, au bain de fable, avec une livre d'eau de fontaine diftillée : il a paffé dans le récipient une livre fept onces & demi de liqueur ; voilà déja fept onces & demi de feve que le bois a fourni, quoique ce bois abattu depuis plus d'un an fût affez fec ; il eft venu enfuite un gros & demi d'huile empyreumatique, couleur de Karabé ; c'eft tout ce que le bain de fable a pu dégager : la tête morte s'eft trouvée de 48 gros 20 grains. Le produit de la diftillation n'ayant été que de 61 gros 36 grains, & la tête morte ne pefant que 48 gros 20 grains, ce qui fait 109 gros 56 grains, il s'eft trouvé 42 gros 16 grains diffipés entiérement, mais qu'on ne peut pas regarder comme faifant portion des parties folides. On a vivement

calciné

calciné cette tête morte dans un creuſet, pour la réduire en cendres ; ces cendres n'ont peſé qu'un gros 8 grains, qui contenoient 6 grains trois quarts de ſel. Voilà 10944 grains d'un bois abattu depuis un an, qui ſe trouve réduit à un gros 8 grains de parties ſolides ou au moins fixés, & 6 grains trois quarts de ſel fixe.

§. 2. *Seconde Expérience.*

Un ſolide pareil du même morceau de bois abattu depuis un an, après avoir reſté quatre mois dans une chambre chaude & ſeche, n'a peſé que 14 onces, au lieu que l'autre en peſoit 19 : ces 14 onces de bois diſtillées à la cornue, ont rendu 5 onces d'une eau ambrée, & trois gros & demi d'huile fétide & épaiſſe ; la tête morte s'eſt trouvée peſer 4 onces un gros & demi ; les cendres peſoient un gros, & elles ont rendu 6 grains de ſel : ces produits ſont tous un peu plus foibles que dans la premiere expérience, ce qui me fait croire qu'il y avoit un peu moins de bois, quoiqu'on ait apporté dans ces expériences toute l'exactitude poſſible.

§. 3. *Troiſieme Expérience.*

Un pareil ſolide de même bois abattu en Janvier 1731, qui avoit reſté dans un lieu chaud & ſec depuis le 16 Décembre 1732, juſqu'au 16 Avril 1733, s'eſt trouvé peſer une livre ; diſtillé à la cornue au feu de réverbere, il a rendu 2 onces 6 gros un ſcrupule d'eau jaunâtre ; plus, une once deux ſcrupules d'eau rougeâtre ; plus, 3 gros 6 grains d'huile empyreumatique épaiſſe ; la tête morte a peſé 6 onces, les cendres 2 gros : elles ont rendu 6 grains de ſel.

§. 4. *Quatrieme Expérience.*

La même quantité de bon bois de chêne abattu dans le mois de Janvier 1730, ayant reſté depuis le 16 Décembre 1732, jufqu'au 22 Avril 1733, dans un appartement chaud & fec, a pefé neuf onces; diftillée à la cornue, elle a rendu 2 onces 2 gros d'eau ambrée; plus, 2 onces une dragme d'une liqueur rouge; enfin 4 gros d'huile empyreumatique; la tête morte a pefé 4 onces, les cendres un gros; elles ont produit 4 grains & demi de fel: il paroît que ce bois étoit plus fec, & qu'il n'étoit pas de fi bonne qualité que celui des expériences précédentes.

§. 5. *Cinquieme Expérience.*

Un cube de trois pouces de bois de chêne très-ancien, abattu depuis huit à dix ans, confervé à couvert & fans avoir jamais été mis dans l'eau, ayant féjourné dans une chambre chaude & feche, depuis le 16 Décembre 1732, jufqu'au 27 Avril 1733 : les copeaux de ce morceau de bois pefoient 15 onces; diftillés comme les autres à la cornue, ils ont rendu 2 onces & demi-gros d'une eau légérement ambrée, puis 2 onces 5 gros d'une liqueur rouffe, obfcure & empyreumatique; la tête morte pefoit 5 onces & demie, les cendres 2 gros, qui ont rendu 8 grains de fel.

§. 6. *Sixieme Expérience.*

Un autre cube de 3 pouces, bois de chêne, qui après avoir été mis dans l'eau, en avoit été retiré depuis deux ans, & qui avoit refté à l'air depuis 1719, & renfermé dans une chambre chaude & feche, depuis le 16 Décembre 1732, jufqu'au 28 Avril 1733, réduit comme les autres en copeaux, pefoit une livre : diftillé à la cornue, il a d'abord rendu 7 gros & demi d'une eau blanche, & enfuite 3 onces 5 gros d'une liqueur rougeâtre tranfparente; enfin 2 gros d'huile noire & fétide; la tête morte pefoit 6 onces & demi, les cendres un gros 2 fcrupules & 6 grains; la leffive a fourni 5 grains & demi de fel.

§. 7. *Septieme Expérience.*

Le 23 Mars 1738, j'ai pris un tronçon de bois d'un chêne qui venoit d'être abattu; après en avoir retranché l'écorce, j'ai enlevé de deſſous deux livres & demi peſant d'aubier, que j'ai réduit en petits éclats, dont chacun auroit pu faire cinq à ſix alumettes; je les ai mis dans une cornue de grais, & j'ai procédé à la diſtillation : après huit heures de diſtillation, ces deux livres & demi d'aubier m'ont fourni une livre 9 onces 5 gros, tant de phlegme que d'huile qui étoit en petite quantité; je n'ai trouvé dans la cornue que 6 onces 4 gros de charbon.

Comme il ne s'eſt trouvé en phlegme, en huile & en charbon que deux livres un gros, il y a eu 7 onces 4 gros d'air qui s'eſt diſſipé, ou d'humidité qui n'a pas été retenue par les luts.

§. 8. *Huitieme Expérience.*

J'ai pareillement diſtillé deux livres & demie du bois pris du cœur du même morceau; celui-ci a fourni, tant en huile qu'en phlegme, une livre huit onces; il s'eſt trouvé dans la cornue 7 onces 4 gros de charbon, ce qui fait en tout une livre 15 onces 4 gros; ainſi manque 8 onces 4 gros.

CONCLUSION.

Toutes ces expériences font voir très-ſenſiblement qu'il y a fort peu de parties vraiment ſolides & fixes dans un morceau de bois de chêne de la meilleure qualité; car le charbon des ſeptieme & huitieme expériences, ſe ſeroit réduit à bien peu de choſe ſi on l'avoit brûlé à feu ouvert : il eſt bon de remarquer que le bois du cœur de la huitieme expérience, a donné une once de plus de charbon que l'Aubier de la ſeptieme expérience, quoique l'un & l'autre aient été pris au poids & non pas à la meſure : ſi on les avoit pris de maſſe égale, la différence auroit été plus conſidérable.

Il semble néanmoins que le phlegme réduit à une certaine dose, est nécessaire pour la consistance du bois : lorsqu'il est chargé de trop d'eau, il n'a pas toute la dureté dont il est capable, & il a une grande disposition à fermenter ; mais nous ferons voir que quand il a perdu toute son humidité, il n'a plus de corps. Une gomme, une résine très-chargée d'humidité est fluide ; quand elle en est entiérement privée, elle est friable, & se réduit très-aisément en poussiere. Les fibres ligneuses qui ont perdu presque tout ce qu'elles ont de phlegmatique, n'ont presque plus de force : l'eau, en certaine quantité, attendrit les corps qu'elle pénetre, & leur donne une disposition prochaine à la fermentation ; mais en petite quantité, elle influe beaucoup sur leur dureté. Rendons ceci par une expérience.

J'ai pris de la chaux vive sortant du fourneau, je l'ai pesée, je l'ai ensuite éteinte dans une quantité d'eau connue ; j'en ai fait du mortier avec du ciment bien desséché : au bout d'un an ce mortier étoit très-dur ; je l'ai pesé, & son poids excédoit considérablement le poids de la chaux au sortir du fourneau, & celui du ciment sec : le mortier contenoit donc de l'eau, que la chaleur d'une étuve bien échauffée n'a pu lui enlever : il a fallu le calciner dans un creuset à un feu de forge très-vif, pour le ramener au poids de la chaux & du ciment ; mais alors le mortier n'avoit plus aucune consistance, & il se brisoit facilement entre les doigts. Cette expérience prouve très-bien, ce me semble, que l'abondance de l'eau que l'on emploie pour faire le mortier le rend très-mou ; & que réduite à une petite quantité, elle contribue à sa dureté lorsqu'il devient sec en apparence : ce que je viens de dire du mortier a son application au bois ; j'aurai plus d'une fois occasion de le prouver.

ARTICLE V. *Que les végétaux contiennent des acides.*

PRESQUE tous les fruits verds ont une saveur âcre : quelques-uns la conservent toujours, mais la plupart la perdent ; & entre ceux-là, les uns deviennent doux & sucrés,

& d'autres prennent de l'acidité ; de ce nombre font les Gro-
feilles , l'Epine - vinette, les fruits du *Cornus - mas*, les Ci-
trons , &c.

Les fruits de la vigne nous offrent des phénomenes encore
plus finguliers : immédiatement après que la fleur eft paffée ,
les petits grains font âcres ; étant devenus gros , le verjus eft
acide ; le raifin parvenu à fa maturité eft doux & fucré ; fon
fuc exprimé eft d'abord très-doux; en le diftillant on en retire
beaucoup de phlegme ; enfuite un fuc épaiffi, ou une efpece
d'extrait qui paroît être un firop femblable au fucre, dans lequel on apperçoit quelque chofe qui , par fon acidité , femble
tenir du tartre qui fe manifefte plus fenfiblement après les fer-
mentations : le vin doux fermente , & devient vineux ; en cet
état, il fournit, par la diftillation, de l'efprit ardent ; il fe forme
auffi un fel qui s'attache à l'intérieur des vaiffeaux qui contiennent le vin ; ce fel s'appelle du tartre. La fermentation continuant, l'acidité reparoît & fe montre très-fenfiblement dans
le vinaigre ; cet acide devient même très-puiffant quand on le
concentre par la gelée ou par la diftillation , comme quand
on fait le vinaigre radical ; car par la diftillation du vinaigre ,
on retire d'abord du phlegme , enfuite un acide qui devient
de plus en plus fort ; il refte dans la cucurbite du tartre qu'on
peut décompofer : une chofe finguliere , c'eft que quand le vin
aigrit , il diffout une partie du tartre qui s'étoit formé à l'intérieur des futailles. Ce que je dis ici du vin a en partie fon
application aux autres liqueurs fermentées , telles que le cidre,
la bierre, le vefou ou firop qu'on tire des cannes à fucre, &c.

L'acide végétal fe manifefte dans les feuilles de plufieurs
végétaux qu'on nomme *acefcents*; mais il ne fe montre pas
auffi fenfiblement dans les autres parties des plantes ; néanmoins il n'y a ni fleurs, ni feuilles, ni écorces, ni bois qui ne
donnent , par la diftillation à la cornue , une liqueur acide ,
principalement quand les plantes ont pris un certain accroiffement ; car les jeunes plantes font très-phlegmatiques , &
communément elles donnent moins d'acide que celles qui
font mieux formées ; quelquefois la feule macération augmente

la quantité du produit de l'acide végétal; l'acide domine encore dans la plupart des fels effentiels.

Quoique les acides très-concentrés arrêtent la fermentation & s'oppofent à la putréfaction, rarement l'acide eft-il affez concentré dans les végétaux pour réfifter à la fermentation; ainfi je ne crois pas que l'acide des végétaux contribue beaucoup à leur confervation, quoique les Plantes acefcentes n'aient pas à beaucoup près autant de difpofition que les *alkalefcentes*, à tomber en putréfaction.

Pour démontrer que les acides minéraux exiftent dans les Plantes, il nous fuffira de faire voir qu'on peut retirer les trois fels moyens d'une même plante : par exemple, le fuc dépuré de Bourroche donne du falpêtre & du fel marin : je n'y ai point apperçu de fels vitrioliques; mais il y a beaucoup de tartre vitriolé dans fon fel lixiviel, comme je le ferai voir en parlant des fels moyens que les Plantes contiennent. Il n'eft pas douteux que l'acide végétal & les acides minéraux dont nous venons de parler, font plus ou moins d'obftacle à la fermentation & à la corruption, fuivant qu'ils font plus ou moins concentrés ; mais ils ne le font jamais affez dans les Plantes pour la prévenir entiérement.

Article VI. *Que les Végétaux contiennent des fels.*

On peut retirer des végétaux; 1°, du fel effentiel; 2°, du fel volatil urineux ; 3°, différents fels moyens; 4°, des fels alkalis fixes. Nous allons démontrer dans autant de paragraphes particuliers la préfence de ces différentes fubftances.

§. 1. *Des Sels effentiels des Plantes.*

On pile les plantes fucculentes, ou feulement leurs parties les plus fucculentes; on en exprime le jus, on les laiffe enfuite repofer pour décanter la liqueur de deffus le marc que l'on paffe même par une étamine claire ; car on fait que ce fuc eft bien plus difpofé à fermenter quand on le laiffe fur fon marc;

que quand il eft dépuré : comme il eft important que ces fucs
ne fermentent pas , & que les fubftances muqueufes ont beaucoup de difpofition à fermenter, on dégraiffe avec de la chaux
ces fucs exprimés ; on les clarifie avec des blancs d'œufs ; &
après les avoir un peu concentrés , on les dépofe dans un lieu
frais pour faciliter la formation des cryftaux, & retarder la
fermentation. Ces fucs ainfi dépurés & clarifiés , donnent à la
longue des cryftaux qui fe raffemblent fouvent fous une peau
qui fe forme à la furface de ces liqueurs.

Les fucs des plantes les plus phlegmatiques, tels que celui qu'on retire de la Joubarbe, fourniffent un peu de cryftaux pareils ; mais les fucs des plantes acidules, telles que l'O-
feille , en donnent plus abondamment, parce que les Plantes
acefcentes ont moins de difpofition à fe corrompre. On ne peut
au contraire retirer qu'avec peine des fels effentiels des fubftances végétales qui abondent en huile graffe & en fucs vif-
queux, non plus que de celles qui font réfineufes, ou, fi l'on
fe propofe d'en obtenir, il les faut bien dégraiffer avec de l'eau
de chaux & des blancs d'œufs ; moyennant cette attention ,
le fuc des Plantes douces & muqueufes peut donner des
cryftaux : le fucre nous en fournit un exemple. Les plantes alkalefcentes, par exemple, le chou, le porreau, l'oignon, &c;
ne donnent point de fel effentiel, parce qu'elles ont trop de
difpofition à fermenter & à fe corrompre.

On nomme ces fels *effentiels* , parce qu'étant produits dans
le fuc même des plantes, & fans aucune autre préparation,
ils paroiffent être entiérement formés dans les végétaux, &
par cette raifon on a jugé qu'ils devoient contenir les principes
qui font l'effence de la plante ; il eft bon néanmoins de diftinguer entre les différents cryftaux qui fe forment dans les fucs
dépurés des plantes, ceux qui font véritablement fels effentiels des plantes, d'avec les fels moyens qui s'y trouvent mêlés ; car on y apperçoit des cryftaux de nitre & des cryftaux de
fel marin ; & quoique ces fels exiftent réellement dans les
Plantes , il eft bon de ne les pas confondre avec les fels véritablement effentiels : ceci s'éclaircira dans la fuite. Je ne

fâche pas qu'on ait retiré de ces fucs dépurés des fels moyens
vitrioliques, quoiqu'on puiffe démontrer la préfence de cet
acide dans les végétaux par le tartre vitriolé qu'on trouve
dans les cendres leffivées : feroit-ce à caufe de la grande affi-
nité qu'a cet acide avec les fubftances graffes, ou que la bafe
alkaline manqueroit ? J'en parlerai dans un inftant.

Junker prétend que les mêmes Plantes ne fourniffent pas
toujours du nitre, & il croit que cette différence vient de la
nature du terrein qui leur a fourni la nourriture. Quelques Auteurs qui ont écrit de la Phyfique des végétaux, ont penfé que
la feve devoit être réduite en vapeurs pour pouvoir paffer dans
les Plantes. Si cela étoit, le falpêtre, le fel marin, le tartre
vitriolé, &c, ne pourroient paffer en nature dans les Plantes,
puifque ces fels moyens ne s'élevent point dans les diftilla-
tions, & qu'ils reftent dans la cucurbite, fur-tout quand la diftillation eft conduite à petit feu ; mais comme nous avons prouvé dans notre Volume de la Phyfique des végétaux, qu'il y a
des teintures qui s'élevent fort haut dans les végétaux, il n'eft
plus furprenant que les fels moyens étant diffouts dans l'eau,
puiffent paffer tout formés dans les vaiffeaux des plantes.

Je penfe bien, par exemple, que dans un terrein très-
fumé, où l'on voit le nitre végéter de toute part, les Plantes
contiendront plus de ce fel que dans un autre endroit, & de
même des autres fels moyens qui probablement s'élevent dans
les Plantes avec la feve ; mais je crois que les mêmes fels
fe trouvent toujours dans toutes les efpeces de Plantes, qui
ont coutume de les contenir ; que tous les Kalis fourniffent
plus ou moins de fel marin ; le Tamaris & l'Abfynthe, des fels
vitrioliques ; la Pariétaire, le Coclearia, la Bourroche, la Lavande, &c, du nitre. Nous reviendrons fur la matiere de ces
fels neutres (a) ; je veux parler maintenant des fels qui méritent véritablement le nom de fels effentiels.

Les fels effentiels contiennent beaucoup de matiere graffe,
puifqu'ils brûlent quand on les met fur une pelle rougie au feu,

____

(a) Je fais actuellement des expériences pour éclaircir cette queftion qui affurément
mérite de l'être.

&c

& qu'ils donnent de l'huile fétide quand on les diſtille à la cornue. Entre les ſels eſſentiels, les uns ſont doux, & les autres ſont fort acides : tel eſt le ſel eſſentiel de l'oſeille.

Le ſucre de Cannes ou d'Erable qui a une ſaveur fort douce, eſt le ſel eſſentiel des Cannes ou de l'Erable (ᵃ), puiſqu'on le retire de la liqueur exprimée ou qui découle de ces Plantes, après qu'il a été clarifié, dépuré & concentré à un certain point : je crois qu'on pourroit retirer un pareil ſel eſſentiel de quantité de fruits qui ont une ſaveur ſucrée ; car je me rappelle que dans une année extrêmement chaude (en 1719), je trouvai du ſucre cryſtalliſé dans des grains de muſcat que je cueillois à une treille qui étoit expoſée au ſoleil du midi. On trouve auſſi des cryſtaux gras & mal formés dans les raiſins de paſſe qui ont été deſſéchés au ſoleil, & dans le raiſiné qui a été fait avec des raiſins fort mûrs ; on y trouve encore des cryſtaux acides qui ont de la reſſemblance avec le tartre crud. J'avoue que je n'ai pas pu réuſſir à tirer du ſucre grené, du jus des Prunes de Reine-Claude ; mais on ne doit pas être ſurpris du peu de ſuccès de mes expériences qui n'ont été faites qu'en petit, ſi l'on ſe rappelle toutes les clarifications & toutes les cuiſſons qu'il faut donner au ſuc de Cannes pour en obtenir le ſucre en grain, ſur-tout quand les Cannes ſont cueillies vertes (ᵇ).

Quelque douce que ſoit la ſaveur du ſucre, on en peut retirer par la diſtillation, & auſſi par la fermentation, un acide aſſez puiſſant ; mais comme l'abondance de la matiere graſſe empêche l'action de cet acide ſur les papilles de la langue, il n'y fait ſentir qu'une ſaveur agréable & douce : l'abondance de la matiere graſſe fait auſſi que le ſucre a une grande diſpoſition à fermenter, quand on l'étend dans ſuffiſante quantité d'eau, comme ſept à huit fois ſon poids. Le ſirop doux &

(ᵃ) Voyez la préparation du ſucre d'Erable dans notre Traité des *Arbres & Arbuſtes*, au mot, *Erable*.

(ᵇ) Je vois dans la traduction des Œuvres chymiques de M. Margraf qui viennent de paroître, que ce célebre Chymiſte a retiré de vrai ſucre de la Betterave, du Carvi, de la Carotte ; d'abord par le moyen de l'eſprit-de-vin très-rectifié, & enſuite par les moyens qu'on emploie pour retirer le ſucre de Cannes.

mucide du fucre acquiert par la fermentation une odeur vineufe ; alors on en peut retirer par la diftillation un efprit ardent : fi on laiffe continuer la fermentation , la liqueur vineufe
devient acide , & enfuite elle fe corrompt.

Je me fuis un peu étendu fur le fucre , parce que toutes
les liqueurs mucides , le Vin doux, le Cidre , le Poiré , le jus
des Cerifes , la Bierre , &c, éprouvent les mêmes altérations ;
& il n'eft pas douteux que ce que nous appercevons fenfiblement dans ces liqueurs raffemblées en grande maffe, s'opere
d'une façon moins fenfible dans le corps des végétaux , lorfque les circonftances font les mêmes , ce qui engage à penfer
que ces notions pourront jetter quelque jour fur l'altération
des bois.

Beaucoup de fels effentiels ont une faveur acide , quoiqu'on
les obtienne de fucs qui n'ont point fermenté ; cela vient de
ce qu'il n'y a pas affez de matiere graffe pour empêcher entiérement l'action de l'acide , qui apparemment fe trouve uni
en partie à un fel alkali & en partie à une fubftance graffe.

Le tartre qui s'attache à l'intérieur des futailles qui ont été
remplies de vin , a beaucoup des propriétés du fel effentiel ;
néanmoins je n'oferois affurer que ce fel exiftât dans les raifins, d'autant qu'il n'eft qu'une fuite de la fermentation , &
que les cryftaux que j'ai trouvé qui s'étoient formés dans des
grains de mufcat , ou ceux qu'on trouve dans les raifins de
paffe font doux & fucrés , au lieu que le tartre eft acidule.
Il m'a néanmoins paru qu'il y avoit dans le raifiné des grains
tartareux , fur-tout quand ce raifiné a été fait avec des raifins un
peu verds ; mais j'avoue auffi que je n'ai pas examiné avec affez
d'attention ces grains pour en pouvoir caractérifer la nature.

Quoi qu'il en foit , le tartre du vin contient beaucoup de
matiere graffe ; il a une faveur acide , & il s'excite une grande
effervefcence quand on le combine avec le fel de tartre , le
fel de foude , ou les fubftances terreufes que le vinaigre peut
diffoudre , comme on le voit quand on fait le fel végétal ou
le fel polychrefte de la Rochelle.

A Montpellier , on parvient à enlever au tartre partie de fon huile la plus grossiere, & la partie colorante du vin, en employant une terre grasse, blanche & indissoluble par les acides, ce qui fait la crême de tartre. Si, au lieu de cette terre, on en emploie toute autre qui soit dissoluble par les acides, telle que la craie, la chaux, ou un sel alkali, l'acide du tartre dissolvant & s'appropriant ces terres, forme un sel moyen qu'on nomme le *Tartre soluble ;* si l'on verse sur ce sel de l'acide vitriolique, il se charge de la substance alkaline qu'on a combinée avec le tartre qui alors se précipite.

Quand, au moyen de la calcination, on a privé le sel de tartre de sa matiere grasse & d'une grande partie de son acide, il reste une terre qui est fort chargée de sel alkali fixe : si, au lieu de brûler & de calciner le tartre dans des vaisseaux ouverts, on le distille dans une cornue, on en retire beaucoup d'huile très-fétide, beaucoup d'acide, & ensuite un peu de volatil urineux ; mais si par l'embrasement en plein air, on brûle ou le tartre, ou une plante ou son extrait, on détruit tous les produits de la distillation ; le charbon même se décompose, & il ne reste plus qu'une cendre dont on retire les sels lexiviels.

On peut conclure de ces expériences, que le tartre du vin est un sel savoneux, formé par beaucoup de substance grasse, unie en partie à un acide approchant de la nature du vinaigre, en partie à un sel alkali fixe, & en partie à une terre absorbante. Si l'on joint l'acide du vinaigre avec le sel alkali du tartre, on fait à la vérité un sel moyen savoneux, qu'on appelle *terre foliée de tartre ;* mais ce sel est fort différent du tartre, parce qu'il y manque la terre du tartre, & une huile qui est plus épaisse dans le tartre crud que dans le vinaigre.

Si l'on verse de l'acide vitriolique sur la terre foliée, elle se décompose, & on retire un peu d'esprit inflammable & du vinaigre radical.

Si l'on humecte la plupart des sels essentiels, & qu'on les tienne dans un lieu tempéré, ils fermentent, comme j'ai dit que faisoit le sucre ; ils passent à la putréfaction, & alors ils donnent plus de sels volatils & moins de sels fixes.

D ij

Les fels de M. de la Garaye font des extraits fort chargés du fel effentiel des plantes qu'il employe pour fes opérations ; ce qui prouve que les fels effentiels peuvent être emportés de l'intérieur des végétaux, lorfque les Plantes féjournent dans l'eau, fur-tout dans une eau courante : parlons maintenant des fels volatils urineux.

§. 2. *Qu'on retire des Plantes des Sels volatils urineux, & peut-être auffi des Sels ammoniacaux, mais en petite quantité.*

Si au lieu de dépurer les fucs, on fe contente de piler les Plantes, leur marc excite puiffamment la fermentation : quelques Plantes même paffent très-promptement par les différents états de la fermentation, d'abord vineufe, puis acide, & enfin putride ; d'autres Plantes tombent tout-à-coup en putréfaction ; c'eft alors que le volatil urineux fe fait appercevoir.

Par la putréfaction, l'union, le tiffu, la couleur, l'odeur & le gout des corps eft détruit. En général, les parties des animaux ont plus de difpofition à la pourriture que celles des végétaux ; cependant tous les végétaux tombent plus ou moins promptement en pourriture : les Plantes alkalefcentes, telles que les cépacées, les cruciferes, tendent immédiatement à la putréfaction, fans paffer fenfiblement par les autres états de la fermentation ; au lieu que les acefcentes paffent en premier lieu par la fermentation acide, avant que d'arriver à la putridité. Il fuit de ce que nous venons de dire, que plufieurs Plantes fourniffent fur le champ des fels volatils urineux, & fans avoir été macérées ; le Paftel, par exemple, & les Plantes du genre des cruciferes, répandent une odeur de fel volatil urineux prefque auffi-tôt qu'elles ont été pilées ; & c'eft pour cette raifon que l'eau qu'on en retire par la diftillation, fermente avec l'efprit de fel. Le Cocléaria & les Plantes cruciferes donnent, par la diftillation, beaucoup d'alkali volatil, & une huile qui en eft très-chargée.

Si l'on diftille de la graine de Moutarde, elle donne d'abord du phlegme chargé d'alkali volatil, enfuite une liqueur acide, puis de l'huile fétide, enfin du fel volatil concret. Ces différents produits viennent de ce que cette graine n'eft pas un corps homogéne : l'amande n'eft pas alkaline, & fon écorce l'eft. Pour s'en affurer, il fuffit de verfer fur de la graine de Moutarde en poudre, de fort vinaigre ; on remarquera une effervefcence affez vive, femblable à celle qui réfulte du mélange d'un acide avec une fubftance alkaline; & comme le fel alkali de la graine de Moutarde eft volatil, ce qui eft prouvé par les produits de la diftillation, on a penfé que l'alkali volatil, eft le fel effentiel de plufieurs Plantes, principalement du genre des cruciferes. En effet, dans les Plantes alkalefcentes, on a peine à découvrir de l'acide, & l'acide fe montre abondant dans les plantes acefcentes ; néanmoins, comme c'eft une regle affez générale que les fubftances putréfiées font de nature alkaline (a); que le fel volatil des Plantes ne fe développe que quand la fermentation a été continuée jufqu'à la putréfaction ; & comme alors on ne peut plus obtenir de fel effentiel ; il feroit affez naturel de foupçonner que le fel alkali volatil des Plantes eft formé des débris du fel effentiel ; & en ce cas on pourroit dire que les Plantes qui donnent fi promptement des marques d'alkali volatil, ont une telle difpofition à fermenter, qu'elles tombent en putréfaction prefque auffi-tôt qu'elles font pilées.

Je ne fai pas d'autre moyen que celui de la diftillation, pour retirer le fel alkali volatil des Plantes, lorfqu'il a été fuffifamment développé par la fermentation. Si l'on diftille à la cornue quelques Plantes très-chargées de fel volatil, par exemple du Paftel, une chaleur très-modérée & moindre que celle qu'il faut pour faire bouillir l'eau, enlevera une liqueur très-chargée de fel alkali volatil : on ne peut pas foupçonner qu'un pareil degré de chaleur foit capable de produire ce fel ;

(a) M. de Réaumur dit qu'ayant fait fécher des feuilles de vigne, il verfa deffus des acides qui n'exciterent aucune effervefcence; mais qu'ayant fait pourrir & enfuite fécher ces feuilles, il verfa deffus les mêmes acides qui exciterent une vive effervefcence.

il peut feulement dégager celui qui eft tout formé : en augmentant le feu, l'alkali volatil continue à paffer ; mais l'alkali
eft mêlé avec une huile légere : fi l'on continue à augmenter
encore le feu, il s'élevera une huile empyreumatique , &
encore du fel alkali volatil concret, qui s'attache aux parois
du récipient. Comme ce fel concret ne fe dégage que par un
feu affez actif, on a cru qu'il fe formoit pendant la diftillation,
& qu'il étoit le réfultat d'une nouvelle combinaifon opérée
par le feu ; ce qui appuieroit le fentiment de ceux qui penfent que le fel volatil eft produit par les débris du fel effentiel : en ce cas on diroit que l'alkali combiné avec une fubftance graffe, formeroit un fel favoneux, & que ce fel dé-
barraffé d'une partie de fon huile, paroîtroit fous la forme d'un
alkali volatil, qui, comme on fait, contient plus de matiere
graffe que les alkalis fixes : quelquefois il s'éleve auffi dans
la diftillation un fel ammoniacal (a). Ces produits ne font pas
oppofés au fentiment de ceux qui regardent le fel volatil
comme auffi naturel aux Plantes, que les fels effentiels dont
nous avons parlé d'abord.

Si l'on a fait attention qu'une très - petite chaleur a élevé
une liqueur alkaline, & qu'il a fallu un feu affez vif pour faire
paffer dans le récipient le fel volatil concret, je ferai remarquer qu'il en eft de même dans la diftillation du fel ammoniac.
Une très-petite chaleur fait paffer l'efprit volatil en forme liquide ; & il faut une chaleur plus vive pour dégager le fel
volatil concret : d'où vient cela ? c'eft que le volatil urineux
ne paffe, comme je l'ai démontré dans les Mémoires de l'A-
cadémie, qu'à l'aide d'une fubftance à laquelle il eft joint :
cette fubftance eft de l'eau dans les efprits volatils liquides ;
& il ne faut, pour l'enlever, qu'un degré de chaleur à peine
fuffifant pour la diftillation de l'eau ; au contraire dans le fel
volatil concret, le volatil urineux doit volatilifer une fubftance terreufe, ce qui exige un feu plus actif.

(a) Je n'ai point de preuve certaine de l'exiftence du fel ammoniac dans les vé-gétaux ; le fel concret qui me paroiffoît être ammoniacal, étoit en trop petite quantité, pour que j'aie pu faire les expériences qui auroient pu me décider fur ce point.

Les Plantes qui ont donné, même abondamment, du sel volatil, ne laissent pas de fournir du sel alkali fixe: on prétend que c'est en moindre quantité; c'est ce que je n'ai pas examiné avec assez de soin; mais je suis disposé à le croire.

Puisque les sels volatils ne se manifestent dans presque toutes les Plantes qu'à l'aide de la putréfaction; bien loin de regarder ce sel comme capable de contribuer à la durée des substances végétales, on doit craindre un commencement de pourriture quand l'odeur de volatil urineux se manifeste.

§. 3. *Qu'on peut retirer des Végétaux différents Sels moyens & des Sels alkalis fixes avec de la terre.*

Nous avons déja dit que les sucs dépurés des Plantes fournissent plusieurs sels moyens, sans qu'on soit obligé d'employer le feu pour les obtenir; néanmoins cet agent qui en détruit plusieurs, sert très-utilement pour en obtenir d'autres. Il est vrai qu'alors on n'est pas certain que ces sels existent dans les Plantes, & on peut soupçonner qu'ils sont le résultat de nouvelles combinaisons qui se sont formées à l'occasion de la combustion; ainsi nous n'oserions assurer que les sels dont il va être ici question, existent tout composés dans les végétaux, comme le paroissent être les sels essentiels dont nous avons parlé en premier lieu, ainsi que le sel marin & le nitre, qui se crystallisent quelquefois avec les sels essentiels: cela supposé, examinons ce qui se passe dans les Plantes qu'on brûle.

Il s'échappe beaucoup de fumée du bois qui se consument dans les cheminées: quand cette fumée est blanchâtre, elle excite peu de cuisson aux yeux & à la poitrine, parce qu'elle est fort chargée d'eau; quand cette premiere fumée est dissipée, des vapeurs plus brunes & moins denses, se font sentir plus cuisantes aux yeux & à la poitrine, parce qu'elles contiennent beaucoup de sel volatil & de l'huile empyreumatique; enfin la vapeur du charbon qui n'est presque que du phlogistique, est très-suffoquante.

Comme une partie de la fumée s'attache aux parois intérieurs des tuyaux de cheminée où elle forme la fuie, nous
pouvons, par l'examen de cette fubftance, connoître ce qui
s'échappe des végétaux qu'on brûle. En diftillant la fuie à la
cornue, on reconnoît qu'elle eft formée, 1°, par l'humidité
du bois; 2°, par une portion graffe, huileufe & encore inflammable qui y eft fort abondante; 3°, par un fel volatil, partie liquide, partie concret, &, dans certains cas, en partie ammoniacal; 4°, par une petite portion de terre fine qui a été enlevée par les fubftances volatiles. Voilà une idée de la décompofition qui fe fait du bois par la combuftion. Ce n'eft pas tout:
l'examen de la fuie ne nous offre que les parties les plus grof-
fieres & les moins deftructibles; les plus fubtiles fe diffipent,
fans qu'il en refte rien dans la fuie; une portion produit de
l'air élaftique, & fe mêle avec celui de l'atmofphere; le phlogiftique qui fe trouve dégagé d'autres fubftances, fe diffipe entiérement, & emporte avec lui plufieurs fubftances : donnons-
en un exemple.

Si l'on brûle avec attention certaines plantes defféchées,
par exemple, un rameau de Lavande; on apperçoit fenfiblement la détonnation du nitre, qui fufe & fe fixe au
moyen de la partie charbonneufe de la plante qui brûle. Le
nitre fe décompofe donc dans la combuftion? Son acide fe
détruit, & fournit quantité d'air élaftique : donc il ne faut pas
efpérer de le trouver dans les cendres des plantes, quoique
ce fel fe foit montré dans le fuc dépuré de quelques-unes;
mais il doit réfulter de la décompofition de ce fel, un fel alkali fixe qui fe trouvera dans les cendres, ainfi qu'il réfulte
un vrai alkali fixe du nitre qu'on a fait détonner fur des charbons embrafés.

On voit déja que dans la combuftion des végétaux, les
fubftances onctueufes, huileufes & graffes, fe diffipent de
même que les fels volatils; la partie graffe des fels effentiels,
l'acide du nitre & le phlegme fe diffipent, de forte qu'il ne
doit refter dans les cendres des végétaux, que les fubftances
qui font affez fixes pour réfifter à l'action du feu; & ces fub-

ftances

ftances doivent fe manifefter d'autant plus aifément , que l'embrafement les a débarraffées du fyrupeux , du muqueux , de l'huileux , qui les rendoient difficiles à appercevoir dans les fucs dépurés.

Quand donc après avoir brûlé à feu ouvert une grande quantité de certaines efpeces de plantes , & qu'on en a calciné les cendres dans un vaiffeau évafé , on verfe, à plufieurs reprifes, de l'eau chaude fur ces cendres, pour les bien édulcorer & diffoudre tous les fels ; on filtre enfuite la leffive , & on l'évapore lentement ; auffi-tôt qu'il fe forme une petite pellicule, on tranfporte le vafe dans un lieu frais pour faciliter la formation des cryftaux; & à mefure qu'il s'en forme, on tranfvafe la liqueur pour avoir féparément les différents fels : par ce moyen on retire des cendres de différentes plantes , tantôt du tartre vitriolé , tantôt du fel marin , & je crois quelquefois du fel de Glauber (ᵃ) ; mais après toutes ces cryftallifations, la liqueur qui refte étant évaporée à ficcité, fournit du fel alkali fixe.

Il n'eft point étonnant qu'on ne trouve point de nitre dans ces cendres ; nous avons dit que l'acide nitreux fe diffipoit dans la combuftion : on ne doit point non plus être furpris de trouver dans ces cendres du fel marin , puifque ce fel qui s'eft manifefté dans les fucs épurés de plufieurs plantes , ne peut pas être décompofé , comme le nitre, par l'action du feu ; il fe pourroit bien faire qu'une portion de ce fel qui fe trouveroit favonneux & très-gras , laifsât échapper fon acide ; mais le fel marin bien formé , réfifte à des feux très-violents fans fe décompofer , & c'eft probablement celui qu'on retire des cendres.

Il eft plus fingulier qu'on retire de ces cendres du tartre vitriolé & du fel de Glauber ; 1°, parce que, comme nous l'avons dit, on n'en apperçoit point de veftige dans les fucs dépurés (ᵇ);

______

(a) Je crois avoir autrefois retiré du fel de Glauber de quelques plantes , particuliérement de celles du genre des kalis ; mais comme il y a long-temps que j'ai fait ces analyfes , je n'oferois maintenant affurer le fait.

(b) Je ne ferois point furpris que quelque Chymifte eût trouvé du tartre vitriolé

E

2°, parce que les sels vitrioliques se décomposent, lorsqu'ils font calcinés avec des substances grasses ; dans ce cas ils forment, avec le phlogistique, un *hépar sulphuris*, dont le moindre acide précipite le soufre ; & en effet il y a des cendres qui, après avoir été humectées, répandent une odeur *d'hépar* très-sensible ; mais comme on n'ajoute point d'acide pour précipiter le soufre, le phlogistique doit se dissiper dans la calcination, & laisser le tartre vitriolé seul.

Il reste donc à éclaircir une question qui se réduit à savoir si les sels vitrioliques existent tout formés dans les plantes : en ce cas il faudroit que la matiere grasse dans laquelle ils se trouvent embarrassés, empêchât de les appercevoir. L'autre membre de la question consiste à savoir si ces sels se font composés dans le temps de la combustion ; & cela pourroit être, si l'on suppose que l'acide vitriolique étoit uni dans la plante avec une substance huileuse, & qu'il formoit avec elle quelque chose d'approchant des gommes ou des résines ; car l'acide étant abandonné par la substance huileuse, se seroit jetté sur le sel alkali fixe qu'il auroit trouvé dans les cendres ; & ce qui pourroit donner quelque probabilité à cette conjecture, est que j'ai retiré des cendres du Genevrier, qui est une plante résineuse, beaucoup de tartre vitriolé, & très-peu de sel alkali fixe.

Tous les Chymistes conviennent que le sel alkali fixe qu'on retire des cendres des végétaux, est l'ouvrage du feu ; mais les uns pensent qu'il n'existoit pas dans les plantes avant qu'elles fussent brûlées, qu'elles contenoient seulement les matériaux propres à le former, & qu'il est produit par la combinaison d'une portion d'acide, avec une certaine quantité de terre, le tout lié par un peu de phlogistique : d'autres croyent que le sel alkali résulte des débris des sels essentiels, ou des sels moyens qui existoient dans les plantes, & qui ont pu être décomposés par le feu.

dans le suc dépuré de certaines plantes ; mais je n'y en ai jamais apperçu, quoique ce sel moyen se trouve abondamment dans les cendres d'un très-grand nombre de plantes.

our établir clairement la légere différence qui fe trouve
e ces deux fentiments, jettons un coup d'œil fur la dé-
pofition du nitre par le charbon, ce que les Chymiftes
:llent la fixation de ce fel. Si l'on envifage le nitre comme
out compofé d'un acide, de phlogiftique & d'une terre,
lira que dans la déflagration du nitre avec les fubftances
bonneufes, la plus grande partie du phlogiftique & de
de s'eft diffipée, pendant, qu'au moyen du mouvement
, une petite portion de ce même acide & du phlogiftique,
,t pénétré plus intimement la fubftance terreufe, le fel
li ou le nitre fixé s'eft formé. Mais fi l'on confidere le nitre
me un fel moyen compofé d'un acide & d'un fel alkali
, alors on dira que le fel alkali fixe exifte tout formé dans
tre, & que la déflagration avec le charbon, le fait paroître,
mportant l'acide qui faifoit avec la bafe alkaline un fel
en. Il eft vrai qu'on peut pouffer plus loin la décompo-
1, puifqu'à force de calcinations & de filtrations, on peut
ire le fel alkali en terre, en-lui enlevant la touche d'acide
: matiere graffe qui le conftituoit fel.

n voit que dans l'une & l'autre de ces hypothefes, les
alkalis doivent leur formation au feu, foit qu'il réfulte
e nouvelle combinaifon de la terre avec un peu d'acide
e phlogiftique, foit que le feu ait opéré une décompofi-
qui ait fait paroître le fel alkali que différentes fubftances
echoient de reconnoître : dans l'un & l'autre cas, c'eft
»urs à la violence du feu que les fels font redevables de
; propriétés alkalines.

ntre les célebres Chymiftes qui ont foutenu que les fels
is fixes fe formoient dans la combuftion, les uns ont dit
fi l'on enlevoit la partie graffe des végétaux par l'efprit-de-
on ne retireroit plus de fel alkali ; & les autres ont affuré
la même chofe arrivoit, fi l'on emportoit par des décoc-
s réitérées tout ce qui pouvoit être diffout par l'eau. Le
de fel qui fe trouve dans les cendres de bois flotté, eft
preuve de la vérité de cette derniere affertion ; mais d'a-
l, l'eau peut diffoudre dans les plantes tout ce qui eft de

falin & de favonneux: l'efprit-de-vin diffout auffi très-bien
les fubftances favonneufes, & même une partie des fels quand
ils font fort gras. Ainfi ceux qui attribuent l'origine des fels
alkalis à la décompofition des fubftances falines, difent qu'il
n'eft point furprenant que les végétaux ne fourniffent point
de fels alkalis, quand on les aura privés des fubftances qui les
contenoient, ou qui étoient néceffaires pour les faire paroître :
il y a plus, M. Bourdelin, après avoir paffé plufieurs fois de
l'efprit-de-vin fur de la fciure de bois, en a encore retiré du
fel alkali.

Une des plus fortes preuves qu'on ait rapportées pour établir
que le fel alkali eft tout formé dans le nitre ; c'eft qu'en ver-
fant de l'acide nitreux fur le nitre fixé, on régénere un vrai
nitre tout-à-fait femblable à celui qu'on avoit décompofé ; &
ce nitre régénéré, qui ne differe en rien du premier, a fûrement pour bafe un fel alkali fixe. Joignons à cela, que fi l'on
verfe de l'acide nitreux fur du fel de foude, on obtient un
nitre cubique, qu'on peut faire détonner par les charbons &
le fixer. Or l'alkali qu'on retire des cendres de la foude, n'eft
point de la nature du nitre fixé ; mais il conferve les caracteres
du fel alkali de cette plante ; donc la combuftion n'a point
formé un fel alkali, mais elle a feulement emporté l'acide nitreux qui formoit les fels moyens ; un nitre en aiguilles, fi la
bafe étoit de la nature du fel de tartre ; & un nitre quadrangulaire, fi la bafe étoit de la nature du fel marin.

Quoi qu'il en foit, l'exemple de la décompofition du nitre
par les fubftances charbonneufes, a fait penfer à plufieurs Chymiftes que tout le fel alkali qu'on trouve dans la leffive des
cendres, vient de la décompofition & de la fixation du nitre
qu'elles contenoient. Mais plufieurs raifons pourroient faire
douter que tout le fel alkali fixe qu'on trouve dans les cendres
des végétaux, foit dû à la décompofition de ce feul fel, quoique perfonne ne puiffe révoquer en doute, que le nitre qu'on
a apperçu dans les fucs épurés, & qui s'eft fixé dans la combuftion, ne doive fournir une portion de ce fel alkali ; mais
puifqu'on fait que les fels alkalis fe peuvent unir avec des

fubftances graffes pour faire des favons, pourquoi les fels effentiels favonneux, qui ne font point de la nature du nitre, ne
contribueroient-ils pas par leur décompofition à la production
du fel alkali ? fur quoi nous allons faire quelques remarques.

1°, On fait que quatorze onces de falpêtre étant fixées avec
environ fept à huit onces de charbon, ne donnent que deux
onces de fel alkali fixe; ce qui fait appercevoir qu'il faudroit
fuppofer dans les plantes une grande quantité de nitre, pour
obtenir de ce feul fel la quantité de fels alkalis fixes que leurs
cendres fourniffent.

2°, Il y a des Plantes qui ne montrent point de nitre dans
leurs fucs dépurés, qui ne donnent point de fignes de détonnation quand on les brûle, & dont les cendres néanmoins contiennent du fel alkali.

3°, Quand on brûle du tartre crud, on n'apperçoit aucune
détonnation ; ainfi, s'il y a du falpêtre dans ce fel, il doit être
en petite quantité ; néanmoins les cendres du tartre fourniffent beaucoup de fel alkali fixe, & très-peu ou même point
de fels moyens. L'alkali du fel de tartre, non-feulement ne fe
cryftallife point, mais même, lorfqu'on l'a defféché fur le feu,
à peine eft-il refroidi, qu'il fe charge de l'humidité de l'air,
& qu'il fe réfout en liqueur; ou, comme difent les Chymiftes,
il tombe en *deliquium* : cependant il fe forme quelquefois dans
ce fel quelques cryftaux prifmatiques qui font alkalis ; mais cela
arrive quand il fe trouve combiné avec le phlogiftique, de la
même maniere que quand les charbons n'étant pas encore confu-
més, on acheve de calciner les cendres dans un creufet profond.

Quand on brûle de la lie de vin, outre le fel alkali, on retire du tartre vitriolé.

Les expériences que je viens de rapporter me font foupçonner que dans le tartre crud, le fel alkali fixe eft uni à beaucoup de fubftances graffes & à l'acide végétal, qui lui-même
eft fort gras; & que quand le feu a enlevé à ce fel favonneux, & fon acide végétal & toute fa fubftance graffe, il ne
refte que le fel alkali fixe. Ce que nous venons de dire du tartre,
peut s'étendre à d'autres fels favonneux.

4°, Ce qui pourroit faire penfer encore qu'une partie du fel alkali qu'on retire des cendres leffivées , vient de la décompofition des *fels* favonneux, c'eft qu'on retire de plufieurs plantes , par exemple , du kali , beaucoup d'un fel alkali fixe qui n'eft point de la nature de la bafe du nitre, mais de celle de la bafe du fel marin , ou du *natrum* des Anciens , ou de ce qui fait la grande partie du borax : ce fel fe cryftallife aifément , il ne tombe point en *deliquium* ; mais placé dans un lieu fec , il fe réduit en farine, & il reprend une forme cryftalline quand on y ajoute de l'eau. Or ce fel ne peut réfulter de la décompofition du nitre , à moins qu'on ne fuppofât que le nitre de ces plantes fût quadrangulaire , & qu'il eût pour bafe celle du fel marin ; mais cette fuppofition feroit fans fondement , fi , comme je le crois, les cryftaux cubiques qu'on retire en affez grande quantité du fuc dépuré de ces plantes ne fufent point fur les charbons, mais qu'ils y décrépitent; il fuivroit delà , que la grande quantité de fels fixes qu'on retire des cendres du kali , devroit réfulter de la décompofition du fel marin. Je ne dis pas que l'embrafement ne puiffe en dégager un peu d'acide, à caufe de la matiere graffe dont le fel marin eft pénétré dans la plante ; mais la plus grande partie de ce fel doit refter , & il refte en effet dans les cendres fans être décompofé. J'ajoute , pour le prouver ; 1°, que les cendres de la bétoine bien calcinées , m'ont donné beaucoup de fel marin & peu de fels alkalis ; & que la foude de Varec, qui eft une plante fort chargée de matiere graffe, n'eft prefque que du fel marin ; fon eau-mere qui eft peu abondante, donne, avec l'acide vitriolique, du fel de Glauber. Ces faits prouvent que dans l'embrafement & la calcination de ces deux plantes , il s'eft peu décompofé de fel marin. D'où vient donc cette quantité de fel alkali fixe qu'on retire de la bonne foude de kali ? Je foupçonne qu'elle réfulte de la décompofition du fel effentiel favonneux de cette plante , ainfi que de la deftruction des fubftances , foit muqueufes , foit gommeufes ou réfineufes (ᵃ) : il eft vrai que plufieurs de ces fubftan-

____

(*a*) Je parlerois plus affirmativement fi j'avois pu me procurer du Kali d'Alicante frais , pour en faire moi-même l'examen.

ces fourniffent peu de fel alkali fixe , & que celles qui donnent
des fels alkalis volatils, ne donnent point ou prefque point
de fels alkalis fixes ; mais enfin, un peu d'un côté, un peu
d'un autre, ces différentes fubftances fourniffent probablement
la quantité de fels fixes qu'on retire des leffives.

Si les fels fe trouvoient en affez grande quantité dans les
fubftances végétales, ils pourroient bien faire un obftacle à la
putréfaction ; mais de quelque nature qu'ils foient, effentiels,
moyens ou alkalis, foit volatils, foit fixes, l'eau les diffoudra;
ainfi on ne peut pas les regarder comme des fubftances capables de beaucoup augmenter la durée des bois. Récapitulons
tout ce qui vient d'être dit dans ce premier Chapitre, en préfentant à peu près l'ordre des produits de l'analyfe des végétaux.

§. 4. *Récapitulation de ce qui a été dit précédemment.*

1°, Quelquefois c'eft un efprit volatil, urineux, très-âcre,
qui fe montre le premier ; mais le plus fouvent il fort d'a-
bord un phlegme pur, qui eft bientôt chargé d'huile effentielle
ou de volatil urineux ; 2°, ce phlegme devient peu à peu acidule, & plus ou moins chargé d'huile empyreumatique ; 3°,
l'huile empyreumatique devient plus épaiffe ; 4°, il paroît du
fel volatil concret, qui fouvent précede l'huile empyreumatique ; 5°, on retire des cendres des fels fixes ; 6°, enfin il refte
de la terre ou une *tête morte*.

On a bien raifon de douter que les matieres dans lefquelles
un morceau de bois eft réduit par le feu, exiftent véritablement dans le mixte, quand il eft dans fon état naturel ; cependant ce ne feroit pas une raifon valable pour foutenir ce
fentiment, que de dire qu'on ne peut recompofer une plante,
en combinant enfemble les principes qu'on en a féparés ; car
dans l'exécution des différentes opérations, il s'échappe des
parties qu'on ne peut retenir : nous en avons donné un
exemple dans la fixation du nitre par les charbons, & dans
la diftillation d'un morceau de bois ; & d'ailleurs il n'eft pas

poſſible de parvenir à rétablir une organiſation qui a été dé‑truite.

Mais ce qui prouve bien qu'il ſe fait de nouvelles combi‑naiſons, c'eſt qu'on voit par les analyſes rapportées dans les Mémoires de l'Académie Royale des Sciences, que le *Stramonium*, qui eſt une plante venimeuſe, & le chou qui eſt une plante ſaine, donnent l'une & l'autre, des principes ſem‑blables en eſpece & en quantité, quoique leur ſaveur & leur odeur ſoient très‑différentes ; & en réfléchiſſant ſur le peu que nous avons dit touchant la décompoſition des végétaux, on concevra qu'il y a des ſubſtances qui peuvent ſe décompoſer, agir enſuite les unes ſur les autres, & produire de nouveaux compoſés.

Nous ne nous étendrons pas davantage ſur les décompo‑ſitions chymiques ; ce que nous venons de dire ſuffit, ce ſemble, pour éclairer ceux qui n'ont aucune notion de chymie ſur pluſieurs points que nous diſcuterons dans la ſuite de cet Ouvrage : nous allons ſuivre plus directement notre objet, en examinant pas à pas ce qui cauſe la deſtruction des bois.

CHAPITRE II.

De la décompoſition naturelle des Bois.

Sɪ ɴᴏᴜs examinons d'après ce que nous avons dit dans la Phyſique des Arbres, la formation du bois, nous voyons que ce corps acquiert peu à peu ſa dureté, & qu'à l'endroit où il ſe forme actuellement une couche de bois, on n'y apperçoit qu'une ſubſtance gélatineuſe ou un *cambium*. Comme nous ne devons ici avoir aucun égard à l'organiſation, nous ne conſidére‑rons cette ſubſtance que comme un *gluten* qui peut être diſſout par l'eau, qui fermente aiſément, & qui devient déformais la pâture des inſectes. Peu à peu cette ſubſtance ſe montre ſous

la

la forme d'un tiſſu fibreux & herbacé; tels ſont les nouveaux bourgeons qui ſe peuvent cuire dans l'eau, qui ont une grande diſpoſition à ſe pourrir & à être dévorés par les inſectes. Cette même ſubſtance prend enſuite plus de ſolidité; elle devient de l'aubier: mais on n'ignore pas que cet aubier eſt encore de peu de durée; qu'il tombe promptement en pourriture, ſi on le tient dans un lieu humide, ou qu'il eſt bientôt vermoulu lorſqu'on le conſerve dans un lieu ſec.

Nous ferons voir dans le Chapitre où il ſera traité de l'âge des arbres, que les couches ligneuſes ne parviennent que par ſucceſſion de temps à toute la dureté dont elles ſont ſuſceptible; de ſorte que le bois du centre d'un arbre en crûe eſt beaucoup plus compact, plus lourd, plus fort, & moins altérable que celui de la circonférence.

Il eſt à propos de remarquer ici que pour que les couches déja converties en bois acquierent de la denſité, il faut qu'il ſe dépoſe dans les pores du bois un ſuc nourricier, qui d'abord n'eſt qu'un *gluten*, mais qui prend de la dureté en paſſant par tous les états que nous avons indiqués, en parlant de la formation des couches ligneuſes.

Il ſuit de cette conſidération, 1°, que le bois nouvellement formé, eſt plus altérable que celui qui eſt plus ancien; donc dans un même arbre, les couches de la circonférence ſont plus altérables que celles du cœur; 2°, que dans les couches du cœur, où le bois eſt le mieux formé, il y a des parties nouvellement endurcies, qui pour cette raiſon ſont plus tendres & plus ſuſceptibles d'altération que les autres.

En partant de ces principes, on voit que l'ordre de la deſtruction des parties qui conſtituent un morceau de bois, doit être inverſe de celui de leur formation; c'eſt-à-dire, que les parties, les dernieres formées, doivent ſe détruire avant celles qui ſont les plus anciennes. Cette deſtruction s'opere:

1°, Par le mouvement des parties du bois qui s'étendent dans les temps d'humidité, ſe reſſerrent dans les temps de ſéchereſſe, ſe gonflent par la chaleur, ſe contractent par le froid; ces mouvements, quelque petits qu'ils ſoient, agiſſent toujours fur la texture du bois qui en fouffre quelque altération.

2°, Par l'eau abondante, & fur-tout l'eau courante, qui dif-fout d'abord les parties les moins fixes, & qui attaque en-fuite les autres. J'ai mis du bois tremper dans de l'eau claire; au bout de quelques jours toute la fuperficie de ce bois étoit couverte d'une efpece de gelée. Je parlerai plus amplement de l'altération que les bois éprouvent dans l'eau, à l'occafion des bois flottés fur les rivieres. On peut avoir remarqué qu'un pilotis expofé au courant de l'eau, eft ufé par ce liquide, prefque comme il le feroit par un corps folide qui le frotte-roit.

3°. Par la fermentation qui s'opere principalement dans les bois qui font tenus dans une atmofphére chaude & humide : on verra dans la fuite de cet ouvrage, qu'il y a des bois qui, de leur nature, font bien plus fufceptibles que d'autres de fermentation & de pourriture.

4°, Par les infeétes qui piquent le bois & le réduifent en pouffiere : il eft fingulier que de deux madriers de Chêne ou de Noyer confervés dans un même lieu, l'un fe trouve très-piqué de vers, pendant que l'autre refte fain.

5°, En me fervant de la marmite de Papin, je fuis parvenu à faire une décompofition fubite & abfolue du bois. J'ai mis dans cette machine un morceau de bon bois de chêne avec de l'eau; après l'avoir fait bouillir, j'ai trouvé le morceau de bois réduit en terre friable, qui fe brifoit entre les doigts comme du bois entiérement pourri; & il y avoit au fond du vafe une fubftance gélatineufe femblable à de la gomme-réfine. Ce qu'une fimple coétion peut faire fur le bois qui eft dans un état herbacé, la machine de Papin l'opere fur les bois les plus durs. Cette expérience femble prouver que le bois eft formé par une terre fine & légere, dont les parties font réunies par une fubftance réfineufe, gommeufe, qui, comme nous l'avons dit plus haut, eft formée d'huile, de différents fels, &c.

Comme nous ferons obligés d'infifter fréquemment fur les caufes prochaines de la deftruétion du bois, nous nous en tiendrons maintenant à ces généralités, pour difcuter

quelques points de Phyſique qui ont une application directe
à tout ce que nous aurons occaſion de traiter dans la ſuite.

CHAPITRE III.

Si dans le choix qu'on fait des Bois pour les conſtructions, la charpente & toute autre eſpece de ſervice, on doit avoir égard à la qualité du terrein où les arbres ont crû. Dans quel terrein les Bois ſont réputés les meilleurs ?

Comme dans le Traité des *Sémis* & *Plantations,* nous avons
parlé des différentes eſpeces de terre, de leur qualité & des
caracteres qui les diſtinguent aſſez pour faire connoître celles
qui ſont les plus favorables à l'accroiſſement des arbres,
nous nous renfermerons dans ce chapitre à examiner ce que
la qualité des différents terreins peut produire pour opérer
la bonté des bois de ſervice.

Tout le monde convient que la nature du terrein ou du ſol
des forêts, influe beaucoup ſur la qualité des bois ; on eſt
même aſſez d'accord que les Chênes, les Ormes, &c. qui ont
crû dans des marais, ont leur bois fort tendre, & ſujet à
pourrir promptement ; mais les ſentiments ſont partagés ſur
l'eſpece de terre qui convient le mieux aux arbres, relativement à la qualité de leur bois.

Les uns par oppoſition aux terres marécageuſes, qui ſont
généralement regardées comme proſcrites, tiennent pour les
terreins ſecs & arides ; d'autres ſe déclarent en faveur des terres ſubſtantieuſes & fertiles ; peut-être que quand cette queſtion aura été bien diſcutée, ces deux ſentiments qui paroiſſent
aſſez différents pourront ſe concilier. Mais pour ſuivre méthodiquement cette diſcuſſion, je crois qu'il eſt à propos de

ranger toutes les efpeces de terres fous quatre claffes différentes , favoir : 1°, les terres aquatiques & marécageufes :
2°, les terreins maigres, fecs & arides : 3°, les terres glaifeufes:
4°, celles qui font fubftantieufes & fertiles. Il me femble que
cette divifion générale peut renfermer toutes les natures de
terres qui compofent le fond de nos forêts , en fuppofant
qu'elles aient une certaine profondeur ; car il eft certain qu'une
couche de terre de dix ou douze pouces ne peut pas fuffire à la nourriture des grands arbres ; ainfi quand la couche
de la fuperficie eft mince, on peut n'y prêter aucune attention,
& ne confidérer que celle qui eft au-deffous.

A R T I C L E I. *Des Terres aquatiques &*
marécageufes.

O n conçoit bien qu'il s'agit ici d'une terre extrêmement
abreuvée , & où l'eau féjourne une grande partie de l'année.
Dans les vrais marais , ce font les eaux de fource qui les
inondent ; le fond eft de la tourbe , qui eft un mélange de vafe &
de plantes pourries : quand on deffeche ces marais par des tranchées , ce même fond fubfifte , & peut, avec le temps, former
de bons pâturages ; mais ordinairement ce n'eft que de la furface
de ce terrein dont on peut efpérer de tirer quelque avantage ;
car pour peu qu'on pénetre , on y trouve des plantes à demi
pourries , & cette efpece de terre ne convient qu'aux arbres
aquatiques, tels que le Saule, l'Aulne , les Peupliers, les Tilleuls , dont le bois n'eft même pas auffi bon que celui des
arbres de la même efpece qui auroient crû dans un meilleur fol,
tel que feroit un fond de bonne terre où l'eau fe raffembleroit
par la pente des campagnes voifines.

L'eau courante & vive déracine les arbres , & eft moins
propre à la végétation qu'une eau ftagnante , qui eft imprégnée
des fucs des terreins qu'elle a parcouru.

On fait qu'on ne trouve point d'arbres dans les étangs où
l'eau féjourne à une certaine hauteur pendant toute l'année ; il
ne s'agit ici que de ceux où l'eau fe raffemble en hiver, & qui

reſtent ſeulement fort humides le reſte de l'année : pluſieurs circonſtances établiſſent donc de grandes différences entre la qualité du bois des arbres qui y ont pris leur accroiſſement ; mais ces différences ne regardent que les bois blancs qu'on nomme aquatiques ; car il n'y a preſque que ces arbres qui vivent dans l'eau. Cependant il s'en faut beaucoup qu'un Peuplier, par exemple, qu'on auroit abattu dans un marais preſque toujours ſubmergé, ait le bois auſſi ferme que celui d'un même arbre qui auroit crû dans une bonne terre, qui, quoique voiſine de l'eau, ne ſeroit pas expoſée à de longues inondations. Il en eſt ainſi du Tilleul commun, qui, dans un terrein fort humide, fournit un bois foible & tendre ; mais qui donneroit de bonnes poutres capables d'une longue durée, s'il avoit crû dans un bon ſol, qui auroit du fond & qui fût plus ſec que humide : je connois un fort ancien Château, dont preſque toutes les poutres du bâtiment ſont de ce bois. Il n'eſt pas douteux qu'un Chêne, un Charme, un Orme, un Frêne, qui auront pris leur accroiſſement dans un terrein fort humide, auront leur bois plus peſant & plus fort que celui d'un Saule qui aura crû dans le même lieu ; mais cette différence tient à l'eſpece : de même qu'un Marronnier d'Inde qui aura crû dans un terrein ſec, n'aura pas le bois auſſi dur qu'un Orme qui auroit été élevé, même dans un terrein humide. Je ne fais ces réflexions que pour faire comprendre que je ne prétends pas établir de comparaiſon entre un arbre d'une eſpece & un arbre d'une autre eſpece ; mais j'entends comparer deux arbres d'une même eſpece, & qui ne different que parce que l'un aura crû dans un terrein humide, & l'autre dans un terrein ſec. Or, en conſidérant la choſe ſous ce point de vue, il eſt inconteſtable que la nature du terrein influe beaucoup ſur la qualité des bois ; & qu'un Chêne ou un Orme qui aura pris ſon accroiſſement dans un ſol humide, ſera moins dur & moins denſe que celui qu'on tirera d'un terrein ſec.

Nous avons encore cru appercevoir que certaines terres communiquent aux bois qui y croiſſent, une grande diſpoſition à fermenter ou à devenir la proie des inſectes. Peut-être

que ce qui les difpofe à fermenter, eft la grande abondance
d'humidité, & que les infectes les attaquent par préférence,
parce que leurs fibres ligneufes font plus tendres. Quelle qu'en
foit la raifon, il faut regarder comme un principe généralement reçu, & dont nous fommes convaincus par nos propres
obfervations, que les bois fitués dans les terreins marécageux,
ou feulement fort humides, font de mauvaife qualité, au moins
pour les ouvrages qui exigent de la force, ou qui doivent refter
expofés aux injures de l'air. Comme la feve de ces arbres eft
abondante, il s'enfuit qu'ils croiffent promptement, & qu'ils
parviennent à une haute taille; mais auffi cette feve eft extrêmement délayée; ce n'eft prefque que de l'eau qui entretient
les pores du bois très-larges & très-dilatés; la plus grande
partie de cette feve s'échappe par la tranfpiration, & ne dépofe dans les pores du bois qu'une très-petite portion de ces
parties fixes ou onctueufes, qui feules peuvent en augmenter la denfité. Auffi ces bois font-ils fpécifiquement moins
pefants que les autres : nous nous fommes affurés de ce fait,
en pefant d'abord dans l'air, & enfuite dans l'eau, ces fortes
de bois, fix mois après leur abattage; & en comparant ces
expériences avec de pareilles que nous avons faites fur des
bois tirés d'un bon fol.

Nous croyons que c'eft-là la principale fource de ce nombre prodigieux de défauts, auxquels les bois qui viennent dans
des terreins fort humides font fujets : on pourra s'en convaincre par l'énumération abrégée que nous allons faire de quelques-uns des défauts qui font les plus remarquables & les
plus avérés.

1°, Quoique les arbres d'un fond marécageux foient fort
chargés d'humidité quand on les abat, ils font dès ce temps-là
même plus légers que les bons bois, & ils deviennent encore
plus légers en fe féchant.

C'eft probablement dans la vue de décharger les bois de
cette humidité, que les Romains, au rapport de Vitruve,
(*L. 2.*) cernoient le pied des arbres fix mois ou un an avant
de les abattre : nous rapporterons ailleurs les expériences que

nous avons faites fur cela, & les lumieres qu'elles nous ont fournies.

2°, Quand ces bois font fecs, leurs pores font larges & ouverts, les Ouvriers les appellent bois creux & gras; ils ne conviennent que pour les ouvrages de menuiferie qui font tenus à couvert de la pluie.

3°, On n'apperçoit point dans les pores de ces bois une efpece de vernis qui revêt les pores intérieurs des bons bois: cela vient de ce que leur feve étoit privée de cette partie gélatineufe qui doit fe transformer en fibres ligneufes; car avant que cette fubftance foit convertie en bois, elle contribue à la fermeté & à la foupleffe des fibres; devenue ligneufe, cette fubftance doit empêcher que les fibres ne foient aifément pénétrés par l'eau, & elle les défend contre les attaques des infectes.

4°, Il fuit de ce que le tiffu ligneux de ces bois crûs en terrein marécageux eft peu compacte, & de cette difette de fubftance gélatineufe, que les fibres ne font pas bien unies les unes aux autres; en conféquence, les copeaux qu'on enleve avec la coignée, au lieu d'être d'une feule piece, comme quand on travaille des bois de bonne qualité, fe divifent par petites parcelles, comme des allumettes, & au lieu de former des efpeces de rubans ou longs copeaux fous la varlope, ces copeaux fe réduifent aifément en pouffiere entre les doigts.

5°, Les bois élevés dans des terreins marécageux, ont leur aubier fort épais par comparaifon au refte; & leur écorce eft ordinairement très-épaiffe & rabotteufe: je ferai voir dans la fuite, que l'épaiffeur des couches ligneufes n'eft pas toujours un figne de mauvais bois, & qu'il eft quelquefois avantageux que ces couches foient épaiffes. Mais l'épaiffeur de ces couches ligneufes, fi avantageufe dans certaines circonftances, ne l'eft pas aux arbres qui ont crû dans des endroits fort humides; parce que cette épaiffeur réfulte d'une feve trop abondante & phlegmatique, qui, dépourvue de parties nourricieres, fe diffipe en grande partie, comme nous l'avons dit, par la tranfpiration, & ne peut produire qu'un bois léger & poreux.

6°, Ces fortes de bois étant fort caffants & encore plus aifés à fendre, ne peuvent fupporter le clou fans éclater, ni fe prêter affez pour s'ajufter aux contours qu'on voudroit leur faire prendre, foit pour la conftruction des vaiffeaux, foit pour les futailles auxquelles il eft néceffaire de donner du bouge, &c: J'ai vu de belles poutres tirées d'arbres, crûs dans un terrein fablonneux & humide, qui fe rompoient fous une charge médiocre.

Ces bois fe fendent très-bien quand ils font nouvellement abattus ; mais les ouvrages auxquels on les emploie, ne font pas de longue durée : les douves que l'on fait d'un pareil bois étant perméables aux liqueurs que l'on y renferme, confomment beaucoup de vin, & encore plus d'eau-de-vie.

Une partie des bois de chêne, qu'on appelle à Paris, *Bois de Hollande*, font abattus en Alface dans des terreins gras & humides, ou dans les Ifles du Rhin. On fait que ces bois ne valent rien pour la charpente, ni pour les ouvrages expofés à l'air ; mais on en fait de très-belle menuiferie à quoi ils font très-propres, parce qu'ils ne fe retirent point, qu'ils ne fe tourmentent point, & qu'ils ne fe gercent pas : les raifons en feront rapportées ailleurs.

7°, Ces bois tendres & porreux font fujets à être attaqués par les vers ; & dans les forêts mêmes on les voit fouvent perfés par de gros vers blancs qui fe métamorphofent en une efpece de Scarabé, qu'on nomme *Capricorne*.

8°, Comme la feve des arbres des terreins humides eft abondante & phlegmatique, & qu'elle a par conféquent beaucoup de difpofition à fermenter, ces arbres produifent des champignons, & tombent bientôt en pourriture, fur-tout quand on place leur bois dans un lieu humide, où après qu'il a été employé dans des bâtiffes on le recouvre de mortier, ou avec d'autres pieces de bois qui empêchent qu'il ne fe puiffe deffécher.

9°, Lorfque ces bois font fecs, ils font d'un jaune foncé, terne, & quelquefois tirant un peu fur le roux ; ce qui peut venir d'une difette ou d'une altération de la matiere gélatineufe

neufe, qui, comme nous l'avons dit, conftitue le caractere du bois de bonne qualité.

10°, Quoique ces bois tendres fe pénetrent fi aifément par l'eau, qu'ils foient perméables à prefque toutes les liqueurs, cependant, quand on les tient long-temps dans l'eau, ils ne s'en chargent pas tant que les bois de bonne qualité, & ils n'augmentent pas autant de volume. L'eau entre bien dans les grands pores de ces bois tendres ; mais à l'égard des bois durs, l'eau eft fortement attirée par la fubftance gélatineufe, qui fe gonfle & augmente confidérablement le volume du bois.

Il eft bon de remarquer, avant de terminer cet article, que dans l'Eté, quand les mares font deffechées dans les forêts, on peut reconnoître les endroits aquatiques par l'efpece des plantes qui y croiffent : fi on y trouve, par exemple, des Menthes aquatiques, des Perficaires, des Berles, des Joncs, & d'autres plantes qui viennent dans l'eau, on peut être affuré que l'eau y a féjourné long-temps : fi au contraire on y voit de la Philofelle, de la Verge dorée, de l'Origan, de la Chauffe-trappe, du Chardon, du Serpolet, on doit juger que ce terrein eft fec.

Article II. *Des Terres légeres, maigres, feches & arides.*

Les terres fabloneufes ou fableufes font du genre des terres maigres & légeres : 1°, l'eau paffe entre leurs parties fans les pénétrer : 2°, elles ne font point pétriffables : 3°, quoiqu'elles aient été humectées, elles ne s'attachent point aux mains : 4°, quand on les humecte, elles diminuent de volume, au lieu d'augmenter comme font les terres graffes : 5°, les Anciens ont eu raifon de donner pour caractere diftinctif des terres maigres, que fi après avoir fouillé une foffe, toute la terre qui en a été retirée peut tenir dans le même trou qui a été fait, c'eft un figne que cette terre eft maigre ; au lieu qu'en pareil cas on auroit beau fouler des terres graffes, il en refteroit toujours une portion qui ne pourroit tenir dans le même trou.

6°, Le fable eft donc une matiere effentiellement différente de la terre : il eft compofé de fragments de pierre calcaire, ou de pierre vitrifiable ; ce qui établit deux efpeces de fable bien différentes l'une de l'autre ; la derniere étant ordinairement plus aride que la pierre calcaire.

7°, Il y a des fables de plufieurs couleurs & de grains différents : les uns font blancs , d'autres jaunes , d'autres rouges, d'autres gris , d'autres noirs, d'autres cendrés , &c : les uns font rudes au toucher, d'autres font affez doux : il y en a de gros , & d'autres auffi fins que la pouffiere , & qui cependant different effentiellement de la terre réduite en poudre, dont on peut les diftinguer au moyen des caracteres que nous venons d'indiquer.

8°, Comme le fable ne retient point l'eau , il fe deffeche aifément , & il s'échauffe beaucoup par le foleil. C'eft pour cette raifon que l'on peut dire que les arbres ne peuvent croître dans le fable pur, à moins qu'il ne foit continuellement humecté ; & , dans une pareille pofition, les arbres ont tous les défauts que nous avons détaillés dans l'article précédent, en parlant des terres marécageufes.

Mais les fables font prefque toujours alliés avec d'autres terres , foit glaife , foit terre franche & fubftantieufe ; dans ce cas le fol s'écarte d'autant plus de la nature des terres maigres & légeres, que les terres graffes & fubftantieufes y font plus abondantes. On y trouvera de beaux & grands arbres , fi le fable eft allié avec la glaife ; mais leur bois fera tendre & gras. Si au contraire , ce fable eft allié avec la terre franche, & que le fol ne foit point trop humide , le bois y fera fort & de bonne qualité.

Je renvoie pour ce qui concerne le tuf, la craie, la marne, à ce que j'en ai déja dit dans le Traité des *Semis & Plantations*. Comme on ne trouve point de beaux arbres dans ces fortes de terreins, je n'ai rien à dire fur la qualité de leur bois.

Le gravier est un gros sable, de même que les pierres sont un gros gravier : je me contente d'avertir qu'il y en a de différente nature ; j'ajoute que comme ces sortes de sables & de graviers ne peuvent par eux-mêmes fournir de nourriture aux arbres, il faut, comme je l'ai déja dit, qu'ils se trouvent alliés avec quelque autre terre pour faire quelque production ; & si l'on trouve de beaux & bons arbres dans les terreins pierreux ou graveleux, c'est que la pierre ou le gravier se trouvent mêlés avec une bonne terre substantieuse & fertile.

Il y a des terres légeres, les unes noirâtres, les autres rouges, qui ne sont ni sablonneuses, ni crétacées, ni trop chargées de pierres. Je dis qu'elles sont légeres, parce que pour peu qu'il fasse sec, les pieds entrent aussi profondément dans les guérets que dans un sable mouvant: ce n'est cependant pas du sable pur ; car elles sont très-gluantes quand elles sont humectées des pluies, & elles forment de la boue quand l'eau tombe en abondance. Il est vrai que les terres de cette nature que j'ai eu occasion d'examiner, avoient peu de fond, qu'elles étoient si stériles, qu'il falloit y mettre beaucoup d'engrais, & qu'elles demandoient des pluies continuelles pour pouvoir y élever les plantes les moins délicates : comme je n'ai point trouvé de beaux arbres dans les fonds de terre de cette espece, je ne puis rien dire sur la qualité des bois qui pourroient y croître, quoiqu'on y rencontre quelquefois d'assez bons taillis.

Dans les terreins maigres & qui restent fort secs pendant l'Eté, les arbres sont sujets à avoir des chancres qui les alterent quelquefois jusqu'au cœur.

Il arrive assez souvent que dans les terres légeres qui s'échauffent aisément dès le Printemps, les arbres poussent alors avec force ; mais bientôt la seve se trouvant arrêtée par la sécheresse qui survient, il en résulte des défauts qu'on appelle *double Aubier & gelivure* : nous dirons dans la suite en quoi consistent ces défauts.

Quoiqu'un terrein, fond de sable, soit maigre & léger, si

cependant il fe trouve avoir beaucoup de profondeur ; c'eſt-à-dire que ſi, en fouillant cette terre, on reconnoît qu'elle s'é-tend ſans changer de nature juſqu'à une profondeur conſidé-rable, & quand même la ſuperficie en paroîtroit extrême-ment aride, pluſieurs eſpeces d'arbres pourront s'y élever par-faitement ; ſavoir, des Châtaigniers, des Hêtres, des Meri-ſiers, des Pins, &c : on y trouve même quelquefois d'aſſez beaux chênes.

L'eau des pluies traverſe promptement à la vérité ces ter-reins, dont les parties ſont incapables d'en être pénétrées intimement & de la retenir ; d'ailleurs ces parties ſont dé-pourvues de ſubſtance. A quoi peut-on donc attribuer la vi-gueur des arbres qui y croiſſent ? Il ſe préſente deux raiſons que nous allons diſcuter ſéparément.

Celle qui paroît la plus naturelle, eſt que les racines trou-vent de quoi s'étendre dans un pareil ſable, qu'elles y péne-trent fort avant ; ce qui fait qu'elles ne peuvent être deſſé-chées par le ſoleil ; & comme elles prennent beaucoup d'éten-due, elles répondent à un plus grand nombre de molécules terreuſes d'où elles tirent le peu de ſubſtance qu'elles y trou-vent ; d'ailleurs, M. Hales nous apprend que plus on fouille un terrein de cette nature, plus on le trouve humide : il n'eſt donc pas étonnant d'y rencontrer pluſieurs grands arbres.

Il eſt à propos de ſe ſouvenir que nous avons dit dans la *Phyſique des Arbres*, & dans le Traité des *Semis & Plantations*, que les arbres jettent dans les terres légeres une multitude de racines, menues à la vérité, & qui ne valent pas le petit nombre de vigoureuſes racines que ces mêmes arbres pro-duiſent dans les bons fonds ; mais auſſi c'eſt un nombre de ſuçoirs qui ne ſemblent ſe multiplier que pour ſubvenir plus abondamment à la nourriture de l'arbre qu'elles ont à faire ſubſiſter.

On peut faire la même obſervation ſur les arbres plantés dans des terres de démolition ; par exemple, ſur les chauſſées de plâtras des environs de Paris : d'abord ils y pouſſent avec force ; mais auſſi on les voit bientôt ſur le retour.

La feconde chofe qui nous paroît favorifer la végétation dans les fables qui ont beaucoup de fond, c'eft que les terres n'apportant aucun obftacle à l'élévation des exhalaifons infen-fibles qui viennent de l'intérieur de la terre, les racines peu-vent fe remplir de cette humidité, qui eft d'autant plus utile aux arbres, qu'elle eft réduite en vapeurs très-ténues.

On ne peut douter de l'exiftence de ces vapeurs dans les terreins qui leur permettent un libre paffage, ce qui arrive aux fables lorfqu'ils s'étendent jufqu'à l'eau fans changer de na-ture. M. Hales a calculé l'humidité que ces vapeurs peuvent produire, d'après plufieurs Phyficiens qui les ont regardées comme capables de former des fources.

Nous nous bornons ici à attribuer à ces vapeurs la vigueur qu'on remarque dans certains arbres qui croiffent dans le fa-ble, ainfi que ceux qui jettent leurs racines entre les rochers. On peut regarder ces fentes comme autant de foupiraux par où s'exhalent ces vapeurs qui font d'autant plus abondantes, que ces fentes font les feuls paffages par où elles peuvent s'échapper. Je connois une montagne de fable aride, fur le penchant de laquelle on trouve, entre les rochers, le *Ros-Solis*, qui eft une plante aquatique.

Voici encore une preuve bien frappante de l'exiftence de ces exhalaifons. J'ai vu dans une plaine de fable très-aride, & fur un lieu un peu élevé, une jolie maifon, dont le rez-de-chauffée, quoiqu'élevé de fix ou fept marches, étoit très-humide, & prefque inhabitable à caufe des exhalaifons qui fortoient de terre. Les grands arbres y étoient affez beaux; mais les arbres fruitiers qui ne fe nourriffoient que de la fuper-ficie du terrein étoient languiffants. Je connois un autre en-droit, où fous un pied de bonne terre un peu fableufe & graffe, il fe trouve un lit de glaife : pour peu qu'il tombe d'eau, tout le terrein devient boueux & prefque inondé; & cepen-dant les appartements du rez-de-chauffée ne font point hu-mides.

Il y a donc, pour ainfi dire, deux efpeces d'humidité qui peuvent fervir à la végétation : l'une qui provient des pluies que la glaise retient & dont les arbres profitent : l'autre , qui réfulte d'une infenfible tranfpiration que les fonds de fable laiffent arriver jufqu'aux racines des arbres. Ces deux fources d'humidité peuvent fe réunir pour faire croître les arbres qu'on voit affez vigoureux dans des terreins qui paroiffent arides ; mais comme le terrein leur fournit peu de fubftance , leur bois eft prefque toujours tendre & comparable à celui des ar- bres qui ne croiffent que dans des terreins humides. Nous avons vu dans les fables des environs d'Eftampes, des Ormes qui fe fendoient comme le Chêne, & dont on faifoit de la latte & des cerceaux pour les cuves ; au lieu que l'ufage commun de cette efpece de bois eft de faire des moyeux & des jantes de roues, qui exigent un bois très - liant & peu propre aux ouvrages de fente.

ARTICLE III. *Des fonds de terre graffe & forte.*

La glaife eft fans contredit la plus forte des terres ; elle eft, pour ainfi dire, trop terre: 1°, aucune ne fe charge d'autant d'humidité, puifqu'elle augmente prodigieufement de volume quand on l'humecte, & qu'il y a telle de ces terres qui perd un tiers de fon volume en fe defféchant : 2°, elle retient puif- famment l'eau dont elle eft pénétrée ; il eft difficile de l'en furcharger; on en peut bien faire une pâte molle, mais diffi- cilement la peut-on réduire en boue liquide : une fois qu'elle eft raffafiée d'eau , elle la retient ; alors elle n'eft plus per- méable , puifqu'elle ne laiffe point échapper celle qui tombe deffus : 3°, fes parties effentielles font très-fines, très-douces ; au toucher elle eft gluante , & elle n'eft rude que par les par- ties étrangeres qui font mêlées avec elles : 4°, les parties effentielles de la glaife ont beaucoup d'adhérence entr'elles ; c'eft pour cela que, feche ou pénétrée d'eau, elle s'enleve tou- jours par groffes mottes : 5°, elle fe deffeche difficilement : en perdant fon humidité, elle ne tombe point en poufliere , mais elle fe fend , & elle fe durcit prefque comme de la pierre.

6°, Il y a des glaifes de bien des efpeces : les unes font bleues, d'autres blanches, rouges, ou jaunes. Il y en a qui contiennent des grains métalliques ou marcaffiteux. Les glaifes vitrioliques font les moins propres à la végétation.

7°, Les glaifes fe gonflent beaucoup à la gelée; & cette circonftance jointe avec leur denfité, fait que les femences y réuffiffent moins bien que dans les terres moins fortes.

8°, Les lits de glaife font ordinairement fort épais. Nous en avons fouillé à plus de dix pieds de profondeur, fans en pouvoir trouver le fond. A peine l'a-t-on fouillés d'un pied ou deux de profondeur, que les outils peuvent à peine l'entamer.

9°, Elle fe laiffe difficilement pénétrer par les rayons du foleil; ce qui fait que la végétation s'y opere lentement : les racines ne peuvent la pénétrer ; & c'eft par cette raifon que l'on trouve peu d'arbres dans un terrein de glaife pure.

10°, Quand la glaife eft recouverte d'un lit de fable ou de toute autre terre, que les racines peuvent traverfer aifément, comme cette glaife retient l'eau des pluies, les racines qui coulent deffus fe trouvent toujours dans l'humidité, & les arbres fe montrent vigoureux; mais leur bois eft à-peu-près auffi tendre que celui des arbres de marais, fur-tout ceux qui fe trouvent dans des endroits où l'eau fe raffemble fous terre ; car quoique l'eau ne paroiffe point à la fuperficie, quand les racines ont atteint l'eau, elles font alors prefque comme dans un fol marécageux.

11°, Il n'en eft pas de même quand la glaife fe trouve mêlée avec d'autres terres qui diminuent affez de fa ténacité pour que l'eau, trop abondante, puiffe s'échapper, que la chaleur du foleil puiffe les pénétrer, & que les racines puiffent s'y étendre avec facilité : alors les arbres deviennent très-beaux dans de pareils terreins, & le bois en eft de bonne qualité.

ARTICLE IV. *Des Terres substantieuses & fertiles, qu'on appelle* Terres franches ou limoneuses.

1°, En général, ces sortes de terres ne retiennent pas l'eau comme les glaises; elles ne la laissent pas non plus échapper comme les sables; mais elles en sont intimement pénétrées & en quelque maniere comme dissoutes, de sorte qu'elles conservent assez long-temps la portion d'humidité dont elles se sont chargées.

2°, Quand elles sont ainsi humectées, on peut les pétrir entre les mains, & en former des mottes; mais elles ne sont jamais ductiles comme la glaise.

3°, Quand, après avoir été pétries, elles viennent à se desfécher, elles ne se divisent pas comme le sable, ni elles ne se durcissent pas comme la glaise : en y ajoutant un peu d'eau, elles fusent en quelque façon comme la chaux, & elles se réduisent en petites molécules, mais jamais en poussiere comme les mauvaises terres.

4°, Il y a des terres fertiles de différentes couleurs qui sont à-peu-près aussi bonnes les unes que les autres, au moins pour les arbres.

5°, Quand le lit de ces bonnes terres s'étend jusqu'à plusieurs pieds de profondeur, les arbres y viennent grands, & leur bois est d'une excellente qualité; mais si le lit de bonne terre se trouve peu épais, il ne faudra pas juger de la qualité des bois par la qualité de la terre de la superficie, mais par celle de l'intérieur, qui se trouvera être alors ou de l'argille, ou du sable, ou du gravier, ou du tuf, ou de la roche, &c.

6°, Ce n'est pas encore tout : la bonne terre dont il s'agit, peut se trouver dans un fond où il y ait beaucoup d'eau; & quoique les arbres y fussent de meilleure qualité que dans les marais, dont le fond est fangeux & de tourbe, cette abondance d'eau fera que le bois sera tendre. Si cette bonne terre est située en plaine; comme dans cette situation elle ne laisse pas échapper l'eau comme fait le sable; & comme d'ailleurs

elle

elle eft fubftantieufe, les bois y feront d'une excellente qualité; la petite quantité d'eau qui les arrofe, trouve, pour ainfi
dire, de quoi fe furcharger des principes qui doivent former
une bonne feve. Mais auffi les arbres ne doivent pas y croître fort vîte, parce que dans la fuppofition que nous avons
faite, il ne s'y trouve pas affez d'eau pour faire la diffolution
des autres matieres qui doivent entrer dans la compofition de
la feve. C'eft par cette raifon qu'il eft rare de trouver de grands
arbres fur la croupe des montagnes expofées au Midi, même
dans les meilleurs terreins ; mais auffi le bois de ces arbres
eft extrêmement dur, &, à tous égards, de la meilleure qualité. Réfumons tout cela, & rapportons des faits qui ne feront point conteftés par ceux qui ont fait exploiter des bois
dans les terreins dont nous avons parlé.

Article **V.** *Réfultat des Obfervations précédentes.*

Il eft de fait que les Chênes, les Ormes, & autres grands
arbres venus dans les bonnes terres plus feches qu'humides,
1°, ont une écorce fine & claire, & que leur aubier eft
plus mince proportionnellement au bois, que celui des arbres
qui viennent dans des lieux humides : les couches ligneufes
font moins épaiffes ; mais elles font très-adhérentes les unes
aux autres, & elles font toutes d'une texture uniforme.

2°, Le grain de ces bois eft fin & ferré, c'eft-à-dire, que les
pores font fort petits ; & pour l'ordinaire (fur-tout quand ils
font fecs) on voit avec une loupe que ces pores font enduits
intérieurement d'une efpece de vernis, ou matiere gélatineufe
qui y eft fort adhérente.

3°, Ces bois font ordinairement d'une couleur jaune-pâle,
& ont un œil brillant ; ce qu'on doit attribuer à l'abondance
de cette matiere gélatineufe, & à ce que le tiffu ligneux eft fort
ferré.

4°, De ce que les pores de ces bois font fort ferrés, il s'enfuit qu'ils font pefants, même quand ils font fecs ; ils deviennent par la fuite extrêmement durs ; ce qui contribue beau-

coup à les défendre des attaques des vers : la différence de
pefanteur des bois venus dans des terreins marécageux ou dans
une bonne terre un peu feche, eft quelquefois comme 5
eft à 7.

5°, Pour cette même raifon, ces bois font forts, & peuvent fupporter un poids confidérable fans fe rompre ; mais
quand ils font fecs, ils plient peu fous la charge, & quand
ils font furchargés, ils rompent par grands éclats; au contraire des bois gras qui caffent net & fans éclats, ou, comme
l'on dit ordinairement, qui fe rompent comme un navet.

Nous ne difons tout cela que d'après des expériences que
nous avons faites fur de petits foliveaux de bois de Chêne de
différente qualité, que nous avons furchargés jufqu'à les faire
rompre. Dans ces expériences, les foliveaux de bois de bonne
qualité ont fupporté près d'un cinquieme de poids de plus
que ceux de bois de mauvaife qualité, quoique nous euffions
choifi les uns & les autres fecs, très-fains dans leur efpece, fans
aucune carie, & fans être tranchés. Quand nous difons que le
bon bois a fupporté à peu près un cinquieme de poids de plus
que le bois gras, c'eft après avoir pris la fomme moyenne
de quatre ou cinq barreaux de chaque efpece que nous avons
rompus. Nous avons fait depuis beaucoup d'autres expériences
fur la force des bois, qui confirment ce que nous avançons
ici : ces expériences font en affez grand nombre pour que
nous leur deftinions un chapitre particulier.

6°, Les bois dont nous parlons, font à la vérité très-fujets
à fe fendre & à fe tourmenter en fe defféchant; ce que nous
attribuons à l'abondance de la matiere gélatineufe qu'ils contiennent, qui, en diminuant beaucoup de volume lorfqu'elle
perd fon humidité, tire à elle les fibres ligneufes auxquelles
elle devient d'autant plus adhérente, qu'elle s'épaiffit davantage par le defféchement; ce que nous croyons pouvoir comparer à l'effet de la colle forte, qui en fe defféchant, emporte fouvent une partie de languette dans un affemblage qui
ne fe joint pas exactement.

7°, Le bois de ces arbres a déja acquis une dureté confi-

dérable avant qu'ils foient parvenus à leur groffeur : nous ferons en forte d'en donner la raifon phyfique, lorfque nous
traiterons de l'âge des arbres.

8°, On remarque auffi que ces arbres font les meilleurs de
tous pour le chauffage; ils réfiftent long-temps au feu; ils
donnent beaucoup de chaleur; ils forment, en brûlant, de
gros charbons; & enfin ils laiffent beaucoup de fels fixes dans
leurs cendres : toutes marques certaines que les bois font de
bonne qualité.

9°, Ces bois font les meilleurs pour faire des pieces capables de réfifter à des frotements; & on peut les employer fans
qu'ils fe dépecent, comme il arrive à beaucoup de pieces de
bois de Chêne, lorfque les couches ligneufes ne font pas adhérentes les unes aux autres : comme les Chênes de médiocre
qualité font les plus communs, on a fouvent préféré d'employer, pour ces fortes d'ouvrages, le Hêtre & le Frêne dont
les couches ligneufes font plus intimement liées, & encore
mieux le Charme, l'Alifier, le Cormier, &c.

Comme il y a des années fort feches, & d'autres très-humides, les couches ligneufes qui fe forment dans ces années,
fe reffentent de ces températures : les unes font épaiffes, les
autres font minces; les unes font plus denfes, les autres moins;
de forte qu'en examinant attentivement les différentes couches ligneufes produites en différentes années, on y trouve
une reffemblance avec le bois des arbres qui ont crû, foit en
des terreins fecs, foit en fonds humides, chauds, frais, &c.

Il fuit de ce que nous venons de dire, qu'il n'y a pas de
terrein plus avantageux à la qualité des bois, que ceux qui
font fubftantieux, & plutôt fecs que humides. C'eft fans doute
de ces bons terreins fecs dont on a voulu parler, quand on
a dit que les Chênes qui viennent dans les terreins fecs, inégaux, pierreux, où l'eau ne peut féjourner, font les meilleurs
de tous; car nous ne croyons pas qu'on ait prétendu parler
d'une terre réellement maigre, ni d'un fable ou d'un gravier aride & dénué de bonne terre; puifque, comme nous l'a-
vons dit ci-deffus, les arbres n'y viendroient jamais affez

grands pour fournir des pieces de service. On a probablement voulu parler d'un gravier allié avec de la bonne terre.
Mais nous reftreignons encore cette propofition ; car nous
avons dit que dans les lieux de bon fond, efcarpés & très-
fecs, les arbres d'excellente qualité n'y prenoient pas ordinairement un bel équarriffage, & qu'ils n'y acquéroient pas une
hauteur confidérable. Cependant on a befoin, fur-tout pour
la conftruction des vaiffeaux & les grandes charpentes, de
groffes & longues pieces de bois : c'eft-là le cas où l'on a recours aux bois qui font plantés dans une bonne terre, bien
fubftantieufe & fituée en plaine ou dans un petit vallon fec ;
car alors le terrein étant toujours médiocrement humide fans
être ni fubmergé, ni aquatique, on conçoit que la feve doit
être très-abondante, d'une excellente qualité, & bien différente de celle que peuvent fournir les terreins aquatiques ou
marécageux.

En conféquence de ce que cette feve eft de bonne qualité,
les fibres ligneufes font fermes, folides & bien conditionnées ;
& il réfulte de ce qu'elle eft abondante : 1°, que ces arbres
croîtront fort vîte ; & que malgré ce prompt accroiffement,
ils ne laifferont pas d'être très-bons, la quantité de la feve ne
nuifant à la qualité du bois, que lorfqu'elle eft trop aqueufe &
trop dénuée de fubftance gélatineufe : 2°, qu'ils peuvent parvenir à une grande hauteur, & devenir fort gros : 3°, que les
pores en feront affez ouverts pour que le jeu de la feve puiffe
fubfifter long-temps, de forte que fi l'on abat deux arbres de
même groffeur, dont l'un foit pris dans une bonne terre fort
feche, & l'autre dans une pareille terre, mais un peu humide,
les pores du bois de celui-ci fe trouveront plus grands & plus
ouverts que les pores du bois de l'autre ; & par conféquent
il ne fera ni fi pefant, ni fi dur, ni fi fort : mais auffi cet arbre
fera ordinairement beaucoup plus jeune que l'autre, & il aura
beaucoup moins de couches ligneufes dans un même efpace ;
ainfi il regagne par-là ce qu'il perd du côté de la grandeur de
fes pores ; ajoutez que l'autre fera peut-être déja prêt d'entrer
en retour, pendant que celui-ci fera encore en pleine vigueur,

& en train de profiter, foit en dimenfions, foit en denfité.
Ce n'eft donc pas en cet état qu'il faut prendre ces arbres
pour faire une jufte comparaifon entre les qualités de leur bois;
mais il faut donner à celui qui a crû dans une bonne terre médiocrement humectée, le temps de parvenir au plus haut point
de fon accroiffement, parce que la feve, en paffant & repaf-
fant dans le corps de ces arbres, y dépofe toujours des parties propres à devenir ligneufes; & que ces parties s'attachant
toujours aux parois intérieures des pores, en diminuent les
diametres, au grand avantage de la qualité du bois : ainfi, fi
dans la feconde pofition, les arbres paroiffent avoir quelque
chofe d'avantageux du côté de la force & de la dureté du bois,
ceux qui fe trouvent dans cette troifieme fituation, font bien
dédommagés par leur grandeur, leur groffeur, & leur vigueur,
qui, dans beaucoup d'occafions, les rendront infiniment plus
précieux.

Il pourroit encore arriver que dans les Provinces du Royaume où il fait fort chaud, telles que le Languedoc, la Provence, &c, l'humidité du terrein ne feroit pas autant préjudiciable que dans les Provinces Occidentales. Néanmoins j'ai
vu employer dans nos Ports des bois d'Italie qui avoient crû
dans des terreins fort humides, & qui fe font trouvés d'un
très-mauvais fervice.

Après avoir établi que c'eft dans les bons terreins que fe
trouvent les bois de la meilleure qualité, il eft à propos de
remarquer que dans les pays cultivés depuis long-temps,
comme eft la France, il n'y a que les mauvaifes terres qui foient
reftées plantées en bois. Le terrein des pays boifés eft ordinairement au-deffous du médiocre; mais on a depuis peu dé-
friché une partie de ces fortes de terreins par le goût qu'on a
pris pour la culture de la vigne qui eft plus avantageufe pour
le Propriétaire. Les colines arides qu'on avoit autrefois plantées en bois, faute de pouvoir y cultiver des bleds, fe trouvent
maintenant en vignes. Cette remarque en fournit une autre;
favoir qu'il ne faut pas être fi difficile fur la qualité du terrein,
ni fe borner à rejetter les arbres qui ont crû dans les endroits

marécageux ou fort humides. Je ne parle point des terreins maigres & arides, parce que les arbres y reſtent ſi petits & ſi difformes, que la ſeule inſpection les fait rebuter. Ainſi nous regardons comme ſuperflu d'avertir qu'il ne faut pas faire choix de bois dans les terreins trop ſecs & trop maigres, puiſqu'il ne ſeroit jamais poſſible d'y trouver des arbres aſſez hauts & aſſez forts pour fournir des pieces d'une certaine conſéquence.

CHAPITRE IV.

De la qualité du Bois de différentes eſpeces d'Arbres ſuivant la nature du terrein.

NOUS n'avons preſque parlé dans le Chapitre précédent que du Chêne & de l'Orme, parce que ces arbres ſont employés en France aux plus grands ouvrages ; néanmoins nous croyons qu'il ne ſera pas inutile de rapporter ici en peu de mots, quelles ſont les terres qui conviennent le mieux à chaque eſpece d'arbres foreſtiers, & principalement pour la perfection de la qualité de leur bois, parce que nous n'avons parlé dans le Traité des *Semis & Plantations*, que des terreins qui leur conviennent le mieux, relativement à la végétation.

§. 1. De l'Aulne.

L'AULNE eſt l'arbre le plus aquatique que nous connoiſſions : on en voit croître dans des marais où l'eau ſéjourne des années entieres, & même dans des terres qui tiennent de la tourbe, & où il ne vient preſque aucune autre eſpece d'arbres, ou qui ne produiſent que des Souchets, des Glayeuls, &c ; cependant le bois de l'Aulne eſt de bien meilleure qualité dans les terres à prés, qui ſont rarement ou nullement ſubmergées, pourvu que l'eau s'y trouve à un pied ou deux de profondeur ; mais j'ai éprouvé qu'il réuſſiſſoit mal dans les terreins argilleux & humides : cette terre légere lui convient mieux.

§. 2. *Du Saule & de l'Osier.*

Le Saule ordinaire, celui que les Vanniers appellent Osier-jaune, & le Saule-Osier ne se plaisent pas dans les endroits où l'eau séjourne pendant une trop grande partie de l'année : le lieu où leur bois est le meilleur, est sur les berges des fossés au fond desquels il y a de l'eau, sur-tout quand ces berges sont de bonne terre ; car les Osiers se plaisent dans les terres élevées d'un pied ou deux au-dessus du niveau de l'eau ; dans cette situation, leur bois est de meilleure qualité, que quand ces arbres n'ont crû que dans l'eau.

§. 3. *Du Marsault.*

Le Marsault & l'Osier-rouge se plaisent aussi beaucoup dans une pareille situation ; mais ils se passent plus facilement d'eau, & croissent assez bien sur les hauteurs, pour peu que la terre s'y trouve fraîche & un peu argilleuse. Au reste, ces arbres ne croissent jamais assez grands pour pouvoir fournir des pieces de charpente.

§. 4. *Des Peupliers.*

Le Peuplier blanc, le Peuplier noir de France, de Lombardie ou de Virginie, & le Tremble se plaisent dans les terres humides, & ne viennent jamais mieux que dans les sables gras qui sont élevés à trois ou quatre pieds au-dessus du niveau de l'eau. Le Tremble & le Peuplier blanc sont les moins délicats, & viennent presque par-tout ; mais toutes ces especes de bois sont de bien meilleure qualité dans les terreins médiocrement humides, que dans ceux qui sont marécageux.

§. 5. *Du Bouleau.*

Quoique le Bouleau subsiste dans les terreins secs &

ſtériles, ſablonneux & pierreux, il vient toujours plus gros dans les endroits aquatiques ; mais ſon bois eſt de bien meilleure qualité dans les ſables gras & humides : il eſt preſque toujours rabougri dans les terreins arides ; dans les climats froids, ce bois eſt meilleur que dans les climats tempérés.

§. 6. *Du Frêne.*

LE Frêne aime aſſez la terre humide, & principalement les berges des foſſés où il y a de l'eau courante ; cependant on peut dire qu'il vient en toutes ſortes de terreins, excepté dans les fonds trop glaiſeux : il ne demande pas une grande profondeur de bonne terre, puiſqu'il ſubſiſte dans les plus médiocres terreins, & qu'il ſait profiter des délits des roches pour étendre ſes racines. Quand on veut l'élever pour en faire des perches, il faut le planter dans un terrein humide, afin qu'il faſſe des jets bien droits ; quand il a été planté dans un terrein trop ſec, ſon bois eſt caſſant. Les meilleurs Frênes pour le charronnage, ſont ceux qui ont crû dans une bonne terre ni trop ſeche, ni trop marécageuſe, & qui ont été plantés en bouquets & non iſolés les uns des autres.

§. 7. *Du Marronnier d'Inde.*

LE Marronnier d'Inde vient aſſez bien ſur les hauteurs, pourvu que la terre ait du fond ; un ſable mêlé d'argille, ou une terre un peu humide leur conviennent beaucoup mieux. Au reſte, cet arbre n'eſt bon que pour l'ornement des jardins ; car ſon bois eſt de très-peu de valeur : on peut néanmoins en tirer parti, comme nous le ferons voir dans la ſuite de cet Ouvrage.

§. 8. *Du Tilleul.*

LE Tilleul vient d'une groſſeur prodigieuſe dans les terres argilleuſes alliées de ſable : j'en ai vu un que quatre hommes avoient de la peine à embraſſer. Cet arbre ne devient point

gros

gros dans les terreins fecs, arides & pierreux ; il s'accomode beaucoup mieux des terreins fort humides ; mais fon bois n'y eft pas à beaucoup près fi bon que dans les fables gras ou dans les fonds de bonne terre franche. Alors on en peut faire du lambris, des planches, & même des poutres qui fubfiftent long-temps fans être piquées de vers.

§. 9. *De l'Orme & du faux Acacia.*

L E S Ormes & les faux Acacias réuffiffent fort bien dans les terres qui font plus feches qu'humides ; il n'importe encore que le terrein ait peu de fond, pourvu que la fuperficie foit de bonne terre, parce qu'alors les racines tracent davantage, & ces arbres pouffent beaucoup de rejets. Dans les terres argilleufes, & les fables gras qui ont beaucoup de fond, ces bois font fujets à des chancres qui les font périr, & leur bois fe trouve beaucoup plus tendre que dans les terres franches & un peu feches.

§. 10. *Du Châtaignier.*

L E S Châtaigniers ne s'accommodent point du tout des terres qui n'ont pas de fond : les fables leur conviennent principalement, fur-tout quand ils font alliés d'un peu d'argille ou de terre franche. Quand on deftine les Châtaigniers à être élevés en taillis pour faire des cercles, il eft bon que le terrein foit un peu humide ; alors il produit de belles perches : mais ce bois eft meilleur pour la charpente, & pour en faire du merrain, quand le terrein n'eft pas trop humide.

§. 11. *Du Hêtre.*

L E S Hêtres aiment les terreins chauds & crétacés ; ils viennent bien auffi dans les terreins fecs & maigres, & même dans les terres les plus dures & qui ont peu de fond : tout leur eft bon, jufqu'aux pierres & aux roches, entre lefquelles ils

I

trouvent moyen d'enfoncer leurs racines. Le Hêtre ne craint que le tuf. Il est indifférent dans quelle terre il a crû, pour que son bois soit propre à quantité de petits ouvrages de boisselerie & de raclerie ; néanmoins, dans certains terreins ce bois est bien plus propre pour la fente que dans d'autres. Les Hêtres de la forêt de Villers - Cotterets sont bien meilleurs que ceux de la forêt de Fontainebleau. Quand on veut en faire des rames de galere, & d'autres ouvrages qui exigent du ressort dans le bois, il est à propos que le Hêtre ait crû en massif dans une terre légere, qui ait beaucoup de fond , & qui ne soit ni trop seche ni trop humide, parce qu'alors il pousse avec vigueur , & acquiert une tige bien droite.

§. 12. *Du Sapin.*

L E Sapin vient ordinairement dans les mêmes terreins que le Hêtre ; & c'est peut-être pour cette raison que le premier des deux qui peut surpasser l'autre, l'étouffe & le fait périr. On en voit de très-bons & de fort beaux sur des montagnes où la roche perce de toute part, & alors ils sont meilleurs & plus résineux que ceux qui ont crû dans des terres humides.

§. 13. *De plusieurs Arbres sauvages.*

L E Pommier sauvageon, le Cormier, le Cornouillier, l'Alizier , l'Azerolier & l'Epine - blanche demandent une terre forte.

Quant au Poirier sauvageon, il vient dans des terres assez légeres : le Merisier est sujet à la gomme dans les terres substantieuses.

§. 14. *Du Charme.*

L E Charme vient bien dans toute sorte de terres, pourvû qu'elles aient un peu de fond : il subsiste sur de mauvais côteaux, où les autres arbres mourroient ; mais il ne prend assez de grosseur pour faire des pieces de service, que dans les bons fonds de terre.

§. 15. *De l'Erable.*

LES différentes efpeces d'Erable ; celui qu'on appelle *Sy-comore* ; réuffiffent prefque toujours dans toutes fortes de terreins ; ils croiffent même à l'ombre fous les autres arbres ; mais ils craignent la glaife trop forte , & ils exigent une terre qui ait du fond : l'Erable à feuille de Frêne demande un fol humide. Au refte , ces arbres ne fourniffent guere de pieces pour la charpente : quand ils ont langui dans leur jeuneffe , & qu'ils ont été long-temps rabougris, leur bois qui eft rempli de quantité de petits nœuds , eft recherché pour faire quantité d'ouvrages de marqueterie & de menuiferie.

§. 16. *Du Noyer.*

LE Noyer vient affez bien auffi dans toutes fortes de terres , même dans celles qui ont peu de fond : fes racines péne-trent dans le gravier & dans le tuf ; il fe plaît au bord des terres labourées : fon bois devient blanc & tendre dans les terreins humides ; il eft de meilleure qualité fur le gravier.

§. 17. *Du Chêne verd.*

LE Chêne verd s'accommode affez bien de toutes fortes de terres , pourvu qu'elles ne foient point trop expofées à l'ardeur du foleil : fon bois eft fort & dur , fuppofé qu'on le laiffe venir affez gros pour pouvoir en retrancher l'aubier.

§. 18. *Du Pin.*

LES Pins viennent affez bien dans toutes fortes de terreins, excepté dans ceux où il fe trouve une glaife trop ferme ; ils font outre cela plus réfineux dans les terres chaudes & feches : j'en ai de fort beaux qui ont été plantés dans un fable prefque tout pur, & d'autres dans un fable gras ; j'en ai vu des bois entiers

fur des montagnes efcarpées & dans des terreins où ils ne
fembloient tirer leur fubfiftance que des rochers.

§. 19. *Des Platanes.*

LE Platane d'Occident fe plaît fur les chauffées élevées de
deux ou trois pieds au-deffus de l'eau : celui d'Orient vient
dans des terreins plus fecs. Ces arbres ne font pas encore affez
communs en France, ni affez gros, pour qu'on puiffe parler
affirmativement fur la qualité de leur bois. J'ai fait travailler
de celui d'Occident au tour, & par un Menuifier : fon bois eft
très-dur, extrêmement plein : il porte à merveille les moulures, & on en fait de très-bonnes vis. Je crois que ce bois
pourra être utilement employé à une infinité d'ufages.

§. 20. *Des Cyprès, &c.*

LES Cyprès, les Genievres, le Buis, le Noifettier, le
Merifier, le bois de Sainte-Lucie, le Houx, le Nerprun, le
Citife, fe plaifent par-tout ; & je n'ai pas reconnu de différence bien fenfible dans la qualité de leur bois, relativement
au terrein où ils avoient pris leur croiffance. Mais ils viennent
bien plus promptement dans les bons terreins, que dans ceux
qui font maigres. Le Micacoulier veut un terrein humide.

CONCLUSION.

ON jugera peut-être que tous les détails où nous venons
d'entrer font fuperflus, & qu'il n'eft pas poffible que ceux qui
font prépofés à la vifite des forêts en puiffent faire ufage :
nous avouons volontiers qu'il ne feroit pas poffible dans le
cours de ces vifites, d'avoir égard à toutes les circonftances
dont nous venons de parler, quoique nous ayons peu infifté
fur les différences qui réfultent du mélange des différentes
efpeces de terres, & de la combinaifon d'une infinité d'accidents dont nous n'avons rapporté que les principaux ; mais

on conviendra aussi qu'il est bon de ne pas ignorer les principes que nous venons d'établir. On en pourra profiter, & au moins ne pas négliger de prêter attention à la nature du terrein, pour en tirer des conséquences sur la qualité du bois qu'on se proposeroit d'exploiter. On se dispensera, si l'on veut, de faire des fouilles : en prêtant attention aux berges des fossés, on sera en état de juger de la nature du terrein ; & je crois que quand on sera bien familiarisé avec les détails dans lesquels nous sommes entrés, on sera toujours plus en état de porter un bon jugement sur la qualité des bois de quelque forêt que ce soit. Au reste, en résumant en peu de mots tous les détails réputés superflus, il reste pour constant, à l'égard des arbres de service ; 1°, que dans les terreins fort humides, le bois des arbres est poreux, léger & tendre, & que leur seve a une grande disposition à fermenter.

2°, Que dans les terreins arides & secs, on trouve rarement des arbres d'assez belle taille pour être employés à des ouvrages de conséquence.

3°, Que les beaux & bons arbres se trouvent dans les bons fonds, dont la terre est substantieuse, & qui ne font point exposés à être inondés.

4°, On excepte de cette regle générale les arbres aquatiques qui ne peuvent se passer du voisinage de l'eau, parce qu'on les estime plutôt à cause de leur haute taille, que relativement à la qualité de leur bois ; néanmoins il est certain que le bois des arbres aquatiques est de meilleure qualité, quand ils ont crû dans un bon fond élevé de trois ou quatre pieds au-dessus de l'eau, que quand ils ont été plantés dans des marais. Il est bon de remarquer que nous nous occupons principalement de ce qui regarde les bois de service ; ainsi on peut, quant à ceux qui restent en taillis, préférer ceux qui font plantés dans des terreins où ils croissent promptement, & se dispenser de regarder à la qualité de leur bois.

CHAPITRE V.

*Si dans le choix qu'on fait des Bois pour les constructions, les charpentes ou toute autre espece de service, on doit avoir égard à la situation & à l'exposition où ils se trouvent dans les forêts. Dans quelle situation, & à quelle exposition ces Bois sont-ils réputés de meilleure qualité ? ***

CETTE question se trouve si naturellement liée avec celle que nous avons traitée dans le chapitre précédent, qu'on peut dire qu'elle en est une suite ; aussi n'est-elle pas d'une discussion moins embarrassante. Elle mérite cependant qu'on y prête une attention particuliere, puisqu'après les différentes qualités du sol & du terrein, rien n'influe davantage sur la qualité des bois, que les situations & les expositions différentes où les bois ont pris leur accroissement.

La liaison que nous venons de remarquer entre l'objet que nous avons traité dans le chapitre précédent, & celui dont il s'agit présentement, nous a obligé de dire d'avance quelque chose sur la situation des Arbres ; mais nous l'avons fait d'une maniere trop abrégée pour être dispensé d'en traiter plus expressément. Nous aurons seulement attention, pour éviter les répétitions, de ne faire qu'indiquer ce que nous en avons déja dit. Ainsi, pour suivre avec ordre notre objet, il est bon d'avertir que nous entendons, par *situation*, le lieu, eu égard au climat & à la figure du terrein : par exemple, si c'est en Amérique ou en France, en plaine ou en côteau ; & par

---

* On peut encore consulter sur cette matiere le Traité des *Semis & Plantations*, Partie premiere, page 18.

expofition, on doit entendre le lieu, eu égard aux différents af-
pects du foleil, à l'action plus ou moins grande des vents, de
la gelée & des autres météores.

Pour reconnoître les effets que les fituations & les expofitions différentes peuvent produire fur les bois, nous avons
eu attention, autant qu'il nous a été poffible, de faire nos obfervations dans des terreins qui nous paroiffoient à-peu-près
femblables; car il eft certain que fans cette précaution, les
défauts du terroir venant à fe combiner de différentes manieres
avec ceux de la fituation & de l'expofition, nous n'aurions pu
les démêler, & nous aurions été hors d'état de juger de l'effet
fimple d'une bonne ou mauvaife fituation, & de telle ou telle
expofition.

Avant que de rien entreprendre fur cette recherche, nous
avons confulté les gens qui font dans l'ufage de faire exploiter des bois; mais nous avons trouvé tant d'incertitude, &
fouvent tant d'oppofition dans leurs fentiments, que nous
n'en avons adopté aucun qu'après les avoir bien examinés par
nous-mêmes.

Article I. *Du Climat.*

Le feul point fur lequel on eft affez d'accord, eft l'effet du
climat. Il nous a paru par les recherches que nous avons faites
à ce fujet, que la température de l'air influe beaucoup fur la
qualité des bois. La plûpart de ceux des pays chauds font fans
contredit plus durs & plus folides que ceux des pays froids :
par exemple, l'Ebene, le Gayac, la Grenadille, l'Acajou, &c,
qui croiffent dans des climats chauds, font beaucoup plus durs
que le Chêne, le Hêtre, qui font des arbres de notre Zone
tempérée. Il eft bien vrai que dans la Zone torride, on trouve
auffi des bois très-tendres. A Saint Domingue, il y en a un de
cette efpece qu'on appelle *Bois de Trompette :* en France, le
Buis, l'If, le Cormier, le Citife font plus durs que le Chêne, le
Frêne, le Charme; & ceux-ci font beaucoup plus durs que le
Bouleau, le Tilleul, les Peupliers, l'Aulne, le Saule, &c. Ainfi
cette comparaifon générale, entre les bois de différents pays,

n'eſt pas auſſi ſatisfaiſante que celle qu'on feroit entre la même eſpece de bois venue dans un pays chaud, ou dans un pays froid, puiſque l'eſpece fait dans les arbres des différences bien plus ſenſibles que toutes les autres circonſtances qui la peuvent accompagner. Qu'on coupe dans une même piece de terre des Buis, des Amandiers, des Chênes verds, &c; ces bois ſeront ſans contredit beaucoup plus durs que le Tremble, le Marronnier-d'Inde, & quantité d'autres arbres qui y ſeront crûs pêle-mêle avec ceux que nous venons de nommer; cependant quand on conſidere que la plûpart des bois qui viennent dans la Zone torride, ſont extrêmement durs, & que ceux qui viennent dans les Zones glaciales, ſont preſque tous infiniment plus tendres, on a peine à regarder ce phénomene comme indépendant du climat, ſur-tout ſi l'on fait attention à l'effet que la tranſpiration doit produire ſur la qualité du bois, & à la prodigieuſe différence qui doit être entre la tranſpiration des arbres dans les pays chauds, & celle de ceux des pays du Nord.

Comme nous ſommes entrés à ce ſujet dans un détail ſuffiſant dans la *Phyſique des Arbres*, nous nous contenterons de faire remarquer ici que, comme il faut que la ſeve ſoit extrêmement raréfiée pour pouvoir s'élever dans le corps des arbres, il ſe trouvera des matieres plus fixes & moins rareſcibles, qui ſeront enlevées par la grande force du ſoleil qui ſe fait ſentir dans les climats chauds, & qui ne pourroient pas l'être dans des climats froids. Et comme c'eſt cette même cauſe qui produit la tranſpiration, tout ce qui n'aura pas acquis une grande fixité dans le corps de l'arbre, ſera enlevé en vapeurs par la tranſpiration. Ceci doit faire déja comprendre, quoique d'une maniere très-vague, comment la chaleur peut contribuer à la bonne qualité du bois.

Pour fixer les idées & raiſonner ſur quelque choſe de plus poſitif, il faut, comme je l'ai déja fait remarquer, examiner une même eſpeçe d'arbre élevé en différents climats. Je propoſerai pour exemple, le Chêne, comme un arbre dont on fait le plus d'uſage. Il eſt vrai que dans les pays fort chauds

de

de la Zone torride, on ne trouve gueres de Chênes que sur les montagnes, & à l'expofition du Nord où la température de l'air eft souvent affez froide. Je crois même pouvoir avancer, comme un fait certain, que le Chêne ne vient point dans cette Zone : on n'en voit point à Saint-Domingue, à la Martinique, à Cayenne, &c ; & il ne s'en trouve point non plus dans les pays extrêmement froids ; à peine en trouve-t-on paffé Stokolm, & on n'en voit aucuns en Lapponie. Après un examen fait avec toute l'attention dont nous fommes capables, nous ne pouvons douter que les Chênes qu'on tire d'Efpagne, d'Italie & de Provence ne foient beaucoup plus durs, plus lourds, plus forts & plus fujets à fe gercer à l'air en fe féchant, que les Chênes de la Lorraine, que ceux qu'on appelle en France *Bois de Hollande*, que ceux du Canada, & même que les bois de Bourgogne, quoique ceux-ci aient ordinairement l'avantage d'être d'une plus belle taille. Il eft donc certain, toutes chofes d'ailleurs égales, que par-tout où il croît des Chênes, le bois en fera d'autant meilleur, que le pays fera plus chaud. Le poids d'un pied cube de bois de Lorraine, pris entre un nombre de pieces nouvellement abattues, s'eft trouvé de 65 livres, & le même morceau étant fec, s'eft trouvé réduit à 45 livres ; au lieu que j'ai trouvé des bois de Provence qui pefoient, étant fecs, 72 livres le pied cube : la différence de la pefanteur fpécifique de ces deux bois, eft entre le tiers & la moitié.

Article II. *De la fituation des Arbres.*

On ne convient en aucune façon à quelle fituation il faut donner la préférence. Nous ne répéterons point les avantages particuliers que nous avons attribués dans le Chapitre précédent, aux plaines & aux montagnes, fur les fonds & les valées ; mais nous avons quelque chofe à ajouter ici à ce que nous avons dit des montagnes ; & s'il étoit poffible de confidérer la fituation indépendamment de la nature & de la profondeur du fol, nous eftimerions que le penchant des montagnes a des avantages particuliers.   K

§. Des Côtes & des Collines.

POUR peu qu'on y prête attention, on s'apperçoit aifément qu'un arbre fitué fur un côteau, occupe un plus grand
efpace de terre, qu'un arbre de même groffeur fitué en plat
pays. En effet, s'il eft queftion d'une futaie, le produit d'un
terrein en pente ne doit pas fe mefurer par la fuperficie du
terrein, mais feulement par celle de la plaine qui lui ferviroit de bafe; & cette côte pourroit être tellement efcarpée,
que deux arpents de terre n'y produiroient pas plus que ne
pourroit faire un en plaine, par la raifon que les arbres croiffent toujours perpendiculairement au terrein, & qu'ils font
un faux angle avec le côteau; de forte que fi l'on coupe un
arbre fur le penchant d'une colline à rafe-terre, la coupe fe
trouve ovale, au lieu que celle d'un arbre coupé dans une
plaine eft ronde; ce qui vient de ce que dans le dernier cas
la coupe eft parallele à la bafe du cylindre, & que dans le
premier cas elle lui eft oblique. Il fuit delà & de ce que nous
avons dit dans la *Phyfique des Arbres*, que les arbres occupent plus de terrein fur la pente des montagnes qu'en plaine,
ce qui eft défavantageux pour le produit de ces fortes de terreins. Les Marchands favent très-bien qu'une côte qui paroît
bien garnie, quand les bois font encore fur pied, ne fait voir
que quelques fouches éloignées les unes des autres quand les
bois font abattus. Mais auffi les arbres font mieux nourris fur
les côtes, qu'ils ne le feroient dans une plaine à profondeur
de terre égale. Le même efpace de terrein ayant moins
d'arbres à nourrir, ils auront de quoi étendre plus aifément leurs racines, & ils trouveront plus abondamment de
quoi fubfifter. Une partie des racines fuivra la pente du côteau, pendant que d'autres pivoteront & s'enfonceront en
terre; d'ailleurs, dans l'un & l'autre cas, les racines ne font
jamais fi éloignées de la furface du terrein, que le font celles
des arbres qui croiffent en plaine; & cela par la même raifon
du faux angle que font les racines avec la furface du terrein.

Outre cela, la tête des arbres qui croiſſent ſur la pente d'une
montagne, ne forme jamais une ombre auſſi parfaite ſur la
terre, que ceux qui croiſſent dans une plaine; ce qui fait que
les racines ſont plus à portée de recevoir l'eau des pluies, &
de ſentir la chaleur modérée du ſoleil; & par conséquent
les arbres y croîtront plus vîte, ils y acquerront plus de vigueur, & leur bois en ſera par conséquent d'une meilleure
qualité.

Mais ce ne ſont pas là les ſeuls avantages des côteaux: un
des principaux conſiſte en ce que les arbres y jouiſſent d'une
plus grande quantité d'air que dans les plaines; ce qui eſt
eſſentiel à leur accroiſſement, & qui peut le plus contribuer
à les rendre de bonne qualité. Dans un fond, en plaine, les
arbres n'y reſpirent, pour ainſi dire, qu'à leur cime; toutes les
têtes y ſont à peu près également élevées, & ils ne jouiſſent
du ſoleil que par leurs ſommets; au lieu que ſur un côteau,
les têtes des arbres ſe ſurmontent les unes les autres, & pré-
ſentent plus de ſurface à l'air libre, ce qui les fait tranſpirer
plus abondamment. On a pu voir dans la *Phyſique des Arbres,*
combien cette tranſpiration eſt avantageuſe pour accélérer
leur accroiſſement, & pour augmenter la bonne qualité de leur
bois. C'eſt en partie pour toutes ces raiſons que les arbres qui
ne ſe plaiſent pas dans le voiſinage d'autres arbres, tels que
les Noyers, &c, ſe trouvent plus communément raſſemblés
en bouquets ſur les côteaux que dans les plaines. J'ai remarqué,
en parcourant les forêts, que les Chênes ſont ſouvent de plus
belle venue ſur la partie inférieure des collines qu'en d'autres
endroits, parce que la profondeur du ſol y concourt avec la
ſituation du terrein; de ſorte qu'il arrive preſque toujours que
dans la partie ſupérieure d'un côteau, le bois y eſt petit & de
mauvaiſe venue, tandis que plus haut, dans la plaine, & ſur-
tout plus bas, au pied de la montagne, le bois y eſt beaucoup
plus beau: il ſe fait une eſpece de point de partage à la partie
ſupérieure d'un côteau, où l'on voit une liſiere de mauvais
bois plus ou moins large: la raiſon de cette différence va être
préſentée dans l'inſtant.

K ij

Il semble donc que cet inconvénient qui ne se trouve pas dans une plaine, devroit faire préférer cette situation : elle est effectivement préférable à beaucoup d'égards; mais, si l'on fait attention que nous ne comparons ici un côteau avec une plaine, qu'en leur supposant une profondeur égale de bonne terre, on verra que ce n'est pas le cas de tenir compte d'un avantage qui dépend de cette égalité de profondeur de terre, puisque le mauvais état des bois, dans la partie supérieure d'un côteau, vient de ce que l'eau des pluies ne pouvant y séjourner assez de temps pour pénétrer la terre, elle s'écoule promptement, fait des ravines, entraîne avec elle une partie du terrein, & enleve même une portion de la substance de celui qui y reste; ce qui forme un sol sans fond, & qui n'est plus qu'une terre lavée & infertile; les arbres y languissent; ils sont en partie déracinés, ce qui les rend de très - mauvaise qualité; au contraire, la partie basse d'un côteau se trouve améliorée par l'accumulement des terres qui s'écoulent d'en-haut, & des feuilles pourries qui font un fumier naturel, & encore par l'arrosement abondant que produit l'eau qui découle de la partie supérieure. Il n'est donc pas surprenant que, dans une pareille situation, le bois vienne vîte, & qu'il soit de bonne qualité ; & que dans l'autre, il soit presque toujours languissant, défectueux & rabougri.

Nous disons encore plus : la terre qui s'accumule insensiblement sur la partie inférieure des côteaux, doit avoir de plus grands avantages sur les terres de la plaine qui auroient autant de fond; parce que comme elle a été remuée & transportée, elle se trouve avoir quelques-uns des avantages qu'ont les terres labourées sur les terreins de plaine qu'on laisse sans culture.

Il est bon d'observer ici que quoiqu'ordinairement la roche fasse, pour ainsi dire, le noyau des montagnes, cette roche est quelquefois recouverte d'une épaisseur assez considérable de bonne terre ; & en ce cas les arbres y réussissent assez bien. Nous avons sondé des côtes assez roides & escarpées, où nous avons été surpris de trouver 4 à 5 pieds de terre entié-

rement semblable à celle de la surface, quoique la roche
perce souvent le terrein en divers endroits ; dans ce cas les
beaux arbres qu'on y trouve, savent tirer leur nourriture à travers les délits qui sont entre les roches, & dans lesquels il
s'accumule une quantité de bonne terre. Il faut cependant
convenir que dans de pareilles positions, les arbres bien venants, sont toujours en petit nombre, & que la plupart se
trouvent avoir les mêmes défauts que les arbres isolés.

On dira peut-être que les bois des vallées doivent être meilleurs que ceux des côtes, puisqu'ils sont à portée de profiter
du fond de la terre & des arrosements fertils que les collines leur
procurent. A cela je réponds : 1°, qu'il n'est pas douteux qu'il
y a des vallées seches qui sont très-fertiles & où la qualité
du bois est bonne : 2°, que nous n'avons attribué des avantages particuliers qu'à la partie basse des côtes ; & on doit se
souvenir que nous avons dit que la partie haute de ces côtes
étoit presque toujours maigre & infertile : 3°, il faut remarquer que le fond des vallées tient assez ordinairement de la
nature du marécage : 4°, enfin, comme il n'est pas question
ici de la qualité du terrein, les principaux avantages que
nous avons donné aux collines, sont fondés sur l'air libre
dont les arbres y jouissent, & qui leur procure une abondante
transpiration : nous verrons dans la suite de cet ouvrage,
que dans certaines circonstances, les arbres y sont moins sujets à être gelés, ce qui est encore un avantage bien considérable. On peut donc dire qu'à ne considérer que la situation,
les montagnes & les collines ont des avantages que n'ont point
les plaines, & encore moins les vallées ; mais que la situation
la plus heureuse n'est pas fort avantageuse, si elle n'est secon-
dée par l'exposition, la chaleur du soleil, les effets des météores ; toutes ces causes sont plus puissantes, & elles influent
plus sur la qualité des bois, que ne peut faire le niveau ou la
pente d'un terrein.

Article III. *De l'Exposition.*

Tout le monde convient que l'exposition influe beaucoup
sur la qualité du bois ; mais personne n'est d'accord sur celle
qui mérite la préférence : chacune a ses partisans, peut-être
même la doit-elle avoir à certains égards ; c'est ce que je vais
examiner. Les uns disent qu'à l'exposition du Midi, les bois
sont plus durs & plus compactes ; & que cette exposition est
par conséquent la meilleure ; d'autres tiennent pour celle du
Nord ; ils prétendent que les arbres y sont d'une plus belle
venue, & que les bois en sont plus parfaits ; d'autres enfin
donnent la préférence, ou du moins accordent des avantages
particuliers aux autres expositions. Cette incertitude, ou même cette opposition de sentiments, qui se trouve entre ceux
qui sont le plus au fait de l'exploitation des bois, nous a fait
chercher les moyens de pouvoir éclaircir cette question. Nous
avions d'abord cru pouvoir y parvenir par la comparaison que
nous avons faite des bois des pays chauds avec ceux des pays
froids, & par l'examen de leurs différentes qualités.

Ce point une fois décidé, semble mettre en état de satisfaire à la question, en jugeant des bois exposés au Midi par
ceux des pays chauds, & de ceux exposés au Nord par les bois
des pays froids ; & en effet, nous ne croyons pas qu'on doive
abandonner cette comparaison. Mais en voulant juger de l'effet
de la chaleur, ou de l'action du soleil sur les bois, ne doit-on
avoir égard qu'à cette chaleur, & la doit-on séparer des circonstances qui l'accompagnent ? Le soleil produira-t-il le même
effet dans les pays où il gele une partie de l'année, où il tombe
quantité de neige, de la grêle, du givre, que dans ceux où la
température de l'air est presque uniforme pendant toute l'année, & où l'on ne connoît presque pas la glace ? L'action du
soleil ne peut-elle pas être souvent interrompue ou variée selon les brouillards, les pluies ou les vents qui regnent plus
dans un pays que dans un autre ? La différente qualité des
terroirs dans les différents climats, ne doit-elle pas aussi pro-

duire de grandes différences, fuivant que le terrein eft fec ou humide, gras ou léger, &c ?

Il eft donc prefque impoffible de faire des comparaifons exactes entre des objets fi éloignés. Cette difficulté nous avoit fait imaginer de choifir des objets de comparaifon plus voifins: pour cet effet, nous nous étions propofé de les chercher dans un même tronc d'arbre, en comparant le bois de la partie tournée vers le Midi, avec celui de la partie expofée au Nord. Ce qui nous faifoit préfumer en faveur de cette comparaifon, c'étoit que quantité d'Auteurs femblent admettre une différence fenfible dans le bois d'un même tronc: en y appercevant que les cercles ligneux de prefque tous les arbres, font plus épais d'un côté que de l'autre, qu'ils font excentriques, & qu'ils font plus éloignés du centre ou de l'axe du tronc de l'arbre du côté du Midi que du côté oppofé, ils en concluoient que le foleil influoit beaucoup fur la qualité des bois.

Nous avons dit dans le Traité des *Semis & Plantations,* que plufieurs font d'avis qu'il faut orienter les arbres que l'on tranfplante, comme ils l'étoient dans la pépiniere: nous avons rapporté des expériences qui prouvent l'inutilité de cette attention. Prefque tous ceux qui exploitent des bois, difent que le bois des arbres eft plus dur d'un côté que d'un autre; mais ceux qui font les plus au fait de l'exploitation des forêts, ne font point d'accord fur ce point. Les uns prétendent que ces couches ne font plus denfes & plus épaiffes du côté du Nord, que parce que le vent de cette partie eft le plus fec: d'autres, au contraire, & c'eft le plus grand nombre, prétendent avoir obfervé que les couches font plus épaiffes & d'un tiffu plus ferré du côté du Midi; & pour fortifier leur obfervation d'un raifonnement phyfique, ils difent que le foleil étant le principal moteur de la feve, il doit la déterminer à paffer avec plus d'abondance dans la partie où il a le plus d'action, ajoutant que les pluies qui viennent le plus fouvent du côté du Midi, humectent l'écorce, la nourriffent, ou du moins préviennent le defféchement qu'on doit appréhender; ils difent

encore que le soleil produifant la tranfpiration, cette évacua·
tion concentre la feve, & la rend plus nourriciere. Voilà des
objets d'incertitude entre ceux-là même qui font dans l'ufage
actuel d'exploiter des bois : mais nous croyons être en état de
les fixer. On a pu voir dans la *Phyfique des Arbres*, *Partie I.*
page 49. *& fuiv.* comment nous avons démontré qu'après
avoir coupé des troncs d'arbres à différente hauteur, les couches fe font trouvées plus épaiffes & plus denfes du côté de l'infertion d'une vigoureufe racine ou du point d'où part une forte
branche ; & que cela opere, que dans un même tronc d'arbre,
les couches font fouvent plus épaiffes & plus denfes à la partie
du pied qui eft expofée au Midi, qu'à celle qui regarde le
Nord ; que plus haut ou fous les branches, on voit tout le
contraire ; de forte que cette différente épaiffeur & la différente denfité des couches ligneufes dépend moins de l'expofition, que de toutes les autres caufes qui peuvent déterminer
la feve à fe porter plus abondamment d'un côté de l'arbre que
d'un autre. Il fuit delà que dans les arbres des lifieres, les
couches ligneufes font prefque toujours plus épaiffes & plus
dures du côté des terres labourées que du côté de la forêt,
à quelque expofition que les terres foient fituées, parce que
les plus vigoureufes racines & les plus groffes branches fe
portent vers ce côté-là. Nous joindrons ici plufieurs obfervations familieres qui prouveront encore la même chofe.

Tout le monde peut avoir remarqué dans les vergers, certains arbres qui s'emportent, comme difent les Jardiniers,
fur une de leurs branches ; c'eft-à-dire, des arbres qui pouffent avec vigueur fur cette branche, pendant que d'autres
reftent chétives & languiffantes. Si, après avoir fouillé au pied
de ces arbres, on examine leurs racines, on trouvera que du
côté de la branche vigoureufe, il y aura de vigoureufes racines ; & que celles qui répondent aux branches chétives, font
en mauvais état : voilà donc un rapport mutuel & bien fenfible
entre ce qui fe paffe au dehors & au dedans de la terre.

Si un arbre eft planté entre un gazon & une terre labourée,
la partie de l'arbre qui eft du côté de la terre labourée, fera
ordinairement

ordinairement plus verte, & les pousses en seront plus vigoureuses, que celles qui répondent au gazon; ce qui dépend
toujours de la vigueur des racines qui s'étendent dans la terre
labourée.

On voit quelquefois un arbre perdre subitement une branche sans qu'on ait remarqué d'accidents extérieurs : si l'on
fouille au pied de cet arbre, on trouvera souvent la cause de
cet accident, par le mauvais état où seront les racines qui
répondoient à la branche morte.

Si l'on coupe une grosse racine d'un arbre, comme on le
fait quelquefois pour avoir plutôt du fruit, ou pour l'empêcher de s'emporter sur une branche, on fait languir la portion
de l'arbre à laquelle cette racine correspondoit. Mais il n'arrive pas toujours que l'on ait coupé la racine qui répondoit à
la branche qu'on vouloit affoiblir, parce qu'on n'est pas toujours assuré à quelle partie de l'arbre, telle racine porte principalement la nourriture; car souvent une même racine en
fournit à plusieurs branches, de même qu'une branche tire
quelquefois sa nourriture de plusieurs racines.

Si l'on fend le tronc d'un arbre depuis une de ses branches
jusqu'à l'une de ses racines, on pourra remarquer que les racines, ainsi que les branches, sont formées d'un faisceau de
fibres qui font une continuation des fibres longitudinales du
tronc de l'arbre. Cette remarque, & toutes les observations que
nous avons rapportées dans la *Physique des Arbres*, prouvent
que le tronc des arbres est composé de différents paquets de
fibres longitudinales, qui répondent par un de leurs bouts à une
ou à plusieurs racines, & quelquefois par l'autre, à une seule,
& d'autres fois à plusieurs branches; de telle sorte que chaque
faisceau de fibres reçoit sa nourriture de la racine ou des racines dont il seroit une continuation : en conséquence, quand
une racine périroit, il s'en devroit suivre le desséchement du
faisceau des fibres du tronc qui lui correspondent, & encore
celui des branches qui partent de ce faisceau. Mais il faut se
rappeller ce que nous avons dit dans le même ouvrage (Partie
II. page 193), sur la communication latérale de la seve; &

L

on y verra pourquoi , après le retranchement d'une racine, les branches ne font que languir , & pourquoi elles ne meurent pas entiérement ; car quoique la feve pompée par une racine, fe porte principalement à. quelqu'une des branches en particulier , il s'en peut néanmoins diftribuer encore à d'autres , foit par des faifceaux ligneux qui s'y inferent , foit par la communication latérale de la feve.

Il fuit de ce que nous venons de dire , qu'il ne faut pas attribuer à la feule expofition , la denfité & l'épaiffeur des couches ligneufes qu'on voit clairement dépendre des différentes caufes qui déterminent la feve à paffer plus abondamment dans une partie d'un même arbre plutôt que dans un autre.

Cependant , comme les bois des Provinces Méridionales de ce Royaume font certainement beaucoup plus lourds , plus ferrés , plus denfes & plus folides que ceux des Provinces Septentrionales , nous avons encore voulu tenter de connoître fi dans un même arbre , le bois n'étoit pas plus denfe dans la partie du corps expofée au Midi , que dans celle qui eft à l'afpect du Nord ; & pour cela nous avons fait fcier en planches quelques corps d'arbres, de maniere que le trait de la fcie étoit dirigé du Nord au Sud , ce qui nous donnoit des planches , dont la moitié du bois avoit crû du côté du Midi , & l'autre du côté du Nord. Comme nous avions choifi pour cette expérience des arbres ifolés & où nous n'appercevions pas que les racines fuffent plus vigoureufes d'un côté que d'un autre , nous efpérions parvenir à connoître quelle pourroit être la portion de ces bois qui auroit plus de pefanteur fpécifique , & qui feroit la plus denfe , en mettant ces planches flotter dans l'eau , & obfervant le côté qui enfonceroit davantage. Mais plufieurs accidents inévitables ont empêché ces expériences de réuffir. Il auroit fallu d'abord que ces planches euffent été par-tout de même épaiffeur ; ce n'étoit pas là le plus difficile ; il les falloit encore abfolument droites , parfaites , fans aucun nœud , fans la moindre gelivure , & fans infertion de branches & de racines , parce que toutes ces cir-

conftances changent la pefanteur fpécifique du bois. Nos tentatives ont donc été inutiles, & nous avons été obligés de renoncer à faire ces expériences en grand : mais nous les avons
exécutées en petit, avec un très-grand foin, en pefant dans
l'air & dans l'eau des morceaux de bois pris au Nord &
au Midi fur un même arbre, & tout près de l'écorce, dans
la crainte de ne pas prendre des morceaux d'un même âge,
ce qui change encore la pefanteur du bois, le plus vieux devant être le plus pefant dans les arbres vigoureux. Voici le
réfultat de ces expériences, tel qu'il eft porté fur nos regiftres.

§. 1. *Premiere Expérience.*

NOUS avons fait amener trois blocs de différents Chênes
abattus le même jour, après avoir marqué exactement le côté
qui étoit expofé au Midi, lorfqu'ils étoient encore fur pied.
Nous avons fait écorcer un de ces morceaux qui provenoit
d'un arbre âgé d'environ foixante ans : il n'avoit qu'une petite
couronne d'aubier, prefque d'égale épaiffeur par-tout ; nous
avons fait couper un morceau de cet aubier du côté marqué
Nord, & un autre morceau du côté du Midi, tous deux
d'égal poids ; nous avons trouvé, en les mettant dans l'eau,
que celui du Midi alloit abfolument à fond, & que l'autre
étoit à très-peu près de la même pefanteur fpécifique que
l'eau. Le lendemain ces deux morceaux étoient tombés au
fond de l'eau : celui du Nord qui, en premier lieu, avoit été
le plus léger, étoit devenu le plus pefant : comme cette différence étoit confidérable, nous avons examiné le bloc d'où
il avoit été tiré, & nous avons reconnu que le côté du Nord
qui s'étoit trouvé le plus léger, n'étoit pas d'un bois auffi parfait que l'autre ; ainfi nous n'avons pas fait grand fond fur cette
premiere épreuve.

§. 2. *Seconde Expérience.*

NOUS fîmes faire enfuite fur le tour quatre petits cylindres égaux, & de même poids, pefés dans l'air, pris du corps

d'un même arbre ; deux de ces morceaux venoient du côté du Midi, & les deux autres du côté du Nord. Ils pefoient chacun 64 grains. Nous les plongeâmes tout à la fois dans l'eau ; ils furnagerent pendant quelqué temps ; après quoi ils tomberent au fond de l'eau : les ayant enfuite pefés, nous trouvâmes que les deux morceaux du Nord étoient plus légers que les deux du Midi : nous continuâmes de les pefer, pour connoître de combien & dans quel rapport ils augmenteroient de poids dans l'eau.

Le 8 Avril, avant d'être mis dans l'eau, ils pefoient tous chacun 64 grains.

Les deux morceaux de bois du côté du Midi.		*Les deux morceaux de bois du côté du Nord.*	
9 Avril 1734.			
L'un 76 $\frac{1}{2}$ grains, l'autre 75 $\frac{1}{4}$.		L'un 73 $\frac{1}{2}$ gr. l'autre .. 73 $\frac{1}{2}$.	
10 .... 76 $\frac{3}{4}$	75 $\frac{3}{4}$.	74	74 .
11 .... 76 $\frac{3}{4}$	75 $\frac{3}{4}$.	74	74 .
12 .... 77 $\frac{3}{4}$	77 .	74 $\frac{1}{4}$	74 $\frac{1}{4}$.
13 .... 78 $\frac{1}{2}$	77 .	74 $\frac{1}{2}$	74 $\frac{1}{2}$.
14 .... 75 $\frac{3}{4}$	76 $\frac{1}{4}$.	75	74 $\frac{1}{2}$.
15 78	77 $\frac{3}{4}$.	75 $\frac{1}{4}$	75 $\frac{1}{4}$.
16 .... 77 $\frac{1}{2}$	76 $\frac{1}{2}$.	74 $\frac{1}{2}$	74 $\frac{1}{4}$.
17 .... 76 $\frac{1}{2}$	76 .	74 $\frac{1}{4}$	73 $\frac{3}{4}$.
18 .... 77 $\frac{1}{4}$	76 $\frac{1}{4}$.	74 $\frac{1}{4}$	73 $\frac{3}{4}$.
19 .... 77 $\frac{1}{4}$	76 $\frac{1}{4}$.	74 $\frac{1}{4}$	73 $\frac{1}{4}$.
21 .... 78 $\frac{1}{4}$	77 .	75	75 .
25 .... 77 $\frac{1}{4}$	75 $\frac{1}{2}$.	74 $\frac{1}{4}$	74 .
29 78	77 .	74 $\frac{3}{4}$	74 $\frac{3}{4}$.
5 Mai . 78 $\frac{1}{4}$	77 .	74 $\frac{3}{4}$	74 $\frac{3}{4}$.
13 78	77 .	75	75 .
29 78	77 .	75	75 .

Les deux morceaux de bois du côté du Midi.	*Les deux morceaux de bois du côté du Nord.*
30 Juin 1734.	
L'un 78 $\frac{1}{4}$ gr. l'autre 76 $\frac{3}{4}$.	L'un 75 gr. l'autre .. 75
26 Juillet ... 80 $\frac{1}{2}$ .... 80 .	.... 78 $\frac{1}{2}$ .... 78 .
26 Août ... 77 $\frac{1}{2}$ .... 77 .	.... 75 $\frac{1}{4}$ .... 75 $\frac{3}{4}$.
26 Septembre 82 .... 81 $\frac{1}{2}$.	.... 81 .... 81 .
26 Octobre .. 24 $\frac{1}{2}$ .... 84 .	.... 83 .... 83 .
26 Novembre 82 $\frac{1}{2}$ .... 81 $\frac{1}{2}$.	.... 80 $\frac{1}{2}$ .... 82 $\frac{1}{2}$.
26 Décembre 81 .... 79 $\frac{1}{2}$.	.... 80 .... 78 .
26 Janv. 1735. 79 .... 78 .	.... 79 $\frac{1}{2}$ .... 77 .
26 Février ... 72 .... 73 .	.... 71 $\frac{1}{2}$ .... 70 .
26 Mars .... 76 $\frac{1}{2}$ .... 76 .	.... 74 $\frac{1}{2}$ .... 74 .
27 Avril .... 76 $\frac{3}{4}$ .... 75 $\frac{1}{2}$.	.... 74 .... 73 $\frac{3}{4}$.
29 Mai ..... 77 .... 75 $\frac{1}{4}$.	.... 74 $\frac{1}{2}$ .... 74 $\frac{1}{2}$.
26 Juin ..... 78 .... 77 $\frac{1}{2}$.	.... 76 .... 75 $\frac{1}{4}$.
28 Juillet .... 80 .... 79 .	.... 77 $\frac{1}{2}$ .... 77 .

Je donnerai ailleurs le Journal de ces différentes augmentations, & les raisons des variations que nous avons observées dans la pesanteur du bois plongé dans l'eau; mais ici je me contenterai d'observer que le côté du Midi de cet arbre étoit certainement d'un bois moins poreux, & plus solide que celui du Nord; puisque les deux morceaux pris du côté du Midi pompoient constamment plus d'eau que ceux du Nord. On ne doit cependant pas envisager ce détail comme pouvant être une regle infaillible; car nous avons trouvé par plusieurs autres épreuves semblables, que le bois du côté du Nord est quelquefois plus dense que celui du Midi; & que souvent celui qui d'abord avoit tiré le moins d'eau, en tiroit plus dans la suite; & le contraire : nous allons en rapporter seulement un exemple.

§. 3. *Troisieme Expérience.*

J'AI pris dans un bloc de Chêne abattu & coupé le 6 Avril, un morceau d'aubier du côté du Midi, & un pareil morceau du côté du Nord : ils pesoient chacun 7 onces $\frac{12}{32}$. Après les avoir mis tous deux dans l'eau & dans le même temps, celui du Midi alla d'abord à fond, & celui du Nord ne s'enfonça que par un bout, ce qui marque qu'il étoit plus léger dans l'eau ; c'est-à-dire, plus gros que l'autre, & en même temps que toutes ses parties n'étoient pas homogenes dans toute sa longueur : le bout qui touchoit au fond, étant sans contredit plus pesant que celui qui se soutenoit. Le détail de cette expérience se trouvera dans la suite de cet Ouvrage ; il me suffit de dire que, le 4 Avril, avant d'avoir été mis dans l'eau, le morceau du Midi pesoit, ainsi que celui du Nord, 7 onces $\frac{12}{32}$: que le 5 Mai, celui du Midi pesoit 7 onces $\frac{28}{32}$, & celui du Nord également 7 onces $\frac{28}{32}$; & le 26 Novembre, celui du Midi 7 onces $\frac{27}{32}$, & celui du Nord 7 onces $\frac{31}{32}$. Cela fait voir que le morceau du Midi qui, pendant long-temps avoit eu le même poids que celui du Nord, s'étoit ensuite trouvé le plus léger : nous dirons ailleurs la raison de cette différence.

Voici le Journal de leur augmentation de poids dans l'eau.

Le 11 Avril, avant d'avoir été mis dans l'eau, ils pesoient chacun 7 onces $\frac{12}{32}$.

Dix minutes ensuite le morceau du Midi pesoit 7 onces $\frac{19}{32}$, & celui du Nord 7 onces $\frac{17}{32}$.

Dix minutes ensuite le morceau du Midi, 7 onces $\frac{19}{32}$; celui du Nord . . . 7 onces $\frac{18}{32}$.

Vingt minutes ensuite, 7 onces $\frac{19}{31}$; celui du Nord, 7 onces $\frac{18}{32}$.

Deux heures & demie ensuite, 7 onces $\frac{24}{32}$; celui du Nord, 7 onces $\frac{22}{32}$.

Le lendemain à 6 heures du matin.

	Midi.	*Nord.*
12 Avril . . .	7 onces $\frac{35}{32}$	. . . . 7 onces $\frac{35}{32}$.

	Midi.	Nord.
Avril	7 onces $\frac{28}{32}$	7 onces $\frac{26}{32}$
	7 $\frac{28}{32} + \frac{1}{64}$	7 $\frac{29}{32}$
	7 $\frac{29}{32} + \frac{1}{64}$	7 $\frac{30}{32}$
	7 $\frac{29}{32}$	7 $\frac{29}{32} + \frac{1}{64}$
	7 $\frac{28}{32}$	7 $\frac{29}{32}$
	7 $\frac{37}{32}$	7 $\frac{38}{32}$
	7 $\frac{28}{32}$	7 $\frac{28}{32}$
	7 $\frac{28}{32}$	7 $\frac{28}{32}$
	7 $\frac{28}{32}$	7 $\frac{28}{32}$
Mai	7 $\frac{28}{32}$	7 $\frac{28}{32}$
	7 $\frac{29}{32}$	7 $\frac{31}{32}$
Juin	7 $\frac{31}{32}$	7 $\frac{31}{32}$
Juillet	8 $\frac{3}{32}$	8 $\frac{7}{32}$
Août	7 $\frac{29}{32}$	7 $\frac{31}{32}$
Septembre	7 $\frac{28}{32}$	7 $\frac{29}{32}$
Octobre	8 $\frac{3}{32}$	8 $\frac{10}{32}$
Novembre	7 $\frac{27}{22}$	7 $\frac{31}{32}$

On voit par ce Journal que le morceau du Midi qui d'a-
bord s'étoit le plus chargé d'eau, étoit devenu enfuite le plus
léger, & qu'après cela il en avoit toujours moins tiré que celui du Nord; ce qui dénote qu'il étoit en effet d'un bois moins
dense & moins compacte que celui du Nord. Mais, nous le
répétons, on ne doit rien ftatuer fur ces faits; premiérement,
parce qu'ils fe contrarient; & fecondement, parce qu'après
plufieurs effais femblables, nous avons conftamment trouvé
que le bois étoit plus ou moins folide, foit du côté du Midi,
foit du côté du Nord, felon que dans le même efpace il fe
trouvoit plus ou moins de cercles annuels, ou quelque petit
noeud, ou quelque défaut, &c; lorfque dans un pouce de

bois il se rencontroit huit ou neuf couches ligneuses, ou que ces couches étoient moins serrées, ce pouce de bois étoit toujours d'une pesanteur spécifique moindre que celle d'un autre pareil morceau de bois de la même grosseur, qui n'étoit composé que de cinq ou six couches annuelles : plus ces couches sont épaisses, plus le bois est solide ; & comme nous l'avons déja dit, leur épaisseur ne dépend point particuliérement de l'aspect du Nord ou du Midi, mais de la position des racines ou des branches.

Nous devons encore regarder le nombre des couches, comme la cause qui produit dans un même arbre des veines de bois de meilleure qualité, & des parties plus solides que d'autres, quoique voisines & du même âge. Nous aurons occasion dans le Chapitre où il sera question de la force du bois, de faire voir combien le nombre plus ou moins grand des couches annuelles comprises dans un même espace, diminue ou augmente cette force ; car on apperçoit d'avance qu'il doit y avoir une grande différence entre la force de ces couches, à celles des cloisons qui les séparent ; c'est-à-dire, une différence de la cohérence des fibres ligneuses, à la force propre de ces mêmes fibres.

N'ayant donc pu tirer de ces expériences toutes les lumieres que j'en attendois, j'ai cherché à m'instruire sur l'influence que les différentes positions des arbres plantés dans les forêts, peut avoir sur la qualité de leur bois. J'ai rassemblé le plus d'observations qu'il m'a été possible sur l'état & la différente qualité des bois, suivant les différentes expositions où ils se trouvent. Voici quelques-unes de ces observations que je crois être assez bien constatées : elles serviront de fondement à un raisonnement physique qui pourra jetter quelque jour sur la question que je traite.

§. 4. *Des Arbres isolés.*

LES arbres isolés sont sujets à être tranchés, chevillés & roulés ; parce qu'ils s'étendent beaucoup en branches, dont l'insertion est quelquefois bien avant dans le tronc : nous avons

détaillé

détaillé dans la feconde Partie de la *Phyfique des Arbres*, combien l'infertion des branches caufe de dommage au corps des
arbres, fuivant différentes circonftances ; & nous avons expliqué pourquoi les arbres ifolés font fujets à être roulés. Nonobftant ces inconvéniens, le bois des arbres ifolés, & qui dans
cette pofition font frappés de l'air de tous les côtés, eft ferme,
de bonne qualité , & excellent, fur-tout pour réfifter aux
frottements dans les machines où il eft employé, & pour quantité d'ouvrages qui exigent de la force : il fournit à la Marine
des bois torts, & il réfifte long-temps aux injures de l'air. Mais
comme ces fortes de bois font tranchés, ils font rarement propres à fournir de grandes poutres, fur-tout de celles qui doivent
être chargées dans leur longueur : ils ne valent rien auffi pour
les ouvrages de fente , & ne font point propres à faire de belle
menuiferie.

Les arbres du bord des forêts & des lifieres, approchant
plus que ceux de l'intérieur des futaies, de la fituation des arbres ifolés, font ordinairement plus durs que ceux du plain
des futaies : ils ont l'avantage de jouir de l'air ; leurs racines
font à portée de ramaffer plus de nourriture. Ces arbres ne
fourniffent pas ordinairement de grandes pieces droites ; mais
ils donnent de bonnes pieces courbes pour la Marine.

§. 5. *De l'expofition du Midi.*

A L'ÉGARD des arbres expofés au Midi, on foutient prefque unanimement que le bois en eft plus dur , plus ferme, &
généralement d'une meilleure qualité que celui des arbres
expofés au Nord ; & qu'il reffemble en cela aux bois d'Italie & de Provence , qui font plus fermes que ceux de la
Bourgogne, ou que ceux qui viennent du Nord. Nous fommes
difpofés à embraffer ce fentiment ; mais on a pu voir dans le
Traité des *Semis & Plantations*, que ces arbres font plus fujets
à être endommagés par les coups de foleil & les fortes gelées
d'hiver, que ceux des autres expofitions, parce que le foleil
venant à fondre dans le haut du jour la glace qui eft dans l'é-

corce & dans le bois, & le froid reprenant la nuit, il en réfulte un verglas qui endommage confidérablement la portion
des arbres qui a été frappée par le foleil.

§. 6. *De l'expofition du Levant.*

LES arbres qui font à l'expofition du Levant font rarement
endommagés par le vent, par les coups de foleil, & par les
fortes gelées d'hiver; mais leurs jeunes pouffes font fouvent
détruites par les gelées du Printemps, lorfqu'elles font frappées dès le matin par le foleil, fur-tout lorfque ces gelées
viennent après quelques ondées de grêle: cet accident retarde
leur accroiffement, & les rend difformes lorfqu'ils font jeunes.
Voyez le Traité *des Semis.*

§. 7. *De l'expofition du Couchant.*

SOUVENT les vents de Sud-Oueft fatiguent, ou rompent les
branches, & endommagent les arbres qui font à cette expofition. Nous avons auffi remarqué que la grêle leur faifoit
quelquefois de grands dommages, parce que comme elle
vient de la partie du Couchant, ces nuées font prefque toujours accompagnées de grands vents qui en augmentent le
défordre en brifant les jeunes branches, & meurtriffant la partie
de l'écorce qui eft frappée par la grêle; ce qui fait que le bois
de ces arbres eft ordinairement roulé.

§. 8. *De l'expofition du Nord.*

LES arbres font communément d'une affez belle venue au
Nord; car comme ils font plus à couvert des mauvais effets
des gelées de l'Hiver & du Printemps, ils perdent plus rarement leur fleche, c'eft-à-dire, leur principal montant, ce qui
fait qu'ils croiffent plus droits. Cependant on eftime que le
bois en eft plus tendre; on peut ajouter qu'ils croiffent lentement, parce que le foleil qui eft le grand moteur de la
feve, les frappe peu.

§. 9. *Des Arbres renfermés dans l'épaiſſeur des Futaies.*

LES arbres renfermés dans les futaies ſont ordinairement de belle taille ; ils s'élevent droits ; ils ſont garantis des gelées du Printemps ; mais on leur reproche d'avoir le bois plus tendre que celui des arbres des liſieres : peut-être que pour comparer plus exactement un arbre venu au Nord, ou un arbre enfermé dans le touffu d'une futaie, avec un autre qui ſeroit venu à l'expoſition du Midi ou un arbre iſolé, il faudroit prendre les premiers plus âgés que les derniers, afin que leur bois eût eu le temps d'acquérir plus de denſité ; c'eſt ce que nous examinerons dans la ſuite lorſque nous traiterons de l'âge des arbres : quoi qu'il en ſoit, il n'y a que les arbres en plaine futaie qui puiſſent fournir de belles & longues pieces.

§. 10. *Des Vallons renfermés.*

NOUS avons été ſurpris de voir dans de petits vallons ſecs, mais où la terre étoit fort bonne, que la plûpart des arbres y étoient rabougris. Quand nous avons voulu rechercher la cauſe de ce défaut, nous avons reconnu que le bois n'y pouſſoit que fort tard au Printemps, de ſorte que dans ces petits vallons, ſoit que la pente y fût roide, ou peu conſidérable, les arbres n'avoient point encore de feuilles au 20 ou 25 de Mai, & qu'en général ils ne pouſſoient dans ces endroits qu'un mois après ceux qui ſont ſitués ſur des éminences, & dans des lieux découverts, quoique le terrein n'en fût pas certainement auſſi bon. Si l'on traverſe ces vallons boiſés dans une nuit d'Eté, on remarque que pendant qu'il fait chaud ſur les hauteurs, on reſſent, en y deſcendant, un froid vif, même quand l'air eſt calme ; en ſorte qu'en parcourant 40 ou 50 toiſes ſeulement de terrein, on croit avoir paſſé dans un autre climat. Cela vient, 1°, de ce que le ſoleil ſe leve plus tard & ſe couche plutôt pour les endroits bas que pour les plaines : 2°, l'humidité ſe concentre dans les endroits bas ; ce

qui fait que les gelées du Printemps y font quelquefois fi remarquables, qu'avec un peu d'habitude, & à la fimple infpection, on reconnoît par la bonne ou mauvaife qualité des
taillis, que le terrein eft en pente, & qu'on eft defcendu à 30
ou 40 toifes. Mais la chofe eft bien plus fenfible dans les vallées profondes ; puifqu'il arrive que dans ces terreins bas où
il gele tous les mois de l'année, non-feulement les bois y
croiffent lentement, mais encore les arbres font prefque tous
rabougris. J'ai trouvé en Provence dans de profondes vallées
des plantes des pays froids.

ARTICLE IV. *CONCLUSION.*

ON a pu remarquer que, fuivant ce que nous venons de
dire, il n'y a point d'expofition qui n'ait fes inconvénients : je
crois cela inconteftable. Mais nous avons auffi fait connoître
qu'il n'y a aucune de ces expofitions qui n'ait des avantages
particuliers. Pour prouver encore mieux cette propofition,
nous allons fortifier nos obfervations par les plus fûres notions
que nous pouvons avoir fur la végétation des plantes. Et pour
le faire avec ordre, nous examinerons en trois paragraphes
différents ; 1°, Ce que le vent peut produire d'avantageux &
de préjudiciable aux bois.

2°, Ce qu'on peut efpérer d'une tranfpiration bien ménagée, ou ce qu'on doit craindre de cette tranfpiration inter-
ceptée, ou qui feroit trop abondante.

3°, Enfin, quelles font les circonftances dans lefquelles
les gelées d'Hiver, ou celles du Printemps, peuvent faire du
défordre dans les forêts.

§. 1. *Du Vent.*

IL eft inconteftable que le vent eft quelquefois utile aux
végétaux. L'agitation qu'il donne aux branches des arbres, le
rafraîchiffement qu'il caufe à leurs feuilles & à leurs rameaux,
peut, dans certaines circonftances, ranimer le mouvement de

la feve ; outre cela, un vent chaud & modéré augmente la
tranfpiration, qui, comme on le verra dans un inftant, eft
prefque toujours très-utile à la végétation. Ses bons effets fe
font fur-tout appercevoir lorfque dans les Etés froids & humides, les feuilles remplies d'humidité, commencent à fe
pourrir ; car le vent qui excite la tranfpiration, les répare, ou
au moins il empêche leur entier dépériffement. Il eft encore
une circonftance où le vent devient bien utile aux arbres ;
c'eft dans le Printemps ; il deffeche alors la rofée qui fe trouve
fur les plantes, & par-là il empêche les pernicieux effets des
gelées qui furviennent dans cette faifon. Mais fi un vent modéré eft quelquefois avantageux aux arbres, les vents trop
violents leur font fouvent très-préjudiciables. Dans les temps
fecs, les vents brûlants qui foufflent de l'Eft, deffechent les
feuilles : combien par les vents de Sud-Oueft, voit-on d'arbres
déracinés ? combien de groffes branches rompues, qui, venant à pourrir, forment des meches ? On conçoit que ces vents,
en pliant les jeunes arbres, doivent, par leur action, occafionner des roulures & des gelivures dans leur bois.

  Comme on peut voir dans le Traité des *Semis & Plantations*,
combien ces vents fatiguent les arbres nouvellement plantés,
& que nous nous fommes étendus fur ces accidents, nous
nous bornerons ici à faire remarquer : 1°, que les vents caufent
beaucoup plus de dommage aux arbres qui font garnis de feuilles, que quand ils en font dépouillés, parce que les feuilles
forment un grand obftacle au cours du vent ; & par la même
raifon, les arbres fouffrent beaucoup plus quand ils font chargés de givre, qui, outre cela, fatigue leurs branches, par un
poids confidérable ; enfin quand les arbres ont beaucoup de
longues branches, & fur-tout quand ces branches ne s'étendent pas également de tous les côtés ; car alors le vent tord
ces arbres, ce qui les fatigue beaucoup.

  2°, La force du vent fe multiplie encore par la pofition de
certaines montagnes où il eft refferré dans les gorges qu'elles
forment, ainfi que par la direction des vallées qui font enfilées par les vents forts.

3°, Il est bon d'être prévenu que le vent fait de grands dommages, principalement aux jeunes baliveaux, qui plus élevés que les autres arbres, font ordinairement très-menus, ce qui les rend très-susceptibles des accidents que causent les grands vents. Nous en avons eu un exemple bien sensible dans une demi-futaie que nous avons fait abattre : quoique les baliveaux y fussent assez gros pour faire des solivaux de 6 à 8 pouces d'équarrissage, les uns se trouverent rompus par la tête, d'autres étoient entiérement morts, & il en restoit si peu de sains que nous prîmes le parti de les abattre.

4°, Dans la plupart des Provinces du Royaume, les plus grands vents viennent de la partie de l'Ouest, à prendre depuis le Nord jusqu'au Sud. Les arbres, à quelque exposition qu'ils soient, courent de grands risques lorsqu'ils sont frappés par les vents de cette direction. Ainsi, comme la position des lieux influe beaucoup sur la direction des vents, il faut que chaque particulier remarque avec attention la direction des montagnes pour juger du tort que les vents pourroient faire aux arbres de ses possessions.

§. 2. *Des effets que les différentes positions peuvent produire sur les Arbres, relativement à la transpiration.*

Comme nous avons amplement traité de la transpiration dans la *Physique des Arbres*, nous nous contenterons ici d'établir quelques principes généraux qui ont un rapport direct à la matiere que nous traitons.

Nous avons prouvé (Partie I. page 135) : 1°, Que la transpiration des plantes est très-nécessaire pour la végétation ; que le soleil & le vent la favorisent ; & qu'au contraire, le froid & l'humidité la ralentissent.

2°, Que les feuilles sont les principaux organes de la transpiration ; que cette transpiration se fait en proportion avec la somme de leurs surfaces, & qu'elle diminue à proportion qu'on retranche de ces feuilles.

3°, Indépendamment de l’action du soleil qui excite puissamment cette transpiration, elle devient encore plus considérable quand l’air est chaud & le ciel serein, & qu’il fait un vent sec.

4°, Pour que la transpiration soit abondante, il faut que les plantes se trouvent placées dans un terrein humide, parce qu’alors les vaisseaux des plantes sont bien remplis de seve.

Il suit de ces principes : 1°, Que la transpiration doit être abondante, principalement sur les côteaux exposés au Midi, parce qu’à cette exposition ils reçoivent plus immédiatement l’action du soleil. Voici quelques observations qui serviront à confirmer ce que nous avons dit sur cela dans l’Ouvrage cité ci-dessus.

Comme je m’étois proposé dans le mois d’Avril de connoître en quel état étoit la seve dans le corps des arbres, & que des expériences trop délicates ne pouvoient être pratiquées dans les forêts & sur de grands arbres, je me contentai de faire quelques entailles sur l’écorce de quelques-uns, pour reconnoître les endroits où je remarquerois le plus d’humidité, sur-tout entre le bois & l’écorce. Il arrive quelquefois que les racines sont plus en seve que le corps de l’arbre, & que quelquefois aussi les branches sont plus en seve que le tronc, ou le tronc plus que les branches. Cela dépend de ce que quelques-unes de ces parties sont plus ou moins exposées, soit au soleil, soit au vent, ou selon qu’il fait un beau ou un vilain temps; de sorte que dans le touffu des forêts, & par un beau temps, j’ai trouvé que le tronc étoit souvent plus humide que les branches; quand il avoit plu, c’étoit le contraire. Quand le soleil paroissoit après un temps frais, le côté exposé au soleil se trouvoit en seve, pendant que le côté qui étoit à l’ombre, n’y étoit pas. Néanmoins j’ai remarqué, le 17 Avril, que le côté des arbres qui étoit exposé au soleil, étoit moins en seve que tout le reste, sans doute à cause de la chaleur vive qui, à mesure qu’elle excitoit le mouvement de la seve, une forte transpiration en dissipoit l’humidité; car les arbres étoient sensiblement chauds de ce côté-là. J’ai encore remarqué que quel-

ques arbres dont le pied se trouvoit garanti par quelques buis-
sons, de l'impression du soleil, étoient en seve en cette partie.

Le 21 Avril, par un vent de Nord frais, le ciel étant un
peu couvert, toutes les parties des arbres se trouvoient en
seve ; & j'avois remarqué dès le 8 du même mois, jour où il
faisoit un vent de Nord très-froid, que le haut de ces arbres
qui étoit exposé au soleil, étoit plus en seve que le bas qui
étoit à l'ombre. Ces expériences prouvent que quand l'air est
froid, le soleil excite le mouvement de la seve aux endroits
qu'il échauffe : que quand l'air est chaud, & le soleil bien vif,
la transpiration des plantes est tellement excitée, que l'humidité de la seve est dissipée aux endroits qui en sont frappés ;
mais que cette transpiration qui paroît dissiper la seve, l'engage aussi à monter avec plus d'abondance, quand les racines
sont dans un terrein suffisamment humide pour suppléer à cette
dissipation.

2°, Les arbres exposés au Levant, doivent moins transpirer
que ceux qui sont à l'exposition du Midi ; non-seulement parce
qu'ils ne jouissent pas aussi long-temps du soleil, qui d'ailleurs n'a pas autant d'action le matin que vers le midi ; mais
encore parce que quand le soleil commence à agir sur les
feuilles, elles sont ordinairement couvertes de rosée, dont
l'humidité diminue la transpiration. Mais aussi les arbres ne
sont exposés aux inconvénients d'une transpiration trop abondante, que quand, par des temps de sécheresse, il s'éleve
des vents d'Est brûlants.

3°, L'exposition du Couchant n'est pas favorable à la transpiration, parce qu'au Printemps & en Automne, les arbres
n'y reçoivent pas long-temps la chaleur du soleil, & que le
vent qui frappe cette exposition, est presque toujours humide.

4°, Le Nord étant la plus froide de toutes les expositions,
& celle qui reçoit moins de soleil, elle est la moins exposée
à la transpiration.

5°, Les arbres qui sont renfermés dans le milieu des futaies
situées en plaines, doivent transpirer peu, parce que leurs
têtes

têtes étant refferrées par celles des autres, ils ont peu de feuilles, ils jouiffent peu du foleil, & fe trouvent bien abrités du vent.

6°, En conféquence de tout ce que nous venons d'expofer, nous pouvons conclure qu'il n'y a point de fituation plus favorable à la tranfpiration des arbres, que celle où ils reftent ifolés.

7°. Les arbres plantés dans un terrein aride ne peuvent, faute de feve, tranfpirer autant que les autres. Dans ce cas même, les caufes qui excitent la tranfpiration leur deviennent nuifibles. Dans les pays chauds, où les arbres tranfpirent beaucoup, les feuilles fe deffechent quand l'humidité manque; mais quand les arbres fe trouvent placés dans un fol humide, ils font des prodiges de végétation. Au contraire, dans les climats froids & humides, les feuilles remplies d'humidité, tombent en pourriture, quand les caufes de la tranfpiration ceffent de la mettre en mouvement.

Les fucs nourriciers qui fe trouvent mêlés avec beaucoup d'eau, paffent dans les plantes; cette eau doit fe diffiper par la tranfpiration, afin que les parties fixes de ces fucs puiffent former le tiffu des plantes. De ce que cette tranfpiration eft néceffaire à la végétation, il n'en faut pas conclure, que l'expofition qui favorife le plus la tranfpiration, foit toujours la meilleure. Nous avons vu dans une terre légere, un plant où les arbres étoient fort expofés au foleil, & dont l'écorce étoit morte & defféchée du côté du Midi. Cet accident arrive fur-tout aux jeunes arbres tirés d'une pépiniere fort touffue & humide, & que l'on a replantés dans une terre légere & à l'expofition du Midi. (Voyez le *Traité des Semis*).

Nous croyons en conféquence de ce que nous venons de dire, que l'expofition du Levant, & même celle du Nord, eft préférable dans les pays chauds, dans les terres feches & légeres; & qu'au contraire celle du Midi mérite la préférence dans les terres fortes, froides & humides.

N

§. 3. *Des effets de la Gelée, selon les différentes expositions.*

LA gelée confidérée par rapport aux dommages qu'elle caufe au bois, doit être diftinguée en petites gelées du Printemps & en fortes gelées d'Hiver. Celles-ci endommagent le corps même des arbres ; mais les autres, quoiqu'elles n'attaquent que les bourgeons, ne leur font pas moins de tort. Je vais examiner féparément les effets de ces deux efpeces de gelée : je commence par celle du Printemps.

§. 4. *Des gelées du Printemps.*

POUR donner quelqu'ordre à cette difcuffion, & pour y répandre le plus de lumiere qu'il me fera poffible, je vais pofer quelques principes fondés fur des obfervations, & il ne me reftera plus qu'à en tirer les conféquences.

1°, Nous avons rapporté dans le *Traité des Semis* (page 18), & dans la *Phyfique des Arbres* (Partie II. page 343), plufieurs obfervations qui ont rapport aux effets de la gelée ; & l'on peut en conclure que les gelées du Printemps endommagent beaucoup les bourgeons des Chênes, de la Vigne, &c, placés dans des terreins qui font à l'abri du vent, même de celui du Nord ; non-feulement parce que ces arbres abrités pouffent plutôt que les autres, mais encore parce que le vent diffipe l'humidité : dans ces circonftances, tout ce qui eft à l'abri du Nord & expofé au Midi, fouffre beaucoup plus de dommage que les arbres qui font expofés au vent du Nord, quoique très-froid. Cette expérience qui a été répétée, a conftamment fourni les mêmes obfervations.

2°, C'eft par cette même raifon qu'il gele plus fort dans les endroits bas où l'air eft ordinairement humide, que fur les lieux élevés, où le vent diffipe promptement l'humidité.

3°, Les gelées, même affez fortes, ne font aucun tort, ni à la Vigne, ni aux arbres fruitiers, ni aux bourgeons des

Chênes, quand il fait fort fec ; au contraire tout eſt perdu dans les endroits où il tombe une petite pluie, ou que l'on a arroſés, ainſi que dans les endroits où le vent n'a pu diſſiper l'humidi-té ; car le vent diminue les mauvais effets de la gelée.

4°, La gelée fait beaucoup de tort dans les endroits fraî-chement labourés , parce qu'il s'échappe de ces terreins re-mués beaucoup plus de vapeurs qui humectent les plantes. C'eſt par cette même raiſon , que la gelée fait plus de défor-dres dans les terres légeres qui laiſſent échapper beaucoup d'exhalaiſons , que dans les terres fortes qui tranſpirent moins.

5°, Nous avons dit que tout ce qui occaſionnoit de l'hu-midité , rendoit les gelées très-dangereuſes. C'eſt par la même raiſon qu'un ſillon de vigne qui ſe trouve planté le long d'une piece de ſainfoin ou de luzerne, eſt preſque toujours endom-magé par la gelée ; la tranſpiration de ces herbes porte beau-coup d'humidité ſur la Vigne. Il en eſt de même des bour-geons d'un taillis qui ſe trouveroit placé le long d'un pré d'herbes vertes.

6°, La tranſpiration d'un taillis fait tort aux baliveaux ; & les baliveaux, en arrêtant le vent qui pourroit diſſiper l'hu-midité , font geler les taillis.

7°, La gelée ſe fait ſentir plus vivement près de la ſurface de la terre, qu'à quelques pieds plus haut ; & elle endommage peu les bourgeons qui ſont au-deſſus de cinq pieds. C'eſt par cette raiſon que les bourgeons des Vignes qui partent immé-diatement des ſouches, ſont plus ſouvent gelés , que ceux qui partent des longs ſarments.

8°, Les gelées un peu vives , & qui arrivent dans les cir-conſtances les plus fâcheuſes, ne font aucun tort aux végé-taux, quand la glace fond avant que le ſoleil ait pu faire ſen-tir la chaleur de ſes rayons. Quoiqu'il ait gelé pendant la nuit, ſi le matin le temps reſte couvert, ſi enſuite il ſurvient une petite pluie ; en un mot, ſi par quelque cauſe que ce puiſſe être, la gelée ſe fond doucement avant que le ſoleil ait don-né ſur les plantes, elles n'en recevront ordinairement aucun dommage. On peut voir dans la *Physique des Arbres* ce que nous y difons fur ce phénomene fingulier : nous ajouterons ici aux raifons phyfiques que nous en avons données, que le froid augmente prodigieufement lorfqu'il fe fait une grande évaporation. La boule d'un Thermometre enveloppée dans un linge trempé dans de l'éther, étant expofée au vent, la liqueur defcend prodigieufement : il en eft de même quand le foleil donne fur une branche gelée ; fon aftion y produit une forte évaporation, & par conféquent elle excite un grand degré de froid dans cette branche.

En réfléchiffant fur les obfervations que nous venons de rapporter, on comprendra aifément pourquoi la gelée fait tant de défordres dans les terres légeres, dans les vallons qui fe trouvent à l'abri du vent, & fur les côteaux expofés au Levant & au Midi : ces accidents dépendent tous, ou de l'humidité qui féjourne dans ces endroits, ou du foleil qui frappe les plantes avant que la glace foit fondue.

§. 5. *Des fortes Gelées d'Hiver.*

Il arrive quelquefois que lorfque les gelées de l'Hiver font extrêmement fortes, elles font fendre & éclater les gros arbres dans les forêts. Dans ce cas, les arbres qui fe trouvent aux expofitions où les gelées agiffent avec plus de force, doivent fouffrir les plus grands dommages ; ainfi ceux qui font fitués à l'expofition du Nord, doivent en être plus endommagés. Au refte, ces grandes gelées font fort rares en Europe ; mais l'accident dont nous allons parler, y eft plus fréquent.

Il arrive affez fouvent, que quand les arbres font chargés de givre, & qu'il gele bien fort, le ciel d'ailleurs étant ferein, le foleil fe trouve avoir affez de force vers le midi, pour faire fondre la glace, & même pour faire fentir fa chaleur jufques dans l'écorce & dans le bois ; alors on voit l'eau dégoutter de toutes les branches : mais vers les trois heures après midi, la gelée reprend ordinairement avec force, & elle glace nonfeulement l'eau qui eft à la fuperficie des branches, mais encore l'humidité qui a pénétré l'écorce & l'aubier, ce qui forme un verglas bien plus pernicieux aux arbres que les plus fortes gelées. Alors il arrive que l'écorce & l'aubier périffent dans la partie expofée au foleil, pendant que le côté oppofé, où toutes les parties font reftées fortement gelées, fe trouve très-fain. Voilà une des principales caufes de ce qu'on appelle *Gelivure entrelardée* : cet accident ne doit attaquer que les arbres expofés au foleil de midi.

RÉCAPITULATION.

1°, Les Chênes qui ont crû dans les pays chauds & fecs, tels qu'en Italie, en Efpagne, en Provence, &c, font plus durs, plus compactes, & moins fujets à la pourriture que ceux qui ont crû dans les forêts de l'intérieur de la France; & ceux-ci valent mieux que ceux qu'on tire des pays plus froids. En effet, j'ai vu des vaiffeaux conftruits de bois de Provence qui, après 40 ans & plus de conftruction, avoient encore leurs membres très-fains. On doit donc employer ces bois préférablement à tous autres, toutes les fois qu'ils fe trouveront de dimenfions convenables; & je crois qu'on peut regarder comme un principe général que, toutes chofes d'ailleurs égales relativement au terrein, à l'efpece & à l'âge, le bois de Chêne fera d'autant meilleur qu'il aura crû dans un pays plus chaud. C'eft par cette raifon qu'en France, les Chênes de Provence, du Languedoc, des Pyrénées & de la Gafcogne, font eftimés les meilleurs; on peut mettre enfuite les bois du Dauphiné, de l'Aunis, de la Saintonge; puis ceux de Bretagne, de Bourgogne, & de la plupart des forêts de l'intérieur du Royaume, qui font réputés de meilleure qualité que les bois de Lorraine & d'autres pays fitués plus au Nord.

2°, Les bois que l'on tire des Provinces les plus froides & où l'air eft ordinairement plus humide, ont fur ceux dont nous venons de parler, l'avantage d'être d'une plus belle taille, & c'eft ce qui engage à les employer pour les pieces qui exigent de grandes dimenfions. D'ailleurs, comme ces bois font aifés à travailler, & qu'ils fe tourmentent peu, ils font excellents pour les menuiferies de l'intérieur des bâtiments, & pour quantité d'ouvrages de fente.

3°, Les arbres qui ont crû fur le penchant des montagnes, aux bords des futaies, dans les lifieres ; ceux qui font ifolés, & ceux des haies & des palis, ont ordinairement un bois dur & de bonne qualité, mais ruftique & rebours, affez fouvent tranché & chevillé, quelquefois roulé ; ce qui les rend inutiles pour la menuiferie, la fente, & même pour le fciage. Mais ces bois fourniffent à la Marine de bonnes pieces torfes ; & quand ils ne font point trop tranchés, on peut les employer à toutes fortes de gros ouvrages, relativement à leurs dimenfions, & particuliérement pour les éclufes & les moulins, parce qu'ils réfiftent aux frottements, & qu'ils ne fe laiffent point pénétrer par l'eau.

4°, Les bois fitués en plaine & renfermés dans le centre des futaies, font moins durs ; mais ils font communément d'une belle venue, exempts de gelivures, & leur fil eft droit. On les emploie pour les grandes charpentes, & pour les baux & les bordages des vaiffeaux : on les débite auffi en bois de fciage où de fente.

5°, Les arbres expofés au Midi, foit fur le rein d'une futaie, foit fur le penchant d'une montagne, ont ordinairement leur bois dur & de bonne qualité ; mais ils font fouvent trop branchus, parce qu'ils cherchent l'air, & qu'ils s'étendent toujours du côté du foleil. Quand ces arbres n'ont pas été endommagés par la gelivure entrelardée, on peut les employer à toutes les efpeces d'ouvrages où ils pourront convenir par leur forme.

6°, Les arbres qui ont crû à l'expofition du Levant, font fujets à devenir *rafaux* ; mais comme leur bois eft de bonne qualité, il doit être employé par-tout où la forme des pieces permettra d'en faire ufage.

7°, A l'expofition du Couchant, les arbres font en rifque d'être ébranchés, rompus, ou endommagés par la grêle ; outre cela, leur bois eft moins dur que celui des autres expofitions.

C'eſt par cette raiſon qu'il s'y trouve beaucoup de pieces de rebut que l'on coupe par tronçons pour en faire de la fente.

8°, Enfin, on trouve ſouvent de beaux corps d'abres à l'expoſition du Nord : quoique leur bois ſoit un peu tendre, le beſoin que l'on a d'avoir de grandes pieces, détermine à les employer, d'autant plus qu'ils ont rarement des défauts intérieurs. Ces bois ſont ſur-tout excellents pour la menuiſerie, & pour les ouvrages de fente.

Tout ce que nous venons de dire ſur le climat, ſur la ſituation & l'expoſition, ſuppoſe que la nature des terreins eſt la même.

En finiſſant ce réſumé, je dois convenir que, quelque perſuadé que je ſois de la vérité de ce que je viens de dire, la diſette des bois en France oblige d'employer indiſtinctement toutes les pieces qui ont de belles dimenſions, en quelques lieux qu'elles ſe trouvent, à moins qu'il ne s'y rencontre des défauts trop conſidérables.

L'âge des arbres eſt un point bien important : je me propoſe de le diſcuter dans le Chapitre ſuivant.

CHAPITRE VI.

Si l'on doit avoir égard à l'âge des arbres dont on deſtine le Bois pour les ouvrages de conſéquence. Quelle eſt la différente qualité des Bois ſuivant leur âge ? A quel âge le Bois de Chêne eſt-il dans ſa perfection ? Enfin à quel âge convient-il de l'abattre pour l'employer à toute eſpece de ſervice ?

Tout ce qui a vie dans la nature ne parvient à ſa perfection, c'eſt-à-dire, qu'il ne prend ſon accroiſſement, que dans l'espace d'un certain temps : la plupart de ces êtres organisés s'entretiennent plus ou moins de temps en cet état, après quoi ils viennent sur leur retour, & peu à peu ils se détruisent.

Les animaux sont plus ou moins de temps à acquérir toute la force dont ils sont capables : ils jouissent pendant quelque temps de cet état de perfection, qui est bientôt suivi de la dégradation & enfin du dépérissement, suite de l'état de vieillesse. En est-il de même des végétaux ? Le vulgaire le pense ainsi, & l'on prétend que les grands arbres, tels que le Chêne, l'Orme, &c, sont cent ans à croître ; qu'ils restent cent ans dans le même état ; & enfin cent autres années à dépérir. Mais quoique cette idée de l'âge des grands arbres soit assez généralement adoptée, nous ne croyons pas qu'on doive l'admettre, sans avoir auparavant examiné la valeur des raisons qui l'ont pu faire naître. Les arbres sortent de la semence & parviennent peu à peu à la plus grande hauteur : il faut donc convenir qu'ils ont un accroissement progressif. Après avoir acquis cette grosseur, qu'on peut appeler le *maximum* de leur accroissement, on voit ces arbres perdre peu à peu quelques-unes de leurs branches qui meurent ; une portion de leur écorce se desseche & se détache de l'arbre ; les feuilles de la cime sont toujours jaunes, & tombent de bonne heure en Automne ; quelquefois même il n'y a que les branches d'en-bas qui se garnissent de feuilles ; enfin ces arbres meurent entiérement, & tombent bientôt en pourriture. Pour peu qu'on considere cette suite d'états d'infirmité, on sera obligé de convenir du retour des arbres, & qu'ils sont sujets, ainsi que les animaux, aux dégradations de la vieillesse, quoique Dalechamp, qui s'autorise de plusieurs Auteurs fameux, soutienne que le Chêne est en quelque façon immortel.

De même que l'on voit certains insectes passer par tous ces états en un très-court espace de temps, ainsi l'on voit quelques petites plantes dont l'entiere végétation s'accomplit dans l'espace de quelques semaines.

Mais la vie des arbres est-elle comprise entiérement sous
ces

ces deux états ? Du moment qu'ils ceffent de croître, commencent-ils à dépérir, ou reftent-ils quelque temps dans un état tellement fixe, que fans croître ni décroître, ils confervent cependant affez de vigueur & d'embonpoint pour n'éprouver aucune altération ?

Les plantes annuelles femblent exiger qu'on retranche cet état intermédiaire ; puifque, quand elles paroiffent dans leur plus grande vigueur, quand elles ont leurs fleurs, ou qu'elles font chargées de leurs fruits, le temps de leur dépériffement n'eft pas éloigné : jufqu'à la formation de leur fruit, elles n'ont ceffé de faire quelque nouvelle production ; parvenues à ce point, elles ne tardent pas à fe deffécher, & elles meurent enfuite prefque fubitement.

Il n'en eft pas abfolument de même des grands arbres ; puifque, quand ils font parvenus au dernier terme de leur accroiffement, & même quand ils commencent à dépérir, ils continuent néanmoins d'augmenter en groffeur, par l'addition de quelques couches ligneufes, fort minces à la vérité, & même en hauteur par l'éruption de quelques menus bourgeons.

Il faut donc convenir qu'il y a un intervalle de temps où les arbres ne croiffent prefque plus. La feve fe diftribue dans tant de parties différentes, que quand elle fe trouveroit très-abondante dans le tronc, elle ne pourroit pas produire d'augmentation bien fenfible, foit en groffeur, foit en hauteur. Mais à la vérité cette feve ne s'y trouve pas en affez grande abondance, puifque les vieilles racines tombent elles-mêmes dans un dépériffement que les Jardiniers expriment en difant, *qu'elles font ufées.*

Nous regarderons, fi l'on veut, cet état comme mitoyen entre leur crûe & leur dépériffement ; mais ce qu'il importe principalement de connoître, c'eft dans lequel de ces états le bois eft réputé être de meilleure qualité : fi le bois d'un jeune arbre vaut mieux que celui d'un arbre fait, ou fi le bois d'un plus vieux arbre eft préférable à celui des autres. Si l'on ofoit raifonner par analogie des animaux aux végétaux, la

queftion feroit bientôt décidée, & l'on feroit forcé de conclure pour l'âge mitoyen.

La délicateffe des animaux dans leur premier âge, qui ne
leur permet pas de fupporter des travaux un peu forcés ; la
nature de leurs parties folides ; la confiftance de leurs os qui
n'ont point encore acquis toute leur dureté, & qui s'attendriffent entiérement dans l'efprit-de-vin ; la nature de leurs
chairs qui fe fondent dans l'eau, & s'y réduifent prefque totalement en gelée ; toutes ces chofes indiquent qu'ils n'ont pas
atteint leur état de perfection. Leur corps fe déforganifant peu
à peu dans la vieilleffe, les liqueurs qui coulent dans leurs
veines font très-imparfaitement préparées, & elles ne circulent
plus avec liberté, ce qui caufe plus ou moins d'altération dans
les parties folides. On ne peut donc s'empêcher d'admettre l'âge
intermédiaire, comme celui où les animaux font dans leur perfection. Pour juger s'il en eft de même des végétaux, il faut
rappeller ici une partie de ce que nous avons dit dans la *Phyfique des Arbres* fur leur organifation, & confidérer comment fe
fait l'accroiffement des arbres : nous pourrons en tirer des lumieres pour connoître la qualité de leur bois, fuivant leurs
différents âges.

ARTICLE I. *De l'accroiffement des arbres. Dans le
corps d'un gros Arbre âgé de* 100 *ans, on trouve au
pied & au centre du bois de* 100 *ans, pendant qu'à
la circonférence & à la cime, il y a du bois qui n'eft
que d'un an.*

QUAND un jeune arbre fort de la femence qui le produit,
il n'eft d'abord que de l'herbe, c'eft-à-dire, que fa tige eft
tendre, fucculente & fragile ; mais bientôt après, une portion de l'intérieur s'endurcit & devient ligneufe ; elle forme
alors un cône ligneux, intérieurement creux, rempli de moëlle,
& dont l'extérieur eft recouvert par les écorces.

Ce cône ligneux n'eft pas encore du bois parfait ; ce n'eft
que de l'aubier : cependant, dès le moment qu'il eft endurci,

il ne doit plus augmenter, ni en hauteur, ni en épaisseur ; mais il reste, tant que l'arbre subsiste, à-peu-près dans les mêmes dimensions ; il devient seulement plus dur, & sa substance est plus serrée ; c'est-à-dire, que de l'état d'aubier il passe à celui de bois, mais sans s'étendre en aucun sens ; de telle sorte, que dans le pied du plus gros Chêne, le premier cône ligneux y existe à très-peu près dans les mêmes dimensions qu'il avoit, quand il a été formé en bois peu de temps après la germination de la semence, & lorsque ses bourgeons ont été, comme l'on dit, *aoûtés*.

L'accroissement des arbres, soit en hauteur, soit en grosseur, s'accomplit par le moyen d'une substance qui se prépare entre l'écorce & le bois, laquelle, en premier lieu, est remplie d'un suc qui la fait ressembler à une épaisse gelée. L'organisation de cette substance devenant plus apparente, elle semble être herbacée ; elle prend ensuite plus de consistance ; elle devient semblable à l'aubier ; & cette couche de bois imparfait s'attachant au bois qu'elle recouvre, en augmente l'épaisseur : nous avons prouvé dans la *Physique des Arbres*, qu'il se forme dans une même année plusieurs de ces couches.

Les couches annuelles beaucoup plus sensibles, que celles dont nous venons de parler, sont formées par l'aggrégation des couches minces que l'on peut distinguer très-facilement : si l'on met tremper dans l'eau certains bois pourris, on parviendra à détacher ces couches par lames extrêmement minces. Quantité d'autres expériences & observations que l'on peut voir dans l'Ouvrage cité, prouvent que l'accroissement des arbres en hauteur, se fait seulement par l'expansion du germe renfermé dans l'intérieur des boutons, & que les Jardiniers appellent *l'œil de l'écusson*. Cette partie qui est une branche en raccourci, est tendre & capable d'expansion ; on la voit dans le germe des semences ; elle est contenue dans l'intérieur des oignons ; en un mot, le bourgeon sort des boutons, comme le jeune arbre sort de la semence. C'est une substance herbacée & expansible qui prend de l'étendue dans toutes ses parties, jusqu'à ce que l'intérieur soit devenu bois ; après quoi elle cesse de s'étendre.

Ce que nous venons de dire fur la façon dont les arbres s'étendent en hauteur & en circonférence, doit fuffire pour faire comprendre ce que nous penfons de la différente qualité des bois fuivant leurs âges.

Pour prendre une idée de la ftruĉture des arbres, il faut donc fe repréfenter un certain nombre de cônes ligneux plus grands les uns que les autres, & qui fe recouvrent mutuellement : celui de la premiere année eft recouvert par celui de la feconde ; celui de la feconde par un troifieme, &c.

Ces cônes font unis les uns aux autres par des lames intermédiaires qui, comme nous le verrons dans le Chapitre qui traite de la force des bois, ne font pas fi fortes que les couches ligneufes ; ce font auffi ces lames qui fe détruifent les premieres dans les bois qui ont refté long-temps expofés à la pluie ou au courant d'une riviere.

Mais il ne faut pas oublier que chaque cône une fois formé, n'augmente plus ni en groffeur, ni en longueur. Ainfi, par exemple, dans un Chêne âgé de cent ans, le premier cône eft du bois de cent ans, & le dernier eft du bois d'un an ; enforte que dans cet arbre il fe trouve du bois de tous les âges, à compter depuis un an jufqu'à cent ; d'où l'on peut conclure, que s'il faut un certain âge au bois pour être réputé bon, & que paffé cet âge, il foit reconnu mauvais, il pourra y avoir dans le même corps d'arbre, une partie du bois qui ne fera pas dans toute fa perfection, & une autre partie qui fera fur le retour ; enforte que la partie extérieure de l'arbre & la fupérieure n'auront pas encore acquis toute leur perfection, pendant que le bois du cœur fera dans un état parfait, & même que celui du centre, vers le pied de cet arbre, commencera à dépérir.

Pour mieux comprendre comment le bois peut, pendant un certain temps, acquérir de la bonté, & s'altérer enfuite, il ne faut que prêter une légere attention aux différents états par lefquels le bois paffe, avant que de parvenir à celui de toute la perfection dont il eft fufceptible. On voit d'abord que les couches qui doivent devenir du bois, n'ont aucune confiftance folide ; qu'elles ne font alors qu'herbacées ; que la feve y paffe en abondance ; que les parties propres à prendre de la folidité , fe fixent dans fes pores , & qu'elles deviennent filamenteufes ; que la feve continue à traverfer cette fubftance qui augmente en denfité , & qui devient aubier ; que cet aubier n'eft encore qu'une fubftance rare , qui a befoin que la feve y apporte certaines parties fixes , ou fubftance nourriciere qu'elle y dépofe en la traverfant, & qui le met dans l'état de bois plus denfe. Mais on conçoit bien auffi que ces pores peuvent enfin devenir tellement étroits & fi petits , que la feve ne puiffe plus y paffer avec facilité ; que cet obftacle commence à déforganifer les bois , & à les mettre dans un état de retour, puifque la feve étant privée de fon mouvement ordinaire, fe corrompt infailliblement.

Si ce que nous venons d'avancer eft vrai , il faut néceffairement que le bois qui eft vers le centre du pied d'un arbre, encore en crûe , foit plus pefant que celui qui eft au haut de la tige, & dans toutes les parties de l'arbre ; que celui qui eft au centre, doit être plus pefant que celui qui eft à la circonférence. Au contraire , quand les arbres font fur leur retour, le bois du centre doit être moins pefant que celui qui eft plus près de la fuperficie, à caufe de l'altération qu'il a foufferte. C'eft un fait que nous avons vérifié par plufieurs expériences. En voici quelques-unes qui fuffiront pour en établir la vérité.

ARTICLE II. *Expériences faites pour reconnoître la différente pefanteur & denfité du bois du pied des arbres, relativement à celui de la cime ; & la denfité du bois du cœur, par comparaifon à celui de la circonférence.*

§. I. *Premiere Expérience.*

J'AI d'abord fait réduire, le plus exactement qu'il m'a été poffible , fur une même largeur & à une même épaiffeur, un madrier qui avoit été pris au centre d'un Chêne affez gros , mais vigoureux , & qui avoit dix pieds de longueur : je l'ai

mis avec précaution flotter fur une eau dormante, afin d'avoir
la commodité de pouvoir obferver que la partie de ce madrier
qui étoit du pied de l'arbre, entroit plus avant dans l'eau que
celle qui répondoit à la cime : preuve inconteftable que la fubftance du bois étoit plus denfe du côté de la fouche que celle
de l'autre extrémité : cependant comme cette épreuve ne me
donnoit aucune idée de la différence de pefanteur qui devoit
être entre ces deux parties, j'ai fait l'expérience fuivante.

§. 2. *Seconde Expérience.*

J'ai fait refendre à la fcie un gros Chêne par fon axe ; j'ai
enfuite fait lever une planche fur chacune de ces moitiés,
de forte qu'un des bords de chacune de ces planches répondoit au centre de l'arbre, & l'autre à l'écorce. J'ai fait réduire
ces planches à une largeur & une épaiffeur uniforme dans
la totalité de leur longueur : je les ai enfuite mis flotter fur
une eau dormante ; & comme elles enfonçoient plus dans l'eau
du côté qui répondoit au centre de l'arbre que du côté de
l'écorce, j'avois droit d'en conclure que le bois du centre
eft plus pefant que celui de la circonférence ; mais ces moyens
ne m'apprenoient que d'une façon toute vague, que le bois du
pied des arbres eft plus denfe que celui de la cime, & celui
du centre plus que celui de la circonférence ; j'ai donc cru
devoir employer des moyens qui me fembloient promettre
plus de précifion.

§. 3. *Troifieme Expérience.*

Dans le mois d'Octobre 1735, je fis choix d'un jeune
Chêne bien droit de 8 à 10 ans, dont je fis couper une piece
de quatre pieds de long dans la portion qui étoit la plus droite.
Je fis dreffer cette piece de bois à la varlope pour la rendre d'un même équarriffage dans toute fa longueur : on la coupa enfuite en huit parties qui avoient chacune un demi-pied
de longueur. Ces huit morceaux qui étoient tous d'une folidité pareille, furent numérotés depuis I jufqu'à VIII. Le
morceau tiré au plus près des branches, étoit numéroté I ;
& celui, au plus près des racines, étoit numéroté VIII.

Je pesai ensuite chacun de ces morceaux en particulier, avec une balance qui trébuchoit à la sixieme partie d'un grain ; & il se trouva que ceux de ces morceaux qui avoient été les plus voisins du pied de l'arbre, étoient les plus pesants, & les autres, graduellement de moins en moins, pesants ainsi qu'il suit.

En commençant par le haut.

Numéros.	Gros.	Grains.	
I.	3	40	
II.	3	$43\frac{1}{2}$	
III.	3	44	
IV.	3	50	
V.	3	51	
VI.*	3	48	* Ce morceau avoit un peu d'écorce à
VII.	3	57	cause que la piece étoit un peu courbe
VIII.	3	58	en cet endroit.

Je me proposai ensuite de connoître si, quand ces morceaux de bois seroient secs, ils conserveroient à-peu-près le même rapport entr'eux. Pour y parvenir, je les tins, pendant deux fois vingt-quatre heures, dans une étuve échauffée, à 30 ou 40 degrés ; ensuite les ayant pesés, je vis encore que les morceaux du bois, le plus près des racines, étoient les plus pesants : cette différence de poids étoit seulement plus sensible dans les bois verds que dans les secs.

Numéros.	Gros.	Grains.	
I.	2	20	
II.	2	26	
III.	2	$29\frac{1}{2}$	
IV.	2	$44\frac{1}{2}$	
V.	2	$49\frac{1}{2}$	
VI.*	2	45	* Morceau défectueux.
VII.	2	53	
VIII.	2	56	

On voit dans cette expérience que le morceau de bois pris au pied, a diminué à l'étuve d'une quantité qui est à son poids total, comme 1 est à $3 + \frac{26}{37}$; & que celui du haut, c'est-à-dire,

près les branches, a perdu une quantité qui est à son poids, comme
1 est à 2 + $\frac{15}{23}$. On voit encore par cette expérience : 1°, que
les jeunes bois qui font presque tout aubier, perdent beaucoup
de leur poids en se séchant : 2°, que le bois de la cime qui est
le moins dense, perd plus de son poids en se séchant, que celui
du pied : 3°, qu'il y a une différence très-sensible entre le poids &
la densité du bois du pied d'un jeune arbre, & celui de la cime.

§. 4. *Quatrieme Expérience.*

J'ai fait la même expérience en grand sur un arbre bien
droit abattu dans l'Hiver de 1732. Je fis couper du corps une
rondine de dix-neuf pieds de longueur. Cette piece, après avoir
été équarrie, portoit dix pouces d'équarrissage ; je fis lever
par les Scieurs de long, une planche sur chaque face, afin
qu'il ne restât plus que le bois du cœur, de sorte que cette
piece se trouva réduite à 6 pouces d'équarrissage ; enfin je la
fis couper en trois parties de six pieds de longueur chacune,
que je fis peser d'abord au mois de Janvier 1733, ensuite dans
le mois de Juin 1734, en Octobre 1735, & enfin en Octobre
1742. A chacune de ces pesées, la piece du pied s'est trouvée
la plus pesante, & celle du haut la plus légere, ainsi qu'on le
va voir.

En commençant par le pied :

Numéros.	Livres.	Onces.	
I.	71	12	En Janvier 1733.
I.	65	2	En Juin 1734.
I.	61	1	En Octobre 1735.
I.	57	0	En Octobre 1742.
II.	68	12	En Janvier 1733.
II.	62	2	En Juin 1734.
II.	57	11	En Octobre 1735.
II.	54	0	En Octobre 1742.
III.	67	4	En Janvier 1733.
III.	61	14	En Juin 1734.
III.	57	3	En Octobre 1735.
III.	54	8	En Octobre 1742.

Le numéro II. verd pesoit 2 livres plus que le numéro III
verd,

verd ; & le numéro I pese 3 livres plus que le numero II.

J'ai répété la même expérience sur une piece de douze pieds de long que j'avois fait scier pareillement sur les quatre faces, & j'ai trouvé la même différence dans les poids.

La piece du pied pesoit :

Numé-ros.	Livres.	Onces.	
I.	61	0	En Janvier 1733.
I.	58	0	En Juin 1734.
I.	51	12	En Octobre 1735.
I.	49	8	En Octobre 1742.

La piece du haut pesoit :

Numé-ros.	Livres.	Onces.	
II.	58	10	En Janvier 1733.
II.	55	8	En Juin 1734.
II.	49	8	En Octobre 1735.
II.	47	8	En Octobre 1742.

Le madrier du pied pesoit, verd, 2 liv. 6 onces plus que le madrier de la cime ; & sec, 2 livres.

§. 6. *Sixieme Expérience.*

Dans le mois de Janvier 1736, je fis abattre un assez gros Chêne ; & après l'avoir fait équarrir pour servir à différentes expériences, j'en fis scier, vers la souche, un bout de trois pieds de longueur qui se trouva fort sain ; à chacun des bouts de cette piece de bois, je fis lever un cube de 7 pouces de côté : l'un fut numéroté *P, pied* ; l'autre *C, Cime.*

	Livres.	Onces.	Gros.
P, En 1736 pesoit	22	2	2
Le 10 Décembre 1737	16	1	2
Le 13 Mars 1740	16	1	0
C, En 1736 pesoit	21	12	6
Le 10 Décembre 1737	15	15	4
Le 13 Mars 1740	15	15	0

Comme ces deux cubes étoient peu élevés l'un au-deſſus de l'autre dans le tronc, celui coté *P*, ne peſoit que 5 onces 4 gros plus que le cube *C*.

Il eſt à propos de faire remarquer, que pour réuſſir dans ces ſortes d'expériences, ainſi que dans celles que je vais rapporter, il faut éviter de prendre de vieux arbres ; car s'ils étoient en retour, le bois qui ſe trouve le plus près de la ſouche, ſeroit le plus léger ; & cela arrive quelquefois à des arbres qui paroiſſent vigoureux. On conçoit auſſi que les nœuds ainſi que les veines de bois, ſoit blanches, ſoit rouſſes, doivent changer la peſanteur ſpécifique du bois. Ces circonſtances ſi eſſentielles ont rendu nos expériences difficiles à exécuter.

Au reſte, ces expériences prouvent inconteſtablement que le bois du pied & du centre des arbres, qui eſt celui qui ſe forme le premier, eſt le plus peſant dans les arbres qui ſont en crûe ; car il n'en eſt pas de même des arbres qui ſont ſur leur retour, comme nous le ferons voir dans la ſuite. Je vais rapporter d'autres expériences que j'ai faites, pour me rendre certain ſi le bois du centre des arbres qui ſont vigoureux, eſt plus peſant que celui de la circonférence.

§. 7. *Septieme Expérience.*

Pour connoître quelle étoit la différence de denſité du bois du cœur d'avec celle du bois de la circonférence des arbres, j'ai d'abord fait diviſer une rondelle *A B* (*Fig.* 1. *Pl* 1.) par priſmes d'un pouce de baſe ſur deux pouces de hauteur : cette rondelle m'en a fourni 124. Mais quoique j'euſſe ſupprimé ceux des bords comme on le voit dans la Figure, j'ai été obligé d'en retrancher encore bien d'autres, ſoit parce que les uns étoient moitié bois & moitié aubier, ſoit parce que les cercles qui déſignent la crûe de chaque année, qui ſont d'inégale épaiſſeur, & que nous avons indiqués ſur la Figure par des traits circulaires, ſe trouvoient différemment combinés dans chacun de ces priſmes, ſoit enfin parce qu'une multitude de petits défauts imperceptibles changeoient le poids de ces priſmes, nous avons trou-

vé des variétés fans nombre dans leurs pefanteurs particulieres ; de forte que cette longue & pénible opération a été
prefque inutile, n'ayant pu trouver que les trois bandes *AB*,
CD, *EF*, (*Pl. I. Fig.* 1.) qui fuivoient une dégradation de
poids à-peu-près uniforme, comme on le peut voir dans la
Figure 2. C'eft par cette raifon que dans toutes les expériences que je vais rapporter, je me fuis borné à faire lever
dans le milieu de chaque rondelle, la tranche qui paffoit par
l'axe au cœur de l'arbre, la faifant couper dans le fens du
bois où l'organifation paroiffoit la plus réguliere.

J'avois choifi avec grand foin pour cette expérience, une
tranche ou rondelle bien faine d'un Chêne, de cinq à fix pouces de diametre, & de deux pouces d'épaiffeur, dans laquelle
j'avois fait lever dans le milieu, & dans le fens où elle étoit
la plus parfaite, une tranche de demi-pouce d'épaiffeur, & je
l'avois fait refendre en fept morceaux chacun de demi-pouce
en quarré, fur deux pouces de hauteur. Ces morceaux fe
trouverent de poids différents : ceux du centre étoient plus
pefants que ceux de la circonférence, comme on le peut voir
par la figure 3. (*Planche I.*)

§. 8. *Huitieme Expérience.*

J'ai pris douze rondelles de Chêne, de deux pouces d'épaiffeur & de différentes groffeurs, dans autant d'arbres différents.
Le 18 Février 1740, j'en ai levé une tranche dans le milieu
d'un pouce $\frac{1}{2}$ de largeur, & j'ai fcié cette tranche pour en
faire des parallélipipedes de deux pouces de hauteur fur 1 $\frac{1}{2}$
d'équarriffage : les parallélipipedes provenant d'une même
rondelle, ont été marqués d'une même lettre.

Journal de la Rondelle A.

Quantieme du Mois.	Numéros	Onces	Gros	Grains
Le 18 Février.	1	3	0	24
	2	3	1	18
	3	3	6	18 Cœur.
	4	3	4	5
	5	3	2	0
	6	3	3	6
	7	3	3	16
Le 7 Mars.	1	2	6	17
	2	3	0	0
	3	3	3	48 Cœur.
	4	3	3	0
	5	3	0	54
	6	3	1	29
	7	3	0	70
Le 11 Mars, après avoir resté 4 jours dans une étuve.	1	2	2	30
	2	2	5	6
	3	2	7	52 Cœur.
	4	2	6	48
	5	2	4	48
	6	2	5	22
	7	2	4	18
Le 19 Mars, après avoir resté 5 jours dans l'étuve.	1	2	0	24
	2	2	3	6
	3	2	5	46 Cœur.
	4	2	4	32
	5	2	2	44
	6	2	3	34
	7	2	2	25
Le 26 Mars, après avoir passé 4 jours dans l'étuve.	1	2	0	0
	2	2	2	50
	3	2	4	60 Cœur.
	4	2	4	0
	5	2	1	60
	6	2	3	0
	7	2	2	0
Le 6 Avril, après avoir resté dans le laboratoire.	1	1	7	16
	2	2	2	16
	3	2	4	50 Cœur.
	4	2	3	48
	5	2	1	60
	6	2	2	48
	7	2	1	64
Le 12 Avril, après avoir resté ce tems dans le laboratoire.	1	1	7	6
	2	2	2	6
	3	2	4	30 Cœur.
	4	2	3	16
	5	2	1	42
	6	2	2	36
	7	2	1	54

Seconde Rondelle marquée B.

Quantieme du Mois.	Numéros	Onces	Gros	Grains
Le 18 Février.	1	2	7	48
	2	3	1	2
	3	3	3	58 Cœur.
	4	3	6	20 Cœur.
	5	3	0	36
	6	3	0	0
Le 7 Mars.	1	2	6	28
	2	3	0	28
	3	3	3	8 Cœur.
	4	3	3	42 Cœur.
	5	3	0	0
	6	2	7	8
Le 11 Mars.	1	2	3	62
	2	2	6	48
	3	3	1	12 Cœur.
	4	3	1	30 Cœur.
	5	2	6	2
	6	2	5	16
Le 19 Mars.	1	2	2	18
	2	2	5	16
	3	3	0	0 Cœur.
	4	3	0	34 Cœur.
	5	2	5	0
	6	2	3	56
Le 26 Mars.	1	2	1	64
	2	2	4	10
	3	2	6	50 Cœur.
	4	2	7	0 Cœur.
	5	2	4	0
	6	2	2	64
Le 6 Avril.	1	2	1	56
	2	2	3	48
	3	2	5	62 Cœur.
	4	2	6	54 Cœur.
	5	2	3	55
	6	2	2	44
Le 12 Avril.	1	2	1	36
	2	2	3	40
	3	2	5	58 Cœur.
	4	2	6	26 Cœur.
	5	2	3	46
	6	2	2	30

Nota. Que cette rondelle a resté dans l'étuve & dans le laboratoire autant de temps que la précédente marquée A.

...e Rondelle marquée **C.**

du Mois.	Numéros	Onces.	Gros.	Grains.
...évrier.	1	3	0	36
	2	2	7	27
	3	3	2	64 Cœur.
	4	3	2	18 Cœur.
	5	3	0	44
	6	2	7	16
Mars.	1	2	7	30
	2	2	6	48
	3	3	2	0 Cœur.
	4	3	1	20 Cœur.
	5	2	7	60
	6	2	5	36
Mars.	1	2	4	30
	2	2	4	30
	3	3	0	24 Cœur.
	4	2	7	30 Cœur.
	5	2	6	16
	6	2	2	12
Mars.	1	2	2	32
	2	2	3	60
	3	2	6	2 Cœur.
	4	2	5	22 Cœur.
	5	2	4	5
	6	2	0	44
Mars.	1	2	1	44
	2	2	2	0
	3	2	5	0 Cœur.
	4	2	3	6 Cœur.
	5	2	2	60
	6	1	7	62
Avril.	1	2	0	30
	2	2	1	20
	3	2	3	42 Cœur.
	4	2	2	50 Cœur.
	5	2	1	60 —
	6	1	7	54
Avril.	1	2	0	30
	2	2	1	0
	3	2	3	4 Cœur.
	4	2	2	44 Cœur.
	5	2	1	6
	6	1	7	50

Quatrieme Rondelle marquée **D.**

Quantieme du Mois.	Numéros	Onces.	Gros.	Grains.
Le 18 Février.	1	3	0	43
	2	2	6	3
	3	3	0	10 Cœur.
	4	3	0	32 Cœur.
	5	2	4	56
Le 7 Mars.	1	2	7	6
	2	2	5	0
	3	2	7	6 Cœur.
	4	2	7	22 Cœur.
	5	2	3	44
Le 11 Mars.	1	2	3	6
	2	2	2	48
	3	2	4	60 Cœur.
	4	2	5	12 Cœur.
	5	2	1	50
Le 19 Mars.	1	2	1	0
	2	2	1	0
	3	2	3	18 Cœur.
	4	2	3	52 Cœur.
	5	2	0	52
Le 26 Mars.	1	2	0	60
	2	2	0	62
	3	2	3	0 Cœur.
	4	2	2	60 Cœur.
	5	2	0	20'
Le 6 Avril.	1	2	0	60
	2	2	0	42
	3	2	2	33 Cœur.
	4	2	2	60 Cœur.
	5	2	0	12
Le 12 Avril.	1	2	0	18
	2	2	0	26
	3	2	2	24 Cœur.
	4	2	2	54 Cœur.
	5	2	0	12

Cinquieme Rondelle marquée E.

Quantieme du Mois.	Numéros	Onces.	Gros.	Grains.
Le 18 Février.	1	3	1	32
	2	3	3	38 Cœur.
	3	3	2	18
	4	3	1	17
	5	3	1	58
Le 7 Mars.	1	2	7	60
	2	3	2	12 Cœur.
	3	3	1	12
	4	3	0	24
	5	3	0	52
Le 11 Mars.	1	2	6	10
	2	3	0	6 Cœur.
	3	2	7	24
	4	2	6	0
	5	2	5	54
Le 19 Mars.	1	2	4	36
	2	2	6	8 Cœur.
	3	2	5	8
	4	2	5	0
	5	2	3	44
Le 26 Mars.	1	2	3	62
	2	2	5	0 Cœur.
	3	2	4	8
	4	2	4	0
	5	2	2	4
Le 6 Avril.	1	2	3	20
	2	2	4	50 Cœur.
	3	2	3	50
	4	2	3	15
	5	2	1	30
Le 12 Avril.	1	2	3	0
	2	2	4	42 Cœur.
	3	2	3	26
	4	2	3	0
	5	2	1	24

Sixieme Rondelle marquée F.

Quantieme du Mois.	Numéros	Onces.	Gros.	Grains.
Le 18 Février.	1	2	7	48
	2	2	6	8
	3	3	0	12
	4	3	2	52 Cœur où il y avoit un nœud.
	5	2	7	26
	6	2	7	36
Le 7 Mars.	1	2	5	22
	2	2	4	60
	3	2	6	60
	4	3	1	20 Cœur.
	5	2	5	6
	6	2	6	0
Le 11 Mars.	1	2	2	20
	2	2	2	51
	3	2	4	40
	4	2	6	62 Cœur.
	5	2	3	34
	6	2	2	40
Le 19 Mars.	1	2	0	58
	2	2	0	60
	3	2	2	52
	4	2	5	12 Cœur.
	5	2	2	26
	6	2	1	0
Le 26 Mars.	1	2	0	24
	2	2	0	36
	3	2	2	20
	4	2	4	60 Cœur.
	5	2	1	58
	6	2	0	48
Le 6 Avril.	1	2	0	20
	2	2	0	30
	3	2	2	7
	4	2	4	28 Cœur.
	5	2	1	32
	6	2	0	10
Le 12 Avril.	1	2	0	12
	2	2	0	24
	3	2	2	0
	4	2	4	18 Cœur.
	5	2	1	22
	6	2	0	0

Septieme Rondelle marquée G.

Quantieme du Mois.	Numéros	Onces.	Gros.	Grains.
Le 18 Février.	1	2	6	62
	2	2	7	12
	3	3	3	44
	4	3	2	2 Cœur.
	5	3	2	0
	6	3	0	16
	7	3	6	42
Le 7 Mars.	1	2	5	41
	2	2	6	54
	3	3	3	8
	4	3	1	39 Cœur.
	5	3	1	22
	6	2	7	42
	7	2	5	46
Le 11 Mars.	1	2	2	52
	2	2	4	2
	3	3	0	16
	4	2	6	22 Cœur.
	5	2	6	24
	6	2	5	6
	7	2	3	33
Le 19 Mars.	1	2	1	3
	2	2	2	46
	3	2	6	4
	4	2	4	18 Cœur.
	5	2	4	2
	6	2	3	2
	7	2	2	24
Le 26 Mars.	1	2	0	34
	2	2	1	63
	3	2	5	0
	4	2	5	30 Cœur.
	5	2	3	0
	6	2	2	20
	7	2	2	0
Le 6 Avril.	1	2	0	24
	2	2	1	28
	3	2	4	48
	4	2	2	10 Cœur.
	5	2	2	40
	6	2	1	20
	7	2	1	44
Le 12 Avril.	1	2	0	4
	2	2	1	18
	3	2	4	40
	4	2	3	10 Cœur.
	5	2	2	30
	6	2	1	10
	7	2	1	32

Huitieme Rondelle marquée H.

Quantieme du Mois.	Numéros	Onces.	Gros.	Grains.
Le 18 Février.	1	2	7	14
	2	3	1	44
	3	3	4	0 Cœur.
	4	3	1	44
	5	3	0	36
	6	2	7	56
Le 7 Mars.	1	2	6	37
	2	3	1	6
	3	3	3	30 Cœur.
	4	3	1	20
	5	3	0	2
	6	2	6	36
Le 11 Mars.	1	2	2	9
	2	2	4	60
	3	2	7	36 Cœur.
	4	2	4	52
	5	2	3	43
	6	2	2	42
Le 19 Mars.	1	2	0	14
	2	2	2	0
	3	2	5	0 Cœur.
	4	2	2	26
	5	2	1	22
	6	2	0	43
Le 26 Mars.	1	1	7	6
	2	2	1	0
	3	2	4	0 Cœur.
	4	2	1	62.
	5	2	0	60
	6	1	7	62
Le 6 Avril.	1	1	7	40
	2	2	0	48
	3	2	3	18 Cœur.
	4	2	1	14
	5	2	0	20
	6	1	7	58
Le 12 Avril.	1	1	7	26
	2	2	0	56
	3	2	3	8 Cœur.
	4	2	1	4
	5	2	0	10
	6	1	7	50

Neuvieme Rondelle marquée I.

Quantieme du Mois.	Numéros	Onces.	Gros.	Grains.
18 Févr.	1	3	1	54
	2	3	0	24
	3	3	1	46
	4	3	1	50 C.
	5	3	2	0
	6	2	7	14
	7	2	7	7
7 Mars.	1	3	0	18
	2	3	7	48
	3	3	1	0
	4	3	0	60 C.
	5	3	1	16
	6	2	6	46
	7	2	5	59
11 Mars.	1	2	6	22
	2	2	5	24
	3	2	6	48
	4	2	6	20 C.
	5	2	6	60
	6	2	4	18
	7	2	2	18
19 Mars.	1	2	4	10
	2	2	3	18
	3	2	4	14
	4	2	3	56 C.
	5	2	4	10
	6	2	2	6
	7	2	0	41
26 Mars.	1	2	3	10
	2	2	1	2
	3	2	3	4
	4	2	3	0 C.
	5	2	3	20
	6	2	1	6
	7	1	7	62
6 Avril.	1	2	2	50
	2	2	1	48
	3	2	2	33
	4	2	2	50 C.
	5	2	2	48
	6	2	0	58
	7	1	7	60
12 Avril.	1	2	2	40
	2	2	1	40
	3	2	2	20
	4	2	2	26 C.
	5	2	2	48
	6	2	0	48
	7	1	7	50

Dixieme Rondelle marquée K.

Quantieme du Mois.	Numéros	Onces.	Gros.	Grains.
18 Févr.	1	2	6	48
	2	2	5	60
	3	2	7	60
	4	2	7	12
	5	3	7	0 C.
	6	2	7	42
	7	2	7	19
	8	2	6	48
	9	2	6	60
	10	3	1	50
	11	3	0	0
7 Mars.	1	2	4	10
	2	2	4	39
	3	2	6	54
	4	2	7	48
	5	2	7	20 C.
	6	2	7	6
	7	2	6	36
	8	2	6	12
	9	2	6	20
	10	3	1	8
	11	2	1	56
11 Mars	1	2	2	6
	2	2	3	0
	3	2	4	62
	4	2	4	36
	5	2	5	0 C.
	6	2	4	41
	7	2	4	18
	8	2	3	34
	9	2	3	50
	10	2	3	26
	11	2	2	24
19 Mars.	1	1	7	58
	2	2	7	48
	3	2	7	24
	4	2	3	32
	5	2	3	48 C.
	6	2	3	16
	7	2	0	58
	8	2	0	50
	9	2	1	10
	10	2	3	44
	11	2	0	18

Quantieme du Mois.	Numéros	Onces.	Gros.	Grains.
26 Mars.	1	1	7	0
	2	1	0	48
	3	2	0	60
	4	2	1	20
	5	2	2	18 C.
	6	2	2	0
	7	2	1	0
	8	2	0	0
	9	2	0	20
	10	2	2	0
	11	2	7	62
6 Avril.	1	1	6	62
	2	1	7	66
	3	2	1	26
	4	2	1	44
	5	2	1	67 C.
	6	2	1	62
	7	1	0	38
	8	1	7	44
	9	1	7	68
	10	2	2	14
	11	1	6	48
12 Avril.	1	1	6	56
	2	1	7	58
	3	2	1	20
	4	2	1	54
	5	2	1	54 C.
	6	2	1	50
	7	1	0	30
	8	1	7	4
	9	1	7	62
	10	2	2	4
	11	1	6	40

Onzieme

Onzieme Rondelle marquée L.

Quantieme du Mois.	Numéros	Onces.	Gros.	Grains.
Le 18 Février.	1	2	6	54
	2	2	4	56
	3	3	0	48
	4	3	1	48 Cœur.
	5	3	0	44
	6	2	7	2
	7	2	5	54
	8	3	0	28
Le 7 Mars.	1	2	4	60
	2	2	4	0
	3	2	7	44
	4	3	0	38 Cœur.
	5	2	7	36
	6	2	5	64
	7	2	4	48
	8	2	6	30 .
Le 11 Mars.	1	2	1	14
	2	2	2	26
	3	2	5	54
	4	2	6	54 Cœur.
	5	2	5	48
	6	2	3	60
	7	2	2	48
	8	2	4	42
Le 19 Mars.	1	2	0	0
	2	2	1	6
	3	2	4	0
	4	2	5	48 Cœur.
	5	2	4	60
	6	2	2	24
	7	2	1	8
	8	2	2	50
Le 26 Mars.	1	1	7	48
	2	2	0	60
	3	2	2	20
	4	2	3	0 Cœur.
	5	2	2	6
	6	2	1	10
	7	2	0	62
	8	2	2	0
Le 6 Avril.	1	1	7	0
	2	1	7	64
	3	2	1	62
	4	2	2	62 Cœur.
	5	2	1	58
	6	2	0	60
	7	2	2	10
	8	2	1	24
Le 12 Avril.	1	1	6	56
	2	1	7	54
	3	2	1	50
	4	2	2	52 Cœur.
	5	2	1	50
	6	2	0	30
	7	2	0	0
	8	2	1	4

Douzieme Rondelle marquée M.

Quantieme du Mois.	Numéros	Onces.	Gros.	Grains.
Le 18 Février.	1	3	1	4
	2	3	3	56
	3	3	4	44
	4	3	4	4 Cœur.
	5	3	4	8
	6	3	1	54
	7	3	1	10
Le 7 Mars.	1	2	6	50
	2	3	1	60
	3	3	2	50
	4	3	2	24 Cœur.
	5	3	2	18
	6	2	7	61
	7	2	6	40
Le 11 Mars.	1	2	2	6
	2	2	4	48
	3	2	6	36
	4	2	6	62 Cœur.
	5	2	6	36
	6	2	3	40
	7	2	3	4
Le 19 Mars.	1	2	0	4
	2	2	2	34
	3	2	3	43
	4	2	4	18 Cœur.
	5	2	5	54
	6	2	1	4
	7	2	0	44
Le 26 Mars.	1	1	7	62
	2	2	1	20
	3	2	1	6
	4	2	2	62 Cœur.
	5	2	2	60
	6	2	0	48
	7	2	0	0
Le 6 Avril.	1	1	7	20
	2	2	0	64
	3	2	1	62
	4	2	2	58 Cœur.
	5	2	2	20
	6	2	0	10
	7	1	7	64
Le 12 Avril.	1	1	7	12
	2	2	0	50
	3	2	1	54
	4	2	2	50 Cœur.
	5	2	2	0
	6	2	0	0
	7	1	7	4

Les bois du Cœur se sont gercés ; & ceux de la circonférence ne se sont presque pas gercés. Il y a dans ces Expériences plusieurs irrégularités ; mais on voit, en général, que le bois du centre est plus pesant que celui de la circonférence.

Q

Plufieurs autres rondelles m'ont préfenté une dégradation de poids encore plus réguliere : mais je crois qu'il eft inutile d'en rapporter ici les détails ; ils n'apprendroient rien de plus que ce qu'on vient de dire : j'aime mieux donner quelques expériences que j'ai faites fur des arbres de 18 pouces de diametre : chaque morceau que j'en avois tiré, étoit d'un pouce en quarré fur deux pouces de hauteur ; je les ai pefés lorfque le bois étoit prefque fec.

§. 9. *Neuvieme Expérience.*

JE me fuis contenté de faire graver les trois tranches que l'on peut voir fur la Planche I. *Fig.* 1, 2, 3, 4, 5 & 6, pour donner une idée plus jufte de ces expériences ; toutes les autres fe trouveront dans le difcours.

Ces expériences prouvent toutes que le bois du centre eft plus pefant que celui de la circonférence ; mais pour qu'elles réuffiffent, il faut choifir les rondelles avec grande attention, & avoir foin d'éviter d'en prendre fur des arbres qui font en retour ; car le moindre nœud, la moindre gelivure ou quelques autres défauts qui font fouvent prefque infenfibles, changent la pefanteur fpécifique du bois. Entre plufieurs exemples que nous rapporterons à la fin de cet article, il y en a fur-tout un qui nous a fort furpris. Dans un morceau de bois qui ne paroiffoit avoir aucun défaut, l'aubier s'eft trouvé plus pefant que le bois ; mais cela provenoit d'une forte d'extravafation de feve qui étoit arrivée à cet endroit ; car après avoir pefé une autre tranche du même bois, prife dans l'autre fens, l'aubier s'eft trouvé plus léger que le bois.

	Numéros.	Gros.	Grains.
L'aubier ..	I.	2	$18\frac{1}{2}$
	II.	1	$53\frac{1}{2}$
	III.	2	$24\frac{1}{2}$
	IV.	2	42
Le centre ..	V.	2	43

§. 10. *Dixieme Expérience.*

Voici plusieurs autres exemples où l'ordre uniforme s'est trouvé dérangé.

Circonférence.

Numéros.	Onces.	Grains.	
I.	2	$13\frac{1}{2}$	
II.	2	64	
III.	2	$19\frac{1}{2}$	
IV.	2	$22\frac{1}{2}$	Cœur.
V.	2	$20\frac{1}{2}$	
VI.	2	$4\frac{1}{2}$	
VII.	2	$3\frac{1}{2}$	

Circonférence.

Dans cet exemple c'est le second morceau qui est le plus pesant, & depuis le numéro 4 jusqu'au numéro 7, on apperçoit une dégradation uniforme.

Numéros.	Onces.	Grains.	
I.	2	42	
II.	1	$53\frac{1}{2}$	
III.	2	28	
IV.	2	$38\frac{1}{2}$	Cœur.
V.	2	$27\frac{1}{2}$	
VI.	2	$19\frac{1}{2}$	
VII.	2	7	

Dans cet exemple, l'aubier est plus pesant que le bois, & tout est dérangé depuis le numéro 1 jusqu'au numéro 4 ; mais la dégradation naturelle est assez bien observée depuis le numéro 4 jusqu'au numéro 7 : le numéro 2 qui est d'aubier, étoit plus pesant à cause d'une cicatrice qui s'est trouvée en cet endroit.

§. 11. Onzieme Expérience.

LES expériences fuivantes ont été faites fur des morceaux de bois d'un pouce en quarré, fur deux pouces de hauteur, & pris dans des rondelles de dix-huit pouces de diamettre.

Numéros.	Onces.	Grains.	
I.	7	50	La Circonférence.
II.	8	28	
III.	8	4	
IV.	8	24	
V.	9	49	
VI.	9	60	
VII.	9	66	Le Centre.

Dans cet exemple il s'eft trouvé un défaut qui a rendu les numéros 3 & 4 plus légers qu'ils ne devoient être ; mais le refte fuit l'ordre naturel.

Numér.	Onces.	Grains.	
I.	8	3	La Circonférence.
II.	8	27	
III.	9	6	
IV.	8	63	
V.	8	66	
VI.	9	4	Le Centre.

Ici tout fuit l'ordre naturel, excepté que le numéro 5 étoit plus pefant, à caufe d'un vieux nœud qui s'y eft trouvé.

Nous avons choifi pour l'expérience fuivante, un morceau de bois qui avoit des nœuds, & qui commençoit à fe carier dans le cœur, ce qui dérange tout l'ordre dans les poids.

Numéros.	Onces.	Grains.	
I.	8	21	La Circonférence.
II.	8	13	
III.	8	4	
IV.	9	13	
V.	8	57	
VI.	8	55	
VII.	8	53	Le Centre.

On voit ici que le poids diminue à mesure qu'on approche du centre.

§. 12. *Conséquences des Expériences précédentes.*

Nous avons répété de pareilles expériences fur un grand nombre de morceaux de bois de différente qualité , ce qui nous a donné de grandes variétés ; mais nous nous contenterons de dire en général, que nos expériences nous ont fait remarquer : 1°, que quand les bois font parfaitement fains, ils font plus pefants au centre qu'à la circonférence : 2°, que le contraire arrive quand les bois font fur leur retour : 3°, que les plaies recouvertes, ainfi que les nœuds, rendent le bois plus pefant : 4°, qu'au contraire, les gelivures rendent les bois plus légers. Nous avons, outre cela, remarqué qu'il y a des cercles de la crûe de certaines années, plus légers les uns que les autres, ce qui vient apparemment d'une trop grande abondance d'eau, ou de quelque autre circonftance qui n'avoit pas été alors favorable à la formation du bois. Mais pour fimplifier cette queftion, nous n'avons aucun égard à cette différence de qualité qui fe trouve entre les couches ligneufes, non plus qu'à l'augmentation de poids qui peut provenir des nœuds, des cicatrices, &c, ainfi qu'à la diminution du poids qui dépend de la gelivure ou du double aubier ; d'autant que toutes ces circonftances font accidentelles, & indépendantes de l'âge des arbres ; par conféquent nous confidérerons le bois, fuppofé dans un état uniforme, & nous n'aurons d'égard qu'aux différences que leur âge peut produire, & qui dépendent de la densité qu'il acquiert par l'addition des parties ligneuses, ou de l'altération qu'il souffre, quand, après avoir acquis toute sa dureté naturelle, ses pores se trouvent obstrués, & que la seve n'y peut plus passer librement. Après les expériences que nous avons rapportées, il est hors de doute :

1°, Que le bois trop jeune n'a pas encore acquis la perfection dont il est susceptible ; qu'il est nécessaire que les parties dont il est formé, prennent encore plus de solidité ; & que la seve en passant & en repassant dans l'intérieur, y ait déposé de nouvelles parties fixes qui en augmentent la densité : d'où l'on peut conclure que le bois du pied des arbres qui sont en pleine crûe, est meilleur que celui de la cime ou des branches; & celui du centre, que celui de la circonférence ; ce qui est, ce me semble, prouvé par mes expériences. Mais il suit encore de-là, que c'est dommage d'abattre un arbre jeune, & avant qu'il ait acquis cette perfection ; non - seulement parce que cet arbre pourroit encore croître, mais encore parce qu'il ne sera pas d'un si bon usage qu'il auroit pu l'être par la suite.

2°, Que le bois trop vieux, & dont les pores sont obstrués, commence à s'altérer intérieurement par la partie du tronc qui a été formée la premiere ; qu'alors le centre est plus léger que le bois de la circonférence ; & cela fait voir que dans les arbres qui sont en cet état, c'est le bois du centre pris au pied, qui est le plus mauvais ; & que dans toute la longueur du tronc, celui du centre n'est pas si bon que celui de la circonférence qui n'a été formé que depuis l'autre. Ce fait est bien prouvé par les expériences que nous venons de rapporter, & il sera encore confirmé par les observations que l'on peut faire sur les bois mis en œuvre ; puisque quand ces sortes de bois dépérissent de vieillesse, c'est toujours par le centre qu'ils commencent à s'altérer. C'est donc encore une grande faute de laisser trop long-temps sur pied un arbre qui dépérit ; puisque la partie la plus précieuse tombe en pure perte.

Après toutes les expériences que j'ai faites à ce sujet, & qui en vérité étoient bien pénibles par les grands détails qu'elles entraînoient, je puis affurer que prefque tous les bois de gros échantillon, font viciés plus ou moins dans le cœur. Ce défaut ne fe manifefte pas fenfiblement quand les arbres font verds & pleins de feve; il faut des expériences pareilles à celles que je viens de rapporter; pour le découvrir : mais il devient très-fenfible quand les bois font devenus fecs : c'eft ce que nous ferons voir en fon lieu.

Ainfi, l'âge qui précede immédiatement l'altération du cœur d'un arbre vers le pied, eft celui où il convient de l'abattre, fi l'on veut en tirer le meilleur parti poffible.

Article III. *A quelles marques on peut connoître que les Arbres font parvenus à l'âge où il les faut abattre.*

On demandera à quoi on peut reconnoître que les arbres font en cet état? s'il y a un âge fixe pour cela, & fi on le peut connoître à quelques fignes extérieurs? C'eft cette queftion qui nous refte à examiner.

Nous l'avons déja dit, ceux qui font dans l'ufage d'exploiter des bois, ne conviennent pas entr'eux de l'âge précis où il convient de les abattre. Les uns prétendent qu'il faut qu'ils aient 60 ans, d'autres 100, d'autres 150, d'autres enfin 200. Quelques-uns foutiennent qu'on ne peut fixer l'âge où les arbres ont acquis toute la bonne qualité dont ils font fufceptibles ; mais ils confeillent en même temps d'avoir plutôt égard à leur groffeur, prétendant que quand un arbre eft parvenu à porter deux pieds d'équarriffage, il eft dans toute fa perfection. Nous ne fommes pas furpris de trouver les fentiments auffi partagés fur ce point; nous le fommes feulement de voir qu'on ofe fixer l'âge, & la groffeur où il convient d'abattre les arbres, fans faire attention que le climat, la fituation, l'expofition, la nature du terrein & la qualité d'une futaie, doivent occafionner des différences infinies que nous allons effayer de faire connoître.

§. 1. *Qu'il ne faut s'arrêter ni à l'âge, ni à la grof-*
feur des arbres, pour décider du temps où il les
faut abattre.

Nous avons fait voir dans les Chapitres précédents, où il a été queftion du terrein, du climat, de la fituation & de l'expofition, relativement aux terreins fecs, que les arbres qui viennent dans les pays chauds, ceux qui font fur les montagnes, & ceux qui font expofés au Midi, croiffent plus lentement que ceux qui viennent dans des pays moins chauds, ou dans des vallons qui font ordinairement affez humides ; & même, que le bois des arbres qui ont crû dans un bon terrein, médiocrement humide. Mais de ce que les pores des arbres venus dans le fec, font plus ferrés que ceux des arbres venus en terre fertile, il s'enfuit qu'ils ne viennent pas fi gros, & qu'ils tombent plus promptement en retour.

La raifon qui fe préfente naturellement, eft que leur feve, quoique moins abondante, eft plus fubftancieufe ou plus chargée de parties capables de fe former en bois ; & la tranfpiration étant plus abondante, les pores des bois crûs en terrein fec doivent être très-ferrés, & leurs fibres ligneufes, fermes & folides ; de forte que l'aubier de ces bois eft prefque comparable au cœur des arbres venus dans un terrein gras ; ce qu'on peut voir très-fenfiblement en comparant le Chêne de Provence, avec celui qu'on tire de Lorraine ou du Canada. Maintenant, fi l'on fait attention que la feve en paffant par l'aubier, & en y dépofant des parties fixes, le change en bois ; & que cette même feve endurcit encore & perfectionne le bois, de la même maniere qu'elle a perfectionné l'aubier ; que cela doit durer jufqu'à ce que les pores deviennent tellement étroits, que la feve qui ne pourra plus y paffer aifément, y féjournera & s'y corrompra ; on concevra aifément que les

bois

bois des pays chauds, ou ceux qui font expofés à l'ardeur du foleil dans des terreins fecs, doivent être fur leur retour, avant d'avoir acquis beaucoup de groffeur ; au lieu que les arbres fitués vers le Nord, ou dans un terroir fubftantieux & humide, deviennent plus gros, avant de donner des marques de retour, parce qu'il faut à ceux-ci qui tranfpirent peu, ou dont la feve eft fuffifamment délayée, beaucoup plus de temps pour que leur bois acquiert la denfité & la dureté dont ils font fufceptibles. C'eft auffi par cette raifon que ces arbres ont beaucoup d'aubier, & qu'ils n'auront peut-être pas acquis toute leur dureté, & ne feront pas parvenus aux termes de leur accroiffement au bout de 150 ans, pendant que les autres, quoique moins gros, feront quelquefois fur leur retour à 100 ans.

Il n'en eft pas de même des arbres qui ont crû dans un terrein marécageux : ils paffent fubitement d'un accroiffement affez prompt à un dépériffement fenfible ; ce qui eft bien différent des arbres qui ont crû dans un terrein de bonne qualité, & un peu humide : ceux-ci deviennent très-gros, & leur bois n'eft dans fon état de perfection que quand ils font parvenus à avoir affez de groffeur & de hauteur pour fournir de belles pieces de charpente.

On doit donc conclure de ce raifonnement, qu'il ne faut pas s'arrêter ni à l'âge, ni à la groffeur des arbres, pour décider du temps où il convient de les abattre. Nous ne croyons pas qu'on puiffe fe refufer aux raifons que nous venons de rapporter ; fur-tout, fi l'on fait attention qu'il y a quantité de bois qui, par le défaut du terrein, tombent fi promptement dans le dépériffement, qu'on eft réduit à les mettre en taillis. Voici une autre preuve affez forte de ce que nous venons d'avancer : nous la tirons du différent état où font les futaies.

Abftraction faite du climat, de la nature du fol, & de la fituation des futaies, il y a encore une autre circonftance qui fait tomber bientôt les futaies en dépériffement ; c'eft quand elles fe trouvent reproduites de vieilles fouches. Il y a des futaies qui n'ont jamais été abattues, & qui viennent immédiatement de femence : tout fe réunit alors à leur avantage : le

R

terrein eſt neuf pour les arbres qui y croiſſent ; les racines le
ſont auſſi, & ſe ſont étendues dans une proportion convenable avec les parties de l'arbre qui ſont hors de terre ; à
meſure que l'arbre a pouſſé de nouveaux jets, il s'eſt étendu
en même temps en racines ; enfin tout ſe trouve en proportion réciproque.

Mais quand on a abattu une futaie de cette nature, cette
quantité des groſſes racines n'a plus déformais à nourrir que
quelques rejets de chaque pied abattu, qui à la vérité s'é-
tendent avec vigueur, parce qu'ils ne peuvent dépenſer la
totalité de la ſeve qui peut leur être apportée par un ſi grand
nombre de racines. Cette abondante nourriture qui occaſionne les belles productions des ſouches, cauſe un préjudice
conſidérable aux groſſes racines ; & nous croyons avoir démontré dans la *Phyſique des Arbres*, que pluſieurs de ces racines meurent par la ſuite, & pourriſſent en terre, ou au moins
qu'elles ſouffrent beaucoup du retranchement des groſſes branches, & à-peu-près comme les branches ſouffrent du retranchement de quelques groſſes racines. Les branches ſouffrent du
retranchement des racines, parce que la fonction de celles-ci
eſt de recueillir dans la terre les ſucs qui doivent nourrir les
branches : les racines doivent ſouffrir du retranchement des
branches, puiſque ce ſont les branches qui déterminent principalement la ſeve à monter dans l'arbre, & par conſéquent à
paſſer dans les racines. Ce ſont-là des conſéquences de ce que
nous avons établi dans l'Ouvrage ci-devant cité.

Mais pour rapporter des faits connus de tout le monde,
on ſait que le Saule & le Peuplier, quand on ne les étête pas,
ſont de grands arbres, & qu'ils ne ſe creuſent pas ; on voit
auſſi tous les jours que ces mêmes arbres deviennent creux
quand on les étête fréquemment ; ce qui vient probablement d'une corruption de la ſeve du tronc qui ne peut
paſſer en auſſi grande quantité dans les jeunes bourgeons,
qu'elle le pouvoit faire dans les branches retranchées : n'eſt-
il pas naturel de conclure que le même accident doit arriver
aux racines ? J'avois planté, il y a 40 ans, dans un même terrein

des Saules, tous d'un même âge : le tronc de ceux qui n'ont point été étêtés, se trouve avoir 20 ou 22 pouces de diametre ; au lieu que le tronc de ceux qui ont été étêtés plusieurs fois, ne porte que 10 ou 12 pouces.

Et pour continuer à faire connoître que les arbres qui partent de vieilles souches, entrent plutôt en retour que ceux qui n'ont jamais été abattus, je ferai remarquer que quand on abat un gros arbre, il repousse de jeunes jets d'entre son écorce & son bois ; mais qu'en ce cas, le bois de la souche meurt & tombe en pourriture : pourquoi la même chose n'arriveroit-elle pas aux racines ? Pour rendre cette idée plus claire & plus sensible, nous comparerons les racines des plantes, aux veines lactées des animaux, & les feuilles & les branches qui déterminent la seve à monter, au cœur, principe de la circulation du sang. Si les veines lactées ne font pas leur office, l'effet du cœur cesse faute de sang ; & si l'action du cœur est supprimée, les veines lactées ne peuvent produire leur effet. En appliquant aux arbres cette comparaison, dont le rapport est un peu éloigné, les racines des arbres ne doivent s'étendre que par proportion aux branches ; & réciproquement, les branches ne doivent croître qu'en proportion de l'étendue que prendront les racines. Nous avons prouvé dans la *Physique des Arbres,* que la chose se passe ainsi. Il faut encore appliquer aux racines ce que nous avons dit de l'obstruction des pores du bois, qui cause de l'altération dans les parties ligneuses, & qui y produit à-peu-près un effet semblable à certaines ossifications, qu'on apperçoit si fréquemment dans la dissection des corps des vieillards, & qui font l'occasion de tant d'infirmités.

Tout ce que nous avons dit jusqu'ici, doit faire sentir combien il est difficile que les bois que fournissent les plus anciennes forêts des pays habités, par exemple, celles du Roi en France, se trouvent de bonne qualité : 1°, parce que les arbres font, pour la plupart, sur souche, & sur souches de très-vieilles futaies ; 2°, la terre y étant depuis un nombre de siecles plantée en bois, dont on a emporté plusieurs fois la dé-

pouille, fans qu'elle ait été renouvellée par aucun engrais,
doit être abfolument épuifée, au moins pour l'efpece de bois
qui l'a affez long-temps occupée : 3°, les forêts qui fubfiftent,
font plantées fur des fonds de terreins médiocres ; & par conféquent le fol & les racines fe trouvant ufés, les bois ne peuvent être d'une excellente qualité, & les arbres doivent y
être bien plutôt en retour que dans les forêts qui font venues immédiatement de femence : 4°, les arbres venus de femence, étendent tous les ans leurs racines, qui fe portent
ainfi dans une terre neuve ; au lieu que les arbres de vieilles
futaies font privées de cet avantage, puifque ces fouches fe
trouvent dans un fol ufé & trop rempli de vieilles racines :
5°, fi l'on joint à ces confidérations ce que nous avons dit du
climat, de l'expofition, de la fituation, & de la nature du
terrein, il fera inconteftable qu'on ne pourra parvenir à décider du temps où il convient d'abattre une futaie, ni par
l'âge, ni par la groffeur des arbres. Refte à examiner ce qui
doit guider dans ce choix.

Les arbres peuvent être attaqués de quantité de défauts
intérieurs, tels que la roulure, la gelivure ou autres, auxquels
les arbres de toute forte d'âges font expofés, fans que cela
puiffe diminuer en quelque forte la vigueur de leurs pouffes.
Mais quoique la dégradation de la vieilleffe agiffe principalement dans l'intérieur, comme les expériences que nous avons
rapportées le prouvent ; cette dégradation fe fait néanmoins
appercevoir au dehors. Le bois le plus vieux, c'eft-à-dire, le
premier formé, eft le plus altéré ; mais toute l'habitude de
l'arbre fouffre : ainfi on peut connoître qu'un arbre eft fur le
retour, foit par des fignes extérieurs, foit par des marques
intérieures. Quoique nous ayons déja eu occafion de parler
de ces fignes dans le Chapitre précédent, nous allons cependant les rappeller ici fommairement.

§. 2. *Des marques qui font connoître qu'un Arbre entre en retour.*

1o, UN arbre qui forme par fes branches de la cîme une tête arrondie, doit fûrement avoir peu de vigueur, de quelque groffeur qu'il foit ; au contraire, quand les arbres font vigoureux, on voit des branches qui s'élevent beaucoup au-deffus des autres.

2°, Quand un arbre fe garnit de bonne heure de feuilles au Printemps, & fur-tout quand, en Automne, ces feuilles jauniffent avant les autres, & que les feuilles du bas font alors plus vertes que celles du haut, c'eft une marque que cet arbre a peu de vigueur.

3°, Quand un arbre fe couronne, c'eft-à-dire, quand il meurt quelques branches du haut, c'eft un figne infaillible que le bois du centre commence à s'altérer, & que le bois eft en retour.

4°, Quand l'écorce fe détache du bois, ou qu'elle fe fépare de diftance en diftance par des gerçures qui fe font en travers, on peut être certain que l'arbre eft dans un état de dégradation confidérable.

5°, Quand l'écorce eft beaucoup chargée de mouffe, de lichen, d'agaric ou de champignons, ou quand elle eft marquée de taches noires ou rouffes, ce figne de grande altération dans l'écorce, doit faire foupçonner qu'elle n'eft pas moindre dans le bois.

6°, Quand les jets font très-courts & même que les couches de l'aubier font minces, auffi-bien que les couches ligneufes qui fe font formées en dernier lieu, on peut être certain que les arbres ne font plus que de foibles productions.

7°, Quand on apperçoit des écoulements de feve par les gerces de l'écorce, c'eft un figne qui indique que les arbres mourront dans peu. A l'égard des chancres & des gouttieres, ces défauts, quelque fâcheux qu'ils foient dans les arbres, peuvent être produits par quelque vice local, & ils ne font pas toujours des fuites de leur vieilleffe.

Toutes ces marques indiquent quels font les arbres qui
font en dépériffement; & felon qu'on les voit plus ou moins
attaqués de ces défauts, on peut juger s'ils font encore bons,
ou s'ils doivent être réputés entiérement hors de fervice : tous
les arbres qui font depuis long-temps fur le retour, font altérés au cœur, & leur bois eft gras, comme difent les Ouvriers ; en ce cas ils ne font propres à être employés que
par les Menuifiers, ou à quelques ouvrages de fente ; fouvent même leur bois eft rouge, échauffé & vergeté ; alors ils
ne font plus bons qu'à brûler. Nous détaillerons tout cela
avec plus d'exactitude, quand nous parlerons des arbres abattus ; car on connoît toujours beaucoup plus fûrement la qualité des bois d'une futaie quand les arbres font équarris & en
partie defféchés, que quand ils font fur pied & remplis de
feve. Mais en attendant, voici ce qu'on peut conclure de ce
que nous avons déja dit.

§. 3. *Conféquences de ce qui a été dit précédemment.*

Nous avons dit que quand le bois eft entiérement formé,
il n'augmente plus ni en hauteur ni en groffeur; que les arbres ne groffiffent que par une addition des couches ligneufes,
qui fe joignent au bois déja formé ; qu'ils augmentent en hauteur par l'éruption des germes contenus dans les boutons.
De ces principes, nous concluons qu'il fe trouve dans un
même arbre du bois d'âges bien différents ; & que le bois
n'acquiert pas tout d'un coup toute fa perfection ; on voit
qu'il eft plus lourd & plus folide dans le bois que dans l'aubier, qu'il eft auffi plus folide & meilleur dans certains endroits que dans d'autres ; que le bois des arbres qui ne font
pas encore fur leur retour, eft plus dur vers le cœur qu'à la
circonférence, & auffi vers le pied que vers le branchage,
où le bois n'a pu être formé que bien long-temps après celui
du pied.
Il fuit au contraire de ces mêmes obfervations, que quand

es arbres font fur leur retour, le bois du cœur & celui du
ied eft plus léger & moins folide, que celui qui eft plus voi-
in de la circonférence. Nous voici donc infenfiblement en-
agés à conclure que le temps le plus avantageux pour abatre les futaies, dont les arbres font deftinés à des ouvrages de
onféquence, eft celui où le bois fe trouve avoir acquis toute
a perfection, & avant qu'il commence à dépérir.

On fent de quelle conféquence il eft de connoître dans quel
emps les arbres font en cet état, pour ne les pas abattre dans
n âge où ils pourroient encore croître, & devenir de meilleure
ualité, & auffi pour ne pas les laiffer s'altérer fur pied. Il
ft vrai que, comme il faut beaucoup de groffes pieces pour
es grandes charpentes & pour la Marine, on ne rifque gueres
'en trouver dont le bois feroit trop jeune ; & comme les
randes pieces font fort rares, on eft obligé de fe rendre moins
ifficile fur le choix : néanmoins il faut être rigoureux à re-
tter les arbres qui font en retour; car l'altération du cœur,
ui n'eft quelquefois pas fenfible quand un arbre eft nouvel-
ment abattu, fe manifefte bientôt par la *Cadronure*, & en-
ite par la pourriture qui fe manifefte au centre. Nous croyons
voir prouvé qu'il n'eft pas poffible de décider le temps précis
ù les arbres peuvent être abattus, ni par leur groffeur, ni
ar leur âge, quoique quantité de perfonnes fort expérimen-
es fur la coupe des bois, croient qu'il s'en faut tenir à l'un
u à l'autre de ces indices. La raifon fur laquelle nous nous
ndons, eft que de deux arbres de même âge & de même
offeur, l'un peut être encore dans fon accroiffement, &
autre être déja fur le retour; & cela relativement à la nature
u climat, du terrein, de l'expofition, ou même de la futaie.
es fignes qui peuvent faire connoître fi les arbres font par-
enus à leur point de perfection, font ou intérieurs ou ex-
rieurs ; nous avons fuffifamment expofé ceux-ci : à l'égard
es premiers, nous nous propofons, comme nous l'avons
éja dit, d'en parler encore lorfqu'il fera queftion des bois
attus.

Il y a encore plufieurs queftions de Phyfique pour bien exploiter les forêts ; mais nous avons cru devoir les répandre dans le cours de cet Ouvrage, afin de les placer immédiatement aux circonstances où elles doivent principalement avoir leur application.

Ainsi nous allons terminer ce Livre destiné à des questions préliminaires, en résumant d'une maniere fort abrégée, les regles auxquelles on est astreint par les Ordonnances pour l'exploitation des forêts, soit taillis, soit futaies.

CHAPITRE VII.

Exposé général & abrégé des Ordonnances rendues sur l'exploitation des Bois ; & des usages assez généralement observés dans les Forêts.

Les Propriétaires de bois, & les Particuliers qui en font commerce, ne doivent pas ignorer les Réglements qui ont fixé la maniere dont ils doivent être exploités : le résumé de ce qu'ils contiennent d'important, fera l'objet de ce Chapitre qui termine ce premier Livre. Comme on n'y verra aucune regle qui concerne l'exploitation, on pourra peut-être regarder ce Chapitre comme un hors-d'œuvre ; mais on ne tardera pas à reconnoître l'utilité de cette prétendue digression.

Notre intention n'est point de faire la critique des Ordonnances rendues sur cette matiere, & nous sommes bien éloignés encore de vouloir prouver que tous les articles de ces Ordonnances soient exempts de tout reproche. Comme Citoyen, nous nous conformons avec exactitude à ce qu'elles prescrivent, lorsque nous faisons exploiter nos bois ; mais en qualité de Physicien, nos expériences & nos observations font nos seuls guides. Nous aurions donc pu nous dispenser de

rapporter

rapporter les regles prescrites par les Ordonnances, & les usages généralement établis sur l'exploitation des forêts; cependant il nous a paru utile de les présenter ici en abrégé; mais néanmoins dans une étendue suffisante, pour que les Marchands qui achetent les bois, soit du Roi, soit des Particuliers, sachent les regles qu'ils doivent suivre. Et quoique le but de la plupart de ces Réglements tende plus particuliérement à prévenir les fraudes qui pourroient être contraires aux intérêts du Roi, les autres Propriétaires des bois pourront cependant en profiter, pour tirer un meilleur parti de ceux qui leur appartiennent & qu'ils veulent mettre en vente. Au reste, ces regles fixées par les Ordonnances étant presque toutes de pure police, elles n'ont aucun rapport à l'objet principal de nos recherches; & par cette raison il en sera peu question dans le corps de notre Ouvrage, où nous nous proposerons principalement d'éclaircir, par un très-grand nombre d'expériences, certains faits que le Légiflateur n'étoit point à portée d'approfondir, & qui, quoique très-intéreffants pour les Propriétaires des bois, ainsi que pour ceux qui les achetent, ne peuvent gueres faire la matiere d'aucun Réglement particulier; mais comme dans la difcuffion de ces points étrangers aux Ordonnances, je ferai affez fouvent obligé de parler des articles qui font fixés par ces Ordonnances, j'ai cru qu'il m'étoit indifpenfable de remettre fous les yeux du Lecteur les regles qu'elles établiffoient. Au reste, comme mon intention n'est point de faire un Code foreftier, j'ai fait cet extrait le plus abrégé qu'il m'a été poffible; & pour ne le point confondre avec le reste de mon travail, j'ai cru devoir le placer ici.

Article I. *Des différentes especes d'Adjudications.*

On diftingue les différents bois qui peuvent être mis en vente, soit relativement à leur effence ou espece, soit par rapport à leur hauteur, leur force & leur âge.

Quant à l'effence; c'est, ou le Chêne, l'Orme, le Hêtre, le Châtaignier, le Frêne, le Charme, l'Erable, le Noyer; ou les bois blancs , tels que les Peupliers , le Bouleau , le Tremble , l'Aulne , le Saule , le Marfeau , le Marronnier-d'Inde ; ou les arbres fauvageons , tels que Poiriers , Pommiers , Merifier , Alizier , Cormier ; ou des Arbriffeaux ; favoir , Buis , Genévrier , Noifetier , Aulne-noir , Bourgaine , Nerprun , Sureau , Nefflier , Azerolier , Epine-blanche , &c. Nous détaillerons dans la fuite les ufages qu'on peut faire de ces différentes efpeces de bois ; car le prix des bois que l'on exploite , dépend beaucoup de leur effence.

La diftinction que l'on peut faire des bois que l'on met en vente, relativement à leur âge , eft :

1°, Les taillis. Les Propriétaires peuvent abattre ceux-ci à l'âge de neuf à dix ans , excepté certaines effences de bois , telles que les Châtaigniers, qu'on abat dès qu'ils font affez forts pour faire du cercle ; les Coudriers , les Ofiers , &c.

Maintenant tous les taillis des Gens de Main-morte, font portés jufqu'à l'âge de vingt-cinq ans, quand les objets font affez confidérables pour pouvoir y établir une coupe annuelle : quand au contraire ils font d'une moindre étendue, on permet alors de les abattre à vingt-quatre ans , & même plus jeunes, pour pouvoir les partager en coupes réglées au moins de trois en trois ans.

Cependant, pour approvifionner Paris de bois de corde , il a été décidé que tous les bois Eccléfiaftiques & de Gens de Main-morte, dont l'étendue excéderoit cinquante arpents , & qui feroient fitués à une lieue des rivieres affluentes à Paris , ne feroient abattus qu'au terme de 35 ans *en hauts taillis* : on nomme ainfi les taillis depuis 25 jufqu'à 40 ans.

A l'égard des bois du Roi , les Grands-Maîtres Réformateurs , fuivant les différentes circonftances , fixent l'exploitation des taillis, foit à 30, foit à 25, 20, 18, 16, 15 & même à moins : ils fe reglent à cet égard , tantôt fur l'avantage de la forêt que l'on doit exploiter, d'autres fois fur ce qui convient au bien public.

Nous ferons voir par la fuite, qu'en certains cas, il eft très-avantageux d'exploiter les taillis fort jeunes ; & que dans d'autres il eſt beaucoup plus avantageux de leur laiſſer prendre de la force.

2°, Les Propriétaires, lorſqu'ils abattent leurs bois, doivent laiſſer ſur pied dix baliveaux de l'âge du bois, par arpent; mais les Eccléſiaſtiques & Gens de Main-morte ſont obligés de laiſſer, par arpent, quatre anciens arbres au-deſſus de 40 ans, tous ceux de 40 ans bien venants, & en outre 25 baliveaux de l'âge du taillis. Cet arrangement qui fait périr le taillis, peut fournir dans la ſuite une futaie, & procurer une reſſource pour l'Etat. Nous avons cependant fait connoître à la fin de notre volume des *Semis & Plantations*, le mauvais ſort que la plupart de ces arbres éprouvent ordinairement. Quoi qu'il en ſoit, l'objet principal que l'on avoit en vue lorſque l'on a rendu cette Ordonnance, étoit de repeupler les forêts par le gland que fourniſſent ces grands arbres, que l'on nomme par cette raiſon, *Etalons*.

Les Gens de Main-morte ne peuvent abattre ces baliveaux, qu'ils n'y ſoient autoriſés par des Lettres-Patentes : les Particuliers ne devroient pas vendre ni couper ceux qui leur appartiennent avant qu'ils euſſent atteint l'âge de 40 ans. Si l'on s'eſt relâché de cette regle à leur égard, c'eſt que la plupart de ces Propriétaires ont ſouvent un beſoin abſolu de jouir de leur revenu, & qu'indépendamment de cela, les bois des Particuliers ne ſont pas d'une grande reſſource pour l'Etat : d'ailleurs, on doit ſuppoſer qu'un Propriétaire eſt intéreſſé à gouverner ſon bien en bon Pere de famille, c'eſt-à-dire, pour le mieux.

On permet auſſi aux Gens de Main-morte d'abattre leurs baliveaux au-deſſus de 40 ans, mais ſous la condition qu'ils porteront leurs taillis à l'âge de 25 ans, & qu'ils feront une réſerve de ceux de 40 ans & au-deſſous, indépendamment de 25 baliveaux de l'âge du bois. Mais ces Uſufruitiers trouvent le moyen d'éluder la loi, & de les abattre preſque tous, ſous prétexte d'*arbres mal-venants*.

La loi a encore permis aux Gens de Main-morte d'abattre une partie des baliveaux au-deſſus de 100 à 120 ans, que l'on nomme *anciens Baliveaux*, à condition de commencer par ceux qui donnent le plus de marques de dépériffement & de retour.

On nomme *Baliveaux modernes*, ceux de 40, 50, 60 ou 80 ans. Ceux de l'âge du bois deviennent plus ou moins gros, fuivant la force du taillis.

Les meilleurs baliveaux font ceux d'effence de Chêne, de Hêtre ou de Châtaignier ; viennent enfuite ceux d'Orme, de Frêne, les Cormiers, Poiriers, Aliziers, &c. Ceux de bois-blanc ne font pas à beaucoup près auffi précieux. Il eft bon qu'ils foient tous venus de *Brin*; car ceux qui font immédia-tement produits de la femence, font beaucoup meilleurs que ceux qui viennent fur vieille fouche. Enfin il faut qu'ils foient *bien-venants*, de bonne hauteur, & de groffeur convenable. Les *élandrés*, c'eft-à-dire, ceux qui font fort élevés fans être gros à proportion ; les *rafaux*, *rabougris*, tortus, boffus, ou qui *font le Pommier*, font peu eftimés : en un mot, on peut appliquer aux baliveaux tout ce que nous dirons dans la fuite des bois de haute futaie.

Ce feroit une très-mauvaife méthode, de faire la vente d'un taillis, & de remettre à l'année fuivante celle des bali-veaux. Outre qu'il en réfulteroit une vente par pieds d'arbres, ou *en jardinant*, ce qui eft défendu par les Ordonnances qui veulent que l'on abatte *à tire & aire*, il eft évident que l'an-née fuivante, lorfque l'on viendroit à abattre les baliveaux, on pileroit le taillis ; & les voitures l'endommageroient encore plus que la chûte des arbres & le trépignement des Buche-rons.

Il vaut donc mieux vendre les baliveaux à la coupe du taillis ; & l'eftimation s'en fera, comme nous le dirons, en parlant des futaies.

3°, Les ventes par pieds d'arbres font néanmoins permifes ; elles font même néceffaires quand il s'agit d'arbres de haies & de *Palis*, ou d'arbres ifolés, comme font ceux des ave-nues des Châteaux, ou les Chênes, Ormes, Frênes & Noyers, qui font répandus çà & là dans les terres : on en fait l'eftimation, comme nous l'expliquerons à l'article des futaies.

4°, Les ventes *par éclaircissement* ou *par espurgade*, se font lorsqu'un taillis a acquis l'âge de 8 ou 10 ans, & dans le cas où il est trop épais. Alors on le coupe, en réservant les plus beaux arbres ; & lorsque les taillis ont recrû & acquis un certain âge & grandeur, on recoupe de nouveau le recrû des arbres qu'on a abattus ; on abat même une partie de ceux réservés lors de la précédente coupe, & on ne réserve en ce cas que la quantité d'arbres que l'on juge que le terrein peut nourrir : ce doit être toujours les mieux venants, & on doit abattre par préférence les dessous qui seroient étouffés par les autres.

Il ne faut jamais faire ces exploitations par adjudication, parce que les Adjudicataires abattent, par préférence, les plus beaux arbres, & toujours en plus grande quantité qu'il ne convient. Un Propriétaire entendu peut, en faisant ces éclaircissements par économie & avec intelligence, retirer un profit considérable d'un bois qu'il destine à former une futaie. Il est sensible qu'il faut qu'un arbre réservé pour croître à la grosseur de pouvoir former une poutre, étouffe un grand nombre de ceux qui l'entourent. Ainsi, en observant d'abattre préférablement les plus foibles, on peut tirer tous les cinq ou six ans un bénéfice d'une futaie, en même temps que l'on favorise l'accroissement des pieds les plus vigoureux qu'on a bien soin de réserver.

Mais ces *espurgades* qui tournent à l'avantage d'un particulier attentif & intelligent, ruineroient les bois du Roi & ceux des Gens de Main-morte. C'est par cette raison que l'Ordonnance de 1669 les a justement proscrites. On peut voir ce que nous en avons dit à la fin de notre Traité des *Semis & Plantations*.

5°, Comme nous avons déja parlé des *Récépages* dans le même Traité, nous nous contenterons ici de dire qu'on ne peut se dispenser de récéper les bois *incendiés*, *pilés*, ou *abroutis* par le bétail, & ceux qui ont été considérablement endommagés par les gelées ou par la grêle. Dans ces cas, l'adjudication de ces récépages se fait comme dans les ventes ordinaires, & le prix se fixe suivant la qualité & la force du bois.

6°, On fait aussi de temps en temps des adjudications de bois *chablis, rompus, versés,* &c. Nous allons entrer à ce sujet dans quelques détails : 1°, Les vents violents arrachent les arbres ; en cet état, on les nomme *Chablis, Chables* ou *Caables* : 2°, Les arbres dont les branches sont éclatées par les vents, & rompus dans leur tronc, se nomment *rompis, volis* ou *volins* : 3°, On adjuge encore par *menus marchés,* les copeaux, branchages, souches, troncs, &c, qui restent des arbres qui ont été coupés pour les bâtiments du Roi, & pour le service de la Marine, & encore les arbres que les Marchands ont laissés dans leurs ventes, après que le temps des vuidanges est expiré : toutes ces choses sont comprises dans l'Ordonnance, sous les termes de *remanans aux Charpentiers,* & font l'objet des menus marchés & des petites adjudications : 4°, les bois qu'on nomme *Bois de condamnation, forfaitures, délits* ou *bois charmés* ; c'est-à-dire, les bois qui ont été *éhoupés* ; ceux que l'on a fait tomber ou mourir par artifice ; *bois arsins,* au pied desquels on a allumé du feu pour les faire mourir & tomber ; *faux-ventis,* quand on les a fait tomber par déchaussement ou en coupant leurs racines, ou à force de cordages & de leviers, ou avec la scie ; car les Maraudeurs évitent d'employer la coignée qui, par le bruit qu'elle fait, avertit les Gardes du délit qui se commet.

Il est défendu de vendre les bois de condamnation & de forfaiture, jusqu'à ce que l'Auteur du forfait soit connu & condamné, afin de laisser subsister le corps du délit : en général, toutes ces petites adjudications sont sujettes à bien des inconvénients ; car il est toujours dangereux d'introduire dans les bois des gens fournis d'outils propres à couper du bois, & qui ont droit d'en sortir de vifs ; ils ne manquent pas d'augmenter leur lot par de nouveaux délits.

7°, Une des exploitations qui mérite le plus d'attention, est celle des demi-futaies, des jeunes futaies, & des hautes futaies. Nous avons dit que les bois conservoient le nom de taillis jusqu'à quarante ans : quand ces sortes de bois sont plus âgés, on les nomme *haut taillis* ou *quart de futaie* ; depuis 40 juſqu'à 60 ans, ils ſont *demi-futaie*; depuis 60 juſqu'à 120, on les nomme *jeunes futaies*; & au-deſſus, ce ſont les *hautes futaies*. Mais la grandeur des arbres influe plus ſur les diffé-rentes dénominations, que leur âge, ainſi que nous l'avons fait voir dans le Chapitre où il eſt traité de l'âge des arbres. Nous y avons fait appercevoir le défaut des Ordonnances de François I, de Charles IX & de Henri III, qui fixent à 100 ans l'âge où il faut abattre les futaies.

Depuis le Réglement du 5 Mars 1685, les Propriétaires des bois de hautes futaies qui veulent couper plus de 25 ar-pents, ſont tenus d'en donner avis au Grand-Maître & au Controlleur Général, un an avant que d'en pouvoir faire la vente; ſix mois avant, ſi la vente n'eſt que de 25 arpents ou au-deſſous, & trois mois avant pour les bois d'Ormes. Néan-moins, ſuivant l'uſage, il ſuffit d'en faire la déclaration au Greffe de la Maîtriſe, le Greffier étant chargé d'en avertir M. le Controlleur Général. Par un Arrêt du Conſeil du 2 Décembre 1738, il n'eſt dû au Greffier des Maîtriſes que dix ſols, y compris l'expédition : l'Arrêt de 1688 autoriſe les Par-ticuliers qui ont beſoin de bois pour la réparation de leurs bâ-timents, à faire abattre 100 pieds d'arbres au-deſſous de trois pieds de tour, & 50 au-deſſus de cette groſſeur; & ce Ré-glement exige pour toute formalité, que le Propriétaire en faſſe la déclaration au Greffe de la Maîtriſe, un mois avant de les faire abattre.

8°, Autrefois qu'il y avoit dans les bois du Roi beaucoup d'uſages, on faiſoit des adjudications au rabais; c'eſt-à-dire, qu'après que les Officiers de la Maîtriſe avoient décidé l'en-droit où l'on couperoit le bois pour les Uſagers, & que l'on avoit fixé, à dire d'Experts, quelle quantité d'arpents il fal-loit pour ſatisfaire aux droits de ces Uſagers, on faiſoit une adjudication au rabais à celui qui entreprenoit de ſatisfaire les Uſagers avec la moindre étendue poſſible de bois. Suppoſé, par exemple, que les Experts euſſent eſtimé qu'il falloit dix arpents pour ſatisfaire à l'uſage, & qu'un Entrepreneur s'engageât à y ſatisfaire avec neuf, un autre avec huit; c'eſt à ce dernier que l'on adjugeoit cette fourniture ; mais comme par l'Ordonnance de 1669, les ufages & chauffages dans les bois du Roi ont été révoqués, à l'exception des fondations & dotations faites aux Eglifes féculieres & régulieres, & aux Hôpitaux auxquels, fuivant la même Ordonnance, ils ont été confervés en efpece dans les forêts qui peuvent le fupporter ; & quand les forêts ne le peuvent pas, cet ufage eft évalué en argent, fuivant la valeur du bois-blanc, qui eft celui que les Communautés doivent prendre pour leur chauffage.

Les chauffages, à titre d'aumône, font auffi évalués en argent. Depuis toutes ces réformes, on ne fait plus de vente au rabais & à *moins difant* : toutes les adjudications de bois de pâcage & de glandées fe font au plus offrant & dernier enchériffeur.

Article II. *Des Réferves.*

Suivant l'Edit de Charles IX, rendu au mois d'Octobre 1561, il fut ordonné que le tiers des bois du Roi & des Gens de Main-morte, feroient mis en réferve pour croître en futaie.

Selon l'enregiftrement de cet Edit, la Cour du Parlement a ordonné ; 1°, que cette partie mife en réferve feroit entourée de foffés, pour marquer que cette partie eft défenfable ; 2°, que les bois fitués en mauvais fol, feroient exceptés de cette regle, par une décifion expreffe de la Cour, rendue fur la Requête en réformation de M. le Procureur Général.

Les Ordonnances de 1573 & 1597, veulent que la quatrieme partie des bois de Gens de Main-morte, foit appofée en réferve, & féparée du refte du taillis par bornes & limites, fans qu'il foit permis d'y abattre aucun arbre, qu'en fuivant les mêmes formalités qui font prefcrites pour les futaies.

Des Arrêts du Confeil ont ordonné que la réferve feroit appofée fur un bouquet de douze arpents, ce qui fait trois arpents de réferve, même fur un bouquet de quatre arpents, faifant un arpent de réferve : fouvent au-deffous de quatre arpents, il a été ordonné que la totalité refteroit en réferve.

On

On a eu raison d'exempter de réserve les bois situés en terrein trop sec; mais mal-à-propos a-t-on voulu en exempter
aussi ceux qui sont en terreins fort humides, puisqu'on peut presque toujours les dessécher par des fosses, sangsues & rigoles,
qui renvoient les eaux dans les parties basses, où elles forment
des étangs qui servent à élever du poisson. Il faut éviter de
faire des réserves dans les endroits où il ne se trouve que du
bois-blanc, ou du mort-bois.

Il faut encore, autant qu'il est possible, faire les réserves en
bon fond & au milieu des forêts, parce qu'elles sont moins
exposées à être dégradées & pillées.

Quand nous avons dit que les réserves étoient *en défend*,
il faut entendre que les bois de haute futaie, ou qui sont destinés à le devenir, ne doivent point être coupés ni en tout,
ni en partie.

Un nouveau bourgeon ou un jeune bois, qui n'est pas au-
dessus de la dent du bétail, est *défensable*; c'est-à-dire, que
l'entrée du bétail en est interdite : nous en avons parlé plus
au long dans le Traité des *Semis & Plantations*.

ARTICLE III. *De la division des Forêts.*

ORDINAIREMENT les forêts sont divisées par Maîtrises particulieres : ces petites Jurisdictions ne connoissent que des délits, & elles ressortissent, par appel, à la grande Maîtrise.

Assez fréquemment elles sont divisées par Gardes : il y a
un Grand-Garde ou *Garde-fond*, qui a sous lui des Gardes
subalternes, & d'autres encore subordonnés, qu'on nomme
Gardes-Traversiers.

Chaque *Garde* est divisée en plusieurs *triages*, & chaque
triage en un nombre de *ventes.*

Ces Gardes, ainsi que les triages & les ventes, ont des noms
particuliers qui servent à les désigner, & qui sont marqués
sur les Cartes générales & particulieres de chaque forêt.

Quelquefois le terme de *Triage* s'entend de la part que le
Seigneur peut prendre dans une Commune ; mais si ce triage

est à titre onéreux, comme cens, corvée, ou autre redevance ou servitude, alors le Seigneur ne peut exiger son triage ; il peut seulement, comme principal habitant, y mettre paître son bétail, & jouir des autres avantages de la Commune : si ce droit lui est acquis à titre de concession gratuite, le Seigneur peut exiger le tiers pour son triage ; mais alors il perd son usage dans la Commune.

ARTICLE **IV.** *Des motifs qui doivent engager à faire des réserves en futaies, & à régler l'âge auquel il convient d'abattre les taillis ; & la maniere de distribuer les Ventes.*

QUAND on est assez heureux pour posséder une grande forêt plantée d'une bonne essence de bois, & située en bon fond, on doit, autant qu'il est possible, y conserver des futaies, & entretenir en coupe réglée de taillis, les parties foibles & les bordages, qui sont plus exposées que le centre à être pillées.

Il faut, pour fixer l'âge où il convient d'abattre les taillis, prêter attention à la nature du terrein, afin de ne point occuper inutilement la terre par des bois qui ne font que languir & qui ensuite dépérissent ; il faut aussi, suivant la nature du bois, abattre ces taillis à la grandeur où les arbres peuvent fournir des ouvrages d'un débit le plus avantageux. Les fautes que l'on peut commettre en abattant des taillis trop tôt ou trop tard, peuvent se réparer en une coupe, & par conséquent dans un espace de temps assez court ; mais à l'égard des futaies, elles sont en quelque façon irréparables. Cet objet mérite donc la plus grande attention ; car si l'on abat trop tôt une futaie, on n'en retire pas tout l'avantage possible ; & si on la laisse trop vieillir, la qualité du bois s'altere, & l'on fait des pertes considérables sur le nombre des arbres, dont plusieurs tombent en pourriture ; & à cette occasion, nous ferons remarquer, qu'à la place des Chênes qui meurent & pourrissent, il vient quelques

Hêtres & plufieurs autres efpeces d'arbres, foit Charmes, foit Erables ou du bois blanc ; de forte que quand la futaie eft abattue, ces bois, de médiocre qualité, s'emparent de tout le terrein, fi l'on n'a pas l'attention de le repeupler d'une ef-fence de bon bois, foit en y répandant du gland, foit en y mettant de nouveau plan. C'eft pour cette raifon que nous avons confeillé dans le Traité des *Semis & Plantations*, d'arracher les arbres des futaies, au lieu de les couper.

Comme je parlerai fort en détail dans la fuite de l'âge où il convient d'abattre les bois, tant taillis que haute futaie, je me bornerai ici aux vues générales que je viens d'expofer ; & je vais détailler très-fommairement les abus qu'il faut éviter dans l'exploitation des bois.

Pour prévenir la plus grande partie de ces abus, il faut avoir un plan de la forêt bien exactement arpenté, & fur lequel il en foit fait une defcription, où foit marqué, défigné, & où l'on ait borné ce qui fera deftiné pour demeurer en dé-fend & pour former une futaie, ce qui doit être en taillis ou en récépage ; fans cette diftinction tout feroit bientôt confondu : les jeunes futaies en défend feroient vendues pour des hauts taillis ; & les ventes, au lieu d'être diftinguées fuivant leur âge & leur force, feroient confondues les unes avec les autres. Il eft clair qu'en abattant, tantôt d'un côté & tantôt d'un au-tre, on intervertiroit bientôt l'ordre des ventes. Je conviens que dans une grande forêt, il ne faut pas adjuger toutes les ventes d'un feul côté ; il faut au contraire les difperfer de façon que tous ceux qui achetent du bois d'une forêt, puif-fent en trouver à leur portée ; mais il faut auffi que cette dif-tribution fe faffe avec ordre dans des vues d'utilité, foit re-lativement au Propriétaire qui doit defirer qu'on achete fon bois, foit pour le public qui achete du bois dans cette forêt.

Article V. *De l'adjudication des Ventes.*

L'adjudication des ventes a été une grande fource d'a-bus : c'eft ce qui a engagé ceux qui ont rédigé les Ordonnances, à exiger quantité de formalités : il eſt bon de parler ici des principales , parce qu'il eſt important à ceux qui ont beaucoup de terres en bois , ou qui en font un commerce, de ne les pas ignorer.

1°, Suivant l'Ordonnance de 1669 , il n'eſt pas permis de donner à ferme les bois taillis & les menues marches ; mais la vente peut en être faite par le Maître particulier, au lieu que les adjudications des bois de haute futaie doivent être faites par le Grand - Maître aſſiſté de tous les Officiers de la Maîtriſe.

2°, La vente des baliveaux ſur taillis , doit être faite par le Grand-Maître : il eſt d'uſage dans pluſieurs Maîtriſes , que l'adjudication des baliveaux qui doivent être coupés avec le taillis , ſoit faite par les Maîtres particuliers , en l'abſence du Grand-Maître.

3°, Les récépages des futaies & hauts taillis doivent être faits par le Grand - Maître , & les menus récépages par le Maître particulier.

4°, Pour faire les ventes extraordinaires de futaie , l'Ordonnance de 1579 veut qu'il y ait des Lettres-Patentes vérifiées en Parlement & en la Chambre des Comptes : quant aux ventes ordinaires , l'Intendant des finances , qui a le département des bois , envoie au Grand-Maître un Arrêt du Conſeil pour en faire les aſſiettes & les adjudications , & le GrandMaître adreſſe en conféquence ſon Ordonnance aux Officiers de la Maîtriſe.

5°, La premiere opération qui ſe doit faire dans la Maîtriſe, eſt l'enregiſtrement des Lettres - Patentes ou de l'Arrêt du Conſeil , ou de l'Ordonnance du Grand-Maître ; à moins que le Grand-Maître ne faſſe faire l'enregiſtrement ſur la réquiſition du Procureur du Roi : toutes ces formalités découlent de l'Ordonnance de 1669.

ARTICLE VI. *De l'aſſiette des Ventes.*

ORDINAIREMENT on prend jour pour l'aſſiette des ventes :

lorfque le Grand-Maître ne peut affifter à l'affiette, il commet à fa place un Officier de la Maîtrife ; c'eft ordinairement un Maître particulier : on fait faire le mefurage des ventes, qui fuivant l'Ordonnance de 1669, doit être fait par un des Arpenteurs de la Maîtrife ; & à leur défaut, on appelle un Arpenteur d'une Maîtrife voifine : il y auroit nullité, fi on fe fervoit d'un Arpenteur autre que de ceux qui font reçus à la Maîtrife ; mais la commiffion du Grand-Maître une fois enregiftrée à la Maîtrife, l'Officier commis peut agir en fon nom, fans la participation du Grand-Maître qui eft alors cenfé s'être deffaifi de fon droit.

On affigne à l'Audience le jour pour l'affiette, & on le notifie aux Officiers qui doivent y affifter : ces Officiers font le Procureur du Roi, le Garde-Marteau, le Greffier, les Capitaines ou Gardes-foreftiers.

L'affiette des ventes n'étant autre chofe que la défignation de l'endroit où la coupe doit être faite, le Grand-Maître ou celui qui eft commis de fa part, doit fe tranfporter avec le Procureur du Roi, le Garde-Marteau, le Greffier, les Gardes & l'Arpenteur : celui qui eft chargé de la commiffion, fur la requifition du Procureur du Roi & de l'avis des Officiers de la Maîtrife, doit indiquer à l'Arpenteur le lieu où il eftime que la vente doit être affife, la quantité d'arpents dont la vente doit être compofée, la défignation du triage où elle fe trouve : il défigne encore à l'Arpenteur les bouts & les côtés où cette vente doit être affife ; & pour plus grande précifion, il marque de fon Marteau, en face, deux arbres qui doivent fervir de pieds corniers, l'un à un bout, l'autre à l'autre, pour indiquer l'étendue fur laquelle l'Arpenteur doit régler la figure qu'il doit donner à la vente en la mefurant : après avoir reçu le ferment de l'Arpenteur, & dreffé du tout un procès-verbal, l'affiette eft faite pour cette vente ; & comme par la réformation qui a été faite dans toutes les forêts du Royaume, on a réglé les coupes qui doivent être faites dans chacune, les Officiers doivent fuivre fur cet article, ce qui eft fixé par les Réglements.

Si, à l'occasion de quelque incendie ou autre grand délit, il y avoit lieu à un récépage ; comme ce seroit alors une adjudication extraordinaire à faire, les Officiers en dresseroient un procès-verbal pour en référer au Grand-Maître & à l'Intendant des finances, qui a le département des forêts.

Comme il faut savoir ce que l'on vend & ce qu'on achete ; il est ordonné que l'arpentage des ventes sera fait avant l'adjudication : les Gardes généraux & particuliers doivent assister au mesurage. L'opération de l'Arpenteur étant de grande conséquence, tant pour l'acquéreur que pour le vendeur, il est bon ; 1°, qu'il assiste à l'assiette : 2°, qu'il ait une commission par écrit, dans laquelle soient désignées par tenants & aboutissants, les ventes qu'il doit mesurer. D'ailleurs, comme il est responsable de son mesurage, la commission par écrit doit faire sa justification, & mettre les Officiers à portée de confronter la commission avec le procès-verbal de l'Arpenteur ; car l'Arpenteur doit dans ses opérations se conformer à ce qui a été réglé lors de l'assiette.

On doit consulter ce qui a été dit à la fin du Traité des *Semis & Plantations*, sur les *layes* ou *laisses*, *routes*, *layons*, *lignes*, *cliquetis*, *basses* ou *échantillonnages* ; tous ces termes sont synonymes : les *basses de clôture* qui sont des layes ou routes qui entouroient toutes les ventes, & les lignes traversines ou traversantes qui coupoient la vente en quatre quartiers, sont défendues & ne sont plus d'usage, depuis que les bois des layes n'appartiennent plus aux Officiers de la Maîtrise. Avant ce temps, pour augmenter leur bénéfice, il y avoit des Officiers qui divisoient toute l'étendue des ventes par arpents, au moyen de layes qui n'avoient que trois pieds de longueur ; maintenant le bois abattu pour les layes, appartient aux Adjudicataires des ventes, outre les layes qui limitent & séparent les ventes des autres bois qui ne font point partie de l'adjudication. On a voulu qu'elles fussent enceintes par des pieds corniers, tournants, & des parois, comme nous l'avons expliqué dans le Traité des *Semis & Plantations*. Il est bon de savoir que, suivant l'Ordonnance de 1669, l'amende pour les parois & arbres de lisiere qui se trouvent abattus, est de 50 liv. pour les pieds corniers marqués du Marteau 100 livres, & de 200 livres s'ils sont arrachés & déplacés : souvent on ne ménage point de pieds corniers, tournants ou parois, du côté où une vente est bornée par un fossé. L'Arpenteur doit dresser un plan des ventes, & y marquer les pieds corniers & les parois, suivant tous les contours & sinuosités que la vente a dans la forêt.

Par l'Ordonnance de 1669, il est ordonné aux Arpenteurs de mesurer, tant plein que vuide, sans *remplage* ou remplissage ; c'est-à-dire, qu'ils ne doivent point avoir égard aux vuides ou vagues qui pourroient s'y rencontrer ; c'est aux Acquereurs à y avoir égard lors de l'adjudication.

Quand le mesurage est fait, & que l'Arpenteur en a déposé le plan avec son procès-verbal au Greffe, les Officiers doivent procéder au *Martelage* ; car il est défendu aux Marchands d'entrer dans les ventes non *martelées.*

ARTICLE VII. *Du Martelage & Balivage.*

SUIVANT l'Ordonnance de 1669, le marteau de la Maîtrise doit être déposé dans la Chambre du Conseil, & mis dans un coffre fermant à trois clefs, dont une reste entre les mains du Maître particulier (ou du Lieutenant en son absence), l'autre est remise au Procureur du Roi, & la troisieme au Garde - Marteau. On dresse un procès-verbal à chaque fois qu'on le tire du coffre, & on le renferme dans une boîte qui ferme aussi à trois clefs ; cette boîte est remise au Garde-Marteau ; & quand l'opération est faite, on remet le marteau dans le coffre de la Chambre du Conseil, & on en dresse un acte qui fait la décharge du Garde-Marteau.

Les marteaux portent d'un côté une petite hache pour enlever l'écorce, découvrir le bois & former le *placage* ; de l'autre côté est une masse, sur laquelle sont gravées, sur les uns, les armes du Roi ou celles du Grand-Maître, & sur les autres les marques particulieres des autres Officiers subalternes , comme Gardes & Sergents , & même celles des Marchands de bois; mais le marteau que l'on conserve, comme nous l'avons dit , fous trois clefs , est celui de la Maîtrise qui porte feul les armes du Roi.

Nous avons dit que le Grand-Maître ou les autres Officiers marquoient, de l'empreinte de leur marteau, les pieds corniers, tournants & parois; les Arpenteurs les contremarquent avec le leur ; les Sergents & Gardes marquent avec leur marteau les souches & les arbres de délit qu'ils rencontrent dans leurs tournées ; les Marchands marquent de leur empreinte particuliere le bois qui fort de leur vente, fans quoi on pourroit les saisir ; mais c'est le marteau de la Maîtrise, aux armes du Roi, qui fert pour le martelage.

Le martelage consiste donc à marquer , de l'empreinte du marteau de la Maîtrise, tous les arbres en défend , parois, pieds corniers & tournants , principalement ces deux derniers : on martelle encore les baliveaux qu'il est permis d'abattre avec le taillis.

Le balivage est à-peu-près la même chose que le martelage, puisqu'il consiste à marquer , de l'empreinte du marteau, tous les arbres, ou au moins la plus grande partie de ceux qu'on doit réserver pour les baliveaux. Quand il se rencontre des cantons de bois où les arbres font très-anciens ou fort abroutis, ou incendiés , & où l'on ne peut réserver de baliveaux, les Officiers de la Maîtrise en doivent faire une mention expresse dans leurs procès-verbaux ; car les Officiers doivent dresser très-réguliérement des procès-verbaux de *Martelage* & de *Balivage*, & ils doivent être transcrits fur les regiftres pour la décharge du Garde-Marteau.

Article VIII. *Des adjudications des Ventes.*

QUAND on a fait l'*Affiette*, le mesurage, le martelage & le balivage, on *terme les ventes*; c'est-à-dire , qu'on publie le jour & le lieu où l'on en fera l'adjudication. A l'égard du lieu, ce doit être dans la Jurifdiction même des Eaux & Forêts du

reffort :

reſſort : le jour eſt arbitraire ; mais il faut que l'indication ſoit au moins pour huit jours après la derniere publication.

Les publications ſe font dans les Villes, Bourgs & Villages voiſins des ventes, & principalement dans les lieux d'où l'on conſomme le bois.

Les adjudications ſe doivent faire dans l'auditoire de la Maîtriſe, en préſence des Officiers des Eaux & Forêts, au plus offrant & dernier enchériſſeur, à l'extinction des feux. Il faut déſigner dans les affiches le lieu où ſont ſiſes les ventes : ordinairement les adjudications ſe font dans le mois de Novembre ou de Décembre, pour l'exploitation en être faite l'année ſuivante : dans ces affiches, non - ſeulement il faut indiquer préciſément la date & le lieu où ſe fera l'adjudication, mais encore déſigner le lieu où ſont ſituées les ventes de bois. Toutes perſonnes ſont reçues aux encheres, excepté ceux qui appartiennent par parenté ou à titre de ſerviteurs, aux Officiers des Eaux & Forêts : une clauſe à laquelle on ne tient pas auſſi ſévérement la main, eſt qu'on ne doit pas admettre les Domeſtiques des gens de grand crédit, parce qu'ils pourroient faire impunément des délits. Il eſt défendu aux Marchands de s'aſſocier plus de trois enſemble ; ſavoir, le premier ou l'Adjudicataire, celui qui ſert de caution, & le Certificateur : leurs noms doivent être déclarés au Greffe.

Avant de donner ou allumer le feu, on met à prix ; puis on forme des encheres : la plus haute eſt appellée *haute - miſe.* Lorſque par cette haute-miſe, la vente eſt portée à-peu-près à ſon prix, on allume le premier feu, pendant lequel les encheres ne peuvent pas être moindres de 12 livres, s'il s'agit d'une vente en total ; ou de 4 ſols, ſi elle ſe fait par arpent : ce feu étant éteint, on allume le ſecond, pendant lequel les encheres ſont doubles de ce qu'elles ont été pendant le premier feu ; c'eſt-à-dire, 24 liv. ou 8 ſols : le ſecond feu s'étant éteint, on donne le troiſieme pour le triplement ; c'eſt-à-dire, que les encheres doivent être de 36 livres ſur le total, & de 12 ſols par arpent. A l'extinction de ce troiſieme feu, l'adjudication eſt cenſée faite au dernier enchériſſeur, ſauf un délai

V

qui eſt ordonné, pendant lequel temps les Marchands ſont reçus par *doublement*, *tiercement* & *demi-tiercement* ; au moyen deſquelles encheres, le précédent Adjudicataire eſt évincé de ſa vente qui eſt adjugée *trouſement*, c'eſt-à-dire, définitivement, ſuivant l'Ordonnance de 1669 : le *doublement* eſt quand on tierce & demi-tierce une vente, ce qui fait la moitié du total de cette vente : ſi le prix d'une adjudication eſt de 1500 livres, le *tiercement* eſt de 500 livres, & le *demi-tiercement* 250 liv. ainſi l'acquéreur doit prendre la vente ſur le pied de 2250 l.

Suivant l'Ordonnance de 1669, le temps de tiercer & doubler les ventes en général, ou chacune en particulier, eſt fixé juſqu'au lendemain midi de l'adjudication, & cela s'exécute ; ainſi il faut faire le *doublement* ou le *tiercement* au Greffe dans le temps fixé ; de plus, le tiercement doit être ſignifié le même jour aux Adjudicataires & au Receveur, car tout eſt de rigueur dans ces ſignifications ; c'eſt pour cela que les Greffiers ſont obligés de dater exactement les jours & les heures dans les Actes qu'ils dreſſent pour les adjudications.

Pour engager les enchériſſeurs à couvrir les encheres, on a accordé à celui qui a la haute-miſe ou la derniere enchere, avant que le feu fût allumé, de faire des encheres ſimples, au lieu que les autres ſont obligés de les faire doubles pendant le ſecond feu, & triples pendant le troiſieme. On a accordé le même privilege à celui qui a la derniere enchere au premier feu, & auſſi à celui à qui reſte l'enchere au troiſieme feu, lequel peut, après les feux éteints, enchérir par une ſimple enchere, ſans être tenu, comme les autres, d'enchérir par doublement & tiercement ; ainſi l'Adjudicataire peut enchérir par ſimple enchere ſur le tiercement & le demi-tiercement ; & le tierceur & le doubleur peuvent enchérir l'un ſur l'autre par ſimple enchere, ſur un ſeul feu qu'on allume pour eux ſeulement : alors cette adjudication étant faite, il n'y a plus à y revenir.

Tout Adjudicataire peut renoncer à ſon enchere en en faiſant la déclaration au Greffe, & en ſignifiant au précédent Adjudicataire qu'il renonce à ſon enchere ; en ce cas il paye, argent comptant, ſa folle enchere au Receveur, le tout dans

les vingt-quatre heures ; & ainſi ſucceſſivement d'enchériſſeur
à enchériſſeur : & pour éviter qu'un homme non-ſolvable ne
trouble les ventes, quand l'enchériſſeur n'eſt pas connu, le
Receveur eſt bien fondé à lui demander une caution ſolvable.

Les Officiers qui font l'adjudication, fixent les termes de
paiement ; par exemple, le premier à la Notre-Dame d'Avent,
le ſecond à Noel ſuivant ; mais le dernier paiement ne peut
être fixé plus tard qu'à la S. Jean d'Eté de l'année, depuis
l'uſance.

Autrefois, à toutes les ventes des bois du Roi, les acquéreurs étoient chargés de payer certaine ſomme pour la cire
des Maiſons Royales & quelques droits pour le Greffe ; mais
ces droits ont été tous révoqués, & actuellement on charge
toutes les ventes des bois du Roi de vingt-ſix deniers pour
livre, dont par l'Edit du mois de Février 1745, 14 deniers
ont été aliénés pour les Officiers des Maîtriſes, au moyen
d'une finance que ces Officiers ont payée ; & il eſt défendu
aux Grands - Maîtres de charger les ventes d'aucun uſage,
chauffage, droits & ſervitudes, & de faire aucune délivrance
de deniers : cependant, s'il y a quelque droit d'uſage réduit
à prix d'argent qui doive être aſſigné ſur les ventes, on le comprend dans l'état des Charges.

Je crois que les frais pour les ventes, ſavoir, le meſurage,
le martelage, le balivage, les affiches, les publications, adjudications & autres menus frais ſont pris ſur les 12 deniers
pour livre reſtants des 26, & que cela ſe fait dans la forme
ſuivante : le Grand-Maître arrête chez lui les états de dépenſes
& journées des Officiers, & fait un certificat de ſervice ; le
tout eſt viſé au Conſeil & renvoyé aux Tréſoriers généraux
ou particuliers qui payent les Officiers. Les journées que les
Maîtres particuliers font pour le Roi, devroient être de 12
livres ; ſouvent elles ne ſont taxées qu'à 9 ; mais on paye
18 livres pour les opérations qui ſont pour le compte des
Communautés & Gens de Main-morte. Quand le Lieutenant
exerce pour le Maître, il a les deux tiers de l'honoraire du
Maître ; les Procureur du Roi, Garde - Marteau, Greffier,

ont 6 livres quand ils travaillent pour le Roi, & 12 quand c'eſt pour les Gens de Main-morte.

Les Marchands Adjudicataires doivent, dans huitaine de l'adjudication, donner caution au Greffe, à faute de quoi ils ſont évincés, on leur fait payer la folle enchere, & la vente paſſe d'adjudication en adjudication, juſqu'à ce qu'on ait ſatisfait à la condition de la caution. Cette caution doit être reçue par le Maître & le Procureur du Roi ; & quand l'acquéreur a payé comptant, le Receveur lui donne un billet de contentement qu'il fait enregiſtrer au Greffe, & qu'il notifie au Garde-Marteau ; alors l'acquéreur peut entrer en exploitation de ſa vente, après s'être préſenté au Gruyer ou au Capitaine foreſtier avec ſon billet de contentement, & s'être muni de Lettres de *Foreſtement*, qui eſt la permiſſion du Grand-Maître pour exploiter telle ou telle vente.

Article IX. *Du Souchetage.*

Nous avons dit dans le Traité des *Semis & Plantations*, que les Marchands exploitants une vente, ſont reſponſables des délits qui ſe commettent à la petite diſtance du tour de leur vente, qu'on nomme l'*Ouie de la Coignée*, & qui forme un arrondiſſement de l'étendue de 50 perches pour les bois de 50 ans & au-deſſus, & de 25 perches pour les bois plus jeunes.

Comme on pourroit imputer à ces Marchands exploitants les délits qui ſe feroient commis aux environs de leurs ventes, ils doivent requérir les Officiers Foreſtiers de faire une viſite juridique des ſouches & délits qui ſe trouvent aux environs de leur vente ; c'eſt cette opération qu'on nomme le *Souchetage* : moyennant cette précaution, on ne peut leur imputer les délits qui ont été commis avant qu'ils aient commencé leur exploitation.

Article **X.** *Regles sur l'Exploitation.*

Suivant les Ordonnances, il est défendu d'abattre pen-dant que les bois sont en seve ; mais le temps de la seve n'est pas le même dans toutes les Ordonnances. Il est fixé par celle de 1669, depuis le premier Octobre jusqu'au 15 Avril, sauf aux Officiers à changer ce terme, suivant que la seve est plus ou moins avancée dans une Province que dans une autre.

Quand des Hivers fort longs ont empêché d'abattre, & lorsque la seve est tardive, la jurisdiction des Eaux & Forêts le retarde d'une quinzaine de jours.

Le temps de la *vuidange*, c'est-à-dire, celui auquel tous les bois abattus doivent être tirés des ventes, doit être fixé par le cayer des charges, suivant l'Ordonnance de 1669 : il est ordinairement de douze ou quatorze mois ; mais le Grand-Maître & les Officiers le fixent, suivant que le terrein est prati-cable pour les voitures, & la commodité de transporter le bois.

Exploiter ou *user* une vente, c'est en abattre le bois & le tirer de la vente. Suivant l'Ordonnance de 1669, les arbres doivent être coupés au raz de terre, ensorte que les anciens nœuds recouverts & causés par les coupes précédentes ne paroissent plus : on doit couper tout de suite, & abattre les ar-bres rabougris, rompus & de peu de valeur : on doit com-mencer à abattre par un bout & finir par l'autre, sans rien épargner. Il est défendu d'abattre avec la scie ; mais il est assez d'usage de permettre de pivoter quelques gros arbres, que l'on fixe cependant à un très-petit nombre. Les bucherons, en cou-pant ainsi les racines, pour tirer le pivot de l'arbre avec le tronc, la piece s'en trouve plus longue, & terminée par une grosse tête, ce qui la rend propre à faire, soit des Gemelles de pressoir, soit des arbres tournants, &c. Quoique j'aie dé-montré à la fin du *Traité des Semis*, la nécessité d'arracher tous les gros arbres, je n'ai garde cependant de blâmer les permis-sions que l'on donne de pivoter.

Il est défendu d'abattre les arbres des ventes voisines, sur

lefquels les arbres de la vente qu'on exploite feroient *encroués*;
ce qui arrive quand, en abattant un arbre, il tombe fur un
autre, de forte que les branches des deux arbres fe trouvent
mêlées enfemble.

Quand le vent abat pendant l'exploitation quelqu'arbre de
réferve, le Garde-vente, conjointement avec le Garde général, en dreffent Procès-verbal, & l'on marque d'autres arbres
pour tenir lieu de ceux-ci.

Les particuliers peuvent vendre leur bois, avec permiffion
de les écorcer fur pied, pour en tirer du tan; mais cela eft
expreffément défendu quant aux bois du Roi.

Il eft défendu de faire des cotterets de fente avec les Chênes qui peuvent fournir des buches, & de faire des échalats
de fente avec les bois qui peuvent fournir des pieces de charpente ou du merrain; mais on a peu d'égard à ces prohibi-
tions, & l'on permet aux Marchands de tirer de leur bois le
meilleur parti poffible.

Dans les forêts qui avoifinent Paris, il eft défendu de faire
du charbon, parce que cette denrée peut être plus facilement
voiturée de plus loin que le bois.

La défenfe de faire des cendres s'étend à toutes les forêts
du Roi; & quoiqu'elle ne regarde point les ronces, les épines
& les brouffailles qui ne peuvent être d'aucun ufage, on n'eft
gueres tenté d'enfraindre cette loi, parce que prefque par-
tout le débit du bois eft trop avantageux pour qu'il puiffe y
avoir quelque profit à faire des cendres.

Par l'Ordonnance de 1669, il eft défendu aux Marchands
& à leurs affociés de faire ni tenir aucun attelier, loge ni
affutage en leurs maifons ni autre part que dans les ventes :
défenfes leur font encore faites, de permettre qu'il foit apporté dans leur vente d'autre bois que celui du crû de la
vente qu'ils exploitent.

Il eft défendu de laiffer pâturer aucunes bêtes dans leurs
ventes pendant la vuidange, & nommément les chevaux,
juments, bœufs ou ânes qui fervent à enlever le bois : le Marchand eft refponfable du délit, fauf fon recours contre le dé-
linquant.

L'Ordonnance de 1669 porte défenfes de faire travailler nuitamment, ainfi que les jours de Dimanches & Fêtes dans les forêts, ni d'en enlever le bois.

Les Clercs, Facteurs, Gardes-ventes & Conducteurs doivent prêter ferment entre les mains du Maître particulier : ils doivent favoir lire & écrire, & avoir un livre relié, coté par nombre, paraphé par le Maître particulier, pour y porter tout de fuite, fans laiffer aucun blanc, & jour par jour toutes les marchandifes qui fortent de la vente ; & pour prévenir encore les fraudes & être en état d'agir juridiquement contre ceux qui déroberoient le bois des Marchands, il eft ordonné au Marchand de marquer de l'empreinte de fon marteau, quelques brins des bois de fa vente, par exemple, deux ou trois fur chaque charretée ; & le conducteur doit donner à ceux qui enlevent du bois, un billet qui défigne l'efpece de bois enlevé, avec la date du jour, & l'heure à laquelle le voiturier eft forti de la vente : à défaut de marteau, le conducteur donne au voiturier un échantillon ou taille, qui eft un morceau de bois, qu'il fend en deux ; le voiturier en prend une moitié & l'autre refte au conducteur. Si le voiturier eft arrêté en chemin, il préfente fon échantillon, pour être confronté avec celui du conducteur, & pour prouver que le bois n'a pas été enlevé en fraude.

Un Marchand faifant l'exploitation d'une vente, doit réferver non-feulement les pieds *corniers*, *tournants*, *parois* & les *baliveaux*, mais encore les arbres fruitiers, tels que les Poiriers, Pommiers, Neffliers, Cornouillers, Aliziers, Mûriers, &c, pour la nourriture du Fauve.

Article XI. *Du Récolement.*

Quand le temps de la vuidange eft expiré, les Officiers de la Maîtrife, favoir, le Maître particulier, le Procureur du Roi, le Garde-Marteau & le Greffier, doivent fe tranfporter dans les ventes, pour examiner fi elles font coupées, vuidées & exploitées fuivant l'Ordonnance ; fi les réferves ont été faites ; fi l'on n'a point outre-paffé la mefure ; enfin s'il y a fur-mesure ou manquement de mesure : cette opération qu'on nomme *Récolement*, doit être faite immédiatement après la vuidange : les vacations des Officiers sont fixées par un Réglement du Conseil des Finances à la moitié de l'*Assiette*, *Martelage*, *Mesurage*, *Balivage* ; & ces frais sont acquittés par les Marchands, lorsque ce sont des bois de Gens de Main - morte ; & payés sur l'état du Roi, quand ce sont des bois du Roi, ou en gruerie : cette pratique est au moins la plus commune.

Comme il est nécessaire par cette opération de constater s'il y a *outre-passe*, *sur-mesure*, ou *manquement de mesure*, on fait faire un second mesurage par un autre Arpenteur que celui qui a fait le premier, auquel néanmoins il assiste : si la vente se trouve plus étendue qu'elle n'étoit fixée par le premier mesurage, ce qu'on appelle *sur - mesure*, alors il n'y a point de délit, & le Marchand n'est obligé qu'à payer la sur - mesure sur le pied de la vente. S'il se trouve que l'on ait abattu du bois au-delà des limites fixées par le premier arpentage, ce qu'on nomme *outre-passe*, on dit qu'il y a délit, qui se punit par une amende, outre que le bois qui a été abattu de trop, est payé le double du prix de la vente. Si la vente se trouve plus petite qu'elle n'a été portée par l'adjudication, ce qu'on nomme *manquement de mesure*, il est dû un dédommagement à l'acquéreur ; mais il est défendu de le faire en lui donnant d'autres bois : on ne peut non plus faire ce dédommagement par une diminution du prix de son acquisition, parce qu'une fois que l'état des ventes a été envoyé au Conseil, on n'y peut plus rien changer ; mais on le dédommage à proportion de ce qui peut manquer ; & sur le prix de la vente, on adjuge au Marchand une somme comptant sur les premieres ventes à venir, & que l'on adjuge alors avec cette charge. Dans le temps que les Arpenteurs font leurs opérations, les Officiers visitent l'intérieur de la vente pour voir si les réserves des *baliveaux*, *parois*, *tournants*, *pieds corniers* ont été faites, si les arbres ont été bien coupés au raz de terre, & si la vente est vuidée de toute marchandise : ce qui n'a pas été enlevé est confisqué. Ensuite on fait un nouveau souchetage autour

de

de la vente, pour voir si les délits sont conformes au premier, ou s'il y en a de nouveaux : le récolement étant fait, le Maître rend son jugement d'absolution & congé de Cour, ou de condamnation pour partie, & congé pour le reste.

Article **XII.** *Remarques sur les conditions des Marchés, principalement sur ceux qui regardent les bois des Particuliers.*

Comme les marchés sont des contrats qui fixent les engagements réciproques entre les acquéreurs & les vendeurs, il faut que les uns & les autres s'attachent à prévoir tous les cas possibles, afin que, par des stipulations clairement énoncées, chacun sache à quoi il est engagé, & connoisse l'étendue des droits qu'il aura à exercer dans la suite. Sans cette sage prévoyance, on est exposé à des contestations & à des procès dont les frais excedent souvent le prix réel de la chose. C'est dans cette vue, & pour l'avantage réciproque des Marchands & des Propriétaires des bois, que nous allons exposer aux yeux des Lecteurs, les articles qui méritent principalement qu'on y prête attention, quand il est question de rédiger un marché de bois.

1°, L'acquéreur doit songer à obtenir un temps suffisant pour qu'il puisse vuider sa vente, & faire ses recouvrements avant que le vendeur ait droit de l'actionner & obtenir des contraintes contre lui. D'autre part, il est essentiel, pour le vendeur, qui risque souvent de n'avoir aucun recours valable contre l'acquéreur, lorsque la totalité du bois est vendue & enlevée, que son paiement soit consommé avant la vuidange entiere ; & souvent il lui est plus avantageux de vendre moins cher à un Marchand riche & solide, qui prendra des temps plus courts pour le paiement, que de se voir dans la nécessité de poursuivre en Justice un acquéreur qui ne se trouve pas en état de faire des avances, & qui fait, comme on dit, *de la terre le fossé.*

X

2°, Un Marchand doit engager le vendeur à lui donner un affez long terme pour le temps de la vuidange, afin d'éviter le rifque de payer des dommages & intérêts à caufe *du recru*; car il fe préfente quelquefois des accidents qui ne lui permettent pas de vuider la vente dans le terme qu'il s'étoit propofé de le faire; comme, par exemple, à caufe des pluies confidérables & continuelles qui rompent les chemins, &c. D'un autre côté, un Propriétaire a un avantage réel à ce que la vente foit promptement vuidée; car jufques-là les fouches & les bourgeons éprouvent néceffairement des dommages.

3°, Les acquéreurs doivent avoir l'attention de ftipuler une garantie de tous troubles qui pourroient furvenir & occafionner du féjour ou retard de la vente des marchandifes, & charger le vendeur de tous dépens, dommages & intérêts: cela eft jufte; mais le vendeur doit excepter précifément les retards qui feroient occafionnés par la faute ou la négligence des Marchands acquéreurs; de forte qu'il lui convient de ftipuler les articles de garantie qui doivent être à la charge de lui vendeur.

4°, Il faut que le vendeur ftipule les arbres qu'il veut tenir en réferve, qu'il en faffe un inventaire & defcription où foit marquée leur groffeur; le mieux feroit de les marteler: mais le Marchand acquéreur, doit ftipuler de fon côté, que fi aucun de ces arbres en réferve fe trouvoit arraché ou endommagé, il feroit fimplement tenu de les prendre pour fon compte & d'en laiffer d'autres équivalents fur pied; & que fi le dommage tomboit fur des arbres qui ne pourroient être remplacés par d'autres de pareille groffeur, il en feroit fait eftimation par Experts, aux frais de l'acquéreur qui eft tenu de prévenir tout dommage.

5°, Lorfqu'on achete des baliveaux dans un taillis, on doit ftipuler que l'acquéreur ne fera point tenu des dommages qui pourroient être faits au taillis, parce qu'ils font inévitables.

6°, Il faut faire ftipulation des routes que l'acquéreur tiendra pour vuider les ventes; car fi d'un côté il eft jufte que le Propriétaire fe charge de les fournir, & de fatisfaire aux dédom-

magements du tort que l'on pourroit faire aux autres particuliers Propriétaires ; d'autre part , il faut que le vendeur
évite de s'expofer, par une ftipulation trop vague, aux tra-
cafferies de l'acquéreur, qui n'étant point tenu d'entrer dans
ces dédommagements, ne voudroit pas s'affujettir à pratiquer
les routes indiquées, & fe frayeroit des chemins indiftinc-
tement & par où feroit fa plus grande commodité.

7°, L'acquéreur doit ftipuler qu'il lui fera loifible de faire exploiter fon bois en toute forte d'ouvrages, pourvu néanmoins
qu'il ait foin de le faire abattre dans les temps fixés par l'Ordonnance : il doit marquer fpécialement s'il veut faire du
charbon , des cendres , ou lever l'écorce des arbres étants fur
pied ; & ftipuler qu'il pourra faire conftruire des loges dans le
bois pour retirer les Ouvriers & les Gardes de vente : tout cela
eft jufte ; mais le vendeur doit fixer dans le marché , les endroits où les fourneaux à charbon pourront être faits , & prévoir tout ce qui pourroit occafionner un incendie dans le
bois : c'eft encore à lui à confentir à ce qu'on leve l'écorce
fur pied.

8°, Ceux qui enlevent le bois , ou les Voituriers qui le tirent hors de la forêt , prétendent avoir le droit d'y laiffer
paître leurs chevaux ou leurs bœufs. Ils alleguent que les
chevaux ne mangent point le bourgeon ; ce qui eft faux : je
penfe qu'il vaudroit mieux leur abandonner une piece de pré,
que de leur accorder cette permiffion.

Dans le Bourbonnois, dans l'Auvergne & dans le Nivernois,
les Ouvriers prétendent avoir droit de nourrir des beftiaux
dans les lieux qu'ils exploitent. Le Propriétaire doit, par un
article particulier de fon marché , leur interdire cet ufage : ces
beftiaux font un très-grand tort au recrû.

9°, Il faut convenir à qui appartiendra la glandée pendant
l'exploitation ; & fi ce fera ou le vendeur ou l'acquéreur qui
en jouira.

10°, S'il eft queftion d'arracher une futaie, comme nous
l'avons confeillé dans notre Traité des *Semis & Plantations*;
il faut avoir l'attention de ftipuler fi l'acquéreur fera tenu de

faire effarter & régaler le terrein ; fi pour le dédommager des
frais de cette opération, on lui permettra d'y faire une ou
deux récoltes, & s'il fera tenu de repeupler la partie arrachée,
ou une autre.

Si l'on fe contente de couper les arbres & laiffer les fouches
former un taillis, l'acquéreur ne doit être tenu en garantie,
que des abroutiffements qui feroient faits par fes beftiaux ou
ceux de fes gens, à moins qu'il ne voulût fe charger de faire
garder & garantir le bourgeon de tout dommage.

Article XIII. *Conclusion.*

'Aprés avoir donné à nos Lecteurs quelques conoiffances
préliminaires qui ne doivent pas être ignorées de ceux qui
font exploiter des bois, nous allons nous tranfporter avec eux
dans une forêt, foit pour apprendre aux Propriétaires quel
ufage ils peuvent faire de leurs bois & leur jufte valeur, foit
pour mettre les Acquéreurs en état d'en faire une exploitation utile, en tirer le meilleur parti poffible, & par-là les engager, avec connoiffance de caufe, à en donner un prix raifonnable.

Pour remplir convenablement ce double objet, il fera néceffaire d'entrer dans de très-grands détails, & d'examiner avec
toute l'attention poffible la nature des bois, & dans leurs différents états, à compter depuis les plus jeunes taillis jufqu'aux
plus hautes futaies : l'importance & l'étendue de l'objet des
taillis, nous détermine à réunir dans un Livre particulier tout
ce qui les concerne.

Pour éviter toute confufion, il me refte à dire un mot de la
diftinction qu'on fait des bois, relativement à leur exploitation.

On appelle dans les forêts, *Bois - vifs*, les arbres qui fonc
dans un état de végétation : *Bois-morts*, ceux qui font fecs &
qui n'ont plus de vie.

On entend par *mort-bois*, certains arbres qui végetent, mais
dont l'efpece eft regardée comme de peu de valeur : tels fonc

les Oſiers, les Saules, les Marſaux, les Aulnes, les Epines, les Sureaux, les Genevriers, les Houx, &c. Depuis que le bois eſt devenu plus rare, on ne regarde plus comme *mort-bois*, les Aulnes & les autres bois blancs : les Officiers des Eaux & Forêts les mettent en gruerie.

Les bois qu'on appelle *en étant*, ſont bois debout & qui tiennent en terre par leurs racines : *bois d'entrée*, ceux qui commencent à dépérir : *bois giſſant*, ceux qui ſont abattus & couchés par terre. On les dit en *grume*, quand ils ont leur écorce ; & *ouvrés*, quand on les a travaillés ſelon leur deſtination & l'uſage qu'on en peut faire. La connoiſſance de ces différentes dénominations, eſt un préliminaire eſſentiel pour ceux qui veulent ſe rendre habiles dans l'exploitation des bois ; mais comme nous en avons déja parlé à la fin du Traité des *Semis & Plantations*, il nous a paru ſuffiſant de les rappeller ici d'une façon générale, d'autant qu'il ſuffit, pour ce que nous allons dire, de les diſtinguer en bois taillis & en futaies.

Quoique l'exploitation des baliveaux ait beaucoup de rapport à celle des futaies, comme on les adjuge ordinairement avec le taillis, nous ne pouvons nous diſpenſer d'en dire quelque choſe en parlant de ceux-ci, quoique nous ſoyons obligés d'y revenir encore quand il ſera queſtion des futaies.

Explication des Figures de la Planche I qui a rapport au Chapitre VI du premier Livre de cet Ouvrage.

La *premiere figure* repréſente l'aire de la coupe d'un tronçon de bois. Les cercles concentriques font voir une partie des cercles annuels : les lignes droites ponctuées déſignent les traits qu'on a donnés avec un feuillet de ſcie très-mince, pour diviſer cette rondelle en petits parallélipipedes. On a vu dans le diſcours qu'il n'y a que les tranches *A B*, *C D*, *E F* qui ſe ſoient trouvées en dégradation aſſez réguliere de poids, à compter du centre à la circonférence, ainsi qu'on le peut voir encore ici, en jettant les yeux sur la *figure* 2 qui repréſente ces trois tranches, & où l'on a eu ſoin de marquer les poids en gros & en grains, tels qu'ils ſe ſont trouvés être dans l'expérience.

La *figure* 3 repréſente une autre tranche priſe dans le diametre d'un jeune arbre : le numéro 4 déſigne le cœur du bois, & les numéros 1 & 1, indiquent l'aubier ; les chiffres qui ſont au-deſſus des petits quarrés de cette figure 3 déſignent les gros, & ceux qui ſont placés au-deſſous marquent les grains.

Les *figures* 4, 5 & 6 ſont des tranches de bois priſes depuis la circonférence juſqu'au centre, c'eſt-à-dire, dans le demi-diametre du corps des arbres.

Fin du premier Livre.

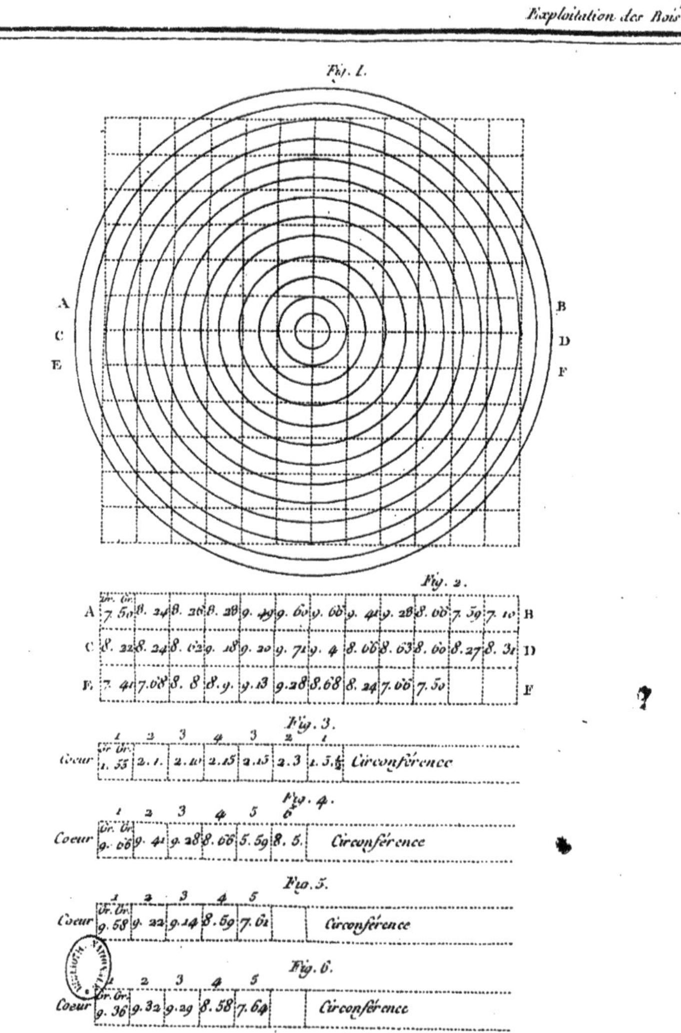

	Gr. Gr.												
A	7.50	8.24	8.26	8.28	9.49	9.60	9.66	9.41	9.28	8.66	7.59	7.10	B
C	8.22	8.24	8.62	9.18	9.20	9.71	9.4	8.66	8.63	8.60	8.27	8.31	D
E	7.41	7.08	8.8	8.9	9.13	9.28	8.68	8.24	7.66	7.50			F

Coeur	1	2	3	4	3	2	1	
	Gr. Gr.							Circonférence
	1.55	2.1	2.10	2.15	2.15	2.3	1.5.½	

Coeur	1	2	3	4	5	6	
	Gr. Gr.						Circonférence
	9.66	9.41	9.28	8.66	5.59	8.5	

Coeur	1	2	3	4	5	
	Gr. Gr.					Circonférence
	9.58	9.22	9.14	8.59	7.61	

Coeur	1	2	3	4	5	
	Gr. Gr.					Circonférence
	9.36	9.32	9.29	8.58	7.64	

LIVRE SECOND.

DES TAILLIS.

On appelle *Taillis* tous les bois qui font mis en coupe réglée, pour être abattus au-deffous de 40 ans : ces bois different beaucoup les uns des autres.

1°, Suivant l'efpece de bois dont ils font formés : un taillis de Chêne ou de Châtaignier eft plus eftimé qu'un taillis de bois-blanc ; favoir, Tremble, Peuplier, &c.

2°, Suivant qu'ils font plus ou moins garnis : il y a tel arpent de taillis qui donne une fois plus de bois qu'un autre.

3°, Suivant leur âge : un haut taillis de 30 à 40 ans, eft beaucoup plus avantageux que celui qui ne feroit que de 9 à 10 ans ; parce qu'ordinairement les taillis plus anciens donnent plus de bois que ceux qui font fort jeunes : je dis ordinairement, car dans les bonds fonds, un taillis eft fouvent plus fort à 20 ans, que ne le feroit à 35 ans celui qui fe trouveroit dans un mauvais fol.

C'eft pour cela que les Marchands, fans s'embarraffer beaucoup de l'âge des taillis, fe bornent à examiner leur force ; cependant, à égalité de force, ils donnent ordinairement la préférence à ceux qui font plus jeunes, parce que les bois venus en bon fond, ont ordinairement l'écorce plus vive, & le bois mieux conditionné que ceux dont l'accroiffement a été lent ; & les bois bien venants peuvent fervir à plufieurs ufages auxquels on ne pourroit pas employer les bois languiffants. Comme l'emploi qu'on fait ordinairement des taillis n'exige pas une longue durée, l'acquéreur ne s'occupe gueres de la nature du terrein ni de l'expofition, ni de la fituation, ni de la faifon d'abattre : pourvu qu'il y ait beaucoup de bois, cela lui fuffit prefque toujours. Toutes ces chofes font cependant très - intéreffantes pour le Propriétaire, qui, fuivant les différentes circonftances dont nous venons de parler, peut abattre plus fouvent fon taillis, & retirer un meilleur revenu de fon terrein : elles font également intéreffantes pour l'Acquéreur, lorfqu'il s'agit de gros baliveaux qui peuvent fournir des pieces de fervice. Mais pour éviter les répétitions, je remets à en parler lorfque je traiterai des futaies.

L'Acquéreur fe borne donc à examiner le bois tel qu'il fe préfente, portant toute fon attention au parti qu'il en pourra tirer. Mais comme dans cet Ouvrage, nous avons deffein de nous rendre également utiles aux Propriétaires & aux Acquéreurs, nous allons commencer par faire appercevoir aux Propiétaires qu'ils agiffent fouvent contre leurs intérêts, lorfqu'ils abattent leurs taillis trop jeunes ; nous indiquerons enfuite comment on doit procéder à l'eftimation des taillis, & les différents partis qu'on en peut tirer.

CHAPITRE PREMIER.

De l'âge où il convient d'abattre les Taillis, relativement à l'avantage qu'en peut retirer un Propriétaire.

SUIVANT différentes circonftances il convient d'abattre certains taillis fort jeunes ; & dans d'autres cas, il y a de l'avantage à les laiffer plus long-temps fur pied. C'eft ce que nous allons expliquer dans deux articles particuliers.

ARTICLE

Article I. *Des Taillis qu'il faut abattre fort jeunes.*

Les Oseraies sont une espece de taillis qu'il faut abattre tous les ans; car on perd beaucoup à ne les abattre que la seconde année.

Les Saules, les Marseaux, les Peupliers qu'on étête, peuvent être regardés comme des taillis, & ils doivent être abattus plus jeunes ou plus vieux suivant l'âge des arbres, & suivant l'usage qu'on se propose de faire de leur émondage.

Relativement à l'âge de l'arbre: parce qu'un jeune plantard qu'on laisseroit chargé de deux, trois ou quatre sortes de branches, courroit risque d'être éclaté, & très-endommagé par le vent; au lieu qu'un gros & vieux plantard peut, sans risque, porter quatre ou cinq grosses branches.

A l'égard des usages qu'on en peut faire, dans les pays où l'on a besoin d'échalas on peut abattre les têtards de Saules, de Marseaux & de Peupliers, quand les branches ont, à six pouces du tronc, quatre à cinq pouces de circonférence: quelquefois les Vanniers achetent de ces mêmes perches pour en faire des lattes qui forment le bâti ou la charpente de leurs ouvrages: ces lattes se travaillent comme les cerches ou cerceaux, excepté qu'on les plane sur les deux faces.

Dans le pays où le débit des cerceaux est certain & avantageux, on fera bien d'étêter les Saules, & d'abattre les taillis de Marseaux, de Bouleaux *, de Châtaigniers, de Chênes & de tous les bois propres à faire du cerceau, quand ils pourront fournir des perches de dix, douze ou quinze pieds de longueur sur trois, quatre, cinq, & jusqu'à huit & neuf pouces de circonférence vers le petit bout, en se conformant, pour la grandeur des perches, à l'espece de futaille qui est d'usage dans le pays; car il est clair que les cerceaux, pour les feuillettes & les demi-muids, doivent être moins longs que ceux qui doivent servir pour les demi-queues; & ceux pour

---

* A l'égard du Bouleau, il est bon de savoir que les souches meurent presque toujours lorsqu'on les abat gros, & quand leur écorce se trouve fendue.

Y

relier les pipes, doivent être encore plus longs : nous entrerons dans la suite dans des détails à ce sujet.

Si les perches excedent les dimensions qui conviennent pour les futailles, & qu'elles aient depuis 25 jusqu'à 40 pieds de longueur sur 8, 10, 11 ou 15 pouces de circonférence, au petit bout on en fera des cerceaux, soit pour des baignoires, soit pour des cuviers ou pour des cuves ; j'en ai vu faire avec du Bouleau, avec du Chêne, avec du Mûrier, avec du Frêne, de l'Orme & du Mérisier. Les grosses perches de Saule ou de Bouleau se vendent encore assez avantageusement aux Mégissiers pour faire des cerches, dont on se sert pour monter les cribles. On refend aussi les perches longues & menues, comme si l'on en vouloit faire du cerceau ; mais au lieu de les courber pour les mettre en meules, on les lie toutes droites : celles-ci servent pour faire des treillages & des tonnelles dans les jardins. Mais comme ces ouvrages ne font jamais d'un débit aussi certain que les cerceaux pour les futailles, on fera toujours mieux d'abattre les taillis quand ils pourront fournir des cerceaux propres pour les jauges les plus ordinaires dans chaque pays. Il y a des taillis de Mérisier & de Coudrier, qu'il faut vendre aussi-tôt qu'ils peuvent fournir des cerceaux de barrils, ou des baguettes pour les Chandeliers ; on perdroit beaucoup à les conserver plus long-temps, & ils ne seroient plus bons qu'à brûler.

Le temps le plus avantageux d'abattre l'Epine-blanche, est quand on en peut faire du cerceau pour les barrils ou de la corde à charbon : les jeunes pousses vigoureuses servent à faire des verges de fouet pour les Charretiers & les Cochers, ou des bâtons à la main ; mais les Picoreurs ont soin de les couper dans les bois, & par-là ils se dispensent de les acheter.

Un des meilleurs bois pour les usages dont je viens de parler, parce qu'il plie beaucoup sans se rompre, c'est le Celtis ou Micocoûlier, qu'on appelle l'*Adonier* à Perpignan, & ailleurs *Falabriquier* ou *Fabrecoulier* : nous en parlerons ailleurs.

Il y a des taillis de toute sorte de bois plantés dans de si mauvais fonds, qu'ils cessent de croître au bout de 8 à 9 ans :

il eſt évident qu'il n'y auroit qu'à perdre en les laiſſant ſubſiſter plus long-temps.

Après avoir fait connoître qu'il y a des circonſtances où il faut abattre les taillis fort jeunes, par exemple, à 9, 10, ou au plus 11 ans; il faut prouver qu'il y a bien des cas où il eſt très-avantageux de les laiſſer ſubſiſter beaucoup plus long-temps.

Article II. *Qu'il eſt ſouvent avantageux de laiſſer les Taillis ſubſiſter long-temps, ſans les abattre.*

J'ai vérifié les obſervations que je vais rapporter, ſur un taillis de Chêne planté dans un excellent fond: cependant il ne faut pas prendre à la lettre ce que nous allons rapporter; ce ſont des faits qui ne ſont pas rigoureuſement exacts, mais qui approchent aſſez de la vérité.

1°, Les taillis de 7 à 8 ans ne peuvent pas étouffer la bruyere: il y a donc cet avantage à laiſſer croître les taillis plus long-temps, qu'ils étouffent cette mauvaiſe plante qui fait un tort conſidérable au bois; au lieu que quand elle eſt étouffée par un taillis de 20 ans, elle fournit un engrais au terrein. Si l'on étoit trop long-temps ſans abattre les taillis, l'ombre des plus forts arbres feroit périr les petits, & par conſéquent beaucoup de ſouches mourroient; mais auſſi en abattant trop fréquemment un bois, on fatigue les racines; car comme nous l'avons déja dit, les bois ne produiſent de racines que proportionnellement à ce qu'ils croiſſent en branches, & il eſt évident que par des abattages trop fréquents, on fait un tort conſidérable au recrû.

2°, La dent du bétail & les gelées du Printemps font plus de tort aux jeunes bourgeons qu'aux taillis plus âgés; & quand on abat les bois à 7 ans, on eſt plus fréquemment expoſé à ces dommages que quand on les abat à 25 ou 30 ans.

3°, Les taillis de Chêne de 7 ans ne donnent point de gland; il n'y a que les baliveaux qui en fourniſſent pour repeupler le bois; au lieu que dans les taillis de 20 à 25 ans, il ſe trouve beaucoup de Chênes qui donnent du gland.

4°, Un terrein de 48 pieds en quarré, d'un bon fol, a donné au bout de 7 ans une demi-corde de menu bois à charbon: fi on l'avoit abattu trois fois dans l'efpace de 21 ans, on auroit eu une corde & demie de ce bois. Une pareille étendue du même terrein qu'on n'a abattu qu'une feule fois au bout de 21 ans, a donné deux cordes & demie d'un bois plus gros; ce qui fait plus de $\frac{4}{7}$ de bénéfice; je dis plus, parce que le bois étant plus gros, a été plus profitable : je ne parle point des fagots ni des bourées que les rameaux ont fourni, parce qu'on n'y a pas fait attention. Mais examinons la chofe de plus près.

5°, Pour ne point compliquer l'objet que nous allons traiter, nous n'aurons aucun égard à l'ufage qu'on peut faire des taillis, foit pour en faire des échalats de brin ou du cerceau, foit pour en enlever l'écorce qui fe vend aux Tanneurs; nous ne confidérerons que ce qui doit être employé en bois à brûler, ou converti en charbon; ou encore pour ce qui regarde les gros baliveaux en bois quarré : c'eft auffi pour fimplifier notre objet, que nous porterons toutes nos vues fur le bois de Chêne. Mais ce que nous allons expofer, jettera beaucoup de lumiere fur l'eftimation des bois taillis, dont néanmoins nous traiterons plus particuliérement dans la fuite. Quand les Marchands eftiment des bois taillis, ils ont coutume de tout rapporter au bois à brûler; fi les autres ufages qu'on en pourroit faire, produifent plus de bénéfice, il eft peu confidérable, parce que les façons emportent prefque tout le profit.

§. I. *Augmentation du prix des bois Taillis, année par année.*

On peut dire en général que les bois de Chêne, foit taillis, haut-taillis ou demi-futaie, en un mot, les jeunes bois en bon fond, croiffent en hauteur environ d'un pied chaque année jufqu'à foixante ou quatre-vingts ans, lorfque le terrein eft très-propre aux efpeces de bois qui y font plantés : après cet âge ils s'élevent très-peu, mais ils groffiffent pendant long-temps, à-peu-près d'un demi-pouce chaque année , c'eſt-à-dire, que chaque cercle qui marque la crûe de chaque année , a environ une ligne d'épaiſſeur, en ſuppoſant toutefois qu'il y a des années plus ou moins favorables à la végétation , & que nous parlons d'un bon terrein.

Les bois blancs qui ont la feve plus hâtive & plus abondante , croiſſent & groſſiſſent plus promptement au moins d'une moitié ; mais ils vivent beaucoup moins long-temps.

Un brin de Chêne de 20 ans , par exemple, peut avoir 10 pouces de groſſeur, meſuré à quatre ou cinq pieds de terre , ſur 20 pieds de hauteur.

Un brin de 25 ans peut avoir 12 à 13 pouces de groſſeur ſur 25 pieds de hauteur.

Un brin de 30 ans , 15 pouces de groſſeur ſur 30 pieds de hauteur.

Les baliveaux, ſoit modernes ou anciens , croiſſent très-peu en hauteur ; mais ils groſſiſſent moitié plus que les brins de taillis , & à-peu-près de 9 lignes par an ; enſorte que les cercles annuels ont environ une ligne & demie d'épaiſſeur, à compter depuis la coupe des taillis où ces arbres ont été laiſſés en réſerve.

Un baliveau moderne de 40 ans , par exemple , qui avoit 10 pouces de groſſeur à 20 ans , a augmenté d'environ 15 pouces pendant 20 ans , & porte à-peu-près 2 pieds de circonférence , ſur environ 20 pieds de hauteur qu'il avoit à 20 ans, attendu qu'il s'éleve très - peu après qu'il a été découvert , & qu'il n'y a que les branches qui s'étendent , le tronc demeurant entiérement de la même hauteur , ſi l'on compte depuis les branches que le baliveau avoit quand on a abattu le taillis juſqu'au terrein. (Voyez ce que nous avons dit de l'accroiſſement en hauteur dans la *Phyſique des Arbres*.)

Un ancien de 60 ans , de trois âges , qui avoit 10 pouces de groſſeur à 20 ans , peut porter 40 pouces de tour ſur la même hauteur qu'il avoit à 20 ans.

Un ancien de 80 ans , de quatre âges , qui avoit 10 pouces de groſſeur à 20 ans , porte un peu plus de 4 pieds & demi ſur la même hauteur qu'il avoit à 20 ans.

§. 2. Arbres laiſſés en réſerve dans les Taillis de vingt-cinq ans.

Un baliveau moderne de 50 ans, qui avoit 12 à 13 pouces à 25 ans, peut porter deux pieds & demi de tour ſur 25 pieds de hauteur qu'il avoit à 25 ans.

Un ancien de 75 ans, de trois âges, peut porter 50 pouces de tour ſur 25 pieds de hauteur qu'il avoit à 25 ans.

Un ancien de 100 ans, de quatre âges, peut porter un peu plus de 5 pieds & demi de tour ſur la même hauteur qu'il avoit à 25 ans.

§. 3. Arbres laiſſés en réſerve dans des Taillis de trente ans.

Un baliveau moderne de 60 ans, qui avoit 15 pouces de groſſeur à 30 ans, peut porter un peu plus de 3 pieds de tour ſur 30 pieds de hauteur qu'il avoit à 30 ans.

Un ancien de 90 ans, de trois âges, peut porter 5 pieds de tour ſur la même hauteur qu'il avoit à 30 ans.

Un ancien de 120 ans, de quatre âges, peut porter 7 pieds de tour ſur la même hauteur qu'il avoit à 30 ans.

§. 4. Produit d'un Taillis de vingt ans.

Neuf cents brins de taillis de 20 ans de 10 pouces de groſſeur ſur 20 pieds de hauteur, produiſent environ huit cordes de bois, contenant 450 bûches de 3 pouces un peu plus de diametre par corde, à raiſon de quatre bûches de 3 pieds & demi de longueur, priſes dans chaque brin ; le ſurplus qui eſt de 6 pieds, s'emploie en fagots ou en charbon, ſuivant le débit qui s'en peut faire dans les lieux.

§. 5. *Produit d'un Taillis de vingt-cinq ans.*

Neuf cents brins de 25 ans de 12 à 13 pouces de groſſeur
ſur 25 pieds de hauteur, produiſent douze cordes de bois : chaque corde contient 300 bûches de 4 pouces de diametre,
chaque brin fourniſſant quatre bûches de trois pieds & demi
de longueur ; le ſurplus qui eſt de 11 pieds, produit encore
quelques bûches, ou moitié plus de fagots, ou de charbon, ou
de cotrets qu'à 20 ans.

§. 6. *Produit d'un Taillis de trente ans.*

Neuf cents brins de 30 ans de 15 pouces de groſſeur ſur
30 pieds de hauteur, produiſent 18 cordes de bois, à 200
buches de 5 pouces un peu moins de diametre pour chaque
corde : chaque brin fournit 4 bûches de 3 pieds & demi de
longueur ; le ſurplus qui eſt de 16 pieds, peut produire encore quelques bûches, ou la valeur de moitié plus de fagots
ou de charbon, ou de cotrets, qu'à 25 ans, & toujours par
proportion, ſoit que les taillis aient plus ou moins de groſſeur à 20 ans.

§. 7. *Conſéquences de ce qui vient d'être dit.*

Il réſulte qu'un arpent de taillis de 20 ans, qui produiroit
8 cordes de bois, 800 fagots, ou un muid & demi de charbon, produiroit à 25 ans 12 cordes, 1200 fagots ou deux
muids $\frac{4}{7}$ de charbon ; & à 30 ans, 18 cordes, 1800 fagots,
ou la valeur, ou celle de 3 muids $\frac{1}{8}$ de charbon ; enſorte que
ſi cet arpent de taillis étoit vendu 120 livres à 20 ans, il vaudroit 180 livres à 25 ans, & 270 à 30 ans, outre l'augmentation du prix des arbres de réſerve, comme on va le démontrer.

On dira que le taillis de 25 ans a occupé la terre pendant
cinq années ; & comme ce terme de cinq ans eſt le quart de

20 ans, en ajoutant un quart au produit de ce taillis que nous avons dit être de 120 livres, c'est 30 livres ; ainsi le produit, eu égard au temps que le bois a occupé la terre, seroit de 150 livres ; son prix à 29 ans est de 180 livres : ainsi le profit excede considérablement le quart, ou de 30 livres.

De même, si pour 30 ans on augmente le prix du taillis d'un tiers, on aura 160 livres, au lieu qu'il est de 270 livres.

Les baliveaux de l'essence réservés dans un taillis de 30 ans, étant plus forts & mieux enracinés que ceux de 20 ans, sont plus droits & plus élevés, parce qu'ayant été plus long-temps pressés par les taillis, ils ont acquis plus de hauteur sans branches, & ils forment de plus grands arbres (*) ; au lieu que les baliveaux de 20 ans & au-dessous, sont pour la plûpart bas de tige, tortus, branchus, & ils deviennent Pommiers ; outre que venant à étendre leurs branches, ils empêchent la recrûe du taillis par leur ombrage, ils retiennent l'humidité qui augmente les accidents de la gelée, & ils ruinent à la fin le fonds du bois.

Il ne faut pas dissimuler que les baliveaux de 30 ans étant souvent fort élevés, sont fatigués par les vents, que leur écorce est cuite par le soleil ou par la gelée, &c ; mais nous ne pouvons ici avoir égard à ces accidents

§. 8. *Estimation des réserves dans un Taillis de 20 ans.*

On a dit ci-devant qu'un baliveau moderne de 40 ans, réservé dans des taillis de 20 ans, peut porter 25 pouces de tour, mesuré à 4 ou 5 pieds de terre ; il ne peut porter que 5 pouces d'équarrissage ; & une piece de bois de cet échantillon ne convient point pour Paris, où le moindre bois quarré est de 6 ou 7 pouces sur 5, ce qui s'appelle *Solive*. Cette piece ne peut donc servir que pour quelques menus ouvrages de charpente ; & ordinairement on débite les arbres de cette grosseur en bois à brûler. Ils ne valent que 25 ou 30 sous la piece, parce qu'il en faut 10 ou 12 pour une corde, ci. . . . 1 l. 10 s.

(*) Ceci est suivant l'usage ordinaire ; car je ne prétends point déroger à ce que nous avons dit des baliveaux à la fin du Traité des *Semis & Plantations*.

§. 9.

§. 9. *Eſtimation des réſerves dans un Taillis de 25 ans, & des anciens baliveaux de deux & trois âges du bois dans les Taillis de 20 ans.*

Un baliveau moderne de 50 ans, réſervé dans des taillis de 25 ans, portera, ſuivant la même évaluation, 30 pouces de tour & 6 pouces d'équarriſſage ; il produira, ſur 25 pieds de hauteur, deux pieces & un peu plus, leſquelles à 30 ſols, feront, non compris les branches, 3 livres, ci...   3 l.   o ſ.

Un ancien de 60 ans, de trois âges, réſervé dans des taillis de 20 ans, peut porter 40 pouces de tour, & 8 pouces d'équarriſſage ; il produit, ſur 20 pieds de hauteur, trois pieces, quelque peu de choſe de moins ; ces trois pieces à 30 ſous, ſur le pied de 150 liv. le grand cent de Paris, tous frais acquittés, avec un bénéfice raiſonnable pour le Marchand, font, non compris les branches, quatre livres dix ſous, ci   4   10

Un ancien de 80 ans, de quatre âges, peut porter 55 pouces de tour, & 11 pouces d'équarriſſage : il produit, ſur 20 pieds de hauteur, 5 pieces $\frac{1}{8}$ qui, à 30 ſous, font, non compris les branches, huit livres dix ſous, ci   8   10

Cette eſtimation ne peut avoir lieu que pour les bois ſitués le long des rivieres navigables, & à portée d'endroits où le prix des bois eſt à-peuprès le même qu'à Paris ; mais on en peut tirer des conſéquences pour des bois qui ſont dans d'autres poſitions.

Un ancien de 75 ans, de trois âges, portera 50 pouces de tour, & 10 pouces d'équarriſſage ; il produira, ſur 25 pieds de hauteur, ſix pieces un peu moins, qui, à 30 ſous chacune, feront, non compris les branches, neuf livres, ci   9

Un ancien de 100 ans, de quatre âges, portera 5 pieds & demi de tour, & 13 pouces d'équarriſſage ; il produira, ſur 25 pieds de hauteur, neuf pieces ¾ qui, à 30 ſous chacune, feront, non compris les branches, quatorze livres douze ſous ſix deniers, ci . . . . 14ˡ.12ᶠ. 6ᵈ.

Un moderne de 60 ans, réſervé dans des taillis de 30 ans, portera, ſuivant la même proportion, un peu plus de 3 pieds de tour, & 7 pouces d'équarriſſage ; il produira, ſur 30 pieds de hauteur, trois pieces, un peu plus, qui, à 30 ſous la piece, feront quatre livres dix ſols, ci . . 4 10

Un ancien de 90 ans, de trois âges, portera 5 pieds de tour, & 12 pouces d'équarriſſage ; il produira, ſur trente pieds de hauteur, dix pieces qui, à 30 ſous, feront, non compris les branches, quinze livres, ci 15

Un ancien de 120 ans, de quatre âges, portera 7 pieds de tour, & 16 à 17 pouces d'équarriſſage ; il produira, ſur 30 pieds de hauteur, 18 pieces ⅓, qui, à 30 ſous, feront, non compris les branches, vingt-huit livres, ci 28

§. 10. *Récapitulation du prix des Taillis de 20 ans, de 25 ans & de 30 ans, & des arbres qui y feront réſervés.*

Taillis de vingt ans.

Un arpent de taillis de 20 ans . . . . 120 l. 0 ſ. }
Un baliveau moderne de 40 ans . . . 1 10 }
Un ancien de 60 ans de trois âges. . 4 10 } 134ˡ.10ſ.
Un ancien de 80 ans de quatre âges. 8 10 }

Taillis de vingt-cinq ans.

Un arpent de taillis de 25 ans. . 180^l.
Un baliveau moderne de 50 ans. . 3
Un ancien de 75 ans de trois âges.   9
Un ancien de 100 ans de quatre âges.14 .12^f.6^d.
} 206^l.12^f.6^d.

Taillis de trente ans.

Un arpent de taillis de 30 ans. . . . 270^l.
Un baliveau moderne de 60 ans. . . .   4 10^f
Un ancien de 90 ans de trois âges. . . 15
Un ancien de 120 ans de quatre âges. . 28
} 317^l. 10^f.

Le tout, non compris la tête ou branches des arbres que l'on ne peut apprécier ici, parce qu'ils font plus ou moins branchus.

§. 11. *Exemple des Taillis mis en coupes réglées de vingt ans.*

Six cents arpents de taillis, dont chaque coupe réglée à 20 ans, feroit de trente arpents, chaque arpent eftimé à 120 livres, les trente arpents produiront trois mille fix cents livres, ci . . . . 3600 l.

Suppofé que de tout temps on eût réfervé dans ces taillis 24 baliveaux de l'âge, avec huit modernes & huit anciens par arpent, on vendroit dans chaque coupe de 30 arpents 360 modernes, à raifon de 12 par arpent, parce qu'on continueroit d'en réferver huit, & qu'on fuppofe qu'il pourroit en être péri quatre par la violence des vents, & par la chûte des arbres exploités : ces 360 modernes eftimés ci-devant 30 fous la piece, produiroient la fomme de cinq cents quarante livres, ci 540

On vendroit auffi huit anciens de quatre âges par arpent, qui feroient remplacés par autant de modernes, avec huit anciens de trois âges que l'on continueroit de laiffer en réferve : il fe trouveroit dans chaque coupe de 30 arpents 240 anciens à ôter, lefquels, fuivant l'eftimation ci-devant de 8 liv. 10 f. la piece, produiroient deux mille quarante livres, ci . . . . 2040 l.

Trente arpents de taillis en coupe de 20 ans, avec douze modernes & huit anciens de quatre âges par arpent, produiroient donc annuellement, non compris les branches, fix mille cent quatre-vingt livres, ci . 6180 l.

§. 12. *Exemple des Taillis mis en coupes réglées de 25 ans.*

La coupe de ces taillis mis à 25 ans feroit de 24 arpents, lefquels à 180 livres l'arpent, produiroient quatre mille trois cents vingt livres, ci . . . . 4320 l.

On vendroit 288 baliveaux modernes de 50 ans, à raifon de 12 par arpent, parce que l'on continueroit d'en réferver huit avec huit anciens de trois âges : ces 288 modernes, eftimés ci-devant 3 livres la piece, produiroient huit cents foixante-quatre livres, ci . . 864

On vendroit encore huit anciens de 100 ans, & dans 24 arpents la quantité de 192, qui feroient remplacés par autant de modernes ; ces 192 arbres eftimés ci-devant 14 livres 10 fous la piece, non compris les branches, produiroient deux mille fept cents quatre-vingt-quatre livres, ci 2784

Vingt - quatre arpents de taillis de 25 ans, avec douze modernes, & huit anciens de quatre âges par arpent, produiroient donc la fomme de fept mille neuf cents foixante-huit livres, ci . . . . 7968 l.

§. 13. *Exemple des Taillis mis en coupes réglées de 30 ans.*

CES mêmes taillis mis à 30 ans, chaque coupe feroit de 20 arpents, lesquels à deux cents soixante-dix livres l'arpent, produiroient la somme de cinq mille quatre cents livres, ci . . . . 5400 l.

On vendroit 240 baliveaux modernes, à raison de 12 par arpent, lesquels à 4 livres 10 sous, suivant l'estimation ci-devant, produiroient la somme de mille quatre-vingt livres, ci 1080

On vendroit encore 160 anciens de quatre âges de 120 ans, qui feroient remplacés par autant de modernes : ces 160 arbres estimés ci-devant 28 livres la piece, non compris les branches, produiroient la somme de quatre mille quatre cents quatre-vingt liv. ci 4480

Vingt arpents de taillis de 30 ans, avec 12 modernes & 8 anciens de quatre âges par arpent, produiroient donc annuellement la somme de dix mille neuf cents soixante livres , ci . . . . 10960l.

NOTA. Les arbres de 120 ans qui peuvent porter sept pieds de tour, ne font estimés ici que sur le pied du bois quarré ; ils valent cependant beaucoup plus lorsqu'ils font débités pour d'autres objets, comme boisseleries, lattes, merrain, &c; mais il ne faut pas oublier que, dans notre hypothèse, nous comptons toujours que le taillis est situé dans un excellent fond.

§. 14. *Récapitulation du revenu des Taillis coupés à 20 ans, à 25 & à 30 ans.*

TRENTE arpents de taillis âgés de 20 ans, avec douze baliveaux modernes & huit anciens de quatre âges par arpent, produiroient annuellement, la somme de six mille cent quatre-vingt livres, ci . . . . 6180 l.

Vingt-quatre arpents à 25 ans, avec douze baliveaux modernes & huit anciens de quatre âges par arpent, produiroient la somme de sept mille neuf cents soixante-huit livres, ci 7968

Vingt arpents à 30 ans, avec douze baliveaux modernes & huit anciens de quatre âges par arpent, produiroient la somme de dix mille neuf cents soixante livres, ci 10960

Partant vingt arpents de taillis en coupe à 30 ans, avec douze baliveaux modernes & huit anciens de quatre âges par arpent, produiroient annuellement deux mille neuf cents quatre-vingt-douze livres de plus que vingt-quatre arpents avec la même quantité d'arbres à 25 ans; & si l'on régloit à 30 ans les taillis que l'on coupe à 20 ans, le revenu par la suite seroit presque doublé.

On ne doit point craindre que le dépérissement des bois blancs puissent causer aucun dommage : on a l'expérience que les brins qui restent, profitent davantage, & dédommagent amplement de ceux qui meurent. Il y auroit plutôt lieu d'appréhender que la multitude de baliveaux de tout âge ne fît tort au taillis.

Pour régler à 30 ans six cents arpents de taillis qui auroient toujours été coupés à 20 ans, il semble d'abord que le revenu diminueroit dans les premieres années, puisqu'au lieu de 30 arpents à 20 ans, il n'y en auroit à couper que 20 à 30 ans : mais on peut soutenir le revenu sur le même pied, en abandonnant quelques arbres de plus, dont on diminueroit la quantité à mesure que le taillis augmenteroit d'âge; & pour ne point diminuer la valeur de la futaie, on réserveroit un plus grand nombre de baliveaux de l'âge du taillis; ces jeunes brins n'ayant que de foibles branches, ne donneroient pas beaucoup d'ombrage, & n'empêcheroient point le recrû du taillis, pourvu qu'ils fussent dispersés avec attention; par exemple,

40 baliveaux de l'âge, avec fix ou huit modernes & anciens, ne peuvent caufer un grand dommage, d'autant qu'à la premiere coupe, on en abattroit une trentaine, dont le prix eft de 40 ou 50 fous la piece; & l'on réferveroit le furplus de belle venue, pour compléter le nombre d'arbres qu'on fe propoferoit de laiffer par arpent : par ce moyen, & avec le bénéfice des feuilles qui augmentent chaque année le prix des taillis, on jouiroit à-peu-près du même revenu qui fe trouveroit beaucoup augmenté, lorfque les taillis auroient atteint l'âge de 30 ans.

Il y a différents moyens d'améliorer le revenu des bois, comme nous allons le faire voir dans les articles fuivants : ces moyens dépendent du terrein, de la nature des taillis, de leur fituation & du débit des lieux; mais on peut toujours affurer que c'eft une mauvaife économie de couper les bois jeunes, & qu'il y a un profit certain à les laiffer croître.

On a ci-devant démontré, qu'un taillis qui vaudroit cent vingt livres à 20 ans, monteroit à deux cents foixante-dix liv. à 30 ans, ce qui fait une augmentation de cent cinquante livres par arpent. Cette fomme divifée en dix années, produit quinze livres pour chaque feuille, parce que fi elles valent moins de vingt à vingt-cinq ans, elles valent plus de vingt-cinq, à trente ans.

Six cents arpents de taillis, dont chaque coupe à vingt ans feroit de trente arpents, produiroient pendant 30 années à cent vingt liv. par arpent, la fomme de 108000 liv.

Ces mêmes fix cents arpents de taillis, réglés pour être coupés à trente ans, chaque coupe feroit de vingt arpents, qui produiroient pendant trente années, à caufe du bénéfice des feuilles . la fomme de 117000

Partant 600 arpents de taillis coupés ordinairement à 20 ans, & réglés pour être coupés à 30 ans, produiroient pendant 30 ans, plus que fi on eût continué de les couper à 20 ans. . . . . 9000 l.

ARTICLE III. *Reſtrictions ſur la regle que nous venons d'établir.*

NOUS ne prétendons pas que ce que nous venons d'ex‹poſer dans l'article précédent puiſſe faire une regle générale: nous croyons ſeulement qu'elle eſt fort approchante du vrai, dans les bons fonds plantés en eſſence de Chêne. On ſe tromperoit beaucoup ſi l'on vouloit en faire l'application aux taillis ſitués dans les mauvais terreins, où il y auroit d'autre eſſence de bois, & dans des cantons où le bois à brûler ſeroit d'un moindre débit que celui dont on peut faire la deſtination à d'autres uſages; c'eſt pour cela que nous avons dit que, pour retirer tout le profit poſſible d'un taillis, il falloit avoir égard, 1°, à la nature du terrein; 2°, à l'eſſence du taillis; 3°, à leur ſituation & au débit le plus avantageux dans certains lieux. C'eſt ce que nous allons encore faire mieux connoître dans les paragraphes ſuivants.

§. I. *Relativement à la nature du terrein.*

NOUS avons déja dit que les Marchands s'embarraſſoient peu d'examiner, lorſqu'ils achetent un taillis, ſi le terrein doit produire du bois tendre ou du bois dur, parce que l'uſage qu'ils en veulent faire, n'exige pas une longue durée : ſi quelque choſe les intéreſſe à cet égard, c'eſt relativement aux baliveaux, & nous remettons à en parler lorſqu'il s'agira des futaies. Mais un Propriétaire eſt très-intéreſſé à régler ſes coupes de taillis ſur la nature de ſon terrein; car s'il étoit aſſez mauvais pour ne pouvoir nourrir un taillis que juſqu'à dix ans, & que paſſé ce temps il ceſſât de croître, il trouveroit ſon taillis entiérement dégradé à l'âge de trente ans; & au lieu de jouir des avantages que lui promettent les ſpéculations qui ſont rapportées dans l'article précédent, il éprouveroit une perte conſidérable.

§. 2.

§. 2. *Relativement à l'essence du Taillis.*

Tous les bois ne font pas propres aux mêmes ufages ; & quoique tous puiffent être brûlés, le Chêne, le Hêtre, le Charme, l'Erable, l'Orme ont la préférence fur les bois blancs qui font à bas prix pour cette deftination, au lieu qu'en les coupant ou plus jeunes ou plus vieux, on en peut tirer un parti avantageux. Mais pour cela il faut fe guider par les circonftances locales, qui font que dans certains pays, certaines marchandifes font plus recherchées que d'autres ; c'eft ce que nous allons faire appercevoir dans le paragraphe fuivant.

§. 3. *Relativement à la fituation & au débit qui peut être plus avantageux dans certains lieux.*

A l'égard de la fituation, fi l'on eft à portée d'une riviere navigable, on pourra trouver de l'avantage à voiturer les pieces les plus pefantes, le bois de corde, ou ce qui tiendroit beaucoup de place, comme les fagots & les bourrées ; au lieu que s'il y a une grande diftance pour rendre les marchandifes au port, on préférera de convertir le bois en charbon, qui perd, en cuifant, les $\frac{4}{7}$ de fon poids ; & dans ce cas, l'âge le plus avantageux pour abattre les taillis, eft celui où ils peuvent fournir beaucoup de corde à charbon. On prendra le même parti quand on fera dans une Province où l'on exploite des mines qui confomment une très-grande quantité de charbon. On trouvera de l'avantage à faire beaucoup de fagots aux environs des grandes routes, & dans le voifinage des fours à chaux & à briques. Si l'on eft dans une Province où l'on tanne beaucoup de cuirs, on abattroit les taillis à l'âge où leur écorce eft dans l'état requis pour ce travail : il faut pour cela que les Chênes aient 9 à 12 ou 15 pouces de circonférence.

Dans les Provinces de vignobles, on fait une grande

confommation d'échalas de brin & de cerceaux: le Châtaignier eft un des meilleurs bois pour ce dernier ufage ; enfuite le Méri-fier, puis le Chêne, puis le Bouleau, le Marfaut, le Saule : pour les petits barrils, on emploie le Coudrier ; & dans les Provin-ces Méridionales, le Laurier-Cerife ; dans ces cas il faut abat-tre les taillis plus ou moins gros, fuivant la groffeur des fu-tailles qui font d'un ufage plus familier ; car il eft évident qu'il faut des cerceaux plus grands & plus forts pour relier des pipes, que des demi-queues ou des feuillettes.

On confomme beaucoup de perches de 12 à 15 pieds de longueur dans les endroits où l'on fait du houblon, ou dans ceux où l'on cultive des vignes auffi élevées que les treilles. Dans quelques cantons on trouve un avantage à exploiter les taillis de Frêne en perches rondes & parées, pour faire des manches de balais & de houffoirs, ou des écuyers à mettre le long des efcaliers.

CHAPITRE II.

De l'eftimation des Taillis de toute grandeur.

Quand il n'eft queftion que d'apprécier un petit bouquet de bois, il eft facile d'en compter tous les arbres ; mais quand il s'agit d'une vente d'une certaine étendue, il faut en mefurer un quartier ou un demi-arpent en plufieurs cantons, qu'on choifira dans les endroits où les bois ne feront ni les plus beaux ni les plus foibles ; & fi dans une pareille vente il y a des bois de différentes coupes, on fera en particulier l'eftima-tion de chaque coupe.

Si les bois font très-bas, on eftimera, en fe promenant dans les différents cantons, la quantité de fagots qu'ils pour-ront fournir ; & en multipliant cette eftimation par le nombre de demi-arpents ou d'arpents, qui feront dans toute l'éten-due de la vente, on faura le nombre de fagots qu'elle pourra

fournir ; & comme le prix courant des fagots eſt connu, on
ſera inſtruit du prix que peut produire la vente d'un pareil taillis ; bien entendu qu'il en faut ſouſtraire le prix de l'exploitation, & prêter attention à l'eſpece de fagots qu'on aura à
vendre ; car les récépages des ſemis ou des jeunes bourgeons
qui ont été endommagés par la gelée ou par la grêle, ne peuvent fournir que des bourrées ſous le pied; & ces bourrées ne
peuvent preſque être vendues qu'aux Chaufourniers, & quelques-unes aux Tuiliers & Briquetiers : comme ces bourrées ne
ſe vendent preſque que le prix de l'exploitation, on adjuge
ordinairement ces ventes à des Payſans qui s'occupent à couper & à fagoter ces bois pendant l'hiver, lorſqu'ils n'ont point
d'autres travaux qui puiſſent leur être plus lucratifs.

Avec les taillis de 6 ou 8 pieds de hauteur, on fait de
bonnes bourrées qui ſe conſomment par les Boulangers, les
Briquetiers & les Chaufourniers.

Si les taillis ont 12 à 15 pieds de haut, on peut en tirer des
échalas de brin auxquels on donne quatre pieds & demi de
longueur ; ou ſi l'on n'en tire point d'échalas, on en fait de
bons & gros fagots garnis de gros parements : ceux - ci ſe
vendent aux Aubergiſtes, & les Tuiliers s'en ſervent pour
achever leur cuiſſon où il faut alors faire le grand feu. Ces gros
fagots doivent avoir 5 à 6 pieds de longueur, & environ 30
pouces de circonférence auprès du lien. S'il ſe rencontre dans
les taillis des cépées de Mériſier, de Coudrier, de Châtei-
gnier ou de Marſaut bien venants, & ſans beaucoup de nœuds,
on pourra en mettre à part les perches, qui ſerviront à faire
de petits cercles pour les barrils, ou bien on mettra en bottes
les perches de Coudrier & de Marſaut pour les vendre aux
Vanniers.

Les taillis de 20 à 25 pieds de hauteur peuvent produire
autre choſe que des fagots & des échalas ; ainſi il faut viſiter
avec plus d'attention les cantons qu'on a déja arpentés. Il faut
prendre dans chacun de ces cantons la hauteur & la groſſeur
de ſix pieds d'arbre ou brins différents, les joindre enſemble,
puis les diviſer par ſix; en faiſant une moyenne proportionnelle,

on connoîtra le fort ou le foible des longueurs & groffeurs
communes de tous les arbres, & on répétera cette opération
dans cinq à fix cantons différents pour voir fi les groffeurs font
à-peu-près les mêmes ; & afin d'être plus fûr fi le bois eft
par-tout également garni & peuplé, on comptera tous les
pieds des différents cantons.

ARTICLE I. *Exemple de cette opération, en mefurant
au haʒard les arbres qui fe trouvent dans un canton.*

Le premier a 9   pouces.
Le fecond a 12
Le troifieme a . . . . 8 $\frac{1}{2}$
Le quatrieme a . . . . 11 $\frac{1}{2}$
Et le cinquieme 12
                                            ____
                                             53

TOTAL 53 pouces qui, divifés par 5, donnent pour
groffeur moyenne 10 $\frac{3}{5}$ pouces.

Dans un autre canton.

Le premier . . . . 11 $\frac{1}{2}$ pouces.
Le fecond 13
Le troifieme 11
Le quatrieme . . . . 12 $\frac{1}{2}$
Le cinquieme 12
                                            ____
                                             60

TOTAL 60 pouces qui, divifés par 5, donnent pour
groffeur moyenne 12 pouces.

On mefure enfuite la hauteur des arbres, & on voit que
ceux du premier canton ont à-peu-près 20 pieds de hauteur,
& ceux du fecond 25 pieds.

On compte les arbres qui fe trouvent de cette hauteur &

grosseur dans le demi-arpent qui forme chaque lot, négligeant
tous les petits arbres mal faits qui sont sous les autres : ceux-
ci ne peuvent servir qu'à faire du fagot, & on les évalue en
gros avec la rame de ceux qu'on a mesurés.

On sait qu'il faut 450 bûches de 9 à 10 pouces de circonférence pour faire une corde, & qu'il faut 300 bûches de 12
à 13 pouces de tour pour en faire une autre; & comme les
arbres de 20 à 25 pieds de longueur peuvent fournir quatre
bûches de 3 pieds & demi de longueur, on peut compter que le
demi-arpent, dont les arbres ont dix pouces de grosseur, pourra
produire quatre cordes de bois ; & que celui dont les arbres
ont 12 à 13 pouces de grosseur, fournira six cordes : en doublant
ces produits, pour avoir celui d'un arpent, on aura 8 & 12
qu'il faut multiplier par le nombre d'arpents qui forment l'é-
tendue de la vente. Si on le suppose de 30, on aura pour le
produit 240 cordes pour la vente, dans le cas où les arbres
n'ont que 10 pouces de circonférence; & 360, lorsque les arbres ont 12 pouces de tour.

Et par une pareille opération, sachant qu'avec des arbres de
15 pouces de grosseur, il faut 200 bûches pour faire une corde,
on connoîtra que tel arpent où les arbres se trouveront de
cette grosseur, pourra fournir 18 cordes de bois, & les 3
arpents 54 cordes.

Ce n'est pas-là seulement où se réduit le profit du Marchand.

1°, Il peut dans les brins de 10 & 12 pouces de grosseur,
mettre à part les perches les plus droites, & qui ont peu de
nœuds, pour en faire des cercles ou cerceaux.

2°, Dans les bois où les arbres ont 15 pouces de circonférence, on peut destiner les plus beaux brins pour en faire des
ridelles ou des chevrons de brin pour les petits bâtiments de
campagne; quoique ces bois ne se vendent gueres plus cher
que le bois de corde, on épargne la façon du sciage par bouts
de 3 pieds & demi de longueur.

3°, Si dans ces bois de 15 pouces il se rencontre du Mérisier ou du Bouleau qui soit bien aligné & sans beaucoup de
nœuds, on en peut faire du cercle de cuves de 4 & 6 toises de

longueur; & on met en bottes l'extrémité des branches de Bouleaux pour les vendre aux faiseurs de balais.

4°, Dans tous ces taillis dont les arbres ont 10, 12 & 15 pouces de circonférence, on peut lever de l'écorce pour les Tanneurs, si c'est de l'essence de chêne : nous parlerons ailleurs du produit de cette exploitation.

5°, Les dessous de tous ces bois peuvent être débités en cotrets, que l'on entremêle de branchages refendus ; ceux que l'on vend à Paris doivent avoir deux pieds de longueur, & 17 à 18 pouces de circonférence vers les liens.

6°, On tire encore des branchages & des dessous, de la corde à charbon qu'on coupe ordinairement à 2 pieds & demi de longueur : suivant la grosseur du bois, on pourra avoir depuis un muid jusqu'à trois de charbon par chaque arpent.

7°, Si l'on ne tire pas beaucoup de cotrets & de corde à charbon, on fera de ces taillis depuis 800 fagots ou bourrées jusqu'à 1800.

8°, S'il se trouve dans un marché des baliveaux qu'il seroit permis à l'acquéreur d'abattre, le Marchand les estime à vue d'œil : par exemple, un arbre de deux toises de hauteur & de 3 pieds & demi de grosseur, doit produire un quart de corde.

Un arbre de 2 toises de hauteur & de 4 pieds de grosseur, une demi-corde.

Un arbre de 3 toises de hauteur, de 2 pieds & demi de grosseur, un quart de corde.

Un arbre de 3 toises & demi de hauteur, & de 4 pieds un tiers de grosseur, trois quarts de corde.

Un arbre de 4 toises de hauteur sur 3 pieds & demi de grosseur, trois quarts de corde.

Un de 4 toises & demi de hauteur sur 6 pieds de grosseur, deux cordes.

Un de 5 toises de hauteur & de 6 pieds de grosseur, deux cordes & demie.

Un de 6 toises de hauteur sur 7 pieds & demi de grosseur, trois cordes.

Quoique ces appréciations vagues soient bien éloignées

d'être exactes, & que souvent, à la seule inspection des arbres, les Marchands augmentent ou diminuent d'un quart de corde, elles ne laissent pas que de guider dans une estimation provisionnelle qui doit toujours être faite avec beaucoup de promptitude.

Toutes ces choses évaluées suivant le prix courant du pays, on aura une estimation assez juste des bois qu'on veut vendre ou acheter, en déduisant néanmoins les frais d'exploitation : ce point est considérable, & il mérite que nous en traitions en particulier.

Les considérations générales qui regardent cet objet, consistent à examiner ; 1°, si les chemins sont difficiles ; 2°, s'il y a loin de la vente au lieu où il faut livrer le bois, ou au port de quelque riviere navigable ; 3°, combien il en coûte de voiture, soit pour le bois de corde, soit pour le cent de pieces ou de pieds cubes ; 4°, les frais pour l'abattage, la façon de la corde, l'équarrissage ou tous autres ouvrages ; 5°, ce qu'on·donne au Garde-vente, au Garde-port ; les voyages qu'il faut faire à la vente ; 6°, la facilité du débit des marchandises : car si c'est dans un pays où les bois sont rares, les fagots, les bourrées, les ramilles, les copeaux, souches, rechocage & autres broutilles, peuvent rembourser une partie des faux frais de tous ces détails.

Article II. *De l'exploitation des Osiers.*

Les Osiers sont les plus petits des taillis : on coupe tous les ans le bourgeon de l'année. Comme pour presque tous les usages qu'on en fait, il faut que le brin de l'Osier soit droit & sans nœuds, un jet de deux ans qui auroit poussé des branches latérales, seroit moins bon que celui d'un an. La plupart des Osiers sont différentes especes de Saule : il y en a dont l'écorce est rouge ; d'autres dont l'écorce est jaune, & d'autres d'un gris verdâtre. On comprend dans les Osiers, les Peupliers noirs qu'on coupe tous les ans presque au raz-de-terre, & ces jeunes branches de Peuplier se nomment improprement *Osier blanc.*

On coupe avec la serpette les Osiers auprès de la souche, dans les mois de Février, Mars, & au commencement d'A-

vril. L'Ofier rouge qui fert aux Tonneliers, fe coupe en Février : on en forme des bottes de trois à quatre pieds de circonférence, que les Payfans s'occupent à refendre en deux ou
en trois, dans les jours où le mauvais temps ne leur permet pas
de travailler à la campagne : prefque tous les Ofiers font refendus en trois, & les Tonneliers font peu de cas de ceux
qu'on ne fend qu'en deux.

§. 1. *Maniere de fendre l'Ofier pour les Tonneliers.*

Le fendeur d'Ofier tenant la pointe dans fa bouche, coupe
le brin d'ofier environ au tiers de fa groffeur; & après avoir
féparé ces deux portions dans la longueur de quatre ou cinq
pouces, il coupe en deux la portion qui contient les deux
autres tiers de la groffeur de l'ofier, qui fe trouve ainfi féparé
en trois parties; il couche l'ofier de toute fa longueur fur une
table, (*Pl. II. Fig.* 1); il paffe entre les trois portions de cet
ofier un *fendoir*, qui eft un petit outil de bois dur, dont un
des bouts eft de la forme de trois petits coins réunis par un de
leurs côtés ; & tenant de la main gauche la portion de l'Ofier
qu'il veut féparer, & pouffant fon fendoir dans les angles que
forment les autres portions d'ofier dejà féparées, le brin fe
fe trouve fendu en trois parties.

Quand l'Ouvrier a fendu une certaine quantité d'ofier, il
les met par lots fuivant leur longueur; ceux de 5 pieds fervent pour les tonnes & futailles; ceux qui font plus courts
s'emploient pour les quarts & les barrilages: il joint enfemble
150 brins, qui eft le produit de 50 ofiers fendus en trois, pour
en former une poignée ; il en faut deux pour former une
torche, (*Pl. II. Fig.* 2) : cette efpece d'ofier fe vend à la torche
4, 5 ou 6 fous, fuivant les années.

On conferve les torches dans un lieu fec, & on fait tremper l'ofier avant de l'employer.

§. 2. *Préparation de l'Ofier pour les Vanniers.*

On coupe l'ofier pour les Vanniers dans le mois d'Avril ;
on

on en fait des bottes ou poignées d'environ 4 à 5 pieds de tour quand les ofiers ne font pas fort longs, & un peu moins à proportion qu'ils font plus longs.

On met ces bottes tremper par le gros bout dans l'eau pour qu'ils entrent en feve, comme s'ils étoient fur leur pied.

Au commencement de Mai, quand les boutons s'ouvrent, ce qui marque qu'ils font en feve, on en écorce la plus grande partie : à l'égard des ofiers qn'on veut réferver avec leur écorce pour des ouvrages communs, on ne les met point tremper dans l'eau ; on les fait fécher auffi-tôt qu'ils ont été coupés.

Pour écorcer promptement l'ofier deftiné à être vendu en blanc, on a un outil de bois *A B* (*Pl. II, Figure 3,*) qui eft fendu en deux dans la longueur d'environ un pied ; on emporte du bois dans la fente *A*, pour qu'elle bâille.

On tire de l'eau les bottes d'ofier ; on en porte un certain nombre à la maifon ; on les met dans une cave, afin qu'elles confervent leur verdure & leur feve.

Quand les femmes, qui font ordinairement ce travail, veulent écorcer l'ofier, elles en prennent une botte auprès d'elles ; elles s'affeyent, & elles placent l'outil *AB* (*Fig. 3.*) entre leurs genoux : elles pofent leur main gauche fur le bout *A* ; elles prennent de la main droite un brin d'ofier, par le petit bout, elles paffent l'outil vers le milieu entre les deux mâchoires, le defcendant dans l'angle jufqu'à ce qu'elles fentent quelque réfiftance, qu'elles augmentent en rapprochant de la main gauche les deux branches de l'outil *A B* ; alors elles tirent à elles l'ofier qu'elles tiennent de leur main droite, & l'écorce qui n'eft point adhérente au bois fe détache aifément : elles prennent dans la même main le gros bout qu'elles viennent d'écorcer ; elles le paffent entre les deux mâchoires de l'outil ; & en les ferrant un peu l'un contre l'autre avec la main gauche, elles tirent à elles l'ofier, qui alors fe trouve entiérement écorcé, & elles le jettent à côté d'elles ; des enfants prennent enfuite les ofiers écorcés, & ils les dreffent le long d'un mur au foleil, pour les faire fécher promptement.

B b

Quand les osiers sont secs, on les assortit de longueur, &
on en forme des *poignées* : les gros osiers se vendent au compte,
& les petits au poids ; on les conserve dans des lieux secs.
La botte ou gerbe d'osier blanc, de 4 à 5 pieds de tour vers
le lien, se vend 50 à 55 sous, ou à la livre, deux sous & demi
ou environ.

On donne 4 sous pour écorcer une douzaine de bottes : c'est
tout ce que peut faire une habile ouvriere dans sa journée.

Nous ne parlons point du prix de la coupe de l'osier, parce
qu'elle se fait ou par le propriétaire, ou à la journée.

L'osier pour les Jardiniers & les Vignerons se coupe pendant l'hiver : on le fait sécher, & on le conserve en bottes
avec son écorce.

Article III. *Travail de l'Abatteur & Bûcheron.*

Ce sont les Bûcherons qui sont chargés d'abattre les arbres,
de les ébrancher, de les débiter en corde, soit pour faire du
charbon, soit pour du bois à brûler de rondins ou de fente ; ils
sont tenus de corder le bois, parce qu'on les paye à tant la
corde. Souvent ce sont aussi les mêmes Ouvriers qui font les
cotrets, les fagots & les bourrées.

Ils commencent par abattre les arbres dans une certaine
étendue de terrein, allant toujours devant eux, ce qu'ils nomment faire une *Orne* : il leur est défendu par l'Ordonnance de
les abattre à la serpe ; il faut qu'ils se servent de la coignée,
(*Pl. III. Fig. 1.*) parce que cet outil coupe plus près de terre
que la serpe, qui d'ailleurs est plus sujette à éclater la souche
que la coignée. Ils ont l'attention que les arbres qu'ils abattent, tombent, autant qu'il est possible, les uns sur les autres,
afin de ne pas embarrasser le bois qui n'est pas abattu, & ils
doivent avoir grand soin de ne pas endommager les baliveaux, & de ne pas encrouer les arbres des ventes voisines,
ce qui n'est pas aussi difficile pour les taillis que pour les futaies : j'en parlerai dans la suite.

Quand ils ont abattu une certaine quantité de bois, ils le

débitent en corde; fi c'eft pour du charbon, on le coupe en
l'air avec la ferpe; fi le brin eft menu, un feul coup fuffit
pour le couper; s'il eft plus gros, on le coupe de deux coups
de ferpe donnés fur les faces oppofées, ce qui forme une
gueule à un bout & un coin à l'autre; c'eft ce bout qu'on nomme *la Coupe.* Le bois débité pour la corde à charbon fe mefure
entre la gueule & la coupe; il doit avoir 2 pieds & demi
ou 3 pieds de longueur.

Comme cette petite corde fe débite fort vîte, on ne donne
que 12 à 18 fols pour abattre le bois & la former.

Le gros bois fe débite à la fcie; ainfi, quand les arbres font
abattus, on les ébranche avec la coignée (*Pl. III, Fig.* 2); &
c'eft dans cette opération que l'intelligence du Bûcheron peut
être utile ou défavantageufe au Marchand; car il doit toujours
avoir préfent à l'efprit de tirer d'un arbre tout le parti poffible:
la groffe corde étant plus avantageufe au Marchand que la
corde à charbon, le cotret & le fagot, il fait tort au Marchand
quand il ne tire que trois bûches d'un arbre qui en peut fournir quatre, foit dans fon tronc, foit dans fes branches; il doit
encore, s'il fe trouve de fauffes coupes, les ménager & les
refendre pour en faire des cotrets, ou du charbon.

A mefure qu'il ébranche les arbres, il met la rame auprès
de lui par tas (*Pl. III. Fig.* 3.), où elle refte jufqu'à ce qu'il
l'exploite, foit en corde à charbon, foit en cotrets, en fagots,
& enfin en bourrées.

Après que les corps d'arbres ont été ébranchés, deux Bûcherons les coupent avec le paffe-par-tout, & le mettent de
longueur fuivant l'ufage des différents pays; pour Paris, ce
doit être de 3 pieds & demi de long; plufieurs Marchands re-
commandent à leurs Bûcherons de donner un pouce ou deux
de plus, afin d'être plutôt au-deffus de la mefure qu'au-deffous.
La plupart des Bûcherons, pour débiter le bois en bûches, fe
contentent de mettre l'arbre qu'ils veulent fcier en travers fur
d'autres arbres; d'autres les placent fur un chevalet. (Voy.
Pl. III. Fig. 4.)

Quand les bûches font fciées, fi elles n'excedent pas 15 à

20 pouces de grosseur, on les corde en cet état ; mais si elles
sont plus grosses, on les fend en deux ou en quatre, avec des
coins de fer que l'on chasse à coups de grosses masses de
bois, & ces quartiers sont mis en corde comme les rondins.

C'est en refendant le bois pour faire de la corde, qu'on
trouve dans le Chêne, quand il est sain & de belle fente, des
raies pour les roues ; & comme les raies ne doivent avoir
que 2 pieds 6 à 9 pouces de longueur, lorsqu'un arbre est trop
court pour fournir quatre bûches, on tire quelquefois vers le
pied une bille de deux pieds & demi, qu'on refend en deux
ou en quatre, pour en faire quatre raies. Les billes doivent
avoir 8, 10 ou 12 pouces de diametre : on les fend en 2 ou
en 4, on les vend au cent, & on donne au Bûcheron 10 à 11
sous du cent pour abattre, scier & fendre; mais un Marchand
qui feroit beaucoup de raies, diminueroit la valeur de son
bois de corde, & entendroit mal ses intérêts, parce que la
vente des raies est toujours un petit objet en comparaison de
celle du bois de corde ; au reste, comme les raies ne se peuvent prendre que dans les baliveaux, leur exploitation regarde
plutôt les futaies que les taillis. Les Charrons tirent 3 ou 4
raies de chaque morceau fendu en 2 ou en 4 : on tient les
bûches pour les raies plus grosses quand elles ont beaucoup
d'aubier que quand elles en ont peu.

Il n'y a gueres de forêts où l'on n'ait affecté une mesure pour
la longueur du bois de corde ; mais, comme je l'ai dit, celui
destiné pour l'approvisionnement de Paris, doit être coupé
avec la scie à 3 pieds & demi de longueur & des grosseurs suivantes ; savoir :

Les bois de moule, de 18 pouces au moins de grosseur ; les
bois de corde, rondins ou de quartier, de 18 pouces au moins
de grosseur; & les bois taillis, de six pouces : les fagots, de 3
pieds & demi de longueur sur 18 pouces de grosseur auprès du
lien, garnis de leur parement, remplis en dedans de menu bois
& non de feuilles : les cotrets de quartier ou de taillis doivent avoir 2 pieds de long sur 18 pouces de grosseur : ainsi les
menus bois au-dessous de six pouces doivent être convertis

en charbon, cotrets, fagots ou bourrées : on peut encore les employer à lier & façonner les trains.

A Orléans, on n'achete point le bois à brûler à la corde : le gros bois fcié par les deux bouts, fe vend *à la coche*; telle bûche ne porte que deux coches; & telle autre, quatre ou cinq; c'eft le Bûcheron qui décide du nombre de coches qu'il doit faire fur chaque bûche. Tout le bois taillis fe vend dans la Ville, en cotrets liés de deux liens, comme le font les falourdes de Paris.

La mefure des cordes n'eft point uniforme par tout; cependant l'Ordonnance l'a fixée à 4 pieds de hauteur fur 8 pieds de longueur: ainfi une corde compofée de bois de 3 pieds & demi de longueur, forme un folide de 112 pieds cubes : comme il n'eft pas poffible d'entrer dans l'énumération des mefures qui font en ufage dans différentes forêts, nous ne compterons que fur celle qui eft fixée par l'Ordonnance; & il eft bon que les Bûcherons fachent que fi la groffeur des bûches eft de 18 à 20 pouces, il en faudra 116 pour faire une corde; que fi les bûches font de groffeur inégale, depuis 12 jufqu'à 17 pouces, il en faudra environ 240 pour faire une corde; fi leur groffeur eft de 6 à 11 pouces, il faudra environ 400 bûches pour faire une corde; fi ce font des bois taillis depuis 6 pouces de groffeur jufqu'à 9, il faudra environ 800 bûches pour faire une corde.

§. I. *Maniere de ranger le bois abattu par cordes.*

CORDER le bois, c'eft l'arranger en piles de la forme d'un parallélipipede ou quarré long, en couchant les bâtons les uns fur les autres. (Voy. *Pl. III. Fig. 5.*) La longueur de ces piles doit être de 8 pieds, leur hauteur de 4 pieds, & leur largeur eft fixée par la longueur des bûches qui doit être, comme nous l'avons dit, pour Paris de 3 pieds & demi.

Pour fixer la longueur d'une corde de bois, on choifit un terrein uni, & où il n'y ait point de fouches. On enfonce en terre à coups de maffe & à la profondeur d'un pied, deux forts piquets efpacés exactement à 8 pieds l'un de l'autre ; il faut que les piquets excedent le terrein de quatre pieds ; & afin qu'ils ne puiffent être renverfés par la charge du bois, on les arcboute en dehors avec des pieces de bois inclinées, fichées en terre, & qui par leur bout d'en haut, ont une gueule ou une fourche qui embraffe le piquet montant.

Il eft évident qu'en rempliffant de bûches l'entre-deux des deux piquets & jufqu'au haut, on a une pile de 8 pieds de longueur fur quatre de hauteur : alors on dit que la corde eft levée, & on couche par-deffus un morceau de bois qui croife les autres à angle droit, ce qui marque que la corde eft dans fon état de perfection (*).

Nous avons déja dit que c'étoient les mêmes Bûcherons qui abattoient le bois, qui l'ébranchoient, le coupoient de longueur, foit avec la ferpe, foit avec le paffe-par-tout, qui fendoient les bûches trop groffes, & levoient les cordes : tout ce travail leur eft payé fur le pied de 15 à 18 fous par corde de taillis, & depuis 24 jufqu'à 28 fous pour celle de bois fcié ou fendu : il n'y a que certaines pieces de bois trop rem-plies de nœuds que les Bûcherons mettent à part, parce qu'elles leur donneroient trop de peine à fcier & à fendre : les Marchands font une convention particuliere avec les Bû-cherons pour travailler féparément ces pieces de bois que l'on nomme *Régale* ; parce qu'en régalant les bois mal abat-tus, on fe procure de pareilles fouches.

On voit par ce que nous venons de dire que le Marchand eft intéreffé à ce que fon bois foit bien cordé : c'eft pour cela qu'il vérifie la mefure de toutes les cordes levées ; mais il ne doit pas exiger précifément qu'elles aient la hauteur de 4 pieds, parce que, comme elles font formées avec du bois verd, les bûches fe retirent fur leur diametre en fe féchant, & la hauteur des cordes en eft diminuée d'autant.

(*) L'anneau de fer dont on fe fert à Paris pour mefurer le bois de moule, doit avoir 6 pieds 8 pouces de circonférence : trois de ces anneaux compofent une voie : la voie, fuivant l'ufage de Paris, eft me-furée dans une Membrure qui a 4 pieds de largeur de dedans en dedans fur pareille hauteur.

Le Marchand ne doit point permettre que les Bûcherons mettent dans les cordes des morceaux de bois trop courbes, parce qu'ils font de grands vuides, ni deux petits morceaux de bois aux parements des cordes, qui laiffent un vuide au milieu; outre que les acquéreurs feroient trompés lorfqu'ils acheteroient le bois cordé dans la vente, le Marchand feroit une perte confidérable lorfqu'il livreroit fon bois à Paris, parce que les Officiers des Ports veillent à ce qu'on ne commette pas ces fraudes qui retombent fur le Marchand.

Quand ce bois doit être voituré au Port, le Marchand vifite fes cordes; & il fait ôter un des pieux des bouts, pour faire connoître que la mefure de la corde a été trouvée bonne.

On corde une feconde fois le bois fur les Ports pour en payer la voiture & l'emplacement; mais on ne divife point les cordes fuivant l'ufage: les piles doivent avoir 8 pieds de hauteur fur 15 de longueur; chaque pile contient un peu plus de 22 cordes.

On peut corder toute efpece de bois, Tremble, Bouleau, &c, mais ils ne fe vendent que comme bois blanc: il eft défendu à Paris de mêler avec le Chêne, le Hêtre, l'Orme, le Charme, &c, plus d'un tiers de bois blanc dans les cordes.

Les Bûcherons, en travaillant le bois de corde, doivent mettre à part certaines pieces de bois qui peuvent fe vendre plus avantageufement que le bois à brûler : telles font les ages *A B* (*Pl. III. Fig. 6.*) pour les charrues. On prend ces pieces au pied des arbres, parce qu'elles doivent avoir une courbure depuis *C* jufqu'à *B* : cette courbure & les dimenfions de ces pieces varient fuivant la forme des charrues qui font en ufage dans les différentes Provinces : dans la Beauce, les ages ont environ 4 pouces de diametre à l'ancondure *C*, & 3 pouces à la pointe *A* : on les paye au Bûcheron 50 fous le cent.

On doit encore ménager des manches *A B C D* (*Fig. 7.*) qui font encore plus rares à trouver; leur longueur *A B* vers la tête, doit être de 18 pouces; la longueur des manches *C A DA*, doit être de 2 pieds & demi; la tête *B A* doit avoir 7 à

8 pouces de diametre, & la groffeur de ces manches ou cornes *C D*, doit être de 2 pouces & demi. On paye le Bûcheron à raifon de 50 fous du cent de manches. Leur forme varie fuivant les différentes Provinces : on fait ces pieces de Chêne, d'Orme & de Frêne.

§. 2. *Travail des Fagoteurs.*

CE font les mêmes Bûcherons qui mettent en œuvre les rames ou branches qui ne peuvent fournir du bois de corde ; ils fe conforment à cet égard à l'intention du Marchand qui les emploie. Ils en débitent le plus qu'ils peuvent pour faire du charbon ou des cotrets, des fagots ou des bourrées, & encore de petites bourrées avec les ramilles qui croiffent fous les arbres ; bien entendu que quand on tire beaucoup de corde à charbon, ou de cotrets, les fagots en font moins bons.

La corde à charbon differe de celle du bois à brûler, en ce que les bûches font menues & qu'elles n'ont, comme nous l'avons déja dit, que deux pieds & demi, ou au plus trois pieds de longueur : ce bois fe débite à la ferpe ainfi que les cotrets : les bâtons de ceux-ci ne doivent avoir que deux pieds de longueur.

Le Bûcheron prend de la main gauche, les uns après les autres, les rames qu'il a mifes en tas ; il les coupe avec la ferpe, qu'il tient de la main droite, & met de longueur, ce qui fe trouve affez gros pour faire du charbon ou du cotret, dont il fait des tas féparés ; favoir : 1°, la rame qui doit fervir pour les fagots (*Pl. IV, Fig. 3*) ; 2°, les morceaux de bois dont on doit faire le charbon (*Fig. 4*) ; enfin ceux qui peuvent faire des cotrets (*Fig. 5*). Quand la rame a été ainfi démêlée, il met en corde le bois pour le charbon ; cette portion lui eft payée à la corde, comme nous l'avons dit ci-deffus.

Le Bûcheron conftruit un petit attelier pour faire les cotrets : il eft formé par deux chevrons *b b, c c*, affemblés à mi-bois & en croix, en maniere de chevres à fcier le bois (Voy. *Fig. 6*). Ces deux croifées font jointes l'une à l'autre par des traverfes

d,

d, fur l'une defquelles s'éleve un crochet *a*; les fourches *c, c* de la chevre font de telle longueur, que quand elles font remplies de bois, elles donnent la groffeur du cotret (*Fig.* 7); mais pour plus grande précifion, il y a une corde ou une chaîne qui eft précifément de la longueur que doit avoir le tour du cotret (18 pouces); c'eft auffi de cette façon qu'on fait à Paris les falourdes, avec du bois flotté.

L'intervalle d'une fourche à l'autre doit être pour les cotrets d'un pied & demi. Le Bûcheron arrange fes petits morceaux de bois dans les angles que forment ces deux fourches. (voy. *Fig.* 7); s'il s'en préfente fous la main de trop gros, il les fend en deux ou en quatre avec fa ferpe ou fa coignée, & il les arrange le plus réguliérement qu'il peut, mettant en parement les plus beaux & les plus droits : quand les fourches de fon attelier font remplies, il ferre les bâtons avec une corde, comme nous le dirons en parlant des fagots, & il lie le cotret de deux hares tout auprès des fourches : la façon d'un cent de cotrets fe paye autant que celle d'une corde de bois.

Les meilleurs cotrets font ordinairement faits de Hêtre & de Chêne ; on y fait cependant entrer toute forte de bois.

Nous avons déja dit qu'on fait à Paris avec les bûches de bois flotté, des efpeces de gros cotrets qu'on affujettit avec deux liens d'ofier ; chacune de ces falourdes eft compofée de quatre ou cinq bûches ; le tout doit avoir 26 pouces de groffeur : on en fait encore avec du menu bois ; celles-ci doivent porter 36 pouces de tour. Ces falourdes fe font fur un attelier formé comme celui pour les cotrets, & on les lie de deux liens d'ofier.

Pour faire les fagots, il faut auffi un attelier (*Fig.* 8); mais il eft formé d'une croifée de deux chevrons *a b*, *c d*, affemblés vers leur milieu à mi-bois, & affujettis par une forte cheville *e*.

Sur un de ces chevrons *c d*, s'élevent deux fourches ou cornes *f*, *g*, affez longues pour contenir les rames qui doivent compofer un fagot ; on les écarte plus ou moins l'une de l'autre fuivant la longueur des fagots ; une des ces fourches *g* qui a les fourchons plus longs que l'autre, doit recevoir l'extrémité des rames, & c'eſt dans la plus courte *f* qu'on place le bout oppoſé de la rame. Comme les fagots qu'on vend à Paris ſont petits, & qu'ils n'ont que 3 pieds & demi de longueur, on ne met que 15 pouces d'intervalle d'une corne à l'autre; mais dans les endroits où les fagots portent ſix pieds & plus de longueur, on met 2 pieds & demi ou 3 pieds d'intervalle entre les cornes.

Sur le chevron *a b* qui croiſe celui qui porte les cornes, on y fait entrer à force deux crochets *h, i.*

Le Fagoteur poſe au fond des cornes, un morceau de bois de groſſeur à faire de la corde à charbon, qui porte la longueur que doit avoir le fagot; puis il poſe une belle rame; ſi les branches de cette rame s'écartent beaucoup du brin du milieu, il donne adroitement un petit coup de ſerpe qui ne coupe que la moitié du bois; & en appuyant de ſa ſerpe ſur le bout de cette branche, il la plie & la rapproche aiſément du brin du milieu: cette rame poſée dans les cornes de l'attelier fait le parement de deſſous du fagot; enſuite il en prépare deux pareilles qu'il place ſur les côtés, & avec quatre, cinq ou ſix autres pareilles branches, il forme une eſpece de berceau qu'il remplit de menu bois (*Fig.* 10), pour en faire l'ame, qu'il recouvre de deux ou trois branches de parement: le Fagoteur a l'attention de fourrer le bout des rames du deſſus dans les crochets des rames du deſſous, afin que le bas du fagot ne s'évaſe point; alors il ne reſte plus pour achever le fagot, qu'à ſerrer par le milieu toutes les rames, pour y mettre le lien ou la hare.

Comme aſſez ſouvent les rames ſont trop menues; pour empêcher que le fagot ne ſe plie quand on vient à le lier, on commence par mettre au fond des fourches une perche aſſez forte, & on arrange deſſus les rames, comme je l'ai dit ci-deſſus.

La hare eſt un jeune bourgeon ou baguette verte de Chêne, ou de Charme, ou de Coudrier, ou de Peuplier, ou de Saule, ou de Marſau, &c, longue d'environ 3 pieds & demi, & de la groſſeur du doigt vers le gros bout (Voy. *Fig.*11). Le Fagoteur tord le bois à un pied du gros bout: il couvre de copeaux les hares qu'il a préparées, afin qu'elles ne ſe deſſechent point.

Avant de lier le fagot avec la hare, il faut ferrer fortement les unes contre les autres, les rames auprès de l'endroit où doit être placée la hare.

Pour ferrer fortement le fagot, on a deux leviers ou bâtons *kk, ll* (*Fig.* 12), gros comme le bras & d'environ deux pieds & demi de longueur, une chaîne de deux pieds quatre ou cinq pouces où un bout de corde est fermement assujettie par cha- cun de ses bouts au milieu de chacun des deux bâtons (*fig.* 12).

Le Fagoteur prend de chaque main un de ces bâtons ; il place celui *k k*, qu'il tient de sa main gauche, de façon qu'un des bouts pose au-dessous du fagot, & que l'autre soit passé dans le crochet de l'attelier *h* (*Fig.* 8) qui lui est opposé ; le milieu de la corde enveloppe le fagot, & il place le second bâton *ll* qu'il tient de sa main droite, de façon qu'un de ses bouts porte sous le fagot; alors appuyant avec ses deux mains sur ce second bâton *ll*, il le force de passer dans le crochet *i* (*Fig.* 8) de l'attelier qui est de son côté, ce qui fait rappro- cher toutes les rames, & les presse les unes contre les autres au moyen de la corde ou chaîne : la *Figure* 13 représente la coupe d'un fagot au ras de la chaîne, pour faire mieux voir comment elle entoure les rames, & la disposition des leviers à l'égard des crochets. Le Fagoteur prend ensuite la hare, il en entoure le fagot, il tortille la partie du gros bout de cette hare autour du petit bout ; il tourne ensuite le gros bout autour d'un centre formé par le petit bout; les fibres longitudinales de la hare y font une tête, & en passant le gros bout entre les brins de fagot, les rames se trouvent liées très-solidement ; après quoi il ôte la corde, & avec sa serpe, il pare le fagot, en cou- pant tous les brins qui s'étendent de côté & d'autre : les ra- milles (*Fig.* 10) qu'il a retranchées, servent à faire l'ame d'un autre fagot.

On arrange, les uns sur les autres, les fagots par quarterons (*Fig.* 14) : le cent se paye au Bûcheron autant qu'une corde de bois.

On fait des fagots avec toute sorte de bois ; ceux de Chêne, de Hêtre & de Charme sont plus estimés que ceux de bois blancs ; ceux d'Epine-blanche font auſſi très-bons ; mais on a de la peine à les introduire dans les fours des Boulangers & des Pâtiſſiers à cauſe de leurs épines ; à l'égard des fagots de Chêne & de charme, il eſt bon de ne les façonner que pendant le Printemps, parce que les rames ne quittent leurs feuilles que dans cette ſaiſon, & que quand elles ont encore leurs feuilles, l'uſage de ces fagots eſt très-dangereux pour le feu ; les feuilles qui s'enflamment toutes à la fois, font une exploſion qu'on peut comparer à celle de la poudre à canon ; la flamme chaſſée bien loin hors de la bouche du four, bleſſe quelquefois les Boulangers, & peut mettre le feu aux planchers.

Les bourrées ſe font ſur le même attelier que les fagots ; dont elles ne different qu'en ce que leurs parements ſont moins gros, & les rames moins longues.

Les petites bourrées ſe font ſous le pied, ou, comme on dit, *ſous le ſabot* ; elles ſont compoſées des ramilles trop courtes pour être contenues dans l'attelier : on les embraſſe avec la hare ; & en les comprimant avec le ſabot, on les ſerre le plus qu'il eſt poſſible, mais elles le ſont toujours beaucoup moins que celles qui ſont faites à l'attelier. Comme les bourrées ſont de peu de valeur, ce ſont ordinairement les Payſans qui achetent les ramilles, & qui les façonnent pour les vendre enſuite aux Chaufourniers ou aux pauvres gens qui en chauffent leur four.

Dans les Provinces où le bois eſt rare, on ſeme dans de bonnes terres de l'ajonc ou jonc marin ; cette plante s'éleve juſqu'à ſix pieds de hauteur, & on en forme des bourrées ſous le pied qui ſont d'un bon débit : les pauvres gens en font auſſi avec le Genêt, la Brande & la Bruyere.

Dans un temps de guerre, on charge quelquefois les Communautés de fournir des paliſſades, des faſcines, des ſauciſſons, &c, pour le ſervice de l'armée. Quoique ce travail ſe faſſe le plus ſouvent par les ſoldats, je crois qu'il n'eſt pas hors de mon ſujet d'en parler dans le paragraphe ſuivant, que j'ai fait ſur les Mémoires que M. de Fourcroy, Colonel dans le Génie, m'a fournis.

§. 3. *Des Bois que l'on fait couper dans les forêts pour le service des Armées.*

LES armées en campagne, outre leur chauffage, font souvent dans le cas de retrancher des postes, ou de se baraquer à l'arriere saifon, ou de faire des sieges ou des attaques méthodiques. Il faut, pour tous ces usages, quantité de matériaux que l'on va couper dans les forêts les plus à portée des lieux où l'on doit les employer. Ces expéditions font la ruine des forêts ; sur-tout quand on fait couper le bois par des soldats de corvée, qui semblent prendre plaisir à y causer plus de dégradation que le besoin n'en exige.

Ces matériaux consistent en palissades, ou bois de charpente & en menus bois ; savoir, fascines, fagots de hares, piquets & bois de blindes : ces menus bois, après avoir été tirés des forêts, se fabriquent en fascines à tracer, fascines reliées, saucissons, gabions, fagots de sappe, blindes, chandeliers & brancards.

Une coupe de palissades, ou bois de charpente pour une armée, ne peut que mettre un désordre considérable dans une futaie, si l'on considere ce qui se passe dans nos propres forêts en temps de paix, lorsque le Roi ordonne les fournitures de bois nécessaires à nos places de guerre, qui en exigent une grande quantité. Sans entrer dans le détail de tous ces bois, arrêtons-nous seulement à l'article des palissades qui doivent être triangulaires, de vingt à vingt-deux pouces de pourtour, sur six, huit & douze pieds de longueur.

Il est évident que toutes sortes d'arbres ne font pas propres à cet usage. Un arbre ou une bille de 8 pouces de diametre, sans l'écorce, ne pourroit être refendue qu'en deux palissades ; ce seroit sacrifier les brins les plus précieux d'une forêt pour faire peu d'ouvrage : une bille de onze pouces refendue en quatre, fourniroit des palissades difficiles à cheviller sur les liteaux, & trop étroites ; il en entreroit jusqu'à neuf par toise courante : en un mot, un arbre de quatorze à quinze pouces de diametre sans l'écorce, refendu en huit, est ce qui convient le mieux & au service & à l'économie; car un plus gros, comme de seize à dix-sept pouces, refendu en douze, donneroit des palissades trop minces & de mauvais usage.

Le Roi impose ordinairement la fourniture de ces palissa-des sur les bois de Gens de Main-morte ; & les Communautés des environs de chaque Place sont obligées de les façonner à la corvée, & de les transporter à leurs frais jusques dans les magasins. Il se présente alors toutes sortes d'inconvéniens de la part des Officiers des Maîtrises, & de celle des Particu-liers qui doivent façonner ces bois.

Les Officiers des Maîtrises, mal ou point instruits du choix convenable de ces corps d'arbres, marquent, & font couper indifféremment de trop gros ou de trop petits arbres ; d'autres noueux, tortueux & viciés, qui ne peuvent jamais se débiter, ni se refendre convenablement.

Les gens des Communautés qui viennent ensuite pour les fabriquer, & qui sont avertis des dimensions, sans lesquelles les palissades ne seront pas reçues, laissent là tous les corps d'arbres coupés mal-à-propos, & ne débitent que ceux qui sont propres à leur objet, ce qui ne fait quelquefois pas la di-xieme partie du bois abattu. Ainsi tout le dommage d'une fo-rêt ne vient pas d'en avoir tiré les palissades, mais ordinaire-ment du défaut de précaution en les coupant, & parce qu'on y a détruit, sans discernement, beaucoup de bois d'espérance, trop petit, ou des bois trop gros & propres à la charpente.

Souvent encore on fait ces coupes dans les parties les plus commodes pour les accès, & à portée des routes & chemins; ensorte qu'un canton se trouve ruiné : au lieu que si le choix étoit réparti sur toute une forêt, il n'y paroîtroit peut-être pas.

Enfin, l'on attend presque toujours au moment pressant d'une guerre ouverte, pour ordonner ces sortes d'approvisionne-ments, qui se font par conséquent avec une précipitation très-capable d'augmenter le désordre, & de ruiner d'autant plus les Communautés voisines.

Que l'on juge par-là de ce qui se passe dans une forêt de pays conquis, où l'on envoie le soldat sans aucune police, pour y couper du bois de charpente ou des palissades : on peut dire qu'une pareille forêt sera détruite sans ressource, & que ce tort sera irréparable pour le canton: souvent les ennemis sont plus économes de notre propre bien que nous-mêmes.

Voici le détail des menus bois qui se tirent des taillis pour les besoins du service.

Les fascines doivent être composées de toutes sortes de jeunes bois, de deux à quatre pouces de tour par le bas, sur six, & jusqu'à dix & onze pieds de longueur, assemblés en fagots de vingt-six à trente pouces de tour au gros bout, liés de hares de deux en deux pieds sur la longueur.

Pour un siége de conséquence, comme étoit celui de Fribourg en 1744, il n'en fallut pas moins de 250 mille avant l'ouverture de la tranchée, & peut-être encore autant pendant le cours du siege.

Les fagots de hares doivent être composés de jeune bois propre à être tort sans se casser, de un à deux pouces de tour au gros bout, sur six, & jusqu'à dix & onze pieds de longueur, assemblés & liés en fagots comme les fascines. On demanda à Fribourg 10 mille de ces fagots avant de commencer le siege.

Les piquets se coupent de 3, de $4\frac{1}{2}$ & de 6 pieds de longueur : les premiers de 5 à 6 pouces de tour, & les autres plus gros à proportion. Il en faut trois par fascine ; ensorte qu'on en demanda à Fribourg 250 milliers d'avance de chaque longueur, avant l'ouverture de la tranchée.

Les bois de blindes sont de quatre à cinq pouces de diametre, moitié de neuf pieds de longueur, & moitié de cinq pieds.

Tous ces bois sont coupés par le soldat à la corvée, & assez mal liés avec des hares ; ils se transportent de même à la tête des camps, & de-là aux dépôts des travaux, où s'établissent les atteliers qui doivent les façonner, comme il suit.

La fascine à tracer doit avoir six pieds de long sur 12 à 13 pouces de tour. Elle eft compofée d'un ou de deux bons brins qui la foutiennent d'un bout à l'autre, garnie dans toute fa longueur d'autres menues branches avec leurs feuilles, & reliée ferme de cinq hares, c'eft-à-dire, de pied en pied: un homme en fait environ quinze en dix heures de travail, quand le bois eft fous fa main, & qu'on les lui paye un fou la piece.

La fafcine reliée eft de même longueur, & de 24 pouces de tour. Les brins de bois doivent y être bien arrangés ; les gros & les petits bouts pofés alternativement les uns fur les autres: elle fert à garnir les parapets, banquettes, cavaliers de tranchées, paffages de foffés, &c. Un homme peut en relier au moins dix en dix heures de travail ; on les paye 1 fou 6 den. la piece.

Les fauciffons fervent à revêtir les batteries de l'Artillerie, & tout ouvrage de terre auquel on veut donner affez de folidité pour durer plus que le temps d'une campagne.

L'Artillerie a jugé à propos depuis quelques années de donner aux fauciffons un pied de diametre. Anciennement, on ne leur donnoit que huit pouces ; & le Génie ne les fait jamais conftruire plus gros pour le revêtement des ouvrages.

Le fauciffon eft un fagot de bois verd, & garni de feuilles, d'environ vingt pieds de longueur, qui ne fe comptent que pour trois toifes ; il eft compofé de brins bien également arrangés, pour lui donner un même diametre dans toute fa longueur, fortement ferré & relié de neuf en neuf pouces fur toute fa longueur avec d'excellentes hares.

Pour conftruire un fauciffon, l'Artillerie emploie un attelier de quatre hommes, qui dreffent une efpece de forme compofée de cinq chevalets *a* (*Pl. IV. Fig.* 15), chacun de deux piquets croifés, chaffés obliquement en terre de fix à huit pouces, & liés dans leur rencontre avec un bout de corde ou de meche : chaque piquet eft de cinq pieds de longueur, & de huit à neuf pouces de tour au gros bout.

On peut faire un attelier plus folide, comme le repréfente la *Fig.* 17.

Lorfque le bois eft rangé fur cette forme, deux Canonniers

le

le faisissent avec une corde qui en fait le tour, dans les deux bouts de laquelle ils passent chacun un levier au moyen d'une boucle qu'ils y ont faite ; en serrant ainsi le fagot de toute leur force, pour le réduire à son diametre, un troisieme Canonnier le lie d'une forte hare, dont il engage le bout sous la hare précédente, ensorte que rien ne puisse s'ébranler ni se défaire.

La hare se place comme aux fagots, avec cette différence, qu'on n'arrête point les leviers à des crochets, parce que deux Canonniers tiennent bon jusqu'à ce que la hare soit mise en place.

Un fauciffon de 20 pieds & de 12 pouces de diametre, consomme six fascines. Quatre hommes employés à leur tâche & payés à 10 sous le fauciffon, en font six à sept en dix heures de travail, pourvu qu'ils aient les fascines à leur portée, & les hares en paquets séparés.

Les fauciffons de huit pouces pour le génie, ne consomment qu'une fascine par toise courante, le déchet compris.

Le gabion est un panier cylindrique ouvert par ses deux fonds, qui sert à contenir les premieres terres que l'on tire d'une tranchée, pour en former promptement un épaulement du côté de l'ennemi. Lorsque l'on fait une tranchée sans gabions, les terres, à mesure qu'on les jette sur le bord, y prennent naturellement un grand talut ou une grande base qui en exige une certaine quantité, avant de s'élever & de couvrir ceux qui sont derriere. Les gabions au contraire reçoivent ces premieres terres, les empêchent de s'étendre, & en forment en peu de temps une masse plus élevée que large, qui dérobe les travailleurs aux vues de la Place.

Le gabion est formé de neuf piquets de trente pouces de long, & d'environ quatre pouces de tour au gros bout, que l'on enfonce de trois pouces en terre, sur la circonférence d'un cercle de vingt pouces de diametre que l'on y trace. On clayonne ces piquets sur vingt-quatre pouces de hauteur avec trente à trente-cinq brins de jeune bois, tel que celui des hares, bien entrelacés & serrés l'un contre l'autre ; on laisse deux à trois pouces de tête à ces piquets. On en demanda

D d

20 mille à Fribourg, avant l'ouverture de la tranchée.

Deux hommes payés à cinq fous par gabion, en font fix à fept en dix heures de travail. Il faut une fafcine pour chaque gabion, déchet compris, outre les piquets.

On fait auffi de plus grands gabions pour l'ufage de l'artillerie, & pour les remparts des Places.

Deux gabions de forme cylindrique, pofés l'un près de l'autre, laiffent néceffairement entr'eux un intervalle qui n'eft pas rempli de terre. Pour y fuppléer, lorfqu'on eft près de la Place, on garnit cet intervalle d'un petit fagot de fappe fait de rondins, pofé debout contre les deux gabions jointifs, & affujetti à fon centre par un piquet, que l'on enfonce de huit à dix pouces en terre.

Le fagot de fappe eft une efpece de cotret compofé de petits rondins bien droits de deux pouces de groffeur, bien arrangés, ferrés de deux fortes hares, & coupés jufte à 30 pouces de longueur fur 8 à 9 pouces de diametre, ayant au centre un piquet de même groffeur, & de 40 pouces de long, débordant de 8 à 10 pouces par fa pointe. On en demanda un mille d'avance à Fribourg.

Les claies fervent à coucher fur la terre, foit pour établir féchement les magafins, foit pour entretenir le paffage des tranchées après les pluies. Elles fervent encore à former le ciel des galeries de fappes que l'on veut couvrir, en les chargeant de fafcines : il faut pour tous ces ufages qu'elles foient faciles à tranfporter & à remuer.

On forme ces claies de fix principaux brins de verge d'un pouce de diametre, & de cinq à fix pieds de longueur, efpacés de fix pouces entr'eux, pour donner à la claie trente pouces de large. On clayonne ces fix brins avec d'autres de fix à neuf lignes de groffeur, bien entrelacés, arrêtés & bridés aux quatre coins avec quatre fortes hares. Elles font femblables aux claies à paffer le fable.

Deux hommes entendus payés à cinq fols par claie, en font aifément fix à fept en dix heures de travail. On en demanda un mille d'avance à Fribourg.

On fait souvent des claies dans les forêts pour les échafaudages de Maçons & pour d'autres usages ; la différence consiste en ce que les principaux brins qui forment le bâti de celles pour la guerre , sont suivant la longueur de ces claies, au lieu que pour les autres, ces brins sont posés en travers : pour cela on enfonce en terre des piquets *a, a, a,* (*Pl. IV, fig.* 16.) qui excedent le terrein de la largeur qu'on veut donner à la claie ; ensuite on entrelasse entre les piquets une perche menue & pliante *bb* ; puis on entrelace de la même façon des rames, de sorte que quand la premiere rame a passé derriere certains piquets, la seconde passe devant ces mêmes piquets, & que si le bout menu de la premiere a été du côté droit, le bout menu de la seconde soit du côté gauche ; & l'on a soin d'entortiller les bouts menus autour du dernier piquet : de temps en temps on frappe entre les piquets & sur les rames avec la masse *c* ; on finit par enlacer en haut une perche flexible comme celle *bb* qu'on a mise en bas, & on arrête ces perches du haut & du bas avec des hares qu'on passe à plusieurs reprises dans les rames de la claie.

Les blindes & chandeliers sont des chassis grossiérement assemblés, destinés à former les galeries de sappes couvertes, pour les descentes & passages de fossés. On les demande à l'Artillerie, qui les fait fabriquer lorsqu'on en a besoin.

Les brancards servent à transporter les munitions dans les tranchées & aux batteries, & les soldats blessés. Ils sont formés d'un assemblage de même bois que les blindes, & sont foncés ou lacés de meche. Il n'en faut pas moins de 4 à 500 pour l'ouverture d'un siege considérable.

Les soldats de corvée que l'on conduit dans les taillis pour en tirer tous ces bois , se répandent ordinairement de tous côtés , coupent les taillis le moins bas qu'ils peuvent pour ne se point gêner, brisent & dégradent autant d'autres bois qu'ils en enlevent, blessent encore par amusement tous les arbres qui se rencontrent, & font ordinairement à ces bois un tort qui ne peut se réparer qu'après un temps très-long.

Toutes les fois que ces especes de contributions, auxquelles

le fort de la guerre condamne particuliérement les cantons qui
en font le théâtre, pourroient fe lever avec quelque forte
d'économie, il feroit de la prudence du Général de les impo-
fer méthodiquement fur le pays, & de n'y envoyer des cor-
vées de fon armée que dans les cas d'une néceffité indifpenfable ; attendu que cette dévaftation ne peut être d'aucun profit pour perfonne, & qu'elle ruine le pays en pure perte pour
un grand nombre d'années.

A l'égard des dégâts qui fe font dans nos forêts pour les
fournitures de nos Places de guerre, il feroit aifé d'y apporter
remede, en faifant agir les Officiers des Maîtrifes de concert
avec les Ingénieurs du Roi, qui connoiffent mieux que perfonne, les moyens d'agir avec une fage économie.

§. 4. *Que les Bûcherons doivent ménager des perches pour différents ufages.*

Nous avons dit que les Bûcherons coupoient avec la
fcie le bois qu'ils deftinoient pour en faire la groffe corde,
& qu'ils le coupoient à la ferpe pour en faire de la corde de
taillis, & à charbon.

Nous avons expliqué comme ils faifoient les cotrets, les
fagots, les bourrées de différentes efpeces : ce font encore
les mêmes Bûcherons qui, en débitant la rame, doivent ménager les brins les plus droits pour en faire des échalas de brin,
qui doivent ordinairement avoir 4 pieds & demi de longueur.

Les échalas de brin ne valent pas ceux de cœur de Chêne
fendu, ainfi que nous le ferons voir dans la fuite ; mais auffi
ils coûtent beaucoup moins. On en fait avec toute forte de
bois : ceux de bois blanc, favoir, Saule, Peuplier, Tilleul,
font les moins bons. Comme ceux de Chêne ne font que de
l'aubier, ils durent peu ; ceux de Frêne & d'Acacia (*Pfeudo-
Acacia*) font meilleurs ; mais on doit donner la préférence à
ceux de Genêvrier, de Cyprès, ou de Pin. On lie les bottes
d'échalas avec deux liens comme les cotrets : ces bottes font
formées de 50 brins.

Dans les Provinces où l'on cultive le houblon pour en faire de la bierre, on ménage de longues perches pour le ramer; elles doivent avoir 12 à 15 pieds de longueur: on n'en met que 12 dans chaque botte.

Comme les Teinturiers, les Blanchisseurs, les Jardiniers font usage de perches, & qu'on en vend aussi aux Tourneurs & à ceux qui forment les trains de bois flotté, on a soin, lors de l'exploitation des taillis, de ménager toutes celles qui font droites. On fait des bottes de 4 perches avec celles qui ont dix pouces de grosseur jusqu'à 3 pieds & demi du bout menu. On en met six à la botte, si elles n'ont que huit pouces de grosseur au gros bout, & deux au menu: les bottes feront de douze perches, si elles n'ont que six pouces au gros bout, & un ou deux au menu: on feroit les bottes de vingt-six perches, si elles n'avoient que quatre pouces au gros bout & un au menu: enfin on met 50 perches à la botte, quand les perches font encore plus menues.

Dans les Provinces de vignoble, on ménage de la perche pour faire des cercles pour les cuves & du cerceau pour les futailles: c'eft encore dans les taillis qu'on fait les claies pour le tranfport du charbon; mais cet ouvrage fe fait par les Charbonniers mêmes.

Dans les taillis de bois blanc on fait des perches pour les Blanchisseurs & pour les Tanneurs; & dans les taillis de Frêne, on fait des perches pour les écuyers des efcaliers; enfin on ménage encore des brins propres à faire des fourches.

L'écorce qu'on leve pour le tan eft encore un profit qu'on retire des taillis: cette opération fe fait par les Bûcherons.

§. 5. *Maniere de faire les Fourches.*

Quand les Fagoteurs emploient de la rame de bois blanc & léger, Saule, Peuplier, Tilleul, Tremble, &c, ils ont l'attention de mettre à part les branches qui, par leur longueur & leur forme, font propres à faire des fourches à fanner le foin. Pour leur donner une figure réguliere, on les écorce avec la plane , & on emporte les naiſſances des jeunes branches ; puis on les met tremper pendant une couple de jours dans l'eau ; enſuite on les met dans un four chaud, ou bien on les chauffe ſur un feu de copeaux : pendant qu'elles ſont fort chaudes , on les lie en différents points à un chevron (*Planche II. figure 4.*) ſolidement attaché à une petite diſtance d'un mur ; on les tourne en différents ſens , ſuivant que l'exige l'infleƈtion du bois. Pour donner une direƈtion convenable & réguliere aux fourchons, on ſe ſert de petits bâtons de différente longueur, dont les uns portent à leur extremité de petites fourchettes *a b*, (*Fig. 5*) ; les autres , de petits crochets , avec leſquels on gêne en différents ſens les fourchons de la fourche : quand le bois eſt refroidi , la fourche conſerve la forme qu'on lui a fait prendre. Suivant les différentes Provinces, on tient le manche & les fourchons, tantôt droits, tantôt courbes. (*Voy. Fig. 6 & 7.*) Voici de quelle façon on fait en Languedoc des fourches avec le *Celtis* ou *Micacoulier*: cette petite manœuvre m'a paru mériter d'être rapportée ici.

§. 6. *Maniere de tailler les Micacouliers, pour y faire croître des branches fourchues ; avec les préparations qu'on leur donne pour en faire des fourches.*

Extrait des Mémoires pour l'Hiſtoire naturelle du Languedoc.

La ville de Sauve dans le diocèſe d'Alais jouit d'un petit commerce de fourches qui lui eſt particulier : on fait ces fourches avec un arbre qu'on nomme en Provence *Micacoulier*, en Rouſſillon, *Adonier* ; dans le pays *Fanabreque* ou *Fenabreque* : c'eſt l'arbre qu'on nomme en latin *Celtis fruƈtu nigricanti :* Inst. ou *Lotus arbor fruƈtu ceraſi.* C. B.

Cet arbre eſt commun en Languedoc, en Provence, en Rouſſillon, en Eſpagne, en Italie. Il vient très-bien dans nos provinces ; mais ce n'eſt qu'à Sauve qu'on a l'art de le tailler comme il faut pour diſpoſer cet arbre à fournir des fourches, que l'on y travaille enſuite. Le tronc de ces arbres n'a gueres que deux, trois ou quatre pieds de hauteur; on a foin de le tenir à cette hauteur pour pouvoir tailler plus commodément les fourches qu'on doit y élever : du haut de ce tronc partent un grand nombre de rameaux droits, & femblables à peu près à ceux qui naiffent fur les Saules ou fur les Ormeaux étêtés.

On laiffe croître ces rameaux fans en prendre aucun foin, jufqu'à ce qu'ils foient parvenus à une certaine groffeur, &, ce qui eft encore plus important, jufqu'à ce qu'ils aient cinq à fix pieds de long, qui eft la longueur ordinaire des four-ches. S'il arrivoit cependant que quelqu'un de ces rameaux fût tortu, ce qui eft rare, ou qu'il vînt à être rompu au def-fous de cette longueur, on le coupe au plutôt près du tronc, pour l'empêcher de confumer inutilement une partie de la feve deftinée à l'accroiffement des autres.

Ce n'eft que vers la troifieme année qu'on taille ces ra-meaux, pour leur faire prendre la forme de fourche ; parce que ce n'eft gueres que vers ce temps-là qu'ils peuvent avoir acquis la groffeur & la longueur requife. Cette taille eft fort fimple & fort facile ; mais c'eft en cela même que confifte l'avantage & l'utilité de cette pratique, d'avoir fu connoître la propriété de cet arbre, & d'avoir eu l'adreffe de profiter de cette connoiffance par un moyen fort aifé.

C'eft une proprieté conftante du *Celtis* de pouffer à l'aiffelle de chaque feuille trois bourgeons, qui forment entr'eux comme une efpece de fleur-de-lys. Quand on a déterminé la longueur qu'il convient donner à la fourche, on choifit à peu-près à cette longueur, les bourgeons qui paroiffent les plus vigoureux, & on coupe le rameau en biaifant, environ un demi-pouce au deffus avant la pouffe du Printemps.

Par-là la feve, qui ne peut plus aller en ligne droite, fe trouve obligée de fe détourner dans les bourgeons les plus proches de l'endroit où fon cours eft arrêté; par-là les trois bourgeons qu'on avoit choifis, croiffent & s'alongent bien vîte ; & en s'alongeant, ils commencent à former les trois fourchons de la fourche qu'on éleve.

S'il arrive que l'abondance de la feve faffe croître en même

temps quelques autres bourgeons plus bas ; comme ces nouveaux bourgeons déroberoient une partie de la nourriture néceffaire à l'accroiffement des bourgeons fupérieurs, on a foin,
à la taille fuivante, de couper toutes les pouffes latérales qui
pourroient préjudicier à celle qui eft la feule utile.

Il arrive quelquefois que les 3 bourgeons qui doivent former
la fourche, ne croiffent pas également : fouvent celui du milieu l'emporte fur les autres, parce que le chemin qu'il préfente
à la feve eft plus direct : d'autres fois c'eft l'un de ceux des côtés
qui prévaut par des caufes particulieres, qui ont altéré ou af-
foibli les deux autres. Dans tous ces cas, les fourches feroient
perdues, fi l'on n'y remédioit pas ; mais le remede eft facile
& fûr.

On effeuille en partie le fourchon qui croît trop fort ; ou
fi cela ne paroît pas fuffire, on en coupe le bout : l'un ou
l'autre de ces deux expédients arrête la force du courant de la
feve qui s'y dirigeoit, & l'oblige de fe détourner plus abondamment dans les autres fourchons, & d'en hâter l'accroiffement : il faut feulement prendre garde, quand on eft obligé de
couper le bout d'un des fourchons, de le couper à la longueur
convenable, c'eft-à-dire à 18 ou 20 pouces de longueur ; ce
qui eft néceffaire pour pouvoir en former une fourche. Voilà
tout l'art que la culture de ces arbres demande. On les vifite
deux fois l'année, quelque temps avant la pouffe du Printemps
& avant celle de l'Automne ; & on a foin chaque fois de tailler les rameaux dont le tronc eft chargé, de la maniere qu'il
convient pour faire *fourcher* ceux qui ne préfentent point encore de fourchons, ou pour faire croître également ceux des
arbres qui ont déja fourché : on eft dans l'ufage d'affecter pour
ces deux tailles un certain temps de la Lune ; mais je doute
qu'on retire grand avantage de cette pratique.

Par ce moyen chaque tronc de *Celtis* fe trouve à la fois
chargé d'un grand nombre de rameaux, mais prefque tous
d'un âge différent : on en voit où la fourche eft parfaite & prête
à être coupée ; d'autres plus jeunes, où la fourche n'a pas encore
atteint la groffeur convenable ; d'autres, qui commencent à
peine

peine de *fourcher* : enfin il y a des rameaux qui ne font pas encore en état d'être taillés pour les faire fourcher.

Ce n'eft gueres qu'à la fixieme ou feptieme année, & même quelquefois à la neuvieme, que les fourches font en état d'être coupées : on les coupe quelquefois dès la fixieme année, mais cela eft rare ; & ce n'eft jamais que dans de bons fonds, bien cultivés, & fur-tout quand l'arbre où elles croiffent, eft jeune, & qu'il eft peu chargé de rameaux. Pour détacher les fourches, on les fcie près du tronc, ou bien on les coupe avec un cifeau & un maillet : mais de quelque maniere qu'on s'y prenne, on doit avoir l'attention de les couper fort près du tronc, & prendre garde de l'endommager.

Pour façonner ces fourches brutes, on coupe d'abord les trois fourchons, & le manche ou queue de la fourche, à-peu-près de la longueur convenable ; on les met enfuite dans un four chauffé à un médiocre degré de chaleur : là les fibres ligneufes s'amolliffent bientôt & deviennent fi fléxibles, qu'on peut, après avoir retiré les fourches du four, les plier, & pour ainfi dire les mouler au point qu'on veut, dans une machine de bois, faite en forme de gril à trois traverfes : (cette machine eft repréfentée dans la Fig. 8. de la *Pl. II*). On arrête d'abord les bouts des trois fourchons *G, H, I*, contre la traverfe *A B*: on plie enfuite ces fourchons contre l'autre traverfe *C D*, en elevant le bout *M* de la queue de la fourche ; & quand on les a pliés au point convenable, on paffe deffous la troifieme traverfe *E F*, on l'avance plus ou moins fous la fourche, & on l'arrête en mettant des chevilles dans les trous *K L*.

S'il arrive que les fourchons foient inégalement ferrés, ou qu'ils ne foient pas affez droits, on remédie à ces défauts par les étrefillons *a* ou *b* (*Fig. 5*) qu'on engage à force dans l'entre-deux, jufqu'à ce qu'on ait rendu les fourchons égaux, droits & uniformes. On redreffe par le même moyen la queue de la fourche, quand elle eft courbée, en l'appliquant au fortir du four, & tandis qu'elle eft chaude & pliante, dans un canal creufé exprès en ligne droite dans une piece de bois fixe & fcellée au plancher.

On comprend aisément que pour venir à bout de toutes ces opérations, il faut remettre la fourche plus d'une fois dans le four, sur-tout quand elle est mal formée ; & qu'il est indispensable de répéter cette opération jusqu'à ce que la fourche soit façonnée. Alors on la laisse refroidir dans cet état ; & les fibres en se durcissant se moulent à cette nouvelle figure, & la conservent ensuite constamment. C'est-là le principal de la préparation : il ne reste plus ensuite qu'à polir la fourche & les fourchons avec le rabot ou la plane, & qu'à rendre les fourchons pointus par le bout & plats par les côtés, alors elle est en état de servir.

On embale par douzaines les fourches ainsi préparées ; & pour les assortir, on y en met de trois especes : de *grandes*, dont les fourchons sont plus gros & plus écartés ; on se sert de celles-ci pour remuer les bottes de foin, les gerbes de bled, & les grosses pailles : de *petites*, dont les fourchons sont plus serrés & moins gros, & dont on se sert pour enlever la paille menue & la séparer d'avec la balle, quand le bled a été battu ; enfin de *moyennes* qu'on peut employer dans le besoin à ces deux différents usages.

Le débit de ces fourches se fait principalement dans le bas Languedoc, & dans la Provence. Dans tous les pays, où l'on fait fouler les gerbes aux pieds des chevaux ou des bœufs, il est presque impossible de se passer de ces sortes de fourches, soit pour enlever les premieres pailles à demi-hachées, soit pour séparer les autres pailles plus menues, d'avec la balle qui reste confondue avec le grain, & qu'on enleve à la faveur du vent.

Pour les autres pays où l'on bat le bled avec des fléaux, l'usage de ces fourches y est moins nécessaire, parce que les pailles n'y sont point hachées ; & que comme elles conservent toute leur longueur, il est facile de les enlever ; en ce cas les Paysans se servent de fourches à deux fourchons, courtes, pesantes, assez grossiérement façonnées, qu'on coupe sur toute sorte d'arbres, où l'on peut trouver des branches propres à prendre cette forme : ces fourches coûtent fort peu de chose, & par cette raison on les préfere à d'autres plus légeres, plus maniables & plus commodes, mais qui ne font pas abfolument néceffaires, ou du moins dont on fait fe paffer.

Dans le Rouffillon, on fait un autre ufage du *Celtis*, qu'on nomme dans cette Province *Adonier*: comme ce bois eft léger & pliant, on en fait des cannes à la main, des manches de fouet, des baguettes de fufil, des perches pour pêcher à la ligne, & des brancards de chaifes légeres.

§. 7. *Maniere de préparer les perches de Frêne pour faire des manches de houffoirs, des écuyers pour les efcaliers, &c.*

Dans les pays de bon fond un peu humides, où les Frênes fe plaifent, on exploite ces bois en taillis pour en faire des perches bien droites, dont on trouve un très-bon débit pour faire des manches de houffoirs, des écuyers pour les efcaliers, &c. Il faut, pour ces fortes d'ouvrages, que les taillis de Frêne foient vigoureux, droits & peu branchus. On abat ce bois dans la faifon fixée par l'Ordonnance. On coupe les branches tout auprès de terre; & quand elles ne font pas bien droites, on les met dans un four chaud; après les en avoir retirées, & pendant qu'elles font encore fort chaudes, on les gêne en différents fens pour les redreffer; on enleve enfuite l'écorce & un peu du bois avec la plane pour les rendre droites; enfin on acheve de leur donner une forme bien arrondie avec un rabot creux, ou mouchette: au fortir des mains des ouvriers, il femble que ces perches ayent été travaillées au tour.

On en forme des bottes, que l'on affortit fuivant leur groffeur & leur longueur: les plus groffes & les plus longues fervent à faire des échelles légeres; celles qui font moins groffes, s'emploient à faire des écuyers pour les efcaliers; on fait des manches de houffoirs avec celles qui font longues & menues, ou des manches aux balais de crin, fi elles font groffes & courtes; enfin on en fait des manches pour différents outils: les plus menues fervent à faire des toifes, des bâtons à la main, &c.

On fait auſſi avec le bois de Frêne des montures de raquettes : quand on leur a donné avec la plane la forme qui leur
convient, on les met tremper dans l'eau, puis dans un four
chaud, ou ſur un feu de copeaux ; & pendant qu'elles ſont encore bien chaudes, on les plie dans la forme qu'elles doivent
avoir. Les aſſortiments de ces montures de raquettes ſont de
différente grandeur depuis les plus grandes avec leſquelles
on joue à la paume, juſqu'aux plus petites qui ſervent à exercer
les enfants.

§. 8. *De la façon de lever l'écorce du Chêne pour en faire du Tan.*

C'est dans le mois de Mai & quand les Chênes ſont en
pleine ſeve, que les Bûcherons travaillent dans les taillis à lever cette écorce. D'abord ils emportent avec leur ſerpe toutes
les branches qui partent du tronc ; puis ils ſont avec le même
outil une coupure circulaire au haut & au bas des troncs des
jeunes Chênes qui peuvent avoir depuis ſix juſqu'à douze & quinze pouces de circonférence. Ils fendent enſuite
l'écorce avec la pointe de leur ſerpe dans toute la longueur
du tronc ; puis ils paſſent un outil de fer ou de bois dur qui
reſſemble à une ſpatule, & dont le plan eſt un peu recourbé,
entre le bois & l'écorce, qui dans cette ſaiſon ſe détache aiſément du bois : vers le ſoir on ramaſſe ces écorces ; on les
met l'une dans l'autre pour en faire des paquets qui ſe reſſerrent à meſure que ces écorces ſe deſſechent ; & ces paquets ſe
vendent à ceux qui ont des moulins à tan. La vente de cette
écorce ne tourne pas entiérement au profit des Marchands ;
car outre qu'ils payent 18 liv. par cent de bottes pour la façon,
l'écorce ſouſtraite diminue d'un huitieme la meſure ordinaire
d'une corde de bois, & par conſéquent il faut employer un plus
grand nombre de morceaux, qu'il n'y en entre ordinairement ;
ajoutez que ce bois que l'on appelle *bois pelard* ſe vend un écu
de moins par corde, que le bois qui porte ſon écorce. La bonne
écorce doit être unie, vive & brillante. Néanmoins on leve

quelquefois de l'écorce fur de gros bois. Il faut communément 6 à 8 cordes de bois pour faire un cent de bottes d'écorce ; favoir, 8 cordes pour les bois de 20 ans & au deffus ; & 6 cordes, lorfque les taillis font plus jeunes.

On vend cette écorce ou aux Tanneurs, ou, comme nous l'avons dit, à ceux qui ont des moulins propres à la piler. Dans quelques-uns de ces moulins, on broye le tan avec de groffes meules verticales, comme celles des moulins à cidre ; dans d'autres, c'eft avec des pilons ; & quand la meule ou les maillets l'ont pulvérifé, on la paffe par des cribles ; ce qui paffe au travers eft du tan propre à mettre dans des foffes de Tanneurs ; ce qui refte fur le crible eft repaffé au moulin.

Dans tel pays où le bois fe vend 26 liv. la corde, le cent de bottes d'écorce fe vend 124 l. On fent bien que ce prix eft fujet aux mêmes variations que celui de toute autre marchandife.

Il eft défendu de lever de l'écorce fur pied dans les bois du Roi ; & beaucoup de Propriétaires ont peine à accorder cette permiffion aux acquéreurs de leurs bois, parce qu'ils appréhendent que cette opération qui ne peut fe faire que vers la fin de Mai, ne retarde l'abattage des bois, & ne faffe tort au recrû des fouches. Il eft néanmoins d'expérience que la plupart des fouches repouffent avant la fin de l'année quand les bois font abattus auffi-tôt après qu'ils font écorcés ; mais auffi on perd la moitié d'une feuille. Il feroit poffible d'écorcer les bois auffi-tôt qu'ils font abattus, fur-tout dans les années fraîches & humides ; mais comme les années font quelquefois feches & halleufes, les Marchands ne veulent pas courir le rifque de perdre leur écorce ; d'ailleurs cette opération leur coûteroit plus cher : pour ces raifons, on trouve peu de Marchands qui confentent à ne faire lever l'écorce qu'après que les arbres ont été coupés ; ainfi c'eft au Propriétaire à trouver le moyen de fe dédommager de la perte qu'il fait d'une demi-feuille, fur le prix du bois qu'il vend, & à avoir une grande attention qu'on abatte les arbres auffi-tôt qu'ils ont été écorcés.

J'ai vu dans un Mémoire publié en Anglois, qu'au midi de

Angleterre on abat au Printemps les arbres qu'on veut écorcer, dès qu'ils commencent à pousser, & qu'on leve l'écorce
aussi-tôt que les arbres sont abattus, afin de profiter de la seve
qui est encore dans le corps de ces arbres ; au lieu que dans
le pays de Staffort, on leve l'écorce au Printemps, pendant que
les arbres sont encore sur pied, & qu'on les laisse en cet état
jusqu'à l'hyver suivant où alors on les abat. Je crois que cette
derniere méthode est mauvaise ; car on ne peut pas avoir en
vue d'augmenter la densité du bois de ces jeunes arbres qui
sont trop menus pour pouvoir servir à autre chose qu'à brûler. Quoique ces arbres restent sur pied, leurs souches peuvent
bien faire quelques foibles productions ; mais elles seront entiérement détruites lorsqu'on abat les arbres écorcés ; par conféquent on perd l'avantage d'une seve, & on fatigue beaucoup ces souches.

§. 9. *De l'écorcement des Tilleuls & des Mûriers.*

On leve l'écorce des Tilleuls & des Mûriers pour d'autres usages ; entr'autres pour en faire des cordes à puits.

On leve l'écorce sur des Tilleuls âgés depuis 8 jusqu'à 16
ans : on en pourroit aussi lever sur de fort gros, dans le cas
où l'écorce ne seroit pas galleuse.

On abat ces arbres à la fin de Mai ou au commencement de
Juin, lorsqu'ils sont en grande seve ; on choisit même un temps
chaud & humide, afin que l'écorce se leve plus facilement : il
faut, disent les Ouvriers, que le vent soit alors à la seve ; l'é-
corce se leve aussi-tôt que les arbres sont abattus, afin qu'elle
soit moins adhérante au bois.

Cette écorce se peut lever également sur le tronc & sur les
branches qui portent un pouce de diametre au petit bout :
on en leve quelquefois sur des branches plus menues ; mais
celle-ci ne peut servir qu'à faire des liens.

Pour lever l'écorce du Tilleul ou du Mûrier, on la fend
dans sa longueur, & on la détache avec un os taillé en pied
de biche : aussi-tôt qu'on a levé un bout de l'écorce, on acheve
de la détacher en la tirant avec les mains.

Quand l'écorce est enlevée, on l'étend sur terre pour la faire sécher ; on en met deux ou au plus trois lanieres les unes sur les autres.

Quand cette écorce est seche, on la met en bottes : pour cet effet on met deux perches au milieu d'un cent de lanieres d'écorce, pour les assujettir droites, & ensuite on les lie avec quatre liens. On conserve ces bottes dans un lieu frais & sec, pour les vendre aux Cordiers, qui en font des cordes à puits dont l'usage est si commun.

Quand les Cordiers veulent employer cette écorce, ils la mettent tremper dans l'eau, & en peu de temps les feuillets corticaux qui forment son épaisseur, se séparent aisément les uns des autres : les meilleures écorces sont les plus intérieures ; celles du dehors qui sont trop grossieres pour en faire des cordes, sont vendues pour en faire des liens aux gerbes de paille ; c'est aussi pour cet usage qu'on leve quelquefois l'écorce des menues branches.

Les Tilleuls dépouillés d'écorce, se vendent suivant leur grosseur ; savoir les gros, aux Tourneurs, qui achetent aussi les grosses perches qu'on nomme *bourdons* ; les moins grosses se vendent aux Vignerons ou aux Jardiniers pour servir d'échalas ou de perches à palisser ; enfin les plus menues qui proviennent des petites branches, servent aux Paysans pour ramer des pois, des feves, &c.

§. 10. *Du travail du Charbonnier.*

QUAND on a fait un grand feu de bois neuf dans une cheminée, il se forme une quantité de braise ardente : si on laisse cette braise exposée à l'air, elle se consume entiérement, & elle se réduit en cendres ; mais si on la prive de la communication avec l'air, si on l'étouffe, il reste un charbon léger qu'on nomme *de la braise*, du même nom qu'elle avoit quand elle étoit embrasée : cette braise se consume fort vîte sans répandre beaucoup de chaleur, parce qu'elle a perdu une grande partie de sa substance inflammable.

Si l'on met des morceaux de bois dans une cornue ou dans un creuſet exactement fermé, & qu'on faſſe rougir la cornue ou le creuſet ; après avoir caſſé ces vaiſſeaux, lorſqu'ils ſont encore fort chauds, on trouve le charbon embraſé ; & auſſi-tôt qu'il a éprouvé le contact de l'air, il ſe conſume ; mais ſi on laiſſe refroidir ces mêmes vaiſſeaux, on trouve, en les rompant, le bois réduit en bon charbon noir.

On peut conclure de ces faits que, pour réduire du bois en charbon, il faut qu'il ſoit pénétré par les parties de feu, ſans éprouver le contact de l'air: c'eſt-là l'opération que les Charbonniers exécutent avec beaucoup d'induſtrie, de la maniere que je vais le dire.

On peut faire du charbon avec toute ſorte de bois : l'une des premieres conditions eſt d'employer l'eſpece de bois qui eſt à meilleur marché, afin que le prix du charbon ſoit modique ; cependant la qualité du charbon varie, ſuivant l'eſpece de bois qu'on y employe: le charbon de bois dur, Chêne, Epine, &c, donne beaucoup de chaleur; celui de bois blanc eſt propre à adoucir les métaux que l'on travaille ; le charbon de Hêtre & celui de Charme, eſt après celui fait de Chêne & d'Epine réputé le meilleur; vient enſuite celui de Châtaignier & d'Erable ; enfin celui des bois blancs, comme Tilleul, Peuplier, Tremble, Bouleau, Saule, Pin, &c.

Lorſque le bois que l'on veut convertir en charbon eſt trop gros, la ſuperficie ſe trouve conſumée avant que la chaleur ait pu pénétrer dans l'intérieur des bûches ; c'eſt pour éviter ce défaut que, quand on veut faire du charbon avec de gros bois, on le fend comme pour faire des cotrets: les morceaux de bois creux & pourris intérieurement conſervent long-temps le feu dans leur intérieur, ils ſont très-dangereux & peuvent occaſionner des incendies : le meilleur charbon ſe fait avec de jeunes rondins de ſix à douze pouces de circonférence ; en un mot, avec les bois qui ſont les moins propres à faire du bois de corde.

Les bois que l'on emploie trop verds, & qui par conſéquent contiennent toute leur ſeve, jettent une ſi prodigieuſe quantité
d'humidité

d'humidité, qu'elle dérange les terres dont on recouvre les fourneaux ; d'ailleurs ces bois s'allument difficilement ; & comme les Charbonniers ont peine à porter uniformément la chaleur dans toutes les parties de leurs fourneaux, ils ne peuvent éviter qu'il ne se trouve beaucoup de fumerons : un bois trop sec auroit des défauts contraires ; on auroit peine à empêcher qu'il ne se consumât, & qu'il ne se réduisît en braise. Ainsi la vraie saison de cuire les bois abattus en hiver, est dans les mois d'Août, Septembre & Octobre suivants.

On met en corde le bois qu'on destine à faire du charbon. (*Voy. Pl. V. Fig.* 14.) Nous avons ci-devant parlé de la façon de lever les cordes ; nous supposons maintenant que ce travail est fait, & nous allons expliquer comment on construit les fourneaux.

L'emplacement que l'on choisit pour y établir le fourneau à charbon, se nomme *fosse* ou *faude*: on établit ce fourneau dans un lieu uni un peu élevé, pour que les eaux ne s'y rendent pas; il ne faut pas qu'il y ait de souches, ou du moins très-peu, afin de ne pas faire de tort au taillis ; il faut prendre garde que le feu ne puisse se communiquer à des bruyeres, ou à des fougeres qui pourroient causer des incendies considérables : c'est pour toutes ces raisons que l'Ordonnance veut que les places à charbon soient marquées par les Officiers des Eaux & Forêts : les Charbonniers font ensorte de placer leurs fourneaux le plus près qu'ils peuvent de l'endroit où l'on a mis les cordes de bois que l'on doit employer, afin de s'épargner la peine du transport de ce bois ; ils s'épargnent encore une autre peine quand ils sont assez heureux pour rencontrer une place où l'on ait précédemment cuit du charbon ; car il faut que le terrein soit bien dressé, pour que la place se trouve propre à faire, comme ils disent, *un bon cuisage* ; il faut encore que le terrein ne soit ni pierreux ni sabloneux ; ces matieres ne sont pas propres à faire la couverture du fourneau.

Le Maître Charbonnier qu'on nomme le *Dresseur*, trace l'étendue du fourneau (*Voy. Fig.* 1), auquel il donne un diametre de huit enjambées, plus ou moins suivant la quantité de char-

F f

bon qu'on veut cuire; & après avoir bien dreſſé avec la pelle
(*Fig* 10.) & à la pioche *a* (*Fig.* 1.) l'étendue du fourneau,
il plante en terre, au centre de cet emplacement, une perche
en maniere de mât *b* gros comme la jambe par le bas & de
12 à 15 pieds de hauteur: quelques-uns couvrent le terrein
d'une couche de fraſil, qui n'eſt autre choſe que de la cendre
d'un fourneau qui a déja ſervi.

Les Charbonniers voiturent le bois de l'endroit où il a été
cordé au fourneau avec des brouettes (*Fig.* 2.); pendant que
pluſieurs Ouvriers ſont occupés à ce travail, le Dreſſeur commence à élever ſon fourneau; les premiers morceaux de bois
c dont on entoure le mât, doivent être ſecs, & autant que
faire ſe peut de bois fendu, afin que le feu y puiſſe prendre
plus aiſément; il appuie le bout d'en haut de chaque morceau de bois contre le mât, l'autre bout porte à terre (*Fig.* 1.),
& un peu incliné vers le mât : autour de cette premiere
enceinte de bois ſec, le Dreſſeur en forme une ſeconde
rangée avec de la corde à charbon; il en fait une 3e, une
4e, une 5e, & ainſi juſqu'à ce que l'étendue du terrein ſoit
couvert en plein de morceaux de bois placés preſque debout:
à chaque enceinte du premier lit, on ménage un petit eſpace
vuide de cinq à ſix pouces; le vuide de chaque enceinte eſt
toujours vis-à-vis le vuide d'un autre, de ſorte qu'il reſte depuis
la circonférence de ce fourneau juſqu'au centre, c'eſt-à-dire,
juſqu'au bois ſec qu'on a placé en premier lieu, un canal
a (*Fig.* 3.) qu'on peut regarder comme un foyer: on remplit
cette eſpece de canal de rames ſeches bien faciles à s'embraſer,
afin que le feu puiſſe tout d'un coup ſe porter au centre du
fourneau : on verra ci-après que c'eſt à cet endroit ſeul qu'on
met le feu.

Quand le premier lit *b* (*Fig.* 3.) eſt formé par l'aſſemblage
de toutes les enceintes dont nous venons de parler, on éleve
ſur ce premier lit un ſecond *c* qu'on nomme *écliſſe*; on le forme
par enceintes, comme le premier; le Charbonnier peut aiſément l'arranger étant à terre; & c'eſt pour cette raiſon qu'il le
commence ordinairement avant d'avoir fini le premier : nous

ferons remarquer qu'on met le bois le plus menu au premier
lit; & celui qui est plus gros aux rangs élevés, & qu'à chaque lit on met les plus gros morceaux entre le centre & la
circonférence. Lorsque le second lit est devenu presque aussi
grand que le premier, on augmente celui-ci, puis le second,
jusqu'à ce que le premier couvre tout le terrein qui a été
marqué par le maître Charbonnier; en élevant successivement
les deux premiers lits, le Dresseur peut les arranger & les finir
entiérement, lui étant à terre, ce qui lui est fort commode,
parce qu'il prend le bois à ses pieds sans être obligé de le
monter sur les premiers lits.

Le troisieme lit *d* qu'on nomme *le grand haut*, se forme par
un assemblage d'enceintes semblable aux deux premiers; mais
le Dresseur ne peut se dispenser de monter sur le second lit
pour arranger le troisieme; ainsi le second lit ou *l'éclisse* sert de
soutien au troisieme ou au grand haut, comme le premier lit
en sert à l'éclisse. Sur le troisieme lit ou sur le grand haut, on
éleve un quatrieme étage *e* qu'on nomme *le petit haut*, &
quelquefois un cinquieme; on continue d'ajouter du bois à
la circonférence des lits, en commençant toujours par les
plus bas jusqu'à ce que tous les lits ainsi arrangés aient pris la
forme de la calotte d'un dôme.

Les fourneaux prennent cette forme arrondie, parce que dès
le premier lit les morceaux de bois s'inclinent d'autant plus
qu'ils s'éloignent davantage du centre du fourneau; ce qui fait
que le plan supérieur de ce lit est bombé vers le milieu; le second
lit l'est davantage; le troisieme encore plus; parce qu'outre la
pente que les bâtons de la circonférence ont plus que ceux du
milieu, les lits supérieurs sont posés sur une surface convexe,
au lieu que le lit le plus bas est à plate terre, & il résulte delà
que les bâtons des lits les plus élevés sont presque couchés.

Quoique nous ayons toujours employé le terme de *fourneau*, les Ouvriers ne le dénominent ainsi que quand tous les
étages sont formés; & jusques-là les Charbonniers les appellent
allumelles.

Le Dresseur a l'attention que les branches soient coupées

à ras des petites bûches ou *atelles*, pour qu'elles puissent s'arranger mieux. Autant qu'il est possible, on coupe les atelles en flûte par les deux bouts, afin que les bûches se joignent mieux les unes auprès des autres sans laisser beaucoup de jour entr'elles ; & comme les bûches coupées en gueule sont souvent fendues dans une partie de leur longueur, le feu s'introduit dans la fente, & consume une partie du bois.

On fait pour le service des Particuliers de petits fourneaux, composés seulement de cinq à six cordes de bois : les fourneaux ordinaires sont de dix & douze; & pour les forges, on cuit souvent cinquante cordes de bois à la fois. Il y a toujours de l'économie à faire de grands fourneaux ; car le bois qui se consume pour former le foyer central dont nous allons parler, est à peu près le même pour les petits fourneaux, comme pour les grands;ainsi la perte du bois est proportionellement plus grande pour les petits, de sorte que pour ceux-ci la consommation du bois pour le foyer du centre, & pour ce qui se perd dans le *bougeage*, est estimée d'un cinquieme: elle est beaucoup moindre quand les fourneaux sont composés de cinquante cordes.

Quand les fourneaux sont élevés, il faut les *habiller* ou les *bouger*; c'est-à-dire que, pour empêcher l'embrasement total, & pouvoir être maître de conduire le feu comme on le juge convenable, il faut couvrir de terre & de cendres l'extérieur du fourneau: c'est pour cela qu'on a peine à faire un bon *cuisage* dans les endroits où il ne se trouve que du sable & des pierres.

Deux Charbonniers piochent la terre qui est autour du fourneau, & l'un d'eux (*Pl. IV Fig.* 4.) la prend avec une pelle, l'applique sur l'extérieur du fourneau & en couvre entièrement le bois ; & pour qu'elle ne coule point, il la bat avec le plat de la pelle; mais comme on auroit peine à l'empêcher de couler si elle étoit trop seche, on a soin de la prendre un peu humide: on couvre ainsi tout le bois d'une couche de terre d'environ quatre pouces d'épaisseur,excepté au haut du fourneau près du mât, où on laisse un espace d'environ six pouces sans être recouvert de terre, pour déterminer l'humidité du bois à sortir en fumée par cet endroit, & pour établir dans le centre du fourneau un brasier considérable.

Le Dresseur, qu'on pourroit aussi appeller le *Cuiseur*, monte sans échelle sur le fourneau bougé ; il regarde s'il manque de la terre à quelques endroits ; & s'il y a des crevasses, il rétablit ces défauts. Quelques-uns mettent une couche de frasil par dessus la terre ; d'autres attendent que le bois soit cuit en partie pour mettre ce frasil ; enfin, dans les endroits où il ne se trouve que du sable & de la pierre, les Charbonniers ne pouvant, faute de terre, faire un bon bougeage, mettent sur le bois une couche de feuilles vertes qu'ils recouvrent de frasil avec un peu de terre, ce qu'ils appellent *feuiller le fourneau* : quelques-uns laissent cinq ou six pouces de jour au bas de leur fourneau, qu'ils ne ferment que quand ils y ont mis le feu ; mais nous estimons mieux la pratique de bouger le fourneau jusqu'au bas. Quand le fourneau est bougé, on met le feu à la galerie *a* que nous avons nommée le foyer (*Pl. V*, *Fig. 3 & 5*) ; comme elle est remplie de copeaux ou de brindilles seches, le feu gagne assez promptement le bois sec qu'on a mis au centre du fourneau ; lors l'air entrant avec beaucoup de vivacité, il sort une fumée épaisse par le haut du fourneau *b* auprès du mât.

L'air qui entre par la bouche du fourneau & qui sort par ouverture du haut, anime beaucoup le feu dans le centre : le bois brûle, & il s'y forme un foyer très-considérable dont la chaleur se communique à toutes les parties du fourneau. Mais le bois se consumeroit entièrement si le Charbonnier n'avoit pas l'attention de diminuer l'activité du feu en fermant avec de la terre la bouche *a*, & l'ouverture d'en haut *b* : c'est ce que fait le Charbonnier quand il juge que le brasier du milieu est assez considérable pour achever la cuisson du charbon ; il juge qu'il a assez de feu au centre du fourneau, quand il voit que la fumée qui étoit blanche en commençant à sortir, devient plus brune & plus acre, ce qui marque qu'elle contient moins d'humidité.

On entend quelquefois dans l'intérieur du fourneau un bruit sourd qui est souvent suivi d'une explosion qui dérange les terres qui le recouvrent : il faut y remédier fur le champ en mettant de nouvelle terre où il en manque ; c'eſt pour cela principalement qu'il faut continuellement veiller les fourneaux tant qu'ils ſont en feu.

Quand la bouche *a* (*Fig.* 5.) du fourneau a été fermée, & avant que de fermer l'ouverture *b* du haut, lorſqu'on cuit beaucoup de charbon, le Dreſſeur verſe par cette ouverture du haut quelques panerées de charbon pour entretenir toujours un grand feu dans le centre, & remplir en partie le vuide qui s'y eſt fait, afin de ſoutenir la terre qu'on y applique ſur le champ pour fermer cette ouverture. Lorſqu'on n'a qu'un ſeul fourneau à cuire, comme on manque de charbon pour remplir ce centre, le Dreſſeur fait écrouler le plus qu'il peut, le bois à moitié brûlé qui eſt aux environs du foyer, en ſe ſervant pour cela d'une perche ; par ce moyen il remplit le vuide comme avec du charbon, & ſur le champ il ferme l'ouverture avec de la terre.

Les Charbonniers ſe ſervent d'une petite échelle (*Fig.* 4.) pour monter au haut du fourneau, & ils marchent ſur la terre ſans craindre de ſe brûler, parce qu'alors cette couverture de terre n'eſt pas encore aſſez échauffée pour les incommoder.

Quand après huit, dix, ou douze heures on a fermé les bouches de la cheminée du fourneau, il faut donner aſſez d'air pour que le feu ne s'éteigne pas ; mais il n'en faut donner que modérément, afin que le bois ne ſe conſume point trop : l'art du Charbonnier conſiſte à régler tellement le feu du foyer qui eſt au centre du fourneau qu'il puiſſe ſe porter aux endroits où le bois n'a point aſſez éprouvé ſon action. Il juge que le feu a trop agi dans un endroit, en voyant que les terres ſe ſont beaucoup affaiſſées à ce point ; & il y en ajoute de nouvelles pour diminuer d'autant l'action du feu : ſi un autre endroit s'eſt peu affaiſſé, il en conclut que le bois ne s'y eſt pas conſumé ; & pour déterminer la chaleur à s'y porter, il y fait des trous (*Fig.* 6.) avec le manche de ſa pelle ; alors il en ſort de la fumée ; il s'y établit un courant d'air qui détermine la chaleur à s'y porter pour cuire le bois : au bout d'un certain temps il referme ces ouvertures; il en fait d'autres en d'autres endroits , & il cuit ainſi ſucceſſivement toutes les parties de ſon fourneau. On voit par cet expoſé, que par l'opération du baugeage, le Charbonnier ſe peut rendre maître de ſon feu, qu'il le diſtribue où il juge en avoir beſoin : quand il ſait bien conduire ſon travail, il ne ſe trouve preſque pas de fumerons ; au lieu qu'un Ouvrier mal habile , ou conſume beaucoup de bois , ou bien il fait quantité de fumerons.

A meſure que le bois ſe cuit en charbon, il diminue de volume ; la terre qui recouvre le fourneau , s'affaiſſe à meſure que le bois ſe conſume.

Quand toutes les ouvertures ont été fermées exactement, le feu s'éteint peu à peu. Quoiqu'il ſubſiſte aſſez long-temps un braſier dans le centre , & une grande chaleur dans tout le fourneau, qui contribue à achever la cuiſſon du charbon, cependant après un certain temps , & pour accélérer le refroidiſſement du charbon ; un Ouvrier emporte avec un grand rateau (*Fig.* 8.) qu'on nomme un *arc* , une partie de la terre qui recouvroit le fourneau ; un autre Ouvrier le ſuit, & emporte encore de cette terre avec un *rable* (*Fig.* 9.) qui eſt une planche emmanchée au bout d'une perche ; & quand il ne reſte plus qu'une mince couche de terre à travers laquelle on apperçoit les charbons, un troiſiemeOuvrier avec une pelle (*Fig.* 10.) remet de la terre ſur le fourneau ; tout cela ſe voit (*Fig.* 7). On laiſſe le fourneau en cet état pendant quelques jours ; & quand il eſt totalement refroidi, on ôte la terre d'un côté pour en tirer le charbon, & l'on prend bien garde s'il ne s'eſt point conſervé de feu dans quelques bûches creuſes : en ce cas il faudroit ôter cette piece de bois, ou rejetter de la terre ſur le fourneau ſi le feu occupoit un certain eſpace ; car le charbon nouvellement fait ſe rallume fort aiſément, & l'on a vu pluſieurs incendies cauſés par du charbon qui s'étoit ainſi rallumé.

Quand on eſt certain que le charbon eſt bien éteint & refroidi, on le tranſporte , ſoit au port pour le mettre dans des bateaux, ſoit aux endroits où il doit être conſommé : ce tranſport ſe fait ou dans des ſacs à ſomme (*Fig.* 11.) ou dans des fourgons garnis de claies (*Fig.* 12.) ; celui pour les forges eſt tranſporté dans des bannes jaugées (*Fig.* 13).

On compte aſſez communément qu'une corde de bois de 8 pieds de largeur ſur 4 pieds de hauteur, & dont les bûches ont 3 pieds de longueur, rend quatre ſacs de charbon ; & que ſuivant ſa différente qualité, chaque ſac doit peſer 110 juſqu'à 120 livres : on eſtime aſſez communément que la proportion du poids du bois, à celui du charbon, eſt à peu près comme 4 eſt à 1.

Quatre cordes de bois produiſent ordinairement une banne de charbon qui tient quinze ou ſeize poinçons meſure d'Orléans, leſquels contiennent deux cents quarante pintes meſure de Paris : la banne paſſe pour contenir deux mille cinq cents peſant de charbon ; le grand ſac peſe environ cent vingt-cinq livres ; la *verſe* ou corbeille de charbon en contient trente-cinq livres.

Un arpent de bon taillis bien garni, de groſſeur à faire de la corde à charbon, rend environ trente-ſix cordes, & par conſéquent neuf bannées de charbon.

Nous avons dit que la coupe du bois étoit payée au Bûcheron à raiſon de la corde : on donne aux Charbonniers pour leur cuiſage depuis vingt ſous juſqu'à 30 pour chaque corde.

Suivant les Réglements de Police de Paris, le charbon qui arrive en cette ville par bateaux, doit être vendu dans les bateaux mêmes.

Celui qui arrive par charrois doit être déchargé aux places à ce deſtinées ſans retard, & auſſi-tôt leur arrivée.

Le charbon qui eſt tranſporté à ſomme dans des ſacs, peut être vendu aux Bourgeois : ces ſacs doivent être tous d'une même grandeur, & contenir exactement ou une mine ou un minot, ou un boiſſeau ou un demi-boiſſeau : la grandeur des ſacs, ainſi que le prix du charbon, doit être écrit ſur une plaque de fer blanc attachée au bât de la bête de ſomme.

Il eſt défendu aux Regratiers de garder chez eux en magazin plus de 6 mines de charbon : leurs meſures doivent être étalonnées,

§. 11. *Ouvrages du Cerclier.*

ON fait des cercles ou cerceaux avec beaucoup d'efpeces de bois différents : ceux de Châtaignier font très-bons ; enfuite on eftime ceux de Chêne : les cercles de Mérifier ne leur cedent point ; & dans certaines Provinces de grands vignobles, ce font les feuls qu'on emploie pour les cuves. On fait d'affez bons cercles foit pour les futailles foit pour les jales, baignoires, & même les cuves, avec le Bouleau ; le Frêne & l'Acacia fourniffent auffi de bons cercles pour les cuves ; j'en ai vu faire avec de l'Orme à grandes feuilles qui ayant crû dans des fables avoit le bois fort doux : on fait encore des cercles avec le Saule, le Marfeau & le Peuplier ; mais ils font peu eftimés : le Coudrier fournit des cerceaux pour les petits barils ; & dans les Provinces méridionales on en fait d'excellents avec le Laurier-Cerife, & le Laurier-Franc : enfin il n'y a prefque pas d'efpece de bois dont on ne puiffe faire du cercle.

Un bon taillis de Châtaignier peut fournir 6 milliers de cercles.

J'ai dit que les Bûcherons-abatteurs mettoient à part, en exploitant les taillis, les perches qu'ils jugeoient propres à faire des cercles. Si l'on paye les Bûcherons à la perche, on leur donne 20 fous du cent ; mais communément on les paye au millier de cercles fendus, à raifon de 30 fous par millier.

Pour les demi-queues, les perches doivent avoir neuf à dix pieds ; pour les quarts, moitié de ceux-ci, 6 pieds & demi à 7.

Les cercles de Paris qui fervent pour les demi-queues & les demi-muids, ont neuf pieds de longueur, parce qu'on les emploie pour différentes jauges.

Pour les cuviers, baignoires & jales, on leur donne depuis dix pieds jufqu'à quinze.

Quelquefois les Marchands lotiffent les perches par bottes qui font liées à deux hares ; mais prefque toujours on en forme des tas auprès defquels les Cercliers établiffent leur attelier.

Les loges des Cercliers font faites avec peu d'art : quatre, cinq ou fix fourches (*Pl. VI. Fig.* 1.) plantées en terre, foutiennent quatre perches affez groffes ; fur celles-là on en met d'autres plus menues en guife de chevrons, fur lefquels on arrange des copeaux ; ce qui forme une espece d'auvent de 9 pieds de haut & de 12 pieds en quarré, sous lequel les Ouvriers sont à l'abri du soleil & en partie garantis de la pluie.

L'attelier ou l'établi des Cercliers (*Fig.* 1.) consiste en une piece de bois *A B* d'environ quinze pieds de long ; une de ses extrémités *B* porte sur le terrein, & y est retenue par des piquets ; l'autre bout *A* repose sur la piece *E G*, qui par son bout *G* repose par terre, & y est assujettie par des piquets ; l'autre est soutenue à deux pieds du terrein par deux jambettes ou pieds, dont un se voit en *R*, & l'autre ne peut se voir dans la figure.

La piece *E G* est applatie seulement par sa face supérieure depuis *E* jusqu'à *H*; le surplus reste rond : on concevra bientôt à quel dessein cette piece est ainsi applatie.

La piece *A B* dont nous avons parlé en premier lieu, a une entaille au dessous de *C* pour recevoir la piece *D* qui est à fendre ; outre cela elle est embrassée vers le milieu de sa longueur par deux piquets *T L* qui sont eux-mêmes embrassés par une forte hare, ainsi que le corps de la piece *A B* : nous ferons voir que ce n'est pas sans dessein que le piquet *T* est plus long que le piquet *V*.

Vers le bout *E* de la piece *EG*, est fermement attachée une tête de bois *E*, échancrée en dessous, & qui forme un crochet ; cette tête se nomme *têtard* : plus bas, sur la même piece *E G*, est reçue dans un trou une fourchette *H*, contre laquelle s'appuie la piece *A B* : cette fourchette entre à force dans un trou fait à la piece *E G*.

Les outils des Cercliers consistent, 1°, en une serpe *I* (*Pl. VII. Fig.* 2.) courbée par le bout & très-tranchante : ils la nomment *volain*.

2°, Un piochon *K* très-tranchant (*Fig.* 3), dont la lame, qui est plate & forte, a six pouces de longueur, & le manche huit ; cette lame est un peu courbée, mais beaucoup moins qu'une acette.

3°, La plaine ou plane *M* (*Fig.* 4), dont la lame est droite & non pas courbe comme celle des Tonneliers.

4°, Le billard (*Fig.* 5), qui est une piece de bois de

quinze pouces de longueur, arrondi vers le bout *a*, & de groffeur à pouvoir être tenu dans la main ; à l'autre bout *b*, il a
3 pouces de largeur; & à cette extrémité eft une entaille oblique qui forme une rainure de fix pouces de longueur, large
d'un pouce, & profonde de deux : on verra par la fuite comment en engageant le cercle qui eft droit dans cette entaille,
la longueur du levier aide à lui faire prendre une courbure
convenable.

5°, Le garde-côté *Q* (*Fig.* 6), qui eft formé par de petites
planchettes enfilées par une corde *d f* : deux ou trois rangées
de pareilles planchettes pofées l'une au deffus de l'autre font
également enfilées par une corde. Quoique la figure ne repréfente que quatre de ces planchettes enfilées, on en enfile ordinairement 8 ou 10 à côté les unes des autres. Le Cerclier
prend les bouts de la corde *d f*, & il s'en forme une bandou-
iere : l'ufage de cette efpece d'armure eft de garantir fes habits
d'être coupés par la plaine, & d'en être offenfé lui-même fi
elle venoit à gliffer.

6°, Les Cercliers forment des parquets *P Q* (*Pl. VI. Fig.* 2,
& 4), dans lefquels ils roulent leurs cercles pour en former des
rouelles ou *meules* (*Fig.* 5); on établit ces parquets en pofant
à terre un cercle arrêté avec de l'Ofier à la grandeur qu'on
doit donner à chaque rouelle ; ce fera par exemple trois pieds
fix pouces pour les demi-queues ; deux pieds fix pouces pour
les quarts, & ainfi des autres jauges. On enfonce en terre avec
un gros maillet de forts piquets tout autour de ce cercle, &
on en forme une enceinte *a a* (*Fig.* 7) : ces piquets doivent
être élevés de 8 ou 10 pouces au deffus du terrein.

Quand ce parquet eft établi, le Cerclier ôte le cercle qui lui
fervi de jauge, & il fait un cercle un peu plus grand *b b* (*Fig.* 2,
& 4)qu'il met en dehors à la tête de ces piquets, pour
empêcher qu'ils ne s'écartent les uns des autres.

Après avoir détaillé les outils du Cerclier, il faut maintenant
expliquer fa maniere de travailler. Le Cerclier prend une perche à cercle ; il examine fi la longueur pourra faire des cercles
de groffes futailles ou de petites, fuivant les mefures que nous
avons fixées au commencement de cet article ; il juge encore

à l'œil de la quantité de cercles qu'il pourra tirer de chaque perche relativement à sa grosseur; car il doit savoir tirer d'une perche 1 ou 2 ou 3 & quelquefois 6 cercles suivant sa grosseur : une perche de 5 à 6 pieds de longueur & 4 pouces de tour à son petit bout, doit fournir 5 cercles pour des demi-queues.

Le Cerclier pose en travers chaque perche *D* (*Pl. VI. Fig.* 1.) sur l'entaille *C* de la piece *A B* de l'attelier : sa premiere opération est de dresser la perche, & d'emporter avec la serpe les branches & les inégalités; ensuite pour la fendre, il prend son piochon *K* (*Pl. VII. Fig.* 3). S'il se proposoit de ne tirer d'une perche que deux ou quatre cercles, en un mot un nombre pair, il la fendroit par la moitié; mais comme dans l'hypothese présente, il en doit lever cinq, ce qui fait un nombre impair, il ne la fend pas dans son milieu; mais il donne le coup de piochon au tiers environ de la grosseur de la perche; & en appuyant sur le manche de son outil, il fait suivre la fente dans toute la longueur; il divise ainsi la perche en deux parties, dont une doit fournir trois cercles, & l'autre deux : en baissant ou en relevant le manche du piochon, il parvient ordinairement à conduire sa fente bien droite; on en verra la raison lorsque nous parlerons des lattes; mais lorsque par la direction des fibres de la piece, la fente s'éloigne trop de la direction qu'il desire lui faire suivre, il donne alors à une petite distance de la fente, quelques coups de piochon qui, en divisant les fibres longitudinales suivant la direction qu'il souhaite faire prendre à la premiere fente, déterminent ainsi cette fente à reprendre la route convenable dont elle s'éloignoit.

Après que la perche a été divisée en deux parties, on divise encore en deux l'une de ces parties, & l'autre en trois, pour avoir les cinq cercles qu'on a jugé que cette perche pourroit fournir.

Comme les portions refendues se manient plus aisément que ne feroit la perche entiere, le Cerclier pose la portion de perche qu'il a déja séparée & qu'il veut refendre en plusieurs parties, il pose, dis-je, cette portion de perche sur la piece *AB* auprès des piquets *T V* (*Pl. VI. Fig.* 1) : on se rappellera que le piquet *T* qui est du côté de la loge excede d'environ six pouces

là longueur du piquet *V* qui eft du côté oppofé. Avec fon piochon, il commence la fente qui doit féparer cette portion de
perche; & pour ouvrir cette fente, il paffe dedans le piquet *T*
qui lui fert comme d'un coin pour tenir la fente ouverte ; en
paffant enfuite dans la partie étroite de la fente la lame du piochon, il fait fuivre la fente fuivant la direction qu'il defire ; &
fuivant qu'il veut changer cette direction, il retourne la perche,
tantôt d'un fens, tantôt d'un autre.

Quand la perche (*Pl. VII. fig.* 7.) a été féparée en cinq
parties *a*, *b*, *c*, *d*, *e*, l'Ouvrier en emporte le cœur *h i k l m*
pour ne laiffer que l'épaiffeur d'un pouce de bois fous l'écorce :
cette fouftraction fe fait encore avec le piochon & le piquet
T, comme on a fait pour divifer la perche en cinq parties.

Quand les perches font groffes, la partie *g*, *g* (*Fig.* 8),
qu'on a enlevée du centre, fe coupe à quatre pieds & demi
de longueur : on la deftine à faire de fort bons échalas, fur-tout
fi c'eft du Chêne. Il vaudroit cependant mieux facrifier les
échalas, que d'affamer les cercles ; c'eft pour cela que, lorfque malgré les précautions que prend le Cerclier, il s'apperçoit que la fente entame trop fur le cercle, il retranche le
copeau avec le piochon, & il recommence une nouvelle fente.

Les cercles étant fendus, on les plane enfuite. Pour cet effet
le Cerclier les pofe un à un dans la fourche *H* (*Pl. VI. Fig.* 1) :
il les paffe fous le crochet du têtard *E*, & il paffe fous le cercle
le coin *F*, (*Pl. VII. Fig.* 1 *&* 9) à une petite diftance du têtard,
ce qui affujettit fuffifamment le cercle, & donne la liberté de
le retourner. En tâtant avec la main le cercle qu'il plane,
il s'apperçoit des endroits où le bois eft trop épais, & il en
ôte, & ne touche point aux parties qui font trop foibles.
Quand le cercle a été plané par un bout, l'Ouvrier le retourne
bout pour bout, en l'affujettiffant, comme nous avons dit, &
travaille enfuite cette partie.

Lorfque pour emporter un nœud, il force fur la plane,
quelquefois elle échappe tout à coup, & l'Ouvrier pourroit alors être bleffé ; c'eft pour éviter cet accident qu'il fe
munit de cette efpece de bandouliere, ou *garde-côté* (*Fig.* 6),
dont j'ai parlé : quelquefois on conferve des perches planées

fans les courber; celles-ci font deſtinées à faire du treillage ou
des tonnelles pour les jardins ; mais en ce cas on les plane ſur
les deux faces pour emporter l'écorce , & on les lie par bottes
comme les lattes.

Les cercles qu'on deſtine pour relier les futailles ayant été
proprement dreſſés à la plane , ſeulement du côté du bois, on
leur fait prendre une forme circulaire, qui les rend d'un uſage
plus commode pour les Tonneliers.

Pour commencer à faire prendre la courbure au cercle, on
l'engage dans la rainure *C* du *Billard* , (*Pl. VII. Fig.* 5); en mettant un pied ſur le bout du cercle, & appuyant en même-
temps ſur le manche du billard, on force le cercle de ſe plier;
on promene ainſi le billard ſucceſſivement dans toute la longueur du cercle , ce qui lui fait prendre la courbure convenable. Cette opération ſe nomme *plier*, ou comme diſent les
Ouvriers , *plager*.

Si les perches étoient trop ſeches , on ſeroit obligé de les
mettre tremper dans de l'eau , ſans quoi on courroit riſque
de les rompre en les pliant.

On met à la tête des piquets le cercle extérieur *b b* , (*Fig.*
2 , 3 & 4) : on place en dedans un cercle *billardé*, puis on le
retire du parquet ; & pour l'empêcher de ſe redreſſer, on l'aſſujettit dans cette courbure avec un petit lien d'oſier, & ſur le
champ on le remet dans le parquet.

Si le parquet a deux pieds ſix pouces de diametre, on met
quatre cercles l'un dans l'autre , ſans les aſſujettir avec un lien
d'oſier; c'eſt-là ce qu'on nomme une rangée; il faut ſix rangées poſées les unes ſur les autres pour faire une rouelle ,
qui par conſéquent eſt compoſée de vingt-quatre cercles.

Le premier cercle de chaque rangée eſt retenu par un lien
d'oſier comme celui de la premiere ; les autres ſont ſeulement
roulés en dedans ; en frappant avec le dos ou le plat du volain ſur chaque rangée , on fait enſorte que tous les cercles
faſſent un plan bien uni.

Quand les ſix rangées ſont poſées les unes ſur les autres,
le parquet ſe trouve plein (*Fig.* 3 & 4); la rouelle étant formée, on la lie avec quatre hares, on ôte enſuite le cercle *b b*

qui retient le haut des piquets, & on retire la rouelle (*Fig. 5*).

Six rouelles (*Fig. 6*), forment une pile composée de cent quarante-quatre cercles; ainsi sept de ces piles font un millier, auquel on ajoute huit cercles par-dessus le compte.

Les cercles qu'on fait dans les parquets de trois pieds six pouces de diametre, se nomment *cercles de plain-pied*; la rouelle de ces cercles n'est composée que de douze cercles.

Six rouelles de ceux-ci font une pile; & sept piles passent pour un millier, qui se vend autant que les petits dont nous venons de parler, quoiqu'il y ait moitié moins de cercles.

Les cercles pour les cuves se font à-peu-près comme ceux dont nous venons de parler; à cette différence que comme les perches sont beaucoup plus grosses, on les fend quelquefois avec le coutre; on tient la fente ouverte avec un coin de bois, au lieu du piquet *T* de l'attelier. Quand le bois du cœur n'est pas propre à faire des échalas, on l'emporte par copeaux avec la coignée. Comme les quartiers refendus sont fort longs, on les soutient pour les fendre & les planer sur des chevalets (*Pl. VII. Fig.* 10 & 12), formés de deux piquets enfoncés en terre, liés par en haut avec une traverse; on met de ces chevalets de quatre pieds en quatre pieds, tant derriere que devant l'établi, le nombre qu'il en faut pour soutenir le cercle pendant qu'on le plane; il en faut un plus grand nombre pour les grands cercles que pour les petits.

Les parquets de ceux-ci, à la grandeur près, font comme ceux que nous avons décrits ci-dessus; excepté qu'on arcboute les piquets verticaux *a* par d'autres piquets obliques *b* (*Fig.* 11).

Il faut que les cercles de cuve passent deux fois dans le billard (*Fig.* 5), lequel a six pieds de longueur; & il faut au moins deux hommes pour plier les cercles de cuve, & les mettre dans les parquets.

On fait de ces grands cercles depuis trois toises jusqu'à six & demie, qui different entr'eux de trois pieds, comme trois toises trois pieds, trois toises six pieds, trois toises 9 pieds, &c.

Ils se vendent par sixains, chaque rouelle n'étant formée que de six cercles.

On donne vingt-cinq à trente fous pour la façon d'un grand cercle, fuivant que le bois eft plus ou moins difficile à travailler.

On donne aux Cercliers cinq livres pour la façon d'une rouelle de vingt-quatre cercles de huit pieds fix pouces.

Les copeaux font au profit du Fendeur, à qui l'on paye les échalas qu'il fait en fendant les cercles fur le pied, depuis 40 jufqu'à 50 fous la charretée qui eft compofée de 24 bottes.

Ce que nous allons dire de la façon de faire les cerches, rendra plus fenfible la maniere de faire les grands cercles de cuves.

§. 12. *Maniere de faire les Cerches pour les Cribles, à l'ufage des Mégiffiers.*

La façon de faire ces cerches, a tant de rapport avec le travail du Cerclier, qu'après ce que j'ai dit ci-deffus, il ne me refte plus qu'à expliquer en peu de mots la maniere de faire les cerches.

Pour faire des cerches à l'ufage des Mégiffiers, on choifit des perches de Saule de belle venue & peu noueufes ; elles doivent avoir huit, neuf ou dix pouces de circonférence par le bas, & fept & demi, huit ou huit & demi par le bout oppofé : on coupe les groffes perches qui peuvent fournir de larges cerches à neuf pieds de longueur, parce qu'elles doivent fervir pour les grands cribles ; les perches de moyenne groffeur doivent être coupées à huit pieds, & les moins groffes à fept ; on les fend en deux, foit avec la ferpe courbe *I* qu'on nomme auffi *volain* (*Pl. VII. Fig.* 2 *&* 12), ou bien avec le piochon des Cercliers ; on fe fert de la cheville *B*, qui eft folidement attachée à côté de l'attelier, au lieu du piquet *T* (*Fig.* 1). Quand les perches font fendues en deux, on les dreffe, & on les met d'épaiffeur avec la plane *M* (*Fig.* 4 *&* 12) ; car comme ce bois eft fort tendre & aifé à couper, furtout quand il eft encore verd, on peut enlever tous les copeaux avec la plane. On affujettit commodément la piece de bois qu'on dreffe, au moyen de l'attelier qui fert à la tenir en fituation ; à la feule infpection de la figure, & après ce que
j'ai

j'ai dit de l'attelier du Cerclier, on peut concevoir que cette perche repofe fur le chevalet *F G*, & fur le petit enfourche-ment *H*; qu'elle paffe fous le crochet du têtard *E*, & qu'en re-levant le bout de la perche, on coule entre elle & l'attelier le coin *F* qui fuffit pour la tenir affez fermement, & de ma-niere qu'on puiffe la travailler avec la plane *M*, fans qu'elle puiffe échapper. Quand la partie de la perche, comprife de-puis *F* jufqu'au têtard, eft travaillée, l'Ouvrier leve le bout *F* en haut; il ôte le coin; & la perche fe trouvant libre, il peut ou la tirer à lui ou la retourner; après quoi en remettant le coin, elle eft affujettie de nouveau. Quand il plane la feconde face de la perche pour la mettre d'épaiffeur, il plie la cerche en différents fens; & fuivant qu'elle cede plus ou moins aifé-ment, il juge des endroits où il faut retrancher du bois, & de ceux qu'il faut ménager.

Quand les cerches ont été réduites à quatre ou quatre lignes & demie d'épaiffeur fur deux pouces & demi ou trois pouces & demi de largeur, il s'agit de les plier pour les mettre en rouelles, qui doivent être compofées chacune de douze cer-ches; pour cela l'Ouvrier commence par leur donner un peu de courbure avec l'outil *a*, *b* (*Fig.* 5), qu'on nomme *billard* : celui-ci eft un peu différent de celui des Cercliers; néanmoins il eft creufé d'une profonde rainure, ou entaille un peu cir-culaire, dans laquelle on placé la cerche, comme on le voit en *e* (*Fig.* 5); il met un pied fur la cerche qui eft couchée par terre; & en promenant le billard fucceffivement dans toute la longueur de la cerche, il la force de fe plier; enfuite met-tant le bout *c* en bas, & le bout *d* en haut, il fait la même opé-ration en fens contraire, ce qui commence à donner à la cer-che le pli qui lui convient pour être roulée dans le parquet.

Ces parquets font formés comme ceux des Cercliers avec des piquets enfoncés en terre, & qui forment tous enfemble une enceinte circulaire, dont le diametre eft, pour les grandes cerches, de deux pieds & demi, & pour les petites, deux pieds deux pouces : les chevilles font, comme aux parquets des Cercliers, retenues par en haut avec un cercle qui les arcboute à l'extérieur.   H h

On fait entrer à force ces cerches dans le parquet ; on en met six les unes dans les autres, pour former le premier plan, sur lequel on en met six autres ; quand il y en a douze, on les lie avec des hares en quatre endroits, & alors la rouelle est réputée faite.

En 1756, un lot de 300 perches de Saule a été vendu 60 l. On en a fait 80 rouelles de cerches : ces rouelles se vendoient aux Mégissiers depuis trente jusqu'à quarante sous, suivant leur largeur & leur longueur : on a donné alors quatorze sous de façon par rouelle ; l'Ouvrier en faisoit quatre par jour.

Les Fendeurs qui y travaillent se munissent de la bandou-liere ou garde-côté de bois, ainsi que les Cercliers. Voyez *Pl. VII. Fig. 6.*

On doit travailler le bois lorsqu'il est tout nouvellement abattu & encore rempli de seve.

On charge le pied de l'attelier avec des pierres, ou on l'arrête avec des piquets pour le rendre plus solide.

§. 13. *Des hauts Taillis.*

Les hauts taillis de 30 ou 35 ans peuvent fournir des bois de 12, 15 & 18 pieds de longueur sur 14 à 15 pouces de circonférence. Comme ces bois ne peuvent fournir que des pieces de trois pouces & demi d'équarrissage, on les coupe en bûches : on les équarrit pour servir à faire des ridelles de charrettes, ou pour en faire des chevrons pour les bâtiments : on donne 50 sous du cent au Bûcheron qui les abat ; & l'on paye l'équarrissage de chaque piece sur le pied de l'équarrissage d'une toise de bois quarré.

Dans les bons fonds, les bois de 40 à 50 ans commencent à *limoner*, c'est-à-dire, qu'ayant 30 à 35 pouces de circonférence, on peut les vendre en grume aux Charrons pour faire des limons de grosses voitures, lorsqu'ils sont assez droits dans une longueur de 18 à 20 pieds. On donne, pour les abattre, le même prix que pour les ridelles.

EXPLICATION *des Planches & des Figures du Livre II.*

PLANCHE II.

LA FIGURE 1 repréfente un Payfan occupé à refendre de l'ofier pour les Tonneliers : il a commencé à fendre cet ofier par le gros bout ; d'autres commencent par le petit bout : cette circonftance eft fort indifférente. Il y en a qui fendent l'ofier en l'air ; d'autres l'appuient comme celui-ci fur une table.

La Figure 2 fait voir une torche d'ofier refendu, & en état d'être vendu aux Tonneliers.

La Figure 3 eft une femme qui écorce de l'ofier pour les Vanniers : *A B* eft une piece de bois fendu du côté de *A* : on paffe l'ofier dans la fente que l'on ferre un peu avec une main, & de l'autre on tire l'ofier.

La Figure 4 eft une efpece de ratelier dont on fe fert pour dreffer les fourches. On met la fourche qui a été parée avec une plane, dans un four chaud ; & au fortir du four, on enfonce le bout du manche de chaque fourche dans un des trous *a*. On lie le manche aux traverfes *b*, *b*, pour le redreffer. Pour tenir les fourchons *c c*, écartés, on y applique de petites pieces de bois fourchues par les deux bouts *b*, comme on le peut voir en *a*, (*fig. 5*), ou d'autres toutes droites que l'on attache aux fourchons, comme en *d*, *fig. 4*. Quand il faut au contraire approcher les fourchons, on fe fert d'autres petites pieces de bois qui fe terminent à chaque bout par un crochet.

Les Figures 6, 7 & 8 repréfentent les diverfes formes qu'on donne aux fourches dans différentes Provinces.

Pour faire prendre aux fourches la forme repréfentée par la *Figure 8*, on fe fert d'un chaffis *A B K L* ; on paffe les fourchons fur la traverfe *A B*, puis fous la traverfe *C D* ; & en

H h ij

relevant le manche *M*, on paffe fous la fourche la traverfe *E F*, que l'on force plus ou moins , & qu'on arrête avec des chevilles. *Voyez pag. 213 & fuiv.*

La Figure 9 repréfente une balance hydroftatique. Le poids *a* plonge dans l'eau : on met dans le plateau *b* autant de poids qu'il eft néceffaire pour tenir le premier en équilibre.

La Figure 10 fait voir une pareille balance, à un bras de laquelle eft fufpendu un cylindre de bois *c*, au-deffous duquel eft fufpendu un poids *a* pour le faire plonger dans l'eau: en ôtant ou en mettant des poids dans le plateau oppofé *b*, on parvient à connoître de combien le cylindre de bois eft plus pefant ou plus léger que le fluide dans lequel il eft plongé.

Nota. Dans les *Figures 9 & 10*, les fils qui fufpendent le poids *a* ou le cylindre *c*, font trop gros : je me fuis fervi dans mes expériences de fils de laiton très-déliés.

La Figure 11 fait voir la difpofition de deux forts treteaux *A*, *B*, fur lefquels repofent les bouts d'un barreau *C C* qu'on veut faire rompre, pour en connoître la force. *D, D* font deux taffeaux qui déterminent de combien les bouts des barreaux *C, C* portent fur les treteaux *A & B : E* eft une boucle de fer placée jufte au milieu des barreaux de l'expérience : *F* eft une caiffe qui reçoit les poids dont on veut charger le barreau jufqu'à ce qu'il rompe.

La Figure 12 repréfente des barreaux , dont une partie eft en terre, & l'autre fort du terrein : l'intention étoit de connoître quels feroient ceux qui fe pourriroient plus promptement les uns que les autres.

La Figure 13 fait voir un des barreaux deftinés à être rompus pour en connoître la force.

Figure 14, autre barreau d'un bois gras, qui a rompu net, ou, comme l'on dit, en navet, lors de l'expérience.

Figure 15, autre barreau qui a rompu par filandres.

Figure 16 & 17, autre barreau qui a rompu par éclats.

Pour connoître de combien ces barreaux plioient avant que de rompre, on pofoit fur chacun une regle *a a*, (*Figure 17*), au moyen de quoi on pouvoit mesurer de combien le milieu du barreau s'écartoit de cette regle.

PLANCHE III.

LA FIGURE *I* repréfente un Bûcheron abattant un arbre avec la cognée.

Figure 2 , autre Bûcheron qui ébranche un arbre.

Figure 3 eft un tas de rames.

La Figure 4 fait voir deux Bûcherons qui fcient un corps d'arbre *a a*, avec un *paffe-par-tout* , pour en faire du bois de corde. Ce corps d'arbre eft pofé fur deux chevalets *b*, *b* : fouvent les Bûcherons fe contentent de pofer leurs pieces en travers fur d'autres corps d'arbres.

La Figure 5 fait voir une corde de bois levée *a ;* un Bûcheron *b*, qui acheve une autre corde *c ;* un tas de morceaux de bois *d* , coupés de longueur, & que le Bucheron doit mettre en corde.

La Figure 6 repréfente des ages de charrues de différentes formes : *A* eft le bout de l'age ; *B* , fa culaffe ; *C* , fon encoudure.

La Figure 7 repréfente des manches ou cornes de charrues.

PLANCHE IV.

FIGURE *I* , Bûcheron qui coupe le bout des petites branches pour en faire de la corde à charbon, ou des cotrets. Son attitude n'eft pas exactement repréfentée.

Figure 2 , rames ou petites branches dont on fait des bourrées.

Figure 3 , rames dont on fait des fagots.

Figures 4 & 5 , bâtons deftinés à faire de la corde à charbon : ces morceaux de bois font rangés trop réguliérement dans la *Figure* 4, ainfi que dans la *Figure* 5 qui repréfente un tas de bâtons pour faire des cotrets.

Figure 6 , attelier pour faire des cotrets : *b b*, *c c*, pieces de bois qui fe croifent ; *d* , traverfes qui lient ces pieces de bois; *a*, crochet de bois qui s'éleve fur une de ces traverfes, & qui fert à retenir un des leviers qu'on emploie pour ferrer la hare du cotret, comme on le voit *Fig. 7*.

Figure 7, *A*, cotret fur l'attelier : *B*, Bûcheron chargé de bois pour faire des cotrets ; *C*, tas de cotrets liés.

Figure 8, attelier pour faire des fagots : *a b* & *c d*, deux chevrons en croix affemblés à mi-bois, & retenus par une forte cheville en *e* ; *f*, *g*, les cornes dans lefquelles on arrange les rames ; la corne marquée *g* eft ordinairement plus grande que l'autre marquée *f* : *h*, *i*, deux crochets qui fervent à retenir les leviers *k k*, *l l*, après que la rame a été ferrée par la chaîne.

Figure 9, Fagoteur qui coupe & pare de la rame pour faire des fagots.

Figure 10, ramilles qu'on forme en parant les fagots, & qui en rempliffent le milieu pour faire ce qu'on appelle l'*ame*.

Figure 11, harres pour lier les fagots.

Figure 12, les deux leviers *k k*, *l l* de la *Figure 8*, liés par la chaîne *m*.

Figure 13, fagot coupé au rafibus de la hare, pour faire voir la pofition où font les leviers *k k*, *l l* quand on ferre le fagot pour le lier, & comment la rame eft enveloppée par la chaîne *m*.

Figure 14, tas de fagots mis par quarterons.

On voit par la *Figure 15* comment les foldats de l'artillerie plantent des piquets en terre, pour former un attelier fervant à faire des fafcines & des fauciffons.

Figure 16, difpofition de piquets pour faire des claies ; ceux pour les gabions font piqués circulairement en terre.

Figure 17, attelier pour le même ufage, mais plus folide, parce qu'il eft compofé de pieces d'affemblage.

PLANCHE *V*.

FIGURE 1, Charbonnier qui trace & dreffe la place où il veut établir fon fourneau. Cette opération fe fait par le

maître Charbonnier, qu'on nomme *Dreſſeur : a a* eſt le diametre du fourneau ; *b*, un mât planté au centre du fourneau ;
c, bâtons de bois ſec placés au pied de ce mât ; c'eſt par ceux-
là que l'on commence à établir le premier lit de bois.

Figure 2, brouette ſervant à approcher le bois du fourneau.

Figure 3, Fourneau que l'on conſtruit de pluſieurs lits de
morceaux de bois : *a* eſt l'entrée de la galerie qu'on ménage
au premier lit, & qui s'étend juſqu'au mât : on remplit cette
galerie de bois ſec pour porter le feu au centre du fourneau: *b*, premier lit ; *c*, ſecond lit ; *d*, troiſieme lit ; *e*, quatrieme lit que le Dreſſeur eſt occupé à former : *f*, bout du
mât.

Figure 4, fourneau qui eſt *bougé* du côté *a*, & que l'on
couvre de terre du côté *b*.

Figure 5, fourneau entiérement *bougé*. Le feu y a été mis
par l'ouverture *a*; on voit la fumée s'échapper par une ouverture ſupérieure ménagée en *b*.

Figure 6, fourneau en partie cuit : on a fermé l'ouverture
qui étoit en *b*; & on en a formé de nouvelles en *a a*.

Figure 7, fourneau entiérement cuit, & auquel on ôte la
terre pour faire refroidir le charbon, & examiner s'il eſt
éteint.

Figure 8, arc ou gros rateau à dents de fer, qui ſert à ôter
la terre qui recouvre le fourneau, & à charger le charbon.

Figure 9, rable : il eſt compoſé d'un chanteau de futaille
emmanché d'une perche ; on s'en ſert auſſi pour enlever la
terre de deſſus le fourneau, & découvrir le charbon.

Figure 10, pelle à l'uſage des Charbonniers.

Figure 11, chevaux chargés, les uns de grands, les autres
de petits ſacs remplis de charbon.

Figure 12, fourgon formé de claies, dans lequel on tranſporte le charbon.

Figure 13, banne jaugée ſelon une certaine meſure, &
qui ſert à tranſporter le charbon : on en fait uſage dans les
forges : cette banne ſe vuide par-deſſous.

Figure 14, cordes levées de bois à charbon.

Planche VI.

La Figure *1* repréſente l'attelier du Cerclier ou Fendeur de cercles ou cerceaux. *A B*, piece de bois qui porte ſur terre par ſon bout *B*, & dont l'autre bout eſt ſoutenu ſur la piece *G F*, dont le bout *G* repoſe à terre, & l'autre bout *F* eſt ſoutenu par deux pieds dont on ne peut voir qu'un marqué *R* : *H* eſt une petite fourche, contre laquelle eſt appuyée la piece *A B* : *C D* eſt une piece de bois qu'on doit fendre pour en faire des cercles ou cerceaux : *T, V*, deux piquets qui embraſſent, & ſont liés avec la piece *A B*; le bout ſupérieur du piquet *T* doit être plus long que le bout du piquet *V*; *S* eſt une piece de bois refendue de la piece *C D*; elle eſt poſée ainſi pour être dreſſée avec la plaine ou plane : cette piece repoſe ſur la fourche *H*; elle paſſe ſous le têtard *E*, & eſt aſſujettie en-deſſous près ce têtard par un coin *F*, qui la ſou-leve & la preſſe contre : on dreſſe d'abord la portion *I L*, puis on la rechange bout pour bout pour dreſſer l'autre portion *S*.

Figure 2, parquet préparé pour tourner les cercles; on voit ce parquet en perſpective : *a, a, a* ſont les piquets enfoncés en terre, & qui forment ce parquet : *b b*, un cercle qui les aſſu-jettit, & empêche qu'ils ne s'écartent par le haut.

Figure 3, le même parquet vu en élévation & de face: *a a*, piquets; *b b*, le cercle qui empêche qu'ils ne s'écartent: on voit dans l'intérieur ſix cercles roulés les uns ſur les autres.

Figure 4, le même parquet deſſiné en plan : *a, a, a, a*, piquets; ils ſont ombrés : *b b*, le cercle qui les retient par le haut : *c c*, épaiſſeur des quatre cercles roulés dans l'intérieur du parquet.

Figure 5, une meule formée de 24 cercles liés avec quatre hares *a, a, a, a*.

Figure 6, ſix meules de cercles poſées les unes ſur les au-tres.

Planche VII.

PLANCHE VII.

La Figure 1 repréfente un attelier du Fendeur de cercles, femblable à celui qui a été repréfenté fur la Planche VI, (*fig.* 1); mais celui-ci eft deffiné dans un autre point de vue : les lettres indicatives font les mêmes qu'au premier ; mais on voit ici comment on forme la fente de la piece de bois *C D* que l'on débite pour faire des cercles ; & plus bas comment avec le piochon *K*, on paffe cette même piece de bois dans le piquet *T*.

Figure 2, ferpe courbe, que l'on appelle *volain*, dont fe fervent quelquefois les Cercliers au lieu du piochon : on voit encore cette ferpe en *I*, (*figure 12*).

Figure 3, piochon *K*, & auffi (*figure 1*).

Figure 4, plaine ou plane, outil dont on fe fert pour parer les cercles & les mettre d'épaiffeur : on le voit encore (*fig. 1. & 12*).

Figure 5, billard qui fert à plier les cercles pour les faire entrer dans le parquet & les lier enfuite en meules.

Figure 6, une portion du *garde-côté*, qui eft compofé de petites planchettes *a*, *b*, *c*, traverfées par des cordes *e*, *e* ; celles d'en haut *a*, *a*, *a*, *a*, font enfilées à une courroie *d f*. On n'a repréfenté ici que quatre rangs de planchettes de ce garde-côté, qui en contient dix ou douze : la courroie *d f*, fert à attacher cette efpece de tablier de bois en forme de bandoullierc au corps du Cerclier, pour conferver fes habits, & empêcher qu'il ne foit bleffé par la plane lorfqu'elle vient à échapper le bois.

La Figure 7 repréfente la coupe d'une piece de bois dont on fe propoferoit de retirer cinq cercles *a*, *b*, *c*, *d*, *e* : quand cette piece a été fendue en cinq, on en refend avec le piochon le cœur *h i k l m*, & l'on en fait ordinairement des échalas.

La Figure 8 fait voir une des portions fendues de la piece de bois (*fig. 7*), dont la partie *g g* doit être emportée.

Figure 9, coin *F*, dont on voit l'ufage dans les *figures 1 & 2*.

Figure 10, *P*, efpece de chevalet dont on fe fert pour foutenir les plus grands cercles lorſqu'on les plane : on en voit un en place dans la *figure 12.*

La *Figure 11* fait voir comment on ſoutient avec les petits arcboutants *b* les piquets *a* des parquets que l'on établit pour y rouler de grandes cerches à cribles, ou de grands cercles de cuves.

Figure 12, attelier différent de celui de la *figure 1*, & dont ſe ſervent quelquefois ceux qui fendent les cercles de cuves, ou les cerches de cribles.

A B eſt une piéce de bois courbe qui poſe à terre par le bout *B*, & qui eſt ſoutenue à l'autre extrémité *A*, par deux pieds de ſelle *R, R : E*, eſt le têtard ; *F*, le coïn qu'on place ſous le cercle ; *T*, cheville qui tient lieu du piquet *T* de la *figure 1. C D* eſt la piece de bois qu'on fend avec la ſerpe courbe ou volain *1 : P*, chevalet qui ſupporte le cercle quand il eſt fort long.

Fin du ſecond Livre.

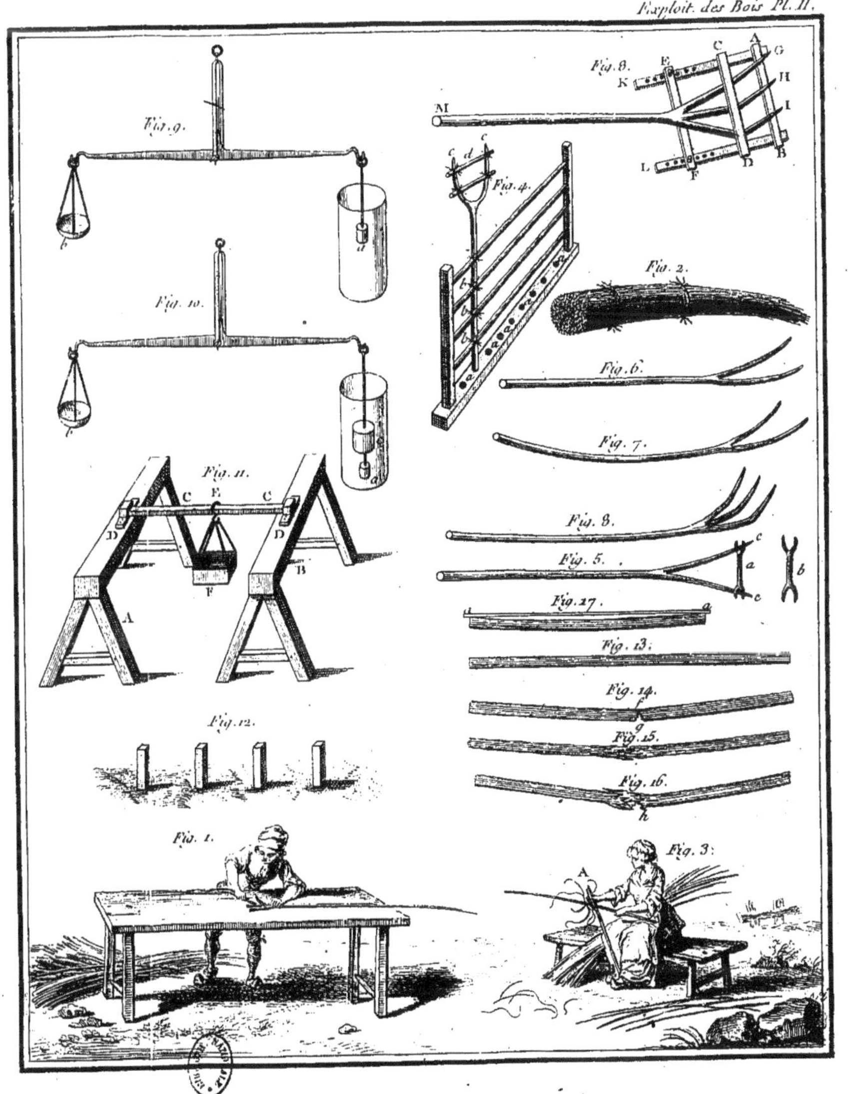
Fig. 9.
Fig. 10.
Fig. 11.
Fig. 12.
Fig. 1.
Fig. 8.
Fig. 4.
Fig. 2.
Fig. 6.
Fig. 7.
Fig. 8.
Fig. 5.
Fig. 17.
Fig. 13.
Fig. 14.
Fig. 15.
Fig. 16.
Fig. 3.

Fig. 5.
Fig. 7.
B
Fig. 15.
a a. Fig. 16. a a
Fig. 17.
a a
Fig. 6.
c c
o d
d
Fig. 14.
Fig. 9.
Fig. 2.
Fig. 8.
o
b
Fig. 3.
Fig. 1.
Fig. 4.
Fig. 10.
k
Fig. 12.
m
Fig. 11.
Fig. 13.
k h m
k
k

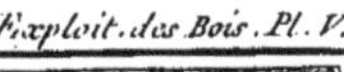

Fig. I.
A
S
F
D
B
Fig. 4.
a
b
c
c
Fig. 5.
a
a
a
a
a
Fig. 3.
a
a
b
b
Fig. 2.
a
a
b
b
a
a
Fig. 6.

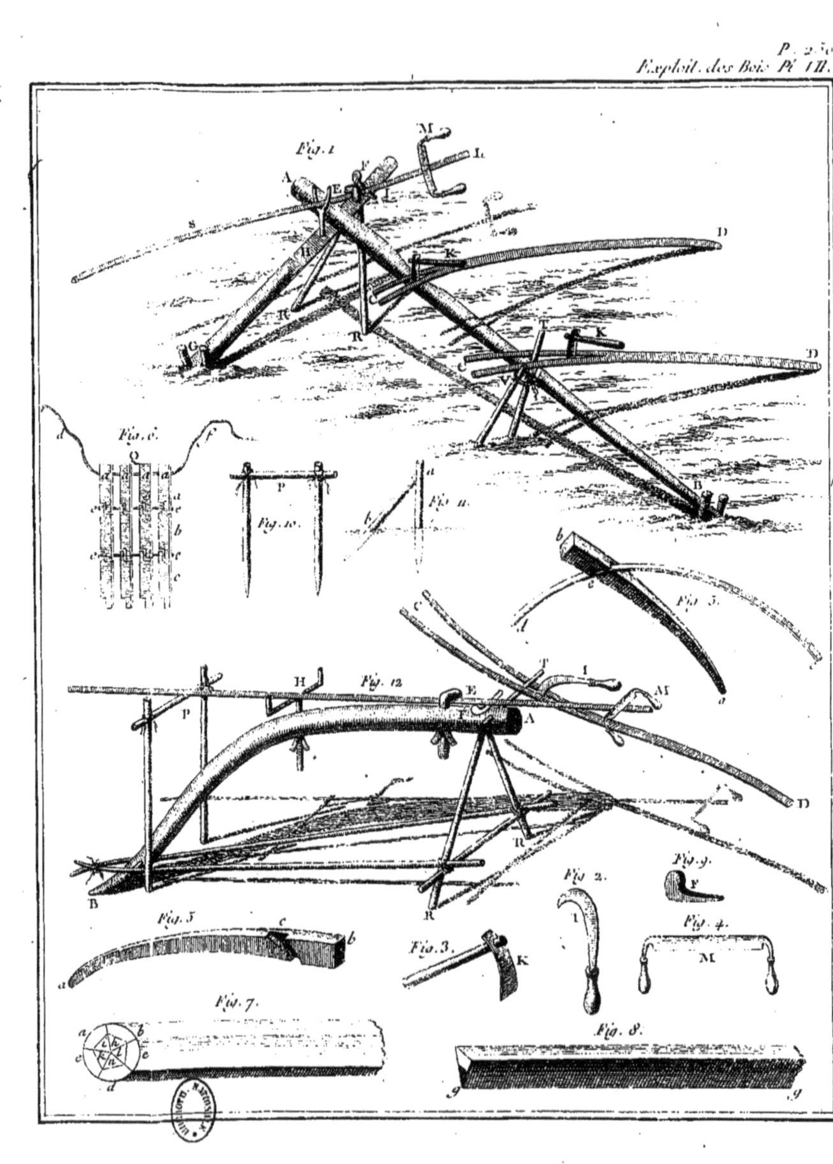
Fig. 1.
Fig. 6.
Fig. 10.
Fig. 11.
Fig. 5.
Fig. 12.
Fig. 9.
Fig. 2.
Fig. 3.
Fig. 4.
Fig. 7.
Fig. 8.

LIVRE TROISIEME.

De la visite des Futaies, & de leur abattage.

On peut, en faisant la visite d'une forêt, se proposer deux objets différents : quelquefois il s'agira de faire une estimation juste & équitable de la futaie, pour guider le Vendeur & l'Acquéreur, afin que le bois soit porté à son juste prix ; ou bien il s'agira de choisir & de marquer les bois dont on a besoin, soit pour de grands ouvrages de charpenterie, tels que la construction d'un pont, d'une écluse, les toits d'une Maison Royale ou d'une Eglise, &c ; soit pour le service de la Marine & la construction des Vaisseaux.

Celui qui, dans l'un & l'autre cas, est chargé de la visite d'une futaie, doit avoir présent à l'esprit ce que nous avons dit dans le premier Livre sur la nature du terrein, la situation, l'exposition & l'âge des arbres ; & de plus, connoître toutes les marques qui font appercevoir si l'arbre qui est sur pied renferme des défauts : cet article important sera traité dans un Chapitre particulier ; mais suivant l'objet qu'on se propose, quiconque est chargé d'une pareille visite doit agir différemment, comme on le verra dans les Chapitres suivants, où nous entrerons dans quelques détails sur l'usage qu'on peut faire des arbres suivant leur grandeur, leur forme & leur espece ; enfin nous donnerons un modele de procès-verbal de visite, & nous entrerons dans la discussion de deux questions intéressantes ; 1°, dans quelle saison il convient d'abattre les arbres ; 2°, s'il est possible d'augmenter la densité du bois des arbres fur pied, lorfqu'on fe propofe de les abattre.

Nous terminerons ce troifieme Livre par rapporter les précautions qu'on doit prendre pour ne point endommager les
arbres qu'on veut abattre, & pour prévenir qu'ils n'endommagent ceux fur lefquels ils pourroient tomber.

CHAPITRE PREMIER.

De la vifite des bois de Haute-futaie.

Nous avons dit que lorfqu'il s'agit de bois taillis, il fuffifoit d'examiner l'effence du bois, Chêne, Châtaignier, Orme,
Bois blanc, &c, & fa force, pour déterminer l'ufage qu'on
en peut faire, foit pour le chauffage, foit pour en faire des
perches, des cerceaux, des cotrets, des fagots, des bourrées, &c; car fuivant le débit le plus avantageux de ces différentes denrées, & la quantité que chaque arpent en peut
produire, on peut fixer au jufte le prix d'un taillis. Comme
tout cela a été fuffifamment expofé dans le Livre précédent,
nous allons nous occuper d'autres objets.

Quand il s'agit de futaies, il faut procéder différemment
lorfqu'on fait la vifite des bois, foit pour fixer leur valeur, c'eft-
à-dire, le prix qu'un Acquéreur en peut donner, foit pour faire
le martelage des arbres propres à être employés à des ouvrages de grande conféquence.

ARTICLE I. *Eftimation des Futaies qu'on veut
mettre en vente.*

Si celui qui fait la vifite d'une futaie n'a pour objet que d'en
faire l'eftimation, il peut fe difpenfer de prêter beaucoup d'attention à la nature du terrein, à l'expofition & à la fituation
de la futaie, non plus qu'à l'âge des arbres : leur taille & leur
grandeur doit l'occuper principalement; & il ne doit rebuter

que les arbres qui fe montreront très - défectueux ; car les
Marchands intelligents favent affez tirer parti de tout.

Si un arbre eſt mort en cime, s'il a toutes les marques de
retour, ſi l'on connoît clairement que le bois en eſt gras,
on le fera débiter pour la menuiſerie. Si un nœud pourri pénetre avant dans l'intérieur d'un arbre, & qu'il ſe ſoit formé
une gouttiere qui s'étende dans le corps d'un arbre de cinq à
ſix pieds de longueur, le Marchand fera couper cette partie
viciée ; il la fera fendre pour en faire du bois de chauffage,
& le reſte lui fournira ou du bois quarré, ou du ſciage, ou de
la fente : ce dernier emploi a cet avantage qu'il n'exige que
des billes fort courtes. La derniere reſſource, quant aux bois
qui ne peuvent être ouvrés, c'eſt de les deſtiner à ſervir au
chauffage.

Quand je dis que les Marchands éclairés ſur leurs intérêts,
favent tirer parti de toute ſorte de bois, je ne prétends pas
dire que les bois de mauvaiſe eſſence, tels que ſont les bois
blancs ou ceux de bonne eſſence, mais qui ſont de mauvaiſe
qualité & qui ont des défauts notables, doivent être eſtimés
au même prix que des bois de Chêne, d'Orme, de Châtaignier, de Hêtre ou de Frêne, qui ſe trouveroient vigoureux
& exempts de défauts : je veux ſeulement dire qu'il n'y a
nulle eſpece de bois qui n'ait une valeur réelle ; & je pro-
mets de le démontrer dans la ſuite de cet Ouvrage.

§. I. *Maniere de procéder à l'eſtimation d'une Futaie*
qu'on veut mettre en vente.

QUAND un Expert, ſur cette matiere, eſt chargé de faire
l'eſtimation d'un bouquet d'une demie ou d'une haute futaie, dont l'étendue eſt connue par un arpentage exact, il
doit traverſer le bouquet dans tous les ſens pour reconnoître
ſi le bois eſt par-tout également garni ; ſi, comme l'on dit, les
arbres ſe ſuivent ; c'eſt-à-dire, ſi dans toute l'étendue ils ſont
d'une même force. S'il reconnoît qu'il y a quelques parties
plus foibles que d'autres, il diviſera le bouquet de bois en

deux ou trois ou un plus grand nombre de lots, & il fera de chacun une eftimation particuliere. Pour y parvenir avec ordre, il mefurera dans chaque lot un arpent ou un demi-arpent; il en comptera les arbres, les diftinguera en trois claffes; beaux, *médiocres* & foibles; les arbres défectueux doivent être compris dans cette derniere claffe, ainfi que les arbres de deffous, & les rafaux.

Enfuite, après avoir examiné en gros l'ufage qu'on pourra faire des arbres de chacune de ces claffes, il fera l'eftimation de chaque efpece d'arbre, n'ayant égard qu'aux principales branches, & eftimant en gros combien la rame peut fournir de cordes: dans les futaies, les fagots ne font point un objet, on peut feulement les regarder comme une indemnité des faux frais que le Marchand aura à fupporter.

Après avoir ainfi évalué le prix de chaque arbre, felon la divifion des claffes établies, l'Expert multipliera le prix par le nombre des arbres qui s'y feront trouvés; il défalquera de la fomme totale les frais d'exploitation, qui montent quelquefois au tiers, & d'autres fois à la moitié du prix du bois; par ce moyen il aura affez précifément la valeur de chaque arpent mefuré dans chaque lot; & en multipliant cette fomme par le nombre d'arpents qui y font compris, l'eftimation totale du bouquet de bois fe trouvera faite avec connoiffance de caufe, en fuppofant que l'Eftimateur, 1°, ait eu l'attention de bien établir les lots, & qu'il ne choififfe pas pour l'arpent qui doit décider de la valeur de chaque lot, ni le meilleur ni le plus mauvais; 2°, qu'il faffe encore attention que les terreins en pente un peu roide, ne font pas d'un auffi bon produit que ceux qui font en plaine; 3°, enfin qu'il ait porté à fa jufte valeur chaque efpece d'arbre; ce qui exige, comme nous le fuppofons, qu'il connoiffe le parti qu'on en peut tirer & le prix de l'œuvre que le bois pourra fournir.

§. 2. *Avis à ceux qui achetent les Arbres fur pied,
ou qui veulent exploiter par eux - mêmes leurs
propres Bois.*

NOUS ne devons pas négliger d'avertir ceux qui fe trouveroient dans le cas d'employer beaucoup de bois, qu'ils cour-
roient rifque d'être dupes d'une économie mal entendue , fi
pour vouloir profiter du gain que doit faire un Marchand de
bois , ils étoient tentés d'acheter un bouquet de bois pour en
tirer les pieces de charpente dont ils auroient befoin : cela ne
pourroit leur être avantageux que dans le cas où l'ouvrage
qu'ils entreprendroient , pourroit leur fournir l'emploi de toute
forte de bois ; mais comme ces cas font rares , il faut qu'ils
confiderent, avant de fe rendre adjudicataires d'une futaie ; 1°,
qu'ils payeront plus cher que les Marchands ordinaires , les
Ouvriers-abatteurs, Chabins , Equarriffeurs , Scieurs de long ,
Fendeurs & Fagoteurs.

2°, Comme tout le bois d'une futaie qu'ils auront acheté leur
appartiendroit, ils feront naturellement portés à en tirer toutes
les pieces qu'ils jugeront par leurs dimenfions pouvoir leur
être utiles, fans prendre trop garde à la qualité des bois. Il n'en
eft pas de même quand on achete les bois dansle Chantier d'un
Marchand ; rien alors n'oblige d'en prendre de mauvais. C'eft
auffi par ces raifons que je n'ai jamais cru qu'il fût avantageux
au fervice du Roi, de faire faire pour fa Marine ou pour fes
Edifices , des exploitations par économie.

3°, Un particulier qui exploiteroit pour fon compte , fe
trouveroit inévitablement chargé de quantité de bois dont il
feroit embarraffé ; au lieu qu'un Marchand fait tirer parti de
tout : une tronce groffe & courte peut lui fournir de la cerche,
du merrain , des échalas ou de la latte : les bois blancs peuvent
être débités en voliches , & travaillés en fabots, en talons de
fouliers ou en femelles de galoches ; les hêtres fourniront de la
râclerie, &c ; ainfi un Marchand trouvera à fe défaire avantageu-

fement de toute efpece de bois, ce que celui qui n'eft pas ac-
coutumé à un pareil commerce, ne pourra faire que très-
difficilement.

4°, On peut néanmoins faire marquer les arbres dont on
croira avoir befoin ; mais on ne les doit acheter que condi-
tionnellement ; & fuppofé que les pieces fe trouvent faines
après qu'elles auront été abattues, & même en partie débitées.

ARTICLE II. *De la vifite dès Bois dont on doit faire
le martelage, pour marquer les Arbres convenables
à des ouvrages de conféquence.*

C'EST quand il s'agit de choifir & marquer des bois pour des
ouvrages de conféquence, qu'on ne peut les examiner avec
trop d'attention : 1°, on doit remarquer la nature de la terre où
ils ont végété, pour juger fi le bois fera fort ou tendre ; 2°, voir
la fituation & l'expofition du terrein où ils ont crû, pour
effayer de découvrir fi ces bois n'ont pas quelques défauts
intérieurs ; 3°, fur-tout examiner leur âge pour juger s'ils ne
font point en retour : ce défaut eft le plus effentiel.

Comme les plus gros arbres font ceux qui peuvent fournir les pieces de la plus grande conféquence, un Propriétaire ne manque pas de vanter la taille de fes arbres ; mais
un Acquéreur doit prendre garde de fe laiffer féduire par cet
appas ; car nous avons prouvé, en parlant de l'âge des arbres, que tout arbre fur le retour, a fûrement un commencement de pourriture dans le cœur. Il eft vrai que fouvent on
ne peut que foupçonner ce défaut, lorfque les arbres font encore fur pied, ou lorfqu'ils font récemment abattus ; mais on
peut être certain que ce défaut exifte & qu'il fe manifeftera tôt
ou tard dans quelques parties de l'arbre. Il ne faut donc jamais marquer pour des ouvrages de conféquence, tels qu'é-
clufes, grandes charpentes, & pour la Marine, les arbres qui
ont quelques marques de retour. Nous avons fait voir ci-
devant, dans le Chapitre de l'âge des arbres, que leur groffeur

feur n'eſt pas toujours un indice de ce défaut ; puiſqu'un gros arbre ſitué en bon terrein pourra être encore en crûe, pendant qu'un autre de médiocre groſſeur ſera déja en retour dans un mauvais ſol. Dans les cas douteux, il faut, comme nous l'avons dit ci-devant, différer à conclure définitivement le marché, quand les arbres auront été abattus, & en partie débités.

C'eſt lorſqu'il s'agit de marquer les arbres pour un objet déterminé, que celui qui eſt chargé de la viſite, doit prêter une ſinguliere attention aux dimenſions & au contour des pieces : ce point n'eſt pas difficile quand il s'agit de charpentes ordinaires, parce qu'il n'eſt preſque toujours queſtion que de la longueur & de l'équarriſſage des pieces ; mais il exige beaucoup de connoiſſances, lorſqu'il faut faire le choix des pieces pour le ſervice de la Marine.

CHAPITRE II.

Comment & à quels ſignes on peut connoître ſi les Arbres ſur pied ſeront propres à la conſtruction des vaiſſeaux, à la Charpente, & à toute autre eſpece de ſervice.

QUAND on fait la viſite d'une futaie qu'on ſe propoſe d'exploiter, il faut avoir égard ; 1º, à la taille des arbres pour décider de leur deſtination ; 2º, à la qualité de leur bois, pour connoître s'ils ſont propres à faire de la charpente ou à la conſtruction des vaiſſeaux, ou à fournir du bois de fente, de ſciage, en un mot pour toute eſpece de ſervice.

K k

Article I. *Examen de la taille des Arbres.*

Ceux qui font dans l'ufage de faire la vifite des forêts, ont coutume de juger, à la feule infpection des arbres, de l'ufage qu'on en peut faire. Ainfi la groffeur, la grandeur, la courbure, le trait du tronc & des branches, les détermineront fur le genre de pieces qu'on en peut tirer.

On ne peut gueres fe paffer, de l'avis d'un Conftructeur ou de gens entendus aux conftructions des vaiffeaux, principalement pour exploiter les pieces courbes, parce qu'elles doivent être, à peu de chofe près, conformes aux gabaris, & éviter, autant qu'il eft poffible, de trancher le bois : un Conftructeur & un bon Charpentier décident bien mieux que tous autres fur la deftination des pieces qu'ils doivent employer.

On convient que la grande habitude de ceux qui font prépofés à la vifite des forêts, les met en état de juger affez bien de ces chofes par le fimple coup d'œil & par eftime : néanmoins comme il arrive fouvent, par l'ignorance ou le peu d'attention de ceux qui font prépofés aux exploitations, fur-tout pour la Marine, qu'on livre dans les Ports beaucoup de bois qui, par leurs échantillons ou par leurs contours bifarres, deviennent inutiles, il feroit plus avantageux de tendre à une plus grande précifion, à laquelle il n'eft pas poffible de parvenir par un fimple coup d'œil ; & pour cet effet de faire ufage de quelques inftrumens ou de mefures peu embarraffantes & expéditives, qui feroient connoître à très-peu-près la longueur des pieces & leur équarriffage avant que les arbres foient abattus. On fe mettroit ainfi en état de fe déterminer plus précifément fur l'ufage qu'on en pourroit faire : par ce moyen on rendroit les fournitures plus exactes, la deftination des pieces plus précife, & l'on pourroit compter pour l'approvifionnement des Ports, fur les procès-verbaux dont nous aurons occafion de parler dans la fuite. On fe mettroit, outre cela, en état de faire une eftimation plus équitable de la futaie dont on fait la vifite ; ce qui feroit également avantageux au Propriétaire & à l'Acquéreur ;

car la valeur d'une futaie doit être établie, non-feulement
fur le nombre, mais encore fur la hauteur, la groffeur, la
tournure & la figure du tronc & des branches, pour pouvoir
décider s'ils font propres à faire, foit du bois d'équarriffage, foit de fciage, foit des courbans pour la conftruction
des vaiffeaux, ou enfin différents ouvrages de fente; car toutes
ces chofes influent plus fur la valeur d'une futaie que l'étendue de fon terrein.

On conçoit même qu'un examen plus précis que la feule
infpection, deviendroit abfolument néceffaire dans le cas d'une
coupe précipitée, où l'on feroit obligé de s'en rapporter à des
gens peu expérimentés.

§. I. *Divers moyens pour mefurer la hauteur des Arbres.*

POUR prendre la hauteur des arbres, les uns fe fervent
d'une planchette (*Pl. VIII. fig.* 4), taillée en équerre *a b c*,
rectangle en *b*, & dont les deux côtés *a b*, & *b c* font égaux.
Sur un des côtés *a, b*, eft une rainure dans laquelle paffe un
fil, à l'extrémité duquel eft un plomb : on monte cette planchette par le moyen d'une douille placée en *d*, fur un piquet
ferré qu'on enfonce en terre : en tenant cet inftrument en main,
on recule jufqu'à ce qu'en bornoyant par le côté *c*, la ligne
a c prolongée aille rencontrer le point du tronc de l'arbre où
l'on juge qu'il pourra être équarri : on obferve de tenir bien à
plomb le côté *a b* de cette équerre, ce qui fe fait aifément en
mettant la planchette fur fon pied ; & après qu'on eft parvenu
à trouver ce point, en bornoyant le côté *a*, le long de la ligne
a c, pour avoir le point où la prolongée de *a c* va rencontrer
le terrein ; on mefure enfuite la diftance du point *C* au pied
de l'arbre *B* : cette diftance donne la hauteur de l'arbre ; car le
triangle *A B C* eft femblable au petit triangle *a b c* : les deux
côtés *a b, b c* du petit triangle étant égaux, les deux côtés *AB,
B C* du grand triangle doivent auffi être égaux ; donc *B C* eft égal
à *B A* qu'on fuppofe être hauteur de l'arbre.

On peut encore employer la méthode fuivante. On fait
pofer par un Bûcheron, une regle de deux toifes le long du
tronc qu'on veut mefurer : celui qui fait la vifite, fe tenant
un peu éloigné, eftime combien de fois il faut la longueur de
cette regle pour donner la hauteur de l'arbre. Pour peu que
l'on fe foit exercé à cette forte d'eftimation, cette méthode
fimple & expéditive eft fuffifamment exacte.

Quand on a befoin d'une plus grande précifion, on peut fe
fervir de baguettes femblables à celles *g,g,g* (*Pl. VIII. fig.* 3),
longues de trois pieds, & qui s'emboîtent à vis les unes au
bout des autres ; on en ajufte ainfi le nombre convenable pour
atteindre aux branches qui terminent le tronc. Par ces divers
moyens, la hauteur des arbres étant connue, il ne refte plus
qu'à en mefurer la groffeur, pour connoître ce qu'ils pourront
porter d'équarriffage.

§. 2. *Méthode pour connoître la groffeur des Arbres.*

POUR mefurer la groffeur d'un arbre, on fe fert d'une chaîne
légere & flexible, avec laquelle on peut avoir la circonférence précife, moyennant qu'on ait l'attention de la tenir affez
exactement de niveau. On doit prendre cette mefure à environ trois pieds au-deffus du niveau du terrein ; par exemple
en *b*, (*Pl. VIII. fig.* 1), afin d'éviter l'élargiffement *a*, qui fe
forme ordinairement à l'endroit où les racines s'inferent dans
le tronc. Comme la forme des Chênes de belle taille n'eft jamais cylindrique, mais en cône tronqué, la groffeur *a* ou *b*,
de l'arbre de la figure 1, eft différente de celle qu'on prendroit
au haut du même arbre en *c* : fi donc on montoit au haut de
cet arbre, & qu'on prit la circonférence en *c*, pour avoir enfuite la circonférence moyenne environ vers *f*, il faudroit
faire une fomme de la circonférence prife en *a*, que je fuppoferai être de dix pieds, & de la circonférence prife en *c* que
je fuppoferai être de fix pieds ; ces deux fommes feront feize
pieds ; en les divifant en deux, j'aurai 8 pieds pour la groffeur
prife en *f*. Il eft fenfible qu'on auroit cette mefure fans aucun

calcul, si avec une échelle on se portoit en *f* pour prendre la grosseur de l'arbre dans son milieu; mais il est souvent nécessaire d'avoir la grosseur du haut de l'arbre au point *c*, afin de déterminer l'équarrissage qu'il pourra porter dans toute sa longueur.

Supposons qu'il soit trop difficile de se porter au point *c*, pour prendre la circonférence de l'arbre en cet endroit, on pourroit en ce cas & sans s'élever de terre, avoir cette mesure assez précisément par la méthode que je vais expliquer.

Après avoir pris, comme nous l'avons dit, la grosseur de l'arbre en *a*; il faut prendre avec la même chaînette sa grosseur en *b*, c'est-à-dire, à quatre ou cinq pieds au-dessus de *a*; il faut ensuite multiplier par cette seconde grosseur, la hauteur de la piece prise depuis le point *a*, qui a été mesuré en premier lieu & qui se trouve près des racines, jusqu'au sommet *c* qu'on a mesuré par une des méthodes que nous avons expliquées plus haut.

Puis on multiplie à part la premiere grosseur *a* par la hauteur de la piece prise depuis la seconde grosseur *b* jusqu'à *c*.

On défalque le produit de cette multiplication de celui de la premiere, & l'on divise le restant par la hauteur qui se trouve entre les deux grosseurs, c'est-à-dire, depuis *a* jusqu'à *b* : le quotient de la division sera la grosseur de la piece au sommet *c*. Donnons-en un exemple.

L'arbre (*Pl. VIII. fig.* 1), est supposé avoir dix pieds de circonférence vers le pied en *a*; & cinq pieds plus haut, en *b*, n'avoir que neuf pieds & demi. Sa hauteur prise depuis le point *a*, où il a dix pieds de circonférence, jusqu'au point *c*, est de trente-six pieds : en multipliant cette hauteur *a*, *c*, trente-six pieds, par la seconde grosseur *b* qui est de 9 pieds & demi, le produit sera 342 pieds quarrés : multipliant ensuite la premiere grosseur *a*, qui est de 10 pieds par 31 pieds, qui est la hauteur de la piece prise depuis la seconde grosseur *b*, jusqu'au point *c*, le produit est 310 pieds quarrés : en défalquant le produit 310 de cette seconde multiplication, des 342 produit de la premiere, il restera 32 pieds quarrés, qu'il faudra diviser

par 5 pieds, qui eft la diftance comprife depuis *a* jufqu'à *b*:
le quotient donnera fix pieds quatre pouces neuf lignes ⅘ pour
la groffeur de la piece à la hauteur *c*; c'eft-à-dire, à trente-
fix pieds de hauteur au-deffus du point *a*; & la groffeur au
milieu de l'arbre, fera de huit pieds deux pouces quatre lignes
+ ⁴⁄₇.

Mais pour les vifites qu'on fait dans les forêts, on fera bien
de s'en tenir à la mefure qu'on aura prife à cinq ou fix pieds
au-deffus des racines; fur quoi on diminuera plus ou moins
fuivant qu'on appercevra que la groffeur de l'arbre diminue
plus ou moins par le haut. Comme dans ce cas il n'eft queftion que d'une eftimation provifionnelle, les à-peu-près fuffiront: il eft plus important d'expédier la befogne.

§. 3. *Réduction des Arbres en grume à l'équarriffage.*

LA circonférence moyenne d'un arbre étant connue, il
faut en connoître l'équarriffage: pour y parvenir, il ne fuffit
pas de divifer la circonférence par 4, parce que quand même
le cylindre auroit été dépouillé d'écorce, le quart de la circonférence ne peut pas être le côté du quarré infcrit: on
l'appercevra fi l'on fait attention que le rayon *a b* (*Pl. IX. fig.* 4),
étant fuppofé de mille parties, le quart de la circonférence
feroit de 1571 ½ de ces parties, & le côté du quarré infcrit
de 1414. Mais comme il faut diminuer l'épaiffeur de l'écorce
avec une partie de l'aubier, & avoir égard aux *flâches*, aux
défournis, & à ce que la piece n'eft jamais parfaitement droite;
en prenant le cinquieme de la circonférence, on aura une approximation fuffifante, d'autant que les pieces font rarement
à vive-arrête. Ainfi on doit compter que l'arbre (*Pl. VIII. fig.* 1)
qui auroit en *f*, dix pieds de circonférence, fournira tout au
plus une poutre de deux pieds d'équarriffage, à moins qu'on ne
la tînt, fuivant l'ufage, un peu plus menue au bout *c* que du
côté de *a*. Je prie qu'on n'oublie pas que je ne propofe le cinquieme que comme un à-peu-près; car, rigoureufement parlant, & en fuppofant le diametre de 30 pouces & l'épaiffeur

de l'écorce, celle d'une partie de l'aubier d'un pouce, la circonférence, l'écorce comprife, feroit de 94 pouces 4 lignes,
dont le cinquieme eft à-peu-près 19 pouces, & le quart 23
pouces 6 lignes; l'équarriffage de cette piece fera de vingt
pouces, fi l'on n'ôte pas l'aubier des arrêtes, & fi on ne les
avive pas dans toute la longueur, comme cela fe pratique ordinairement. Malgré cela on fera bien, pour les raifons que
j'ai dites, de s'en tenir au cinquieme, d'autant qu'il n'eft pas
jufte que tous les accidents qui fe rencontrent dans prefque
toutes les pieces, tombent fur le compte de l'Acquéreur:
d'ailleurs, comme il faut ufer d'une prompte expédition lors
de ces vifites provifionnelles, il fuffira de plier en cinq la
chaîne qui aura fervi à mefurer la circonférence de l'arbre,
pour connoître à peu de chofe près fon équarriffage: nous
donnerons dans la fuite des regles plus précifes, pour parvenir à connoître le nombre de pieces ou la quantité de pieds-
cubes que chaque arbre peut fournir.

En fuivant les moyens que nous venons de propofer, on
ne pourra pas fe tromper fur les dimenfions des arbres; mais
comme il faut que leur figure puiffe devenir propre à quelque
efpece de fervice que ce foit, & qu'il eft rare qu'on ne trouve
le moyen d'employer utilement les arbres fains; nous ne laif-
ferons pas de détailler ici les défauts qui gâtent la figure des
arbres, afin qu'au premier coup d'œil on puiffe marquer ceux
dont on peut faire un bon emploi, & réferver les autres pour
les ouvrages de moindre importance. Nous nous propofons
bien dans la fuite d'entrer à cet égard dans de plus grands détails; mais pour le préfent nous nous bornons aux vues générales qui doivent guider quiconque fera chargé de faire
l'eftimation d'une futaie.

Article II. *De la figure des Arbres.*

Les arbres dont le port eft droit, font en général d'un très-
bon ufage: on peut les employer pour tous les ouvrages de
charpenterie: quand ils font gros, ils peuvent fournir à la

Marine des *Quilles*, des *Baux*, des *Iloirs*, des *Précintes*, des *Bordages*, &c. On peut voir dans les Planches X & XI, figures 1 & 2, des arbres, où les lignes ponctuées marquent les différentes pieces qu'on en peut tirer. Si, par exemple, un arbre est un peu courbe dans sa longueur, comme dans la figure 2, Planche X, il fournira des *baux* ou des jambes de force; s'il est droit & moins gros, tel que dans les figures 1, on en pourra faire des *iloirs* ou des *précintes*, ou des *faîtes*, des *pannes*, des *fillieres*, des *plançons* pour les bordages, & les *vaigres* des vaisseaux, &c. Pour tous ces usages, les pieces les plus longues & les plus grosses sont les meilleures : quand elles sont trop courtes, on peut les débiter en sciage, & en faire du bois de fente.

Cela posé, je crois qu'on peut réduire à quatre points toutes les imperfections de figures des arbres; savoir, 1°, arbres courbes; 2°, arbres noueux; 3°, arbres dont la grosseur est fort inégale; 4°, enfin arbres rafaux, à tige courte, & fort branchus. Suivons en détail ces différents défauts.

§. 1. *Des Arbres courbes.*

Quoique les bois droits soient, comme nous l'avons dit, d'un usage plus général, cependant les bois courbes ont des avantages qui leur sont particuliers. Si ce sont des Ormes, on les emploie utilement pour les gentes de roues des voitures & des moulins : on en a besoin aussi pour les affûts des pieces de campagne; pour les charrues, & les trains des équipages : on peut faire ceux-ci avec du Frêne. Si ce sont des Chênes ou d'autres arbres, ils sont très-commodes dans la construction des voûtes, pour faire des ceintres; dans les Provinces maritimes, cette forme courbe rend les bois propres à quantité d'usages. Dans la construction des vaisseaux, les *varangues acculées* (*Pl. XI. fig. 3*), courbes & courbâtons, les genoux (*Pl. X. fig. 4*), les alonges des revers, (*Pl. X. fig. 3*), les pieces de tour, les étraves, les guirlandes : toutes ces pieces ne peuvent être faites avec des bois droits;

&

& ce qui les rend singuliérement précieux, c'est que chaque piece exige une courbure particuliere. Mais une piece, quoique d'une bonne courbure, devient ordinairement inutile, si elle se trouve tellemént courbe dans deux sens, qu'on ne puisse la redresser qu'aux dépens de la force du bois, ni aligner la piece sur deux faces opposées, à moins qu'elles ne puissent fournir des *barres d'arcasses* ou *lisses d'ourdi* (*Pl. X. fig. 5*). Les pieces fourchues qui sont presque inutiles pour les charpentes, sont très-précieuses pour la Marine ; on en fait des *varangues acculées* (*Pl. XI. fig. 3*) ; & on fait avec celles qui sont un angle plus ou moins ouvert, des courbes & des courbâtons (*Pl. X. fig. 2 & 3 A*), qui sont de fortes équerres de bois qui servent à lier les ponts au corps des vaisseaux, aux *barres d'arcasse, &c.*

Ce que je viens de dire en gros des usages qu'on peut faire des arbres droits ou fourchus, sera encore plus détaillé dans la suite, lorsque je traiterai de l'exploitation des différentes especes de bois.

Il se rencontre quelques arbres vigoureux qui contractent cette courbure, lorsque leur cime chargée par la neige ou poussée par le vent, se trouve engagée dans d'autres arbres qui l'empêcheront de se redresser ; mais ces cas sont bien rares : on trouve particuliérement les pieces courbes dans les lisieres des forêts, dans les bois mal peuplés, & dans les haies où les arbres sont isolés : dans ces différentes positions, les arbres qui poussent beaucoup de branches, fournissent quantité de pieces précieuses pour la Marine, & pour le charronnage.

Dans les bois bien touffus, les arbres qui cherchent de l'air, s'élevent pour en jouir ; & les plus foibles d'entr'eux ne semblent croître que pour empêcher par leur ombre, les plus vigoureux de produire des branches, puisqu'ils périssent ordinairement après que ceux-ci ont pris le dessus au point de les étouffer, en interceptant aux autres la transpiration, qui est une des principales causes de l'ascension de la seve. Les arbres d'un bois touffu ne peuvent jamais jouir de l'air ni du soleil que par leur cime ; ils s'élevent, pour ainsi dire, à l'envi les uns des autres pour profiter de l'air, & particuliérement de l'action du foleil qui, comme nous l'avons dit dans la *Phyfique des Arbres*, eft abfolument néceffaire à la végétation des plantes.

Au contraire, fur les bords des bois touffus, environnés de vagues, de landes, ou de terres labourables, les arbres s'inclinent & étendent leurs branches du côté de ces terreins : on voit bien qu'ils font forcés de prendre cette direction par les arbres qui font derriere eux ; mais la principale raifon eft, comme nous venons de le dire, qu'ils cherchent toujours l'air, & que par conféquent ils s'inclinent & ils pouffent leurs branches vers le côté où ils en trouvent davantage. C'eft cette tendance vers l'endroit où ils peuvent jouir de l'air, qui fait que les arbres plantés dans les lifieres, ou ceux qui font ifolés, pouffent plus de branches que ceux qui font raffemblés en maffif ; dans le dernier cas, les branches les plus baffes périffent faute de tranfpiration, & celles de la cime en deviennent plus vigoureufes ; au lieu que les branches des arbres ifolés pouvant jouir pleinement du bénéfice de l'air & du foleil, s'étendent avec force, & fourniffent beaucoup de bois courbes.

Indépendamment de cette raifon phyfique, les arbres qui font produits par de vieilles fouches, & la plupart de ceux qu'on éleve de marcottes ou de boutures, ont rarement une difpofition auffi naturelle à croître bien droits, que ceux qui font fortis immédiatement des femences : néanmoins on apperçoit encore, qu'entre ceux-ci, les uns ont une difpofition naturelle à s'élever, pendant que d'autres s'étendent beaucoup en branches *.

Une petite courbure au tronc d'un grand Chêne, telle que celle de la figure 2, (*Planche X.*) eft quelquefois avantageufe ; car on exige que les *baux*, qui font les poutres des vaiffeaux, aient un peu de courbure, parce que les ponts doivent être bombés, pour que l'eau fe rende plus aifément vers les dalots. D'ailleurs une légere courbure peut rendre une poutre plus

---

* On voit dans la *Phyfique des Arbres* que dans des femis d'arbres, il s'en trouve qui ont une difpofition naturelle à élever leur tronc, & d'autres qui branchent beaucoup, quelques-uns même qui recourbent leurs branches en en-bas. J'ai un orme qui recourbe fes branches prefque jufqu'à terre.

propre à foutenir la charge dans fon milieu. Cette fupériorité de force des arbres courbes fur les droits, ne peut avoir lieu que quand la courbure eft naturelle ; c'eft-à-dire, quand les arbres ont pris cette forme en croiffant ; parce que, dans ce cas, chaque fibre ligneufe étant naturellement courbe, il n'y aura dans la réunion de toutes les fibres du corps de l'arbre ni vuide, ni inégalité de groffeur caufée par cette courbure ; ainfi la force réunie des fibres d'une poutre courbe, fera à l'égard de celle d'une autre piece droite, un peu approchante de la force d'une voûte à l'égard de celle d'un plancher, principalement fi les deux bouts de la poutre font fermement affujettis. Les fibres de la courbure intérieure étant naturellement plus courtes que celles de la courbure extérieure, une piece ne peut devenir droite fans que les fibres de la courbure intérieure ne rompent : or il faut une bien plus grande force pour rompre des fibres ligneufes, que pour les faire plier : nous prouverons cette propofition, lorfque nous traiterons de la force des bois.

Mais il en feroit tout autrement, fi la courbure d'une piece de bois étoit faite aux dépens du bois même ; car alors elle ne feroit pas capable d'une auffi grande réfiftance, puifqu'il faut infiniment moins de force pour fendre une piece de bois que pour la rompre.

Une poutre pleine de feve qu'on charge d'un grand poids, prend quelquefois une courbure confidérable. Les Charpentiers croient la mettre dans fa plus grande force, lorfqu'ils la retournent : mais ils fe trompent : des pieces ainfi pofées ne réfiftent pas à la charge, comme ils l'imaginent ; & même elles rompent plus aifément que fi l'on avoit laiffé leur courbure tournée en en bas. La raifon en eft fenfible ; car on conçoit que dans une poutre encore verte, qui a commencé à fe courber fous la charge, les fibres extérieures de la courbe déja fort tendues, fe racourciffent & fe tendent encore en fe féchant : la vertu élaftique qui leur permettoit de s'alonger, ceffe à mefure que l'humidité fe diffipe, & il ne leur refte que la roideur du bois fec qui fait qu'elles rompent, quand en chan-

geant la fituation de la piece, les fibres qui étoient en condenfation entrent en dilatation, & celles qui étoient en dilatation entrent en contraction.

Je n'ai entamé cette digreffion qui doit naturellement être
réfervée pour le Chapitre où je traiterai de la force des bois,
que parce que ce raifonnement étoit ici néceffaire, pour prouver qu'on peut avoir de bons bois courbes, lorfqu'on exploi-
tera des arbres qui auront naturellement pris cette forme dans
les lifieres, ou lorfque les arbres font ifolés; & je fuis perfuadé que la Marine en auroit en abondance, & de très-
bon, fi, par une exacte police, on pouvoit parvenir à ménager les arbres des haies ou les *palis* qui font fi communs
dans les pays de bocages.

Ce n'eft donc pas toujours un défaut aux arbres que d'être
courbes, puifque quantité d'ouvrages de charronnage & de
charpenterie exigent cette forme, & que la Marine ne peut
fe paffer de bois courbes ; d'ailleurs, indépendamment de
certaines circonftances où les Charpentiers cherchent des
bois courbes, il n'eft pas toujours néceffaire pour les charpentes ordinaires que les bois foient droits : tout cela s'éclaircira en fon lieu.

§. 2. *Des Arbres fort noueux.*

Les arbres fort noueux font fujets à avoir des nœuds pourris & des veines de bois tendre. De quelque caufe que viennent
les nœuds, il eft bien rare que quelques-uns ne fe foient gâtés, & qu'ils n'aient porté la pourriture dans le cœur ; ainfi
il faut les examiner avec foin. Mais quand ils font fains, &,
comme difent les Ouvriers, qu'ils font *ruftiques* & *rebours*,
ils font ordinairement très-durs & capables de réfifter long-
temps aux injures de l'air. On doit les employer préférablement à tous autres pour former les éclufes, & généralement pour tous les ouvrages de charpenterie & de menuiferie qui doivent refter expofés à l'air, & qui ne demandent
pas beaucoup de propreté ni un travail recherché. Ces arbres

font auſſi très-bons pour réſiſter aux frottements ; & c'eſt
pour cette raiſon que les Ormes fort noueux font les meilleurs pour faire les moyeux, les gentes des roues, & pour
fournir dans les machines, certaines pieces qui doivent ſouffrir des frottements. Mais ces bois ne font nullement propres
aux ouvrages de menuiſerie qui exigent de la propreté, &
encore moins à ceux de fente.

Quand les nœuds font très-gros, & quand ils pénetrent
très-avant dans les pieces, ils les tranchent tellement, qu'elles
ne font point en état de fournir de bonnes poutres, non plus
que toutes autres pieces de charpente & de conſtruction qui
exigent de la force. Ce défaut, car c'en eſt un pour bien des
fortes d'ouvrages, eſt bien plus commun aux arbres iſolés, qu'à
ceux qui croiſſent raſſemblés en maſſif. J'excepte dans les
arbres iſolés, ceux qu'on a eu le foin d'élaguer dans leur jeuneſſe. Je dis, dans leur jeuneſſe ; car nous avons fait voir dans
la *Phyſique des Arbres* & dans le *Traité des Semis*, que l'on fait
un tort conſidérable aux gros arbres quand on leur retranche
de groſſes branches. Nous n'entendons point non plus, par
arbres élagués, parler des teſtards qui font très-ſouvent creux
& pleins de défauts qui les rendent entiérement inutiles. Mais
un arbre qui a crû en plein air fans culture, produit ordinairement beaucoup de branches latérales qui prennent autant
de vigueur que celles qui s'élevent perpendiculairement ; de
forte qu'une partie de la nourriture qui, dans une forêt touffue, auroit été employée à faire élever la têté, fert ici pour
fournir la nourriture aux branches latérales : l'inſertion d'une
multitude de branches, dont l'origine s'étend quelquefois juſqu'au centre du corps des arbres, produit un bois tranché &
d'une denſité fort inégale. Cependant ce font, comme je l'ai
déja dit, ces fortes d'arbres qui fourniſſent les plus rares pieces
de conſtruction.

Les arbres très-branchus & noueux méritent donc toute
l'attention d'un homme prépoſé à la viſite des bois, fur-tout
quand il s'agit de bois pour les conſtructions des vaiſſeaux. Il
doit favoir qu'entre les différentes branches qui partent d'un

même tronc, les unes diminuent de son prix, & que d'autres
en augmentent la valeur; de sorte que pour pouvoir porter
son jugement sur un pareil arbre, il doit principalement s'attacher à la position & à la grosseur de ses branches. Quand il
se trouve une branche telle que celle marquée *e* (*Pl. VIII.
fig.* 1), qui tombe perpendiculairement sur le tronc, une pareille
branche devroit être estimée, si elle avoit assez de grosseur,
pour fournir une courbe; mais à cause de certains défauts
intérieurs qui s'y rencontrent assez souvent, une pareille branche doit être examinée avec plus de soin que la branche marquée *d* dans la même figure qui s'insere obliquement dans le
corps de l'arbre. De plus, on peut être certain que le nœud
qui se trouve à l'origine d'une branche menue *b b*, (*Pl. VIII.
fig.* 2), ne pénetre pas avant dans le corps d'un arbre ; au lieu
que celui d'une grosse branche pénetre quelquefois jusqu'au
centre. Ce fait a été assez solidement établi dans la *Physique des
Arbres*, pour que nous soyons en droit de l'avancer comme
incontestable.

Les nœuds qui se forment aux insertions des branches, sont
toujours plus durs que le reste du bois, si la branche se porte
bien ; mais si elle est malade ou pourrie, comme la branche *R*
(*Pl. IX. fig.* 1), elle attire ordinairement l'humidité, comme
feroit une meche, & elle la transmet jusqu'au nœud qui s'attendrit alors, & souvent laisse à l'humidité un passage pour
gagner le cœur de l'arbre, & y former ce qu'on nomme *une
gouttiere*. D'où il est aisé de conclure que, tout arbre à
grosses branches pourries doit être suspect, & n'être reçu qu'a-
près un examen fait avec beaucoup d'attention.

Quand les arbres sont jeunes, ils font des efforts pour fermer les plaies occasionnées par les branches retranchées; mais
c'est en vain si l'intérieur est pourri; il reste toujours en
ces endroits ce qu'on appelle un *œil de bœuf K*, (*Pl. IX.
fig.* 2). Si l'intérieur est sain ; on trouve seulement une
roulure sous la cicatrice : lorsque la plaie ne se recouvre
pas, l'eau des pluies & des neiges forme des gouttieres où
l'eau s'amasse ordinairement. Les Marchands fondent ces

gouttieres avec une baguette : s'ils y trouvent de l'eau, ils jugent qu'ils peuvent tirer parti de la portion du tronc qui eſt au-deſſous du nœud ; s'il ne ſe rencontre point d'eau, ils ont tout lieu de ſoupçonner que l'arbre eſt pourri dans toute ſa longueur.

§. 3. *Des Arbres rafaux ou rabougris.*

On nomme *Rafaux* les arbres dont le tronc eſt court, ra-bougris, mal tournés, fourchus & chargés de branches. Voyez Pl. *VIII. fig.* 2.

Ces arbres ſont ordinairement noueux ; & ces deux défauts vont preſque toujours enſemble. Mais comme la tête des arbres rafaux ſe trouve ordinairement chargée d'une multitude de menues branches, il eſt rare qu'ils puiſſent fournir quelques pieces utiles. On trouve quantité de ces arbres dans les terreins ſecs & ſur la croupe des montagnes, où ils ſont expoſés aux vents violents qui rompent leur cime.

Nous ferons voir dans la ſuite que les gelées du Printemps occaſionnnent ſouvent ce défaut quand elles ont endommagé les jeunes pouſſes : l'arbre ne peut réparer ces pertes que par de nouvelles productions, mais qui ſont d'autant plus foibles qu'elles paroiſſent en plus grand nombre ; de ſorte qu'au bout de quelques années, la tête de ces arbres reſſemble à un buiſſon. L'abroutiſſement & le trépignement des beſtiaux, produiſent les mêmes effets ; & nous ferons voir dans la ſuite, que les mauvais terreins occaſionnent ſouvent un pareil défaut. On peut comprendre par ce que nous venons de dire, que les arbres rafaux fourniſſent rarement de belles pieces : leur tronc étant noueux, court & tranché, toutes les branches ſont fort courbées, au moins à leur origine ; la ſeve qui auroit fourni une belle tige, ſe trouvant diſtribuée dans un grand nombre de branches ; le tronc reſtant court & noueux, n'eſt propre ni au ſciage ni à la fente ; & l'on ne peut tirer des branches d'un tel buiſſon que de foibles pieces, ou du bois de chauffage. Il ne faut pas cependant négliger de les examiner ; car, par exemple, dans l'arbre de la figure 2, (*Pl. VIII.*)

on pourroit trouver un *genou* au point *g*, & plus haut une
affez belle courbe; mais pour le refte, le premier coup d'œil
ne peut être trompeur à l'égard de ces arbres. Malheureufement le Chêne eft de tous les arbres des forêts le plus fujet à
être endommagé par la gelée, & à être affecté de toutes les
caufes qui rendent les arbres *rafaux* ou *rabougris*.

§. 4. *De la trop grande inégalité de groffeur, & des
défauts des Arbres venus fur de vieilles fouches.*

ON reconnoît aifément qu'un arbre devient inutile pour
quantité d'ouvrages, quand on le voit fort gros par en bas &
très-menu par le haut : les arbres fort branchus, tels que celui de la figure 2, Planche VIII, font fujets à ce défaut. Quoique nous ayons prouvé dans la *Phyfique des Arbres*, que la
fomme de la folidité de toutes les branches réunies en une
feule, eft plus confidérable que celle du tronc d'où elles partent, il n'en eft pas moins vrai que dans un arbre chargé de
branches, la tige doit diminuer de groffeur à-peu-près proportionnellement à la quantité de branches qui en fortent.
Mais quand les arbres font de bonne qualité, on peut, fuivant leurs dimenfions, en faire des arbres tournants de moulin, des meches de cabeftan, ou bien les couper par tronçons, & les *carteler* pour en tirer des ouvrages de fente, &c.

Dans les arbres venus fur fouches, c'eft une autre caufe qui occafionne cette irrégularité de groffeur, & la qualité du bois de ceux-ci doit être très-fufpecte; car ils ne font
inégaux en groffeur, que parce qu'ils font renflés du pied jufqu'à une certaine hauteur. Quand le renflement eft trop fenfible, c'eft fouvent à la fouche qu'il faut s'en prendre; l'arbre qu'elle a produit n'ayant pu la recouvrir en entier, elle
pourrit en partie; & en attirant l'humidité, elle la porte au
pied de l'arbre, dont les fibres fe gonflent: cette partie de
l'arbre acquiert de la groffeur; mais fes fibres étant furchar-
gées d'une matiere étrangere, la fubftance ligneufe s'altere &
fe carie peu à peu. Il faut donc, comme nous l'avons déja dit
dans

dans le *Traité des Semis*, être fort en garde sur le choix des arbres venus sur souche; l'humidité de la vieille souche endommage souvent les productions qui la recouvrent, sur-tout quand cette souche est grosse. Les arbres venus de semence sont presque toujours meilleurs que ceux qui viennent sur souche; mais entre ceux-ci, il faut distinguer les arbres qui ont crû sur une souche de taillis, d'avec ceux qui repoussent de souches de futaie.

Outre les inconvénients qui concernent la souche, & dont nous venons de parler, les racines qui restent des futaies abattues, ont été très-fatiguées par la grosseur & la grandeur des arbres qu'elles ont eus à nourrir: ces racines se trouvent plus usées que celles des taillis; il y a même lieu de croire qu'il en périt beaucoup quand on a retranché subitement un gros corps d'arbre & beaucoup de branches auxquelles elles fournissoient la nourriture. J'ai dit dans la *Physique des Arbres*, qu'ayant fait fouiller les racines d'un gros Noyer que j'avois fait abattre l'année d'auparavant, j'avois trouvé plusieurs grosses racines mortes: il en reste cependant toujours assez pour fournir abondamment de la nourriture aux productions de la souche; & ces productions nouvelles parviennent à une assez grande élévation. Mais quoiqu'il arrive que les racines ne meurent point, elles se trouvent ordinairement épuisées avant d'avoir pu conduire à leur perfection les arbres que la souche reproduit, sur-tout quand elles sont vieilles. Il faut donc, lorsque l'on fait la visite d'un bois, examiner si les arbres sont venus de semence, ou s'ils ont crû sur souche, & apporter une singuliere attention à l'état de ces souches.

Les grosses souches produisent ordinairement beaucoup de jets, dont il n'y a que deux, trois ou quatre qui réussissent; & l'on ne trouve sur les souches des demi-futaies qu'un ou deux rejets. Quand il n'y en a qu'un, il devient plus vigoureux que si la seve avoit à se distribuer entre plusieurs: quand il y en a plusieurs, ces rejets, en grossissant, se trouvent tellement resserrés sur cette souche, qu'ils se greffent souvent les uns aux autres, jusqu'à deux ou trois pieds de hau-

teur du tronc. (*Voyez Pl. XI. fig. 2 en c.*) Les grands vents féparent fouvent ces arbres devenus, pour ainfi dire, gemeaux, &
forment dans le fourchet *C* des féparations ou des fentes qui
fe refferrent enfuite par l'élafticité de ces arbres ; mais alors
l'eau s'y infinue, & caufe de l'altération au bois, qui fe
trouve affez fouvent rouge, vergeté ou pourri.

ARTICLE III. *Quels font les fignes qui peuvent faire*
connoître la qualité du bois des arbres qui font
encore fur pied.

IL ne fuffit pas de favoir à quel ufage un arbre peut être
employé, eu égard à fa groffeur & à fa figure, non plus que
de connoître certains défauts aifés à appercevoir, & dont nous
venons de donner le détail. Il eft bien plus important de favoir fi le bois d'un arbre fera de bonne qualité ; d'en reconnoître les défauts cachés, & de découvrir fi ces vices ne
font pas affez confidérables pour faire rebuter les pieces lorfque les arbres auront été abattus, & même en partie travaillés. Je conviens que l'on eft expofé à fe tromper dans le jugement que l'on porte de la qualité des arbres fur pied ; qualité que l'on n'a pu eftimer que par des marques extérieures
qui portent toujours avec elles quelqu'efpece d'incertitude ;
néanmoins nous allons indiquer, le plus exactement qu'il nous
fera poffible, les caracteres qui doivent conduire dans un
pareil jugement. Je parlerai d'abord des fignes qui peuvent
indiquer un arbre vigoureux, & dont le bois eft de bonne
qualité.

§. I. *Signes qui indiquent un arbre vigoureux, &*
dont le bois eft de bonne qualité.

1º, QUAND les branches, fur-tout celles de la cime, font
vigoureufes, les autres branches étant étouffées, peuvent être
jaunes, languiffantes & même mortes, fans qu'on en puiffe

rien conclure au désavantage d'un tel arbre ; mais il est toujours avantageux de voir les branches du sommet d'un arbre,
plus vigoureuses que celles qui sont vers le bas.

2°, Quand les feuilles sont vertes, vives & étoffées, sur-
tout à la cime, & qu'elles ne tombent en automne que bien
tard.

3°, Quand l'écorce en est claire, fine, unie, & à peu-près
d'une même couleur depuis le pied jusqu'aux grosses branches :
si l'on apperçoit, au fond des rimes de la grosse écorce, de
petites gerses qui suivent de bas en haut la direction des fibres;
& si l'on voit dans le fond de ces rimes une écorce vive, on
peut juger que l'arbre profite, & même qu'il est très-vigoureux.

4°, C'est encore un signe de vigueur, si au haut de l'arbre on
apperçoit des branches qui s'élevent, & qui sont beaucoup
plus longues que les autres : tous les arbres dont la tête est
arrondie, ne poussent pas avec beaucoup de force.

§. 2. *Signes qui indiquent que le bois d'un arbre est défectueux.*

Les arbres au contraire qui ont quelques-uns des défauts
que nous allons rapporter, doivent être regardés comme suspects ; & il n'en faut faire l'achat que quand ils auront été abattus & équarris, afin d'en pouvoir mieux connoître les défauts.

1°, Les arbres dont l'écorce est terne, fort galeuse, celle
qui s'est fendue & séparée d'elle-même en travers, de distance
en distance, comme en *E E E* dans l'arbre de la Planche IX.
Figure 1, ou qui peut s'enlever avec la main, sur-tout vers
le pied *D* de la même figure.

Il est bon néanmoins de remarquer qu'il y a des especes
d'arbres, Chênes, Ormes, &c, dont l'écorce est naturellement plus épaisse que d'autres : par exemple, l'Orme *tortillard*,
dont l'espece est excellente, a l'écorce plus grossiere que
l'Orme à grandes feuilles de Hollande, dont le bois est tendre:
le Chêne dont les glands sont portés par de longs pédicules, a

fon écorce moins raboteufe que celui à courts pédicules ; & ordinairement le bois de celui-ci eft plus ferme que celui du premier. Avec un peu d'habitude on diftingue aifément les arbres dont l'écorce eft groffiere par caufe de maladie, de ceux qui ne l'ont ainfi que par la nature de leur efpece.

2°, Si l'on voit fur l'écorce de grandes taches blanches ou rouffes venant de haut en bas ; cela doit faire foupçonner des gouttieres ou des écoulements d'eau ou de feve, qui ont pourri le bois intérieurement.

Ces taches font produites , foit par l'altération de l'écorce même , caufée par une pourriture intérieure, foit de ce qu'elle a produit des mouffes & des lichens ; il eft vrai que ces fauffes plantes parafites ne fe nourriffent pas de la feve des arbres ; mais l'humidité extérieure retenue par ces plantes,& qui imbibe l'écorce , altere le bois qui eft deffous; & fi l'écorce commence à pourrir, l'humidité qu'elle retient & qui imbibe l'écorce, rend ces mouffes plus vigoureufes. Ainfi on peut foupçonner des défauts intérieurs, lorfqu'on voit les arbres (*Pl. IX. fig.* 1,2 & 3), beaucoup chargés de mouffe *C*, de lichens & d'agarics *B*, *B*, de champignons *A*. Les agarics *B* , & les champignons *A* indiquent fur-tout quelque pourriture , ou que les arbres font ufés de vieilleffe. La mouffe *C* dénote un arbre malade qui tend à la pourriture. Et comme la différente couleur des écorces eft fouvent produite par différentes efpeces de lichen, cela doit faire foupçonner qu'un arbre eft languiffant. Une écorce noire , principalement vers le pied , dénote que le bois s'abreuve : l'écorce rouge , fur-tout au Hêtre , marque un arbre fec & cuit par le foleil ; une écorce épaiffe & blanche fur un Chêne qui eft encore en état de croître, marque que le bois en eft tendre.

3°, Quand on apperçoit le long du tronc d'un arbre (*Pl. IX. fig.* 2) des chancres *N*, des cicatrices de branches ou des nœuds pourris *L*, *P*, *K*, en partie recouverts, & qu'on nomme *yeux de bœuf*, ou des écoulements de fubftance, on eft prefque affuré qu'il y a une carie intérieure.

4°, Les loupes fréquentes *F* (*fig.* 1), & les excroiffances

ligneufes doivent rendre un arbre fufpect. Les bourrelets &
les élévations en forme de cordes *O* (*Fig. 3*), qui fuivent la direction des fibres du bois , annoncent une gélivure intérieure :
on doit fe rappeller ce que nous avons dit ci-deffus des nœuds
trop fréquents.

5°, Il faut examiner fi les branches de la tête qu'on nomme la *couronne* ou *le chapeau*, ne font point jaunes ; & fi plufieurs branches, fur-tout les plus élevées *I* (*Pl. IX. fig.* 1.) ne
font point mortes ou languiffantes, fans aucune caufe acci-
dentelle ; car ce feroit un figne infaillible que ces arbres que
l'on nomme *Arbres couronnés*, feroient fur leur retour , &
commenceroient à dépérir. Si on voit le long de la tige , des
branches menues & chargées de beaucoup de feuilles vertes
Q, (*Pl. IX. fig.* 1), on doit craindre qu'à ces endroits ou aux
environs , le bois ne foit rouge & de mauvaife qualité.

6°, La couleur pâle des feuilles , & leur chûte précoce indique un arbre malade, dont les racines ne font pas faines ,
ou qui ne peuvent s'étendre dans le terrein. Les arbres dont
les racines font trop découvertes par des ravines , font fujets
à avoir les défauts que nous venons de rapporter , & leur
bois eft ordinairement de mauvaife qualité. On a coutume de
n'envoyer vifiter les bois dont on veut faire acquifition , que
dans les mois de Décembre, Janvier & Février. Je crois qu'il
feroit plus à propos de faire cette vifite avant la chûte des
feuilles , parce qu'alors on feroit en état de porter un jugement plus certain fur leur qualité.

7°, Il eft encore important d'examiner avec attention les
forcines ou aiffelles des branches *A*, (*Pl. X & XI. fig.* 2 *&* 3) ;
car quoique ces parties foient renforcées par la nature , il arrive quelquefois que le poids du givre, ou les grands vents
féparent ou détachent un peu les branches d'avec le tronc ;
alors l'eau en s'introduifant par les fentes , y forme des
gouttieres, & c'eft par cette même raifon que tous les arbres
qui ont été éclatés par le vent, dont les branches font en partie
rompues & en partie pourries, comme en *R*, (*Planche IX. fig.* 1,)
& en *B* , (*Planche XI. fig.* 2), doivent être rebutées. Il faut

encore fe rappeller ici ce que nous avons dit ci-devant des nœuds.

8°, Il eft inutile de faire remarquer que les arbres qui fe trouvent fendus par le pied, foit que ce défaut vienne de la gelée ou d'une furabondance de fubftance, doivent être foup-çonnés mauvais, au moins en ces endroits. Quand les fentes fe cicatrifent, elles forment des efpeces de cordes qui fui-vent la direction des fibres ainfi que nous l'avons dit plus haut. (*Voy. Pl. IX. fig. 3 O*).

9°, Il y a différentes efpeces de vers qui endommagent les arbres fur pied : il n'eft pas facile de les appercevoir, parce que les trous qu'ils font à l'écorce font fort petits, & fou-vent ils fe referment par une cicatrice; mais les oifeaux que l'on nomme *Piverts*, favent bien les trouver avec leur bec : c'eft pour cela que les arbres auxquels ces oifeaux s'at-tachent, doivent être foupçonnés de quelque défaut; on peut être au moins affuré que le bois en eft toujours tendre.

10°, Comme la partie fupérieure des arbres courbés, tels que dans la Planche X. figure 4, fouffre beaucoup, quand ces arbres fe trouvent chargés de givre ; il faut examiner at-tentivement cette partie du corps de l'arbre qui eft prefque toujours garnie d'une mouffe épaiffe qui en cache les défauts & qui y entretient une humidité qui rend le bois plus tendre en cette partie qu'ailleurs.

11°, Les arbres qui ont été frappés du tonnerre, font or-dinairement remplis de *gerfes* qui en rendent le bois inutile.

On prétend que les arbres morts par la gelée fe pourriffent promptement; nous avons cependant fait exploiter beaucoup de Noyers morts par la gelée de 1709, qui fe font trouvés bons.

12°, On eft obligé, quand on veut s'affurer fi plufieurs des défauts dont nous venons de parler font confidérables, de fonder l'intérieur du bois avec une tarriere ou un cifeau; on eft dans l'ufage auffi de frapper les arbres avec une maffe, pour reconnoître par le fon qu'ils rendent, s'ils font fains ou cariés. Si un arbre fonne creux, il eft rebutable ; s'il fonne plein, il eſt réputé bon : malheureuſement ce ſigne eſt bien incertain ; car ſi le vice eſt dans le cœur d'un gros arbre, le ſon n'en eſt point altéré ; d'ailleurs les *gerſes*, la *roulure*, la *gelivure*, la *cadranure*, ne ſont preſque pas ſenſibles quand les arbres ſont pleins de ſeve ; & ces défauts alors ne changent pas ſenſiblement le ſon du coup.

Il eſt bon d'avertir que les arbres *tarrés* dont nous venons de parler, ne ſont pas entiérement inutiles. Les Marchands ſavent bien en tirer parti. Par exemple, les arbres qui ont des marques de retour, ſont ſouvent très-bons pour être employés en menuiſerie pour l'intérieur des bâtiments : ceux qui ſont abſolument gâtés en quelque partie, peuvent fournir en d'autres des billes propres pour les ouvrages de fente ; enfin le rebut eſt deſtiné à faire du bois de chauffage.

Il faut joindre à ce que nous venons de dire, ce qui a été rapporté dans le premier Livre, ſur la ſituation, l'expoſition & la nature du terrein ; car toutes ces circonſtances influent beaucoup ſur la qualité des bois.

CHAPITRE III.

Modele de Procès-verbal de viſite lors du martelage des bois.

Nous soussignés, [*Commiſſaire ou Conſtructeur ; ou Architecte ou Charpentier*] demeurant à . . . . . . en conſéquence des ordres [*du Conſeil, ou de l'Intendant, ou de l'Architecte, &c,*] en date du . . . . . . qui nous autoriſe à faire la viſite & le martelage des bois appartenants à . . . . . . Nous ſommes tranſportés à . . . . . . [*mettre le nom de la Province, de la Paroiſſe & celui du bois*], où nous avons communiqué les ordres dont nous ſommes porteurs à . . . . . [*le nom du propriétaire, ou de ſon homme d'affaires, ou de celui qui a indiqué le bois*] ; lequel nous a indiqué que ces bois conſiſtoient aux bois de . . . . . . [*mettre le nom du bois*] de l'étendue de . . . . . [*marquer le nombre d'arpents*] ſitués dans la Paroiſſe de . . . . faiſant partie des bois [ou de la forêt] de . . . . Maîtriſe de . . . . . .

NOUS avons commencé notre préſent Procès - verbal de viſite & de martelage le . . . . . . en préſence de . . . . . [*le nom & les qualités du propriétaire ou de celui qui eſt prépoſé de ſa part*], par le bois de . . . . . que nous avons trouvé en terrein [*marquer ſi le terrein eſt plat ou montueux, s'il eſt ſitué dans une gorge, s'il eſt pierreux, ſec ou graveleux, gras, humide ou marécageux*], les arbres âgés d'environ . . . . . . [*mettre par eſtimation, environ l'âge de la futaie*], eſſence de . . . . . . [*marquer l'eſſence du bois*] la plupart . . . . . [*n'ayant jamais été abattus ou étant ſur ſouche : marquer en outre ſi tous ont l'écorce vive ou galeuſe, ſi les branches du haut ſont vigoureuſes, mortes ou languiſſantes ; en un mot, s'ils ſont vifs ou en erſle, ou s'ils donnent des marques de retour*], dans laquelle futaie nous avons compté [*ou marqué*] la quantité de . . . . . . [*mettre en toutes lettres le nombre des arbres, & déſigner leur eſſence*], qui nous ont paru ſains, nets & propres à faire les pieces énoncées ci - après, ſans y comprendre la quantité de . . . . . . [*mettre le nombre*], leſquels nous ont paru n'être pas de dimenſions requiſes [*ou de bonne qualité*].

Si c'étoit un bois dont on voulût ſe rendre Adjudicataire en entier, il faudroit indiquer le parti qu'on pourroit tirer des arbres qu'on ne jugeroit pas à propos de marteler, & on feroit un article ſéparé à la fin de l'état de l'eſtimation & de la valeur des dépouilles des arbres, ſuivant le prix que ſe vendent les bois ſur les lieux, & obſerver ſi, outre ceux de chauffage qu'on tire de ces dépouilles, l'on en peut tirer du merrain, des échalas, des gournables *, &c.

Il faut faire ici le détail des pieces qu'on a jugé propres au

____
* Gournables, grandes chevilles pour les Vaiſſeaux.

service, marquer leurs dimensions, leur toisé en pieds-cubes ou en solives, dans l'ordre qui suit :

EXEMPLE POUR LA CHARPENTERIE.

Noms des pieces.	Longueur. Pieds.	Largeur. Pouces.	Epaisseur. Pouces.	Nombre des pieds-cubes, ou des solives par estimation.
6 Poutres	30	15 à 18	18 à 22	
8 Poutrelles	25 à 30	12 à 14	15 à 18	
Bois quarré pour jambes de force, faîtes, sous-faîtes, &c.				
600 toises	20 à 30	9 à 10	10 à 11	
Bois quarré pour enraiures, solives, chevrons, &c; & ainsi de toutes les autres pieces qui peuvent entrer dans la construction d'une charpente.				

EXEMPLE POUR LA MARINE
BOIS DROITS.

Noms des pieces.	Longueur. Pieds.	Largeur. Pouces.	Epaisseur. Pouces.
6 Pieces de quille . . .	36 à 40	15 à 16	16 à 17
4 Brions	17 à 19	15 à 16	16 à 17
5 Etambots	24 à 25	19 à 20	15 à 16
20 Plançons pour hilloires, précintes & bordages; & ainsi des autres Pieces droites.			

BOIS TORS.

Noms *des pieces.*	DIMENSIONS.		
	Longueur.	Largeur.	Epaisseur.
	Pieds.	*Pouces.*	*Pouces.*
7 Genoux de fond . .	12	12	12
6 Pieces pour alonger.	12	12	12
4 Genoux de porque de fond.	14	15	12
5 Guirlandes , & ainsi de toutes les autres Pieces de courbans. .	14	18	14

Lesquels bois, sus désignés, sont éloignés de la riviere de . . [*nom de cette riviere*] de . . . . [*nombre de lieues qu'il y a de la forêt à cette riviere*] par laquelle ils pourront être conduits à flot ou en bateau au port de . . . . . où ils pourront être embarqués. [*S'il n'y a point de riviere, on marquera le chemin qu'il faudroit faire par terre pour les livrer au lieu de l'embarquement ou de leur destination, & indiquer tout ce qui pourra être favorable ou défavorable à la livraison au lieu où ils doivent être employés, les chemins qu'il faudra rétablir, & les difficultés qui s'y rencontreront. On passera ensuite à la visite des autres bouquets de bois, lisieres, palis, arbres détachés, &c, qu'on désignera comme ci-dessus; & on terminera le Procès-verbal en disant*] :

Lesquels arbres montant à la quantité de . . . . avons marqués de l'empreinte du marteau [*si c'est pour le Roi, cette empreinte est une fleur-de-lis*] dans la Maîtrise des Eaux & Forêts de . . . . . au greffe de laquelle nous avons déposé l'empreinte de notre marteau, & une expédition du présent Procès-verbal signé de nous, ainsi qu'il paroît par les certificats du Greffier, qui resteront joints au présent Procès-verbal.

[*Comme ces visites & le martelage se font presque toujours pour le service du Roi, on ajoute ordinairement*] :

Avons en outre fait défenses aux Propriétaires desdits bois, en vertu des ordres dont nous sommes porteurs, d'abattre ni faire abattre aucun des arbres marqués, sous les peines ortées par les Ordonnances de Sa Majesté, Arrêts, &c.

En conséquence de tout ce que dessus, avons rédigé notre présent Procès-verbal, dont nous avons remis une expédi-tion à . . . . . [*il faut marquer le nom & les qualités du Pro-priétaire ou de celui qui le représente*], afin que les Particuliers qui voudroient se rendre adjudicataires des bois non marqués, soient bien & duement informés de la quantité de pieds d'ar-bres réservés pour le service de Sa Majesté ; & avons signé. Fait à . . , . . le . . . . . [*mettre la date & le nom du lieu où a été fait le Procès-verbal*].

Article I. *Remarques sur les Visites.*

On a souvent fait de pareils martelages lorsqu'il a été question de bâtir de grands édifices pour le Roi, & encore plus fréquemment pour le service de la Marine ; cependant il est presque toujours plus avantageux de laisser faire les ac-quisitions & les exploitations aux Marchands de bois ; mais on ne doit pas leur refuser le secours d'un Constructeur ou d'un Charpentier, pour déterminer les pieces qu'on peut ti-rer de chaque arbre.

L'avantage principal qu'on trouve à ne se pas charger soi-mê-me des exploitations, consiste en ce qu'on connoît bien mieux la qualité des bois quand ils sont abattus & en partie débités, que lorqu'ils sont sur pied, comme nous le ferons voir dans la suite.

D'ailleurs, suivant l'Ordonnance de 1669, il ne se doit faire aucune vente extraordinaire par arpent ni par pieds d'ar-bres pour constructions & réparations des Maisons Royales, ou pour les Bâtiments de mer ; mais le Grand-Maître peut charger l'Adjudicataire des ventes ordinaires des forêts du Roi, de fournir les bois nécessaires pour ces sortes d'ouvrages, en payant le prix, suivant l'estimation qui en doit être faite sur avis de gens à ce connoisseurs, sur le devis des Arpenteurs ou Architectes, & conformément à l'état arrêté par le sur-In-tendant des Bâtiments de Sa Majesté, ou par le Controlleur général des Finances, dont l'expédition doit être faite en bonne forme. Cet état doit être inféré dans le cahier des charges, & remis au Greffe de la Maîtrife.

A quoi la même Ordonnance fait la reftriction fuivante. « Si » toutefois on avoit befoin d'aucunes pieces de telle groffeur » & longueur, qu'elles ne fe puffent trouver dans les ventes » ordinaires ; en ce cas, le Grand-Maître, fur les états qui en » feront arrêtés au Confeil, & Lettres Patentes duement vé- » rifiées, pourra marquer & faire abattre dans les forêts de Sa » Majefté, ou dans les bois des Eccléfiaftiques & autres, fans » diftinction de qualité, à la charge de payer la jufte valeur qui » fera eftimée par Experts . . . . . » Enfuite eft dit la forme judiciaire qu'on doit obferver.

Quand on vifite les bois, foit pour en faire l'eftimation, foit pour le martelage ; il eft bon d'avoir préfent à la mémoire les différents genres d'arbres qui fe trouvent dans ces bois, les différentes efpeces de chaque genre, leur qualité & l'ufage qu'on en peut faire : ce détail fera l'objet du Chapitre fui- vant.

CHAPITRE IV.

Quels font les différents genres & les diffé- rentes efpeces d'arbres qu'on trouve commu- nément dans les forêts : des ufages qu'on en peut faire : du choix qu'ils exigent felon leur deftination, &c.

Avant de difcuter la queftion que nous venons d'expofer, il eft à propos de faire remarquer qu'il s'agit ici des bois *en étant* dans les forêts, & non de ceux qui ont été abattus & tranf- portés dans les Chantiers : nous parlerons ailleurs de ceux-ci.

Il ne faut pas non plus regarder comme autant d'efpeces

différentes, ce qui ne peut être qu'une fuite de quelque maladie ou d'un vice particulier à un individu : les Ouvriers font fujets à faire cette méprife. Qu'on demande à un Menuifier, à un Charpentier, même à un Bûcheron, quelles font les différentes efpeces de Chêne qu'ils travaillent; la plupart répondront qu'ils en ont employé de doux, de tendres, de gras, de durs, de ruftiques, de rebours, de blancs, de jaunes, de rouges, &c, parce qu'ils auront remarqué ces différences dans les bois qu'ils auront exploités ou ouvragés, fans faire attention que la même efpece de Chêne peut avoir ces différentes qualités, fuivant la nature du terrein où ces arbres auront pris leur croiffance, & que le bois d'un Chêne qui eft blanc dans la jeuneffe de l'arbre, devient roux lorfqu'il dépérit. C'eft parce qu'on n'a pas eu affez d'égard à ces diftinctions, qu'on voit les fentiments très-partagés fur l'efpece de Chêne qui mérite la préférence. C'eft donc en conféquence de cela que Dalechamp, Théophrafte, Pline & leurs Commentateurs, donnent mal-à-propos pour des fignes qui caractérifent les efpeces, des marques de vieilleffe & de retour.

Quelques-uns, par exemple, font l'éloge du Chêne rouge, apparemment parce qu'ils auront employé une efpece de Chêne, dont le bois, quand il eft nouvellement travaillé, a un petit œil couleur de rofe ; au contraire la plupart des Ouvriers difent, avec grande raifon, qu'il ne faut pas employer le Chêne roux à des ouvrages de conféquence, parce qu'il fe pourrit aifément : mais ceux-ci entendent parler de ces bois, malheureufement trop communs, qui n'ont contracté cette couleur que par une altération de leur feve; & c'eft ce que nous avons déja dit en parlant de l'âge des arbres.

Les Partifans de ces deux fentiments en apparence contraires, peuvent donc avoir raifon ; & l'oppofition apparente de leur avis dépend de ce que la teinte couleur de rofe indique un arbre vif, au lieu que le roux terne tirant fur le fauve, eft un figne certain de retour, & d'un commencement d'altération dans le bois ; ainfi on doit favoir que la même efpece de Chêne peut avoir ces deux couleurs. Au refte,

je ne fais cette remarque que pour qu'on conçoive plus facilement ce qu'on doit entendre par *Espece* : les différences
dont nous venons de parler, & qui font bien dignes d'attention, feront difcutées quand nous traiterons des bois abattus
& exploités : elles ne doivent point nous occuper dans ce
Chapitre-ci, où il ne s'agit que des arbres qui font encore
fur pied; de forte que les différences auxquelles nous devons
préfentement prêter attention, fe doivent tirer feulement de
la grandeur & de la forme des feuilles & des fruits, de la difpofition des branches, & du port général des arbres ; encore
ne devons-nous nous arrêter à toutes ces chofes, qu'autant
qu'elles défignent particuliérement & conftamment une efpece quelconque, dont le bois eft d'une qualité différente des
autres : des recherches plus étendues nous méneroient trop
loin.

On a dû voir dans la *Phyfique des Arbres, Partie I, pag.* 270,
qu'il eft très-probable qu'il exifte deux fexes dans les plantes;
& nous avons fait voir (*pag.* 292) que ces deux fexes peuvent
occafionner une prodigieufe quantité de variétés entre les
plantes d'un même genre lorfqu'on les multiplie par les femences. Si l'on veut confulter ce que nous en avons dit aux
endroits cités, on connoîtra que dans les genres d'arbres où
il y a déja plufieurs efpeces ou variétés qui fe trouvent confondues dans les bois, les femences doivent produire un
nombre prodigieux de variétés ; delà tant de variétés qu'on
obferve dans les Chênes, & pourquoi il ne s'en trouve point
dans les Hêtres ; comme on n'en connoît qu'une feule efpece
dans nos forêts, nous concluons qu'elle doit être conftante.

La difcuffion où nous fommes entrés dans notre Traité de
la *Phyfique des Arbres*, fait encore voir qu'il n'eft point du tout
convenable de diftinguer, comme le font nombre d'Auteurs,
les Chênes & les Ormes, en mâles & femelles, puifqu'il y eft
très-bien prouvé que ces arbres font hermaphrodites, & que
chacun de ces individus eft pourvu des organes mâles & femelles.

Après avoir dit, 1°, qu'il ne faut point prendre pour des

especes particulieres, les accidents qui ne font qu'annoncer que tel arbre est bien ou mal constitué; 2°., que nous ne nous proposons de parler des différentes especes, qu'autant qu'il en pourroit résulter des différences sensibles sur la qualité de leurs bois; prévenus de toutes ces choses, nous allons parcourir, les uns après les autres, les différents genres d'arbres qui font la masse de nos bois, & qui peuvent s'employer à différents usages.

§. 1. *Du Chêne.*

Nous commençons par ce genre, parce qu'il est l'un des plus utiles des arbres qui meublent les forêts.

Quand le Chêne est fort jeune, on en fait des harts, des fagots, des claies, des cotrets, de bon charbon; ensuite des cerceaux pour les futailles, & des cercles pour les cuves; du gros bois de corde, des ridelles & des limons de charrettes; toutes sortes de bois de charpente pour les bâtiments civils & pour la construction des bateaux & des vaisseaux; enfin différents ouvrages de fente, comme échalas, lattes, merrein; des cerches pour les Boisseliers, des bois de sciage, &c.

Sébastien Vaillant, dans son *Botanicon Parisiense*, ne compte que sept especes de Chêne, qui croissent aux environs de Paris: Pitton de Tournefort en a rapporté vingt, dans ses *Institutiones*: on assure qu'il y en avoit soixante-dix dans le jardin de Boerhaave: ce nombre ne me surprend pas; car il est difficile de rencontrer dans un bois deux Chênes qui se ressemblent exactement par leurs feuilles, par leur fruit, & par leur port. Pour voir combien la nature est riche dans ses productions, on n'a qu'à consulter notre histoire des *Arbres & Arbustes*; mais ici il nous suffira d'avoir égard aux différences les plus frappantes, & de nous borner à celles qui paroissent influer sur la qualité du bois.

En nous renfermant dans ces bornes, on peut ranger toutes les especes de Chêne en deux classes; savoir les Chênes qui conservent leurs feuilles vertes pendant toute l'année, qu'on nomme Chêne-verd ou Yeuse, en Latin, *Ilex*; & le Chêne-

blanc qui perd fes feuilles en Automne. Nous nous difpen-
ferons de parler d'une efpece de Chêne qui femble mitoyenne;
c'eft celui qui a les feuilles femblables au Chêne-blanc, mais
qui conferve fa verdure pendant l'Hiver : je l'ai vu dans
les jardins d'Angleterre; je foupçonne que c'eft le *Quercus
latifolia femper virens C. B.* ou celui dont parle Théophrafte,
qui conferve fes feuilles vertes pendant l'Hiver, & qui ne
s'en garnit que vers le milieu de l'Eté : on peut probablement
comparer cette variété à une efpece de Noyer qui n'eft pas
rare, qu'on appelle *Noyer de la S. Jean*, parce qu'il ne commence à fe garnir de feuilles que vers ce temps : Pline dit
qu'il y avoit un Chêne de cette finguliere efpece près la
ville de Cibéris en Calabre ; Dalechamp ajoute qu'on en
voit de pareils dans l'Apennin. Au refte, cette variété qui
nous intéreffe peu, ne doit pas être regardée comme mitoyenne entre le Chêne & l'Yeufe; c'eft un vrai Chêne-blanc;
par conféquent nous nous en tenons à la diftinction générale
que nous avons faite des Chênes en deux efpeces, & nous
paffons à leurs fubdivifions.

§. 2. *De l'Yeufe, ou Chêne-verd ; & du Liege.*

ENTRE les différentes efpeces de Chêne-verd, les unes ont
leurs feuilles petites, d'autres les ont grandes ; elles font ou
ovales, ou plus alongées ; tantôt lanugineufes, c'eft-à-dire,
couvertes de poils, tantôt liffes ou piquantes par les bords,
ou fans pointes ; mais nous nous bornerons à dire en général;
1°, que les Yeufes croiffent plus lentement que les Chênes-
blancs, qui ne parviennent point à une auffi grande taille, quoique j'aie vu des madriers qui venoient de la Louifiane, qui
portoient, francs d'aubier, quinze à dix-huit pouces de largeur.

2°, L'aubier de l'Yeufe eft blanchâtre ; mais fon bois eft
d'une couleur brune ; il eft plein ; fes pores font petits, & par
conféquent il eft dur, pefant, très-fort, & il prend un beau
poli ; il fe tourmente & fe fend beaucoup en fe féchant : la
même chofe arrive à tous les bois de bonne qualité,

3°, Il

3°. Il réfifte plus long-temps à la pourriture que le Chêne blanc.

La pefanteur de ce bois ne doit pas être regardée comme un défaut, même pour la conftruction des vaiffeaux : fi on l'emploie dans les fonds, il tient lieu de left ; & pour les hauts, comme il eft plus fort que le Chêne-blanc, on peut le tenir d'un plus petit échantillon. Avant l'Hiver de 1709, on employoit en Provence beaucoup d'Yeufe pour les conftruc- tions : les bâtiments de mer que les Efpagnols font avec des bois durs dans leurs Colonies durent long-temps, & ils font fort bons, quoique les bois qu'ils emploient foient fort lourds, & encore plus pefants que l'Yeufe.

Il y a actuellement un abus dans l'emploi qu'on fait de l'Yeufe dans les Ports : on en fait des effieux de poulies : cet ufage eft fondé fur la bonté de ce bois ; mais comme depuis l'Hiver de 1709, on n'a plus en France que des taillis de ce bois, on n'emploie, à proprement parler, que des parements de fagots, qui ne font que de l'aubier, moins bon que n'eft le cœur de Chêne-blanc, même de médiocre qualité.

Le bois du cœur de l'Yeufe joint la flexibilité à la dureté ; c'eft pour cela qu'en Languedoc on en fait des manches de mail, qui confervent leur foupleffe lors même qu'ils font fort fecs : malheureufement il fe fend trop aifément pour qu'on en puiffe faire des rouets de poulies.

On trouve de l'Yeufe en Provence, en Languedoc, en Gafcogne, dans les Pyrenées, en Saintonge, & dans plu- fieurs autres Provinces : nous en avons femé dans nos terres, auprès de la forêt d'Orléans, qui y vient très-bien ; mais comme cet arbre croît lentement, on a peine à fe déterminer à en faire des femis confidérables.

La difficulté que les Ouvriers ont à le travailler à raifon de fa dureté, les a déterminés à y trouver des défauts : ils prétendent, par exemple, que fa feve fait rouiller les clouds & les chevilles de fer, qu'on emploie pour lier les membres des vaiffeaux : j'ai tenté fur cela quelques expériences qui ne m'ont rien appris de certain à cet égard.

Ce que nous pouvons affurer, c'eft qu'il faut employer l'Yeufe préférablement à toute autre efpece de Chêne, par-tout où ses dimensions permettront d'en faire usage, sur-tout dans les circonstances où ce bois auroit à essuyer des frottements.

Le Liege ne differe de l'Yeuse que par son écorce épaisse, tendre & élastique · je n'ai pas eu occasion d'examiner bien exactement la qualité de son bois ; comme nous en avons plusieurs pieds dans nos jardins, j'ai seulement remarqué que le bois des branches un peu grosses que je faisois couper, étoit très-dur ; mais ces arbres ne viennent jamais assez gros pour fournir de belles pieces de charpente ou de construction.

Quoique nous ayons plusieurs Lieges qui ont supporté des Hivers assez rigoureux, on peut cependant regarder cet arbre comme un arbre des Provinces Méridionales : la Provence, le Languedoc, le Dauphiné, la Gascogne, les Pyrénées, l'Espagne, la côte de Gênes, la Toscane, les environs de Pise & de Rome en sont fournis.

§. 3. *Du Chêne - blanc.*

Le Chêne-blanc est beaucoup plus commun en France que l'Yeuse, & il fournit encore plus de variétés ; mais entre les Chênes qui viennent assez grands pour fournir des bois de service, nous n'avons été à portée que d'en distinguer trois variétés ; savoir, 1°, le Chêne qui porte ses fruits sur de courts pédicules, & dont les feuilles sont ordinairement larges & épaisses ; elles ne sont pas découpées ou échancrées profondément ; son tronc est gros ; son écorce raboteuse : quand il n'est pas resserré dans une futaie, il a beaucoup de disposition à produire quantité de branches, & dans ce cas il s'éleve peu ; cependant quand il se trouve dans un massif, il fournit quelquefois de belles & grandes pieces : son bois est haut en couleur, dur, liant, & de bonne qualité ; mais le bois en est un peu rebours, & ses fibres sont un peu torses : cette espece est le *Quercus latifolia, mas, quæ brevi pediculo est.* C. B. P. Je ne crois pas que ce soit de cette espece de Chêne dont Théophraste & Pline disent que le Chêne à larges feuilles produit de mauvais bois, qui se pourrit promptement, & dont le charbon ne peut fervir qu’aux forges , parce qu’il s’éteint auffi-tôt qu’on ceffe d’animer le feu par le vent des foufflets. Dalechamp remarque très-judicieufement, que les défauts dont parlent Théophrafte & Pline , conviennent aux bois ufés, & qui commencent à être attaqués de la pourriture , ce qui ne peut caractérifer une efpece particuliere. Il eft certain que l’efpece de Chêne dont nous parlons eft fort bon , & que quand il eft jeune , il fournit de bon charbon : l’inclination qu’il a à produire des branches , fait que quand il fe trouve ifolé , il fournit à la Marine beaucoup de bois tors. Au refte, comme fon bois eft ferme, liant & de bonne qualité , on doit l’employer en charpente par-tout où fes dimenfions permettent d’en faire ufage : il eft moins propre aux ouvrages de fente & de Menuiferie , parce qu’il eft fujet à fe fendre , à fe tour-menter , & que rarement fon fil eft bien droit.

On rencontre encore fréquemment dans les forêts une efpece de Chêne qui a ordinairement fes glands plus alongés , & qui les porte difpofés en maniere de grappes pendantes à de longues queues. Les feuilles de cette efpece de Chêne font ordinairement plus alongées , plus étroites , & découpées plus profondément que les feuilles de l’efpece précédente ; fon écorce eft auffi plus fine & plus unie; & cet arbre qui n’a pas la même difpofition à s’étendre en branches , forme un plus beau tronc : c’eft le *Quercus cum longo pediculo* , C. B. P. Son bois eft d’un jaune pâle , tirant fur la couleur de paille ; fes fibres font fines & droites ; ce qui fait que , quoiqu’elles foient fortes & élaftiques , le bois de ce Chêne n’eft point rebours.

Cet arbre fournit plus que tout autre , les longues pieces de charpente. On le débite en bois de fciage pour la Menuiferie ; & ordinairement il eft très-propre pour la fente.

Il y a une autre efpece de Chêne dont nous pourrions nous difpenfer de parler ici, puifqu’elle eft rarement propre à fournir de bonnes & grandes pieces , parce que ces arbres font prefque toujours branchus & rabougris , ce qui provient principalement de ce que cette efpece de Chêne eft plus fenfible à la gelée que les autres : les feuilles en font d’un verd blanchâtre , parce qu’elles font chargées d’un long duvet , fur-tout quand elles font jeunes ; alors elles paroiffent bordées d'une teinte couleur de rofe ; ces feuilles font ordinairement alon-gées & fort échancrées ; on les voit raffemblées fur les bran-ches par bouquets. Le bois de cet arbre eft fort brun , ce qui fait que quelques-uns l'appellent *Chêne-noir*, fon aubier eft blanc & fort épais. Je crois que c'eft le *Quercus foliis molli lanu-gine pubefcentibus* : C. B. P. Le bois de ce Chêne eft dur & bon, mais fujet à être rebours ; &, comme nous l'avons dit, il four-nit rarement des pieces d'une groffeur un peu confidérable, fur-tout après qu'il a été dépouillé de fon aubier.

Cafpar Bauhin parle encore d'un Chêne nommé *Hali-phæus* de Bourgogne, qui fe trouve, dit-il, dans une petite forêt, fituée fur le chemin qui conduit de Dole à Befançon : ce Naturalifte remarque que cette efpece eft petite ; & que par conféquent il fournit rarement des pieces pour les char-pentes : il femble que cette efpece differe peu de celle dont nous venons de parler.

Nous avons principalement élevé dans nos bois deux ef-peces de Chêne qui nous ont été envoyées du Canada : l'une qu'on nomme dans le pays Chêne-blanc, a fes feuilles d'un verd tendre & agréable ; fes fruits font petits, & auffi doux que des châtaignes : l'autre qu'ils nomment Chêne-rouge, dont les feuilles font très-grandes, d'un verd foncé, fermes & épaiffes ; les nervures de deffous deviennent un peu rouges auffi-tôt que les feuilles font parvenues à leur grandeur, & en Automne elles font entiérement rouges : ces arbres pouf-fent avec beaucoup de vigueur. Je crois que c'eft le *Quercus Virginiana venis rubris muricata* : PLUK. *Phyt.*

Ces arbres de Canada font encore trop jeunes pour que je puiffe rien dire fur la qualité de leur bois.

Je renvoie pour les autres efpeces ou variétés du Chêne, à ce que j'en ai dit dans mon *Traité des Arbres & Arbuftes* ; car quoique j'en aye vu plufieurs autres efpeces, telles que font ceux qui portent de très-gros glands, ceux qui ont leur calice écailleux, &c ; je n'ai point été à portée de pouvoir connoître la qualité de leur bois.

Je ne dois pas négliger d'avertir que comme les efpeces

que je viens de décrire, se font mélangées par la fécondation, elles ont produit un nombre infini d'autres especes mitoyennes, ou de variétés. Mais je puis assurer que dans l'examen que j'ai fait du bois des différentes especes de Chêne qui croissent dans nos forêts, je n'ai pas apperçu que l'espece, quelle qu'elle soit, influât autant sur la qualité de leur bois, que l'âge & le terrein : nous en avons, à dessein, fait fendre & débiter ; nous en avons même pesé, soit verds, soit secs ; mais les différences que nous avons cru appercevoir dans ces bois, n'ont abouti souvent qu'à nous laisser dans le doute, de savoir si elles ne dépendoient pas de la nature du terrein, de l'âge, &c. J'ai détaillé plus haut les différents usages qu'on peut faire du Chêne : j'y reviendrai souvent dans le courant de cet ouvrage.

§. 4. *De l'Orme.*

COMME cet arbre est très-commun, & qu'après le Chêne, il est un des plus utiles qu'on puisse employer, nous croyons devoir en parler immédiatement après le Chêne.

La plupart des Ormes qu'on plante le long des grands chemins ayant été élevés de semence, on apperçoit, pour peu qu'on y fasse attention, un nombre prodigieux de variétés : les uns ont leur tige très-élevée, & leurs branches sont très-approchées les unes des autres ; d'autres poussent quantité de grosses branches qui s'étendent au loin & de tous côtés ; leur tronc moins élevé que les autres, devient fort gros. Les feuilles de l'Orme varient aussi beaucoup : les unes sont fort grandes ; & d'autres sont très-petites ; les unes sont très-rudes au toucher, d'autres assez douces : nous nous sommes bornés dans notre *Traité des Arbres & Arbustes,* à en distinguer dix especes ; mais ici, où il s'agit de la différente qualité du bois des arbres de ce genre, nous nous bornerons encore davantage, & nous n'en distinguerons que quatre especes ; savoir :

1°, Celui qu'on appelle improprement *l'Orme-mâle,* qui est *l'Ulmus major, foliis exiguis, ramis compressis* : HIST. *Arbres.* Quand cette espece a crû dans un terrein sablonneux, son bois est fort doux : on en fait de la latte, de grands

cercles pour les cuves, & de l'*aubage* qui se travaille bien sous
la varlope. Lorsque cet Orme a crû dans une terre plus forte
& plus seche, comme il vient fort droit, on en fait des corps
de pompe, & des tuyaux pour la conduite des eaux.

2°, Celui qu'on appelle *Orme-teille*, ou *Orme-tilleul*, parce
que son bois est tendre & presque aussi doux que celui du
Tilleul. Je crois que c'est l'*Ulmus*, *folio latissimo, scabro* : Ger.
Emac. ses feuilles sont fort grandes : il a cela de singulier,
qu'il ne pousse presque jamais de bourgeons le long de son
tronc, ni des grosses branches ; de sorte qu'il ne produit de
feuilles qu'au bout de ses branches : il ne devient jamais son
gros. Au reste son bois se peut travailler comme le noyer;
mais il est très-cassant, ce qui fait qu'on l'estime peu : nous
n'en avons que dans nos jardins, & nous ne cherchons pas à
multiplier cette espece ; 3°, l'Orme de Hollande à larges feuilles : *Ulmus major Hollandia, folio latissimo, scabro, ramos extra*
se spargens.

On m'a envoyé des greffes de cette espece, & j'ai reconnu
que c'étoit la même que celle que nos Ouvriers appellent
l'Orme femelle, & dont nous avons grande quantité en France:
les feuilles en sont fort larges, & par conséquent elles produisent un très-bel ombrage : cet arbre pousse quantité de
branches, qui fournissent beaucoup de bois précieux pour le
charronnage : son tronc devient fort gros, & procure des écrous
de pressoir, des mais pour les presses, des tables de cui-
sine, des étaux pour les Bouchers, des établis pour les Menuisiers, & des madriers pour les équipages, des planches,
&c : mais son bois n'est pas bien fort ; il n'est pas de résistance
employé pour des moyeux & des jantes de roues.

4°. La meilleure espece d'Orme se nomme *Tortillard* : *Ulmus*
major, ramos extra se spargens, ampliore folio. Cet Orme a les
feuilles assez grandes, mais non autant que la précédente espece ; elles sont aussi plus rudes & d'un verd plus foncé; son
écorce est plus rabotteuse, & son tronc est relevé en plusieurs endroits par de petites bosses. On le nomme *Tortillard,*
parce que les fibres de son bois paroissent comme liées, & en
quelque maniere entortillées les unes dans les autres ; le bois

en eſt fort dur, très-liant; il ne ſe prête point à la fente: il eſt trop rebours pour que les Menuiſiers puiſſent le travailler: il eſt excellent pour le charronnage; on en fait des moyeux & des jantes de roues, des écrous, des arbres de preſſoir & quantité d'autres ſervices qui exigent de la force: ce bois a même cette propriété ſinguliere, que ſon aubier eſt ſi ferme, quand il n'eſt pas trop ſec, que pour faire de bons moyeux de roues, les Charrons choiſiſſent les morceaux de la groſſeur que doivent avoir leurs moyeux, afin de conſerver le plus d'aubier qu'il eſt poſſible.

Comme le feuillage de cette eſpece d'Orme eſt fort beau, & que ſon bois eſt infiniment plus utile que celui des autres Ormes, nous nous attachons à le multiplier par préférence, ſoit en l'élevant en pepiniere, ſoit par drageons enracinés, ſoit enfin en le greffant ſur d'autres eſpeces.

En général, toutes les eſpeces d'Ormes font de bon charbon & de bon bois à brûler: c'eſt le principal uſage qu'on fait des taillis de ce genre.

§. 5. *Du Hêtre.*

On ne connoît ici qu'une eſpece de Hêtre: *Fagus.* Dod. qu'on nomme en François *Hêtre, Foyard, Fau,* ou *Fouteau,* ſuivant les différentes Provinces. Il paroît que quelques anciens Naturaliſtes l'ont confondu avec le Chêne.

On prétend que quand les jeunes branches du Hêtre ſe recourbent en pendant vers le bas, c'eſt ſigne que l'arbre eſt très-vigoureux: les Ouvriers-fendeurs font cas de ceux ſur leſquels on voit le long de leur tronc comme des côtes qui décrivent des hélices fort alongées: il eſt au moins bien certain que quoiqu'on ne connoiſſe en France qu'une eſpece de Hêtre, il y a de ces arbres qui ſont bien plus propres que d'autres pour la fente. C'eſt un grand défaut, quand ſon écorce eſt rouſſe d'un côté; on prétend que ce défaut vient de ce que l'écorce a été cuite par le ſoleil.

Il n'y a point d'arbres dont on faſſe une auſſi grande variété d'ouvrages différents que du Hêtre. En premier lieu on en fait des harts; puis quand il eſt plus grand, des cerceaux pour les futailles ; enfuite des cercles pour les cuves. On fend en deux les jeunes Hêtres qui font de belle venue, pour en faire des brancards de chaife ; & lorfqu'ils font encore un peu plus grands, des rames pour la navigation : on en refend à la fcie pour les Menuifiers qui font des meubles, & pour les Armuriers ; les Charrons mêmes en font ufage. Mais la plus grande confommation de ce bois eft pour les ouvrages de fente, de tour & de raclerie, dont nous parlerons dans la fuite. Enfin le Hêtre fournit le meilleur bois à brûler, & on en peut faire de très-bon charbon.

On n'en fait pas grand ufage ni pour la charpenterie, ni pour la conftruction des vaiffeaux. Le fruit du Hêtre, qu'on nomme *Faine*, donne de l'huile par expreffion.

§. 6. *Du Châtaignier.*

En confidérant la groffeur & la faveur des fruits du Châtaignier, on en pourra diftinguer une infinité d'efpeces : nous n'en avons néanmoins rapporté que cinq dans notre *Traité des Arbres & Arbuftes*, quoiqu'on pût former une fuite nombreufe de variétés, qui formeroient une nuance graduée, à compter depuis la plus petite & la plus infipide châtaigne, jufqu'au plus gros & au plus fucculent marron. Mais quant à la qualité du bois de cet arbre, on peut à peine en diftinguer deux efpeces ; favoir, le Châtaignier des bois : *Caftanea Silveftris, quæ peculiariter Caftanea* : C. B. P. & le marron : *Caftanea fativa*, du même Auteur : le premier paffe pour avoir le bois plus ferme & meilleur. Mais la différence n'eft pas confidérable, & tous les deux font de bonnes charpentes lorfqu'on les emploie à couvert ; car le bois de Châtaignier pourrit promptement quand il eft expofé alternativement à l'humidité & au fec ; la différence la plus fenfible confifte en ce que, pour avoir beaucoup de fruit des Châtaigniers, il les faut tenir éloignés les uns des autres. Dans une pareille pofition ils pouffent beaucoup de branches ; mais ils ne fourniffent pas de belles pieces de charpente : au contraire, quand on les tient en maffif, ils donnent peu de fruit ; mais ils fourniffent de belles pieces de bois.

Quand

Quand les Châtaigniers font gros & vieux, leur bois devient poreux ; c'eſt pourquoi on préfere le merrein qui eſt fait avec de jeunes Châtaigniers, à celui qu'on fait avec les gros. Il y a peu de bois qui fourniſſent d'auſſi bons cerceaux, & qui réſiſtent auſſi long-temps dans les caves pourriſſantes.

Aux environs de Paris, les Fruitiers achetent des Gardes des bois la permiſſion de cueillir les jeunes branches de Châtaigniers avec leurs feuilles, pour en garnir les paniers de ceriſes. On ramaſſe dans les bois les feuilles de Châtaignier, & l'on en fait de la litiere aux beſtiaux. Les pauvres gens garniſſent leurs paillaſſes de ces feuilles pour ſe coucher préférablement à la paille. Le bois du Châtaignier eſt bon encore à brûler, quoiqu'il ſoit ſujet à jetter des éclats : on en fait d'aſſez bon charbon. Les châtaignes tiennent lieu de pain dans pluſieurs Provinces : on en pourroit faire de bon amidon. Je n'ai pas connoiſſance qu'on faſſe uſage du bois de Châtaignier ni pour le charronnage, ni pour la conſtruction des vaiſſeaux : les Menuiſiers l'emploient dans les campagnes à faire des meubles.

§. 7. *Du Frêne.*

QUOIQUE nous cultivions dans nos bois ſept ou huit eſpeces de Frêne ; comme la plupart viennent des pays étrangers, la ſeule eſpece qui ſe trouve communément dans les bois du Royaume, & qui mérite de trouver place ici, eſt le *Fraxinus excelſior*, C. B. P. Quoique ſon bois ſoit dur & très-fort, on l'emploie peu cependant, ſoit pour les charpentes, ſoit pour la conſtruction des Vaiſſeaux ; mais il eſt eſtimé pour les ouvrages de charronnage, & pour cette raiſon on en peut faire uſage pour l'artillerie. On en fait de bons cerceaux : il eſt bon à brûler & à faire du charbon : il eſt recherché par les Tourneurs. Le ſeul défaut qu'on lui reproche, c'eſt d'être aſſez promptement piqué par les vers.

§. 8. *Des Noyers.*

LES Noyers, ainſi que tous les arbres qui ſe multiplient par

leurs fruits, fournissent beaucoup de variétés; mais comme il
ne s'agit ici que d'avoir égard à la qualité de leur bois, nous
nous bornerons à dire que nous n'avons apperçu aucune différence sensible dans le bois que fournissent les Noyers de
France, quoiqu'on pense ordinairement que ceux qui produisent de petits fruits, dont la coquille est fort dure, & qui
ont intérieurement des cloisons ligneuses qui renferment les
amandes, ont leur bois plus dur, que ceux qui produisent de
gros fruits aisés à rompre. Cette différence qui peut être
réelle, ne nous a pas paru sensible. Mais il y a beaucoup
de différence dans la qualité du bois du Noyer, suivant le terrein sec ou humide où il a été élevé; ainsi, quoique nous cultivions plusieurs especes de Noyers, soit de France, soit des
pays étrangers, nous ne parlerons ici que de l'espece que
Caspar Bauhin a nommée, *Nux juglans, sive Regia vulgaris.*
A l'égard de la distinction des especes ou variétés, nous renvoyons le Lecteur à notre Traité des *Arbres & Arbustes.*

Comme le bois du Noyer est liant & doux, il devient propre à une infinité d'ouvrages. On en fait du bois de sciage, qui
se vend très-avantageusement aux Menuisiers qui font des
carrosses & des meubles, aux Tourneurs & aux Sculpteurs:
les Teinturiers emploient leurs racines pour les teintures.
On fait encore avec ce bois des colets de charrue, d'excellentes vis à pressoir; & ce bois fournit à la Marine des gou-
vernails: on en fait aussi d'excellents sabots. Ce bois fait un
très-beau feu & fournit de bon charbon; mais il est rare qu'on
l'emploie à ces derniers usages.

Son fruit, outre qu'il est bon à manger, sur-tout quand il
est frais, donne de bonne huile, lorsqu'il est parvenu à sa maturité.

§. 9. *Du Platane.*

CET arbre commence à se multiplier en France, & il y a
lieu de croire qu'il y deviendra très-commun; c'est ce qui m'o-
blige de parler ici de cet excellent bois.

Nous avons indiqué dans le Traité *des Arbres & Arbustes*
trois especes de Platanes: on prétend qu'on en peut obtenir

beaucoup d'autres variétés par les femences : mais il y en a
fur-tout deux efpeces très - diftinctes ; favoir, le Platane des
anciens ou Platane d'Orient, *Platanus Orientalis verus.* Park;
& le Platane d'Occident, *Platanus Occidentalis, aut Virgi-
nienfis* : Park.

J'ai fait travailler du Platane d'Occident par des Menuifiers
& par des Tourneurs. Ce bois eft très-plein, très-dur, très-
liant & fort lourd, même quand il eft fec : il fe coupe fort
net ; il porte bien les moulures, & même la vis ; de forte qu'il
y a lieu de croire que quand on aura dans le Royaume de gros
corps de cet arbre, on pourra l'employer à toutes fortes de
fervices, d'autant plus qu'en Canada, d'où il nous eft venu,
on s'en fert pour le charronnage. A l'égard du Platane d'O-
rient, je n'en ai point fait travailler ; mais Pline dit qu'on en
faifoit des canots ; & Riccioli affure que les Turcs emploient
ce bois pour la conftruction de leurs vaiffeaux. Voilà tout ce
que je puis dire fur ces deux efpeces de bois, qui me paroiffent jufqu'à préfent très-précieux.

§. 10. *Du Mûrier.*

Il n'eft point queftion ici du Mûrier noir qu'on cultive pour
fon fruit ; mais du Mûrier blanc : *Morus fructu minori infulfo.*
H. Catii.

Le bois du jeune Mûrier eft blanc ; il devient jaune quand
il eft plus vieux : il eft léger & filandreux ; néanmoins il fe
fend bien quand il eft encore verd, & on en fait des barri-
ques pour tranfporter les vins de liqueur ou autres ; mais fon
tiffu n'eft pas affez ferré pour contenir l'huile. Comme ce bois
eft caffant quand-il eft fec, on n'en peut faire de groffes futailles ; mais on en fait des cerceaux affez bons. Je ne parlerai point de l'ufage qu'on fait de fes feuilles pour nourrir les
vers à foie. On fait des cordes avec fon écorce : fon bois n'eft
pas trop bon pour le chauffage, & le charbon qu'on en tire
n'eft pas fort eftimé.

§. 11. *Du Marronnier d'Inde.*

JE n'en connois qu'une efpece, que Pitton de Tournefort a nommé *Hypocaftanum vulgare.* Son bois eft blanc, rebours, filandreux, léger & fpongieux: il imbibe l'eau, & fe pourrit aifément. Cependant j'en ai vu faire des fabots, quelques meubles de peu de conféquence, des fculptures communes ; outre cela on en refend beaucoup en voliches pour les Layetiers. J'ai connu un Menuifier qui, avec de la patience, étoit venu à bout d'en faire de la Menuiferie affez propre. Quand ce bois eft bien fec, il brûle & fait beaucoup de flamme ; c'eft pour cela que les Chaufourniers & les Plâtriers l'achetent volontiers.

§. 12. *Du faux Acacia.*

LE faux Acacia, que Pitton de Tournefort a nommé, *Pfeudo-Acacia vulgaris*, & M. Linnæus, *Robinia*, eft un très-bon bois, fort dur, lourd & pliant ; il fe tourne fort bien, & fe coupe très-net fous le rabot : fon unique défaut eft d'être trop aifé à fe fendre. On en fait néanmoins de bons cerceaux, d'excellent merrain, de fort beaux & bons meubles. Comme cet arbre devient très-gros, il pourroit fournir de très-bonnes pieces de charpente ; mais rarement parvient-il à une groffeur convenable, parce que les branches s'éclatent par le poids du givre ou de la neige, & par les efforts du vent, ce qui oblige de l'étêter fouvent & de le tenir bas de tige.

Le bois du *Gleditfia* me paroît à peu-près femblable à celui de l'Acacia. Je ne fai point quelle peut être la nature du bois des *Afpalathus* ; l'une & l'autre de ces efpeces eft réputée du genre de l'Acacia : ceux que j'ai, ne font point encore fort gros.

§. 13. *Du Pin.*

ON fait un grand ufage du bois du Pin. C'eft de ce bois que l'on fait les mâts des vaiffeaux : on en double la carenne des bâtiments deftinés à naviguer dans des mers où il y a beaucoup de vers ; on en borde le haut des *œuvres-mortes*, & une partie des ponts des vaiffeaux : j'en ai vu des charpentes fort

anciennes, qui étoient encore très-bonnes. Mais toutes les
efpeces du Pin ne font pas également bonnes à ces ufages ; &
quoique nous en cultivions quantité d'efpeces différentes, je ne
fuis point encore en état de défigner précifément celles qui
méritent la préférence, parce que ces arbres font trop jeunes
pour qu'on puiffe examiner la qualité de leur bois. Comme
j'ai affifté à beaucoup de réceptions de Pins apportés dans nos
ports pour le fervice de la Marine, je puis, fans entreprendre
de défigner précifément les efpeces, indiquer à quelle marque
on reconnoît que le bois du Pin eft de bonne qualité.

1°, Les meilleurs mâtures des vaiffeaux font de bois de Pin ;
nous les tirons de Riga : il nous vient auffi de Pruffe, des
bordages de ce bois.

2°, Le bois du Pin ne doit pas être blanc ; cette couleur
indique qu'il eft peu réfineux, il doit être d'un jaune clair.

3°, Ce bois doit avoir le grain fin & ferré ; en conféquence,
le bois du Pin le plus pefant eft eftimé le meilleur.

4°, Les cercles concentriques du corps de cet arbre, ne doivent pas être trop épais ; il doit s'en trouver alternativement
un d'un jaune brillant & fort chargé de réfine : j'ai vu des
contrevents d'une croifée faits avec ce bois, de l'épaiffeur
d'environ $\frac{1}{4}$ de pouce, qui étoient tellement chargés de réfine,
que quand le foleil donnoit deffus, on appercevoit à travers
le leur épaiffeur une lumiere d'un rouge foncé.

5°, Quand les Pins de bonne qualité ont été dépouillés de
cur écorce, & qu'on les a laiffés expofés au foleil, il doit
fuinter de toute part une réfine de bonne odeur.

6°, Si le bois du Pin étoit d'un rouge obfcur, & fi la réfine
qui y eft contenue, étoit noirâtre, ces fignes indiqueroient
une pourriture prochaine.

7°, Il faut que les Pins aient atteint un certain âge avant
d'avoir acquis la perfection de leur bonne qualité : les jeunes
ont trop d'aubier, ce qui eft un défaut.

8°, La couleur du bois doit être uniforme : ceux dont l'aire
de la coupe préfente des marbrures ou variétés de couleurs
ne font pas bons à être employés aux ouvrages de conféquence.

9°, Ils ne doivent avoir ni roulures, ni gelivures, ni un

trop grand nombre de nœuds ; & il faut examiner ces nœuds avec attention ; car quand ils font cariés, les Marchands favent mafquer ce défaut, en y rapportant un autre nœud bien fain, & collé avec de la réfine chaude ; de forte que quand la piece eft bien rapportée, on a peine à découvrir la fraude. On doit auffi vifiter les deux bouts d'une piece de ce bois, pour juger fi la qualité eft bonne dans toute la longueur de l'arbre. Dans le Bourdelois, on fait beaucoup d'échalas avec les jeunes Pins.

On peut confulter notre Traité *des Arbres & Arbuftes* fur la maniere de retirer des Pins, la réfine, le brai & le gaudron.

§. 14. *Du Sapin.*

On connoît beaucoup d'efpeces de Sapins : nous en cultivons plufieurs ; néanmoins nous ne parlerons ici que de trois, & nous renvoyons pour les autres, à ce que nous en avons dit dans le Traité cité ci-deffus.

1°, Le vrai Sapin, *Abies taxi folio, fructu sursùm fpectant,* Inst. Cet arbre devient très-haut, très-droit ; fes feuilles font argentées pardeffous ; elles font d'un verd foncé, mais brillant pardeffus. Cet arbre s'éleve beaucoup, & fa tige eft toujours fort droite. On apperçoit fur fon écorce des éminences ou efpeces de veffies qui contiennent une térébenthine fort claire : fon bois eft plus blanc, & moins réfineux que celui du Pin. On s'en fert pour faire des mâts de barques, & de petits bâtiments de mer ; mais l'ufage le plus commun eft d'en faire des folives, des chevrons, des planches, de la voliche, pour quantité de bateaux qui naviguent fur les rivieres, & pour plufieurs légers ouvrages de Menuiferie. Les Couvreurs confomment maintenant beaucoup de ces voliches, depuis qu'on en débite de Chêne trop minces & en partie d'aubier. Quoique le Sapin foit beaucoup moins réfineux que le Pin, on doit eftimer dans les Sapins ceux dont le bois eft le plus gras & le plus chargé de réfine.

2°, Le *Picea,* ou par corruption, *Epicias: Abies tenuiore folio, fructu deorsùm inflexo,* Inst. Ce Sapin fe diftingue aifément du précédent; 1°, en ce que ses folioles sont piquantes & étroites ; 2°, en ce qu'elles ne sont point blanches ni argentées par dessous ; 3°, en ce que ses folioles ne sont point rangées à plat, comme au Sapin, mais posées tout autour du filet qui les porte ; de sorte qu'elles sont toutes ensemble une espece de cylindre, au lieu de la figure d'un peigne qu'ont celles du Sapin ; 4°, le bois de cette espece de Sapin est encore moins résineux que celui du vrai Sapin ; 5°, la térébenthine qu'il fournit, ne reste point coulante comme celle du vrai Sapin ; elle s'épaissit assez promptement, & forme une poix grasse. Le plus fréquent usage qu'on fait du bois du Picea, est de le refendre en planches & en voliches, pour des ouvrages de peu de conséquence.

3°, La derniere espece de Sapin dont je me propose de parler, se nomme *Serente* dans les environs d'Ambrun : on pourroit appeller cet arbre ; *Abies tenuiore folio, fructu sursùm spectante.* Il ressemble au vrai Sapin par la position de ses fruits ; & au Picea, par la forme de ses feuilles. C'est de toutes les especes de Sapin, celle dont le bois est le moins résineux ; mais il a le grain très-fin, & ce bois est sonore : on le débite en madriers ; les Luthiers l'emploient pour faire les tables des violons, des basses, des clavessins & des autres instruments à cordes. Il est important pour cet usage qu'il ne s'y trouve point de nœuds, & qu'il soit par-tout d'une substance uniforme.

§. 15. *Du Mélese.*

Le Mélese est un arbre qui approche beaucoup du Pin & du Sapin, tant par ses fruits qui sont des cônes, que par son bois.

J'en cultive de deux especes ; savoir, celui qui quitte ses feuilles pendant l'Hiver : *Larix folio deciduo conifera :* & le *Larix* qui ne perd point ses feuilles : *Larix Orientalis, fructu rotundiore, obtuso.* **Inst.** On le connoît sous le nom de *Cedre du Liban.* Quoique j'aie d'assez grands Cedres du Liban qui paroissent se plaire dans notre climat & dans nos terreins du Gâtinois, je ne puis rien dire sur la qualité de son bois, n'en ayant point encore fait exploiter.

Quant à la premiere espece, c'est un très-bon bois : j'en ai vu employer pour la construction d'assez grosses barques. On en peut faire de bonnes pieces de charpente, de fort belle menuiserie; en un mot, c'est un bois utile. Quoiqu'il ne soit point gras comme le pin, il contient une assez grande quantité de résine liquide & coulante, qu'on appelle par cette raison, *térébenthine* : elle est très-claire & assez douce ; cependant elle n'est pas ordinairement aussi coulante que celle que l'on retire du vrai Sapin. Mais, ce qu'il y a de singulier, c'est que cette résine se trouve quelquefois rassemblée en grande quantité dans la substance ligneuse, où il s'en fait un dépôt assez considérable.

Dans les pays où l'on emploie beaucoup de ce bois, les Ouvriers en distinguent de deux especes ; savoir, le *Mélese blanc*, & le *Mélese rouge*. Quoiqu'on remarque effectivement une différence sensible dans la couleur de ce bois, il ne m'a pas été possible de trouver d'autres différences assez marquées, pour pouvoir caractériser deux especes absolument distinctes l'une de l'autre ; ainsi je me bornerai à dire, que j'ignore d'où peut dépendre cette différence dans la couleur du bois de Mélese.

On doit exiger qu'il soit sans nœuds ; que le grain de son bois soit fin, uniforme. Cet arbre est rare dans les Provinces de l'intérieur du Royaume : j'en éleve cependant quelques-uns qui viennent assez bien ; mais j'en ai vu beaucoup dans nos Provinces Méridionnales. On dit que les Anglois font grand cas d'une espece de Mélese qu'ils ont tirée du Nord, & qu'ils nomment *Mélese noir* : je ne connois pas cette espece, n'en ayant semé que l'année derniere.

Je renvoie au Traité des *Arbres & Arbustes*, pour voir la façon de retirer les substances résineuses de ces différents arbres ; comment on les prépare, & la maniere d'en faire le noir de fumée. On fait du charbon avec le bois de tous ces arbres résineux ; quoiqu'il chauffe peu, les Maîtres de forges en font cependant cas.

§. 16.

§. 16. *Du Tilleul.*

On cultive dans les jardins deux variétés du Tilleul de Hollande, parce que leurs feuilles font plus grandes que celles du Tilleul qui vient naturellement dans nos bois. Il nous eft venu de Canada deux autres variétés du Tilleul, dont les feuilles font encore plus grandes que celles du Tilleul de Hollande : mais relativement à la qualité du bois de cet arbre, celui de l'efpece la plus eftimable, eft le Tilleul de nos bois à petites feuilles : *Tilia fœmina, folio minore* , C. B. P. Le Tilleul a cet avantage, qu'il parvient à une groffeur confidérable fans fe creufer ; c'eft pourquoi on en livre dans les Ports de gros troncs, pour faire les figures de l'avant des bâtiments de mer ; quant aux autres pieces de fculptures, on préfere ceux qui font moins gros : on eftime ceux dont le bois n'eft pas parfaitement blanc. Toutes les efpeces de Tilleul s'emploient à faire des ouvrages de tour & de raclerie : on en débite en planches pour de légers ouvrages de Menuiferie ; mais quand le Tilleul à petites feuilles a pris fa croiffance dans un terrein plus fec qu'humide, & qui a beaucoup de fond, il peut fournir de bonnes poutres. Il feroit fuperflu de répéter chaque fois que nous parlons d'efpece d'arbre, qu'il ne doit être ni *gelif*, ni *roulé*, ni avoir aucun des autres défauts dont nous avons parlé ci-devant.

§. 17. *Du Peuplier.*

Quoique nous cultivions un affez grand nombre d'efpeces de Peupliers, dont on peut voir le détail dans notre Traité des *Arbres & Arbuftes*, nous ne parlerons ici que des efpeces qui fe trouvent le plus ordinairement dans les bois.

Une des meilleures efpeces eft le Peuplier noir ordinaire : *Populus nigra* : C. B. P. *foliis deltoidibus acuminatis ferratis* : Hort. Cliff : & encore une variété de cette efpece qui a fes branches très-rapprochées du tronc : on la connoît fous le nom de *Peuplier d'Italie* ou *de Lombardie.*

Le bois de ces Peupliers eft un peu plus ferme que celui des autres efpeces.

Une autre efpece au moins auffi commune & qui devient très-grande, eft le *Populus alba, majoribus foliis* : C. B. P. qu'on appelle le *Peuplier-blanc*, ou le *blanc de Hollande*, ou l'*Ipréau* : le bois de cette efpece n'eft pas tout-à-fait auffi ferme que celui du Peuplier noir.

Le Tremble : *Populus tremula*, C. B. P. n'eft que trop commun dans les bois : fon bois eft encore plus tendre que celui du Peuplier blanc.

On fait avec les deux premieres efpeces la charpente des petits bâtiments des habitants de la campagne. On en débite en madriers, pour les Sculpteurs ; en planches, pour les Menuiferies légeres : on en fait encore des fabots, & différents ouvrages de tour & de raclerie.

On en fait auffi du charbon qui chauffe peu ; mais on prétend que quand on l'emploie dans les forges, il adoucit le fer.

§. 18. *Du Saule.*

Il y a différentes efpeces de Saule, dont on coupe les jeunes branches pour faire des liens ; c'eft ce qu'on appelle *Ofier : Salix vulgaris rubens* : C. B. P. L'Ofier rouge pour les Tonneliers : *Salix fativa, lutea, folio crenato*, C. B. P. L'Ofier jaune pour les Vaniers, &c. Le Saule le plus commun : *Salix vulgaris alba, arborefcens*, fournit, quand il eft tenu en têtard, des perches pour les Tourneurs ; on en fait auffi des cerceaux. Lorfqu'on laiffe croître ces arbres fans les étêter, ils deviennent fort grands, & on en peut faire des planches, des voliches, des fabots, & différents ouvrages de raclerie.

§. 19. *De l'Erable.*

On fait principalement ufage de trois efpeces d'Erable qui fe trouvent affez communément dans les forêts ; favoir :

1°, L'*Erable-plane* : *Acer platanoides*, Munt.

2°, Le *Sycomore*: *Acer montanum candidum* : C. B. P.

3°, Le *petit Erable*, ou l'Erable à petites feuilles : *Acer campeſtre, & minus* : C. B. P.

Outre que les bois de ces eſpeces ſont bons à brûler & à faire du charbon, on en débite en madriers pour les Armuriers, & pour les Menuiſiers qui font des meubles. Ces bois ſe travaillent auſſi très-bien ſur le tour ; & il s'en trouve qui ſont très-joliment veinés. J'en ai reçu de l'Iſle-Royale, qui étoient de la plus grande beauté : j'en ai eu des ſemences qui ont aſſez bien réuſſi ; mais il eſt incertain ſi leur bois ſe trouvera bien veiné ; car on m'a aſſuré que tous ceux de l'Iſle - Royale n'avoient pas cet avantage. Quelquefois l'*Acer campeſtre & minus*, de nos bois, a d'auſſi belles veines. Voici d'où j'augure que cela dépend : quand cette eſpece d'Erable eſt jeune, elle produit beaucoup de branches le long de ſon tronc : l'origine de toutes ces branches produit autant de nœuds ; l'arbre enſuite prend de la force, toutes les branches du bas meurent ; il ne reſte que celles d'en haut, & alors il ſe forme des couches de bois blanc ; mais les veines de l'intérieur ſubſiſtent, & c'eſt cette partie qu'emploient les Ebéniſtes & les Tourneurs pour faire leurs beaux ouvrages. Je ne puis rien dire de pluſieurs autres eſpeces que nous cultivons, mais dont nous n'avons encore pu faire exécuter aucun ouvrage : le bois de l'Erable à feuilles de Frêne eſt d'un beau jaune, & il ſe travaille bien ſous la varlope. En général, les Erables ne deviennent point aſſez grands pour fournir des pieces de charpente.

§. 20. *Du Charme.*

Nous ne parlerons ici que de deux eſpeces de Charme ; ſavoir, le Charme commun de nos bois : *Carpinus*, Dod. Pempt ; & le *Carpinus* ſeu *Oſtrya, ulmo ſimilis, fructu racemoſo, lupulo ſimili.* C. B. P. Le fruit de ce Charme eſt ſemblable au Houblon.

L'une & l'autre eſpece de Charme ont leur bois fort dur & peſant ; c'eſt pourquoi on l'emploie à faire des *Fuſeaux* & des

Alluchons de moulin, des coins & des maffes pour fendre le bois. Les Charrons mettent des femelles de ce bois fous les deux principales pieces des traîneaux: les Menuifiers en font leurs maillets, & les montures de quelques-uns de leurs rabots; au défaut d'autre bois, les Tonneliers en font des *Colombes*; en un mot, on fait ufage de ce bois par-tout où il y a des frotte-ments à fupporter. Quand le Charme eft fort fec, il eft caffant: il eft auffi eftimé que le Hêtre pour faire le charbon & du bois à brûler; mais il eft bien rare qu'il puiffe fournir de goffes pieces pour la charpente. Comme ce bois eft très-fort quand il n'eft pas trop defféché, les Charrons en font quelquefois des effieux de voitures.

§. 21. *De l'Aune.*

LA plupart des efpeces d'Aune dont il eft fait mention dans le Traité des *Arbres & Arbuftes*, ne font que des va-riétés. Je ne parlerai ici que de l'efpece qui fe trouve com-munément dans les vallées : *Alnus rotundifolia, glutinofa, vi-ridis*, C. B. P. Le bois de l'Aune eft fort tendre : il a une cou-leur rougeâtre affez agréable; il eft doux à travailler, & il porte très-bien les moulures : il prend fort-bien le noir d'Ebene; c'eft pour cela que les Ebéniftes l'emploient volon-tiers; mais il a le défaut d'être aifément piqué par les vers. Les perches d'Aune fe vendent aux Tourneurs : les Sabottiers font grand cas de ce bois ; on en fait un affez mauvais char-bon : quand il eft bien fec, on l'emploie volontiers pour chauffer les fours, parce qu'en brûlant, il fait une flamme vive, & ne jette prefque point de fumée ; mais il fe confume très-vîte, ainfi que tous les bois tendres.

§. 22. *Du Bouleau.*

JUSQU'A préfent on n'a trouvé dans nos bois qu'une feule efpece de Bouleau : *Betula*. DOD. *Pempt*. On l'emploie à faire des cerceaux pour les futailles, d'affez bons cercles pour les cuves ; & on s'en fert pour prefque tous les ouvrages de tour

& de raclerie où l'on emploie du Peuplier; il s'en faut de beaucoup que le Bouleau devienne aussi gros que le Peuplier. Il brûle très-vîte, & fait comme l'Aune, un feu très-vif.

Nous essayons actuellement de multiplier deux especes de Bouleau qui nous ont été envoyées du Canada; savoir, *Betula julifera, fructu conoide, viminibus lentis.* Gron. *Flo. Virg.* Cette phrase ne caractérise pas assez exactement l'espece dont nous voulons parler; car elle ressemble entiérement à l'espece commune, excepté que les feuilles sont plus grandes, & que l'arbre paroît plus vigoureux. On le désigne en France sous le nom de *Bouleau-Canot*, parce que c'est avec l'écorce de cette espece de Bouleau qu'on en fait en Canada des canots. Il est certain que le bois des Bouleaux qui viennent dans les pays où il fait très-froid, comme au-delà de Stockholm, est beaucoup plus ferme que celui des nôtres; mais j'ignore si cela peut dépendre de l'espece même ou du climat.

L'autre espece est le *Betula foliis ovatis, oblongis, acuminatis, serratis.* Gron. *Flo. Virg.* On assure que le bois de cet arbre est fort bon.

§. 23. *Du Cerisier.*

Toutes les especes de Cerisier à fruit rond & acide : *Cerasus sativa, fructu rotundo, rubro & acido.* Inst. ont le bois d'une assez belle couleur rouge, mais qui se passe fort vîte. Ce bois a le défaut d'être d'une densité inégale; mais moindre, en général, que celle des especes dont nous allons parler.

Les Cerisiers du genre des guignes, des bigareaux, *fructu cordato*, & particuliérement le Mérisier des bois : *Cerasus major ac silvestris, fructu subdulci &c.* C. B. P. ont leur bois plus plein, plus ferré & plus dur. Il se travaille fort bien, & prend un beau poli : il est très-bon à brûler, on en fait de bon charbon. Dans quelques Provinces, c'est le seul bois qu'on emploie pour faire les cercles des cuves; & l'on peut dire, en général, qu'on peut l'employer par-tout où ses dimensions permettent d'en faire usage. Le bois de Sainte-Lucie: *Cerasus silvestris, amara*, Mahaleb *putata* : J. B. qui vient à merveille

dans tous les bois de France, eſt recherché par les Tourneurs
à cauſe de ſon agréable odeur. On m'a aſſuré qu'on en pouvoit faire de bons brancards de chaiſe légere ; c'eſt ce que
je n'ai pas éprouvé.

§. 24. *Du Micocoulier.*

Nous avons parlé dans le Traité des *Arbres & Arbuſtes* de
deux eſpeces de Micocoulier ; mais comme celle du Levant ;
*Celtis Orientalis minor, foliis minoribus & craſſioribus, fruĉtu fla-
vo,* Inst. ne vient ni ſi promptement, ni ſi grande, que l'eſpece commune en France, qui eſt le *Celtis, fruĉtu nigricante :*Inst.
je ne parlerai ici que de l'eſpece qu'on appelle en Languedoc
Micocoulier ; en Provence, *Fabrécoulier ;* & dans le Rouſſillon
Adonier. Cet arbre beaucoup plus commun dans ces Provinces
que dans celles de l'intérieur du Royaume, vient néanmoins
très-bien dans nos jardins, pourvu qu'on le plante dans une
terre légere & un peu humide. Je ne connois point de bois
qui ſoit auſſi liant, & qui ploye autant ſans ſe rompre. On
en fait des cannes à la main qui ſont auſſi pliantes que les
meilleurs jets ; des baguettes de fuſil, & des manches de
fouet de Cocher, qui plient avec plus de ſoupleſſe que la
baleine, & ſans éclater ; des lignes pour la pêche ; d'excellents
brancards de chaiſes légeres : c'eſt dommage que cet arbre
ne croiſſe qu'à une médiocre grandeur.

§. 25. *Du Cytiſe des Alpes.*

Entre toutes les eſpeces de Cytiſe qui ſont rapportées
dans le Traité des *Arbres & Arbuſtes,* il n'y a que le *Cytiſus
Alpinus, flore racemoſo pendulo,* Inst. qui vienne aſſez grand
pour qu'on puiſſe faire uſage de ſon bois. Son aubier eſt blanc
& fort épais ; mais quand l'arbre eſt devenu gros, on trouve
ſous cet aubier épais, un bois brun qui reſſemble plus que
tous les autres, au bois des Iſles ; c'eſt pour cela qu'on le
nomme *Ebénier des Alpes.* Je l'ai vu employer comme le bois

des Isles, à de petits ouvrages, & on en fait d'excellents brancards de chaise ; mais il ne devient pas assez grand ni assez
gros pour pouvoir être employé à des ouvrages plus considérables.

§. 26. *Du Pommier.*

De toutes les especes du Pommier, celui qui a le bois le
plus dur, est sans contredit le Pommier sauvage : *Malus sil-*
vestris, fructu valdè acerbo, Inst. On le débite en planches &
en madriers ponr la menuiserie : les Tourneurs l'emploient à
différents usages : le bois du gros pommier écussoné, est fort
bon, quoique moins dur que celui du sauvage.

§. 27. *Du Poirier.*

Le Poirier sauvageon, *Pyrus silvestris*, C. B. P. est l'espece dont
le bois, ainsi que celui du Pommier sauvage, est le plus dur ;
mais ce bois est de beaucoup préférable à celui du Pommier :
on en fait de très-belles menuiseries. Comme le grain de ce bois
est fin & serré, & comme il prend bien le noir, les Ebénistes
le font passer pour de l'ébene : les Menuisiers l'emploient à
la monture d'une partie de leurs outils, & les Tourneurs à
différents ouvrages : ce bois est excellent.

§. 28. *Du Sorbier.*

Il nous suffira de parler ici de deux especes de Sorbier ;
savoir, le *Sorbus aucuparia*, J. B. Sorbier des Oiseleurs : on le
nomme dans le Hainaut, où il est très-commun, *Correttier*,
& ailleurs *Cochêne*. L'autre espece est le *Sorbus sativa*, C. B. P.
qu'on nomme dans nos forêts le *Corminer*. Le bois de ces
deux especes est très-dur ; mais celui de la seconde espece est
sur-tout estimé, parce qu'il résiste aux frottements : on en fait
des vis de pressoir, des fuseaux de lanternes, des alluchons,
des roues, des rouleaux pour différentes presses, des colombes
pour les Tonneliers, des montures de rabots, &c.

§. 29. *De l'Alisier.*

ON trouve dans les forêts le *Crategus folio laciniato*, INST. le *Crategus folio subrotundo, serrato, subtùs incano*, INST. qu'on nomme *Allouche* en Bourgogne. Ces especes, & plusieurs autres ont leur bois assez approchant du Mérisier, & il peut servir aux mêmes usages.

§. 30. *Du Cyprés.*

LES deux especes ou variétés de cet arbre qui pourroient être très-communes en France, sont : *Cupressus metâ in fastigium convolutâ, quæ fœmina Plinii*, INST. L'autre : *Cupressus ramos extra se spargens, quæ mas Plinii*. Le bois du Cyprès a une odeur très-agréable & permanente ; son grain est fin, il se travaille proprement, & il a le grand avantage de résister très-long-temps aux injures de l'air sans se pourrir ; les pieux faits de ce bois sont incorruptibles : c'est dommage qu'on ne s'attache pas à le multiplier plus qu'on ne fait.

Je cultive avec succès le *Cupressus Virginiana, foliis Acaciæ deciduis*, H. L. B. Nous ferons l'acquisition d'un excellent bois, si nous pouvons parvenir à le multiplier, & à le naturaliser dans notre climat.

§. 31. *Du Cedre.*

NOUS cultivons plusieurs especes de Cedre ; savoir, *Cedrus folio Cupressi* : *Cedrus foliis superioribus juniperinis, inferioribus sabinam referentibus* : *Cedrus foliis ubique juniperinis* *. Le bois de ces Cedres répand une odeur agréable ; son grain est fin ; sa couleur est agréable : quoiqu'il soit léger & tendre, néanmoins il se pourrit aussi difficilement que celui du Cyprès : on trouve des Cedres sur les côtes de la Virginie, qui font de très-grands arbres, & qui fournissent des pieces propres pour la charpente. La résine des Cedres approche beaucoup de la *Sandarach*.

____

* Je me sers ici de noms abrégés, qui caractérisent assez les especes.

§. 32. *Du Genevrier.*

LE Genevrier, *Juniperus vulgaris arbor*, & prefque toutes les efpeces, font des *Cedres nains* : il y en a qui élevent leur tronc fort droit, & d'autres pouffent quantité de branches qui retombent vers la terre. J'ai planté dans une affez bonne terre plufieurs arbres de cette efpece de Genevrier qui éleve fon tronc : ils y croiffent bien, & j'efpere que dans la fuite ils feront d'affez gros arbres. J'ai fait travailler des bûches de Genevrier qui avoient environ huit pouces de diametre : le bois de cet arbre eft abfolument femblable à celui du Cedre, & il a le même avantage de ne fe pourrir que très-difficile-ment : c'eft en conféquence de cette qualité qu'on en fait de bons échalas de brin.

§. 33. *Du Laurier.*

DANS les Provinces Méridionales de France, où le Laurier ne gele point, on fait de très-bons cerceaux avec les ef-peces nommées : *Laurus vulgaris.* C. B. P. & *Lauro-Cerafus :* CLUSII *hift.* Laurier-Cerife.

§. 34. *Du Coudrier*, ou *Noifettier.*

ON fait de bons cerceaux de barrils avec le Coudrier de nos bois : *Corylus filveftris.* C.B.P. Les Vanniers l'emploient auffi pour le bâtis de leurs ouvrages. J'éleve avec foin le *Corylus Byzantina.* H. L. B. Coudrier du Levant. On dit que celui-ci vient très-grand, & que fon bois eft fort beau.

§. 35. *Du Buis.*

PERSONNE n'ignore à combien d'ufages on emploie le grand Buis des forêts : *Buxus arborefcens.* C. B. P. Quand ce bois eft gros, il fe vend à la livre & fort-cher. Les Tabletiers en font différents ouvrages, & particuliérement des peignes : les Sculpteurs & les Graveurs en bois le recherchent à caufe de fa dureté, & qu'il fe coupe bien net ; au refte, il eft rare d'en trouver de bien gros.

§. 36. *Du Sureau.*

LES différentes efpeces de Sureau : *Sambucus fructu in umbella nigro.* C. B. P. *Sambucus laciniato folio.* C. B. P. *Sambucus racemofa, rubra.* C. B. P. Le bois de ces trois efpeces eft fort dur, quand les troncs font gros. Les Tourneurs en font des boîtes fermantes à vis, & des peignes communs : ce bois pourrit difficilement.

§. 37. *De différentes autres efpeces de Bois.*

JE pafferai légérement fur l'If, *Taxus*, dont le bois eft dur, plein & pliant, parce qu'il eft rare en France : fur le Houx, *Aquifolium*, dont le bois eft dur & fort pliant, parce qu'il eft rare d'en trouver d'affez gros : fur l'Epine-blanche, *Oxyacantha* : fur l'Azerolier, le Nefflier, le Cornouiller, *Cornus*, &c, qui ont le bois dur & pliant, qui fourniffent de bon charbon, & dont quelquefois on peut faire de petits cerceaux, parce que ces arbres ne peuvent pas faire des objets d'adjudication : fur la Bourdaine, *Frangula*, qu'on recherche, parce qu'on en fait un charbon léger, qui eft eftimé pour la fabrique de la poudre à canon : enfin du *Thuya*, dont je fuis parvenu à former un petit bois. On m'a écrit de Canada que le *Thuya* fourniffoit un très-bon bois. J'éleve quelques *Tulipiers* qui commencent à devenir affez grands. Je ne puis encore rien dire fur la qualité du bois de cet arbre ; je fai feulement que le Tulipier devient très-grand, que fon bois eft odorant, & qu'il n'eft pas dur.

§. 38. CONCLUSION.

ON a dû voir par le détail abrégé que nous venons de

donner des arbres qui peuvent faire la maffe de nos forêts, qu'il y a des genres d'arbres dont il eſt effentiel de diſtinguer les efpeces, parce que les unes font propres à certains ufages, & les autres à d'autres emplois. Il y a, par exemple, une dif-férence confidérable à faire entre la qualité du bois de l'*Orme-Teil*, d'avec celle du bois de l'*Orme-Tortillard*. Il en eſt de même du Tilleul : celui des forêts qui eſt à petites feuilles, fournit un bois bien meilleur que celui du Tilleul de Hol-lande ; mais auſſi on voit que dans d'autres genres, la qua-lité du bois des différentes efpeces ou variétés, n'offre pas de grandes différences ; & qu'en général la qualité du terrein, la différence du climat & de l'expoſition, ainſi que l'âge des arbres influent plus fur la qualité du bois, que ne le font les différentes efpeces, bien entendu qu'il eſt queſtion d'ef-peces qui, par leur hauteur & groffeur, peuvent être de quelqu'ufage ; car il eſt fenfible que le *Saule rampant*, le *Buis d'Artois*, l'*Yeble*, &c, ne peuvent être d'aucun ufage.

Après avoir rappellé à toute perfonne qui fe trouvera char-gée de faire la vifite d'un bois, les ufages qu'on peut faire de chaque genre & de chaque efpece d'arbre, & les fignes qui peuvent indiquer que tel arbre eſt fain ou *taré*, il femble qu'il ne fera plus queſtion que de parler de la maniere d'abattre les arbres : je crois cependant, qu'avant d'en parler, je dois examiner & difcuter dans le Chapitre fuivant, une queſtion importante fur la faifon où il convient d'abattre les arbres.

CHAPITRE V.

De la faifon où il convient d'abattre les Arbres.

ON fera fans doute furpris du titre de ce Chapitre, & de me voir mettre en queſtion une chofe qui eſt fixée par les Ordonnances, & qui paroît adoptée par tous ceux qui

font exploiter des bois. L'Ordonnance enjoint d'abattre les
arbres dans le décours de la lune, & depuis le temps de la
chûte des feuilles jufqu'à ce que les boutons commencent à
s'ouvrir. Les Foreftiers foutiennent qu'il faut fuivre cette
regle, parce qu'il convient, felon eux, d'abattre les arbres
dans le temps que le bois contient peu de feve.

Si la température de l'air étoit uniforme dans toutes les
faifons de l'année ; & fi, joint à cela, les végétaux reftoient
toujours dans un même état, il eft clair qu'on pourroit choifir indifféremment toutes fortes de faifons pour abattre les
arbres. Mais nous fommes bien éloignés de jouir de cette
uniformité : les faifons, de même que les végétaux, font fujettes à des viciffitudes périodiques, d'où naît un nombre de
circonftances qui vraifemblablement ne doivent pas être indifférentes pour les arbres qu'on abat.

ARTICLE I. *De la viciffitude des faifons.*

NE faifons d'abord aucune attention aux arbres, & ne
confidérons que les alternatives des faifons : par exemple, le
froid & l'humidité qui regnent en Hiver ; le contrafte de froid
& de chaud, de féchereffe & d'humidité qui eft propre au
Printemps ; l'extrême féchereffe, & les grandes chaleurs de
l'Eté ; l'humidité pourriffante de l'Automne, &c. Dès-lors
on doit conclure que les arbres étant fur pied, doivent être
très-fenfibles à ces différentes températures de l'air ; puifque
dans certaines faifons ils fe garniffent de feuilles, de fruits
& de nouveaux bourgeons, & que dans d'autres ils reftent
dans l'inaction, & enfin qu'ils fe dépouillent totalement.

Il eft naturel de penfer que dans ce temps-là même, les
arbres nouvellement abattus, qui font encore remplis de feve,
& entiérement organifés, doivent reffentir auffi ces altérations, fur-tout fi l'on fait attention que les bois, même les
plus fecs, font de vrais thermometres, ou plutôt des hygrometres très-fufceptibles des différentes altérations de l'air.

Ces généralités fuffifent, je crois, pour faire fentir ce que

la viciffitude des faifons peut produire dans le cas dont il s'a-
git ; mais il convient d'infifter un peu plus fur les changements
qui arrivent aux arbres dans le courant d'une année, puifqu'ils
font ici notre principal objet.

ARTICLE II. *Des divers états où fe trouvent les Arbres fuivant les différentes faifons de l'année.*

DANS le commencement du Printemps , les boutons des
arbres s'ouvrent & font paroître les fleurs , ou les chatons ,
ou les embryons des fruits ; & en même temps les feuilles fe
développent, & les bourgeons s'alongent : enfuite les feuilles
s'étendent ; de forte qu'en peu de temps les arbres tout dépouillés qu'ils étoient , fe trouvent chargés d'une verdure
nouvelle. C'eft cet état que nous appellerons dans la fuite
le Printemps des arbres.

Mais il y a des arbres qui jouiffent plutôt, & d'autres plus
tard de cet avantage. L'Amandier, par exemple , le Maron-
nier-d'Inde , le Sycomore , &c, font déja entiérement garnis
de feuilles , lorfque les boutons des Ormes, des Mûriers, des
Figuiers , &c, commencent à peine à s'ouvrir. La même
chofe s'obferve encore dans une même efpece d'arbre. Les
vieux Poiriers pouffent ordinairement avant les jeunes : j'ai
vu des allées de Marronniers - d'Inde dont tous les arbres
étoient de même âge , qui avoient été plantés dans le même
terrrein & à la même expofition ; il y en avoit quelques-
uns qui pouffoient conftamment tous les ans huit ou dix jours
plutôt que les autres ; & au contraire, j'ai obfervé qu'après
avoir femé en pépiniere un millier de noix , le hazard m'a
procuré quelques Noyers qui ne pouffoient que trois femaines
après tous les autres. On pourroit peut-être penfer que cela
viendroit de ce que les fibres ligneufes ne font pas également élaftiques dans tous les arbres d'une même efpece ; mais
ce n'eft qu'une pure conjecture , parce que je n'ai fait fur cela
ni obfervations , ni expériences qui puiffent me mettre en
état de décider cette queftion,

Quoi qu'il en foit, on conçoit bien que la feve doit au
Printemps,être très-rarefiée; que fon mouvement doit être très-
rapide ; qu'il s'en doit fuivre une grande tranfpiration , & que
la confommation de la feve doit être confidérable. La grande
quantité de lymphe qui s'échappe des branches coupées avant
que les boutons s'ouvrent, & qu'on appelle *les pleurs*, eft
une preuve frappante du mouvement de la feve au Printemps;
mais ces pleurs ceffent quand les feuilles font développées,
à caufe de la tranfpiration. (*Voyez la Phyfique des Arbres*).

Ce grand développement des feuilles ne dure pas long-
temps ; & il femble, au commencement de l'Eté, que les arbres épuifés des productions du Printemps aient befoin de
repos. Alors les arbres ceffent de tranfpirer auffi abondamment; leurs feuilles parvenues à leur grandeur, & les bourgeons qui fe font plus ou moins étendus fuivant la vigueur,
l'efpece & l'âge des arbres qui les ont produits, tout refte dans
un même état fans croître fenfiblement ; les bourgeons prennent feulement plus de force, & les feuilles deviennent plus
fermes & plus coriaces.

Si l'on fouhaitoit approfondir davantage la caufe de ce
repos, je crois avoir quelques raifons de foupçonner qu'il
vient de la chaleur trop uniforme de l'air, de la trop grande
féchereffe de la terre , & du défaut des rofées. Voici fur quoi
je fonde cette conjecture.

Les arbres ne reftent pas tous auffi long-temps en feve: les
uns la confervent prefque pendant toute la faifon de l'Eté;
& les autres ceffent d'en avoir dès que les premieres chaleurs fe font fentir. Dans telle pépiniere, prefque tous les
arbres fe trouvent en état d'être greffés, & dans telle autre, à
peine dans le même temps, en pourra-t-on trouver qui le
puiffent être. Il y a plus encore : dans une même pépiniere il fe
trouvera des fujets en état de recevoir la greffe , & d'autres
qui en feront tout-à-fait incapables: fur un même arbre, (ce
qui eft encore plus fingulier), il fe trouvera des branches
pleines de feve, & d'autres à-peu-près dans le même état
qu'elles feroient pendant l'Hiver. Ces faits font affez fingu-

liers pour defirer de favoir de quelle caufe cela peut venir. Je n'en vois point d'autre que la bonne ou la mauvaife conftitution de l'arbre, & la différente qualité du terrein.

Un arbre vigoureux, ou une de ces branches qu'on appelle *gourmandes*; une terre fraîche, fertile & qui a beaucoup de fond; une fituation un peu à l'abri du foleil de midi; tout cela favorife la durée de la feve. Au contraire, elle paffe très-promptement dans les terreins fecs ou brûlés, ou qui ont peu de fond; & généralement quand les arbres font languiffants. Quand un Jardinier veut faire durer la feve dans une pépinière dont il deftine les fujets à être greffés dans une faifon un peu avancée, il a foin de l'arrofer & de la labourer. On peut aifément faire ufage de tous ces faits, pour prouver ce que j'ai dit de la durée de la feve. Mais j'avertis qu'il faut fe donner bien de garde, lorfqu'on veut augmenter la feve dans un jeune fujet, ou la faire durer plus long-temps, de retrancher, quelques jours avant que d'écuffonner, le nombre de branches qui paroiffent inutiles; car dans ce cas, une partie des feuilles & des branches étant retranchées, comme ce font-là les organes qui déterminent plus puiffamment la feve à monter, ces arbres perdront infailliblement leur feve, & il ne fera plus poffible de les écuffonner. Il fe préfente fans doute à l'efprit de m'objecter qu'on eft dans l'ufage de retrancher les branches d'un arbre pour le faire pouffer avec plus de vigueur; mais il faut prendre garde; 1°, que quand on taille un arbre dans cette intention, on ne fait pas cette opération lorfqu'il eft en pleine feve & garni de fes feuilles. Le célebre la Quintinie a très-bien obfervé qu'un des meilleurs moyens d'affoiblir un arbre trop vigoureux, eft de le tailler lorfqu'il commence à pouffer; & il eft hors de doute que fi, pendant l'Hiver on retranchoit les branches fuperflues à un jeune arbre, celles qui refteroient, deviendroient plus vigoureufes, & conferveroient plus long-temps leur feve.

2°, Il faut remarquer que quand on retranche des branches à un arbre, c'eft ordinairement pour le déterminer à pouffer avec plus de vigueur fur celles que l'on conferve; & c'eft

ce qui arrive presque toujours. Cependant je crois que le surcroît de vigueur que ces branches auroient acquis, sera toujours moindre que la somme de toutes les pousses jointes ensemble. Supposons, pour mieux développer ma pensée, qu'un
arbre qui avoit six branches, n'eût poussé sur chacune de ces
six branches que des bourgeons de trois ou quatre pouces de
longueur; si pendant l'Hiver on en retranche cinq, il n'est
pas douteux que celle qui restera, poussera plus vigoureusement, & que ses bourgeons acquerront, je le suppose, huit
ou dix pouces de longueur. Cependant, je dis que si l'on pouvoit peser la pousse de cette branche, & la comparer au poids
de la totalité des pousses produites par les six, dont cinq ont
été retranchées, il s'en faudroit de beaucoup que la pousse
de la branche unique réservée, quelque vigoureuse qu'on la
suppose, pût égaler le poids des pousses que les six auroient
fournies. Mais je reviens à mon principal objet dont cette
digression m'a trop écarté.

Il y a donc un temps, dans le commencement de l'Eté,
où les arbres sont dans une espece de repos, qui, suivant un
nombre de circonstances, peut être plus ou moins long. Mais
avant que l'Eté soit fini, les arbres recommencent à pousser
de nouveau, quoique moins vigoureusement qu'au Printemps:
ils rentrent en seve, comme disent les Jardiniers; c'est-à-
dire, que l'écorce se détache du bois; qu'il commence à se
développer de nouvelles feuilles & de nouveaux bourgeons;
que les fruits d'Automne & d'Hiver achevent de prendre leur
grosseur, & qu'alors les arbres se trouvent, à peu de chose
près, dans le même état qu'ils étoient au Printemps. Cependant cette seve, qu'on appelle *seve d'Automne*, n'est pas aussi
considérable que celle du Printemps, & elle ne dure pas si
long-temps : peut-être cela vient-il quelquefois de ce que
la terre est alors trop desséchée, ou de ce que les arbres
se trouvant alors chargés de quantité de feuilles, il se fait
une trop grande transpiration. Il se peut aussi que leurs feuilles
étant devenues trop dures & coriaces, elles ne s'imbibent
pas si aisément de l'humidité des rosées, & ne transpirent pas

avec

avec autant de facilité. M. Hales croit que c’eſt pour cette raiſon que *les feuilles tombent en Automne:* la tranſpiration, dit-il, ne ſe faiſant preſque plus, les feuilles ſe ſurchargent d’une ſeve qui ſe corrompt, & qui les fait pourrir. Dans l’état naturel, la plupart des arbres ne pouſſent point de fleurs en Automne ; au lieu que cela arrive aux vieux arbres languiſ-ſants, & même aux jeunes arbres quand les chenilles ont dé-voré toutes leurs feuilles au Printemps ; ſur-tout quand il vient un Automne un peu humide, ce qui rend la ſeconde ſeve beaucoup plus abondante : le Marronnier - d’Inde m’a fourni pluſieurs fois cette obſervation. Dans les vieux arbres, la tranſpiration ne s’opere qu’imparfaitement, ainſi que dans ceux qui ont eu leurs feuilles mangées par les inſectes : la ſeve porte en abondance aux boutons, ce qui d’abord les groſſit, & les fait enſuite épanouir ; mais ces fleurs ſont ordinairement petites & mal organiſées. J’ai cependant vu des Pommiers qui ont noué leur fruit en cette ſaiſon ; mais ce cas eſt fort rare.

J’ai encore expérimenté que quand on plante de jeunes ar-bres, par exemple, de la Charmille, du Sycomore, du petit Erable, &c, dans un terrein ſec & très - expoſé au ſoleil de midi ; ſi les Etés ſont ſecs & brûlants, toutes les feuilles de ces jeunes arbres ſe deſſechent au point de pouvoir être ré-duites en pouſſiere entre les doigts ; pluſieurs de ces jeunes plants meurent entiérement ; mais s’il arrive que la fin de l’Eté ſoit humide, & que la ſaiſon ſoit douce, il s’en trouve qui re-prennent ſeve & qui pouſſent de nouvelles feuilles avant l’Hi-ver ; ſi cette partie de l’Eté continue à être ſeche, tous ces jeunes arbres reſtent ſans pouſſer, & ceux qui ne meurent pas, pouſſent au Printemps ſuivant.

Si on ſe rappelle la comparaiſon que j’ai faite dans ma *Phy-ſique des Arbres,* entre les boutons des arbres & le germe des ſemences, on verra que la branche qui eſt en raccourci dans l’un comme dans l’autre, ſe peut conſerver dans les boutons comme dans les ſemences où elle reſte quelquefois pluſieurs années ſans ſe gâter ; ce qui fait voir que, pourvu qu’il reſte aſſez de ſeve dans les racines & dans le tronc des arbres,

pour qu'ils puiffent pouffer au Printemps, les boutons ne manqueront pas de paroître ; mais fi les racines & le tronc fe trouvent trop defféchés, l'arbre mourra : la groffeur des boutons
fait connoître qu'ils ne font péris que d'inanition, & faute de
recevoir de feve des arbres qui les portoient. Je vais décrire
les changements qui arrivent aux arbres dans les autres faifons de l'année.

La feve eft très-ralentie dans les arbres au commencement
de l'Automne ; alors ils ne tranfpirent prefque plus, & ils
ceffent prefque entiérement de faire de nouvelles productions ; les fruits d'Hiver continuent feulement à prendre un
peu de groffeur, & il s'ajoute au bois quelques couches ligneufes qui fortifient les bourgeons de l'année & qui les
aoûtent, comme difent les Jardiniers ; enfin il s'y trouve encore affez de feve pour nourrir les feuilles, même des arbres
qui fe dépouillent, & pour entretenir leur verdeur. Nous
avons remarqué dans certaines années extrêmement douces
& humides, qu'il y avoit des arbres, par exemple, des Amandiers, qui confervoient la verdeur de leurs feuilles prefque jufqu'aux nouvelles. Mais ordinairement, vers la fin de l'Automne, il furvient quelques gelées qui brouiffent & deffechent toutes les feuilles, & dépouillent entiérement les arbres, fur-tout quand il vient de grands vents, dont l'effort
détache celles qui ne tiennent que foiblement aux branches.
Les arbres paroiffent alors prefque comme s'ils étoient morts,
& ils paffent toute la faifon de l'Hiver en cet état. (*Voyez la
Phyfique des Arbres*).

Il femble que tout ce qui a vie dans la nature ait de temps
en temps befoin de repos. Les végétaux, ainfi que les animaux, tombent néceffairement dans une efpece de fommeil ;
& dans ce temps de léthargie où les plantes, comme les animaux, femblent morts, le méchanifme intérieur & effentiel
n'eft cependant pas interrompu : peut-être même la nature tra-
vaille-t-elle alors d'une maniere plus avantageufe, quoique
moins fenfible, au rétabliffement de certains organes qu'un
trop grand mouvement auroit affoiblis, & même détruits, fi
ce mouvement n'avoit été ralenti.

La force de la circulation du sang & des secrétions peut bien être diminuée dans une tortue, ou dans une marmotte pendant plusieurs mois que ces animaux passent dans l'assoupissement; mais ces opérations animales ne font certainement pas interrompues; si elles l'étoient un seul instant, ils mourroient infailliblement; au lieu qu'à leur réveil, ils paroissent jouir d'une parfaite santé, & être, pour ainsi dire, rajeunis.

Mais pourquoi chercher des exemples hors de nous-mêmes, puisque nous avons dequoi nous convaincre de l'absolue nécessité du sommeil par les bons effets que nous en ressentons? Il en est à-peu-près de même des arbres : l'Hiver ne suspend pas entiérement le mouvement de leurs liqueurs; il n'en faut d'autres preuves que les productions qu'ils font pendant cette saison : leurs boutons grossissent alors; & tout ce qui y est renfermé, feuilles, fleurs, fruits, bourgeons, se disposent à paroître au Printemps. Pour voir qu'ils grossissent, il ne faut qu'y prêter attention ; mais nous nous sommes assurés des changements intérieurs dont nous venons de parler, en les disséquant en différents temps de l'Hiver, & en les examinant ensuite avec le microscope; ce qui a donné lieu aux observations que nous avons rapportées dans la *Physique des Arbres*. Outre ce que nous venons de dire des boutons, les arbres poussent encore en terre quantité de racines chevelues qu'on apperçoit en arrachant de jeunes arbres en différents temps de l'Hiver. Il y a encore plus : dans cette saison où les arbres semblent être morts, ils éprouvent des variations dans l'intérieur de leur tronc; & nous allons faire connoître qu'ils grossissent & qu'ils se resserrent, suivant les changements qui arrivent dans l'atmosphere.

ARTICLE **III.** *Expériences sur le changement de grosseur du tronc des Arbres pendant l'Hiver.*

Voici les dispositions que j'ai faites pour les expériences suivantes.

Le 3 Janvier 1740, je fis ajuster autour du tronc de deux

Noyers, de deux jeunes Ormes, d'un Houx, de deux Saules, d'un Peuplier & d'un Tremble, tous bien enracinés & bien vifs, & fur des cylindres de bois fec, un fil de laiton délié & recuit, dont un bout étoit arrêté à une vis qui pénétroit dans l'écorce, & le refte de ce fil entouroit l'arbre, horifontalement conduit par des pointes de fer; l'extrémité mobile de ce fil répondoit à une plaque de plomb divifée par lignes, de telle forte que, quand les arbres augmentoient de groffeur, l'extrémité mobile du fil de laiton s'écartoit de la vis & répondoit à différentes divifions de la lame de plomb; & quand les arbres diminuoient de groffeur, le bout du fil excédoit la vis d'une quantité qui exprimoit la diminution de groffeur de l'arbre. Cette préparation faite, j'ai obfervé ce qui fuit.

§. I. *Premiere expérience faite fur un Noyer.*

Jours du Mois.	Degrés du Thermometre. Il a toujours été au-deffous de o.	Diminution de la groffeur des Arbres, en lignes.	Augmentation de la groffeur, en lignes.
JANVIER 8	6	3	
9	$5\frac{1}{2}$	3	1 à midi.
10	$7\frac{1}{2}$	4	
11	$6\frac{1}{2}$	$3\frac{1}{2}$	
12	6	3	2 à midi.
13	$5\frac{1}{2}$	3	
14 15 16 17 18	Pendant ces cinq jours il n'y a point eu d'obfervation.		
19	$4\frac{1}{2}$		2 à midi.
20	5	2	$\frac{1}{2}$ à midi.
21	6	3	
22	6	$3\frac{1}{2}$	$\frac{1}{2}$ à midi.
23	$5\frac{1}{2}$	$3\frac{1}{2}$	$\frac{1}{2}$ à midi.
24	$5\frac{1}{2}$	$3\frac{1}{2}$	
25	$6\frac{1}{2}$	$3\frac{1}{2}$	1 à midi.
26	$6\frac{1}{2}$	$3\frac{1}{2}$	$\frac{1}{2}$ à midi.
27	$6\frac{1}{2}$	3	$\frac{1}{2}$ à midi.

Jours du mois.	Thermometre.	Diminution.	Augmentation.
JANVIER 28	$6\frac{1}{2}$	$2\frac{1}{2}$	
29	6	3	
30	6	3	
31	6	3	1 à midi.
FÉVRIER 1	5	2	$\frac{1}{2}$ à midi.
2	$4\frac{1}{2}$	2	1 à midi.
3	3	$\frac{1}{2}$	1 à midi.
4	$3\frac{1}{2}$	$1\frac{1}{2}$	$\frac{1}{2}$ à midi.
5	$6\frac{1}{2}$	$3\frac{1}{2}$	
6	$6\frac{1}{2}$	$3\frac{1}{2}$	
7	6	3	
8	$6\frac{1}{2}$	3	
9	$6\frac{1}{2}$	3	
10	$6\frac{1}{2}$	3	
11	$6\frac{1}{2}$	3	
12	$6\frac{1}{2}$	3	
13	$7\frac{1}{2}$	$4\frac{1}{2}$	
14	7	4	
15	7	4	
16	6	$3\frac{1}{2}$	
17	$5\frac{1}{2}$	$3\frac{1}{2}$	
18	$5\frac{1}{2}$	$3\frac{1}{2}$	
19	5	3	
20	5	3	
21	6	3	
22	6	3	
23	5	3	
24	$5\frac{1}{2}$	$3\frac{1}{2}$	
25	6	$3\frac{1}{2}$	1 à midi.
26	6	$3\frac{1}{2}$	
27	$5\frac{1}{2}$	4	$1\frac{1}{2}$ à midi.
28	$5\frac{1}{2}$	4	$1\frac{1}{2}$ à midi.
29	$6\frac{1}{2}$	$3\frac{1}{2}$	$\frac{1}{2}$ à midi.
MARS. 1	5	3	1 à midi.

Et ainsi jusqu'au 11 Mars inclusivement.

Jours du mois.	Thermometre.	Diminution.	Augmentation.
12	3	1	2 à midi.
13	$2\frac{1}{2}$	0	3 à midi.

Ce même jour, le dégel est venu ; & il n'y a plus

eu de variations fenfibles, jufqu'au 21 Avril que les arbres ont confidérablement augmenté de groffeur : comme cela devoit être naturellement, on n'en a plus tenu de journal.

§. 2. Seconde expérience femblable à la précédente, à cela près qu'elle a été faite fur deux Ormes de différente groffeur, dont le plus gros eft défigné par A, & le moins gros par B. Comme cette expérience a été faite dans le même temps que la précédente, on n'a point marqué les degrés du Thermometre.

A

Jours du mois.	Diminution.	Augmentation.	Jours du mois.	Diminution.	Augmentation.
JANV. 8	$2\frac{1}{2}$		FEVR. 2	2	1 à midi.
9	2		3	$1\frac{1}{2}$	$\frac{1}{2}$ à midi.
10	3		4	1	
11	$2\frac{1}{2}$		5	2	
12	$2\frac{1}{2}$	1 à midi.	6	3	
13	2		7	$2\frac{1}{2}$	
	Du 13 au 17 tout eft refté dans le même état.		8	$2\frac{3}{4}$	
18	$1\frac{1}{2}$			Du 8 au 12 tout eft refté dans le même état.	
19	2	1 à midi.	13	$3\frac{1}{4}$	$\frac{1}{2}$ à midi.
20	$2\frac{1}{2}$	1 à midi.	14	3	
21	$2\frac{1}{2}$	$\frac{1}{2}$ à midi.	15	$3\frac{1}{2}$	
22	2		16	$2\frac{1}{2}$	$\frac{1}{2}$ à midi.
23	2	$\frac{1}{2}$ à midi.	17	$2\frac{1}{2}$	
24	$2\frac{3}{4}$	$\frac{1}{2}$ à midi.	18	2	
25	$2\frac{3}{4}$	$\frac{1}{2}$ à midi.		Du 18 au 20 tout eft refté dans le même état.	
26	$2\frac{1}{2}$	$\frac{1}{2}$ à midi.	21	$2\frac{1}{2}$	$\frac{1}{2}$ à midi.
27	3		22	$2\frac{1}{2}$	
28	3		23	$2\frac{1}{2}$	
29	$2\frac{1}{2}$	$\frac{1}{2}$ à midi.	24	$2\frac{1}{2}$	
30	$2\frac{1}{2}$		25	$2\frac{1}{2}$	
31	$2\frac{1}{2}$		26	$2\frac{1}{2}$	$\frac{1}{2}$ à midi.
FEVR. 1	2	$\frac{1}{2}$ à midi.			

Jour du mois.	Diminution.	Augmentation.	Jour du mois.	Diminution.	Augmentation.
FEVR. 27	2	$\frac{1}{2}$ à midi.	MARS 6	2	
28	$2\frac{1}{2}$	$\frac{1}{2}$ à midi.	7	2	
29	$2\frac{1}{2}$	$\frac{1}{2}$ à midi.	8	2	
MARS 1	$2\frac{1}{2}$	1 à midi.	9	2	$\frac{1}{2}$ à midi.
2	2	1 à midi.	10	$1\frac{1}{2}$	$\frac{1}{2}$ à midi.
3	2	$\frac{1}{2}$ à midi.	11	$1\frac{1}{2}$	1 à midi.
4	2		12	1	1 à midi.
5	2		13	0	1 à midi.

Le dégel étant arrivé, il n'y a plus eu de diminution, & l'augmentation a été peu confidérable jufqu'au 21 Avril.

B

§. 3. *Troifieme Expérience faite fur un jeune Orme moins gros que le précédent défigné par A.*

Jours du mois.	Diminution.	Augmentation.	Jours du mois.	Diminution.	Augmentation.
JANVIER 8	2		JANV. 27	2	
9	2		28	2	
10	$2\frac{1}{2}$	$\frac{1}{2}$ à midi.	29	$2\frac{1}{2}$	
11	2		30	$2\frac{1}{4}$	
12	2		31	2	
13	$\frac{1}{2}$		FEVR. 1	2	
14	$1\frac{3}{4}$		2	$1\frac{1}{2}$	
15	$1\frac{1}{2}$		3	1	
16	$1\frac{1}{2}$		4	$\frac{1}{2}$	
17	$1\frac{1}{2}$		5	2	
18	$1\frac{1}{4}$		6	2	
19	1		7	$2\frac{1}{2}$	
20	2	$\frac{1}{2}$ à midi.	8	2	
21	2		9	2	
22	$1\frac{1}{2}$	$\frac{1}{2}$ à midi.	10	2	
23	$1\frac{1}{2}$	$\frac{1}{2}$ à midi.	11	2	
24	2	1 à midi.	12	$2\frac{1}{2}$	
25	$2\frac{1}{2}$	$\frac{1}{2}$ à midi.	13	$2\frac{3}{4}$	
26	2	1 à midi.	14	$2\frac{1}{2}$	

Jours du mois.	Diminution.	Augmentation.
FEVR. 15	$2\frac{1}{2}$	
16	2	$\frac{1}{2}$ à midi.
17	2	
18	$1\frac{1}{2}$	
19	2	
20	$1\frac{3}{4}$	
21	$1\frac{3}{4}$	
22	2	
23	2	$\frac{1}{2}$ à midi.
24	$2\frac{1}{2}$	
25	2	$\frac{1}{2}$ à midi.
26	$1\frac{1}{2}$	1 à midi.
27	$1\frac{1}{2}$	$\frac{1}{2}$ à midi.
28	$\frac{1}{2}$	

Jours du mois.	Diminution.	Augmentation.
FEVR. 29	2	$\frac{1}{2}$ à midi.
MARS 1	$1\frac{1}{2}$	
2	$1\frac{1}{2}$	1 à
3	$1\frac{1}{2}$	
4	$1\frac{1}{2}$	1 à midi.
5	$1\frac{1}{2}$	$\frac{1}{2}$ à midi.
6	2	1 à midi.
7	2	1 à midi.
8	$1\frac{1}{2}$	$\frac{1}{2}$ à midi.
9	$1\frac{1}{2}$	$\frac{1}{2}$ à midi.
10	$1\frac{1}{2}$	$\frac{1}{2}$ à midi.
11	2	1 à midi.
12	1	1 à midi.

Le dégel étant furvenu le 13, on a ceffé le journal. Il faut remarquer que comme cet arbre étoit moins expofé au foleil que le précédent, il a moins augmenté de groffeur pendant la chaleur du jour.

§. 4. *Quatrieme Expérience faite fur deux Saules de même groffeur, & qui ont éprouvé à-peu-près les mêmes diminutions & augmentations : cette expérience a été commencée plus tard que les précédentes, & lorfqu'il geloit déja affez fort.*

Jours du mois.	Diminution.	Augmentation.
JANV. 10	3	
11	3	$1\frac{1}{2}$ à midi.
12	$3\frac{1}{2}$	1 à midi.
13	$3\frac{1}{2}$	1 à midi.
14	$3\frac{1}{2}$	
15	3	
16	3	
17	3	

Jours du mois.	Diminution.	Augmentation.
JANV. 18	$3\frac{1}{2}$	
19	0	3 à midi.
20	3	1 à midi.
21	3	$\frac{1}{2}$ à midi.
22	$3\frac{1}{2}$	$\frac{1}{2}$ à midi.
23	4	
24	4	
25	$4\frac{1}{2}$	1 à midi.

Jours du mois.	Diminution.	Augmentation.
JANVIER 26	4	
27	$4\frac{1}{2}$	$\frac{1}{2}$ à midi.
28	$4\frac{3}{4}$	1 à midi.
29	4	
30	$4\frac{1}{2}$	
FEVR. 1	3	1 à midi.
2	$2\frac{1}{2}$	2 à midi.
3	0	2 à midi.
4	2	
5	$3\frac{1}{2}$	$\frac{1}{2}$ à midi.
6	$3\frac{1}{2}$	1 à midi.
7	$3\frac{1}{2}$	
8	4	
9	4	1 à midi.
10	4	$\frac{1}{2}$ à midi.
11	4	
12	$4\frac{1}{2}$	$\frac{1}{2}$ à midi.
13	5	1 à midi.
14	$4\frac{1}{2}$	$\frac{1}{2}$ à midi.
15	4	
16	$4\frac{1}{4}$	$\frac{1}{2}$ à midi.
17	$4\frac{1}{2}$	
18	4	
19	$3\frac{1}{2}$	
FEVR. 20	3	
21	4	1 à midi.
22	4	
23	$3\frac{1}{2}$	
24	3	$\frac{1}{2}$ à midi.
25	3	
26	$3\frac{1}{2}$	$\frac{1}{2}$ à midi.
27	4	
28	4	
29	$3\frac{1}{2}$	$\frac{1}{2}$ à midi.
MARS 1	$3\frac{1}{2}$	1 à midi.
2	3	2 à midi.
3	3	$\frac{1}{2}$ à midi.
4	$2\frac{1}{2}$	1 à midi.
5	3	1 à midi.
6	3	1 à midi.
7	$2\frac{1}{2}$	$1\frac{1}{2}$ à midi.
8	$2\frac{1}{2}$	$\frac{1}{3}$ à midi.
9	3	1 à midi.
10	3	1 à midi.
11	3	$1\frac{1}{2}$ à midi.
12	$2\frac{1}{2}$	$2\frac{1}{2}$ à midi.
13	0	$4\frac{1}{2}$ à midi.
14	dégel.	

Peu de temps après le fil s'eſt trouvé d'un demi-pouce trop court.

Pendant cette expérience il eſt ſurvenu des crues d'eau qui ont inondé le pied des Saules; alors, quoique le froid fût augmenté, ces arbres ne diminuoient pas à proportion : il y a lieu de croire que l'eau qui baignoit leur pied, influoit ſur la variation de leur groſſeur.

§. 5. *Cinquieme Expérience faite dans le même temps fur un Peuplier.*

Jours du mois.	Diminution.	Augmentation.	Jours du mois.	Diminution.	Augmentation.
JANVIER 20	2		FÉVR. 16	5	
21	$2\frac{1}{2}$		17	5	
22	3		18	5	
23	$3\frac{1}{2}$		19	5	
24	$3\frac{1}{2}$		20	4	
25	4		21	$3\frac{1}{2}$	
26	$4\frac{1}{2}$		22	$3\frac{1}{2}$	
27	$4\frac{1}{2}$		23	3	
28	$4\frac{1}{2}$		24	2	2 à midi.
29	5		25	$2\frac{1}{2}$	
30	5		26	3	
31	5		27	$2\frac{1}{2}$	1 à midi.
FÉVR. 1	$3\frac{1}{2}$		28	2	1 à midi.
2	3		29	3	2 à midi.
3	0	3 à midi.	MARS 1	$2\frac{1}{2}$	
4	2		2	2	
5	2		3	2	
6	3		4	2	
7	4		5	3	
8	4		6	4	
9	$3\frac{1}{2}$		7	$3\frac{1}{2}$	
10	3		8	4	
11	3		9	4	
12	$4\frac{1}{2}$		10	$3\frac{1}{2}$	
13	$4\frac{1}{2}$		11	$3\frac{1}{2}$	
14	5		12	2	2 à midi.
15	5		13	0	$6\frac{1}{2}$

Les augmentations n'ont pas pu être fuivies auffi exactement que dans les autres expériences, parce que ce Peuplier étoit éloigné des autres, & qu'il étoit pénible de le vifiter deux fois chaque jour.

§. 6. *Sixieme Expérience faite en 1741 sur un Noyer; comme les gelées de cette année ont duré peu de temps, on n'a pas suivi long-temps cette expérience.*

Jours du mois.	Thermometre au-dessous de la Congellation.	Diminution.	Augmentation.
JANVIER 20	2	$\frac{1}{2}$	
21	3	$\frac{1}{2}$	$\frac{1}{3}$ à midi
22	4	$1\frac{1}{2}$	
23	$4\frac{1}{2}$	$2\frac{1}{2}$	à midi.
24	4	2	
25	4	$2\frac{1}{2}$	$\frac{1}{2}$ à midi.
26	$4\frac{1}{2}$	2	
27	5	3	1 à midi.
28	3	2	
29	2	1	
30	0	0	1 à midi.
31 Dégel.			

Dans toutes ces expériences, quand le dégel est arrivé, les arbres n'ont plus diminué de grosseur ; mais ils en ont beaucoup augmenté vers la mi-Avril, quand la seve a commencé à agir sensiblement ; ce qui a fait qu'il n'a plus été possible de les mesurer avec le même fil de laiton que nous avions ajusté à ces arbres. C'est ce qui nous a obligé de cesser d'en tenir un journal exact : nous avons seulement remarqué, soit en Hiver, soit en Eté, qu'ils augmentoient assez considérablement lorsqu'il faisoit de grandes humidités ; mais cette augmentation n'étoit que passagere, parce qu'elle dépendoit de la quantité d'eau dont l'écorce s'imbiboit, mais qui se dissipoit ensuite ; il n'en étoit pas de même de l'augmentation de grosseur, qui dépendoit de ce que le bois des arbres prenoit de l'accroissement, & qui étoit permanente.

Nous soupçonnons que si, pendant la durée de nos expériences, il étoit survenu de ces fortes gelées qui font fendre les arbres, nous aurions pu remarquer une augmentation de groſſeur dans les arbresmêmes qui n'auroient point éclaté par le froid : au reſte ceci n'eſt qu'une ſimple conjecture.

§. 7. *Conſéquences des expériences précédentes.*

On voit par les expériences que nous venons de rapporter que les arbres diminuent de groſſeur proportionnellement à l'augmentation du froid, & qu'après la gelée, les fils étant revenus au point zéro, les arbres ont repris la groſſeur qu'ils avoient avant la gelée : que les uns ont conſervé cette groſſeur juſqu'au 12 d'Avril, quoique le ſoleil eût beaucoup de force pendant le jour, & que la gelée des nuits fût peu conſidérable ; & que d'autres, au contraire, ont conſidérablement augmenté de groſſeur immédiatement après le dégel.

On conçoit que quand les deux bouts du fil de laiton étoient écartés de trois lignes l'un de l'autre, le diametre de l'arbre étoit augmenté à-peu-près d'une ligne.

On objectera peut-être, & même avec raiſon, que le fil de laiton a dû ſe contracter pendant la gelée ; mais cela ne prouveroit autre choſe, ſinon que la diminution de groſſeur de ces arbres a été plus conſidérable que nous ne l'avons marqué.

Voici une expérience qui pourroit fournir un moyen d'avoir égard au raccourciſſement du fil de laiton. On a pris un bout de ce fil, qui avoit trois pieds de longueur ; on l'a expoſé à l'air lorſque le thermometre étoit à huit degrés au-deſſous de *zéro :* on a placé dans une ſerre chaude où le thermometre étoit à la température des caves de l'Obſervatoire, une regle de ſapin ; & après l'y avoir laiſſé un temps aſſez conſidérable, on a marqué ſur cette regle un trait à la diſtance de trois pieds d'une de ſes extrémités ; on a enſuite pris le fil de cuivre qu'on avoit laiſſé expoſé à l'air pendant que le thermometre étoit à huit degrés au-deſſous de *zéro* ; & en le tenant avec des pinces, on l'a porté dans la ſerre chaude, & on l'a poſé ſur la regle de ſapin : il a été trouvé de deux lignes plus court que les trois pieds marqués ſur la regle ; mais après l'avoir laiſſé un peu de temps dans cette ferre chaude, il s'eſt alongé peu à peu, & il a atteint le trait qui marquoit les trois pieds ſur la regle de ſapin : ceci ayant été répété pluſieurs fois, on en peut conclure qu'une variation dans l'air de vingt-un degrés du Thermometre, a fait varier la longueur du fil de $\frac{1}{134}$; & dans nos expériences, les variations du thermometre n'ont été que de huit degrés; ainſi le fil de laiton n'a pu perdre de ſa longueur qu'environ $\frac{1}{400}$, ce qui eſt fort peu de choſe, ces fils n'ayant pas à beaucoup près trois pieds de longueur.

Auſſi le fil de laiton que nous avions ajuſté ſur un cylindre de bois ſec, n'a-t-il indiqué aucune diminution ſenſible.

On pourroit tirer de ces expériences pluſieurs conſéquences intéreſſantes; mais comme il faut nous renfermer dans l'objet qui nous occupe préſentement, il ſuffit d'avoir prouvé qu'il ne faut pas croire, comme pluſieurs le penſent, que les arbres ſont preſque dépourvus de ſeve pendant l'Hiver; elle y eſt peut-être, au contraire, en plus grande abondance; & ſi dans ce temps elle y eſt moins apparente, c'eſt parce qu'elle y eſt plus condenſée : nous ne tarderons pas à examiner ce fait. Mais ce qui prouve bien encore l'action de la ſeve pendant l'Hiver, ce ſont les arbres qui conſervent leur verdure pendant cette ſaiſon; tels ſont les Oliviers, les Orangers, les Filaria, &c. Quoiqu'il faille peu de ſeve à ces arbres pour les ſoutenir en cet état, à cauſe qu'ils tranſpirent peu, néanmoins il leur en faut; donc il y a beaucoup de ſeve dans les arbres pendant l'Hiver, & cette ſeve y eſt en mouvement, à la vérité fort ralenti, mais non pas interrompu. On peut encore prouver cette même vérité en greffant un Chêne verd ſur un Chêne commun; cette greffe qui réuſſit ordinairement, prouve qu'il faut que le Chêne commun qui quitte ſes feuilles en Hiver, ſoit en état de fournir de la ſeve à cette greffe, pour qu'elle conſerve ſa verdeur pendant cette ſaiſon. Je reviens pour un moment à l'état des boutons des arbres pendant l'Hiver; car je crois entrevoir quelque reſſemblance entre cette partie des arbres, & les chryſalides des inſectes qui ſe métamorphoſent. Une plante ſe trouve entiérement formée fous fes enveloppes, comme l'infecte l'eft dans fa coque; l'un & l'autre vivent, fe fortifient & fe développent relativement à la température de l'air, & à peine l'apperçoit-on au-dehors: l'une & l'autre fe difpofent à paroître quand la faifon leur fera favorable.

Feu M. de Réaumur a fait voir qu'on pouvoit retarder l'accroiffement des chryfalides en les tenant dans un lieu frais, & avancer confidérablement leur développement, en les mettant dans un lieu chaud. Mais s'il faut qu'une chenille, par exemple, paffe néceffairement par l'état de chryfalide avant que de devenir papillon ; par la même analogie, je crois qu'il faut que la plupart des arbres éprouvent un Hiver pour faire enfuite de belles productions. On peut à la vérité abréger ou prolonger cette faifon à leur égard : dans les vallées fraîches, environnées de hautes montagnes couvertes de neiges, les arbres n'y pouffent que trois femaines ou un mois après ceux qui font expofés au foleil. J'ai effayé d'épargner un Hiver à des Pommiers fur Paradis ; je les ai placés de bonne heure en Automne, & lorfque leurs feuilles étoient encore vertes, dans une ferre, où des poëles allumés y entretenoient pendant l'Hiver une chaleur à-peu-près égale à celle de l'Eté ; cependant ces arbres fe font dépouillés comme les autres, & ils ont été un certain efpace de temps fans pouffer. Ce temps a été à la vérité fort court, mais fuffifant, je crois, pour faire voir qu'il faut néceffairement aux arbres un intervalle entre la pouffe d'une année & celle d'une autre. Car fi par le moyen de ma ferre chaude, j'ai beaucoup avancé le temps de leur pouffe, ces Pommiers auffi ont paru en fouffrir, les pouffes qu'ils ont faites dans la ferre étant beaucoup plus foibles que celles qu'ils auroient faites au Printemps fi on les eût laiffés en plein air.

Il eft vrai que quelques précautions que l'on prenne dans l'exécution de ces expériences, il eft impoffible d'imiter parfaitement les opérations de la nature : quelquefois on donnera un trop grand degré de chaleur, d'autres fois on n'en donnera pas affez ; ce fera même peut-être un défaut que d'entretenir la température de l'air trop uniforme ; & si on tente de produire des alternatives , elles seront trop subites ; la température de l'air de la serre agira presque également sur la tige & sur les racines , lorsqu'il est peut-être nécessaire que la tige ressente quelquefois plus de chaleur que les racines ; & d'autres fois que les racines en ressentent plus que la tige. Nous n'oserions tenter de procurer aux plantes de nos serres , des rosées artificielles pour remplacer celles qui leur sont si avantageuses , puisque la vapeur des fumiers , ou même celle que produit la transpiration des plantes , ne manque pas de causer de la pourriture. Et après tout , comment remplirions-nous toutes les vues de la nature , puisque nous ignorons la plus grande partie des moyens qu'elle emploie pour la végétation ? Cependant je ne doute pas que les réflexions qu'on pourra faire sur ce que je viens de dire , & principalement sur les changements qui arrivent aux boutons en Hiver , ne persuadent que le temps où les arbres restent sans donner de productions , ne soit très-utile à la plupart de ces plantes.

Quelques amateurs d'agriculture ont pensé que l'Hiver étoit tellement nécessaire aux arbres , qu'il ne suffisoit pas , pour hâter leurs productions , d'avancer leur Printemps en les renfermant dans des étuves , en les tenant sur des couches & à des expositions favorables , mais qu'il falloit s'y prendre de plus loin , en leur faisant auparavant essuyer un Hiver dès le commencement de l'Automne ; que pour cela , il convenoit de les faire passer quelque temps dans des endroits qu'on auroit soin d'entretenir frais avec le secours de la glace. Peut-être cette idée n'est-elle pas tout-à-fait sans fondement ; mais je n'ai pu m'en assurer , n'ayant pas eu assez de glace pour tenter cette expérience. Je ne crois pas cependant que l'Hiver soit aussi né cessaire à tous les arbres verds qu'on renferme dans les serres chaudes ; & je pense que dans les climats où l'on ne connoît pas cette saison , il y a beaucoup d'arbres naturels à ces pays qui y poussent pendant toute l'année sans presque aucune interruption : mais on sçait que la plupart des arbres de notre pays n'y réussissent que très-médiocrement ; aussi se peut-il faire que tous les arbres n'ont pas entr'eux une ressemblance parfaite dans leur maniere de végéter. Nous avons un exemple bien sensible de ces sortes de différences parmi les animaux : le têtard, par exemple, qui change de tempérament & de forme pour devenir grenouille, ne s'enveloppe pas pour cela d'une coque, & ne tombe pas dans l'engourdissement des chrysalides dont nous avons parlé ci-dessus.

Quelle étonnante complication d'accidents ; & comment parvenir à éclaircir un objet qui se présente sous tant de faces différentes ! Une vicissitude continuelle de saisons qui produit de si considérables changements dans les arbres, qu'à les examiner en différents temps de l'année, il semble que ce soient autant d'êtres différents : un arbre abattu paroît n'être plus soumis à ces causes ; & cependant il est encore sujet aux alternatives des saisons ; & si l'on a des preuves que les bois les plus secs y sont sensibles, au moins à la maniere des éponges, que ne doit-on pas penser de ceux qui, encore verds & remplis de seve, ressemblent presque à ceux qui sont encore sur pied ? J'ai cru qu'il n'y avoit que la voie analytique qui me pût donner quelque prise sur un objet embarrassé de tant d'accidents différents ; en conséquence, j'ai essayé, pour ainsi dire, de le décomposer, pour pouvoir le considérer successivement sous différents aspects : mais je n'ai garde de me flatter qu'il soit possible de parvenir à cette simplification ; & sans prétendre avoir réussi, je me borne au plaisir de penser que mes observations pourront servir à éclaircir sur quelques points cette question, & frayer la route à ceux qui voudroient entreprendre après moi, d'en donner une solution plus complette.

Je vais commencer par rapporter les différents points dont la discussion m'a paru conduire à l'éclaircissement de la question principale : j'examinerai ensuite chacun de ces points dans autant d'articles particuliers ; & enfin j'essayerai de faire une juste application de ce qu'on en peut conclure, pour découvrir s'il y a une saison particuliere où il convienne d'abattre

les

les arbres, ou si toutes les saisons sont indifférentes pour cette opération.

J'examinerai dans l'article quatrieme quelle est la saison de l'année dans laquelle les bois sur pied contiennent le moins de seve.

Dans le cinquieme, si c'est, comme on le pense ordinairement, dans la saison de l'année où les arbres ont le moins de seve, qu'il les faut abattre.

Dans le sixieme, si la différence de poids, qu'on remarque dans le bois des arbres abattus en différentes saisons, & pesés immédiatement après, subsiste lorsqu'ils sont devenus secs.

Dans le septieme, quels sont les différents effets que la seve peut produire dans les arbres, suivant les saisons dans lesquelles on les abat, & l'état où se trouvent les fibres ligneuses considérées pareillement en différentes saisons.

Dans le huitieme, si l'on doit avoir égard aux différentes lunaisons pour abattre les arbres, ou si la lune n'influe en rien sur leur bois.

Dans le neuvieme, s'il convient de faire attention aux vents, pour abattre les arbres ; & dans ce cas, si un tel vent qui regne, est plus favorable pour cette exploitation que tel autre.

Dans le dixieme, s'il faut interrompre l'abattage pendant les fortes gelées.

Le onzieme & dernier contiendra le résumé des conséquences qu'on peut tirer de ce qui aura été prouvé dans les autres, & leur réunion pourra servir à la résolution de la question principale.

ARTICLE IV. *Quelle est la saison dans laquelle les arbres sur pied contiennent le moins de seve.*

LES bois qu'on abat en Hiver paroissent contenir peu d'humidité ; leur écorce semble être dépourvue d'une partie de sa seve ; elle est fort adhérente aux bois qu'elle recouvre, ce qui a fait conclure presque généralement qu'il y a moins de seve dans le bois pendant l'Hiver que pendant l'Eté : on a même penfé que dans cette faifon, la feve refluoit vers les racines. Mais cette conféquence eft-elle jufte ? Et de ce qu'il paroît peu d'humidité dans une matiere, s'enfuit-il qu'il y en ait effectivement moins ? Quant à moi, je conçois feulement que cette humidité eft alors moins apparente. On fait que les liqueurs occupent plus de volume quand elles font raréfiées par la chaleur, que quand elles font condenfées par le froid; qu'un linge qui paroît fec en Hiver, annonce de l'humidité lorfqu'on le préfente à une chaleur modérée; le bois verd qu'on met au feu en Hiver, répand une fumée épaiffe, très-chargée d'humidité, & il en fort par les extrémités des ruiffeaux de feve. Du bois abattu même depuis long-temps, & qui femble fec, fait paroître de l'humidité quand on l'expofe au feu. On a vu dans le premier Chapitre de cet Ouvrage, combien on retire de liquide des bois par la diftillation. Ces faits prouvent tous qu'il peut y avoir dans certains corps beaucoup d'humidité fans qu'elle foit apparente, à moins que de l'examiner avec grande attention.

Maintenant fi on fait réflexion qu'un arbre abattu en Hiver, & confervé fimplement à l'abri du foleil, pouffe quantité de branches, quoique hors de terre; que les greffes que l'on cueille en Février, & qui paroiffent affez feches, prennent feve en Avril; que leur écorce fe fépare alors aifément du bois, & qu'on en peut enlever des écuffons pour faire la greffe, qu'on appelle *greffe à la pouffe;* & fi l'on ajoute à cela que dans le temps que les arbres pouffent, la feve doit être très-raréfiée, je crois qu'on concevra comme moi, que la feve peut être plus apparente dans les arbres qui pouffent, fans cependant y être plus abondante; & qu'il fe peut faire que les arbres paroiffent avoir moins de feve en Hiver qu'en Eté; & que par la même raifon il paroît moins de feve dans les mêmes arbres, pendant les grands froids & les grandes gelées, que quand le temps eft doux.

D'autres ont cru que la faifon de l'année où il y avoit le moins de feve étoit l'Eté, prétendant que les arbres étoient alors épuifés de feve par les pouffes du Printemps. Il eft hors de doute que les productions des arbres fe font aux dépens

de la feve, & qu'elle s'épuife auffi par la tranfpiration confidérable qui fe fait dans le temps de la grande végétation ;
mais c'eft précifément à caufe de cette grande confommation
de feve que je conçois, que quelque quantité qu'il y en ait
dans les arbres, elle ne fuffiroit pas long-temps s'il ne s'en
produifoit pas à chaque inftant de nouvelle pour réparer &
remplacer celle qui fe diffipe. Un arbre abattu pouffe bien
fans être en terre, & de fon propre fond il donne quelques
branches & des feuilles, mais qui ne tardent pas à périr d'é-
puifement : & comment pourroit-il en être autrement ? J'en
appelle aux calculs de M. Hales qui démontrent qu'il paffe néceffairement une prodigieufe quantité de feve par le tronc
d'un arbre qui végete : ainfi prétendre qu'il y a moins de feve
dans un arbre qui croît, que dans celui qui jouit du repos de
l'Hiver, c'eft comme fi on vouloit que, toutes proportions
gardées, il y eût moins de liqueurs dans un jeune homme qui
grandit, que dans celui qui eft parvenu à fa taille naturelle.

Comme je ne crois pas qu'il y ait de folides raifons de
penfer que les arbres aient plus de feve dans une faifon
que dans les autres, ce fait ne peut être éclairci que par des
expériences. Voyons les lumieres que nous pourrons tirer de
celles que j'ai faites à ce fujet.

§. 1. *Premiere Expérience.*

J'AI fait abattre dans les quatre faifons de l'année de gros
arbres ; je les ai fait débiter par billes de fix pieds de longueur, que j'ai divifées par lots le plus également qu'il m'a
été poffible ; enfuite je les ai fait pefer. Les abattages d'Hiver
& d'Automne fe font trouvés plus pefants que ceux du Printemps & de l'Eté ; mais comme cette expérience n'étoit pas
affez exactement faite, pour qu'on en pût tirer une conféquence jufte, j'ai fait exécuter celle qui fuit, fur laquelle il
y a plus à compter.

§. 2. *Seconde Expérience faite fur de gros Arbres.*

POUR parvenir à connoître en quelle faifon les bois contiennent le plus de feve, j'ai fait abattre de gros pieds d'Aune dans les mois de Mai, Octobre & Décembre 1732 : je les ai fait couper par billes de fix pieds de longueur; j'en ai choifi douze les plus femblables en dimenfions qu'il m'a été pof- fible : j'avoue que ce choix étoit bien éloigné de l'exacti- tude que je defirois apporter ; cependant après les avoir fait pefer, l'abattage du mois de Mai s'eft trouvé confidérablement plus léger que celui d'Octobre ; & celui-ci pefoit moins que celui de Décembre. Voici le poids de chacun de ces lots.

	Livres.	Onces.
Mai	1543	6
Octobre	1649	9
Décembre	1671	4

Cette expérience n'eft pas encore affez exacte pour qu'on en pût rien conclure, fi elle étoit la feule qui eût été faite fur cet objet; mais elle peut venir à l'appui de celles qui ont été faites avec plus de précautions ; & c'eft pour remédier à la difficulté qu'il y a de trouver des rondins de pareilles dimenfions entre eux, que j'ai pris le parti de faire l'expérience fuivante avec des bois équarris.

§. 3. *Troifieme Expérience faite avec des bois équarris.*

1°, J'AI fait abattre dans chaque mois d'une année huit Chênes que j'ai choifis à-peu-près de même âge, dans le même terroir, à la même expofition & dans la même fituation.

2°, Je les ai fait apporter dans ma cour auffi-tôt qu'ils ont été abattus, & j'ai ufé de la même diligence pour les faire équarrir par des Charpentiers, & les faire réduire par un Menuifier, tous à des dimenfions égales ; favoir, fur trois pouces d'équar- riffage : j'ai tiré de chaque abattage fix petits foliveaux de trois pieds de longueur.

3°, J'ai fait marquer chacune de ces pieces d'un numéro, & j'en ai fait pefer 25 toutes enfemble dans de grandes balan- ces ; les autres ont été rebutées.

4°, Le tout a été porté fur mon journal d'expériences, de la même maniere que je le donne ici.

SOLIVEAUX.

9 Décembre 1732.			Janvier 1733.			Février 1733.		
Livres.	Onces.	Gros.	Livres.	Onces.	Gros.	Livres.	Onces.	Gros.
13	9		13	10		13	13	
12	13		13	11		12	1	4
12	14		12	7		12	14	
13	6		13	4	4	12		4
13	7		12	8		12	9	4
13	2	4	14	10		12		4
13	11		12	5		11	15	
13	9		12	12		12	6	
13	2		11	13	4	12	13	4
13	8		13	13	4	11	15	4
13	7		14	1	4	12	11	4
13	9	4	16	4	4	11	15	4
15	2	4	13	10	4	14	11	4
12	7	4	14	6		14	6	
14	15		14	9	4	14	8	
12	11		13	5	4	13	14	4
12	8		12	1		13	14	4
15	1		14	12		13	3	4
13	12		13	15		13	4	4
14	13		13	7		13	5	
14	10		13	12		13	4	
13	7	4	14	1		13	12	
14	7	4	13	6	4	14	1	
13	2	4	14	4	4	13	2	
12	14		13	15	4	13	6	
TOTAUX . 340	11	4	340	14	4	328	0	4

Total du poids des arbres abattus pendant les trois mois
d'Hiver. 1009 liv. 10 onces 4 gros.

SOLIVEAUX.

MARS 1733.			AVRIL 1733.			MAI 1733.		
Livres.	Onces.	Gros.	Livres.	Onces.	Gros.	Livres.	Onces.	Gros.
14	1		12	8		13	4	
13	12	4	12	11		12	14	4
12	8		12	10	4	12	8	
12	13	4	12	3	4	13	6	4
13	7	4	12	4	4	12	13	
13	5		12	8		12	14	
12	10		12	13	4	13	8	4
12	10		12			12	9	
13	3	4	12	4	4	11	15	
13	14	4	13			12	11	
13	9		12	4		11	14	
13	9	4	13	9		12	13	
15	7	4	12	5	4	13	3	
13	11		12	9		13	5	4
13			12	5		13	4	4
12	5	4	12	4		11	10	4
12	6	4	12	13	4	12	11	4
12	15	4	12	6		13	1	
12	4	4	12	4		12	8	4
13	5	4	12	3		13	12	4
13	10	4	11	11	4	12	10	4
13	15		12	4	4	11	9	4
12	5		11	13		12	10	
12	2		11	15		12	15	
14	10	4	14	3	4	13	1	4
TOTAUX. 331	11	0	311	14	0	319	8	0

Total des abattages pendant les trois mois du Printemps.
963 liv. 1 once 0 gros.

SOLIVEAUX.

JUIN 1733.			JUILLET 1733.			AOUST 1733.		
Livres.	Onces.	Gros.	Livres.	Onces.	Gros.	Livres.	Onces.	Gros.
11	8		12	9		12	7	
12	10		11	14	4	12	9	
12	8	4	11	11	4	13	4	
12	3	4	11	1	4	12	8	
11	13	4	10	15		12		
12			12	4	4	13		4
11	6		11	3	4	12		4
12		4	11	4		12	13	4
12	3		11	12	4	12	4	4
11	13	4	11	6		12	10	
11	8		12	4	4	12	9	
12	12	4	12	3	4	12		
12	5		12	11	4	13	1	4
13	3		11	11	4	12	3	
11	4		12	3	4	13	5	
11	1		12	7	4	12	13	
12	15	4	11	10		12	5	4
13	2	4	12	11	4	12	4	4
12	14		11	13		12	15	4
11			12	2		12	15	
10	5		11	13		12	8	
11	2	4	11	11		12	8	4
10	1		11	12		12	9	4
11	5		11	12		12	9	4
12	3	4	12	3	4	12	3	
TOTAUX. 297	5	0	297	4	0	314	7	4

Total des abattages pendant les trois mois d'Eté,
909 liv. 0 onces 4 gros.

SOLIVEAUX.

SEPTEMBRE 1733.			OCTOBRE 1733.			NOVEMBRE 1733.		
Livres.	Onces.	Gros.	Livres.	Onces.	Gros	Livres	Onces	Gros.
12	10		11	10	4	12	15	4
13	1	4	12	12		13	14	4
12	7		12	13		13	9	4
12	12	4	12	10	4	14	5	
12	11		11	11		13	3	4
12	12	4	13	2		13	2	4
11	14	4	13	5	4	14	1	4
12	10		12	4		13	1	4
12	10	4	12			13	14	4
12	15	4	12	14		14	2	
13	4	4	13	5	4	14	2	4
11	11		12	5	4	13	7	4
11	12		14	5	4	12	3	4
11	13	4	13	6		12	8	4
12	1		13		4	13	9	4
12	11		13	14	4	12	7	
12	4	4	12	14		12	3	
11	14	4	13	10	4	13	11	4
11	6	4	13	13	4	12	8	4
12	1		14	15		12	10	4
10	9		13	3	4	13	4	
12	2		14	11		12	15	4
13	2	4	12	15	4	12	5	4
11	13	4	14	12	4	12	15	4
11	14	4	13	6		13	9	4
TOTAUX. 306	14	0	328	14	4	331	0	0

Total du poids des arbres abattus pendant les trois mois d'Automne. 966 liv. 12 onces 4 gros.

TOTAUX

TOTAUX de chacun des mois de l'Année.

	Livres.	Onces.	Gros.		Livres.	Onces.	Gros.
Décembre . . .	340	11	4	Juin	297	5	
Janvier	340	14	4	Juillet	297	4	
Février	328		4	Août	314	7	4
Mars	331	11		Septembre . . .	306	14	
Avril	311	14		Octobre	328	14	4
Mai	319	8		Novembre . . .	331		

On peut conclure de cette expérience, 1°, Que dans les mois de Décembre & de Janvier, les bois fe font trouvés être plus pefants que dans tout le refte de l'année : les plus pefants ont été enfuite ceux qu'on a abattus en Octobre, Novembre, Février & Mars ; ceux abattus en Avril, Mai, Août, Septembre, ont été plus légers ; & enfin les plus légers de tous, font ceux qui ont été abattus en Juin & Juillet. Cela prouve affez bien que dans le temps que la feve eft le plus raréfiée dans les arbres, c'eft auffi la faifon dans laquelle elle eft moins abondante, & où les bois font le moins pefants.

Il faut cependant remarquer que, quoique nous ayons ufé de la plus grande diligence, tant pour tirer les bois de la forêt auffi-tôt qu'ils ont été abattus, que pour les faire équarrir, réduire aux dimenfions requifes, & pour les pefer, il a fallu néanmoins employer quelquefois plufieurs jours pour exécuter toutes ces opérations : or il eft certain que la feve s'échappe bien plus promptement du bois en Eté que pendant l'Hiver ; d'où il fuit néceffairement que, quoique nous ayons eu l'attention de tenir ces bois à couvert ; & quoique nous ayons ufé de plus de diligence en Eté qu'en Hiver, afin qu'il ne fe fît pas une grande évaporation de la feve, il eft probable que cette évaporation étoit toujours plus forte en Eté qu'en Hiver ; ce qui peut bien concourir, avec la grande raréfaction de la feve, pour rendre les bois de certains abattages plus légers que d'autres.

X x

Mais auſſi comme nous avons beaucoup multiplié ces expériences, on peut croire que s'il y a une ſaiſon de l'année où
il ſe trouve plus de ſeve dans les arbres, & où un pied-cube
de bois ſoit plus peſant que dans les autres, c'eſt vraiſemblable-
ment celle de l'Hiver. Il faut examiner maintenant ſi l'on eſt
fondé à penſer qu'on doive préférer, pour abattre les bois, la
ſaiſon de l'année où ils contiennent le moins de ſeve.

§. 4. *Expériences hydroſtatiques, par leſquelles on
a eſſayé de connoître dans quelle ſaiſon les Bois
ſont les plus peſants.*

J'AI ajuſté à un fléau de balance (*Pl. II. fig. 9.*) un fil de
fer qui formoit un crochet à chacune de ſes extrémités. J'ai
accroché à ce fil de fer un morceau de fer peſant une livre *B*,
pourvu de deux pitons à vis, l'un ſupérieur & l'autre inférieur.
J'ai plongé ce poids dans l'eau; j'ai mis dans le baſſin attaché
au bras *C* de la balance, autant qu'il falloit de poids pour faire
équilibre avec le poids *B* qui étoit dans l'eau.

Le piton ſupérieur ſervoit à ſuſpendre au fil de fer *A* le
morceau de bois que je voulois plonger dans l'eau; l'autre étoit
viſſé ſous le même morceau de bois, & ſoutenoit en deſſous
le poids 8 d'une livre ſervant à faire plonger dans l'eau le morceau de bois, comme on le voit, (*fig. 10*); comme le fil de
fer, le poids & les pitons avoient été mis en équilibre dans
l'eau, je pouvois dans le courant de l'expérience les regarder
comme nuls.

Le 31 Décembre 1737, je fis abattre ſix jeunes Chênes de
ſix pouces de diametre, & ſur le champ je fis ſcier au pied
de chaque arbre, un rondin de deux pieds de longueur.

On les tranſporta avec leur écorce, & le plus promptement
qu'il fut poſſible, au lieu de l'expérience; où on les rogna d'un
demi-pied à chaque bout, dans la vue d'en retrancher le bois
dont la ſeve avoit pû ſe diſſiper; on les écorça, on les mar-
qua chacun d'un numéro particulier, & ſur le champ on les
peſa dans l'air libre, puis dans l'eau. Nous allons dans un inf-

tant rapporter les différences de poids que nous y avons remarquées.

Le 21 Avril 1738 je répétai une pareille expérience, & encore le 26 Juillet, seulement avec cette différence que, comme l'évaporation de la seve étoit plus à craindre dans ces mois de Printemps & d'Eté que dans ceux d'Hiver, je fis transporter de ces billes de bois dans des sacs de toile que j'avois fait mouiller avant de les y mettre. Dans le temps du transport de ceux du 21 Avril, il tomboit de l'eau, ce qui me fit penser que l'évaporation de la seve qui auroit pu se faire alors, seroit fort peu de chose, & qu'elle ne nuiroit pas à l'exactitude de mon expérience.

Cependant pour prévenir, autant qu'il étoit possible, cet inconvénient, dans toutes les expériences, j'usai de la plus grande diligence ; car j'avois des ouvriers qui scioient pendant que d'autres écorçoient & marquoient les numéros, & d'autres enfin étoient chargés de peser dans l'air & dans l'eau chacun de ces morceaux de bois.

EXPÉRIENCE du 13 Décembre 1737.

Le thermometre étoit alors à un demi-degré au-dessous de zéro ; le vent au Nord-Est : il faisoit beaucoup de verglas.

Poids dans l'air.

Numéros.	Livres.	Onces.	Gros.
1	14	13	0
2	13	11	4
3	12	13	0
4	10	8	4
5	13	1	2
6	12	1	6

Poids moyen dans l'air.

Livres.	Onces.	Gros.
12	13	4

Poids dans l'eau.

Livres.	Onces.	Gros.
1	15	6
1	8	$1\frac{1}{2}$
1	1	$5\frac{1}{2}$
0	13	6
1	5	$0\frac{1}{2}$
1	4	0

Poids moyen dans l'eau.

Livres.	Onces.	Gros.
1	5	$3\frac{1}{4}$

EXPÉRIENCE du 21 Avril 1738.

Le vent étoit au Sud-Oueft, & il tomboit un peu d'eau.

<table>
<tr><td colspan="4">Poids dans l'air.</td><td colspan="3">Poids dans l'eau.</td></tr>
<tr><td>Numéros.</td><td>Livres.</td><td>Onces.</td><td>Gros.</td><td>Livres.</td><td>Onces.</td><td>Gros.</td></tr>
<tr><td>1</td><td>13</td><td>9</td><td>2½</td><td>1</td><td>2</td><td>4</td></tr>
<tr><td></td><td></td><td></td><td></td><td colspan="3">On fut obligé d'ajouter deux onces deux gros pour le faire plonger dans l'eau.</td></tr>
<tr><td>2</td><td>5</td><td>15</td><td>2</td><td>0</td><td>6</td><td>2</td></tr>
<tr><td>3</td><td>8</td><td>14</td><td>6</td><td>0</td><td>9</td><td>2½</td></tr>
<tr><td></td><td></td><td></td><td></td><td colspan="3">On a mis 13 onces 4 gros pour le faire plonger dans l'eau.</td></tr>
<tr><td>4</td><td>8</td><td>1</td><td>2</td><td colspan="3">Il a fallu mettre 3 onces 4 gros pour le faire plonger dans l'eau.</td></tr>
<tr><td>5</td><td>8</td><td>7</td><td>0</td><td></td><td></td><td></td></tr>
<tr><td>6</td><td>12</td><td>5</td><td>7</td><td></td><td></td><td></td></tr>
</table>

Poids moyen dans l'air.

9 . . . . . 8 . . . . 7¼

Poids moyen dans l'eau.

0 . . . . . . 2 . . . . 3¼

EXPÉRIENCE du 26 Juillet 1738.

Le thermometre étoit à 17 degrés au-deffus de *zéro*; le vent au Nord-Oueft, le temps pefant & variable.

<table>
<tr><td colspan="4">Poids dans l'air.</td><td colspan="3">Poids dans l'eau.</td></tr>
<tr><td>Numéros.</td><td>Livres.</td><td>Onces.</td><td>Gros.</td><td>Livres.</td><td>Onces.</td><td>Gros.</td></tr>
<tr><td>1</td><td>18</td><td>12</td><td>7</td><td>1</td><td>7</td><td>4</td></tr>
<tr><td>2</td><td>9</td><td>15</td><td>6</td><td>0</td><td>2</td><td>1½</td></tr>
<tr><td>3</td><td>15</td><td>4</td><td>0</td><td>0</td><td>2</td><td>4</td></tr>
<tr><td>4</td><td>16</td><td>3</td><td>0</td><td colspan="3">Il a fallu 1 liv. 5 onces 4 gros pour le faire plonger dans l'eau.</td></tr>
<tr><td>5</td><td>19</td><td>6</td><td>0</td><td colspan="3">Il a fallu 1 livre 2 onces. pour le faire plonger.</td></tr>
<tr><td>6</td><td>15</td><td>4</td><td>0</td><td>2</td><td>6</td><td>0</td></tr>
</table>

Poids moyen dans l'air.

15 . . . . . 12 . . . . 7½

Poids moyen dans l'eau.

0 . . . . . . 4 . . . . 3½

Les fix morceaux de l'abattage de Décembre pefoient dans l'air 77 livres 1 once 0.

Et les mêmes fix morceaux de bois pefés dans l'eau, ne pefoient que 8 livres 0 once 3 ½ gros.

Ainsi ils excédoient de cette quantité le poids du fluide dans lequel ils flottoient, ce qui fait environ $\frac{1}{10}$ de leur poids.

Les six de l'abattage d'Avril pesoient dans l'air 57 livres 5 onces 3 gros $\frac{1}{2}$.

Et les six mêmes étant pesés dans l'eau, n'ont pesé que o liv. 14 onces 6 gros $\frac{1}{2}$; ainsi à cela près, ils étoient de même pesanteur que l'eau.

Les six de l'abattage de Juillet pesoient dans l'air 94 livres 13 onces 5 gros.

Et les six mêmes morceaux de bois pesoient dans l'eau seulement 1 livre 10 onces 5 gros, ainsi ils n'excédoient que de cette somme le poids de l'eau, ce qui revient à peu-près au même que l'abattage du Printemps, à cause de la différence des masses.

A l'abattage du 13 Décembre, le poids dans l'air est au poids dans l'eau, comme 1 : 0, 104.

A l'abattage du 21 Avril, le poids dans l'eau est au poids dans l'eau, comme 1 : 0, 017.

A l'abattage du 26 Juillet, le poids dans l'air est au poids dans l'eau, comme 1 : 0, 017.

Tout cela prouve que les bois font plus légers dans le Printemps & en Eté que pendant l'Hiver.

Je conviens que, malgré la précaution que j'ai prise de ne choisir que du bois du pied pour servir aux expériences , cependant comme une infinité d'accidents changent le poids des bois, il en pouvoit résulter un grand défaut dans l'expérience.

Pour l'éviter autant qu'il m'étoit possible, j'ai conservé ces dix-huit morceaux de bois jusqu'au 18 Avril 1740 ; alors je les ai tous pesés dans l'air, & ensuite dans l'eau : comme ils étoient fort secs, ils se font tous trouvés plus légers que le volume d'eau qu'ils déplaçoient : donc les poids de la pesée dans l'eau marquent de combien ces bois se font trouvés plus légers que le volume d'eau qu'ils déplaçoient.

L'intention de cette derniere pesée étoit de déterminer aussi exactement qu'il seroit possible, la pesanteur du bois & la quantité de seve qui se seroit évaporée.

BOIS ABATTUS EN DÉCEMBRE.

Pesés dans l'air.

Numéros.	Livres.	Onces.	Gros.
1	10	8	2
2	9	6	3
3	8	13	5½
4	6	14	6½
5	8	8	5½
6	8	2	1½
	52	6	0

Pesés dans l'eau.

Livres.	Onces.	Gros.
1	6	0½
1	11	2
1	15	2
2	0	0
2	3	6
1	14	2
11	2	4½

BOIS ABATTUS EN AVRIL.

Pesés dans l'air.

Numéros.	Livres.	Onces.	Gros.
1	9	11	0
2	4	6	0
3	6	5	0
4	5	10	7
5	6	6	½
6	9	6	4
	41	13	3½

Pesés dans l'eau.

Livres.	Onces.	Gros.
1	7	2
1	6	6
1	10	6
1	5	2
2	2	4
2	5	1
10	5	5

BOIS ABATTUS EN JUILLET.

Pesés dans l'air.

Numéros.	Livres.	Onces.	Gros.
1	13	2	6
2	7	4	0
3	11	4	0
4	11	10	0
5	14	0	5
6	10	14	2
	68	3	5

Pesés dans l'eau.

Livres.	Onces.	Gros.
3	2	4½
2	0	4½
3	2	4
4	6	1
5	0	4
3	0	4½
20	12	6

Il est bon de savoir que toutes ces pieces de bois étoient extraordinairement fendues: le bois de l'abattage d'Avril étoit plus fendu qu'aucun autre ; car les fentes pénétroient jufqu'au cœur, & les morceaux fembloient vouloir fe féparer. On voyoit de grandes fentes, mais en petit nombre, & beaucoup de petites dans les pieces des arbres abattus en Juillet : le bois de ceux qui avoient été mis à bas en Décembre étoit un peu moins fendu que tous les autres.

ARTICLE V. *Faut-il, comme on le penfe ordinai-rement, abattre les arbres dans la faifon de l'année où ils ont moins de feve.*

ON convient affez généralement que, pour efpérer un bon fervice des bois qu'on met en œuvre, ils doivent être fecs ; & comme on penfe que la feve eft une liqueur très-difpofée à fermenter, on en conclut que la meilleure faifon, pour abattre les arbres, eft celle où ils contiennent le moins de cette même liqueur.

Il eft hors de doute que la feve, lorfqu'elle contient beau-coup de flegme, & qu'elle n'eft pas encore réduite à un cer-tain état d'épaiffiffement, eft capable de s'altérer par la fermen-tation ; nous rapporterons même dans la fuite de cet ouvrage plufieurs expériences qui prouvent inconteftablement ce fait. Si nous ne réfervions pas cet examen pour le Chapitre, où nous traiterons de la meilleure maniere de deffécher les bois, nous aurions quelques exceptions à faire fur l'objet de l'altération de la feve ; mais nous voulons bien pour le pré-fent adopter, & fans aucune reftriction, les idées qui font communément reçues à ce fujet ; nous nous renfermons à examiner ici les conféquences qu'on prétend en tirer.

Cependant avant que d'entamer cette queftion, il eft à pro-pos de remarquer que, fi on croyoit qu'il y eût quelque avantage à abattre les bois dans la faifon où ils font cenfés contenir le moins de feve, il ne faudroit pas faire cette opé-ration en Hiver, comme on le pratique ordinairement, ni comme le prefcrivent les Ordonnances ; mais ce devroit être

préférablement vers la fin du Printemps , & dans l'Eté; puifque l'on a pu voir par les expériences précédentes, que dans
l'Hiver il y a au moins autant de feve dans les bois que dans
l'Eté.

D'ailleurs , fi l'on juge qu'il faut tendre à précipiter l'évaporation du flegme de la feve , & le defféchement des bois
(ce qui n'eft peut-être pas à defirer dans tous les cas, comme
nous le ferons fentir bientôt); le plus fûr moyen, pour remplir ces vues , eft-il d'abattre les arbres dans la faifon de l'année où ils font réputés contenir la plus petite quantité de
feve ? & n'y a-t-il pas d'autres attentions plus importantes
qu'on femble négliger mal-à-propos ?

Il eft bien vrai que fi dans telle faifon de l'année , le mois de
Janvier, par exemple, une certaine quantité de bois pefe
340 livres 4 onces quatre gros, & que dans une autre, comme
celle de Juin, la même quantité ne pefe que 297 livres 5
onces, ce qui eft la plus grande différence que nous ayons
remarquée dans toute la fuite de nos expériences ; on aura à
la vérité 43 livres 9 onces 4 gros pefant de feve de moins
dans les bois qui auront été abattus en Juin, que dans ceux
qui l'auroient été en Janvier. Mais pour que les bois foient
parfaitement fecs , il faut qu'ils foient parvenus à ne pefer
plus qu'environ 230 livres 6 onces : donc il refte encore dans
les bois qui contenoient le moins de feve, lorfqu'ils ont été
abattus , 66 livres 15 onces pefant de feve qui doit s'évaporer de cette même quantité de bois , pour qu'ils puiffent être
réputés fecs , & en état d'être mis en œuvre.

Maintenant, fi l'on fait attention qu'il y a des faifons où la
feve qui eft plus raréfiée, plus éthérée, & plus en mouvement , a plus de difpofition à s'échapper , & que cette faifon
eft celle où la grande action du foleil , & la féchereffe de l'air
favorife davantage le defféchement des arbres abattus, comme
l'éprouvent quantité d'Ouvriers, & particuliérement ceux qui
emploient les vernis huileux, lefquels ne peuvent faire fécher
leurs ouvrages que dans les chaleurs de l'Eté ou par le fecours des étuves, on concevra , je crois, que pour defférher
promptement

promptement les bois, il n'y a pas de plus sûr moyen que de les abattre dans ces saisons favorables.

Et si l'on se refusoit à l'évidence de ce raisonnement, & à l'expérience journaliere de ceux qui exploitent des bois & qui constatent de reste ce que nous venons d'avancer, nous pourrions rapporter en confirmation plusieurs expériences décisives ; car j'ai fait abattre des bois dans les quatre saisons de l'année, & après les avoir pesés de fois à autres, j'ai reconnu que l'évaporation de la seve se réduisoit presque à rien en Hiver, en comparaison de l'état où elle se trouvoit au Printemps & en Eté (*). C'est ce qui m'a engagé à faire observer dans l'article précédent, qu'une partie de la différence de poids que j'avois trouvée entre les bois abattus en différentes saisons, vient certainement de l'évaporation de la seve, qui se trouvoit être plus considérable dans une saison que dans une autre, quoique j'eusse pris toutes les précautions possibles pour éviter cet inconvénient. Mais de ce que la seve qui séjourne trop long-temps dans le bois, courroit risque d'y fermenter & de s'y corrompre, s'enfuit-il qu'il faille la faire évaporer le plus promptement qu'il sera possible ? & n'y auroit-il pas lieu d'appréhender, qu'en suivant cette méthode, on ne tombât dans d'autres inconvénients presque aussi fâcheux ?

Nous voyons dans la distillation des huiles essentielles & des matieres résineuses des plantes, que l'eau qu'on ajoute, qui ne peut dissoudre, & qui ne mouille même pas ces substances grasses, ne laisse pas que d'en emporter une portion qui passe dans le récipient. Cette observation ne doit-elle pas nous faire craindre que ces différentes matieres étant en parfaite dissolution dans l'humidité de la seve, sur-tout dans les saisons de l'année où la seve est plus en mouvement, elles ne soient emportées avec cette humidité, si on en précipite trop l'évaporation ? L'odeur que rendent les bois verds, renfermés en grande quantité dans un même lieu, est une preuve qu'il en émane autre chose que du flegme. Toutes ces

(*) Ces expériences seront rapportées dans la suite de cet Ouvrage.

Y y

confidérations méritent certainement bien d'être difcutées avec exactitude ; mais comme elles regardent directement le deſſéchement des bois, nous remettons, comme nous l'avons dit, à les examiner plus particuliérement dans le Chapitre que nous deſtinons ſpécialement à traiter de tout ce qui concerne cette matiere, nous contentant ici de préſenter les réflexions générales que nous venons de faire, qui doivent ſuffire pour faire ſentir qu'il n'eſt pas auſſi ſûr qu'on le penſe, qu'il ſoit toujours avantageux de précipiter l'évaporation de la ſeve. D'ailleurs, nous ferons voir dans la ſuite que les bois qu'on fait deſſécher trop promptement ſe fendent & s'éclatent beau-coup, inconvénient qu'il eſt important d'éviter.

Mais ſuppoſé que ce deſſéchement fût avantageux, il eſt très-bien prouvé par les expériences que nous avons rappor-tées ci - deſſus, qu'il faudroit abattre les arbres à la fin du Printemps, ou dans le courant de l'Eté, ou au commencement de l'Automne ; non-ſeulement parce que ce ſont les ſaiſons où ils contiennent le moins de ſeve, mais encore parce que ce ſont auſſi celles où tout favoriſe ſon évaporation ; & c'eſt ce que nous nous étions propoſé d'examiner dans cet article. Cependant comme le principe reſte incertain juſqu'à ce que nous ayons encore plus approfondi ce qui concerne le deſſé-chement des bois, &, ce qui ſeroit le plus avantageux, de pré-cipiter, ou de ralentir l'évaporation de la ſeve ; nous avons cru, pour donner dès-à-préſent quelque choſe de poſitif ſur la ſaiſon qu'il faut choiſir pour abattre les bois, devoir aban-donner ici toutes les recherches de Phyſique, pour nous ren-fermer, comme nous l'avons fait, dans l'examen des différen-ces que nous avons pu appercevoir entre les bois que nous avons abattus dans toutes les ſaiſons de l'année, & dont nous allons donner le détail dans les articles ſuivants.

Article **VI.** *Où l'on examine si la différence de poids qu'on remarque dans les bois abattus en différentes saisons de l'année, & pesés immédiatement après avoir été abattus, subsiste lorsqu'ils sont devenus secs.*

On croit communément que les bois de mauvaise qualité & que l'on abat, sont les plus pesants quand ils sont encore tout pleins de seve : ce préjugé est d'autant plus faux, & il est d'autant plus important de le combattre , qu'on peut le justifier par des raisons plausibles & séduisantes.

On a plus de raisons qu'il n'en faut pour prouver que le tissu de fibres ligneuses est moins serré dans les arbres de mauvaise qualité que dans les autres ; ou ce qui est la même chose, que dans un solide égal, dans un pouce-cube de bon bois, par exemple, il y a plus de fibres ligneuses que dans un qui n'est pas de bonne qualité ; les pores de celui-ci sont donc en moindre quantité & plus écartés les uns des autres : or on suppose que dans un morceau de bois verd, tous ces pores sont remplis ; d'où l'on conclud qu'il y a plus de seve dans un bois de mauvaise qualité que dans un bon bois.

D'autre part, on croit appercevoir que la substance ligneuse est plus légere, que ne l'est un pareil volume d'eau, parce qu'on voit le bois nager sur l'eau ; & l'on en tire encore cette conséquence, que le bois qui contient le plus de seve, & par conséquent le plus d'eau, doit être plus pesant.

Un Lecteur éclairé reconnoît sans doute la fausseté de ce raisonnement ; cependant comme il m'a souvent été fait par des gens qui avoient d'ailleurs des connoissances assez étendues sur la matiere des bois, je ne crois pas devoir négliger d'y répondre ici article par article.

J'ai pesé un nombre de cubes de bois de Chêne de différente qualité , & dont les arbres avoient été abattus depuis long-temps : j'ai reconnu qu'il s'en trouvoit qui pesoient plus d'un quart davantage que d'autres; & que les bois les plus pefants étoient ceux qui fe trouvoient conftamment de meilleure qualité: perfonne n'ignore que l'aubier fec, qui n'eft autre chofe qu'un bois de mauvaife qualité, pefe beaucoup moins que le bois formé; on peut donc conclure avec affurance que le bois de mauvaife qualité, eft d'un tiffu plus lâche & moins denfe que le bois de bonne qualité, & que fes pores font plus ouverts ou en plus grand nombre: c'eft un fait qu'on peut reconnoître à la feule infpection, fur-tout fi l'on emprunte le fecours d'une loupe; car on voit que les bois qu'on appelle *tendres* ou *creux*, ont un plus grand nombre de pores & plus dilatés que les bois *fermes & de bonne qualité*; c'eft ce que les Ouvriers expriment, en difant qu'un bois *a le grain fin*, ou *un gros grain*, qu'il eft *plein* ou *ferré*, ou qu'il eft *creux & lâche*, &c; on a donc eu raifon de dire que les mauvais bois ont leurs pores plus grands & plus fréquents que les bons bois.

On ajoute à cela que tous les pores font pleins dans un arbre pendant qu'il végete; & cela eft vrai exactement parlant, puifque les efpaces remplis d'air font auffi réellement pleins que ceux qui le font de quelque liqueur que ce foit. Les plantes contiennent beaucoup d'air: que cet air foit renfermé dans des vaiffeaux particuliers, ou qu'il foit mêlé avec la feve qu'il rend alors plus légere, comme l'indique la propriété qu'elle a de fe raréfier confidérablement; cela doit être indifférent pour ce que nous avons à dire ici: il fuffit de favoir qu'il y a beaucoup d'air dans le bois des arbres qui font encore verds. Or pour s'affurer de ce fait par une expérience bien fimple, il n'y a qu'à affujettir au fond d'un goblet rempli d'eau, purgée d'air, un morceau de bois verd, & mettre ce goblet fous le récipient de la machine pneumatique; à mefure que l'on pompera l'air du récipient, on verra fortir des bulles d'air du morceau de bois: on verra pareillement l'air fortir en abondance d'un morceau de bois verd qui aura été mis au feu. J'ai foudé un gros tuyau de verre au tronc d'un jeune arbre; j'ai rempli d'eau ce tuyau; après quoi on voyoit des bulles d'air qui fortoient continuellement par la coupe

du tronc de cet arbre. Il n'eſt donc pas douteux que les bois
verds contiennent beaucoup d'air : or c'eſt cet air qui fait que
la plupart des bois flottent ſur l'eau ; car, abſtraction faite de
l'air, la plus grande portion de la ſeve eſt un fluide à-peu-
près auſſi peſant que l'eau, & les fibres ligneuſes ſont beaucoup plus peſantes que l'eau ; ce qui fait que quand les bois
ont été plongés dans l'eau aſſez long-temps, pour que tous
les eſpaces remplis d'air ſoient remplacés par l'eau, alors ils
vont au fond & ne ſurnagent plus ; & cela s'exécute bien plus
promptement, ſi l'on met un petit morceau de bois dans un
vaſe plein d'eau ſous le récipient d'une machine pneumatique ;
car à meſure qu'on pompe l'air du récipient, celui qui étoit
dans le morceau de bois en ſort ; on voit le morceau de bois
s'enfoncer de plus en plus dans l'eau, lorſqu'on fait rentrer
l'air dans la machine, parce que le poids de l'atmoſphere fait
entrer l'eau dans les pores vuidés d'air : ſi l'on répete pluſieurs
fois cette opération, l'eau prendra totalement la place de
l'air, & le morceau de bois ira au fond du vaiſſeau.

La ſubſtance ligneuſe eſt donc ſpécifiquement plus peſante que l'eau, & les bois ne flottent à la ſurface de l'eau
que parce qu'ils contiennent beaucoup d'air : d'où l'on peut
conclure que les bois qui contiendront le plus de fibres
ligneuſes dans un ſolide de pareilles dimenſions, ſeront toujours les plus peſants, ſoit qu'ils ſoient verds, ſoit qu'ils
ſoient ſecs ; ce qui ſe trouve d'accord avec toutes nos expériences, qui font voir ; 1°, que les bois les plus ferrés & de
la meilleure qualité ſont toujours plus peſants que les autres,
avec cette exception ſeulement, que la différence eſt moins
conſidérable dans les bois verds que dans les bois ſecs, parce
que les pores qui, dans les bois ſecs ne contiennent que de
l'air, ſont en partie occupés par la ſeve dans les boids verds :
la ſeve eſt plus peſante que l'air, quoiqu'elle ſoit plus légere
que la ſubſtance vraiment ligneuſe.

On pourroit donc conclure dès-à-préſent que les bois que
nous avons trouvés plus légers en les abattant dans une certaine ſaiſon préférablement à une autre, doivent auſſi être les

plus légers lorfqu'ils feront fecs. Mais cette conféquence ne feroit pas exacte, comme on le pourra voir dans la table fuivante, où nous donnons le réfultat d'une expérience faite pour parvenir à connoître fi les différences que nous avions remarquées entre les bois abattus en différentes faifons, fe font trouvées être les mêmes, après que ces bois ont été fecs. Il ne faut cependant pas croire que l'expérience que nous allons rapporter, détruife ce que nous venons d'établir au commencement de cet article ; elle n'y forme pas la moindre exception, au contraire elle en eft une fuite néceffaire ; & nous le ferons voir très-clairement après avoir rapporté notre expérience.

§. 1. *Premiere Expérience.*

Dans le mois de Décembre 1732, & dans chacun des mois de l'année 1733, j'ai fait abattre plufieurs jeunes Chênes que j'ai fait débiter par un Menuifier, en petits foliveaux de trois pieds de longueur fur trois pouces d'équarriffage : je les ai pefés auffi-tôt qu'ils ont été équarris, & je les ai fait placer fous un hangard où ils ont refté jufqu'à la fin de l'année 1736. Alors je les ai pefés pour reconnoître fi la différence de poids que j'avois remarquée en premier lieu entre ces bois, fuivant le différent temps où ils avoient été abattus, fubfiftoit lorfqu'ils étoient devenus fecs. Voici quel a été le réfultat de cette premiere expérience.

Pour éviter au Lecteur le détail d'une expérience dont l'exécution a été très - longue & pénible, je me bornerai à donner les réfultats ; 1°, de la premiere pefée qui a été faite auffi-tôt que ces bois ont été abattus en 1732 & 1733 ; 2°, de la derniere pefée faite en 1736, lorfque ces bois ont été fecs. Je diviferai tous les abattages en trois faifons ; favoir, 1°, l'Hiver, qui comprendra les bois abattus en Octobre, Novembre, Décembre & Janvier ; 2°, le Printemps qui renfermera les bois abattus en Février, Mars, Avril & Mai ; 3°, l'Eté qui comprendra les bois abattus en Juin, Juillet, Août & Septembre.

HIVER.

Mois.	Bois verd.			Bois sec.			Différence.		
	Livres.	Onces.	Gros.	Livres.	Onces.	Gros.	Livres.	Onces.	Gros.
Octobre.	81	0	0	61	15	0	19	1	0
Novembre.	80	0	4	59	1	0	20	15	4
Décembre.	81	0	4	63	5	0	17	11	4
Janvier.	81	8	4	59	14	0	21	10	4
	323	9	4	244	3	0	79	6	4

PRINTEMPS.

Mois.	Bois verd.			Bois sec.			Différence.		
	Livres.	Onces.	Gros.	Livres.	Onces.	Gros.	Livres.	Onces.	Gros.
Fevrier.	77	3	4	58	14	0	18	5	4
Mars.	78	6	0	59	1	4	19	4	4
Avril.	73	9	0	57	3	4	16	5	4
Mai.	76	0	4	58	14	0	17	2	4
	305	3	0	234	1	0	71	2	0

ÉTÉ.

Mois.	Bois verd.			Bois sec.			Différence.		
	Livres.	Onces.	Gros.	Livres.	Onces.	Gros.	Livres.	Onces.	Gros.
Juin.	68	10	4	57	5	0	11	5	4
Juillet.	71	1	0	56	1	0	15	0	0
Aoust.	74	15	4	60	11	0	14	4	4
Septembre.	75	1	0	60	5	0	14	12	0
	289	12	0	234	6	0	55	6	0

L'abattage d'Hiver est, les bois étant verds, de 18 livres 6 onces 4 gros plus pesant que celui du Printemps, & de 33 liv. 13 onces 4 gros plus pesant que l'abattage d'Eté : on voit donc que les bois abattus en Hiver, sont plus pesants que ceux abattus au Printemps, & que les plus légers sont ceux qu'on abat en Eté.

Ce n'est plus la même chose quand ces bois sont secs : ceux qui ont été abattus en Hiver ne se sont trouvés peser que 10 livres 2 onces de plus que ceux qui ont été abattus au Printemps, & 9 livres 13 onces de plus que ceux qui ont été abattus en Eté.

§. 2. *Conséquences de ces premieres Expériences.*

Par ces expériences, on voit clairement ; 1°, que les bois qui ont été abattus dans les mois d'Octobre, Novembre, Décembre & Janvier, que je regarde comme les mois d'Hiver, & qui sont effectivement ceux dans lesquels l'Ordonnance permet de faire des coupes dans les forêts ; que ces bois, dis-je, se sont trouvés plus pesants dans le temps qu'ils ont été abattus, que ceux que j'ai fait abattre dans les mois de Février, Mars, Avril & Mai, que je regarde comme les mois du Printemps ; & enfin que ceux qui ont été abattus pendant l'Eté, c'est-à-dire, en Juin, Juillet, Août & Septembre, sont les plus légers de tous.

2°, Que les bois abattus en Hiver ont perdu plus de seve que ceux qui ont été abattus au Printemps & en Eté, soit que ceux-ci en continssent effectivement moins à cause de la grande raréfaction de cette seve, comme je l'ai expliqué dans l'article précédent, ou qu'une portion de la seve se fût échappée avant que je les eusse pu peser pour la premiere fois, malgré toutes les précautions que j'ai prises pour éviter cet inconvénient.

3°, Que les bois abattus pendant les mois d'Hiver, restent, étant devenus secs, un peu plus pesants que ceux qui ont été abattus pendant les huit autres mois du Printemps & de l'Eté : mais cette différence de poids est beaucoup moindre que dans les bois verds.

§. 3. *Secondes Expériences.*

Dans la crainte qu'on ne pût soupçonner que les bois abattus pendant l'Hiver, quoique d'un plus ancien abattage, ne fussent pas aussi secs que ceux que j'avois fait abattre pendant l'Eté, & que l'on n'attribuât cette différence de sécheresse à ce que la seve étoit alors en mouvement, & à la grande disposition qu'elle auroit eue à s'échapper dans le temps même qu'on les abattoit ; & pour prévenir cette objection, j'ai exécuté la même expérience sur des chevrons de trois pieds de

longueur

longueur & de trois pouces d'équarriſſage : avant de les peſer pour la derniere fois, je les ai fait paſſer vingt-quatre heures dans un four chaud pour les deſſécher parfaitement. Le réſultat de ces ſecondes expériences a été à-peu-près le même que celui des précédentes, comme on peut s'en aſſurer par le détail que j'en vais expoſer aux yeux du Lecteur.

Mois.	Verd.			Sec.			Différence.		
	Livres.	Onces.	Gros.	Livres.	Onces.	Gros.	Livres.	Onces.	Gros.
Octobre...	13	10	4	10	5	0	3	5	4
Novembre..	14	2	4	10	2	0	4	0	4
Decembre..	13	12	4	9	15	0	3	13	4
Janvier. ...	13	6	4	9	8	4	3	14	0
	55	0	0	39	14	4	15	1	4
Fevrier. ...	11	15	4	9	8	0	2	7	4
Mars........	13	7	1	10	3	4	3	3	5
Avril......	11	13	0	9	3	4	2	9	4
Mai........	12	13	0	9	12	4	3	0	4
	50	0	5	38	11	4	10	5	1

On voit par cette expérience que les ſoliveaux abattus pendant les quatre mois d'Hiver, ont peſé, verds, 4 livres 15 onces 3 gros de plus que ceux qui ont été abattus dans les quatre mois du Printemps ; & que quatre ans après que ces bois ont été ſecs & qu'on les a eu paſſés au four, il s'en falloit beaucoup que ceux abattus en Hiver euſſent conſervé cet avantage ſur ceux qui avoient été abattus pendant le Printemps, puiſque leur ſurcroît de poids s'eſt trouvé réduit à 1 livre 3 onces.

Mois.	Verd.			Sec.			Différence.		
	Livres.	Onces.	Gros.	Livres.	Onces.	Gros.	Livres.	Onces.	Gros.
Juin, ...	12	0	3	9	9	0	2	7	3
Juillet.....	11	3	4	9	2	6	2	0	6
Aoust.	12	9	4	10	1	2	2	8	2
Septembre..	12	11	0	9	12	0	2	15	0
	48	8	3	38	9	0	9	15	3

Si l'on compare ces quatre chevrons abattus l'Eté, avec le quatre qui avoient été abattus l'Hiver, on appercevra qu ceux - ci encore verds, pesoient six livres sept onces cin gros de plus que ceux abattus en Eté ; & il s'en faut beau coup que ceux abattus en Hiver aient conservé le même avar tage, lorsqu'on est venu à les peser après que les uns & le autres sont devenus fort secs ; car alors les chevrons abattu en Hiver ne pesoient que 1 livre 5 onces 4 gros de plus qu ceux abatus en Eté.

§. 4. *Conséquences de ces Expériences.*

CES expériences s'accordent donc à peu-près avec celle que nous avons rapportées en premier lieu ; & la précautior que nous avons eue de mettre les chevrons des dernieres ex périences passer quelque temps dans un four chaud, avant que de les peser pour la derniere fois, n'a pas changé essentielle ment le résultat de l'expérience, les bois abattus en Hiver ont toujours été un peu plus pesants que ceux qui avoient été abattus pendant les six mois de Printemps & d'Eté.

Quoique ce surcroît de poids ne soit pas considérable, il est cependant bon de remarquer qu'il s'en faut beau coup que cette différence de poids soit aussi sensible qu'elle l'est entre les bois de différente qualité. Et pour rendre la chose plus claire, je suppose qu'un cube de bois de la meil leure qualité (de Provence, par exemple) pris d'un arbre qui auroit crû dans un bon terrein, à une bonne exposition, dans une bonne situation, & qu'on auroit coupé à un bon âge ; en un mot, un morceau du Chêne le mieux conditionné, pe sât 12 livres étant encore verd : je suppose de même qu'un pareil cube pris d'un Chêne qui seroit sur son retour, qui au roit crû dans un sol marécageux, & dans un pays froid, ne pesât que 10 livres étant verd ; je dis, d'après un nombre d'expériences que j'ai faites, que si le cube de bon Chêne étant sec, ne pese plus que 9 livres, parce qu'il seroit diminué de 3 livres ; le cube de mauvais Chêne ne pesera tout au plus que 6 liv. lorfqu'il fera fec ; au lieu que dans mes expériences, fi les bois abattus en Hiver péfoient 12 livres lorfqu'ils étoient verds , & ne pefoient que 9 livres étant fecs , les bois abattus en Eté qui ne pefoient que 10 livres après avoir été abattus, ne peferont que quelques onces de moins que les autres , quand ils feront devenus fecs. Au refte, j'avertis que ceci n'eft qu'une hypothefe. Cependant fi l'on vouloit favoir ce qui oc- cafionne cette différence dans les deux fuppofitions , & pour- quoi la différence de poids qui étoit affez confidérable entre les bois abattus en différentes faifons de l'année , devient beaucoup moindre , & quelquefois nulle après que le bois font devenus fecs , & pourquoi cette différence dev.2nt fi confiderable en plus , quand on examine des bois de bonne & de mauvaife qualité ; la raifon en a été déja indiquée au com- mencement de cet article : c'eft que les bois de mauvaife qua- lité pefent moins que les bois de bonne qualité, quand ils font nouvellement abattus ; parce que dans un folide pareil à un autre , ils contiennent moins de fibres ligneufes , qui eft la partie la plus pefante des arbres verds ; les pores qui font en grand nombre & fort dilatés , font remplis de feve ou d'air : au lieu que fi les bois abattus en Eté font plus légers que ceux abattus en Hiver (nous parlons toujours lorfqu'ils font nou- vellement abattus) , c'eft parce que leur feve eft plus raré- fiée & plus légere , ou parce qu'une portion de leur feve s'eft déja échappée avant qu'on ait pu avoir le temps de les pefer, quelque diligence que l'on veuille y apporter.

Il réfulte cependant de mes expériences que ces mêmes bois devenus parfaitement fecs, reftent ordinairement un peu plus pefants, quand ils ont été abattus en Hiver, que quand ils l'ont été en Eté : cette différence vient-elle de ce que la feve, qui s'évapore en Eté avec trop de rapidité, emporte avec elle des parties fixes qui refteroient dans les pores du bois, fi cette évaporation fe faifoit plus lentement, ou bien de ce que la diffolution des parties intégrantes de la feve étant plus com- plette en Eté , la partie de cette feve qui doit refter fixe, a plus de difpofition à s'échapper dans cette faifon qu'en Hiver, faifon où la feve par fa condenfation, approche plus d'un état de fixité qui la retient dans les pores du bois ? Ces différentes caufes peuvent bien concourir à produire le même effet que nous avons remarqué ; mais de quelque maniere que cela arrive, c'eft un petit avantage qu'on ne peut refufer aux bois que nous avons fait abattre pendant l'Hiver. Refte à examiner s'il n'y a pas d'autres avantages plus confidérables qui devroient déterminer à abattre les arbres pendant l'Eté : s'ils font réels, peut-être feroient-ils produits par les différentes altérations que la feve peut fouffrir dans ces différentes faifons. Nous allons difcuter cette queftion dans l'article fuivant.

Mais avant d'y venir, il eft bon de remarquer encore que pendant l'Hiver, & quand la feve eft le plus condenfée, il eft probable que les fibres ligneufes font plus rapprochées les unes des autres, que pendant l'Eté où la feve eft plus raréfiée. Il femble même que ce rapprochement des fibres eft démontré après les expériences que nous avons rapportées fur la différente groffeur des arbres pendant les temps de gelée. Or fi les fibres font réellement plus rapprochées pendant l'Hiver que pendant l'Eté, il s'enfuit que dans les chevrons verds de mes expériences, la fomme des fibres ligneufes, auroit été plus grande que dans les bois verds abattus en Eté: cette plus grande denfité fe fera à la vérité diffipée dans les bois fecs ; de forte que s'il m'avoit été poffible de mefurer ces chevrons fecs avec affez de précifion, j'aurois dû trouver ceux abattus en Hiver un peu plus gros que ceux abattus en Eté ; mais comme il ne m'a pas été poffible de les mefurer avec toute la précifion néceffaire, il réfulte qu'on peut conjecturer que cette caufe peut influer fur la petite fupériorité de poids que j'ai apperçue dans les bois abattus pendant l'Hiver: & fi cette conjecture pouvoit être démontrée comme une vérité, il s'enfuivroit qu'entre les bois fecs, ceux abattus en Hiver ne feroient pas plus denfes que les autres.

ARTICLE **VII.** *Différents effets que la ſeve peut produire dans les arbres, ſuivant la ſaiſon dans laquelle ils ſont abattus : État où ſe trouvent les fibres ligneuſes, conſidérées pareillement dans diffé-rentes ſaiſons.*

ON a vu dans l'article quatrieme, qu'il y a du moins au-tant de feve dans les arbres pendant l'Hiver que pendant l'Eté ; mais qu'elle y eſt tellement condenſée, qu'elle ne s'y ma-nifeſte preſque pas.

Il a auſſi été conſtaté au commencement de ce Chapitre, que la feve ſe meut en Hiver dans les arbres, quoique beaucoup plus lentement qu'en Eté, ſaiſon où cette liqueur eſt extrê-mement raréfiée, très-éthérée, très-fluide, & dans un mou-vement ſi rapide qu'on auroit peine à ſe le perſuader, s'il n'avoit pas été démontré par les expériences que nous avons rapportées dans la *Phyſique des Arbres.*

On ſait d'ailleurs que lorſque les ſubſtances huileuſes & ſa-lines ſont étendues dans une ſuffiſante quantité de phlegme, elles ſont très-diſpoſées à fermenter, ſur-tout quand elles ſont frappées d'un air chaud : en premier lieu elles deviennent vineuſes, puis elles s'aigriſſent, & enfin elles ſe corrompent entiérement.

J'ai ramaſſé au Printemps de la feve de quelques arbres, & j'ai obſervé que celle de la plupart des arbres ſe corrom-poit très-promptement. J'ai pareillement ramaſſé l'eau de la tranſpiration de quelques arbres, & j'ai remarqué, comme M. Hales, que ce fluide ſe corrompt en très-peu de temps. On lit dans quelques Voyageurs, qu'en faiſant des inciſions à différents arbres, par exemple, au Chou - Palmiſte, à des Lianes, &c, on en retire des liqueurs rafraîchiſſantes, très-agréables à boire, mais qui ne ſe peuvent pas conſerver long-temps en cet état, & qu'elles s'aigriſſent & ſe corrompent bien-tôt. Il y a cependant quelques plantes, telles que la vigne, dont les pleurs qui font très-phlegmatiques, ne fe corrompent pas fi aifément; mais le petit nombre de celles-ci ne doit pas faire une exception à la regle générale.

Il eft bien raifonnable de penfer que la feve ne doit pas fe corrompre fi aifément dans le corps des arbres, que quand elle en eft ainfi tirée; il eft même certain qu'elle ne fe corrompt pas dans les arbres qui végetent, à moins que quelque maladie n'en caufe la corruption. Mais je fuis fûr qu'il y a des circonftances où elle fe corrompt dans les arbres abattus; & j'ai quelquefois fenti (en faifant remuer des bois qui avoient été mal empilés) une odeur vineufe, aigre, & même infecte, fuivant les différents degrés d'altération que leur feve avoit éprouvée. Il y a en effet cette différence entre les arbres qui végetent, & ceux qui ont été abattus, que dans les premiers la feve fe renouvelle & qu'elle eft dans un grand mouvement; au lieu que dans les arbres abattus, il ne peut y avoir que très-peu de mouvement, & qu'il ne s'y fait aucun renouvellement de cette fubftance.

Ces obfervations pourroient faire craindre que la feve ne fe corrompît très-promptement dans les bois abattus au Printemps & en Eté, non-feulement à caufe de la difpofition où elle eft alors, étant très-chargée d'air & étendue dans beaucoup de phlegme qui s'échappe continuellement par la tranfpiration, mais encore à caufe de la chaleur qui regne en ces faifons.

On aura cependant lieu de fe raffurer fur ce point, fi l'on fait attention que la partie phlegmatique de la feve s'échappe très-promptement des arbres qu'on abat dans la faifon du Printemps & dans celle de l'Eté ; & nos expériences répétées conftatent ce fait.

En fuivant l'idée qu'on a ordinairement de la conftitution des arbres, il femble qu'on a beaucoup moins à craindre des effets de la fermentation de la feve pendant l'Hiver que pendant l'Eté; non-feulement parce qu'on croit qu'en cette faifon il y en a beaucoup moins dans les arbres, mais encore parce que la fraîcheur qui regne alors, femble être un obftacle

à la fermentation de la seve. L'expérience paroît favoriser ce
sentiment, puisqu'on est dans l'usage d'abattre préférablement
les bois dans cette saison, & qu'il s'en trouve qui durent fort
long-temps sans s'altérer. C'est un fait dont on ne peut dis-
convenir ; néanmoins il est certain que quoiqu'il y ait des
arbres plus disposés que d'autres à la pourriture, ces mêmes
arbres pourroient cependant devenir d'un bon service, si l'on
s'attachoit à les dessécher avant que leur seve eût pu s'altérer dans les pores. Nous avons fait un nombre d'expériences
sur cet objet ; nous les rapporterons dans le Chapitre où nous
traiterons de la meilleure maniere de dessécher les bois ; mais
comme il ne s'agit ici que de nous assurer si les arbres abattus dans une saison ont plus de disposition à se corrompre, ou
si leur bois est moins fort que celui des arbres qui auroient
été coupés dans une autre, nous allons présenter les expériences que nous avons faites pour éclaircir cette difficulté ;
mais avant, nous dirons un mot de l'état où se trouvent les
fibres ligneuses en différentes saisons.

Il est certain que les fibres ligneuses ne sont pas pendant
toute l'année dans un même état : elles ont dans certaines
saisons, tantôt plus de souplesse, & tantôt plus de roideur
que dans d'autres ; ce qui se voit très-sensiblement sur le Marsault & sur l'Osier, lesquels au Printemps & dans le temps
de leur grande seve, plient facilement ; mais aussi ils se rompent
aisément : dans l'Eté ils ne sont pas fort pliants, & ils cassent
avec facilité ; il en est de même en Hiver, sur-tout quand il
gele ; mais en Automne ils plient fort bien, & résistent beaucoup sans se rompre. En convenant de ces faits, on aura
peine à se persuader qu'il soit indifférent d'abattre dans toutes
les saisons.

Il faut cependant remarquer que cela vient d'une espece de
dissolution de la substance du bois, ou plutôt d'un attendrisse-
ment plus considérable de la fibre ligneuse, occasionné par la
seve, assez semblable à celui qu'on produit par artifice, en
faisant chauffer les bois, ou encore mieux en les faisant bouillir
dans l'eau ; car on sait que par ces moyens on attendrit la fibre

ligneufe & qu'on la rend plus pliante : nous nous contenterons pour le préfent de ces idées générales que nous particu-
larifons , & que nous tâcherons d'expliquer , lorfque nous
parlerons des étuves ; il nous fuffit maintenant de favoir que
les différents degrés de foupleffe & de force que nous venons
de remarquer dans les fibres ligneufes, dépendent d'un attendriffement de ces mêmes fibres , produit par la feve , felon
qu'elle eft plus ou moins en mouvement, dans une faifon que
dans une autre ; de telle forte que , lorfque ces fibres font trop
attendries , elles plient facilement , mais elles n'ont pas beaucoup de force ; & c'eft l'état où elles font au Printemps : fi
ces fibres ne font pas fuffifamment attendries , elles rompent
alors au lieu de plier ; & c'eft-là l'état où elles fe trouvent en
Eté , & fur-tout pendant l'Hiver lorfqu'il gele : elles plient,
& ont beaucoup de force quand elles fe trouvent dans un
état moyen ; c'eft ce qui s'obferve en Automne. Mais fi l'on
convient que les fibres ligneufes ne font plus fouples ou plus
roides , plus fortes ou plus foibles dans une faifon que dans
une autre, que parce qu'elles font plus ou moins attendries par
la feve , il s'enfuit que , quand une portion de la feve fera
évaporée , ou quand elle ceffera d'être en mouvement, les
fibres ligneufes retomberont dans un même état. Il y aura
donc cette feule différence , que fi la feve vient à fermenter
dans un arbre dont les fibres ligneufes feroient dans un état
d'attendriffement, cette fermentation pourra caufer plus de
dommage aux fibres que fi elles étoient alors plus endurcies.
Mais ce font-là de purs raifonnements ; il n'y a que l'efprit
qui apperçoive ces différences ; car quand j'ai voulu les conftater par l'expérience , auffi-bien que ce qui concerne les différentes altérations de la feve , j'ai été traverfé par tant d'accidents particuliers à chaque corps d'arbre , que j'ai été obligé
d'abandonner toutes ces recherches phyfiques , pour me borner à des expériences purement méchaniques , qui puffent
me faire connoître fimplement les faits , fans prêter, pour
ainfi dire , aucune attention aux caufes qui peuvent les produire.

Ainfi

Ainſi, pour parvenir à connoître les différentes altérations
que la ſeve peut occaſionner dans les bois abattus en diverſes
ſaiſons, j'en ai fait couper dans toutes les ſaiſons de l'année :
je les ai conſervés pluſieurs années, les uns dans leur écorce,
les autres équarris ; & après ce temps j'ai examiné en quel état
ils pouvoient être. Pour m'aſſurer, par exemple, ſi les fibres
ligneuſes ſont plus fortes ou plus foibles, par la ſeule raiſon
que les bois auroient été abattus en différents temps ; j'ai fait
rompre de petits ſoliveaux que j'avois fait débiter avec des
bois à peu-près de pareille qualité, mais qui avoient été coupés
dans toutes les ſaiſons de l'année. Enfin pour mieux connoître
ſi les bois abattus en telles ſaiſons, ont plus de diſpoſition à
ſe corrompre que ceux qui l'auroient été dans d'autres, j'ai
fait enterrer en maniere de pieux, & j'ai ainſi expoſé à la pourriture des ſoliveaux abattus dans toutes les ſaiſons de l'année.
Je vais rapporter le détail de ces expériences, & l'on verra
quelles conſéquences on en peut déduire.

§. 1. *Premiere Expérience.*

Pour eſſayer de connoître ſi le bois des arbres de même
eſpece abattus dans telle ou telle ſaiſon de l'année, ſeroient
plus forts dans une que dans une autre, j'ai fait couper dans
le courant de l'année 1733, ſeize jeunes Chênes de huit à
dix pouces de diametre ; je les ai fait équarrir, & je les ai
dépoſés tous ſous un hangard où ils ſont reſtés juſqu'à la fin
de l'année 1736 : je les fis retirer alors de cet endroit, & les
fis deſſécher tous à la fois & pendant deux fois vingt-quatre
heures dans un four chaud, dont on venoit de retirer le pain
qui y avoit cuit. Je les ai enſuite fait débiter en petits barreaux
d'un pouce de largeur ſur ſix lignes d'épaiſſeur ; puis j'ai mis
(*Pl. II. fig.* 11.) leurs deux extrémités ſur deux forts treteaux
A B, bien ſolides, dont les bords étoient à vive arrête ; & afin
que ces petits ſoliveaux ne puſſent varier de côté ni d'autre,
j'avois fait attacher ſur les treteaux, à un pouce de leur bord,
deux mentonnets de fer *D*, de deux pouces d'épaiſſeur, entre

lesquels les barreaux étoient posés, de sorte qu'ils avoient un pouce de portée sur chaque treteau.

Je prenois ensuite bien exactement le milieu de chaque barreau avec un compas, & je posois en cet endroit une boucle de fer *E*, qui portoit un crochet, auquel je suspendois une espece de plateau de balance *I*, pour recevoir les poids que j'ajoutois peu à peu, jusqu'à ce que le barreau se rompît; & comme ces barreaux plioient considérablement avant que de rompre, je tenois toujours une regle droite *e* (*Fig.* 17.), qui posoit sur les deux bouts *a* du barreau, & je mesurois avec un pied par pouces & par lignes la courbure que le soliveau prenoit : voici quel a été le résultat de ces expériences, qui ont été très-longues à exécuter.

I°. *Sur un Barreau d'un arbre abattu le* 24 *Décembre* 1732.

1. a rompu à 54 liv. . . . étant tranché.
2. { a . . . . à 50 . . . plié de 1 pouc. 9 lig.
   { a . . . à 60 . . . . 2 . . 3 . .
   { a . . . à 72 . . . . 3 . . 0 . .
   { a . . . à 82 . . . . 4 . . 0 . .
   { a . . . à 90 . . . . . . 6 . . 0 . .
Il a rompu à ce poids dans le milieu, par éclats & avec bruit : il n'avoit pas d'aubier.

3. { a rompu à 50 liv. plié de 2 pouces 0 lig.
   { a . . . à 62 . . . . . . 2 . . . 6
   { a . . . à 72 . . . . . . 3 . . . 4
   { a . . . à 85 . . . . . 5 . . . 6
   { a . . . à 88 . . . . . 6 . . . 0
Il a rompu avec bruit; il s'est trouvé autant d'éclats qu'il avoit de couches ligneuses; il n'avoit pas d'aubier.

On voit représenté (*Pl. II. fig.* 17.) en *c*, un barreau qui plie sous la charge, & dessus une regle droite pour mesurer la fleche de cette courbe : *fig.* 13, un barreau droit; *fig.* 14, un barreau tranché qui rompt en navet ; *fig.* 15, un barreau qui rompt par filandres; *fig.* 16, un barreau qui rompt par éclats.

4. a rompu net dans un nœud.
5. de même.
6. de même.

II°. *Sur un Barreau d'un arbre abattu le* 8 *Janvier* 1733.

1. a rompu dans un nœud à 30 livres.
2. { a . . . . à 35 liv. plié de 2 pouc. 0 lig.
   { a . . . . à 41 . . . . . . 3 . . . 3 . .
   { a . . . . à 49 . . . . . . 4 . . . 6 . .
   { a . . . à 52 . . . . 5 . . . 0 . .
   { a . . . . à 57 . . . . . . 6 . . . 0 . .
   { a . . . . à 58 . . . . . . 6 . . . 6 . .
Il a rompu à ce poids par longs filets, & les morceaux ne se font pas séparés ; il n'avoit pas d'aubier.

3. { a rompu à 50 liv. plié de 2 pouc. 6 lig.
   { a . . . à 59 . . . . . . 4 . . . 0 . .
   { a . . . à 62 . . . . . 4 . . . 6 . .
   { a . . . à 74 . . . . . . 7 . . . 6 . .
   { a . . . à 75 . . . . . . 8 . . . 0 . .
Il a rompu à ce poids de même que le précédent.

4. { a rompu à 50 liv. plié de 3 pouc. 0 lig.
   { a . . . . à 62 . . . . . . 3 . . . 7 . .
   { a . . . . à 67 . . . . . 4 . . . 6 . .
   { a . . . . à 68 . . . . . 5 . . . 0 . ,
Il a rompu à ce poids moitié net, & comme un navet, & l'autre par filets : on appercevoit dans ses pores des grains ligneux.

IIIº. *Sur un Barreau d'un arbre abattu le 22 Janvier 1733.*

1. {
a rompu à 50 *liv.* plié de 2 *pouc.* 0 *lig.*
a . . . à 60 . . . . . . 2 . . . 6 . .
a . . . à 66 . . . . . . 3 . . . 0 . .
a . . . à 72 . . . . . . 3 . . . 6 . .
}

Il a rompu dans le milieu par éclats & avec bruit, quoiqu'il eût un peu d'aubier.

2. Il a rompu à 30 livres dans un nœud.

3. {
a . . . à 50 *liv.* plié de 1 *pouc.* 9 *lig.*
a . . . à 62 . . . . . . 2 . . . 3 . .
a . . . à 66 . . . . . . 2 . . . 6 . .
}

Il a rompu à ce poids par éclats & avec bruit, quoiqu'il eût beaucoup d'aubier.

4. {
a rompu à 50 *liv.* plié de 1 *pouc.* 6 *lig.*
a . . . à 68 . . . . . . 2 . . . 6 . .
a . . . à 77 . . . . . . 3 . . . 3 . .
a . . . à 79 . . . . . . 4 . . . 0 . .
}

Ce barreau a rompu par éclats & avec bruit, quoiqu'il eût un peu d'aubier.

5. {
a rompu à 50 *liv.* plié de 1 *pouc.* 1 *lig.*
a . . . à 75 . . . . . . 3 . . . 0 . .
a . . . à 80 . . . . . . 3 . . . 6 . .
a . . . à 83 . . . . . . 3 . . . 9 . .
}

Il a rompu à ce poids par éclats & avec bruit; il étoit sans aubier ; on appercevoit dans ses pores de petits grains ligneux.

IVº. *Sur un Barreau d'un arbre abattu le 7 Février 1733.*

1. a rompu à 68, le fil étant tranché avec beaucoup de bruit.

2. {
a rompu à 50 *liv.* plié de 2 *pouc.* 0 *lig.*
a . . . à 62 . . . . . . 2 . . . 6 . .
a . . . à 68 . . . . . . 3 . . . 0 . .
a . . . à 81 . . . . . . 4 . . . 2 . .
}

Il s'est rompu à ce poids, avec bruit.

3. Le troisieme a rompu dans un nœud.

4. {
a rompu à 50 *liv.* plié de 2 *pouc.* 0 *lig.*
a . . . à 60 . . . . . . 2 . . . 6 . .
a . . . à 68 . . . . . . 3 . . . 3 . .
a . . . à 72 . . . . . . 3 . . . 9 . .
}

Il a rompu à ce poids par filets, & avec bruit comme les précédents.

5. Il a rompu à 60 ; &, à cela près, de même que les précédents.

6. Il a rompu dans un nœud.

7. {
a rompu à 50 *liv.* plié de 1 *pouc.* 6 *lig.*
a . . . à 66 . . . . . . 2 . . . 3 . .
a . . . à 75 . . . . . . 2 . . . 6 . .
a . . . à 85 . . . . . . 3 . . . 9 . .
}

Il a rompu à ce poids comme les autres par filets très-longs, & les morceaux ne se sont pas séparés.

Vº. *Sur un Barreau d'un arbre abattu le 21 Avril 1733.*

1. {
a rompu à 50 *liv.* plié de 3 *pouc.* 0 *lig.*
a . . . à 75 . . . . . . 4 . . . 3 . .
a . . . à 81 . . . . . . 6 . . . 0 . .
}

Il a rompu avec bruit à ce poids, quoiqu'il fût un peu tranché par un nœud.

2. {
a rompu à 50 *liv.* plié de 2 *pouc.* 0 *lig.*
a . . . à 75 . . . . . . 4 . . . 0 . .
a . . . à 81 . . . . . . 0 . . . 0 . .
}

Il s'est rompu à ce poids assez net, & cependant avec beaucoup de bruit.

3. {
a rompu à 50 *liv.* plié de 1 *pouc.* 6 *lig.*
a . . . à 75 . . . . . . 2 . . . 6 . .
a . . . à 93 . . . . . . 4 . . . 6 . .
a . . . à 95 . . . . . . 0 . . . 0 . .
}

Il a rompu à ce poids sans se séparer, mais avec beaucoup de bruit ; & il avoit ses pores remplis de beaucoup de grains ligneux.

4. {
a rompu à 50 *liv.* plié de 1 *pouc.* 9 *lig.*
a . . . à 75 . . . . . . 3 . . . 3 . .
a . . . à 87 . . . . . . 0 . . . 0 . .
}

Il a rompu à ce poids par éclats avec beaucoup de bruit ; il n'avoit pas d'aubier ; mais on voyoit dans ses pores ainsi que dans le précédent, beaucoup de grains ligneux.

VIº. *Sur un Barreau d'un arbre abattu le 21 Mai 1733.*

1. a rompu dans un nœud.

2. {
a rompu à 50 *liv.* plié de 1 *pouc.* 6 *lig.*
a . . . à 73 . . . . . . 3 . . . 0 . .
a . . . à 92 . . . . . . 3 . . . 6 . .
a . . . à 98 . . . . . . 4 . . . 6 . .
}

Il a eu beaucoup de peine à rompre ; il s'est rompu par filets ; il avoit un peu d'aubier, & beaucoup de grains ligneux dans ses pores.

3. Il a rompu à 80 liv. par grands éclats & avec bruit ; aussi étoit-il tout bois.

4. {
a rompu à 50 *liv.* plié de 1 *pouc.* 6 *lig.*
a . . . à 75 . . . . . . 3 . . . 0 . .
a . . . à 81 . . . . . . 4 . . . 0 . .
a . . . à 92 . . . . . . 4 . . . 6 . .
a . . . à 98 . . . . . . 5 . . . 6 . .
a . . à 106 . . . . . . 6 . . . 6 . .
}

Il s'est rompu à ce poids avec grand bruit & par éclats ; il n'avoit pas d'aubier, mais beaucoup de grains ligneux dans ses pores.

5. {
   a rompu à 50 *liv.* plié de 2 *pouc.* 0 *lig.*
   a . . . à 75 . . . . 3 . . . 0 . .
   a . . . à 87 . . . . 5 . . . 6 . .
}

Il a rompu avec bruit par éclats qui suivoient les lames ligneuses; il étoit tout bois, & il avoit dans ses pores beaucoup de grains ligneux.

VII°. *Sur un Barreau d'un arbre abattu le 21 Mai 1733.*

1. {
   a rompu à 50 *liv.* plié de 1 *pouc.* 8 *lig.*
   a . . . à 75 . . . . . . 3 . . . 0 . .
   a . . , à 87 . . . . . . 4 . . . 0 . .
   a . . . à 97 . . . . . . 6 . . . 0 . .
}

Il a rompu par éclats & avec bruit ayant peu d'aubier, mais des grains ligneux dans ses pores.

2. a rompu à 62 livres dans un nœud.

3. {
   a rompu à 50 *liv.* plié de 1 *pouc.* 6 *lig.*
   a . . . à 75 . . . . . . 2 . . . 6 . .
   a . . . à 85 . . . . . . 3 . . . 3 . .
}

Il a rompu à ce poids: il avoit peu d'aubier, mais le fil étoit tranché.

4. {
   a rompu à 50 *liv.* plié de 1 *pouc.* 6 *lig.*
   a . . . à 75 . . . . . . 2 . . . 3 . .
   a . . . à 93 . . . . . . 3 . . . 4 . .
}

Il a rompu avec bruit; les morceaux ne se sont pas séparés; il avoit moitié d'aubier, & beaucoup de grains ligneux.

5. Il a rompu dans un nœud.

VIII°. *Sur un Barreau d'un arbre abattu le 21 Mai 1733.*

1. {
   a rompu à 50 *liv.* plié de 1 *pouc.* 6 *lig.*
   a . . . à 62 . . . . . . 2 . . . 0 . .
   a . . . à 72 . . . . . . 3 . . . 0 . .
   a . . . à 81 . . . . . . 3 . . . 4 . .
   a . . . à 85 . . . . . . 4 . . . 0 . .
}

Il a rompu à ce poids par éclats; il avoit plus de moitié d'aubier; il étoit même un peu piqué de vers; j'ai remarqué des grains ligneux dans les pores de l'aubier semblables à ceux du bois.

2. Il a rompu à 60 livres dans un nœud.

3. {
   a rompu à 50 *liv.* plié de 2 *pouc.* 0 *lig.*
   a . . . à 62 . . . . . . 2 . . . 9 . .
   a . . . à 72 . . . . . . 3 . . . 0 . .
   a . . . à 76 . . . . . . 4 . . . 6 . .
   a . . . à 84 . . . . . . 5 . . . 6 . .
}

Il a rompu à ce poids par éclats & avec bruit, quoiqu'il eût un peu d'aubier.

4. {
   a rompu à 50 *liv.* plié de 1 *pouc.* 9 *lig.*
   a . . . à 75 . . . . . . 2 . . . 6 . .
   a . . . à 81 . . . . . . 3 . . . 3 . .
   a . . . à 93 . . . . . . 4 . . . 2 . .
}

Il a cassé par éclats & avec bruit, quoiqu'il eût plus de moitié d'aubier; il avoit beaucoup de grains.

5. {
   a rompu à 50 *liv.* plié de 2 *pouc.* 0 *lig.*
   a . . . à 75 . . . . . . 3 . . . 9 . .
   a . . . à 87 . . . . . . 6 . . . 4 . .
}

Il a cassé par un éclat avec bruit; il étoit tout cœur.

IX°. *Sur un Barreau d'un arbre abattu le 4 Juillet 1733.*

1. {
   a rompu à 50 *liv.* plié de 2 *pouc.* 3 *lig.*
   a . . . à 60 . . . . . . 3 . . . 0 . .
   a . . . à 68 . . . . . . 4 . . . 0 . .
   a . . . à 71 . . . . . . 4 . . . 6 . .
   a . . . à 75 . . . . . . 5 . . . 0 . .
   a . . . à 80 . . . . . . 6 . . . 0 . .
}

Il a rompu à ce poids par éclats avec grand bruit; il étoit tout bois.

2. {
   a rompu à 50 *liv.* plié de 2 *pouc.* 0 *lig.*
   a . . . à 68 . . . . . . 3 . . . 6 . .
   a . . . à 74 . . . . . . 5 . . . 3 . .
}

Il a rompu à ce poids par grands éclats & avec grand bruit; il étoit tout bois, & avoit beaucoup de grains ligneux dans ses pores.

3. {
   a rompu à 50 *liv.* plié de 2 *pouc.* 0 *lig.*
   a . . . à 62 . . . . . . 2 . . . 6 . .
   a . . . à 72 . . . . . . 3 . . . 0 . .
   a . . . à 81 . . . . . . 3 . . . 6 . .
   a . . . à 85 . . . . . . 4 . . . 0 . .
   a . . . à 87 . . . . . . 4 . . . 9 . .
}

Il s'est rompu avec bruit quoique par filets, & sans que les morceaux se soient séparés; il n'avoit pas d'aubier.

4. {
   a rompu à 50 *liv.* plié de 2 *pouc.* 0 *lig.*
   a . . . à 65 . . . . . . 3 . . . 0 . .
   a . . . à 81 . . . . . . 4 . . . 3 . .
   a . . . à 85 . . . . . . 5 . . . 0 . .
}

Il s'est cassé par un grand éclat, & avec grand bruit.

X°. *Sur un Barreau d'un arbre abattu le 4 Juillet 1733.*

1. {
   a rompu à 50 *liv.* plié de 2 *pouc.* 3 *lig.*
   a . . . à 62 . . . . . . 3 . . . 0 . .
   a . . . à 68 . . . . . . 4 . . . 0 . .
   a . . . à 72 . . . . . . 5 . . . 0 . .
   a . . . à 74 . . . . . . 6 . . . 0 . .
}

Il s'est rompu par éclats sans cependant se séparer; il n'avoit pas d'aubier, mais beaucoup de grains.

2. Il a rompu à 73 livres dans un nœud; il avoit outre cela un peu d'aubier qui étoit piqué de vers.

3. ⎰ a rompu à 50 *liv.* plié de 1 *pouc.* 9 *lig.*
   ⎱ a . . . à 75 . . . . 3 . . . 0 . .
     a . . . à 87 . . . . 4 . . . 6 . .

Il a rompu à ce poids avec grand bruit & par grands éclats; il n'avoit pas d'aubier, mais beaucoup de grains.

4. ⎰ a rompu à 50 *liv.* plié de 2 *pouc.* 0 *lig.*
   ⎱ a . . . à 75 . . . . 5 . . . 0 . .
     a . . . à 77 . . . . 7 . . . 6 . .

Ce barreau a rompu à ce poids, & étoit semblable au précédent pour sa qualité; il s'est rompu de la même façon.

5. Il a rompu à 60 livres avec bruit, quoiqu'il eût le fil tranché.

6. ⎰ a rompu à 50 *liv.* plié de 2 *pouc.* 0 *lig.*
   ⎱ a . . . à 75 . . . . 3 . . . 3 . .
     a . . . à 81 . . . . 0 . . . 0 . .

Ce barreau a rompu à ce poids par éclats & avec bruit, quoiqu'il eût un tiers d'aubier, dont une partie étoit piquée de vers.

XI°. *Sur un Barreau d'un arbre abattu le 17 Août 1733.*

1. ⎰ a rompu à 50 *liv.* plié de 1 *pouc.* 4 *lig.*
   | a . . à 75 . . . . 2 . . . 0 . .
   | a . . à 87 . . . . 2 . . . 9 . .
   | a . . à 100 . . . . . . 4 . . . 3 . .
   | a . . à 104 . . . . . . 5 . . . 0 . .
   ⎱ a . . à 112 . . . . . . 7 . . . 3 . .

Il a rompu à ce poids avec grand bruit & par éclats qui ne se font pas séparés; il n'avoit pas d'aubier, mais beaucoup de grains ligneux dans ses pores.

2. ⎰ a rompu à 50 *liv.* plié de 2 *pouc.* 6 *lig.*
   | a . . . à 75 . . . . 3 . . . 0 . .
   | a . . . à 87 . . . . 3 . . . 6 . .
   ⎱ a . . . à 93 . . . . 4 . . . 0 . .

Il a rompu à ce poids avec bruit & par éclats, quoiqu'il eût un peu d'aubier qui étoit piqué de vers.

3. ⎰ a rompu à 50 *liv.* plié de 1 *pouc.* 4 *lig.*
   | a . . . à 75 . . . . 2 . . . 4 . .
   ⎱ a . . . à 93 . . . . 5 . . . 0 . .

Il a rompu par éclats, quoiqu'il eût moitié d'aubier.

4. ⎰ a rompu à 50 *liv.* plié de 1 *pouc.* 9 *lig.*
   | a . . . à 75 . . . . 3 . . . 0 . .
   | a . . . à 81 . . . . 3 . . . 6 . .
   | a . . . à 82 . . . . 4 . . . 0 . .
   ⎱ a . . . à 87 . . . . 4 . . . 6 . .

Il a cassé net, étant tranché par un nœud; il y avoit près de moitié d'aubier piqué de vers.

XII°. *Sur un Barreau d'un arbre abattu le 16 Septembre 1733.*

1. ⎰ a rompu à 50 *liv.* plié de 1 *pouc.* 6 *lig.*
   | a . . . à 75 . . . . 2 . . . 6 . .
   | a . . . à 81 . . . . 2 . . . 9 . .
   | a . . . à 87 . . . . 3 . . . 2 . .
   ⎱ a . . . à 99 . . . . 4 . . . 0 . .

Il a rompu à ce poids avec grand bruit par éclats; il étoit tout bois, & avoit des grains ligneux dans ses pores.

2. ⎰ a rompu à 50 *liv.* plié de 2 *pouc.* 0 *lig.*
   | a . . . à 66 . . . . 3 . . . 3 . .
   ⎱ a . . . à 74 . . . . 4 . . . 0 . .

Il a rompu à ce poids par grands éclats.

3. ⎰ a rompu à 50 *liv.* plié de 1 *pouc.* 6 *lig.*
   | a . . . à 72 . . . . 2 . . . 6 . .
   | a . . . à 83 . . . . 3 . . . 4 . .
   | a . . . à 87 . . . . 4 . . . 0 . .
   ⎱ a . . . à 90 . . . . 6 . . . 6 . .

Il a rompu à ce poids, mais avec peine & sans se séparer; il étoit tout bois.

4. ⎰ a rompu à 50 *liv.* plié de 1 *pouc.* 6 *lig.*
   | a . . . à 68 . . . . 2 . . . 6 . .
   | a . . . à 74 . . . . 2 . . . 9 . .
   | a . . . à 85 . . . . 4 . . . 0 . .
   ⎱ a . . . à 99 . . . . 6 . . . 0 . .

Il a rompu comme le N°. 1; les éclats ne s'étant pas séparés.

5. a rompu dans un nœud.

6. ⎰ a rompu à 50 *liv.* plié de 2 *pouc.* 0 *lig.*
   | a . . . à 60 . . . . 2 . . . 9 . .
   | a . . . à 68 . . . . 3 . . . 6 . .
   ⎱ a . . . à 72 . . . . 4 . . . 0 . .

Il a rompu net à ce poids, & avec bruit.

XIII°. *Sur un Barreau d'un arbre abattu le 16 Octobre 1733.*

1. ⎰ a rompu à 50 *liv.* plié de 1 *pouc.* 4 *lig.*
   | a . . . à 75 . . . . 2 . . . 3 . .
   ⎱ a . . . à 98 . . . . 3 . . . 6 . .

Il a rompu par éclats; il n'avoit pas d'aubier, mais des grains ligneux.

2. ⎰ a rompu à 50 *liv.* plié de 1 *pouc.* 6 *lig.*
   ⎱ a . . . à 75 . . . . 0 . . . 0 . .

Il a rompu comme le précédent.

3. ⎰ a rompu à 50 *liv.* plié de 1 *pouc.* 4 *lig.*
   | a . . . à 75 . . . . 2 . . . 0 . .
   | a . . . à 93 . . . . 8 . . . 0 . .
   | a . . . à 100 . . . . . . 3 . . . 6 . .
   ⎱ a . . . à 112 . . . . . . 4 . . . 6 . .

Il a rompu avec bruit; les couches ligneuses se sont séparées, mais non pas les morceaux.

4. { a rompu à 50 *liv.* plié de 2 *pouc.* 0 *lig.*
{ a . . . à 75 . . . . 2 . . . 0 . .
{ a . . . à 87 . . . . 5 . . . 0 . .

Il a rompu net & sans éclats, quoiqu'il n'eût pas d'aubier.

5. { a rompu à 50 *liv.* plié de 2 *pouc.* 3 *lig.*
{ a . . . à 75 . . . . 2 . . . 0 . .
{ a . . . à 100 . . . . 3 . . . 0 . .
{ a . . . à 117 . . . . 5 . . . 0 . .

Il s'est rompu par éclats & avec bruit; il n'avoit pas d'aubier, mais des grains ligneux dans ses pores.

6. { a rompu à 50 *liv.* plié de 1 *pouc.* 6 *lig.*
{ a . . . à 75 . . . . 2 . . . 0 . .
{ a . . . à 97 . . . . 3 . . . 6 . .

Il a rompu avec bruit & par éclats, qui ne se font pas séparés; il avoit beaucoup de grains dans ses pores.

XIV°. *Sur un Barreau d'un arbre abattu le 29 Octobre 1733.*

1. Il a rompu dans un nœud à 50 livres.
2. Il a rompu dans un nœud à 45 l.

3. { a rompu à 50 *liv.* plié de 1 *pouc.* 0 *lig.*
{ a . . . à 75 . . . . 2 . . . 0 . .
{ a . . . à 93 . . . . 3 . . . 0 . .
{ a . . . à 100 . . . . 3 . . . 6 . .
{ a . . . à 112 . . . . 4 . . . 0 . .

Il a rompu avec grand bruit & par petits éclats; il avoit un peu d'aubier, & point de petits grains.

4. Il a rompu à 75; il avoit un petit nœud, & le fil étoit un peu tranché.

XV°. *Sur un Barreau d'un arbre abattu le 29 Octobre 1733.*

1. { a rompu à 50 *liv.* plié de 2 *pouc.* 6 *lig.*
{ a . . . à 75 . . . . 2 . . . 6 . .
{ a . . . à 98 . . . . 4 . . . 6 . .

Il a rompu avec grand bruit & par éclats; il avoit peu d'aubier & des grains ligneux dans ses pores.

2. { a rompu à 50 *liv.* plié de 1 *pouc.* 6 *lig.*
{ a . . . à 75 . . . . 2 . . . 6 . .
{ a . . . à 93 . . . . 3 . . . 0 . .
{ a . . . à 98 . . . . 0 . . . 0 . .

Il a rompu avec quelques éclats; il n'avoit pas d'aubier.

3. { a rompu à 50 *liv.* plié de 2 *pouc.* 0 *lig.*
{ a . . . à 75 . . . . 3 . . . 0 . .

Il a rompu par éclats & avec bruit; il n'avoit pas d'aubier.

4. { a rompu à 50 *liv.* plié de 1 *pouc.* 9 *lig.*
{ a . . . à 81 . . . . 3 . . . 0 . .
{ a . . . à 88 . . . . 4 . . . 0 . .

Il s'est rompu par éclats & avec bruit; il avoit des grains ligneux dans ses pores & peu d'aubier.

XVI°. *Sur un Barreau d'un arbre abattu le 14 Novembre 1733.*

1. { a rompu à 50 *liv.* plié de 2 *pouc.* 0 *lig.*
{ a . . . à 75 . . . . 3 . . . 0 . .
{ a . . . à 87 . . . . 4 . . . 6 . .

Il a rompu net & sans éclats.

2. { a rompu à 30 *liv.* plié de 1 *pouc.* 0 *lig.*
{ a . . . à 50 . . . . 1 . . . 6 . .

Il a rompu à ce poids comme le précédent.

3. { a rompu à 50 *liv.* plié de 2 *pouc.* 0 *lig.*
{ a . . . à 75 . . . . 3 . . . 0 . .

Il a rompu comme les précédents.

4. { a rompu à 50 *liv.* plié de 1 *pouc.* 7 *lig.*
{ a . . . à 75 . . . . 3 . . . 0 . .
{ a . . . à 85 . . . . 0 . . . 0 . .

Il a rompu comme les précédents; il n'avoit point du tout d'aubier.

3. { a rompu à 50 *liv.* plié de 2 *pouc.* 0 *lig.*
{ a . . . à 75 . . . . 3 . . . 0 . .
{ a . . . à 87 . . . . 0 . . . 0 . .

Il a rompu comme les autres.

§. 2. *Conséquences des Expériences précédentes.*

PAR les expériences que je viens de rapporter, on voit une variété considérable entre les barreaux qui ont été pris de la même piece de bois; & de quelque maniere que l'on combine ces différentes expériences, il n'est pas possible de reconnoître de différence constante entre les bois qui ont été abattus, soit dans le courant de l'Hiver, soit en Eté, au Printemps ou en Automne ; ce qui me détermine à conclure que les bois abattus en différentes faisons, ont à peu - près une force pareille, pourvu qu'ils foient également fecs.

J'avouerai néanmoins qu'il eft bien difficile qu'il ne fe gliffe quelqu'erreur dans ces expériences, & je le ferai remarquer, lorfque je parlerai de la force des bois ; mais comme je ne m'en fuis pas tenu à rompre un feul barreau de bois abattu dans chaque faifon, & que j'en ai toujours rompu 25 ou 30 de chacun des arbres abattus dans les différentes faifons, je crois que s'il y avoit eu une différence conftante & fenfible entre ces bois, je m'en ferois apperçu.

§. 3. *Seconde Expérience.*

Pour reconnoître fi la feve a plus de difpofition à s'altérer dans une faifon que dans une autre, j'ai cru qu'il ne feroit pas mal de faire quelques expériences fur le bois d'Aune, qui étant très - fufceptible d'altération, pourroit me donner plus promptement les éclairciffements que je cherchois.

J'ai fait abattre dans le mois d'Oétobre 1732, quatre grands Aunes, dont j'ai tiré 9 gros rondins de 6 pieds de longueur ; je l'ai choifi pour exemple des abattages d'Automne. J'en ai fait abattre quatre autres pareils dans le mois de Décembre de la même année qui m'ont fourni huit rondins : ce fera l'abattage d'Hiver. Enfin j'en ai fait abattre quatre autres dans le mois de Mai 1733, dont j'ai tiré neuf : c'eft l'abattage du Printemps. Or voici en quel état je les ai trouvés au Printemps de 1736, que je lès ai examinés avec foin.

1°, Des neuf rondins d'Aune abattus en Oétobre, il s'en eft trouvé un bon & huit piqués de vers & dont le bois étoit échauffé.

2°, Des huit rondins tirés des Aunes abattus en Décembre, il s'en eft trouvé deux bons, cinq mauvais, le huitieme a été perdu.

3°, Des neuf rondins d'arbres abattus en Mai, il s'en eft trouvé trois de bons, cinq de mauvais, & le neuvieme a été perdu.

Cette expérience n'annonce pas beaucoup de différence entre les bois abattus au Printemps, & ceux qui l'avoient été en Hiver & en Automne : voyons si les expériences que nous avons exécutées sur le Chêne, nous donneront quelque chose de plus sensible.

§. 4. *Troisieme Expériencé.*

DANS chacun des mois de Janvier, Février, Mars, Avril, Mai, Juin, Juillet, Août, Septembre & Décembre 1733, j'ai fait abattre trois jeunes Chêneaux d'environ sept à huit pouces de diametre ; & j'en ai formé six rondins que j'ai laissé passer dans leur écorce & sous un hangard jusqu'au commencement de l'année 1735, que je les ai tirés de cet endroit pour les empiler à l'air, le long d'un mur à l'exposition du Nord, où ils sont restés jusqu'au commencement de l'année 1736. que je les ai fait scier & fendre avec des coins pour examiner la qualité de leur bois qui s'est trouvée comme il suit,

Janvier	2 bons . . .	&	3. mauvais.
Février	5 bons		1 mauvais.
Mars	4 bons		2 mauvais.
Avril	5 bons		1 mauvais.
Mai	5 bons		1 mauvais.
Juin	2 bons		4 mauvais,
Juillet . . .	1 bon		5 mauvais.
Août	4 bons		2 mauvais.
Septembre .	1 bon		2 mauvais. 3 perdus.
Décembre .	2 bons . . . ,		4 mauvais.

Il semble que le bois des arbres qui ont été abattus en Février, Mars, Avril, Mai, se soit trouvé un peu mieux conditionné que les autres ; mais il y auroit de la témérité à conclure quelque chose de cette expérience, avant d'examiner si elle s'accorde avec celles que je vais rapporter.

§. 5. *Quatrieme Expérience.*

J'avois pareillement fait abattre des Ormes dans tout le courant de l'année, que j'avois fait débiter en rondins ; mais comme ils font restés à l'air, ils ont été presque tous gâtés, fur-tout ceux qui étoient au-deffous des piles : comme ces caufes d'altération font indépendantes du temps de l'abattage, on n'en peut rien conclure pour la queftion dont il s'agit.

§. 6. *Cinquieme Expérience.*

J'ai fait abattre dans chacun des mois de l'année 1733, quatre jeunes Chêneaux un peu plus forts que les précédents ; mais j'ai eu cette fois-ci l'attention d'en faire abattre deux dans les premiers jours, & deux autres à la fin de chaque mois ; j'ai fait équarrir ces arbres auffi-tôt qu'ils ont été abattus, & je les ai dépofés fous un hangard où ils ont resté jufqu'à la fin de l'année 1736 : alors je les en ai fait tirer pour les examiner, comme j'avois fait les rondins de la feconde expérience ; il n'étoit pas poffible que le bois de ces foliveaux qui avoient été équarris auffi-tôt après avoir été abattus, & qui avoient été confervés à couvert, fût altéré dans un fi court efpace de temps ; mais comme la plupart avoient de l'aubier fur les arrêtes, voici en quel état j'ai trouvé cet aubier, ce qu'il n'eft pas inutile de connoître ; car l'aubier étant un bois imparfait, il femble qu'il eft raifonnable de conclure que ce qui altere fenfiblement l'aubier & en peu de temps, caufera bientôt le même dommage au bois, & l'a peut-être déja caufé d'une maniere moins fenfible.

Pour abréger les détails de cette expérience dont l'exécution a été très-longue, & dont le récit pourroit être ennuyeux fi j'entreprenois d'en rapporter toutes les circonftances, j'ai employé des lettres pour abréger le difcours ; la lettre *b* indiquera l'aubier qui s'eft trouvé d'une bonne qualité, la lettre *m*, celui qui s'eft trouvé mauvais, & le *zéro* les foliveaux qui n'avoient pas d'aubier. Ceux où il n'y a point de chiffres ont été perdus.   B b b

Janvier	. . .	2	b	2	m	1	.	o	Août	. . . .	3 b o m	. 3 o
Février	. . .	4	b	2	m	.	.	.	Septembre	. .	4 b 1 m	1 . o
Mars	. . . .	2	b	3	m	1	.	o	Septembre	, .	3 b o m	. . .
Avril	. . . .	1	b	3	m	2	.	o	Octobre	. . .	4 b o m	2 . o
Mai	. . . . .	5	b	o	m	1	.	o	Novembre	. .	2 b 2 m	1 . o
Juin	. . . . .	6	b	o	m	.	.	.	Décembre	. .	1 b 3 m	2 . o
Juillet	. . . .	5	b	o	m	1	.	o				

Suivant cette expérience qui a été faite avec beaucoup d'exactitude, sur 76 soliveaux, il paroît que l'aubier de ceux dont les arbres avoient été abattus en Mai, Juin, Juillet, Août, Septembre & Octobre, s'est mieux conservé que celui des soliveaux tirés de ceux qui avoient été coupés dans les autres mois.

§. 7. *Sixieme Expérience.*

A la fin de l'année 1733, & dans le courant de l'année 1734, j'ai fait abattre dans un même terrein douze pieces de bois; savoir, quatre en Hiver 1733 ; quatre au Printemps 1734 ; & quatre dans l'Eté de la même année. Toutes ces pieces de bois qui portoient dix à onze pouces d'équarrissage ont été marqués des lettres suivantes : Les quatre d'Hiver, d'une *H* ; les quatre du Printemps, d'un *P* ; les quatre d'Eté, d'un *E*.

Ces pieces de bois ont toutes été déposées sous un hangard jusqu'au mois d'Octobre 1736, qu'elles ont été tirées pour être examinées : voici l'état où je les ai trouvées.

Deux pieces marquées *H* qui paroissoient venir du même corps d'arbre, avoient leur aubier tout échauffé & en poussiere; l'une avoit été gâtée sur pied par une gouttiere, & le bois de ces deux pieces étoit rouge.

Une autre piece aussi marquée *H*, étoit de très-bon bois, & la quatrieme portant la même lettre, n'étoit pas de mauvaise qualité, quoique son bois fût un peu creux, comme disent les Ouvriers ; c'est-à-dire, que ses pores étoient grands.

Les quatre pieces marquées *P* avoient leur aubier excellent ; mais trois avoient leur bois un peu blanc, traversé de

quelques veines rougeâtres , & même un peu échauffées ;
leur bois étoit filandreux & tendre fous la fcie ; la quatrieme
piece s'eft trouvée être d'affez bon bois très-dur; il y avoit
cependant quelques veines qui commençoient à s'échauffer.

Le bois de deux pieces marquées *E* étoit blanc , filandreux,
avec quelques veines rouges, & d'autres échauffées ; enfin leur
bois étoit tendre & de mauvaife qualité ; une autre piece auffi
marquée *E*, étoit de bon bois , ferme & plein , quoique traverfé de quelques veines qui commençoient à s'échauffer.

Enfin une quatrieme piece portant même marque , étoit de
bon bois quoiqu'un peu filandreux.

On voit par cette expérience combien il eft difficile d'avoir
des bois que l'on puiffe comparer les uns aux autres , fur-
tout quand on les veut prendre un peu gros ; car ceux - ci
avoient été choifis avec affez d'attention , & cependant ils fe
font tous trouvés défectueux , fans qu'on puiffe attribuer aucun de leurs défauts , foit relativement à l'aubier , foit relativement à leur bois , au temps auquel ils ont été abattus :
la feule expofition de l'expérience , fans que je fois obligé
d'entrer à ce fujet dans aucun détail , fuffit pour le faire fentir.

§. 8. *Septieme Expérience.*

ENFIN comme ce n'eft que par cette cinquieme expérience ,
qui eft une des plus exactes qui aient été faites , que j'ai pu parvenir à connoître ce qui s'eft paffé dans l'aubier des pieces
abattues, j'ai cru que pour avoir quelque chofe de plus complet,
je devois chercher à découvrir fi le bois fuivroit à peu-près
la même regle ; & pour avancer cette expérience le plus qu'il
me feroit poffible, j'ai fait enfoncer en terre en forme de
pieux , (*Pl. II. fig.* I 2.) une partie des barreaux de la cinquieme expérience, & qui étoient de différents abattages, parce que j'ai penfé que dans cette pofition ils pourriroient plus
promptement. Au bout de trois ans, j'ai fait arracher ces pieux,
& j'en ai trouvé de pourris de tous les abattages, & auffi de
bons : ce n'eft donc pas la faifon dans laquelle ils ont été
abattus qui a pu occafionner la prompte pourriture de quel-

ques-uns de ces barreaux ; mais le tempérament des arbres, dont les uns font de nature à durer long-temps, & les autres ont une difpofition prochaine à fe pourrir, j'ai encore actuelle-ment plufieurs pieces de ces bois confervés à couvert & au fec, & dans un endroit frais : le bois de toutes ces pieces eft bon.

Il refte à examiner fi la Lune & les différents vents qui regnent pendant l'abattage, peuvent occafionner quelque différence dans les bois qu'on abat ; c'eft ce qui fera difcuté dans les deux articles fuïvants.

ARTICLE VIII. *Doit-on avoir égard aux diffé-rentes Lunaifons pour abattre les Arbres ; & obferver plutôt le temps du décours, que celui du croiffant? Remarque-t-on quelques différences entre la qualité des Bois abattus en différentes phafes de la Lune?*

SEROIT-CE à l'imitation des Alchymiftes qui ont prétendu que la Lune contribuoit à la formation d'un de nos plus pré-cieux métaux, que tout le monde s'eft en quelque maniere efforcé d'attribuer à cet aftre une infinité de propriétés fingu-lieres ? Seroit-ce un refte des préventions païennes, & des fuperftitions aftrologiques ? Ces idées font-elles fondées fur quelque chofe de réel & fur l'expérience ? Les Pêcheurs difent que c'eft la Lune qui fait que quantité de coquillages & de cruftacées font plus pleins dans certains temps que dans d'au-tres; ils font même dépendre de cet aftre le fuccès de leur pêche.

Les Bouchers prétendent que felon différentes lunaifons, on trouve plus ou moins de moëlle dans les offements des animaux qu'ils tuent.

Quelques Médecins n'ont pas héfité d'attribuer à cet aftre l'événement de plufieurs maladies, & le fuccès de la curation des plaies.

J'ai vu, par exemple, des perfonnes d'efprit foutenir, comme une chofe bien obfervée, que les dartres devenoient de plus en plus enflammées, à mefure que la Lune approchoit de fon plein.

Il y a peu de Sages - femmes qui ne croyent , comme une chofe de fait , que les accouchements font plus fréquents à la fin du décours , que dans tous les autres âges de la Lune.

Mais peu de perfonnes ont eu plus de confiance aux influences de la Lune, que ceux qui fe font appliqués à l’agriculture. Se propofe-t-on d’avoir des choux ou des laitues qui puiffent pommer, des fleurs qui puiffent devenir doubles , des melons ou des arbres qui puiffent donner promptement du fruit; il faut, dit-on, femer, planter, greffer, & tailler pendant le décours.

Veut-on avoir des plantes ou des arbres qui s’élevent & qui pouffent avec vigueur , il faut faire toutes les opérations pendant le croiffant ? Voilà quel eft le langage de prefque tous ceux qui parlent d’agriculture ou de jardinage; & ceux qui fe piquent d’être attentifs obfervateurs, ou pour employer un terme vulgaire , plus rafinés en ce genre, vont jufqu’à attribuer à chaque phafe de la Lune des propriétés particulieres ; & il ne faut pas croire qu’il n’y ait que quelques Jardiniers groffiers qui aient mis leur confiance dans l’influence de cet aftre , puifqu’il y a eu peu d’Auteurs d’agriculture avant M. de la Quintinie, qui n’aient tenu le même langage, & qui n’aient recommandé expreffément d’avoir attention aux phafes de la Lune , comme un point très - important en agriculture. J’ai voulu cependant exécuter avec affez d’exactitude plufieurs de ces expériences , fans avoir eu le fuccès que tous ces Auteurs qui les ont propofés en promettent ; & c’eft ce qui m’a fait penfer, ainfi que la Quintinie, qu’il falloit abandonner toutes ces pratiques comme tout-à-fait ridicules , & abfolument oppofées à la bonne Phyfique qui eft toujours foumife à l’expérience.

Ceux qui travaillent à l’exploitation des forêts , ont fuivi le courant , & n’ont pas manqué d’attribuer à la Lune tous les accidents qu’ils ont vu arriver aux bois des arbres ; Chabins , Bûcherons , Charpentiers , Conftructeurs, Architectes , tous affurent de vive voix ou dans leurs écrits , qu’il eft de la derniere importance d’abattre les arbres *en bonne Lune*. Il fuffira ,

pour donner une idée du fentiment des Auteurs qui ont traité
des bois, de rapporter ce qu'en dit *Caron* dans fon ouvrage,
qui d'ailleurs eft un des meilleurs que nous ayons en ce genre.

« Il faut obferver autant qu'il fera poffible, dit-il, que toutes
» fortes de bois, & particuliérement le Chêne, doit fe cou-
» per en décours de Lune; en obfervant cette maxime, il en
» devient meilleur, & fe conferve mieux que s'il l'étoit depuis
» la nouvelle Lune jufqu'à fon plein, l'aubier en étant plus
» ferme. »

C'eft ainfi que fans balancer, on fait dépendre des différentes lunaifons, les accidents finguliers dont on ne connoît
pas les caufes Phyfiques. On veut donner des raifons de tout;
& plutôt que de s'en difpenfer, on aime mieux en adopter
qui n'ont aucune vraifemblance. Il faut cependant l'avouer à
la gloire de la Phyfique moderne ; depuis que le goût des
expériences a prévalu fur celui des raifonnements vagues &
des hypothefes, les gens vraiment fenfés préferent un petit
nombre de faits bien obfervés aux conjectures, & à toutes les
vraifemblances qu'on mettoit en avant pour fatisfaire aux plus
fublimes queftions de Phyfique : le plus fûr moyen pour parvenir à découvrir ces caufes Phyfiques fi cachées, eft fans
doute d'éviter la précipitation dans leur recherche, & de
s'occuper principalement à bien reconnoître les faits. Il eft
vrai que par cette méthode, la Lune perd chaque jour quelques-unes de fes propriétés les plus brillantes ; mais de ce
que des expériences faites avec exactitude, ont prouvé qu'il
n'y a, par exemple, aucun rapport entre la Lune & la moëlle
des os des animaux, feroit-il raifonnable d'en conclure que
cette planete n'influe pas fur la qualité des bois ? La conféquence ne feroit certainement pas jufte ; cette derniere
propriété a autant befoin d'être démentie par l'expérience,
que celle qu'on lui attribuoit, à l'égard des os des animaux;
& jufques-là ceux qui tiennent pour l'influence de la Lune fur
la qualité du bois, auront raifon de refufer de fe rendre; ils
feront toujours bien venus à en appeller à l'expérience. C'eft
le raifonnement que je me fuis fait, & qui m'a déterminé à

tenter les expériences que je rapporterai dans un moment : car je cherchois, mais bien inutilement, quel rapport fenfible fe pourroit trouver entre cet aftre & les bois des arbres que l'on abat.

Il n'eft pas douteux que nous recevons de la lumiere de la Lune; avec un excellent miroir ardent, on peut s'affurer que cet aftre nous communique un peu de chaleur : mais on n'ignore pas auffi que cette planete n'étant ni lumineufe ni chaude par elle-même, mais feulement par la réflection des rayons du Soleil, elle doit, à l'un & à l'autre égard, agir très-foiblement fur les corps terreftres ; c'eft ce qui eft fenfiblement prouvé par les effets que la lumiere de la Lune produit aux foyers des plus grands miroirs : il fe peut que la Lune agiffe fur notre atmofphere par une force de compreffion ou d'attraction ; mais en fuivant les principes de ceux qui foutiennent l'un ou l'autre fentiment, conçoit-on qu'il en doive réfulter quelqu'effet fenfible fur les végétaux? Dans la fuppofition qu'il pouvoit y avoir un rapport réel entre la Lune & les arbres, & en procédant en conféquence, je n'ai pu jamais parvenir à concevoir comment ce rapport pouvoit avoir fon application précifément dans le temps de l'abattage des arbres.

Car, prémiérement, ces effets doivent être abfolument les mêmes dans le croiffant & dans le décours ; puifqu'à cela près que ce font différentes portions de la Lune qui font éclairées, elle réflechit la même quantité de lumiere, & par conféquent elle produit la même chaleur; & fa diftance à la terre étant la même, fa force de compreffion ou d'attraction ne doit pas changer.

Secondement, les arbres qu'on abat ne meurent pas fubitement, comme un animal qu'on auroit égorgé; ils confervent long-temps leur organifation, & vivent encore, pour ainfi dire, plufieurs mois après qu'ils ont été abattus ; ce qu'on peut prouver par les plançons ou plantards de Saule qui pouffent en terre de nouvelles racines, lorfqu'on les plante au Printemps, quoiqu'ils aient été abattus dès l'Automne précé-

dent de deffus leurs troncs; il en eft ainfi des greffes, qui
deux ou trois mois après avoir été coupées, reprennent quand
on les applique fur un fujet convenable; enfin tous les arbres,
quoiqu'abattus pendant l'Hiver, ne manquent gueres de
pouffer des feuilles & des bourgeons au Printemps. Or fi les
arbres reftent long-temps après avoir été abattus dans le même
état où ils fe trouvoient alors fur leur fouche, quelle apparence y a-t-il de penfer qu'il y auroit quelque différence entre
un arbre qu'on auroit abattu à la fin du décours de la Lune de
Janvier, par exemple, ou quelques jours après, au commencement du croiffant de celle de Février? Ce raifonnement me
faifoit peu préfumer des grands effets qu'on attribue ordinairement à la Lune; mais j'avois befoin de me convaincre de
ce qui en étoit, ou plutôt de me mettre en état d'en convaincre les autres. On jugera par le détail de mes expériences
fi elles ont produit l'effet que j'en attendois.

Il eft inconteftable que les expériences doivent être faites
avec certaines précautions, fans lefquelles elles deviennent
inutiles & fouvent même dangereufes, puifqu'elles peuvent
nous jetter dans des erreurs d'autant plus fâcheufes, qu'on
croit être fondé en expérience; c'eft le cas où l'on tombe par
rapport aux effets qu'on attribue à la Lune: ceux qui admettent
fes influences comme une vérité établie, prétendent avoir
pour eux l'expérience; & ceux qui les nient, conteftent avec
beaucoup de raifon les expériences de leurs adverfaires, ne
trouvant pas qu'elles foient revétues de l'exactitude & des précautions qui leur font fi effentielles, qu'on peut dire qu'elles
ceffent d'être des expériences, dès qu'elles en font dépour-
vues. J'ai effayé de me garantir d'un femblable reproche: je
vais commencer par détailler toutes les précautions que j'ai
prifes pour y parvenir.

1°, J'ai choifi feulement, pour mes expériences, de jeunes
Chênes de 25 à 30 pouces de circonférence, préférant d'avoir
des arbres en crûe plutôt que des arbres fur leur retour, &
afin d'être plus à portée de les avoir tous à peu-près de même
âge. D'ailleurs, comme on trouve plus facilement des arbres
de

de cette groffeur, que de plus gros, je pouvois plus aifément choifir ceux qui étoient les meilleurs, & rebuter les défec-tueux.

2°, J'ai choifi trois arbres pour chaque expérience, & j'ai toujours fait trois expériences à la fois, afin que s'il fe trou-voit quelque défaut particulier dans un de ces trois arbres, il devînt infenfible dans la fomme totale, & ne pût déranger l'exactitude de mon expérience.

3°, Comme l'aubier eft un bois imparfait qui ne manque jamais de s'altérer le premier, & dont on peut cependant tirer quelques conféquences pour la qualité du bois, j'ai con-fervé tous mes bois en rondins; mais feulement dans les trois expériences que j'ai faites, il y en a eu deux où j'ai confervé l'écorce, & une où je l'ai fait retrancher, mais fans enlever l'aubier.

4°, Les bois des trois expériences que j'ai toujours faites à la fois, ont été confervés en trois endroits différents; ce qui ne peut que rendre l'expérience plus exacte.

5°, Chaque abattage a été fait exactement dans les lunai-fons qui font marquées ci-après; & on a obfervé le plus qu'il a été poffible de les faire à peu-près dans le milieu de chaque lunaifon.

6°, On a fcié ces arbres par tronçons de même longueur, & on les a placés au lieu du dépôt qui leur étoit deftiné, le plus promptement qu'il a été poffible.

7°, Les mêmes expériences ont été répétées en Novembre, Décembre, Janvier & Février; non - feulement parce que l'on regarde cette faifon comme la plus favorable pour abattre les arbres, mais principalement, afin que dans la fuppofition où l'on pourroit reconnoître quelque différence dans l'un de ces abattages, on pût juger par comparaifon avec les bois des autres abattages.

8°, J'ai pris tous les arbres dans la même vente, afin de les avoir, autant qu'il me feroit poffible, dans la même fituation, de la même expofition, & du même terrein.

9°, Comme il étoit important d'éviter toute confufion dans

ce nombre d'expériences, j'ai eu la précaution de faire graver sur le bout de chaque piece un numéro que je portois sur le journal des expériences.

10°, Enfin, près de trois ans après, j'ai fait scier par tronçons, & fendre toutes ces pieces pour reconnoître la qualité de leur bois.

§. 1. *Premiere Expérience.*

LUNAISONS.	Temps de l'abattage.	Temps de l'examen.	QUALITÉS.	REMARQUES.
			Numéros.	Cette expérience est en faveur du croissant, puisque tous les trois abattus en croissant étoient bons, & que dans le décours, il y en avoit deux d'altérés.
DECOURS.	1732. 9 Décembre.	. . . .	1. Piqué dans l'aubier. 2. Echauffé dans l'aubier. 3. Sain.	
CROISSANT.	24 Décembre.	1735.	1. Idem. 2. Idem. 3. Idem.	

§. 2. *Seconde Expérience.*

DECOURS.	1732. 9 Décembre.	. . . .	1. Aubier échauffé. 2. Aubier échauffé. 3. Bon bois.	Ainsi il se trouve également altéré dans le croissant comme dans le décours.
CROISSANT.	24 Décembre.	Novembre. 1735.	1. Bon bois. 2. Echauffé dans l'aubier. 3. Un peu échauffé.	

§. 3. *Troisieme Expérience.*

DECOURS.	1732. 9 Décembre.	. . . .	1. Aubier piqué dans le bois. 2. de même. 3. Bon bois.	Dans cette expérience, il se trouve encore une parité entiere entre le croissant & le décours.
CROISSANT.	24 Décembre.	Novembre 1735.	1. Aubier piqué. 2. de même. 3. Bon bois.	

§. 4. *Quatrieme Expérience.*

DECOURS.	1733. 8 Janvier.	. . . .	1. Aubier échauffé. 2. Echauffé. 3. de même,	Cette expérience est entiérement favorable au croissant, puisque les trois morceaux de bois se sont trouvés bons, & que les trois en décours se sont trouvés défectueux.
CROISSANT.	22 Janvier.	Novembre 1735.	1. Bon bois. 2. de même. 3. de même,	

§. 5. *Cinquiéme Expérience.*

Lunaisons.	Temps de l'abattage.	Temps de l'examen.	Qualités. Numéros.	Remarques.
Decours.	1733. 8 Janvier	......	Novembre 1735. { 1. Bois échauffé. 2. Un peu échauffé. 3. de même.	Il n'y a rien à conclure de cette expérience, l'altération s'étant trouvée la même en croissant & en décours.
Croissant.	22 Janvier	......	{ 1. Bois échauffé. 2. de même. 3. Un peu échauffé.	

§. 6. *Sixieme Expérience.*

Lunaisons.	Temps de l'abattage.	Temps de l'examen.	Qualités.	Remarques.
Decours.	1733. 8 Janvier	......	Novembre 1735. { 1. Bon bois. 2. Bon bois. 3. Piqué dans l'aubier.	Il n'y a encore rien à conclure de cette expérience, puisque l'altération se trouve pareille en croissant & en décours.
Croissant.	22 Janvier	......	{ 1. Bon bois. 2. Idem. 3. Piqué dans l'aubier.	

§. 7. *Septieme Expérience.*

Lunaisons.	Temps de l'abattage.	Temps de l'examen.	Qualités.	Remarques.
Decours.	1733. 7 Février	......	Novembre 1735. { 1. Piqué dans l'aubier. 2. Idem. 3. Bon bois.	Les 3 rondins abattus en croissant étant sains, & y en ayant deux d'altérés en décours, cette expérience favorise l'abattage en croissant.
Croissant.	21 Février	......	{ 1. Bon bois. 2. Idem. 3. Idem.	

§. 8. *Huitieme Expérience.*

Lunaisons.	Temps de l'abattage.	Temps de l'examen.	Qualités.	Remarques.
Decours.	1733. 7 Février	......	Novembre 1735. { 1. Un peu échauffé. 2. Idem. 3. Echauffé.	L'altération étant semblable en croissant & en décours, il n'y a rien à conclure de cette expérience.
Croissant.	21 Février	......	{ 1. Bois échauffé. 2. Idem. 3. Echauffé.	

§. 9. *Neuvieme Expérience.*

Lunaisons.	Temps de l'abattage.	Temps de l'examen.	Qualités.	Remarques.
Decours.	1733. 7 Février	......	Novembre 1735. { 1. Bon bois. 2. Piqué dans l'aubier. 3. Bon bois.	Cette expérience est encore un peu en faveur du croissant, puisque les trois morceaux de cet abattage sont sains, au lieu que dans ceux du décours il y en a un de vicié.
Croissant.	21 Février	......	{ 1. Bon bois. 2. Bon bois. 3. Bon bois.	

§. 10. *Conséquences des précédentes Expériences.*

IL ne laisse pas d'être singulier que dans les neuf expériences que je viens de rapporter, il n'y en ait aucune favorable au sentiment le plus généralement reçu, qui est d'abattre les bois dans le décours; il y en a au contraire quatre qui sont favorables au temps du croissant; & les autres indécises sur l'un & l'autre état de la lune; cependant il y auroit de la témérité à prétendre décider cette question par les seules expériences que je viens de rapporter; mais nous en avons encore fait plusieurs autres dans les mêmes vues, quoique par des procédés tout différents. Voyons ce qu'elles auront produit, & les éclaircissements que nous en pourrons tirer.

Avant que de rapporter ces expériences faites avec toute l'exactitude possible sur des bois équarris, il est bon d'avertir que j'ai fait sur l'Orme les mêmes expériences que je viens de rapporter sur le Chêne; avec cette différence que je les avois laissés à l'air & tous dans leur écorce; ce qui a rendu cette expérience presque inutile; car j'en ai trouvé un grand nombre bre de gâtés, tant de ceux qui avoient été abattus dans le temps du croissant, que de ceux qui l'avoient été en décours.

§. 11. *Préparations pour d'autres Expériences.*

1°, On sait que dans la même espece de bois, dans le Chêne, par exemple, plus les bois sont lourds, meilleurs ils sont; je dis les bois secs: mais j'ai presque toujours remarqué que les bois qui étoient les plus lourds lorsqu'ils sont encore verds, l'étoient également étant secs; ainsi il me semble qu'on doit regarder d'un œil de préférence ceux qui dans l'un ou l'autre état, sont les plus pesants, sur-tout quand les arbres ont pris leur croissance dans un même terrein.

2°, En conséquence de ce principe, & dans la vue de reconnoître si dans les différentes phases de la lune, les bois étoient plus ou moins pesants, j'ai fait abattre dans le mois de Décembre 1732, en Février & en Novembre 1733, quatre pieces de bois en croiſſant, & quatre pieces en décours : ces huit pieces ont été toutes équarries & réduites avec la varlope aux mêmes dimenſions : les quatre pieces de chaque abattage, faiſoient enſemble, au ſortir des mains du Menuiſier, 1296 pouces-cubes.

3°. On les a tirées de la forêt le plus diligemment qu'il a été poſſible ; on a employé la même diligence pour les équarrir ; & ſi-tôt qu'elles ont été réduites ſur les proportions requiſes, on les a peſées comme il ſuit.

§. 12. *Premiere Expérience.*

TEMPS DE L'ABATTAGE.	LUNAISONS.	POIDS.	REMARQUES.
9 Décembre . .	En décours.	160 liv. 2 onces 0 gros.	Ainſi la même quantité de bois abattue en croiſſant, a peſé 5 liv.
24 Décembre . .	En croiſſant.	165 . . 6 . . 0 . . .	4 onces de plus, qu'en décours.

§. 13. *Seconde Expérience.*

8 Janvier . . .	En décours.	158 . . 6 . . 6 . . .	Ainſi en croiſſant, elle peſe 6 liv.
22 Janvier . . .	En croiſſant.	165 . . 4 . . 4 . . .	13 onc. 4 gros, de plus que celle du décours.

§. 14. *Troiſieme Expérience,*

7 Février . . .	En décours.	142 . 14 . . 0 . . .	Ainſi en croiſſant elle peſe 21
11 Février . . .	En croiſſant.	164 . . 1 . . 0 . . .	liv. 3 onc. de plus que celle du décours.

§. 15. *Quatrieme Expérience.*

14 Novembre.	En croiſſant.	163 . . 9 . . 4 . . .	Ainſi en croiſſant, elle peſe
17 Novembre.	En décours.	153 . . 9 . . 4 . . .	10 liv. de plus que celle du décours.

§. 16. *Conſéquences des Expériences précédentes.*

QUOIQUE les quatre expériences que je viens de rapporter, & qui ont été exactement faites, concourent avec les neuf que nous avons rapportées en premier lieu, à détruire l'idée trop avantageuſe qu'on a ſur le temps du décours pour abattre les arbres ; cependant j'ai cru pouvoir réunir dans une ſeule

expérience les vues que j'avois eues dans toutes les précédentes, foit fur des rondins, foit fur les bois équarris.

§. 17. *Préparations pour d'autres Expériences.*

1°, Dans le même temps que j'ai fait les précédentes expériences, j'ai fait débiter très-exactement par un Menuifier,
des barreaux de trois pieds de longueur fur trois pouces
feulement d'équarriffage.

2°, J'ai eu foin que la plupart euffent de l'aubier fur les
angles, afin de reconnoître s'il fouffriroit quelque altération.

3°, Si-tôt qu'ils ont été débités, on a pefé exactement à
la fois les trois qui avoient été abattus dans chaque lunaifon.

4°, On a eu foin de graver fur chaque piece un *Numéro*
qui a été porté fur le journal des expériences, où l'on a pareillement tenu regiftre de leur poids.

5°, En 1736, c'eft-à-dire près de quatre ans après, on les
a tirés du hangard où ils avoient été dépofés, pour les examiner & les pefer de nouveau : voici le réfultat.

§. 18. *Premiere Expérience. Décembre 1732.*

LUNAISONS.	POIDS LORS DE LEUR ABATTAGE.	POIDS EN 1736.	DIFFERENCE.	QUALITÉ' DU BOIS.
				Numéros.
DECOURS.	40 liv. 8 onc. 4 gr.	31 l. 6 onc. 0 g.	9 l. 2 onc. 4 gr.	1. Aubier échauffé. / 2. Idem. / 3. Affez bon.
CROISSANT.	40 .. 8 .. 0 ..	31 .15 .. 0 ..	8 . 9 .. 0 ..	1. Bon. / 2. Aubier échauffé. / 3. Idem.

§. 19. *Remarques.*

Lors de l'abattage, le bois des arbres abattus en décours,
pefoit 4 gros de plus que celui des arbres abattus en croiffant,
ce qui eft bien peu de chofe ; mais en 1736, le bois des arbres
abattus en croiffant, a pefé 9 onces de plus que celui des arbres abattus en décours ; ce qui ne peut indiquer qu'un léger & unique avantage, puifque l'aubier s'eft trouvé de même
qualité dans les uns comme dans les autres.

§. 20. *Seconde Expérience. Janvier 1733.*

LUNAISONS.	POIDS LORS DE LEUR ABATTAGE.	POIDS EN 1736.	DIFFERENCE.	QUALITE'S.
				Numéros.
DECOURS.	39 l. 12 onc. 4 gr.	29 l. 6 onc. 0 g.	10 l. 6 onc. 4 g.	{ 1. L'aubier piqué. 2. L'aubier vermoulu. 3. Point d'aubier.
CROISSANT.	41 . 12 . . . 0 . .	30 . 8 . . 0 . .	11 . 4 . . 0 . .	{ 1. Bon aubier. 2. Idem. 3. Point d'aubier.

§. 21. *Remarques.*

DANS le temps de l'abattage, les bois abattus en croiffant, ont pefé une livre quinze onces quatre gros de plus que ceux qui ont été abattus en décours ; & en 1736, ils ont confervé une livre deux onces de plus : outre cela, les deux barreaux qui avoient de l'aubier, fe font trouvés fains en croiffant, & vermoulus en décours ; donc tout eft dans cette expérience à l'avantage du croiffant.

§. 22. *Troifieme Expérience. Février 1733.*

LUNAISONS.	POIDS LORS DE LEUR ABATTAGE.	POIDS EN 1736.	DIFFERENCE.	QUALITE'S.
				Numéros.
DECOURS.	36 l. 10 onc. 4 gr.	29 l. 4 onc. 0 g.	7 l. 6 onc. 4 g.	{ 1. Bon bois. 2. Aubier vermoulu. 3. Idem.
CROISSANT.	40 . 9 . . . 0 . .	29 . . 10 . . 0	10 . 15 . . 0 g.	{ 1. Bon aubier. 2. Idem. 3. Idem.

§. 23. *Remarques.*

LES barreaux des bois abattus en croiffant, fe trouvent encore pefer trois livres quatorze onces quatre gros de plus que ceux qui avoient été abattus en décours ; & , étant fecs, ils ont encore confervé fix onces de plus. Mais ce qui eft bien plus fingulier, c'eft que l'aubier de tous les trois s'eft trouvé bon ; au lieu que de ceux abattus en décours, il s'en eft trouvé deux d'altérés : enforte que dans cette expérience, ainfi que dans la précédente, tout eft en faveur du croiffant.

§. 24. *Quatrieme Expérience. Novembre* 1733.

LUNAISONS.	POIDS LORS DE LEUR ABATTAGE.	POIDS EN 1736.	DIFFERENCE.	QUALITE's.
				Numéros.
CROISSANT.	41 l. 12 onc. 0 gr.	30 l. 9 onc. 0 g.	11 l. 3 onc. 0 g.	1. Point d'aubier. / 2. Bon aubier. / 3. Idem.
DECOURS.	38 . 4 . . 4 . .	28 , 8 . . . 0 . .	9 . 12 . . 4 .	1. Aubier vermoulu. / 2. Point d'aubier. / 3. Aubier en pouffiere.

§. 25. *Remarques & conséquences des précédentes Expériences.*

ICI les barreaux des bois abattus en croiffant , fe font
trouvés pefer trois livres fept onces quatre gros de plus que
ceux abattus en décours ; & lorfqu'ils ont été fecs , deux
livres 1 once. Outre ces avantages , des trois pieces abattues
en croiffant , une n'avoit pas d'aubier, & les deux autres l'a-
voient bon ; au lieu que des trois barreaux du bois abattu en
décours, un n'avoit pas d'aubier, & celui des deux autres
étoit vermoulu : cette expérience fe trouve donc encore favorable au croiffant. Cependant comme un des principaux défauts
que nous avons remarqués dans l'aubier, étoit d'être piqué de
vers, il refte à favoir fi la Lune favoriferoit la propagation
de ces infectes , ou fi fon influence peut difpofer le bois à les
recevoir & à les entretenir : l'un de ces fentiments ne paroît
pas plus probable que l'autre : nous avons expofé au commencement de cet article , combien il y a d'apparence que la
Lune n'influe en rien fur la qualité des bois qu'on veut abattre;
& les raifons qu'on peut donner pour appuyer ce fentiment
font fi fenfibles, qu'elles approchent en quelque maniere de
l'évidence & de la démonftration; auffi j'avoue que , fans la
ferme réfolution que j'avois prife de ne rien avancer qui ne
fût prouvé par l'expérience, j'aurois peut-être négligé d'en
faire aucune fur cet objet; cependant on a vu que dans les
dix-fept expériences rapportées ci-deffus, non - feulement il
n'y en a pas une dont on puiffe conclure qu'il y ait aucune

nécefflté

néceffité d'abattre en décours, comme tout le monde le penfe ; mais qu'au contraire il y en a un plus grand nombre qui femblent démontrer qu'il y a de l'avantage à abattre pendant le croiffant. Doit-on néanmoins tirer abfolument cette conféquence ? Je fuis encore bien éloigné de le penfer ; & comme dans nos expériences il s'en rencontre plufieurs où tout s'eft trouvé en parité, je crois qu'il eft plus prudent de n'avoir aucun égard aux petites circonftances qui font favorables au croiffant. Au refte les expériences que je viens de rapporter, ayant été exécutées avec beaucoup d'exactitude, ce font des faits dont chacun pourra tirer les conféquences qu'il jugera raifonnables. J'avertirai feulement que la différence du poids au temps de l'abattage, & quand les bois font fecs, dépend beaucoup de l'état de l'atmofphere ; s'il eft fec, les bois font plus légers ; s'il eft humide, ils font plus pefants ; mais il feroit bien fingulier que l'air eût toujours été fec en décours, & humide en croiffant. Ceux qui feront moins prévenus que moi contre l'influence de cette Planete, pourront peut-être en conclure affirmativement, qu'elle a quelque rapport caché avec les bois qu'on abat ; & je n'aurois garde de les en blâmer, puifque fi ie pouvois entrevoir ce rapport poffible, je croirois avoir fait plus d'expériences qu'il n'en faut pour en démontrer l'exiftence ; peut-être en ce cas agirois-je avec trop de précipitation, mais peut-être auffi tombé-je maintenant dans un autre excès, & fuis-je trop obftiné à refufer de me rendre à l'expérience, qui à la vérité ne fait pas appercevoir des différences bien fenfibles.

ARTICLE IX. *S'il convient d'avoir égard aux vents régnants quand on veut abattre les arbres.*

PRESQUE tous ceux qui ont quelque connoiffance des forêts, prétendent qu'il y a un avantage confidérable à abattre les bois lorfqu'il regne un vent de Nord, qu'ils appellent *vent fec* ; & ils foutiennent que les arbres qui font abattus dans cette circonftance, ne font jamais auffi fujets à s'échauffer que ceux

D d d

qu'on abat par le vent humide du Midi. Je n'ai pas cru que l'adoption générale de cette opinion dût me difpenfer de l'examiner avant d'y foufcrire. Il faudroit d'abord établir de quelle maniere les différents vents peuvent influer fur la qualité des bois , & voir fi l'effet de ces vents peut avoir une application précife dans le temps de l'abattage. Comme ces queftions particulieres font renfermées dans celle qui fait le titre du préfent article, leur difcuffion rendra plus fenfible la queftion générale.

Les Thermometres, les Barometres, & les Hygrometres s'accordent à prouver que les vents de Nord & de Sud produifent des altérations bien différentes dans l'air ; nous les éprouvons fur nous-mêmes, & ces altérations nous deviennent encore bien plus fenfibles, lorfque nous fommes attaqués de quelque maladie. On a de fortes raifons de penfer que les végétaux font encore plus fufceptibles de ces altérations ; & les obfervations le démontrent : au Printemps , fur-tout, on voit les plantes pouffer fenfiblement quand les vents de Midi regnent ; & au contraire , elles paroiffent refter dans l'inaction & rentrer en quelque façon en elles·mêmes , lorfque le vent de Nord fe fait fentir. Cette différence fe fait même appercevoir fur les plantes aquatiques qui font entiérement fubmergées : j'en ai dit quelque chofe dans la *Phyfique des Arbres.* D'ailleurs , tout le monde fait que les bois les plus fecs , ceux qui font abattus depuis très long-temps font de vrais Hygrometres très-fenfibles aux altérations de l'air : les menuiferies fe tourmentent , & par leur augmentation ou leur diminution de volume , elles. produifent un bruit confidérable , fuivant qu'il regne différents vents. Mais quels font les effets de ces changements ? Les Hygrometres , au nombre defquels il faut compter toutes fortes de bois , & principalement ceux qui font déja fecs , nous font voir que l'air eft plus humide quand le vent de Midi regne, que quand c'eft celui du Nord : les Thermometres prouvent qu'il fait plus chaud par le vent de Midi que par celui du Nord ; & les Barometres démontrent que dans cette même circonftance l'air eft fouvent plus léger, ou, ce qui revient au même, qu'il est moins élastique. Il faut rapprocher de ces idées ce que nous avons dit ci-devant de la fermentation de la feve ; & on concevra que le vent de Midi est bien plus propre à produire cette fermentation que le vent du Nord : aussi remarque-t-on dans toutes les opérations où l'on a besoin d'exciter la fermentation, & particuliérement dans le temps des vendanges, qu'elle s'opere bien plus promptement quand il regne un vent de Midi, que quand il fait un vent de Nord.

Il est très-naturel de penser que cette chaleur humide qui excite si promptement la fermentation dans les liqueurs qui en sont susceptibles, & qui fait corrompre en si peu de temps la chair des animaux, agit de la même maniere sur les bois qui, comme nous l'avons prouvé ailleurs, sont remplis d'une liqueur très-disposée à fermenter. J'ai mis des morceaux de bois verd dans des couches de fumier où cette chaleur humide regne, & j'ai remarqué qu'ils s'y pourrissoient très-promptement. Les Marins savent que c'est cette même chaleur humide qui porte la corruption dans le fond de cale des vaisseaux ; & j'ai reconnu par plusieurs expériences, que les bois se conservoient beaucoup mieux dans les lieux frais & secs, que dans ceux qui étoient chauds & humides. L'altération des bois est donc occasionnée par la fermentation qui produit la pourriture ; car il me semble qu'il est assez bien prouvé que le vent de Midi doit plutôt occasionner cette fermentation que le vent du Nord.

Mais il y a une autre cause d'altération à laquelle les bois sont encore exposés ; c'est celle qui résulte de l'attaque des insectes. Je ferai voir par la suite que le vent du Midi favorise beaucoup plus leur multiplication que celui du Nord.

Les Bûcherons assurent que le bois est plus dur à couper quand ils abattent les arbres par un vent de Nord, que quand ils les coupent par un vent de Sud : cette même différence se fait aussi remarquer dans les bois qui sont déja abattus depuis long-temps.

Jusqu'à présent tout confirme le sentiment ordinaire ; & il

paroît inconteftable que le vent du Midi eft plus contraire à la confervation des bois que celui du Nord : mais doit-on conclure de-là qu'il faut abattre les bois de fervice, quand le vent du Nord fouffle, & éviter de le faire quand celui du Midi regne ? C'eft ce qui refte à examiner.

J'ai déja dit, en parlant de la Lune, que les arbres qu'on abat ne meurent pas fur le champ, comme les animaux que l'on tue : les liqueurs renfermées dans le corps des arbres, ne fe diffipent que peu à peu, & les parties folides du bois, telles que les vaiffeaux, les fibres, les véficules, ne perdent leurs refforts que par degrés ; enforte que quelquefois au bout de trois ou quatre mois après qu'une branche aura été retranchée de fon tronc, elle fe trouve encore fi bien organifée & fi faine, qu'elle pourra reprendre de bouture, ou être greffée avec fuccès : il y a même des plantes qui fe confervent en cet état pendant plufieurs années. On ne peut gueres en citer un exemple plus remarquable que le fait arrivé à M. de Juffieu, Profeffeur de Botanique au Jardin Royal des Plantes. Un Chirurgien qui arrivoit d'un voyage de long cours, lui remit une petite branche d'une plante qu'on appelle *Anticuphorbium*, Dod. Pin. Il y avoit au moins huit ou dix mois qu'il l'avoit coupée. M. de Juffieu la croyant hors d'état d'être replantée, quoiqu'elle parût encore verte & fucculente, la mit dans une armoire où elle refta plus d'un an ; après ce temps, la trouvant encore verte, il jugea à propos de la planter au Jardin du Roi : elle y a repris très-bien, & elle s'y eft prodigieufement multipliée.

Puifqu'il eft certain que les plantes, après avoir été féparées de leur tronc, ou détachées de leurs racines, peuvent refter un temps affez confidérable, à peu-près dans le même état où elles étoient lors de leur féparation, y a-t-il la moindre apparence de croire qu'il puiffe y avoir quelque avantage à abattre les arbres dans le temps qu'il regne tel ou tel vent ? N'eft-il pas démontré que ces mêmes arbres feront également fufceptibles des altérations de l'air, après qu'ils auront été abattus, ainfi qu'ils en éprouvoient les effets lorfqu'ils

étoient encore fur leurs fouches? Je conviens bien, & je fuis
fondé à le penfer, que les arbres qu'on aura abattus dans une
année où les vents auront prefque toujours été Sud, ou Sud-
Eft ou Sud-Oueft, feront plus expofés à s'altérer, que ceux
qui l'auroient été dans une année où les vents de Nord & de
Nord-Oueft ou de Nord-Eft auront régné plus fréquemment.
Mais il me paroît très-inutile de prêter attention aux vents qui
pourroient fouffler dans le temps précifément qu'on abat, puifqu'on ne peut être fûr que tel ou tel vent qui régneroit alors,
ne changera pas en peu de temps : fi un vent de Sud fuccé-
doit alors à un vent de Nord, il eft certain qu'il produiroit fon
effet fur les bois nouvellement abbattus.

Nous ferons voir, lorfque nous parlerons de la meilleure
maniere d'abattre les arbres, qu'il faut éviter de faire des
abattages dans le temps des grands vents, parce qu'on court
rifque de les éclater, de les renverfer les uns fur les autres,
& de les *écrouer*.

ARTICLE **X.** *S'il faut interrompre les coupes de Bois
dans le temps de la gelée.*

LES Bûcherons le prétendent, & ils fe fondent fur ce qu'ils
difent, que la feve venant à geler dans le corps d'un arbre
jufqu'à un pouce & demi ou deux pouces de profondeur, ils
éprouvent beaucoup de peine à entamer cette partie, dont
la réfiftance eft telle qu'elle ébreche leurs outils. Je ne crois
cependant pas que la qualité du bois puiffe être beaucoup
altérée par la gelée; mais j'avoue qu'il ne m'a pas été poffible
d'éclaircir ce point par des expériences. Au refte je penfe qu'il
eft plus prudent de fufpendre les abattages pendant les grandes gelées, foit parce que les arbres font alors plus fujets à
s'éclater, foit parce que les Bûcherons débitent peu d'ouvrage à caufe de la grande dureté du bois; il fe peut faire
encore que la fouche en fouffre quelque dommage; au refte,
il n'y auroit pas grand rifque à courir pour les fouches des
hautes futaies.

Article XI. *Conclusion de ce Chapitre.*

Suivant *l'Ordonnance du Roi du 13 Août 1669 , portant réglement sur les Bois & Forêts* , suivant tous les Auteurs qui ont traité des bois , & suivant l'avis le plus commun de ceux qui ont fait de grandes exploitations , & encore des Charpentiers , Menuisiers , Charrons , Chabins , Abatteurs & autres Ouvriers qui débitent ou travaillent le bois , la saison où il convient d'abattre les arbres , est celle dans laquelle la seve est dans un plus grand repos , & où elle se trouve en moindre quantité dans le corps des arbres , sans quoi , dit-on , la seve étant en fermentation , & les pores du bois étant ouverts , cette liqueur feroit corrompre le bois. Le temps de l'abattage est indiqué par les uns , depuis le mois d'Octobre jusqu'à la fin du mois de Mars ; & c'est aussi le temps fixé par l'Ordonnance, d'autres restreignent ce terme , & veulent qu'on ne commence à abattre que dans le décours de Novembre , & qu'on cesse ce travail après le décours de Février. S'il étoit sûr qu'il fût préjudiciable d'abattre les arbres quand ils sont en seve , le temps de cette opération devroit nécessairement varier suivant les différentes années & les différents climats. Quelques personnes , mais en petit nombre , pensent qu'on peut abattre indifféremment , soit dans le cœur de l'Hiver , soit pendant les chaleurs de l'Eté ; ceux-là disent pour raison que dans ces saisons , les bois ont moins de seve : d'autres personnes prétendent qu'il faut abattre les bois en Septembre, parce que dans cette saison , la seve est plus cuite.

Après les expériences que j'ai rapportées ci-devant , on est en état d'apprécier de pareilles décisions.

On suppose , suivant les uns , que pendant l'Hiver il se trouve moins de seve dans les arbres qu'en Eté : nous croyons avoir prouvé qu'elle y est au moins aussi abondante. On prétend qu'après les pousses du Printemps , les arbres se trouvent épuisés de seve ; & nous avons fait remarquer que les arbres transpirent si abondamment dans cette saison , qu'il est nécessaire qu'il monte continuellement de la seve par les racines pour réparer cette consommation : un enfant, dans le temps de sa croissance, n'épuise pas le sang, la lymphe, ni les autres liqueurs qui servent à son accroissement, parce que ces liqueurs se renouvellent continuellement par les nouveaux aliments qu'il prend : il est vrai qu'un enfant a un plus fréquent besoin d'aliments qu'un adulte ou un vieillard ; aussi est-il très-bien prouvé que les arbres tirent plus de seve par leurs racines & par leurs feuilles lorsqu'ils végetent, que dans le temps de l'Hiver ; mais cela ne prouve en aucune maniere, qu'ils contiennent plus de seve dans les saisons où ils ne poussent pas que dans celles où ils végetent le plus.

On avance encore que les pores des arbres sont plus ouverts en Eté qu'en Hiver : mais cette assertion est tout-à-fait gratuite & destituée de preuves ; car s'il étoit vrai qu'un pied-cube de bois fût plus pesant en Hiver qu'en Eté, comme je le crois, il s'ensuivroit qu'il y auroit alors plus de seve dans les arbres, & on seroit d'abord porté à croire que leurs pores seroient plus grands ; mais je pense que cette différence de poids ne vient que de la condensation des liqueurs & du rapprochement des fibres : supposons un tuyau de verre rempli d'eau chaude, & un autre tuyau de pareil calibre rempli d'eau prête à geler ; il est certain que celui-ci contiendroit une plus grande quantité d'eau, & qu'il seroit plus pesant sans que sa capacité fût augmentée.

A l'égard de la disposition où se trouve la seve, à fermenter dans l'Eté, & qui devient plus considérable alors que dans l'Hiver, je ne conteste pas ce point ; mais je crois que cette disposition doit produire très-peu de différence dans le fait actuel ; non-seulement parce qu'en Eté, la seve se dissipe très-promptement, ainsi que je l'ai prouvé, mais encore parce que, comme les arbres abattus en Hiver ne perdent que très-peu de leur seve depuis ce temps jusqu'au Printemps, ils se trouvent alors à-peu-près au même état que les arbres qu'on abat en cette saison, & de même que s'ils étoient restés sur leur souche jusqu'à ce temps-là. Tout bien considéré, je crois qu'il faut s'en tenir aux lumieres qu'on peut tirer des expériences que j'ai rapportées ci-devant, & qui prouvent:

1°, Qu'il y a du moins autant de feve dans les arbres en Hiver qu'en Eté.

2°. Qu'il n'eft pas fûr que, pour conferver au bois fa bonne qualité, il foit plus avantageux de le deffécher le plus promptement qu'il eft poffible: ce point fera difcuté dans un autre Chapitre.

3°, Que c'eft dans le Printemps & en Eté que les arbres fe deffechent le plus promptement.

4°, Que les arbres abattus pendant l'Hiver, fe font trouvés dans nos expériences un peu plus pefants après qu'ils ont été fecs, que ceux qui avoient été abattus en Eté; mais que cette différence eft peu confidérable.

5°, Que l'aubier des bois abattus en Eté, s'eft mieux confervé que celui des arbres qui avoient été abattus en Hiver.

6°, Que tous ces bois, après avoir été examinés dans leur rupture, ont paru avoir à peu-près une force pareille.

7°, Que la pourriture a affecté à peu - près également les bois abattus dans toutes les faifons de l'année.

8°, J'ai auffi prêté attention aux fentes & aux gerces de tous les bois que j'ai fait abattre; &, contre mon attente, il m'a paru que ceux qui avoient été abattus au Printemps & en Eté, n'étoient gueres plus gercés que les autres, ce qui m'a d'abord furpris; cependant comme il eft fûr que les bois fe defféchent ordinairement peu pendant l'Hiver, ils fe trouvent encore très-humides au Printemps; & cette humidité venant enfuite à s'échapper très-précipitamment en cette faifon, ces bois fe trouvent à peu-près dans le même état que ceux qu'on n'abat que dans ce temps-là: au refte, je prie le Lecteur de faire attention que je dis fimplement que tous les bois de mes expériences fe font trouvés à peu près également gercés; car il eft certain que ceux qui avoient été abattus en Automne & même en Hiver, l'étoient moins que les autres: je m'attendois que la différence auroit été plus confidérable.

9°, J'ai amplement prouvé par des expériences faites avec
toute

toute l'exactitude possible, que c'est un préjugé ridicule de croire qu'il faille abattre les arbres dans le décours de la Lune ; puisqu'au contraire mes expériences paroissent être plus favorables au croissant.

10°, Je crois qu'on saura aussi à quoi s'en tenir sur ce qui regarde les vents, puisque j'ai prouvé que quand il seroit possible qu'ils influassent sur la qualité du bois, ce seroit autant sur celui des arbres abattus, que sur le bois de ceux qui sont encore sur pied, & qu'ainsi il est indifférent à cet égard de les abattre par toute sorte de vents. S'il étoit vrai que les vents pussent influer sur la qualité du bois, on ne voit pas comment il seroit possible d'y remédier : je suis bien du sentiment de plusieurs Forestiers, qui pensent que les bois sont plus durs à débiter dans un temps sec que dans un temps humide ; mais l'arbre dont le bois aura été trouvé dur en l'abattant dans un temps sec, sera plus tendre deux jours après, s'il survient de l'humidité.

Nous croyons aussi, & c'est un sentiment assez général, qu'il faut discontinuer d'abattre, 1°, par les grandes gelées, parce qu'alors les arbres sont plus sujets à se rompre & à s'éclater ; 2°, pendant les grands vents, pour éviter que les arbres ne viennent à tomber avant d'être entiérement coupés, & qu'ils ne s'éclatent en tombant, comme je l'ai vu arriver plusieurs fois ; & aussi, pour qu'on puisse être maître de faire tomber les arbres du côté où ils ne peuvent rien endommager, ce que les Abatteurs savent exécuter avec adresse, en faisant leur entaille, de telle sorte que l'arbre pirouette en tombant, & s'écarte beaucoup de l'endroit où il sembloit devoir tomber par sa pente naturelle ; mais pour cela il faut que le temps soit calme, ou que la direction du vent favorise l'opération.

Ce que nous avons dit pour prouver qu'il n'y a aucun inconvénient à abattre en Eté, ne doit être entendu que relativement à la qualité du bois ; car nous mettons à l'écart l'inconvénient des fentes & le dommage qu'on pourroit faire à la souche : l'usage d'abatre les arbres pendant l'Hiver, n'est pas généralement suivi. Je sai que les Hollandois font des coupes considérables en Eté préférablement à l'Hiver : ils disent que la

feve des arbres coupés en Eté fe diſſipe plus promptement, &
que leur bois fe trouve plutôt en état d'être employé, ou
qu'ils font du moins en état d'être aſſemblés *en trains*, pour pouvoir les voiturer à flot.

Le fieur Boyer qui a été Conſtructeur à Toulon , m'a dit
que dans le Royaume de Naples , & en pluſieurs lieux d'Italie, on coupoit les arbres des forêts en Juillet & en Août, préférablement à tous les autres mois : il m'a aſſuré que ces bois
étoient d'une longue durée , & qu'il avoit vu des vaiſſeaux
conſtruits en cette faiſon qui , après vingt-cinq ans de conſtruction , étoient encore très-fains & fans apparence de pourriture ; mais je fuis plus difpofé à attribuer la bonté de ces
bois au climat , qu'à la faifon où les arbres avoient été
abattus.

On m'a encore aſſuré que les Payfans de Catalogne & du
Rouſſillon coupoient les Chênes en Juillet & Août, dans la
perfuafion que leur bois en étoit meilleur ; & qu'il y a d'autres
pays où on les coupe indifféremment dans tous les temps de
l'année, quoiqu'on eſtime qu'il foit plus avantageux de les
abattre en Août.

Il eſt certain que fi l'on fe trouvoit dans le cas d'employer
fur le champ les bois qu'on abat, il feroit à propos de faire
les coupes en Eté , parce qu'alors les bois fe deſſechent plus
promptement.

Un Commiſſaire de la Marine étant en Bourgogne , & voulant y faire une épreuve qui concernoit les charrois, fit couper un Chêne dans les derniers jours du mois de Juin, &
pendant que cet arbre étoit entiérement garni de feuilles. Ce
Chêne fut marqué & tranfporté au Port de Toulon, où on le
deſtina à faire un *bau* de deux pieces, au Vaiſſeau *le Duc
d'Orléans* qui étoit en radoub. Le 18 Septembre 1732, on en
fit couper un pied-cube, pour en comparer la qualité avec
celle d'un autre pied-cube tiré d'un Chêne coupé dans la
même forêt l'Hiver précédent : on trouva que celui qui avoit
été abattu en Eté , ne pefoit que 63 livres : fa couleur n'étoit
pas avantageufe, elle étoit feuille-morte ; l'autre au contraire

pefoit 70 livres trois quarts, & il étoit d'une couleur vive. Mais il faut remarquer que pour avoir fur cela quelque chofe de plus pofitif, il auroit été néceffaire de faire abattre un plus grand nombre d'arbres ; car il paroît que la couleur vicieufe du bois du premier cube, ne venoit pas du temps auquel on l'avoit abattu, mais de quelque défaut propre de l'arbre dont il avoit été tiré ; car dans toutes les expériences que j'ai faites, je n'ai pas remarqué que les arbres abattus au Printemps, fuffent plus fujets à ce défaut que ceux qui l'avoient été en Hiver.

Au 30 Août 1738, je trouvai ces deux mêmes cubes de bois encore exiftants dans l'Arfenal de Toulon ; je les fis pefer de nouveau : le premier pefoit 48 livres ; par conféquent il n'avoit diminué que de quinze livres ; le fecond qui en 1732, pefoit 70 livres trois quarts, ne pefoit plus alors que 43 liv. ainfi il avoit diminué de 27 livres trois quarts. Nous remarquâmes auffi que le premier ne s'étoit refferré que de 5 lignes, & que l'autre avoit fouffert 9 lignes de diminution : tout cela prouve que dans le temps que l'on avoit fait la premiere expérience, l'arbre abattu en feve fe trouvoit plus fec que l'autre qui avoit été mis à bas plufieurs mois auparavant.

Je me flatte que l'on pourra maintenant favoir à quoi s'en tenir fur la faifon où il convient d'abattre les arbres ; mais avant de paffer à la maniere qu'il convient d'employer pour les mettre à bas, je crois devoir rapporter dans le Chapitre fuivant, les tentatives que j'ai faites pour trouver les moyens d'augmenter la denfité du bois des arbres étants encore fur pied.

CHAPITRE VI.

Sur l'augmentation de la denfité du Bois.

VITRUVE & plufieurs Auteurs après lui, ont avancé qu'il étoit poffible d'augmenter la denfité du bois des arbres, en les mutilant dans leur écorce ou dans leur bois, pour les faire mourir fur pied. Ces allégations qui ne font accompagnées d'aucune expérience qui puiffe conftater un effet auffi intéreffant, m'ont mis dans l'obligation d'en entreprendre qui puffent emporter une entiere conviction.

Entre ces Auteurs, les uns prétendent que l'opération de mutiler un arbre, confifte à enlever du pourtour du pied d'un arbre, & l'écorce & l'aubier, & de pénétrer dans le bois jufqu'à un demi-pouce ou même un pouce de profondeur, fuivant la groffeur des arbres.

D'autres difent qu'il fuffit que l'on emporte l'écorce vers le pied de la largeur de dix-huit pouces ou deux pieds; enfin d'autres ont confeillé d'emporter la totalité de l'écorce, depuis les racines jufqu'à la naiffance des branches. J'ai éprouvé chacune de ces méthodes : je vais rendre compte du réfultat de mes expériences. Elles ont toutes été faites dans une demi-futaie bien vigoureufe; mais comme la plupart des arbres étoient fur fouche, il fe trouvoit plufieurs de ces fouches qui portoient deux brins à peu-près auffi vigoureux l'un que l'autre; ce qui étoit favorable à mes expériences, parce que deux brins partant ainfi d'une même fouche, étoient bien comparables l'un à l'autre.

Il eft bon de prévenir, 1°, qu'à tous les arbres que je nommerai *entaillés*, j'avois fait enlever dans la hauteur d'un pied ou 15 pouces, outre toute l'écorce & l'aubier, environ l'épaiffeur d'un demi-pouce du bois; 2°, qu'à tous les arbres que je défignerai par *écorcés au pied*, j'avois fait enlever l'écorce dans le temps de la feve, immédiatement au-deffus des racines jufqu'à la hauteur de deux pieds; 3°, qu'enfin à ceux que je dirai *entiérement écorcés*, j'avois fait enlever l'écorce tout du long du tronc, depuis les racines jufqu'au-deffous des premieres branches.

Dans le mois de Mai 1738, je fis entailler, ainfi que je viens de le dire, deux corps d'arbres qui partoient d'une même fouche: ils avoient chacun 31 pouces de circonférence.

Dans le mois de Juin de la même année, les feuilles de ces deux arbres s'étoient féchées, & il en étoit repouffé quelques autres à la feve d'Août, mais qui s'étoient defféchées prefque fur le champ; de forte qu'en Septembre fuivant, ces arbres paroiffoient morts; du moins ils ne firent aucune production en 1739.

Un autre arbre qui avoit auffi 31 pouces de circonférence, & qui étoit feul fur fa fouche, ayant été entaillé dans le même temps, fe trouvoit garni de feuilles vertes dans le mois de Juin 1738; mais il ne fit prefque aucune production en 1739, & il mourut entiérement dans l'Eté de la même année.

Un autre arbre de 28 pouces de circonférence, avoit fes feuilles feches dans le mois de Juin de la même année 1738 : il en produifit quelques-unes en Août; mais il mourut le mois fuivant.

Un autre, feul fur fa fouche, de 28 pouces de circonférence, fut écorcé par le pied dans une hauteur de deux pieds; il étoit garni de feuilles très-vertes en Juin 1738; il pouffa bien au Printemps 1739, & produifit des jets au-deffous de la plaie : il mourut en Août de la même année.

Un autre, feul fur fa fouche, de 65 pouces de circonférence, écorcé par le pied dans une hauteur de deux pieds, étoit en Juin 1738, autant garni de feuilles très-vertes, que les arbres les plus vigoureux : il pouffa bien au Printemps fuivant : en Septembre 1739, il étoit languiffant; & il ne produifit aucunes feuilles en 1740 : il étoit mort dans l'Hiver de cette année.

Un autre de 28 pouces de circonférence écorcé au pied, étoit très-verd en Juin 1738; il produifit des feuilles au Printemps 1739 : au mois de Septembre de cette année, il étoit en mauvais état, & il ne fit aucune production le Printemps fuivant 1740.

Un autre auffi de 28 pouces de circonférence écorcé au pied, étoit mort à la fin de 1739. Il étoit forti du haut de la plaie des productions d'écorce d'un pied de longueur, qui s'étendoient vers le bas; & au-deffous de la plaie, il étoit forti des bourgeons d'entre le bois & l'écorce : la même chofe eft arrivée à prefque tous les arbres écorcés.

Un autre de 21 pouces de groffeur écorcé au pied, étoit garni de feuilles vertes en Juin 1738 : il pouffa foiblement au Printemps 1739, & mourut prefque fur le champ.

De deux arbres, fur une même fouche, & qui avoient chacun 28 pouces de circonférence, l'un fut entaillé, & l'autre écorcé par le pied : celui qui avoit été entaillé perdit fes feuilles en Juin 1738, en produifit quelques-unes en Août; puis il mourut, & ne fit aucune production en 1739.

Celui qui étoit écorcé au pied, fe trouvoit chargé de belles feuilles en Juin de l'année 1738, & en produifit encore au Printemps de 1739; mais fes feuilles jaunirent en Septembre, & il n'en pouffa point au Printemps fuivant de 1740:au-deffous de la plaie il y avoit des bourgeons.

Deux autres arbres de 28 pouces de circonférence, fur une même fouche, l'un entaillé, l'autre écorcé au pied, firent précifément comme les précédents.

Deux autres de 28 pouces de circonférence, l'un entaillé, l'autre écorcé par le pied, périrent comme les précédents.

Deux autres de 28 pouces de diametre, partant d'une même fouche, l'un entaillé, l'autre écorcé par le pied, périrent encore comme les précédents.

Enfin deux de 28 pouces de circonférence, partant d'une même fouche, l'un entaillé, l'autre écorcé, eurent encore le même fort que les précédents.

Un arbre de 28 pouces de circonférence, feul fur fa fouche, ayant été écorcé depuis les racines jufqu'à la naiffance des branches en Mai 1738, étoit tout garni de belles feuilles vertes en Juin de la même année ; mais il ne pouffa point en 1739, & la fouche produifit feulement des bourgeons.

Un autre de 28 pouces de groffeur ayant été écorcé dans toute la longueur de fon tronc dans le mois de Mai 1738; fes feuilles étoient prefque toutes feches dans le mois de Juin de la même année : il reverdit un peu en Août ; mais il étoit entiérement mort en Septembre.

Un arbre feul fur fa fouche, de 28 pouces de circonférence, entiérement écorcé, étoit très-verd en Juin 1738; il conferva un peu de verdure pendant l'année ; il pouffa au Printemps 1739 ; mais il mourut dans l'Eté de la même année.

Un autre tout pareil, ne fit aucune production en 1739.

Un arbre femblable aux précédents, s'entretint auffi avec quelques feuilles vertes jufqu'à l'Automne ; mais il ne pouffa pas au Printemps 1739.

Un arbre encore pareil aux précédents, foutint mieux fa verdeur jufqu'à l'Automne de 1738 ; mais il fut abattu par le vent en Janvier 1739.

En 1738, deux arbres de 30 ou 35 pouces de circonférence, partant d'une même fouche : l'un fut entaillé, & l'autre écorcé dans toute fa longueur.

Celui qui avoit été entaillé en Mai, perdit fes feuilles en Juin, en reproduifit d'autres en Août, & mourut en Septembre.

Celui qui avoit été écorcé, conferva la verdeur de fes feuilles pendant l'année, & en produifit de très-belles en 1739, qui fubfifterent bien vertes jufqu'au mois de Septembre de la même année ; mais il n'en produifit point le Printemps fuivant 1740.

En 1738, deux pareils arbres partant d'une même fouche, l'un fut feulement écorcé par le pied ; l'autre le fut en entier · tous les deux moururent dans l'Automne de la même année ; la fouche avoit produit de nouveaux jets.

Un Chêne de 65 à 70 pouces de circonférence, ayant été écorcé en entier dans le mois de Mars 1738, s'entretint garni de belles feuilles vertes pendant toute cette année ; il en produifit de nouvelles au Printemps de 1739 ; mais il commença à jaunir l'Eté fuivant, & ne fit aucune production en 1740.

Enfin, un autre Chêne de pareille dimenfion que le précédent, parut donner quelques fignes de vie au Printemps 1740 ; mais il ne s'y développa point de feuilles.

ARTICLE I. *Remarques sur les Expériences précédentes.*

1°, LES Auteurs qui ontconfeillé d'entailler les arbres par le pied jufques dans le vif du bois , difent qu'il s'écoule par cette entaille une feve rouffe qui décharge les arbres d'une liqueur qui a une grande difpofition à fermenter. Il n'a coulé aucune liqueur des Chênes entaillés dont je viens de parler, non plus que de plufieurs gros Aunes que j'avois pareillement entaillés pour voir s'il y auroit quelque écoulement, parce que la feve de ces bois eft très-abondante & flegmatique. Je m'abftiendrai cependant de taxer de faux l'écoulement prétendu ; car d'autres expériences m'ont fait connoître que cet écoulement eft réel, quand on fait l'entaille avant que les boutons fe foient ouverts; au lieu qu'il n'y en a aucun, quand l'entaille n'eft faite qu'après l'éruption des boutons ; & c'eft le cas où fe trouvoient les arbres de mon expérience ; parce que je n'y ai fait faire des plaies, que dans le temps où je jugeois qu'ils étoient en pleine feve, & que je voyois leurs boutons ouverts. Au refte, je ne penfe pas que la feve qui s'écoule avant le développement des boutons , foit auffi préjudiciable à la durée du bois qu'on fe l'imagine.

2°, J'ai fait écorcer mes arbres en pleine feve, parce qu'alors l'écorce fe leve plus aifément ; & qu'en outre je favois par les expériences que j'ai rapportées dans ma *Phyfique des Arbres*, que les arbres meurent plus promptement quand on les écorce avant qu'ils foient en feve.

3°, On a vu par le détail des expériences rapportées ci-deffus , que les arbres qui avoient été entaillés , font morts beaucoup plus promptement que ceux où l'on n'avoit enlevé que l'écorce : la raifon m'en paroît naturelle. On a pu voir dans la *Phyfique des Arbres*, les expériences qui m'ont fait conjecturer que la feve s'élevoit par les fibres ligneufes. Dans cette fuppofition , la feve peut monter dans les arbres dont on n'a enlevé que l'écorce; au lieu que fon paffage eft interrompu

terrompu dans ceux où l'on a emporté l'aubier & une partie
du bois : la feve qui eft déja raffemblée dans le tronc de l'arbre,
& celle qui peut paffer par la partie du tronc qu'on n'a point
entamée, fuffit pour faire épanouir les feuilles ; mais comme
les feuilles tranfpirent abondamment, & que la feve ne peut
monter qu'en médiocre quantité, il s'enfuit un affez prompt
deffechement, & bientôt l'arbre périt.

Il n'en eft pas de même quand on n'a enlevé que l'écorce :
la feve alors s'éleve par l'aubier & par le bois en affez fuffifante quantité, pour faire fubfifter l'arbre affez long-temps.
On a pu remarquer dans le détail de nos expériences, que
les arbres qui avoient été entiérement écorcés, ont vécu auffi
long-temps que ceux auxquels on n'avoit enlevé l'écorce que
dans une hauteur de deux pieds. Il y a lieu de croire que la
vie des arbres écorcés dureroit plus long-temps, fi le bois
dépourvu d'écorce ne fe deffechoit pas ; car à mefure que le
bois fe deffeche, c'eft autant de paffages qui fe ferment à la feve :
c'eft probablement pour cette raifon que les arbres écorcés,
ont vécu d'autant plus de temps qu'ils étoient plus gros, parce
qu'une couche de bois fec, par exemple, d'un pouce d'épaiffeur, eft très-confidérable à l'égard d'un arbre menu ; & cette
épaiffeur de bois devient peu de chofe, relativement à un fort
gros arbre.

En voyant écorcer fur pied un taillis de Chêne pour en
faire du tan, par un temps chaud & fec, j'obfervai que les
feuilles fe fanerent dès le même jour, qu'elles reprirent un
peu de vigueur la nuit fuivante ; mais le lendemain elles
étoient abfolument defféchées.

Comme j'attribuois la mort des arbres de mes expériences
au defféchement des couches ligneufes extérieures, je me
propofai de prolonger la vie de ces arbres, en couvrant le
bois dépouillé d'écorce, avec quelque fubftance qui pût arrêter ou du moins ralentir l'évaporation de la feve.

Dans cette vue, le 28 Avril 1739, je fis écorcer quatre
jeunes arbres à peu-près de même groffeur, & qui n'avoient
gueres que 21 à 22 pouces de circonférence. J'en laiffai un

F f f

entiérement expofé à l'air ; je fis remettre à un autre l'écorce à fa place, & on l'y affujettit avec plufieurs révolutions de fil de laiton; le troifieme fut frotté de bouze de vache; & après avoir fait frotter pareillement le quatrieme arbre avec la même matiere, je fis remettre pardeffus l'écorce qu'on lui avoit enlevée, & la fis attacher avec de l'ofier. Comme le premier de ces arbres étoit un peu menu, fes feuilles fe deffécherent dès le mois de Juillet, & il n'en repouffa point d'autres à la feve d'Août : au fecond arbre, comme l'écorce en fe defféchant, fe replioit en différents fens, elle fe détacha, malgré les fils de laiton qui l'affujettiffoient, & l'arbre fubit le même fort que le précédent.

Des pluies affez abondantes qui furvinrent, détremperent la bouze de vache qui couvroit le troifieme, qui ne fit que de foibles productions au mois d'Août. Le quatrieme vécut un peu plus long-temps ; mais il mourut en Automne : ainfi mes expériences devinrent prefque inutiles. Je me propofai de les recommencer & d'y employer des enduits plus propres à remplir mon objet, tels que de la cire & de la térébenthine, en pratiquant pour le refte ce que j'avois déja fait aux autres. Je fuis fâché de n'avoir pû fuivre ces vues, car fi j'avois pu parvenir à faire fubfifter plus long-temps ces arbres, j'aurois probablement réuffi à augmenter encore plus la denfité de leur bois.

On a pu voir dans la *Phyfique des Arbres*, que j'ai empêché de mourir des arbres que j'avois écorcés, de maniere que j'en ai encore qui fubfiftent, quoiqu'il y ait quinze & dixhuit ans que je leur ai fait fubir cette grande opération. Au refte, ce procédé ne vaut rien pour remplir l'objet préfent, parce que, pour faire ainfi fubfifter les arbres, il eft néceffaire de faciliter la reproduction d'une nouvelle écorce ; au lieu que pour augmenter la denfité du bois, il faut au contraire empêcher que la nouvelle écorce ne fe régénere.

Je dois prévenir que je n'affure pas que le defféchement du bois dépouillé d'écorce, foit l'unique caufe de la mort des arbres que j'avois fait écorcer : la feve qui ne fe porte plus vers le bas pour l'alongement des racines, peut en être une affez confidérable ; car il m'a paru que quand deux arbres partoient d'une même fouche, fi je n'en écorçois qu'un des deux, il vivoit plus long-temps que s'il étoit feul fur fa fouche, peut-être parce que l'arbre qui n'étoit point écorcé fatisfaifoit au befoin des racines. Et ce qui donne quelque probabilité à cette conjecture, c'eft que j'ai eu une fouche de Charme d'où il partoit plufieurs jets à peu-près auffi vigoureux les uns que les autres, dont l'un des jets fut attaqué d'un chancre auprès des racines, & qui peu à peu détruifit fon écorce dans le pourtour du tronc, de la largeur de dix pouces ; cet arbre forma un gros bourrelet au-deffus de la plaie ; il ne parut aucun jet au-deffous, & il vécut plufieurs années, le pied étant dépouillé d'écorce tout autour, quoiqu'il n'eût qu'environ cinq pouces de circonférence à l'endroit dépouillé d'écorce, & fept pouces au-deffus : il eft vrai que la plaie étoit fort à l'ombre ; mais j'eftime que les autres jets qui partoient de la même fouche, ont contribué à le faire fubfifter pendant quelques années.

4°, Tous les arbres écorcés de l'expérience du mois de Mai 1738, avoient fait, vers le haut de la plaie, des productions de nouvelle écorce, qui avoient quelquefois un pied & demi & plus de longueur.

5°, Prefque toutes les fouches avoient pouffé de nouveaux bourgeons qui fortoient d'entre le bois & l'écorce vers le bas des plaies des arbres écorcés ou entaillés. Ces bourgeons n'étoient pas à la vérité auffi forts que ceux des arbres qui avoient été abattus en Hiver, parce qu'ils avoient paru plus tard. Quelques groffes fouches étoient mortes fans avoir fait aucunes productions.

6°. Une chofe finguliere, c'eft que les arbres mutilés qui ont fait des productions en 1739, fe font plutôt garnis de feuilles que ceux auxquels on n'avoit fait aucune plaie : cependant la même chofe arrive à la plupart des arbres languiffants, qui fe garniffent plutôt de feuilles au Printemps, que ceux qui font très-vigoureux ; mais auffi ils perdent plus promptement leurs feuilles en Automne.

F ff ij

7°, **Tous** les arbres de mon expérience étant morts, je les fis abattre, & déja on les trouva très-durs fous la coignée. Je n'en prétends rien conclure en faveur de l'écorcement ; car ces arbres qui avoient été écorcés depuis trois ans, devoient fe trouver plus fecs que ceux qui avoient été abattus en 1738, parce que la feve qui s'étoit diffipée par la tranfpiration des feuil-les, & dans toute la longueur des troncs écorcés, avoit mis ces arbres dans le même cas qu'un animal que l'on feigne en le tuant, par comparaifon à un autre animal qu'on auroit étouffé. Suppofant donc les arbres fort fecs, il n'eft pas furprenant qu'ils paruffent plus durs aux Bûcherons, que des Chênes en-core remplis de feve qu'ils auroient pu abattre.

Un an après, je fis équarrir ces arbres, en même temps que j'en fis équarrir d'autres qui étoient fort fecs. Alors les Bû-cherons trouverent les premiers très-durs : la comparaifon étoit affez jufte, parce que tous les bois qu'on travailloit, étoient fecs : il s'étoit fait quelques fentes aux bois écorcés, mais non pas à beaucoup près auffi confidérables qu'à ceux qui avoient été exploités à l'ordinaire.

En 1742, je fis refendre à la fcie partie des bois écorcés, & partie de ceux exploités à l'ordinaire qui devoient leur fer-vir de comparaifon. C'eft alors que les Scieurs de long fe plaignirent fortement de la grande dureté des bois écorcés: je dis des bois écorcés, car le bois de ceux qui n'avoient qu'été entaillés par le pied, n'étoit prefque pas plus dur que celui des arbres exploités à l'ordinaire ; il en étoit à peu-près de même de ceux qui n'avoient été écorcés qu'au pied.

Voulant reconnoître plus pofitivement la force de ces bois, je commençai par faire débiter quelques barreaux des bois écorcés fur pied pour le tan, & qu'on nomme *bois pelards*, pour les comparer à d'autres barreaux pris dans des bois gris bien fecs, & de même âge que les pelards : la différence de force de ceux-ci, avec des arbres confervés avec leur écorce, s'eft trouvée à peu-près comme 5 eft à 6, quelquefois beau-coup plus grande ; mais on doit avoir peu d'égard à ces ex-périences, parce que ces jeunes bois font prefque entiérement d'aubier : cette partie étoit fort faine dans les bois pelards, au lieu qu'elle étoit plus ou moins altérée dans ceux qui avoient leur écorce.

J'ai fait débiter les arbres de mes expériences en petits chevrons, auxquels j'ai fait donner, autant qu'il m'a été poſſible, les mêmes dimenſions : j'ai fait faire un pareil nombre de chevrons & de même dimenſion des arbres de même âge & dans le même terrein, qui avoient été abattus après avoir été écorcés pour le tan. Le poids des chevrons tirés des arbres écorcés, s'eſt trouvé conſtamment plus fort que celui des chevrons exploités à l'ordinaire, & leur force s'eſt trouvée auſſi ſurpaſſer celle des arbres exploités à l'ordinaire.

Voici les rapports qui ſe ſont trouvés entre les bois écorcés, & ceux qui ne l'avoient pas été, relativement à leur peſanteur & à leur force.

N° 1. Le poids d'un arbre écorcé étoit à celui qui ne l'avoit pas été, comme 100 eſt à 90, & la force, comme 100 eſt à 82.

N° 2. Le poids de l'arbre écorcé étoit à celui qui ne l'avoit pas été, comme 100 eſt à 92 ; & la force, comme 100 eſt à 83.

N° 3. Le poids de l'arbre écorcé étoit à celui qui ne l'avoit pas été, comme 100 eſt à 94 ; & la force, comme 100 eſt à 88.

N° 4. Le poids de l'arbre écorcé étoit à celui qui ne l'avoit pas été, comme 100 eſt à 96 ; & la force, comme 100 eſt à 92.

Il faut remarquer que les bois les plus lourds & les plus forts étoient ceux qui avoient ſubſiſté plus long-temps avant de mourir : il eſt donc évident que les arbres, quoique dépouillés de leur écorce, augmentent en denſité & en force, à meſure qu'ils ſubſiſtent plus long-temps en vie : je vais eſſayer de rendre raiſon de ces faits.

A R T I C L E II. *Pourquoi les arbres qui vivent un certain temps sans écorce, ont leur bois plus dur & plus dense que les autres.*

J'ai amplement traité dans le second tome de la *Physique des Arbres*, de leur accroissement en grosseur ; mais comme il n'est point question ici de les envisager comme des corps organisés, je dois les considérer sous un autre point de vue ; & sans m'embarrasser de trouver par quelle méchanique se fait cette augmentation, je me bornerai à faire connoître qu'elle s'opere, & en quelle quantité elle se fait, suivant les différentes saisons de l'année.

Pour reconnoître cela, j'ai employé un fil de laiton bien recuit, que je présentois chaque mois de l'année au même point du tronc de plusieurs arbres, Ormes & Noyers, &c ; la distance que j'appercevois entre les bouts de ce fil, m'indiquoit quelle étoit l'augmentation en grosseur des troncs de ces arbres.

§. I. *Expériences pour connoître dans quel mois les Arbres augmentent de grosseur.*

Mon expérience a été faite sur six jeunes Ormes, & sur cinq Noyers.

En Janvier 1738, la grosseur de ces arbres s'est trouvée être la même qu'elle étoit en Décembre 1737 ; ainsi point d'augmentation, ni à l'égard des Ormes, ni à l'égard des Noyers.

En Février, les Ormes se sont trouvés augmentés ; savoir :

Celui numéro 1, augmenté d'une ligne.	**En Mars 1738 : les Ormes.**
Le numéro 2 n'a point augmenté.	
Le numéro 3, augmenté d'une demi-ligne.	Celui numéro 1, augmenté d'un quart de ligne.
Le numéro 4, augmenté d'un quart de ligne.	Les numéros 2, 3, 4 n'ont point augmenté.
Le numéro 5 n'a point augmenté.	Le num. 5, augmenté d'un quart de lig.
Le numéro 6, aug. d'un quart de ligne.	Le num. 6, augmenté d'une demi-ligne.
Tous les Noyers sont restés à leur grosseur.	Les Noyers sont restés à leur même grosseur.

En Avril 1738 : les Ormes.

Celui numéro 1, augmenté d'un quart de ligne.

Les numéros 2 & 3 n'ont point augmenté.

Le numéro 4, augmenté d'un quart de ligne.

Le numéro 5 n'a point augmenté.

Le numéro 6, augmenté d'une demi-ligne.

Les Noyers sont encore restés à leur même grosseur.

En Mai 1738 : les Ormes.

Celui numéro 1, augmenté d'une ligne & demie.

Le numéro 2, augmenté de deux lignes.

Le numéro 3, augmenté de trois lignes & demie.

Le numéro 4, augmenté de cinq lignes & demie.

Le numéro 5, augmenté de six lignes un quart.

Le numéro 6, augmenté de huit lignes & demie.

Les Noyers ont commencé à augmenter de grosseur, savoir:

Ceux numéros 1 & 2 ont augmenté de deux lignes.

Les numéros 3 & 4 n'ont point augmenté.

Le numéro 5, augmenté de trois lignes.

En Juin 1738 : les Ormes.

Ceux numéros 1 & 2 ont augmenté de deux lignes.

Le num. 3, augmenté de quatre lignes.

Le numéro 4, augmenté de deux lignes.

Le numéro 5, augmenté de cinq lignes.

Le numéro 6, augmenté de six lignes & demie.

Les Noyers.

Ceux numéros 1 & 2 ont augmenté de deux lignes.

Les numéros 3 & 4 n'ont point augmenté.

Le numéro 5, augmenté de deux lignes.

En Juillet 1738 : les Ormes.

Celui numéro 1, augmenté de quatre lignes.

Le numéro 2, augmenté de deux lignes.

Le numéro 3, augmenté d'une ligne.

Le numéro 4 n'a point augmenté.

Le numéro 5, augmenté de quatre lig.

Le numéro 6, augmenté de cinq lignes.

Les Noyers.

Les numéros 1 & 2 ont augmenté de deux lignes.

Le numéro 3, augmenté de neuf lignes.

Le numéro 4 n'a point augmenté.

Le numéro 5, augmenté d'une ligne.

En Août 1738 : les Ormes.

Celui numéro 1, augmenté de neuf lignes.

Le numéro 2, augmenté de trois lignes.

Le numéro 3, augmenté de dix lignes.

Le numéro 4, augmenté de seize lignes.

Le numéro 5, augmenté de onze lignes.

Le numéro 6, augmenté de sept lignes.

Les Noyers.

Le numéro 1, augmenté de dix lignes.

Le numéro 2, augmenté de neuf lignes.

Le numéro 3, augmenté de cinq lignes.

Le numéro 4, augmenté de seize lignes.

Le numéro 5, augmenté de six lignes.

En Septemb. 1738 : les Ormes.

Le numéro 1, augmenté d'une ligne.

Le numéro 2 n'a point augmenté.

Le numéro 3, augmenté d'une ligne.

Le numéro 4, augmenté de quatre lig.

Le numéro 5, augmenté d'une ligne.

Le numéro 6, augmenté de deux lignes.

Les Noyers n'ont point grossi dans le mois de Septembre.

En Octobre, les Ormes ni les Noyers n'ont point grossi, non plus qu'en Novembre ni en Décembre.

En Janvier 1739 : les Ormes.

Le numéro 1 n'a point augmenté.
Le numéro 2, augmenté d'une demi-lig.
Les numéros 3, 4, 5 & 6 n'ont point augmenté.
Les Noyers n'ont point augmenté de grosseur dans ce mois.

En Février 1739, il n'y a eu que l'Orme N°. 2, qui a augmenté d'une demi-ligne, aucun Noyer n'a augmenté.

En Mars 1739 : les Ormes.

Le numéro 1 n'a point augmenté.
Le numéro 2, augmenté d'une ligne.
Le numéro 3 n'a point augmenté.
Le numéro 4, augmenté d'une demi-ligne.
Les numéros 5 & 6 n'ont point augmenté.
Aucun des Noyers n'a augmenté dans ce mois.

En Avril 1739 : les Ormes.

Le numéro 1 n'a point augmenté.

Les numéros 2, 3 4 & 5 ont augmenté d'une ligne.
Le numéro 6, augmenté d'une demi-ligne.

Les Noyers.

Les numéros 1 & 2 ont augmenté d'une demi-ligne.
Le numéro 3, augmenté d'une ligne.
Le numéro 4 n'a point augmenté.
Le numéro 5, augmenté d'une demi-ligne.

En Mai 1739 : les Ormes.

Le numéro 1 a augmenté d'une ligne.
Les numéros 2, 3 & 4 ont augmenté de deux lignes.
Le numéro 5, augmenté d'une ligne & demie.
Le numéro 6, augmenté d'une ligne.

Les Noyers.

Le numéro 1 n'a point augmenté.
Les numéros 2 & 3, augmentés d'une demi-ligne.
Le numéro 4 n'a point augmenté.
Le numéro 5, augmenté d'une demi-ligne.

On voit par ces expériences que les arbres augmentent de grosseur, principalement dans les mois du Printemps & de l'Eté. J'ai pris pareillement, avec un fil de laiton délié & recuit, la grosseur de mes arbres écorcés : aucun n'a augmenté sensiblement de grosseur, & cela devoit être ; puisque j'ai prouvé dans ma *Physique des Arbres*, que les arbres augmentoient en grosseur par des couches qui se formoient entre le bois & l'écorce ; par conséquent l'écorce des arbres de mon expérience ayant été enlevée, il ne pouvoit se former de nouvelles couches, ce qui faisoit que ces arbres écorcés ne pouvoient augmenter en grosseur : nonobstant cela, tant qu'ils ont vécu, il a passé une quantité surprenante de seve par leur tronc.

§. 2.

§. 2. *Conséquences des Expériences ci-deſſus.*

Pour avoir une idée générale des cauſes de l'augmentation de denſité du bois des arbres, on peut conſulter ce que nous avons dit dans la *Phyſique des Arbres* ſur la tranſpiration des plantes. On y verra qu'elle ſe fait proportionnellement aux ſurfaces des feuilles ; que les ſurfaces des feuilles d'une plante de ſoleil eſt de plus de cinq mille pieds-quarrés ; & les ſurfaces des feuilles d'un Chêne aſſez petit, ſont d'environ deux mille fois plus conſidérables que celles des feuilles d'un pied de la plante de ſoleil. En partant de cette ſuppoſition, la ſurface des feuil-les d'un Chêne ſeroit de plus d'un milliard de pieds-quarrés. On verra encore dans l'ouvrage cité ci-deſſus, que la tranſpi-ration de ce ſoleil eſt, en douze heures du jour, d'une livre quatre onces ; d'où l'on peut conclure que celle d'un Chêne (en ſuppoſant que la tranſpiration de cet arbre ſoit à peu-près égale à celle du ſoleil) ſeroit, dans le même eſpace de temps, de vingt-cinq milliers peſant, ou de vingt-quatre ton-neaux, meſure d'Orléans.

Quoique j'aie, dis-je, mis ce calcul au plus bas ; comme tous les jours ne ſont pas auſſi favorables à la tranſpiration, ſuppoſons que la tranſpiration ne ſoit dans un Chêne, que de dix tonneaux, & qu'elle ne ſubſiſte qu'à compter depuis le commencement de Juin juſqu'à la fin d'Août ; cette tranſ-piration dans les Chênes écorcés, qui aura ſubſiſté pendant la premiere année, ſera de 900 tonneaux ; & comme les Chênes écorcés ſe ſont moins garnis de feuilles dans la ſe-conde année, ſuppoſons que la tranſpiration a pu être dimi-nuée de moitié, ce ſera 450 tonneaux ; & ſi ces Chênes écor-cés qui ont ſubſiſté pendant deux ans, avoient perdu, par la tranſpiration, la valeur de 1350 tonneaux d'eau, il faut donc que cette quantité de liqueur ait paſſé par le tronc de ces arbres ; mais comme ils n'ont produit que des bourgeons fort courts, & que leur tronc n'a point augmenté de groſſeur, il eſt néceſſaire que preſque toute la ſubſtance nourriciere qui a passé dans le corps de ces arbres avec cette grande quantité de transpiration, ait été employée à augmenter la densité, la dureté & la force du bois. On voit par-là, pourquoi les arbres qui ont subsisté plus long-temps écorcés, ont eu leur bois plus dur que ceux qui sont morts assez promptement. Cette opération seroit donc bien plus avantageuse aux gros arbres qu'à ceux qui sont menus.

Presque toutes les souches des arbres qui avoient peu de grosseur, ont produit des bourgeons; mais plusieurs des plus grosses souches sont mortes sans faire de productions. On n'en peut pas faire une objection contre la méthode d'écorcer les arbres sur pied, puisque j'ai prouvé à la fin du Traité des *Semis & Plantations*, que la vraie façon d'exploiter les hautes futaies, étoit d'arracher les arbres, & qu'on ne devoit point compter sur le recrû des grosses & vieilles souches.

J'ai conservé fort long-temps une partie de ces arbres écorcés, les uns à l'air, les autres sous un hangard; &, contre l'ordinaire, l'aubier des uns & des autres s'est conservé très-sain.

J'ai étendu mes expériences sur de gros Aunes : au mois de Mai, je les ai fait écorcer sur pied aussi-tôt qu'ils ont été en seve; ensuite je les ai fait abattre à la fin de Septembre, équarrir & déposer sous un hangard au mois de Décembre. Dix-huit mois après, on les a refendus & examinés, & ils se sont trouvés fort sains; mais leur bois étoit à peu-près de la même dureté que le bois de ceux qui avoient été exploités à l'ordinaire; peut-être qu'on les avoit abattus trop tôt, pour que leur bois eût pu augmenter sensiblement de densité.

Il y a dans le volume des Mémoires de l'Académie Royale des Sciences de l'année 1738, un Mémoire de M. de Buffon sur cette même matiere : on fera bien d'en prendre la lecture. Dans le même temps que cet Académicien fit part à l'Académie de ses recherches, je lus à la même Compagnie le détail de mes expériences; mais comme je voulois les réserver pour l'Ouvrage que je publie aujourd'hui, je retirai mon Mémoire dont il est seulement fait mention dans l'Histoire de l'Académie de la même année, aussi-bien que de celui de M. *de Buffon.* Ces

Mémoires font voir que des expériences exécutées dans des
Provinces affez éloignées l'une de l'autre, la Bourgogne & le
Gâtinois, nous ont conduits à des conféquences à peu-près
femblables.

Après avoir éclairci plufieurs queftions qui nous ont paru
intéreffantes, & qui devoient précéder l'abattage des bois,
nous allons parler dans le Chapitre fuivant, des attentions
qu'il faut apporter pour bien exécuter cette opération.

CHAPITRE VII.

*Des attentions qu'il faut apporter pour abattre
les grands Arbres fans les endommager, &
pour en tirer le meilleur parti poffible.*

L'usage ordinaire des Abatteurs eft de couper les grands
arbres au raz de terre avec la coignée : cette pratique eft conforme aux Ordonnances. Pour abattre de cette façon, on donne
aux Bûcherons pour les demi-taillis, cinquante fols du cent
d'arbres gros & petits, & le double, quelquefois même le
triple, dans les hautes futaies, c'eft-à-dire, à proportion que
les arbres font plus ou moins gros.

Pour abattre avec la coignée, le Bûcheron fait d'abord une
entaille *A*, (*Pl. XII. fig.* 1.) plus ou moins grande du côté
qu'il veut que l'arbre tombe : il faut que cette entaille pénetre dans le corps de l'arbre plus avant que le cœur, non-
feulement afin qu'il tombe de ce côté-là, mais encore pour
éviter qu'il ne forte du milieu de l'arbre un morceau de bois
quelquefois de 3, 4 ou 5 pieds de longueur, ce que les Ouvriers appellent *faire des lardoires.*

Le Bûcheron fait enfuite une contre-entaille *B*, qui doit
pénétrer jufqu'à la premiere.

On commence à abattre les arbres par un côté de la fu-

taie, ce qu'on appelle *une Orne ;* & quand les arbres ne font
pas bien gros, on les fait tomber les uns fur les autres, afin
que les branches de ceux qui font abattus, & celles de celui
qu'on abat, amortiffent le coup, & empêchent que le tronc
ne foit endommagé par la chûte : cette précaution eft bonne
pour les demi-futaies, parce que, comme leurs branches ne
fervent pour l'ordinaire qu'à faire du bois à brûler, il n'y auroit pas grand dommage quand plufieurs feroient rompues
ou forcées.

L'autre façon d'abattre eft de *pivoter* les arbres : elle confifte à décombler la terre tout autour d'un arbre, (*Pl. XII. fig.* 2.)
à couper toutes les racines en terre, afin que l'arbre tombe
avec fon pivot. Cette maniere d'abattre n'eft pas à beaucoup
près auffi expéditive que la premiere ; auffi les Marchands
payent-ils à la piece les arbres pivotés, 10, 12, 15, ou même
vingt fous, fuivant leur groffeur ; mais ils ne regrettent pas
cette dépenfe, parce qu'ils y gagnent deux ou deux pieds &
demi de coupe, & trois à quatre pieds de pivot ; & ils feroient
abattre beaucoup d'arbres de cette façon fi cela leur étoit
permis ; mais cette pratique eft défendue par l'Ordonnance.
Cependant les Officiers des Eaux & Forêts, lorfqu'ils veulent
favorifer les Marchands, leur permettent de faire pivoter 4,
6, 8 ou 10 arbres par arpent, fuivant la quantité de gros arbres
qui fe trouvent dans la vente ; ce qui met les Marchands en
état de fournir des arbres tournants de moulin, des jumelles
de preffoir, &c, qu'on ne pourroit avoir fans cette tolérance.

Je crois qu'on ne fe doit pas rendre difficile fur ce point ;
car, comme je l'ai dit à la fin du Traité *des Semis*, le
mieux feroit d'arracher tous les gros arbres : les Marchands
tireroient un bon parti des fouches qui pourriffent en terre &
qui ne peuvent jamais produire un bon recrû. Nous ferons
voir à la fin de ce Chapitre, comment on pourroit arracher
les arbres à peu de frais ; mais il faut auparavant parler des
précautions qu'on doit prendre pour ne point endommager
les plus grands arbres, ni dans leur tronc, ni dans leurs
branches.

Article. *Précautions qu'il faut prendre pour ne point endommager les Arbres en les abattant.*

Ceux qui font prépofés à l'exploitation des hautes futaies, doivent avoir une finguliere attention à l'abattage des arbres, afin de ménager des pieces de conféquence , qui, faute de précautions convenables, fe trouvent fouvent hors de fervice.

Il eft donc néceffaire, avant d'abattre un arbre, d'examiner, pendant qu'il eft encore fur pied, de quel côté il penche , & où eft le plus grand poids de fes branches, afin d'éviter qu'il ne tombe pas du côté où le porte fon propre poids, fuppofé que par cette chûte il vînt à rompre certaines branches qui, par leur contour, font quelquefois plus précieufes que le tronc.

Quand la pente des arbres & la différence du poids de leurs branches n'eft pas trop confidérable, un habile Bûcheron peut déterminer fa chûte du côté qu'il juge être le plus convenable.

Il faut pour cela commencer par couper le pied de l'arbre, au plus près de terre qu'il eft poffible, perpendiculairement à la face fur laquelle il voudroit tomber ; & cette premiere entaille doit être la plus profonde qu'il eft poffible. Je fuppofe un arbre , (*Pl. XII. fig. I.*) dont le plus grand poids par la direction de fes branches, foit du côté du Nord ; il faut faire la premiere entaille du côté du Levant ou du Couchant , fuivant le côté qu'on juge plus convenable pour le faire tomber. Cette premiere coupe *A,* doit paffer de beaucoup le centre de l'arbre ; on doit laiffer fur le côté de fa pente *N,* & fur celui qui lui eft oppofé *S ,* une forte retenue au pied pour l'empêcher de s'éclater ; quand la premiere coupe faite du côté de l'Eft *A,* aura de beaucoup paffé le cœur de l'arbre , on fait une feconde coupe du côté Oueft oppofé à la premiere, par exemple, en *B ,* jufqu'à ce que l'arbre tombe de lui-même.

Il réfulte ordinairement de la direction qu'on donne aux coupes, & de la plus grande pefanteur de l'arbre d'un côté que des autres, un mouvement compofé, qui fait que l'arbre tourne fur lui-même en tombant; il y a des Bûcherons adroits qui, pour produire cet effet, font leurs deux entailles en manière de pas de vis.

Avant que d'abattre un arbre de conféquence, il faut examiner s'il n'y en a aucuns dans fon voifinage qui puiffent nuire à fa chûte, ou dans lefquels il pourroit s'encrouer, au grand dommage de celui qu'on abat, & de ceux fur lefquels il tomberoit. Si ces arbres voifins font partie de l'exploitation, on fera bien de commencer par les abattre; mais fi c'étoit des arbres de réferve, il faudroit redoubler d'attention pour ne les point endommager.

Il y a dans les forêts, fur-tout à la rive, dans les haies & les palis, des arbres chargés de groffes branches fort étendues, dont le poids eft immenfe, & qui en tombant à terre, fe brifent auprès du tronc, & endommagent quelquefois le corps de l'arbre; d'ailleurs, il eft fouvent très-utile de ménager ces groffes branches, puifque ce font elles qui fourniffent à la Marine des pieces fort rares, telles que des courbes, fourcates, &c.

Pour prévenir ce danger, le parti le plus fûr eft de couper près du tronc, les groffes branches, avant que d'abattre l'arbre; elles donneront des pieces rares qui dédommageront des frais que ces élagages auront occafionnés, d'autant plus qu'ils ne feront pas confidérables, fi l'on fait ufage de l'induftrie des Elagueurs, qui par le moyen de griffes de fer dont ils arment leurs jambes, fe portent fort aifément vers des branches où il paroîtroit impoffible d'atteindre : on peut voir ce que nous en avons dit à la fin du *Traité des Semis*. Il faut, pour tirer parti de ces branches, les couper prefqu'entiérement par le deffous.

D'autres branches, (*Pl. XII, fig.* 2.) s'accordent affez bien avec le corps de l'arbre, foit par leur groffeur ou par l'angle qu'elles font avec le tronc, pour pouvoir faire une belle

courbe ou des fourcates, ou *brions*, &c, qui font des pieces
affez précieufes pour la conftruction des vaiffeaux, pour qu'on
les préfere à d'autres pieces plus fortes, mais qui fe trouvent
plus communément.

Pour conferver ces fortes de pieces, il faut couper toutes
les autres branches, qui augmenteroient par leur poids la force
de la chûte, & couper auffi de longueur convenable la branche
ou les branches que l'on réferve pour un bras de la courbe,
ou l'élancement d'un *brion*, &c; moyennant cette précaution,
la chûte devenant beaucoup moins forte, les branches précieufes courront moins de rifque d'être endommagées; le Bûcheron fera plus maître de faire tomber l'arbre du côté qu'il
jugera convenable, & on fera certain qu'il n'arrivera aucun
accident, fi l'on parvient à faire tomber les arbres du côté où
ne font point les branches qu'il eft important de conferver.
Sur quoi nous obferverons que quand un arbre n'a qu'un peu
plus de charge d'un côté que d'un autre, un habile Abatteur
peut empêcher qu'il ne tombe du côté le plus chargé, en
obfervant de faire les entailles comme nous l'avons dit.

Ainfi, un Bûcheron peut parvenir ou à éviter que l'arbre ne
tombe fur un arbre de réferve, ou qu'il fe rompe quelques
branches précieufes; bien entendu que pour réuffir dans cette
entreprife, il faut que le vent la favorife, ou bien qu'il ne foit
pas fort. Mais il y a des arbres qui ont beaucoup de pente, &
d'autres qui étant chargés d'un feul côté de quantité de branches, mettent le plus habile Abatteur dans la peine de ne favoir comment déterminer fa chûte du côté qu'il defire; dans
ce dernier cas, on doit commencer par abattre les branches;
mais il eft prefque impoffible d'apporter remede à la pente trop
confidérable du corps d'un arbre; ceux qui font fourchus au bout
de leur tronc, tombent le plus fouvent fur une des branches de
la fourche, & le contre-coup de cette chûte fait rompre une
des branches, & fouvent même fait fendre le tronc dans une
partie confidérable de fa longueur. Pour prévenir ces fâcheux
accidents, il faut retenir ces arbres du côté oppofé à leur
pente naturelle, avec des cordages, comme en *C, D, E,*

(*Pl. XII. fig.* 2), ou encore mieux les étayer du côté qu'ils penchent avec de fortes fourches *F*; moyennant ces précautions, on pourra parvenir à ménager des pieces précieuses: comme dans les premiers moments de la chûte , les arbres font presque en équilibre, on peut, avec une force médiocre & le secours d'un cordage *E* attaché au plus haut de l'arbre, changer un peu la direction de sa chûte ; mais il ne faut pas, comme on le pratique souvent, tirer ce cordage par secousses pour engager l'arbre à tomber; il faut le couper entiérement, & ne tirer le cordage que quand on voit que l'arbre tombe de lui-même : si l'on parvient à faire tomber la fourche sur son plat, alors l'arbre ne sera point endommagé.

La dépense de ces sortes d'abattages est sans contredit plus considérable, que lorsqu'on se contente de les couper avec la coignée & sans aucune précaution; mais si l'on considere la rareté des bois de bonne qualité , & l'avantage qu'il y a à ménager certaines pieces précieuses , on conviendra qu'il ne faut rien épargner pour les conserver saines & entieres.

Il se trouve des arbres dont les racines peu enfoncées dans la terre , font cependant assez grosses & assez longues pour faire un *bras de courbe*, ou pour terminer un *brion* : en ce cas on doit les fouiller en terre & les déchausser dans la longueur qui peut servir à leur destination selon les dimensions. Ce travail sera plus pénible que celui de pivoter l'arbre , comme nous avons dit qu'on le faisoit pour profiter de toute la longueur du tronc, & de la force du bout inférieur ; mais on en sera dédommagé par les courbes que fourniront ces racines, qui font quelquefois fort grosses, sur-tout aux arbres isolés. Les Marchands de bois ont souvent trouvé du profit à faire arracher les souches dans les bois qui avoient été abattus à l'ordinaire; à plus forte raison en trouveront-ils à faire arracher les racines , les arbres étant encore sur pied; parce qu'il est toujours très-avantageux de conserver le pivot du tronc. Voici comme il convient d'exécuter ce travail.

Il faut commencer par faire un grand décomble autour du pied de l'arbre pour connoître parfaitement la distribution des

racines

racines : on coupera à la coignée les petites racines qui ne
peuvent être d'aucune utilité : on suivra les grosses racines ,
en faisant des tranchées qui s'étendront jusqu'au point où ces
racines deviennent trop menues , & on les coupera : il faut
creuser la terre au-dessous des racines , pour les isoler le plus
qu'il sera possible ; ensuite on passera au-dessous un fort crochet de fer *A* , (*Pl. XIII. fig. 3*) , qui répondra à une chaîne ,
à une des mailles de laquelle on accrochera un autre crochet qui répondra à un grand levier *C* , (*Fig. 3*) , dont le point
d'appui sera pris sur une forte cheville de fer qui passera dans
l'un des trous d'une espece d'échelette , dont les montants
seront assemblés sur une forte semelle de bois , afin qu'ils ne
puissent entrer en terre : on pourra encore accrocher dans les
maillons du bas le crochet du bout du levier , à mesure que
la racine s'élévera. Comme le bras du levier où l'on appliquera la force , doit être fort long , & que le point de la résistance est fort court , il y aura peu de racines qui ne cedent
aux efforts de cette machine : à mesure que les racines s'élé-
veront , on coupera avec une cognée dont le manche doit
être court , celles qui se trouveront tenir à la principale : il
y en a ordinairement peu. Après que la racine sera détachée
de la terre par son extrémité , on transportera le crochet *A*
plus près du tronc ; en répétant la même manœuvre , on parviendra à la soulever entiérement ; & de cette racine on passera à une autre. Peu de racines résisteront à cette manœuvre qui
est bien simple : si cependant la puissance se trouvoit trop
foible , il faudroit employer trois forts crics , quelques crochets ,
& quelques chaînes de fer , ainsi que tout cela est représenté
dans les figures 4 & 5.

Quand on aura placé un crochet , on y attachera le cric
(*Fig. 4*) , sous lequel on mettra une piece de bois assez épaisse ,
pour qu'il ne puisse enfoncer en terre ; & faisant agir ce cric ,
on soulévera un peu la principale racine ; & l'on coupera ,
comme nous l'avons dit , toutes les petites racines qui la retiennent ; ensuite on appliquera un autre cric plus voisin de la
souche , & en agissant sur les deux crics à la fois , on sou-

H h h

lévera davantage la racine ; enfin on placera le troisieme cric encore plus près de la souche : moyennant ces trois crics que l'on fera agir à la fois, on parvient ordinairement à tirer ces racines ; mais si leur force n'étoit pas suffisante, on ôteroit le premier cric pour le placer encore plus près de la souche ; & par cette manœuvre on parviendroit à détacher de la terre cette premiere racine jusques fort près de la souche. On fera la même opération sur les autres, & on finira par appliquer les trois crics à la fois le plus près du tronc qu'il sera possible, sur les racines qui seront opposées au côté où l'on veut que l'arbre tombe. Un petit nombre d'hommes pourront en assez peu de temps parvenir à arracher de fort gros arbres.

On lit dans les Mémoires de la Société d'agriculture de Berne en Suisse, qu'un Paysan de ce canton a inventé la machine (*Pl. XIII. fig.* 2.) avec laquelle on a arraché un Chêne de trois pieds huit pouces de diametre en huit minutes de temps, en n'y employant seulement que cinq hommes, dont trois étoient appliqués au levier, & deux servoient à diriger la chûte de l'arbre ; qu'un sapin a été fendu en deux par l'effort de cette même machine ; qu'après avoir été relié avec des cordages, il fut ensuite tiré de terre avec ses racines. Cette machine est absolument la même que celle que nous avons proposée & représentée dans la figure 3, excepté la brisure du levier, au moyen de l'ancre HD (*Fig.* 2.) & (*Fig.* 5.) qui fait qu'en passant une forte cheville dans différents trous du limbe D, on releve la queue du levier quand elle est trop abaissée, pour qu'on puisse agir dessus.

La figure 5 représente l'ancre ou le cric : E est le crochet qui prend dans la chaîne C de la figure 2 : F, échancrure qui répond sur la cheville qui fournit le point d'appui : G, trou dans lequel entre le boulon, pour joindre le cric au levier B, (*fig.* 2) : D, trous du limbe dans lesquels on passe successivement une cheville de fer H, (*fig.* 2.)

La figure 1 est à peu-près la même méchanique employée pour renverser un arbre dont on a détaché les racines. AB

est une piece de bois qui sert à pousser l'arbre en appuyant fortement au point *A :* cette piece est fortement poussée contre le point *A* par la même méchanique d'un fort cric : *C* est un fort pignon qui engrene dans les dents *D* d'une crémail-lere : *E* , roue qui tient lieu de manivelle.

On voit dans cette figure 1 , des rouleaux *F* , *G* , *H* , qui servent à diminuer le frottement sur les brides qui dirigent la force du cric sur la longueur de la piece *A B.*

Il suit de tout ce que nous venons de dire ; 1°, qu'il est possible d'arracher les arbres sans beaucoup de frais ; 2°, qu'on augmente par ce moyen la longueur des pieces vers le plus gros bout ; 3°, qu'on peut trouver dans les racines des bran-ches de courbes très-précieuses ; 4°, nous avons prouvé dans le Traité des *Semis & Plantations* qu'il seroit avantageux d'ar-racher tous les gros arbres : il est à desirer qu'on se rende à nos raisons , & qu'on prête plus d'attention qu'on n'a fait jus-qu'à présent à ménager les arbres dans leurs abattages.

On économiseroit le bois qui se perd par l'entaille, s'il n'é-toit pas défendu de couper les arbres avec la scie : on prétend que cette pratique fait trop de tort à la souche. Pour m'assurer de ce fait, j'ai fait couper toutes les branches d'un Orme vigou-reux, partie avec la scie, & les autres avec la coignée, en laif-sant à l'origine de chacun un moignon d'environ six pouces de longueur. Toutes ces branches ont produit des bourgeons , avec cette différence, qu'aux branches qui avoient été coupées avec la coignée, une partie de ces bourgeons sortoit d'entre le bois & l'écorce ; au lieu qu'aux branches sciées , presque tous les bourgeons sortoient de l'écorce un pouce ou deux au-dessous de l'endroit scié.

Nous allons maintenant nous occuper dans le Livre suivant, de l'exploitation des arbres abattus.

Explication des Planches & des Figures du Livre III.

Planche VIII.

La Figure 1 repréſente un arbre de belle taille ; & elle ſert à faire comprendre comment on en peut meſurer ſur pied la hauteur & la groſſeur,

Figure 2, arbre *rafaux* & *rabougri*, chargé de menues branches, & dont le tronc tortu eſt de groſſeur diſproportionnée.

Figure 3, *g̃*, *g*, *g*, baguettes ſuppoſées de trois pieds de longueur, & qui ſervent à meſurer la hauteur des arbres; elles ſe montent à vis les unes au bout des autres.

Figure 4, Planchette qui ſert à prendre la hauteur des arbres.

Planche IX.

Figure 1, arbre encroué par l'arbre de la *Figure 2* : ces deux arbres ſont chargés de quantité de défauts, tels que, *A*, Champignons qui croiſſent ſur les racines : *B*, agarics : *C*, mouſſe : *D*, écorce qui ſe détache du bois : *E*, écorce qui ſe fend en travers : *F*, loupe : *I I*; branches mortes à la cime: *K*, nœud pourri : *L*, chancre : *M*, éminence de l'écorce qui fait ſoupçonner une gélivure intérieure : *N*, fente occaſionnée par la gelée ou par une ſurabondance de ſubſtance : *P*, œil de bœuf : *Q*, branche baſſe & menue chargée de feuilles vertes, ce qui eſt un mauvais ſigne : *R*, branche rompue & qui commence à pourrir.

Figure 3, *O*, des éminences en forme de cordes qui ſuivent la longueur du tronc.

La Figure 4 eſt relative à la réduction des bois en grume, au bois quarré.

PLANCHE X.

FIGURE 1, arbre dont la tige eft bien droite, & par-là très-propre à faire une poutre ou une piece de quille de vaiffeau.

Figure 2, arbre dont la forme un peu courbe peut fournir un *bau*, & en *A* une piece courbe.

Figure 3, arbre qui peut fournir au point *A* une piece courbe, & du tronc duquel on peut faire, foit une *alonge* de revers, foit deux premieres alonges.

Figure 4, arbre qui, par fa figure, peut fournir un *plançon* pour des pieces de tour.

L'arbre de la *Figure* 5, fuppofé courbe dans deux fens, & de maniere qu'il ne peut pas être dreffé fur deux faces oppofées, peut être employé à une *liffe d'ourdi*.

PLANCHE XI.

LES FIGURES 1 & 2 repréfentent des arbres menus & élevés, dont on ne peut tirer parti que pour des faîtes, des filieres, des pannes, &c : en *B* eft un nœud pourri.

Figure 3, arbre qui n'a prefque pas de tige, mais dont on peut tirer en *A* une *varangue* aculée ; en *B*, un *Courbaton* ; & lever en *C* une bille pour débiter en bois de fente.

PLANCHE XII.

FIGURE 1, arbre qu'on abat avec la cognée. Il faut que l'entaille *A*, que le Bûcheron fait en premier lieu, pénetre plus avant que l'axe de l'arbre, pour qu'il ne fe fende point, ni qu'il ne forte un filet du cœur du bois. En *B* eft la contre-entaille; cet arbre doit tomber du côté *A*, où les branches ont été abatues, afin que celles qui font du côté *B*, ne foient point rompues par la chûte.

Figure 2, arbre qu'on pivote, c'eft-à-dire, qu'on arrache fans ménager les racines. Le fourchet *F*, le cordage *D C*,

& le guindage *E*; tous ces apparaux font difpofés ainfi pou
le faire tomber fur le plat, & prévenir que les branches n
fe rompent par la chûte; car il eft important de ménager le
branches des grands arbres.

PLANCHE XIII.

Cette Planche eft entiérement deftinée à faire voir, com
ment on peut s'aider des machines qui y font repréfentées pou
arracher affez promptement les arbres, en ménageant leu
racines qui les rendent quelquefois précieux, fur-tout pou
la Marine.

Figure 1, arbre qui par la pofition de fes branches do
naturellement tomber du côté *A*, mais que l'on détermin
à tomber du côté oppofé, au moyen de la machine *A B*
qui l'affujettit en le pouffant fortement du côté où il do
s'abattre.

Figures 2 & 3, machines à levier, qu'on peut employ
pour tirer les racines de terre, & arracher les fouches; l
Figure 5 eft le détail du levier de la *Figure 3*.

Figure 4, fort cric dont on fe fert pour tirer de terre le
racines des gros arbres.

Fin du troifieme Livre.

Fig. 1.
Fig. 2.
Fig. 3.
Fig. 4.
A
B
C

Fig. 4.
a 1000 b
1414
1571
Fig. 1.
Q
R
Q
F
Fig. 3.
K
Fig. 2.
P
L
M
B
B
A
C
O
I
I
I
I
I
I

A
A
A
Fig. 1
Fig. 2
Fig. 3
Fig. 4

A
B
Fig. 2.
C
Fig. 3.
A
B
C
C

Fig. 1.
Fig. 2.
C
D
E
E
F
N
E
A
B
O

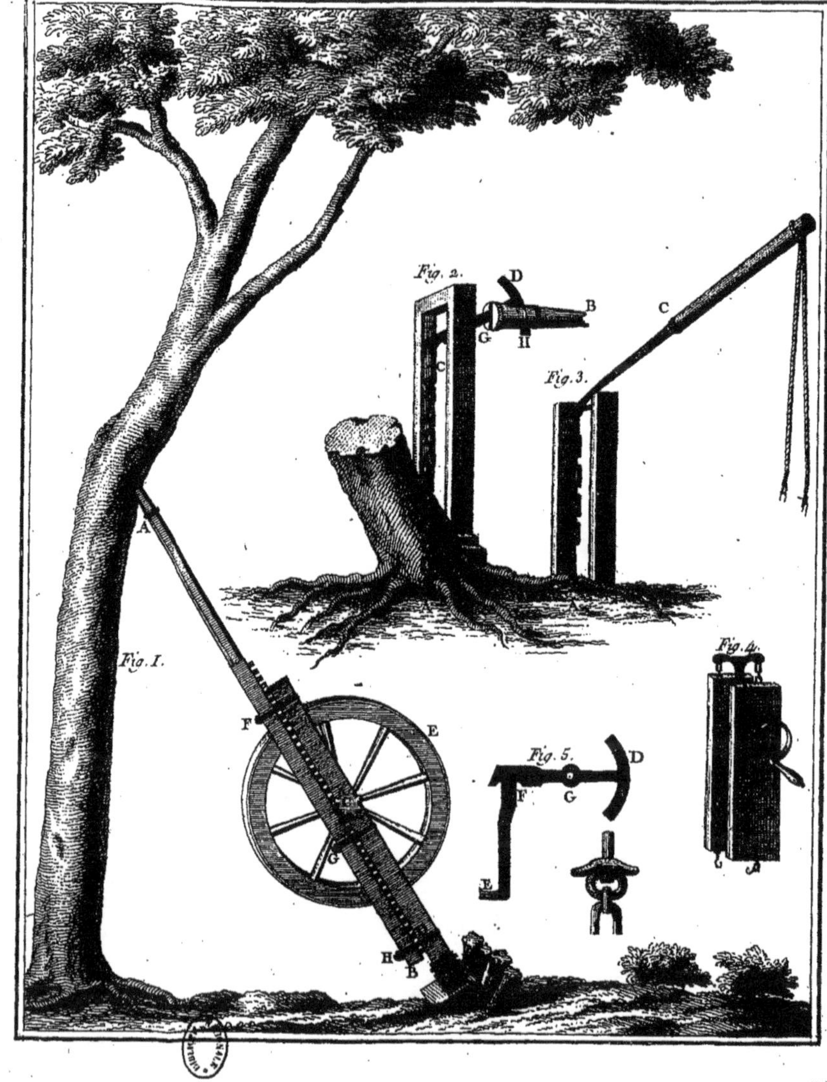

Fig. 2.
D
B
G
H
C
C
Fig. 3.
Fig. I.
A
F
E
G
H
B
Fig. 4.
Fig. 5.
D
F
G
E
A

DE L'EXPLOITATION DES BOIS,

OU

MOYENS DE TIRER UN PARTI AVANTAGEUX

DES TAILLIS, DEMI-FUTAIES

ET HAUTES-FUTAIES,

ET D'EN FAIRE UNE JUSTE ESTIMATION:

Avec la Description des Arts qui se pratiquent dans les Forêts :

Faisant partie du Traité complet des BOIS & des FORESTS.

Par *M. DUHAMEL DU MONCEAU, de l'Académie Royale des Sciences ; de la Société R. de Londres ; de l'Acad. Imp. de Pétersbourg ; des Académies de Palerme & de Besançon ; Honoraire de la Société d'Edimbourg, & de l'Académie de Marine ; de plusieurs Sociétés d'Agriculture ; Inspecteur Général de la Marine.*

OUVRAGE ENRICHI DE FIGURES EN TAILLE-DOUCE.

SECONDE PARTIE.

A PARIS,

Chez H. L. GUERIN & L. F. DELATOUR,
rue S. Jacques, à S. Thomas d'Aquin.

M. DCC. LXIV.
Avec Approbation & Privilege du Roi.

TABLE

DES CHAPITRES ET ARTICLES
du Traité de l'Exploitation des Bois.

SECONDE PARTIE : Livres IV & V.

LIVRE QUATRIEME.

T A B L E.

ix

II. Partie. b

LIVRE CINQUIEME.

De l'Exploitation des Bois-Quarrés, 627

CHAPITRE I. *Méthode pour équarrir les Bois-droits,* 630

CHAPITRE II. *Dimensions des Pieces qu'on débite pour les Bâtiments Civils,* 635

CHAPITRE III. *Des Bois pour la Marine,* 640

Fin de la Table de la feconde Partie.

TRAITÉ
DE L'EXPLOITATION
DES BOIS.

LIVRE QUATRIEME.

De l'Exploitation des Futaies.

En fuppofant une forêt abattue, il s'agit d'en exploiter les arbres & d'en tirer tout le parti poffible ; mais avant de donner le détail de tous les objets d'ufage auxquels ils peuvent être employés, je crois devoir difcuter deux queftions importantes. La premiere confifte à favoir fi, après que les arbres ont été abattus, il eft à propos de les laiffer quelque temps avec leurs branches & dans leur écorce ; ou s'il convient mieux de les équarrir fur le champ. Cette premiere queftion nous conduit à en difcuter une feconde non moins importante : favoir, quelle eft la caufe des fentes & des éclats qui fe trouvent dans le bois, & qui endommagent fi confidérablement ceux de la meilleure qualité : Après avoir traité à fond ces queftions, nous parlerons de l'exploitation des hauts taillis , ou des demi-futaies ; & nous terminerons ce Livre par les bois qui fe vendent en grume, c'eft-à-dire, en rondins fimplement écorcés.

CHAPITRE PREMIER,

Où l'on examine fi, lorfque les Arbres ont été abattus, il convient de retrancher leurs branches, de les écorcer, de les équarrir fur le champ, même de les débiter en quartelage ou en planches; ou s'il y a un avantage réel, ou un dommage évident, à les laiffer quelque temps avec leurs branches foit dans leur écorce, foit du moins dans leur aubier, & fans être équarris.

Dans le Chapitre qui traitoit de la faifon convenable d'abattre les arbres, il a été queftion d'une propofition qui fembloit devoir être adoptée fans aucune difcuffion, non-feulement parce qu'elle eft généralement reçue par ceux qui font le plus au fait de l'exploitation des forêts (par les maîtres de l'art), mais encore parce qu'elle paroiffoit être fondée fur des raifonnements Phyfiques très-féduifants : j'avoue que je ne me fuis livré à l'examen de cette queftion, que parce que je m'étois fait une loi de n'embraffer aucun fentiment qui ne fût appuyé fur des preuves expérimentales que je me propofois d'établir avec toute l'exactitude dont je peux être capable. Mes recherches ont combattu fi folidement en différents points les pratiques reçues & mes propres préjugés, que j'ai été obligé de réformer mes anciennes idées, & de conclure plufieurs fois contre le fentiment le plus généralement établi.

Il

Il n'en eſt pas de même de la queſtion que je me propoſe d'examiner dans ce Chapitre, ſur laquelle les ſentiments ſont fort partagés. Chacun croit cependant avoir en ſa faveur des raiſons Phyſiques & des expériences; mais comme il s'agit de parvenir à une ſolution, il eſt néceſſaire, avant tout, de peſer les raiſons des uns & des autres, pour diſcerner celles qui ſont d'accord avec la bonne Phyſique, & en même-temps (ce qui eſt bien plus important) examiner la valeur des expériences que l'on objecte, ſoit en les répétant pour en conſtater l'exactitude, ſoit en les comparant avec d'autres, qui, ayant été exécutées dans la ſeule vue d'éclaircir un fait particulier, ſe trouvent ordinairement plus exactes & plus concluantes que ne le peuvent être des obſervations vagues que peut fournir une pratique journaliere, dans laquelle il eſt rare que l'on faſſe attention à des circonſtances qui peuvent varier les effets, & rendre les obſervations défectueuſes. Pour entrer en matiere, je vas commencer par expoſer d'une maniere générale les différents ſentiments qui partagent les Auteurs, & les perſonnes expérimentées que j'ai conſultées ſur le point dont il s'agit ici.

1°, Tout le monde convient qu'on ne peut trop tôt retrancher les branches à un arbre qui vient d'être abattu.

2°, Mais il y en a qui voudroient qu'on l'équarrît auſſi ſur le champ.

3°, Quelques-uns prétendent qu'il eſt plus avantageux de le laiſſer pendant huit ou dix jours dans ſon écorce.

4°, D'autres eſtiment qu'il y a de l'avantage à ne l'équarrir qu'au bout d'un mois, de ſix ſemaines & même de deux mois.

5°, D'autres ſoutiennent qu'on devroit le laiſſer beaucoup plus long-temps dans ſon écorce.

6°, Enfin d'autres décident qu'il faut écorcer les arbres immédiatement après qu'ils ont été abattus, mais ne les équarrir que quelque temps avant qu'on veuille les employer.

Voilà les différentes opinions qui partagent ceux qui ſont dans l'uſage de faire exploiter les bois : les vues générales qui ont donné naiſſance à tant de ſentiments divers ſe réduiſent, foit à conferver au bois fa bonne qualité, abftraction faite de toute autre chofe, foit à prévenir que les arbres ne deviennent inutiles à caufe des fentes & des éclats qui ne manquent gueres d'arriver quand ils fe deffechent; & ceux-là ne font gueres attention à la qualité intrinfeque du bois. Nous avons cru qu'il étoit important, de prêter également attention à ces deux objets; cependant pour obferver un ordre dans cette matiere, nous diviferons notre travail en deux parties, pour confidérer féparément ce qui regarde la qualité du bois & ce qui appartient aux fentes. Mais il faut reprendre chaque fentiment en particulier, rapporter les raifons que leurs auteurs alleguent, & les expériences qu'ils propofent pour s'autorifer dans leur avis; il faut que le détail de nos obfervations & de nos expériences fuive de près celles des autres, pour fe trouver en état d'en tirer des conféquences qui puiffent conduire à l'éclairciffement de notre queftion : c'eft ce que nous allons effayer de faire. Nous terminerons enfin ce Chapitre par donner des regles de pratiques fondées fur ce que nous aurons établi auparavant.

ARTICLE I. *Quel peut être l'effet que l'écorcement & l'équarriffage des arbres abattus peuvent produire fur leur bois, relativement à leur qualité.*

CEUX qui foutiennent qu'il faut ébrancher & équarrir fur le champ les arbres qu'on abat, pofent pour principe :

1°, Que le bois des arbres qui meurent fur pied eft de mauvaife qualité, & que ces arbres font prefque toujours remplis de défauts : généralement parlant il en faut convenir.

2°, Qu'un arbre qu'on abat & auquel on conferve les branches & l'écorce, ne meurt que peu à peu : il faut encore accorder cette propofition qui a été fuffifamment prouvée dans le Livre précédent, ainfi que dans la *Phyfique des Arbres.*

De ces principes, ils concluent qu'il faut (auffi-tôt qu'un arbre a été abattu) lui retrancher fes branches & fon écorce, afin, difent-ils, de le tuer, & pour empêcher que fon bois ne tombe dans un état d'appauvriſſement ſemblable à celui des arbres qui meurent ſur pied.

On voit bien que ceux qui adoptent ce ſentiment, comparent les végétaux aux animaux ; & qu'ils regardent tout arbre qu'on élague & qu'on équarrit auſſi-tôt qu'il a été abattu, comme un animal que l'on auroit tué ; & qu'ils comparent les arbres qu'on laiſſe avec leurs branches & leur écorce, à tout animal qu'on laiſſeroit mourir d'inanition. Il eſt aſſez généralement vrai que la chair d'un animal qu'on auroit ainſi laiſſé périr de langueur, ne ſe conſerveroit pas auſſi long‑temps que celle d'un autre que l'on auroit tué, & qu'on auroit ſur le champ dépecée par morceaux.

Pour mettre ce ſentiment dans tout ſon jour, & lui donner même toute la force qu'il peut avoir, nous ajouterons, en ſuivant la même comparaiſon qui vient d'être employée, que le ſang & les autres liqueurs étant dans les animaux les parties qui ſe corrompent le plus aiſément, les Anatomiſtes qui ſe ſont propoſés de conſerver la chair des animaux pour avoir des miologies ſeches, ont imaginé différents moyens pour extraire, le plus qu'il leur a été poſſible, ces liqueurs des parties muſculeuſes & charnues qu'ils vouloient préſerver de la corruption. Maintenant ſi l'on regarde la ſeve des végétaux comme une liqueur aſſez ſemblable au ſang des animaux, c'eſt‑à-dire, comme la partie des arbres qui a le plus de diſpoſition à fermenter & à ſe corrompre, (ce qui a été déja prouvé & qui le ſera encore par des expériences que nous rapporterons dans la ſuite) on ſera déterminé à conclure que tout ce qui précipite l'évaporation de la ſeve, eſt avantageux à la conſervation du bois. Il reſte donc à s'aſſurer préciſément ſi l'on parvient à accélérer conſidérablement l'évaporation de la ſeve, lorſqu'on élague & qu'on équarrit les arbres auſſi‑tôt qu'ils ont été abattus ; c'eſt ce que nous avons tâché d'éclaircir par pluſieurs expériences, dont nous ne rapporterons cependant que quelques-unes à la fin de cet article, réſervant les autres pour le Chapitre où il doit être queſtion du deſſéchement des bois. Mais avant que d'entreprendre le détail de nos expériences, il eſt bon de revenir pour un inſtant à la comparaiſon que l'on fait des arbres qu'on laiſſe abattus avec leurs branches & leur écorce, avec ceux qui périſſent d'eux - mêmes ſur leur ſouche : nous ne la trouvons pas fort exacte ; & pour mieux faire comprendre quel eſt ſur cela notre ſentiment, nous partagerons en deux claſſes les cauſes qui font périr les arbres ſur pied : dans la premiere, nous comprendrons les arbres qui meurent de vieilleſſe ou de maladie ; & dans la ſeconde, les arbres qui meurent de quelques accidents particuliers, tels que les gelées exceſſives, la trop grande tranſpiration, qui, dans les années très-chaudes & très-ſeches, font mourir ſubitement les arbres ; les vers qui rongent l'écorce des racines ; les coups de vent qui rompent, qui déracinent, qui renverſent les arbres, &c. Dans tous ces cas, j'ai trouvé des arbres morts ſur pied, dont le bois étoit fort bon ; j'ai même fait débiter quelques-uns de ces arbres qui étant reſtés long-temps ſur leur ſouche, quoique morts, avoient perdu preſque toute leur écorce, & dont cependant le bois étoit extrêmement dur & bon. Au reſte, ſi l'on conſidere ce qui a fait périr ces arbres, on reconnoîtra que ce n'eſt ni une altération des liqueurs, ni un vice des parties ſolides, mais le défaut de nourriture qui a fait que ces arbres ſe ſont deſſéchés ſur pied & même plus promptement qu'ils n'auroient fait ſur le chantier ; & cela ne doit leur porter aucun préjudice.

Ceci ſera bien prouvé ſi l'on cherche à connoître ce qui eſt arrivé aux arbres que nous avions écorcés ſur pied.

Quant aux arbres qui meurent par la rigueur de la gelée, je prévois qu'on aura peine à m'accorder que leur bois ſoit de bonne qualité. Nous avouons que nous n'avons pas eu occaſion d'examiner des Chênes morts par la gelée, pour pouvoir être certains de la qualité de leur bois ; mais l'Hiver de l'année 1709 ayant fait périr tous nos Noyers, nous en avons fait débiter deux ou trois cens pieds en planches, en membrures & en quartelages ; cette opération nous a fourni une ample matiere à obſervations : il eſt vrai que parmi ce bois il s'en eſt trouvé de vermoulu; mais la plus grande partie du refte qui a été employée à différents ouvrages, eft demeurée jufqu'à préfent très-faine & très-bonne : le bois des Cyprès gelés s'eft aufli trouvé très-bon. Au furplus, fi l'on peut comparer les arbres qu'on laiffe dans leur écorce avec les arbres morts fur pied, ce doit être certainement avec ceux qui fe trouvent les moins défectueux ; car les arbres qui reftent en grume, ne peuvent l'être à ceux qui meurent de vieilleffe.

En effet, pour peu qu'on y prête attention, on doit fentir que ceux qui meurent de vieilleffe, étant déja altérés dans le cœur, & long‑temps avant leur mort, ainfi que je l'ai prouvé dans le premier Livre, ils portent intérieurement un vice effentiel, qui ne fe trouve pas dans les arbres fains qu'on laiffe dans leur écorce après qu'ils ont été abattus ; il en eft de même des arbres qui meurent à la fuite d'un long dépériffement caufé par quelque maladie ; car, foit que le vice réfide feulement dans les liqueurs, foit qu'il ait endommagé les parties folides, c'eft toujours un commencement d'altération & un acheminement à la corruption, mais qui n'exifte point dans les arbres fains qu'on laiffe dans leur écorce après les avoir abattus.

Mais, dira-t-on, cette altération (quoique d'une maniere moins fenfible) fe forme peut-être dans les arbres après qu'ils ont été abattus, à caufe de l'obftacle que l'écorce oppofe à l'évaporation de la feve : c'eft ce qui refte à examiner, parce qu'en cela confifte principalement l'éclairciffement qu'on doit attendre de nos expériences.

Avant que d'en donner le détail, il eft néceffaire de rapporter encore un autre fentiment fur ce qui occafionne la précipitation de l'évaporation de la feve. Ceux qui l'ont adopté, prétendent qu'il faut écorcer les arbres auffi-tôt qu'ils font abattus, mais ne les point équarrir que quand on veut les employer : en fuivant cette pratique (difent-ils), 1°, les bois fe deffechent promptement; 2°, ils font moins expofés à être attaqués des vers & de la pourriture; 3°, ils doivent moins fe tourmenter, & être moins expofés à s'échauffer.

Ce qui concerne les gerces & les éclats sera traité à part; nous renvoyons ce qui regarde l'attaque des vers à un endroit de cet ouvrage où nous aurons occasion d'en parler; ainsi nous ne rapporterons ici que les expériences que nous avons faites, pour constater si l'écorcement ou l'équarriffage aident beaucoup au desséchement des bois.

D'après ce que nous avons dit plus haut, une des chofes qui fe préfentent à éclaircir d'abord, c'est de favoir si la feve s'échappe plus promptement d'une piece de bois écorcée que d'une autre qui conferve fon écorce; ou ce qui est la même chofe, si les pieces de bois écorcées fe deffechent plutôt que celles qu'on réferve avec l'écorce.

On trouve dans la *Phyfique des Arbres* quantité d'expériences qui prouvent qu'il s'échappe beaucoup plus de tranfpiration des arbres auxquels on a fait des plaies, ou qu'on a écorcés, que de ceux dont l'écorce est restée entiere. L'écorce, en faifant un obstacle à la diffipation de la tranfpiration, ne l'empêche donc pas entiérement. Nous avons remarqué dans toutes nos expériences, qu'il s'échappe plus de feve dans certaines faifons que dans d'autres; beaucoup plus dans la grande force de la végétation, que dans le temps où les arbres ne font point en feve; quand l'air est chaud & fec, que quand il est frais & humide.

Il s'échappe fur-tout beaucoup de tranfpiration dans les temps chauds, où, comme l'on dit, l'air est pefant; c'est-à-dire, que l'air ayant perdu de fon élafticité, le mercure du barometre defcend.

Ainfi quand on obferve avec attention & pendant long-temps l'évaporation de la feve, on apperçoit bien que la caufe qui la détermine à s'échapper, est compliquée, & qu'elle dépend de plufieurs circonftances qui font les mêmes que celles qui occafionnent le jeu des Thermometres, des Barometres & des Hygrometres; d'où il réfulte cependant une combinaifon si bizarre par la prédomination d'une de ces caufes, qu'on ne peut pas dire que la formation des vapeurs fuive exacte-ment la marche d'aucun de ces inftruments; & un inftrument qui réuniroit les effets du Thermometre, du Barometre & de l'Hygrometre, auroit certainement une marche bien irréguliere, mais qui cependant pourroit suivre assez celles de l'évaporation de la seve; encore faudroit-il que les différentes causes qui occasionnent chacun de ces effets, fussent, relativement les uns aux autres, également proportionnés dans un pareil instrument, & dans les arbres dont on voudroit observer le desséchement; car il est clair que si cet instrument tenoit plus du Barometre que du Thermometre ou de l'Hygrometre, pendant que l'arbre qu'on observeroit, seroit plus Thermometre ou plus Hygrometre que Barometre, alors la marche de l'un & de l'autre seroit bien différente. Comme j'ai cru appercevoir que la seve s'échappoit en grande quantité dans les temps les plus favorables à la végétation, j'aurois desiré pouvoir imaginer un instrument qui pût être à la fois sensible au poids de l'atmosphere, à la chaleur & à l'humidité de l'air; mais comme il ne m'a pas été possible de saisir ce point de conformité, avec les végétaux, j'ai échoué dans toutes les tentatives que j'ai faites pour avoir un pareil instrument capable d'indiquer avec précision, les temps & les circonstances les plus favorables à la végétation; quand même je serois parvenu par hazard à en construire un dans un rapport assez exact avec tel arbre que ce soit, il est probable que ce rapport ne seroit pas indistinctement le même avec tous autres arbres, & dès-là il n'auroit été d'aucune utilité.

On a vu dans les expériences que nous avons détaillées dans la *Physique des Arbres,* que dans les arbres qui végetent, la transpiration traverse l'écorce, mais qu'elle sort avec bien plus d'abondance des endroits où elle a été enlevée que des autres; & qu'outre cette liqueur ténue, il s'échappe encore des endroits écorcés une substance gélatineuse; ce qui prouve sensiblement que l'écorce peut bien ralentir l'évaporation de la seve, mais non pas l'arrêter entiérement.

Nous prévoyons qu'on pourroit nous reprocher d'avoir fait nos expériences sur de jeunes arbres dont l'écorce étoit lisse, unie, & bien différente de celle des gros arbres, qui est raboteufe, pleine de gerces, & d'une texture irréguliere. Nous convenons fans difficulté qu'il s'échappe plus de tranfpiration des bourgeons herbacés, que des jeunes branches, & qu'il s'en échappe fort peu par les groffes écorces; & c'eft pour prévenir cette objection, que je n'ai pas oublié de conftater, par quelques expériences, qu'il s'échappe de l'humidité des plus groffes écorces: voici en peu de mots quelles font ces expériences.

§. 1. *Expérience qui prouve que la feve peut s'échapper à travers la groffe écorce.*

Dans le mois de Septembre, j'ai choifi plufieurs rondins de Chêne, tout récemment abattus & en grume, de trois pieds de longueur & de huit à neuf pouces de diametre; j'en ai fait poiffer quelques-uns par les bouts; d'autres n'ont point été poiffés; j'ai dépouillé quelques-uns de leur écorce; j'ai fait pefer enfuite ces différents morceaux de bois, & j'ai continué de les faire pefer tous les huit jours à différents mois de l'année. J'ai connu très-évidemment que la feve s'échappoit de ces morceaux de bois, mais fenfiblement moins de ceux dont les bouts étoient poiffés, que de ceux en grume, & moins promptement de ceux-ci que des écorcés.

§. 2. *Obfervations relatives au même objet.*

Le détail exact de nombre d'expériences qui prouvent toutes ce que je viens d'avancer, fatigueroit le Lecteur, ainfi je me contenterai de rapporter feulement & fort en abrégé, quelques faits où la différence s'eft trouvée plus confidérable qu'elle ne l'eft ordinairement.

Un rondin de Chêne en grume qui, tout frais abattu, pefoit 45 liv. une once un gros, un mois après s'eft trouvé pefer 44 liv. quatre gros: ainfi il n'avoit diminué en un mois que d'une liv. cinq gros.

Un pareil rondin auffi en grume, mais dont on avoit poiffé les

les bouts, & qui pesoit 31 liv. 3 onces 2 gros ; au bout d'un
mois pesoit 31 liv. 2 onces 2 gros & demi; ainsi dans le même
espace de temps, il n'étoit diminué que de 7 gros & demi.

Un pareil rondin écorcé, qui pesoit, lors de son abattage,
29 liv. 3 onces 4 gros, un mois après ne pesoit plus que 24 liv.
cinq onces 2 gros ; ainsi il étoit diminué de 4 liv. 14 onces 2 gros
Il est bon de remarquer que dans cette expérience, tous ces
rondins avoient été déposés dans un grenier fort sec; mais
les deux suivants ont été déposés dans un sellier frais & humide.

Un rondin semblable aux précédents, pesoit, lors de son
abattage, 29 liv. 12 onces 6 gros ; ayant resté un mois dans
son écorce, 29 liv. 7 onces 3 gros ; ainsi il n'a diminué dans
ce temps que de 5 onces 3 gros.

Mais un pareil rondin qui, sans écorce, pesoit 25 liv. 4
onces, un mois après ne pesoit plus que 24 liv. 1 once 5 gros ;
ainsi il étoit diminué dans ce lieu humide de 1 liv. 2 onces
3 gros.

D'où l'on peut conclure, que quoique l'écorce dure & raboteuse du Chêne fasse un obstacle à la dissipation de la seve,
ce fluide parvient cependant à se frayer des passages au travers
de ses pores : c'étoit le but de l'expérience que nous venons de
rapporter.

§. 3. *Expérience faite sur des tronçons d'arbres sem-*
blables, les uns équarris, les autres restés en grume.

PEUT-ETRE traitera-t-on cela de pure curiosité ; mais nous
avons cru qu'il ne suffisoit pas de savoir que la seve s'échappoit plus promptement d'une piece de bois écorcée, que de
celle qu'on auroit laissée avec son écorce; qu'il étoit encore
avantageux de connoître le plus exactement qu'il nous seroit
possible, en quelle proportion la seve s'échappe d'un morceau de bois écorcé, relativement à celui qui seroit resté en
grume. Comment effectivement pouvoir, sans une pareille
connoissance, se décider sur les avantages ou sur les risques

qu'il peut y avoir à conferver les bois en grume, ou à les dépouiller de leur écorce, auffi-tôt qu'ils ont été abattus.

Le 15 du mois de Février, nous choisîmes dans un même
terrein deux Chênes du même âge, & comparables, autant
qu'il étoit poffible ; ils avoient 15 à 20 pieds de tige, & environ 14 à 15 pouces de diametre par le pied : nous les fîmes
abattre dans le même temps ; & fur le champ l'un d'eux fut
marqué d'un *A*, & l'autre d'un *B*, (Voyez *Pl. XVII. fig. I*);
nous fîmes couper leur tronc par billes de trois pieds de longueur; chaque arbre nous en fournit 4 que nous numérotâ-
mes 1, 2, 3, 4. Ces huit billes furent voiturées fur le champ
au Château de Denainvilliers, lieu où fe devoit fuivre l'expérience (*) : la bille, numéro 1, de l'arbre *A*, refta en grume;
la bille, numéro 2, du même arbre fut équarrie; la bille, numéro 3, refta en grume; & la bille, numéro 4, fut équarrie.
En même temps on équarrit la bille, numéro 1, de l'arbre *B*;
on écorça la bille, numéro 2 ; on équarrit la bille, numéro 3,
& on écorça la bille numéro 4 : tout cela fut exécuté dans la
journée ; le foir, on les pefa toutes, & on les dépofa fous un
hangar fort ouvert, mais expofé au Nord.

On continua à les pefer tous les jours depuis le 21 Février
jufqu'au premier Mars, puis on les pefa tous les deux jours
jufqu'au 28 Mars, enfuite on les pefa tous les huit jours, ce
qui fut continué jufqu'au 20 Juin; enfin on ne les pefa plus
que tous les mois, ce qu'on continua jufqu'au 24 Janvier
1738.

Voici le Journal de ces pefées, tel qu'il fe trouve fur le
regiftre de nos expériences : nous dirons, dans le paragraphe
fuivant, quelles font les conféquences qu'on en peut tirer.

(*) Voyez *Pl. XVII, fig.* 1. tant pour la piece *A* que pour la piece *B*.

Mois & Dates.	1 EQUARRI. Liv.	Onc.	2 ECORCE'. Liv.	Onc.	3 EQUARRI. Liv.	Onc.	4 ECORCE'. Liv.	Onc.	Temps.	Vent.	Thermom.
Février. 21	98	6	159	0	89	0	167	12	B.	N.	6
22	97	4	158	0	87	8	166	1			7
23	96	0	157	0	86	4	166	0	C.	S.	5
24	95	4	157	0	86	0	165	8	B.	S.	5
25	95	4	157	0	86	0	165	0	C.	S.	5
26	95	4	156	8	86	0	165	0	P.	S.	5
27	95	4	156	0	85	12	164	8	B.	S.	6
28	95	4	155	8	85	12	164	4	P.	S.	6
29	95	4	155	0	85	12	164	4	C.	S.	7
Diminué.	3	2	4	0	3	4	3	8			
Mars. 1	95	4	155	0	85	12	164	4	C.	S.	7
2	95	4	155	0	85	12	164	0	B.	S.	7
Nota. Le 6	94	4	154	0	84	12	163	0	B.	S.	8
résultat des 8	93	14	152	12	84	8	161	14	P.	O.	7
observations 10	93	8	151	4	83	8	159	12	B.	N.	7
du 4 a été 12	93	0	150	4	83	8	158	12	B.	N.	7
perdu. 14	92	8	149	4	83	0	158	0	C.	O.	7
16	92	4	149	0	83	0	157	8	P.	S.	6
18	92	0	148	8	83	0	157	8	B.	N.	7
20	91	14	147	8	82	12	156	0	C.	S.	7
22	91	8	147	0	82	4	155	8	C.	S.	8
24	91	0	147	0	82	0	155	4	B.	S.	8
26	91	0	147	0	81	12	154	4	C.	S.	8
28	91	0	146	4	81	8	153	8	P.	S.	7
Diminué.	4	4	8	12	4	4	10	12			
Avril. 8	90	0	145	12	81	12	153	4	B.	S.	9
16	88	8	141	4	80	0	148	12	B.	S.	10
24	87	0	139	4	78	4	146	4	C.	S.	10
30	86	0	137	4	77	4	144	4	C.	S.	11
Diminué.	4	0	8	8	4	8	9	0			
Mai. 8	85	0	135	0	76	8	143	4	B.	N.	11
16	84	0	134	0	75	0	141	12	C.	S.	10
24	83	2	133	0	75	0	140	8	P.	O.	10
Diminué.	1	14	2	0	1	8	2	12			
Juin. 4	82	8	131	12	74	4	139	0	C.	N.	
12	81	11	131	11	73	8	138	8	P.	O.	13
20	80	4	130	0	71	2	137	1	P.	S.	13
Diminué.	2	4	1	12	3	2	1	15			
Juillet. 20	79	8	128	2	70	12	135	8			
Diminué.	0	12	1	14	0	6	1	9			
Août. 20	77	14	126	4	70	8	132	4			
Diminué.	1	10	1	14	0	4	3	4			
Septembre. 22	76	4	125	4	69	4	131	8			
Diminué.	1	10	1	0	1	4	0	12			
Dimin. totale.	22	2	33	12	19	12	36	4			
Novembre. 20	76	12	124	8	69	8	130	12	C.	S.	8
	Augm.	8	Dim.	12	Augm.	4	Dim.	12			
Décembre. 20	77	0	125	0	69	8	131	0	B.	N.	4
	Augm.	4	Augm.	8	0	0	Augm.	4			
Janvier. 24 1738.	77	4	125	4	70	0	131	4			
	Augm.	4	Augm.	4	Augm.	8	Augm.	4	B.	O.	2

A.

Mois & Dates.	1 — Grume. (Liv.)	(Onc.)	2 — Equarri. (Liv.)	(Onc.)	3 — Grume. (Liv.)	(Onc.)	4 — Equarri. (Liv.)	(Onc.)	Temps.	Vent.	Thermom.
Février. 21	216	4	102	0	155	8	100	0	B.	N.	6
22	215	12	101	8	155	8	100	0	B.	N.	7
23	215	8	101	0	155	0	99	8	C.	S.	5
24	215	8	101	0	155	0	98	12			
25	215	8	101	0	155	0	98	8	C.	S.	5
26	215	8	101	12	155	0	98	8	P.	S.	
27	215	8	100	8	155	0	98	0	B.	S.	6
28	215	8	100	0	155	0	97	12	P.	S.	6
29	215	8	100	0	154	12	97	8	C.	S.	7
Diminué.	0	12	2	0	0	12	2	8			
Mars. 1	215	8	100	0	154	8	97	4	P.	S.	7
2	215	8	99	12	154	8	96	14	B.	S.	7
Nota. Le 6	214	4	97	8	154	0	96	4	B.	S.	8
résultat des 8	214	0	97	0	154	0	95	12	C.	N.	7
observations 10	213	8	97	0	153	4	95	0	B.	N.	7
des 4 & 16 12	213	0	97	0	152	12	94	4	B.	O.	7
a été perdu. 14	213	0	97	0	152	4	94	0	C.	N.	7
18	212	8	97	0	152	4	94	0	B.	S.	7
20	212	0	96	12	152	0	93	0	C.	S.	7
22	212	0	96	12	152	0	93	0	C.	S.	8
24	211	12	96	8	151	12	92	12	C.	S.	8
26	211	8	96	4	151	8	92	8	C.	S.	8
28	211	4	95	12	150	12	92	8	P.	S.	7
Diminué.	4	4	4	4	3	12	4	12			
Avril. 8	209	4	95	0	149	12	91	12	B.	S.	9
16	207	4	93	6	148	4	89	8	B.	S.	10
24	205	4	92	4	146	4	89	4	C.	S.	10
30	203	0	91	4	144	3	88	4	C.	S.	11
Diminué.	6	4	3	12	5	9	3	8			
Mai. 8	201	0	90	0	147	12	88	8	B.	N.	11
16	199	0	89	8	147	8	86	12	C.	S.	10
24	198	0	89	0	147	8	86	0	C.	N.	10
Diminué.	3	0	1	0	0	4	2	8			
Juin. 4	196	0	88	4	141	0	85	0	C.	N.	
12	195	0	87	8	140	0	84	8	C.	O.	13
20	194	4	86	4	139	0	83	4	C.	S.	13
Diminué.	1	12	2	0	2	0	1	12			
Juillet 20	190	8	85	0	137	0	82	8			
Diminué.	3	12	1	4	2	0	0	12			
Août. 20	187	0	84	4	135	0	81	0			
Diminué.	3	8	0	12	2	0	1	8			
Septembre. 22	186	0	84	0	135	0	80	8			
Diminué.	1	0	0	4	0	0	0	8			
Diminué en tout	30	4	18	0	20	8	19	8			
Novembre. 20	184	4	83	4	132	12	82	0	C.	S.	8
Diminué.	1	12	0	12	2	4	An. 1	8			
Décembre. 20	185	0	83	6	132	8	80	0			
	Augm. 12		Augm. 2		Dim. 4		D. 2				
Janvier. 24	184	0	80	8	132	8	80	4			
Diminué.	1	0	Di. 2	14	0	0	Aug. 4				

§. 4. *Conséquences des Expériences précédentes.*

Pour peu qu'on y prête d'attention, on voit par le journal d'expériences que nous venons de rapporter, que l'évaporation eſt bien plus prompte dans les morceaux de bois équarris, que dans ceux qui ſont reſtés en grume, quoiqu'elle ſoit moindre dans les premiers : l'un & l'autre doit arriver. Premiérement, elle doit être moindre dans les morceaux équarris, non-ſeulement parce qu'il y a moins de bois, puiſqu'on en a retranché par l'équarriſſage; mais encore parce que le bois qui reſte, eſt du bois du cœur qui ne contient pas tant d'humidité que l'aubier & que le bois de la circonférence, comme nous croyons l'avoir prouvé par les expériences que nous avons rapportées ci-devant; ſecondement, le morceau de bois équarri doit plutôt perdre ſa ſeve que l'autre; non-ſeulement parce que l'écorce ralentit ſon évaporation, mais encore parce que, par l'équarriſſage, on augmente la ſurface proportionnellement aux maſſes, & nous prouverons dans un autre Chapitre, que l'évaporation de la ſeve ſe fait en raiſon des ſurfaces.

En attendant le détail de nos expériences, on voit encore, comme nous venons de le dire, que l'écorce fait un obſtacle conſidérable à l'évaporation de la ſeve, puiſque cette liqueur, la maſſe & la ſurface étant pareilles, s'eſt échappée beaucoup plus vîte des morceaux dépouillés de leur écorce, que des autres.

Mais une choſe fort ſinguliere que nos expériences apprennent encore, c'eſt que l'écorce ſe charge plus de l'humidité de l'air que ne fait l'aubier, & que l'aubier s'en charge plus que le bois.

Enfin on voit que les bois équarris ou écorcés, diminuent d'abord plus que les bois qui ont leur écorce; mais enſuite, & quand ils ſont parvenus à un certain degré de ſéchereſſe, ce ſont les bois en grume qui diminuent à leur tour plus que les bois écorcés ou équarris.

Tout cela se peut reconnoître par le journal de nos expériences, si l'on veut y prêter un peu d'attention ; cependant, pour rendre la chose plus facile, nous donnerons ici la comparaison de la piece *A*, n° 3 , avec la piece *B*, n° 2 ; celle de la piece *A*, n° 1, avec la piece *B*, n° 4 ; & celle de la piece *A*, n° 2 ; avec la piece *B*, n° 2.

Le diametre du rondin en grume *A*, n° 3, est de 11 pouces 2 lignes ; celui du rondin *B*., n° 2, dépouillé de son écorce, est de 11 pouces 9 lignes ; la hauteur des deux rondins est de 36 pouces, & la surface entiere du rondin en grume est à celle du rondin écorcé, comme 943 : 1000. Le solide ou volume du rondin en grume, est au volume du rondin pelé, comme 903 : 1000. Ainsi le rapport de leurs poids ayant été trouvé par l'expérience de 155, 5 à 159, il s'enfuit, qu'à volume égal, le poids du rondin en grume, est au poids du rondin dépouillé, comme 155, 5 ou $\frac{5}{10}$: 143, 5, ou $\frac{5}{10}$ à peu de chose près.

Pendant les deux premiers jours où il fit beau temps, l'évaporation du rondin en grume, fut de 8 onces, celle du rondin pelé fut de 32 onces ; donc, à surfaces égales, les évaporations étoient comme 8 , 4 : 32 ; &, à volume égal, comme 8 , 9 : 32 ; par conséquent l'évaporation du rondin pelé étoit presque quadruple de celle du rondin en grume.

Du 23 Février au 8 Mars, l'évaporation du rondin en grume fut de 16 onces, & celle du rondin pelé de 68 onces ; donc les évaporations, à surfaces égales, étoient comme 16 , 9 : 68 ; &, à volume égal, comme 17, 7 : 68 ; l'évaporation du rondin pelé étoit donc, encore à très-peu-près, quadruple de celle du rondin en grume.

Du 8 Mars au 24 inclusivement, le rondin en grume perdit 36 onces, & le rondin pelé 92 onces : donc, à surfaces égales, les évaporations furent comme 38, 1 : 92, & à volume égal, comme 40 : 92 : l'évaporation du rondin écorcé étoit donc beaucoup plus que double.

Pendant les quinze jours suivants, c'est-à-dire, du 24 Mars au 8 Avril, l'évaporation fut de 32 onces pour le bois en grume, & de 20 onces pour le bois écorcé ; donc, à surfaces

égales, les évaporations étoient comme 33,9 : 20, &, à volume égal, comme 35,4: 20.

Depuis le 8 Avril jusqu'au 24 du même mois, le bois en
grume perdit 56 onces, pendant que le bois écorcé en perdit
104; par conséquent, à surfaces égales, les évaporations
étoient comme 59,3 : 104, &, à volume égal, comme 62 : 104.

Dans les quinze jours suivants, c'est-à-dire, du 24 Avril au
8 Mai, l'évaporation du rondin en grume étoit nulle; au contraire il se chargea de 24 onces d'humidité, pendant que le
rondin, dépouillé de son écorce, en perdit 68 onces; ce qui
confirme bien ce que l'on a avancé dans la comparaison précédente, que le bois n'attire pas l'humidité à beaucoup près
comme l'écorce: pour continuer ce parallele des évaporations,
il faut donc prendre un intervalle de temps plus considérable.

Du 24 Avril au 4 de Juin, le bois en grume perdit 84 onc.
& le bois écorcé en perdit 120: donc, à surfaces égales, les
évaporations étoient comme 89,0 : 120; &, à volume égal,
comme 93 ; 120.

Pendant les seize jours suivants, depuis le 4 Juin jusqu'au
20 du même mois, l'évaporation du rondin en grume fut de
32 onces, & celle du rondin pelé de 28 onces: ainsi le rapport des évaporations étoit, à surfaces égales, de 33,9:28,
&, à volume égal, de 35,4:28.

Dans le mois suivant du 20 Juin au 20 Juillet, l'évaporation du rondin en grume de 32 onces, & celle du rondin pelé
de 30 onces; donc, à surfaces égales, les évaporations étoient
comme 33,9:30; &, à volume égal, comme 35,4:30,ce
qui approche de l'égalité.

Depuis le 20 Juillet jusqu'au 20 Août, l'évaporation du
bois en grume fut de 32 onces, & celle du bois écorcé de 30
onces: les évaporations furent donc dans les mêmes rapports
que celles du mois précédent.

Pendant le mois suivant, depuis le 20 Août jusqu'au 22 Septembre, le bois en grume n'eut aucune évaporation; mais le
bois écorcé perdit 16 onces; il faudra donc prendre depuis
le 20 Août jusqu'au 20 Novembre; alors on trouve que le

bois en grume a perdu 36 onces, & que le bois écorcé en a perdu 28; donc, à surfaces égales, les évaporations ont été comme 38, 1 : 28; & , à volume égal, comme 40 : 28, ce qui s'éloigne de l'égalité.

Dans le mois suivant, du 20 Novembre au 20 Décembre, le bois en grume perdit 4 onces, le rondin pelé se chargea de 8 onces d'humidité; du 20 Novembre au 24 Janvier, le rondin en grume perdit 4 onces, & le rondin pelé se chargea de 12 onces d'humidité, ce qui n'est plus susceptible de comparaison.

Le diametre du rondin en grume *A*, n° 1, est de 13 pouces 6 lignes; celui du rondin pelé *B*, n°, 4, est de 12 pouces 4 lignes; leur hauteur commune est de 36 pouces; ainsi la surface du rondin en grume est à la surface du rondin écorcé, comme 1000 : 901, & le solide ou volume du rondin en grume, est au solide ou volume du rondin pelé, comme 1000 : 834; mais par l'expérience, le poids du rondin en grume est au poids du rondin écorcé, comme 216, 2 : 167, 7; donc, à volume égal, les poids de ces deux rondins seroient entr'eux, comme 216, 2 est à 201; rapport qui ne peut pas être fixé bien précisément, parce que les épaisseurs des écorces & leurs pesanteurs spécifiques ne sont pas données.

L'évaporation, pendant les deux premiers jours où il fit beau temps, fut de 12 onces pour le rondin en grume, & de 28 onc. pour le rondin pelé; donc, à surfaces égales, leur évaporation fut comme 10, 8 : 28, &, à volume égal, comme 10 : 28, ce qui fait une évaporation presque triple dans le bois écorcé.

Pendant les huit jours suivants il plut beaucoup, & le bois en grume ne se desfécha en aucune maniere; au lieu que celui qui étoit écorcé perdit encore 28 onces; ce qui prouve que le bois n'attire pas l'humidité, & ne s'en charge point à beaucoup près comme l'écorce: ne pouvant donc comparer les évaporations pendant ces huit jours, puisque l'une est zéro par rapport à l'autre, je prends un intervalle de quinze jours du 23 Février au 8 Mars : l'évaporation du rondin en grume fut de 24 onces, & celle du rondin pelé de 66 onces; donc, à surfaces égales, leur

leur évaporation fut comme 21 , 6 : 66 , à volume égal, comme
20 : 66 , & celle du rondin pelé un peu plus que triple.

Dans les seize jours suivants, du 9 Mars au 24 inclusivement, l'évaporation du rondin en grume fut de 36 onces, &
celle du rondin pelé de 106; donc, à surfaces égales, les évaporations étoient comme 32 , 4 : 106 , à volume égal, comme
30 : 106 : l'évaporation du rondin écorcé étoit donc beaucoup
plus que triple.

Dans les quinze jours suivants, c'est-à-dire, du 24 Mars au
8 Avril, l'évaporation du rondin en grume fut de 40 onces, &
celle du rondin écorcé fut de 32 onces ; par conséquent, à surfaces égales, les évaporations sont comme 36 : 32, &, à volume
égal, comme 33 , 3 : 32 ; ce qui s'approche de l'égalité.

Dans les seize jours suivants, depuis le 8 Avril jusqu'au 24
de ce mois , l'évaporation du rondin en grume fut de 64 onc.
& celle du rondin pelé de 112; donc, à surfaces égales, l'évaporation fut comme 57 , 6 : 112 ; &, à volume égal, comme
53 , 3 : 112 ; celle du rondin écorcé fut donc à peu-près double.

Dans les quinze jours suivants, depuis le 24 Avril jusqu'au
8 Mai , l'évaporation du rondin en grume fut de 68 onces , &
celle du rondin pelé de 48 onces ; donc, à surfaces égales, l'évaporation est comme 61 ; 2 : 48 ; &, à volume égal, comme 56,
7 : 48 ; ainsi voilà un rondin en grume qui perd plus de son
poids que le rondin écorcé.

Pendant les seize jours suivants, du 8 Mai au 24 du même
mois , l'évaporation du rondin en grume fut de 48 onces , &
celle du rondin pelé de 44 onces ; donc, à surfaces égales,
les évaporations sont comme 43 , 2 : 44, &, à volume égal,
comme 40 : 44 ; ce qui commence à s'éloigner de l'égalité.

Dans les onze jours suivants, depuis le 24 Mai jusqu'au 4
Juin, l'évaporation du rondin en grume fut de 32 onces, &
celle du rondin pelé de 24 onces ; donc, à surfaces égales,
l'évaporation étoit comme 28, 8 : 24 ; &, à volume égal, comme
26 , 6 : 24 ; ce qui tend encore à l'égalité.

Dans les seize jours suivants, depuis le 4 Juin jusqu'au 20
du même mois, l'évaporation du rondin en grume fut de 28

L l l

onces, & celle du rondin pelé de 31 onces; donc, à furfaces égales, l'évaporation eft comme 25, 2 : 31 ; &, à volume égal, comme 23 , 3 : 31 ; ce qui commence de nouveau à s'éloigner de l'égalité.

Dans le mois fuivant du 20 Juin au 20 Juillet, l'évaporation du rondin en grume fut de 60 onces, & celle du rondin pelé de 25 onc. donc l'évaporation, à furfaces égales, étoit comme 54 : 25 ; &, à volume égal, comme 50 : 25 ; l'évaporation du rondin pelé n'étoit donc plus que la moitié de celle du rondin en grume.

Pendant le mois fuivant, depuis le 20 Juillet jufqu'au 20 Août, l'évaporation du rondin en grume fut de 56 onces, & celle du rondiné corcé de 52 onces ; donc, à furfaces égales, l'évaporation eft, comme 50, 4 : 52 ; &, à volume égal, comme 46 , 7 : 52 ; ce qui fe rapproche de l'égalité.

Dans le mois fuivant, depuis le 20 Août jufqu'au 22 Septembre, l'évaporation du rondin en grume fut de 16 onces; celle du rondin pelé étoit de 12 onces ; donc, à furfaces égales, l'évaporation étoit comme 14, 4 : 12; &, à volume égal, comme 13 , 3 , 12 ; elles étoient donc prefque égales.

Dans les deux mois fuivants, du 22 Septembre au 20 Novembre, l'évaporation du rondin en grume fut de 28 onces, & celle du rondin pelé de 12 onces; donc, à furfaces égales, l'évaporation eft comme 25, 2 : 12 ; &, à volume égal, comme 23 , 3 : 12 ; celle du rondin en grume fe trouve donc prefque double.

Du 20 Novembre au 20 Décembre, l'évaporation du rondin en grume a ceffé, & il s'eft au contraire chargé de 12 onc. d'humidité, pendant que le rondin pelé s'eft chargé de 4 onc. d'humidité ; d'où il fuit que le rondin en grume qui avoit été jufques-là dans l'état d'une plus grande évaporation que le rondin écorcé, s'eft plus chargé de l'humidité de l'atmofphere que le rondin écorcé ; fans doute parce que l'écorce eft un corps fpongieux.

‡ Le diametre du rondin écorcé *B*, n° 2, eft de 11 pouces 9 lignes ; le côté de la bafe de la piece équarrie *A*, n° 2,

est de 8 pouces 2 lignes ; leur commune hauteur est de 36 pouces ; ainsi le volume du bois écorcé est au solide, ou volume du bois équarri, comme 1000 : 614 ; & la surface du premier est à la surface du second comme 1000 : 846 ; or le poids de *ces* deux solides étant entr'eux comme 159 : 102, il s'ensuit, qu'à volume égal, le poids du bois écorcé seroit au poids du bois équarri dans le rapport de 97, 6 : 102, ce qui n'est pas éloigné de l'égalité.

Les deux premiers jours où il fit un beau temps, le bois écorcé évapora 32 onces, & le bois équarri en perdit 16 ; donc, à volume égal, les évaporations furent comme 19, 6 : 16 ; à surfaces égales, comme 27 : 16 ; & la transpiration fut plus grande dans le bois écorcé que dans le bois équarri.

Pendant les huit jours suivants, où le temps fut couvert & pluvieux, l'évaporation du rondin écorcé fut de 68 onces, & celle de la piece équarrie fut de 64 onces ; donc, à volume égal, le rapport d'évaporation fut comme 41, 7 : 64 ; &, à surfaces égales, comme 57, 5 : 64 ; elle devint donc plus grande dans le bois équarri.

Du 9 Mars au 24 de ce mois, le rondin pelé perdit 92 onc. & la piece équarrie perdit 8 onces ; donc, à volume égal, l'évaporation fut comme 5, 64 : 8 ; &, à surfaces égales comme 77, 8 : 8 ; l'évaporation étoit donc, à raison des surfaces, environ dix fois plus grande dans le bois écorcé que dans le bois équarri.

Du 24 Mars au 8 Avril, la transpiration fut de 20 onces pour le bois écorcé ; elle fut de 24 onces pour le bois équarri ; donc, à volume égal, le rapport de l'évaporation fut de 12, 2 : 24 ; &, à surfaces égales, de 16, 9 : 24 ; ainsi la transpiration redevint plus grande dans le bois équarri.

Depuis le 8 Avril jusqu'au 24 Avril, le bois écorcé perdit 104 onces, & le bois équarri en perdit 44 ; donc, à volume égal, l'évaporation étoit comme 63, 8 : 44 ; &, à surfaces égales dans le rapport de 87, 9 : 44, l'évaporation étoit donc, à surfaces égales, à peu près double dans le bois écorcé.

Pendant les quinze jours suivants, c'est-à-dire, dans l'intervalle du 24 Avril au 8 Mai, le rondin pelé avoit perdu 68 onces, & la piece équarrie en avoit perdu 36 ; donc, à volume égal, leur évaporation fut comme 41,7 : 36,&, à furfaces égales, comme 57, 5 : 36 ; l'évaporation eft donc encore plus grande dans le bois écorcé que dans le bois équarri.

Du 8 Mai au 4 de Juin, la tranfpiration du bois pelé fut de 52 onces, celle du bois équarri de 28 ; donc, à volume égal, les évaporations étoient comme 31, 9 : 28; &, à furfaces égales, comme 43 , 9 : 28.

Du 4 Juin au 20 du même mois, le poids du rondin écorcé diminua de 28 onces, & le poids du bois équarri diminua de 32 ; donc, à volume égal, les évaporations étoient dans le rapport de 17, 1 : 32 ; &, à furfaces égales, de 23, 6 : 32 ; ainfi la tranfpiration devint plus grande dans le bois équarri.

Du 20 Juin au 20 Juillet, le bois écorcé perdit 30 onces, le bois équarri en perdit 20 ; donc, à volume égal, les évaporations furent comme 18, 4 : 20; &, à furfaces égales, comme 25, 3 : 20; ce qui s'approche de l'égalité.

Depuis le 20 Juillet jufqu'au 20 Août, le bois écorcé perdit 30 onces, le bois équarri en perdit 12 : ainfi les évaporations furent comme 18, 4: 12, à volume égal ; &, à furfaces égales, comme 25, 3 : 12 ; donc la tranfpiration étoit double, à raifon des furfaces, dans le bois écorcé.

Du 20 Août jufqu'au 22 Septembre, l'évaporation fut de 16 onces dans le bois écorcé, & de 4 onces dans la piece équarrie ; donc, à volume égal, les évaporations étoient comme 9, 8 : 4; &, à furfaces égales, comme 15, 5 : 4 ; c'eft-à-dire, plus que triple dans le bois écorcé.

Dans les deux mois fuivants, du 22 Septembre au 20 Novembre, le bois écorcé perdit 12 onces, le bois équarri en perdit autant; donc, à volume égal, l'évaporation du bois écorcé étoit à celle du bois en grume, comme 7, 3 : 12 ; &, à furfaces égales, comme 10, 1 : 12 ; ce qui fe rapproche de l'égalité.

Dans le mois fuivant du 20 Novembre au 20 Décembre, le rondin pelé fe chargea de 8 onces d'humidité, & le poids du

bois équarri étoit augmenté de 2 onc. ; fuppofant donc que dans
cet état l'évaporation eft la même dans le bois écorcé & dans
le bois équarri, on trouve que leur attraction d'humidité, à furfaces égales, eft à peu-près dans le rapport de 3 : 1.

Du 20 Décembre au 24 Janvier 1738, le poids du bois
écorcé augmenta de 4 onces ; celui du bois équarri diminua de
46 onces ; ce qui n'eft plus fufceptible de comparaifon.

§. 5. *Expérience fur de petits cylindres, dont les uns étoient écorcés, & les autres avoient leur écorce.*

QUOIQUE les expériences que nous venons de rapporter
foient très-concluantes, je ne crois cependant pas devoir négliger d'en rapporter une que j'ai faite, fort en petit à la vérité,
mais qui concourt à prouver les mêmes vérités.

Le 14 Mars 1738 j'abattis un jeune Chêneau ; & dans la
partie de fa tige qui étoit la plus cylindrique & la mieux arrondie, je coupai deux petits cylindres de deux pouces de longueur chacun : celui qui étoit le plus près de la cime de l'arbre,
fut confervé avec fon écorce ; & l'autre pris plus près des racines pour l'avoir plus gros, fut dépouillé de fon écorce, ce
qui le rendit, à très-peu de chofe près, de même groffeur que
le premier ; ainfi j'avois deux cylindres pareils en fuperficie que
je pouvois comparer l'un avec l'autre.

Je les ajuftai chacun à une petite balance qui trébuchoit à la
fixieme partie d'un grain.

Celui qui avoit fon écorce pefoit 1 once 4 gros 16 grains.

Celui qui étoit écorcé pefoit . 1 ... 3 .. 14 ...

Pour pouvoir connoître felon quelle proportion l'évaporation fe faifoit dans l'un & dans l'autre cylindre, je les ai toujours
tenus en équilibre, en ajoutant des grains dans le plateau de
la balance où ils étoient : outre cela j'ai eu foin de marquer
l'élévation de la liqueur du Thermometre de M. de Réaumur,
toujours en comptant au-deffus du point de la congellation,
parce qu'elle n'a jamais été au-deffous pendant tout le temps
que l'expérience a duré.

J'ai aussi examiné l'élévation du mercure dans le Barometre; mais pour éviter la confusion, je me contentois de marquer du chiffre 1, quand je le trouvois bas; quand il étoit dans un état moyen, je le marquois 11; & quand il étoit haut, je le marquois 111 : enfin j'ai encore eu l'attention de marquer chaque jour quel temps il faisoit : voici maintenant le journal de cette expérience.

Mois & Dates.	Bois écorcé. Grains.	Bois en grume. Grains.	Différence de poids. Grains.	Thermometre.	Barometre.	Temps.
Mai. 15	70	31	39	10	11	Sec.
16	80	30	50	11	11	Sec.
17	50	25	25	11	11	Sec.
18	46	22	24	10	11	Sec.
19	81	45	36	10	11	Sec.
20	31	29	2	10	1	Humide.
21	11	20	+ 9	8	1	Humide.
22	10	14	+ 4	8	1	Humide.
23	8	17	+ 9	8	11	Sec.
24	6	15	+ 9	9	11	Sec.
25	8	18	+ 10	10	11	Sec.
26	8	17	+ 9	11	1	Humide.
27	6	21	+ 15	10	1	Humide.
28	14	36	+ 22	9	11	Sec.
29	25	15	10	11	11	Sec.
30	3	6	+ 3	11	1	Humide.
31	1	7	+ 6	12	1	Humide.
Avril. 1	8	15	+ 7	12	111	Sec.
2	10	12	+ 2	14	111	Sec.
3	10	10	= 0	14	111	Sec.
4	20	24	+ 4	15	111	Sec.
5	18	20	+ 2	15	11	Sec.
6	4	11	+ 7	15	11	Sec.
7	4	10	+ 6	16	11	Sec.
8	4	18	+ 14	16	111	Sec.
9	2	10	+ 8	14	11	Humide.
10	2	3	+ 1	13	111	Humide.

Nota. Que comme je n'ai ensuite pesé ces bois que tous les huit jours, il m'a paru inutile de marquer les observations du Barometre, ni celles météorologiques.

Mois & Dates.	Bois écorcé. Grains.	Bois en grume. Grains.	Différence de poids. Grains.	Thermometre.	Barometre.	Temps.
Mai. 1	3	12	+ 9	13		
8	5	3	2	14		
15	4	3	1	13		
23	3	5	+ 2	15		
31	6	12	+ 6	20		
Juin. 7	4	12	+ 8	15		
14	9	14	+ 5	15		
20	0	7	+ 7	15		
18	7	7	= 0	15		
Juillet. 5	7	4	− 3	20		
13	1	13	+ 12	20		
21	10	15	+ 5	22½		
28	15	13	2	21½		
Août. 5	6	6	= 0	51		

Nota. Que le 5 Juillet le poids du cylindre écorcé est augmenté de 7 grains; & celui en grume de 4.

On voit par cette expérience que le cylindre écorcé a confidérablement diminué le poids dans les premiers jours ; & que l'autre a été long-temps à perdre la même quantité de feve ; ce qui auroit encore été bien plus fenfible, s'il ne s'étoit pas échappé de la feve par les extrémités de ces cylindres, qui étant coupées & pareilles dans l'un comme dans l'autre, laiffoient une libre fortie à la feve : la fomme des bafes de ces cylindres eft, dans cette expérience, très-confidérable, par proportion à leurs côtés. Il eft vrai que j'aurois pu vernir l'aire de ces bafes ou coupes, pour empêcher que la feve ne s'échappât par-là ; mais cette précaution ne m'eft pas venue à l'efprit, & je rapporte naturellement ce que j'ai fait ; heureufement que cette expérience offroit une différence affez confidérable pour m'exempter de la recommencer.

Nous devons maintenant être bien certains par les expériences ci-deffus, que la feve s'échappe plus promptement des billes de bois équarries, ou fimplement écorcées, que de celles qui reftent en grume ; & en fe rappellant ce que nous avons dit au commencement de ce Chapitre, que la feve eft une liqueur capable de fermentation & prompte à fe corrompre, il femble qu'on peut conclure fans craindre de fe tromper, qu'il faut équarrir, ou du moins écorcer les bois auffi-tôt qu'ils ont été abattus, afin de les priver promptement de cette liqueur corruptible, qui peut, par fon altération, porter un préjudice confidérable aux fibres ligneufes. Tout cela fera encore plus exactement difcuté dans le Chapitre où nous traiterons du defféchement des bois.

§. 6. *Expériences faites fur des bois blancs, pour reconnoître s'ils s'alterent fous leur écorce.*

Nous ne pouvons nous difpenfer de rapporter ici quelques expériences que nous avons faites fimplement pour connoître fi, en ralentiffant l'évaporation de la feve par le moyen de l'écorce, on eft fondé à craindre l'altération de cette liqueur qui endommage les fibres ligneufes. Dans cette vue, & comme

les bois blancs font plus fufceptibles de cette altération que le
bois de Chêne, j'ai fait abattre pendant l'Hiver de 1733, plufieurs gros Aunes : j'en ai laiffé une partie dans leur écorce, &
j'ai fait écorcer les autres ; ces arbres ont tous été mis fous
un hangar où ils ont refté jufqu'au Printemps de 1735, que
je les ai fait fendre pour examiner avec plus de commodité
quelle pouvoit être la qualité de leur bois : je l'ai trouvée telle
qu'on le voit ci-après.

Aunes avec leur écorce.	*Sans leur écorce.*
N° 1. Bois très-échauffé	Bon bois.
2. De même	Bois très-peu échauf-fé par un bout.
3. De même	Bon bois.
4. Bois qui commençoit à s'échauffer.	Bon bois.
5. Bois un peu échauffé	Très-bon bois.
6. Bon bois	Bon bois.
7. Bois qui commençoit à s'échauffer.	Bon bois.

Cette expérience prouve inconteftablement que les bois
écorcés fe font mieux confervés que ceux qui font reftés dans
leur écorce. Refte maintenant à examiner fi la même chofe
arrivera au Chêne.

§. 7. *Semblable Expérience faite fur le Chêne.*

LA bille marquée *A*, dont nous avons parlé, pourra encore
nous fournir un exemple.

Ce Chêne avoit été abattu dans le mois de Février, & les
pieces marquées 1 & 3 font reftées en grume, & celles marquées 2 & 4, ont été équarries fur le champ. On a examiné ces quatre pieces dans le mois de Décembre de l'année
fuivante ; l'aubier des billes 1 & 3 s'eft trouvé beaucoup meilleur que celui des pieces 2 & 4 ; peut-être cela venoit il de ce
qu'il avoit encore retenu de l'humidité ; car on fait que l'aubier fe réduit en pouffiere, quand une fois il a perdu toute fa
feve,

feve; c'est par cette raison que les Marchands conservent leurs
bois équarris, plutôt à l'humidité qu'au sec, afin que l'aubier
reste sain. Mais une seule expérience ne suffit pas; & pour faire
voir que, généralement parlant, le bois s'altere plus promptement sous l'écorce que quand on l'en a dépouillé, il nous
suffira d'assurer que nous avons, dans cette vue, fait abattre
plus de 90 jeunes Chênes pendant l'Hiver, & que nous avons
constamment reconnu que l'aubier des arbres en grume s'al-
téroit plutôt que celui des arbres qui avoient été écorcés.

Deux ans après, quand nous les avons fait fendre pour les
examiner, nous avons trouvé que le bois d'une partie de ceux
qui avoient été écorcés étoit bon; au lieu qu'il y en avoit
quantité de mauvais dans les arbres restés en grume.

Conclura-t-on delà qu'il faille écorcer les arbres si-tôt
qu'ils sont abattus? Je serois pour l'affirmative, s'il ne s'agissoit que de conserver au bois toute la bonne qualité qu'il peut
avoir; & cela avec d'autant plus de raison, que les bois que j'ai
fait écorcer aussi-tôt qu'ils ont été abattus, m'ont paru plus durs
que ceux qui avoient été conservés en grume. Mais que servi-
roit-il de ménager avec tant de soin la bonne qualité du bois,
si, en l'exposant à un desséchement si précipité, il se fend &
s'éclate à un tel excès, qu'il n'est presque plus propre à rien?
C'est ce que nous examinerons dans le Chapitre suivant; car
il est nécessaire auparavant de terminer la matiere de celui-ci,
& d'achever de discuter les autres sentiments que nous nous
sommes proposés d'examiner.

Article II. *En laissant les Arbres dans leur écorce
pendant un court espace de temps, peut-on en attendre
un effet sensible?*

Il y a quelques personnes habiles dans l'exploitation des
forêts, qui soutiennent qu'il faut laisser les arbres passer huit
ou dix jours dans leur écorce après qu'ils ont été abattus; ce
délai, disent-elles, est nécessaire, parce que les arbres, dans
les premiers jours qu'ils ont été coupés, donnent encore

M m m

des signes de vie, & que pendant cet intervalle de temps, le mouvement de leur seve se ralentit, les fibres ligneuses s'affaissent, ce qui empêche que les arbres ne se fendent, ne s'éclatent & ne se tourmentent à l'excès ; mais il ne faut pas, ajoutent-elles, les laisser plus long-temps sans les équarrir, si l'on veut découvrir promptement les vices intérieurs qui continueroient à faire du progrès jusqu'à ce qu'ils soient éventés. Nous examinerons dans le Chapitre suivant, si un délai de huit ou dix jours est capable d'empêcher les bois de s'éclater ; mais il est certain qu'il est avantageux de mettre promptement en évidence les caries intérieures qui se trouvent dans les arbres, parce que ces parties de bois pourri se chargent de beaucoup d'humidité, qui ne pouvant se dissiper aussi aisément que celle qui est répandue dans les parties saines, à cause de la désorganisation qui se rencontre dans ces endroits défectueux, cette humidité y occasionne une corruption qui endommage les parties saines qui se trouvent dans leur voisinage. C'est une raison de plus, de faire équarrir les arbres aussi-tôt qu'ils ont été abattus ; mais on ne peut adopter celles qu'on a rapportées, pour persuader qu'il est à propos de laisser les arbres huit ou dix jours dans leur écorce ; car il est certain que quand les Printemps ne sont pas fort secs, les arbres qu'on laisse avec leur écorce, sont encore en état de végéter pendant trois ou quatre mois après qu'ils ont été abattus, puisqu'on les voit pousser des feuilles, des fleurs & des bourgeons.

Quant à ce qu'on dit que la seve s'échappe pendant cet intervalle de temps, il ne faut, pour prouver que cette allégation est purement imaginaire, que faire voir combien peu il s'évapore de seve du corps des arbres qui restent en grume pendant l'Hiver, temps où l'on a coutume de les abattre : c'est ce que nous allons démontrer par quelques expériences que nous avons faites à ce sujet.

§. 1. *Expériences qui prouvent qu'il s'échappe peu de feve des Arbres qui restent en grume pendant l'Hiver.*

Pendant les neuf derniers jours du mois de Février, un rondin de Chêne tout nouvellement abattu & en grume, qui avoit trois pieds de longueur, plus d'un pied de diametre, & qui pesoit avec son écorce 216 livres 4 onces, n'a diminué que de 12 onces : un autre rondin un peu moins gros, qui pesoit 155 livres 8 onces, n'a diminué non plus que de 12 onces pendant ce même espace de temps. Il faut ajouter à cela, qu'il ne se seroit certainement pas échappé 4 onces de feve de chacun de ces morceaux de bois, si les arbres dont on les avoit tirés, étoient restés avec toutes leurs branches, parce qu'il n'est pas douteux que c'est par les extrémités coupées qu'il s'échappe le plus de feve ; & l'on conviendra que plus les billes de bois sont courtes, plus l'aire de leurs extrémités coupées se trouve être considérable, relativement au volume total du morceau de bois. Mais en supposant qu'on ne voulût pas avoir égard à cette raison, toute solide qu'elle est, cette quantité de 12 onces de feve est peu de chose, en comparaison de 45 à 50 livres d'humidité, qui ont dû s'évaporer de ces billes, avant qu'elles eussent pu être réputées seches.

§. 2. *Conséquences qu'on peut tirer de cette Expérience : diversité d'opinions sur cette matiere.*

Nous croyons qu'on peut conclure de l'expérience précédente, que les changements qui arrivent au bois pendant un espace de huit ou dix jours d'Hiver, qui est le temps où l'on exploite ordinairement les forêts, ne sont pas capables de produire un grand effet.

C'est sans doute pour ces raisons qu'il y a beaucoup de personnes qui prétendent qu'il convient de laisser les arbres pendant un mois, six semaines ou deux mois dans leur écorce après qu'ils ont été abattus.

M m m ij

Il faut, difent quelques-uns, laiffer le temps aux arbres de refuer, de laiffer échapper leur feve, & de raffermir leur bois.

D'autres veulent qu'on les laiffe pendant le même efpace de temps dans leur écorce, pour les garantir du grand air & du foleil; ou, fuivant d'autres, pour les mettre à couvert des grandes gelées. Et fi quelques-uns prétendent qu'en les confervant dans leur écorce, ils reftent dans un état d'organifation qui favorife l'évaporation de la feve, il y en a d'autres auffi qui penfent que l'écorce ne doit être confervée que dans la vue de ralentir cette évaporation.

Enfin plufieurs envifagent l'écorce comme une ceinture qui s'oppofe à la défunion des fibres ligneufes, & qui par conféquent empêche les bois de fe fendre : nous ne croyons pas que cette idée mérite d'être approfondie.

Après avoir rapporté les raifons qui ont engagé à conferver les pieces de bois dans leur écorce, pendant l'efpace de fix femaines ou deux mois, examinons maintenant quelles font les raifons qui déterminent à ne les y pas laiffer plus long-temps.

C'eft, dit-on, parce qu'il s'engendre des vers dans l'écorce, fur-tout quand elle commence à fe détacher du bois ; & que dans ce cas on trouve entre le bois & l'écorce, une humidité rouffe & puante qui peut endommager le bois, & que, généralement parlant, l'écorce eft une forte d'éponge qui fe charge de l'humidité, & qui la porte dans la fubftance du bois : outre cela, un arbre abattu auquel on laifferoit toutes fes branches & fon écorce jufqu'au Printemps, poufferoit des fleurs, des feuilles & des jets, fur-tout lorfque le Printemps eft humide. Or, ajoute-t-on, comme ces arbres ne peuvent rien tirer de la terre, c'eft aux dépens de leur propre fubftance que fe font ces productions qui lui caufent une forte d'épuifement.

Toutes ces raifons font autant d'objections contre le fentiment de ceux qui prétendent qu'il eft très-avantageux de conferver l'écorce aux arbres abattus, au moins pendant l'efpace d'un an ; je dis au moins, car quelques-uns penfent qu'on ne devroit les dépouiller que lorfqu'on veut les mettre en œuvre.

Après les expériences que nous avons rapportées, on fent bien que ceux qui veulent qu'on laiffe les bois dans leur écorce pour les conferver dans un état d'organifation qui favorife leur defféchement, fe trompent groffiérement, & qu'ils font connoître qu'ils ne parlent pas d'après des expériences bien faites; puifque l'on a vu dans les nôtres, qu'ayant équarri quelques tronces de bois, & en ayant confervé d'autres du même arbre dans leur écorce, nous avons reconnu que les bois équarris fe font defféchés bien plus promptement que ceux qu'on avoit laiffés en grume. En effet, & nous le prouverons bientôt en parlant du defféchement des bois, puifque de deux folides de bois pareils qui ne different que par leurs furfaces, c'eft celui qui a le plus de furfaces, relativement à fa maffe, qui fe deffeche le plus promptement, on doit en conclure que l'équarriffage diminuant la maffe, & augmentant les furfaces, il doit s'en fuivre un defféchement bien plus prompt.

Ceux donc qui different l'équarriffage des bois dans la vue de ralentir l'évaporation de la feve, paroiffent mieux fondés; mais comme ils ne cherchent à diminuer l'évaporation que pour prévenir les gerces, nous remettons à difcuter leur avis dans le fecond Chapitre.

On a enfin cru trouver un avantage à ne pas laiffer bien longtemps les arbres abattus dans leur écorce; cet avantage confifte, comme nous l'avons dit, à empêcher qu'ils ne pouffent quelques jets au Printemps, ce qui arrive fouvent aux arbres qu'on laiffe avec leur écorce, fur-tout quand cette faifon eft humide, dans la crainte que ces pouffes ne fe faffent aux dépens d'une fubftance huileufe, raifineufe & gélatineufe, qu'on dit, & avec raifon, être très-utile à la confervation du bois. Mais fi l'on fait attention à la petite quantité de ces fubftances qui s'échappent par cette voie, on fentira, fans qu'il foit néceffaire d'avoir recours à l'expérience, que cette déperdition eft peu de chofe en comparaifon du volume de l'arbre qui auroit pu produire ces foibles bourgeons.

§. 3. *Expérience pour connoître si les bourgeons que produisent les arbres après qu'ils ont été abattus, méritent quelque considération.*

J'ai tenté de reconnoître à quoi pouvoit à peu-près monter ce déchet : pour cet effet, j'ai fait abattre deux jeunes Chênes à la fin de l'Hiver ; j'en ai exactement mastiqué la coupe, & je les ai fait placer sous un hangard assez frais & à l'ombre : ces arbres ont poussé au Printemps quelques feuilles & quelques jets. Quand ces productions ont commencé à se faner, je les ai coupées, & je les ai fait sécher, pour voir quelle proportion il pouvoit y avoir entre leur poids, & celui des arbres mêmes que j'avois eu la précaution de peser ; mais les feuilles & les bourgeons, en séchant, se sont réduits à si peu de chose, que je n'ai pas daigné les peser.

§. 4. *Conséquences de l'Expérience précédente.*

Cette expérience prouve sans réplique, que le déchet de la substance qui peut être utile au bois, & qui est celle qui reste après le desséchement, est si peu de chose, en comparaison du volume de l'arbre, qu'on peut la regarder comme zéro.

D'ailleurs, est-il bien certain que la substance qui a formé les bourgeons, se fût fixée dans les pores du bois de ces arbres s'ils eussent été écorcés ? N'est-il pas probable au contraire qu'elle se feroit échappée avec l'humidité qui, dans ce cas, s'évapore avec une extrême rapidité, comme le prouvent les expériences précédentes ? Ajoutons à cela que si ces bourgeons tirent principalement leur nourriture des écorces & de l'aubier, comme cela est probable, on ne doit plus y prêter aucune attention, puisqu'il est indifférent que l'un ou l'autre soient de bonne ou de mauvaise qualité, ces parties devant être rejettées comme inutiles.

Nous savons maintenant à quoi nous en tenir au sujet des

bourgeons que les arbres pouffent après qu'il ont été abattus ; examinons pareillement le dommage que les vers peuvent produire fur les arbres qui ont leur écorce, & celui que peut produire l'eau rouffe & puante, qui féjourne entre l'écorce & l'aubier des arbres qui font abattus depuis long-temps.

§. 5. Expériences pour connoître fi les bois en grume qu'on laiffe expofés aux injures de l'air, s'alterent beaucoup.

Pour parvenir à cette connoiffance, j'ai pris plufieurs rondins de Chêne ; j'en ai écorcé une partie, & j'ai laiffé le refte avec fon écorce : quelques-uns de ceux qui avoient leur écorce, & d'autres qui en étoient dépouillés, ont été couchés par terre, expofés à l'air le long d'une muraille au Nord ; j'ai fait placer le refte dans un lieu fec & fous un hangar. Après avoir vifité à plufieurs fois ces morceaux de bois, voici le réfultat des obfervations que j'ai faites à ce fujet.

1°, Les morceaux de bois qui avoient leur écorce & qui étoient expofés à l'air, ont été attaqués de gros vers dès le Printemps, & bien plutôt que ceux qui étoient dans un lieu fec : aucun de ceux qui étoient écorcés n'a été attaqué de ces gros vers.

2°, Les rondins en grume qui étoient à couvert, n'ont, pour la plupart, été attaqués de ces petits vers qui moulinent le bois, que dans la feconde année.

3°, L'écorce s'eft bien plutôt détachée des bois confervés à l'air, que de ceux qui étoient reftés à couvert ; à ceux-ci, l'écorce n'a quitté feulement qu'après que les vers ont eu réduit le deffous en pouffiere ; aux autres, elle a commencé à fe détacher par parties dès le premier Eté, & elle s'eft détachée prefque partout après le fecond Printemps ; dans ce cas, on trouvoit fous l'écorce de la moififfure, des champignons & une eau rouffe qui avoit même altéré la fuperficie de l'aubier.

4°, Les vers étoient conftamment plus gros & mieux nourris dans les rondins qui étoient expofés à l'humidité, que dans

les autres ; & au lieu que dans ceux-ci, les vers ne détruisent
que l'écorce & la superficie de l'aubier ; dans les autres, ils
avoient entiérement percé l'aubier, & fait même beaucoup
de chemin dans le bois quand ils y avoient trouvé des veines
tendres : j'ai vu des trous de gros vers où l'on auroit aisément
mis le petit doigt.

§. 6. *Conséquences des Observations précédentes.*

On voit par ces observations que, généralement parlant,
l'écorce est préjudiciable au bois ; mais beaucoup plus quand
ils sont exposés à l'humidité que quand ils sont conservés à
couvert & dans des lieux secs : l'humidité attendrit le bois, &
le rend sans doute plus propre à être rongé par les vers ; outre
cela, on peut regarder l'écorce comme une éponge qui se charge de l'humidité, qui la conserve, & qui porte en premier lieu
la corruption dans l'aubier, ensuite & à la longue, dans le
bois, pour peu sur-tout qu'il y ait quelques veines tendres qui
lui en permettent l'entrée.

5°, Rarement les plus gros vers, ces chenilles de bois qui
produisent le capricorne, se trouvent-ils dans les bois qu'on
a tirés des forêts immédiatement après qu'ils ont été abattus ;
au lieu que ces mêmes vers dévorent les bois qu'on laisse en
grume dans les ventes : peut-être faut-il plus d'humidité à
ces insectes ; & communément il y en a davantage dans les
forêts que dans les chantiers ; il se peut faire aussi que les vers
passent d'une piece dans une autre, & cela reviendroit à ce
que rapportent plusieurs voyageurs des Isles de l'Amérique,
qui assurent que si après avoir abattu un chou-palmiste, on fait
plusieurs entames à son écorce, & qu'on le laisse dans la forêt, on trouve au bout de quelque temps cet arbre percé
& rempli de gros vers qui sont fort bons à manger ; mais que
si l'on transporte cet arbre dans les habitations, ces mêmes
vers ne viennent point l'y attaquer.

Aussi les Marchands de bois sont-ils dans la pratique de
faire exploiter promptement les bois qu'ils destinent à faire
de la

de la fente, parce qu'ils en conservent l'aubier, & qu'ils le vendent comme le bois du cœur; c'est sur-tout ce qu'ils pratiquent pour la latte & les échalas, les serches, &c; mais il faut dire aussi que le bois verd se fend mieux que le sec.

Toutes les expériences, toutes les observations que nous avons rapportées, & les réflexions que nous avons faites sur les différentes opinions qui sont venues à notre connoissance; en un mot, tout ce que nous avons dit jusqu'à présent, concourt à prouver qu'il y a un avantage considérable, lorsqu'on veut ménager la bonne qualité des bois, à écorcer, ou même à équarrir les arbres aussi-tôt qu'ils ont été abattus. Il me reste maintenant à examiner si, en suivant cette pratique, on ne les rend pas inutiles, à cause de la quantité de fentes & d'éclats qu'elle peut occasionner : c'est ce qui va faire le sujet du Chapitre suivant.

CHAPITRE II.

Quelle est la cause des gerces, des fentes & des éclats qui endommagent si souvent les bois de la meilleure qualité ? Pourquoi ces mêmes bois sont-ils les plus sujets à se voiler & à se tourmenter ? Dans quels cas ces accidents sont-ils principalement à craindre ? Quels sont les moyens de prévenir leur progrès ?

Les bois se gercent, se fendent & s'éclatent, ou ils se voilent, se courbent & se tourmentent, à proportion qu'ils perdent de leur seve, ou qu'ils se dessechent.

On sait aussi que les arbres abattus diminuent de volume, à mesure qu'ils perdent l'humidité qu'ils avoient lorsqu'ils étoient encore sur leur souche.

N n n

Je me suis assuré par des expériences, que dans les bois de la même qualité, ce sont ceux qui contiennent le plus d'humidité, qui perdent le plus de leur volume.

Je m'explique : le bois du cœur des arbres qui sont en crûe, est plus dense que celui de la circonférence ; il contient dans un même espace plus de fibres ligneuses & moins d'humidité : quoique ce point ait été déja prouvé ci-devant, je vais encore le prouver par de nouvelles expériences.

Or, je dis que dans ce cas, le bois de la circonférence qui perd le plus de son poids en se desséchant, diminue aussi plus de volume que le bois du centre.

Il n'en est pas tout-à-fait de même, lorsque ce sont des bois de différente qualité ; car les bois très-vieux, très-usés, les bois qui sont venus dans des pays froids, ou dans des terreins humides ; en un mot ces bois, que les Ouvriers appellent *Bois gras*, perdent beaucoup de leur poids en se séchant; mais cependant il m'a paru qu'ils ne diminuent pas beaucoup de volume.

Ce qu'il y a de certain, c'est que les bois extrêmement forts, ceux qui sont de la meilleure qualité, les Chênes de Provence, par exemple, se fendent & s'éclatent beaucoup ; les bois d'une qualité médiocre, ceux de Bourgogne, & encore plus ceux du Nord, se fendent beaucoup moins : les bois très-gras ne se fendent presque pas ; le bois pourri ne se fend point du tout.

Après qu'un arbre a été abattu, il se desseche à mesure qu'il perd de son humidité, il perd aussi de son volume, & les fentes se forment dans le bois à proportion qu'il diminue de volume.

Je ne m'arrêterai point à examiner comment se fait le desséchement du bois ; il est le même que celui de tous les autres corps ; la même cause Physique fait qu'un morceau de drap & un morceau de bois se dessechent ; ainsi il me suffira de renvoyer à ce qui a été dit de plus probable sur l'évaporation des liqueurs, sur la formation des exhalaisons, des vapeurs, &c.

Mais pour savoir d'où peut dépendre la diminution du volume du bois lorsqu'il se desseche, il faut d'abord concevoir qu'un tronc d'arbre est composé de différentes couches *d, d, d*

(*Pl. XIV. fig.* 1), formées de fibres ligneuses qui s'étendent dans toute la longueur du tronc *e e e e* ; ces fibres longitudinales font jointes les unes aux autres, non-feulement par des fibres qui les coupent à angle droit, & qu'on voit former des rayons *f, f, f*, fur l'aire de la coupe d'un morceau de bois (ce font les *véficules* de Malpighi, les *infertions* de Grew, & ce que les Marchands de bois appellent *la Maille*), mais encore par quelques fibres longitudinales qui paffent obliquement d'un faifceau dans un autre, ou d'une couche à l'autre ; cette méchanique s'apperçoit aifément, & la communication latérale de la feve qui eft prouvée par tant d'expériences, démontre la néceffité de l'union intime des fibres longitudinales les unes avec les autres.

Il s'en faut cependant beaucoup que cette force qui unit les fibres longitudinales, & que j'appellerai leur *force de co-héfion*, ne foit auffi puiffante que la force même de ces fibres ; car ces deux forces font entr'elles comme la force qu'il faut pour rompre un morceau de bois, eft à la force qu'il faut pour le fendre ; ou comme la force d'un barreau de bois de fil *c c* (*fig.* 1), eft à la force d'un barreau *b b*, de pareille dimenfion, mais levé dans le diametre d'un gros arbre, tel que celui de la figure 1, fur lequel ces deux barreaux font ponctués, l'un fur la coupe, & l'autre dans la direction du tronc.

Maintenant que nous avons une idée de la difpofition des fibres ligneufes dans un arbre, confidérons quelle eft la nature de ces fibres.

Elles ne font point rigides comme le feroit un faifceau de fils de métal, ou comme des fils d'émail ; elles font originairement formées d'une matiere mucilagineufe, gommeufe ou réfineufe ; & quoiqu'elles aient en quelque façon changé de nature, elles confervent néanmoins le caractere de leur origine, puifqu'elles s'attendriffent à la chaleur & à l'humidité, & que le froid & la féchereffe les endurcit : ce font donc des fibres élaftiques qui fe refferreront, & qui fe contracteront à mefure qu'elles perdront de leur humidité, & qui fe gonfleront & s'étendront lorfqu'elles s'imbiberont d'humidité ; cela doit fuffire pour expliquer les phénomenes dont il est ici question, & il n'est pas néceffaire de recourir, comme ont fait de grands Phyficiens, à certaines véficules ovales qui deviennent fphériques par le deffechement. On fait que les matieres mucilagineufes fe gonflent par l'humidité, & qu'elles fe refferrent quand elles fe deffechent: un morceau de gomme adragante, de colle forte, &c, fe gonfle dans l'eau, & ces matieres reviennent à leur premier volume, quand on les dépofe enfuite dans un lieu fec. Je m'en tiens à ces faits, & je ne cherche point pour le préfent à expliquer comment les parties de la colle peuvent fe contracter dans un cas, & fe dilater dans un autre ; mais comme j'ai prouvé ailleurs que les fibres ligneufes étoient originairement formées de matieres mucilagineufes, & qu'elles retiennent encore (lorfqu'elles font converties en bois), quelque chofe de la nature de ces matieres, je me contente de foupçonner que ces fibres fe dilatent ou fe contractent par une méchanique femblable à celle des matieres mucilagineufes.

On fait qu'une corde humectée fe gonfle, & qu'elle diminue de groffeur quand elle fe deffeche: je crois que le gonflement de la corde dépend de la même caufe qui fait monter l'eau dans les tuyaux capillaires ; & je penferois auffi que cette caufe influe dans l'augmentation ou la diminution du volume des bois qu'on humecte & qu'on fait deffécher ; mais il faut qu'il y ait quelque chofe de plus ; car la corde, lorfqu'elle fe deffeche, gagne en longueur ce qu'elle perd en groffeur, au lieu qu'un morceau de bois diminue en tout fens lorfqu'il perd fon humidité, ce qui arrive pareillement aux matieres mucilagineufes.

Je demande cependant qu'on obferve, que je dis feulement que nos fibres ligneufes retiennent encore quelques-unes des propriétés des matieres dont elles ont été formées ; car je ne prétends pas qu'elles ne font que gomme, que réfine, ou que mucilage ; il est certain que l'état de bois où elles font, est très-différent de celui de mucilage où elles ont été ; mais je crois que dans un morceau de bois il y a des parties qui

font vraiment ligneufes, d'autres qui font tout-à-fait mucilagineufes, & d'autres enfin qui font dans des états intermédiaires, & que le tout enfemble eft plus ou moins fufceptible
de dilatation & de contraction, fuivant qu'il y a plus ou moins
de parties vraiment ligneufes. Peut-être même pourroit-on
encore foupçonner que les parties les plus ligneufes font un
peu fufceptibles du reffort dont nous parlons ; mais cela eft indifférent à notre fujet.

Au refte, qu'on admette telle explication qu'on voudra ;
il fera toujours certain que les fibres ligneufes fe rapprochent
dans un morceau de bois verd lorfqu'il fe deffeche ; je me
fuis affuré différentes fois de ce fait fur un cylindre de bois
verd pris hors le centre d'un arbre, comme vers *aa* (*Fig. 1*),
qui rempliffoit exactement un anneau de fer : quand ce cylindre étoit fec, il s'en falloit affez confidérablement qu'il ne
remplît l'anneau. D'autres fois j'ai fait faire un barreau de bois
verd tel que *b b*, (*Fig. 1*), qui rempliffoit exactement un calibre de bois fec ; mais ce barreau y paffoit librement quand
il étoit devenu fec. Prefque toutes les menuiferies prouvent
bien fenfiblement que les fibres des bois verds fe rapprochent
à mefure qu'ils fe fechent.

Nous ferons voir dans la fuite que, dans ces mêmes circonftances, les fibres ligneufes perdent auffi de leur longueur ;
mais il faut examiner auparavant ce qui doit réfulter du rapprochement des fibres. Et pour mieux faire entendre quelle
eft fur cela ma penfée, j'emploierai pour comparaifon, un morceau de terre glaife.

§. 1. *Exemple de contraction tiré d'un Cylindre formé de terre glaife.*

Je fuppofe donc un cylindre de terre glaife *a a*, (*Pl. XIV. fig.
2*), fortant des mains du Potier ; ce cylindre, en fe defféchant,
perdra de fon volume dans toutes fes dimenfions.

La quantité de cette diminution eft, dans la glaife qu'emploient les Sculpteurs de Paris pour leurs modeles, d'environ
un douzieme.

Je coupe une tranche infiniment mince de mon cylindre parallélement à sa bafe ; ou bien fans avoir égard à l'élévation de ce cylindre , je ne confidere que ce qui fe paffe fur fa bafe, que je divife par des cercles concentriques *a b c d* (*Fig. 3*), & je fuppofe que la terre qui eft auprès du centre , fe deffeche auffi promptement que celle qui eft vers la circonférence, comme cela arriveroit dans une tranche de glaife infiniment mince.

Il eft certain que les rayons 1 , 2 , 3 , 4 , &c, fe rapproche-ront les uns des autres , à proportion que la tranche en quef-tion perdra de fon volume en fe defféchant, & qu'ils perdront en même temps de leur longueur.

Mais comme je ne veux pas d'abord prêter attention à la diminution du volume qui fe fera fuivant la longueur des rayons 1, 2, 3, 4, &c , mais feulement à leur rapprochement, je confidere la tranche la plus extérieure ou l'orbe *a* , comme enveloppant un cylindre de métal , que je fuppofe repréfenté par la tranche *b* ; il eft clair que la tranche *a* , en fe racourcif-fant , gliffera fur le cylindre de métal *b* , & cela , d'autant plus que cette tranche fera plus étendue ; ainfi , fi la diminution de l'argile qui fe deffeche , monte à $\frac{1}{12}$, la tranche *a* , étant fup-pofée avoir douze pouces de pourtour, elle diminuera de 12 lignes , & il fe formera une fente qui fera ouverte d'un pouce à l'extérieur de la tranche *a*.

Je regarde maintenant la tranche *b* , comme enveloppant un cylindre métallique , qui fera fuppofé repréfenté par la tranche *c*.

La tranche *b* diminuera dans les mêmes proportions que la tranche *a* , c'eft-à-dire , d'un douzieme ; mais comme la circonférence du cylindre *c* eft à la circonférence du cylindre *b* , à peu-près comme 9 eft à 12 , il s'enfuit que la fente qui fe fera à la tranche *b* , n'aura que 9 lignes d'ouverture.

On voit , par ce que je viens de dire , qu'il fe formera une fente qui aura 12 lignes d'ouverture à la fuperficie du cylindre, & qui fe réduira à zéro vers le centre : & voilà ce qui doit réfulter de la contraction des tranches *a, b, c, d,* quand on fup-

posera que les rayons 1, 2, 3, 4, &c, ne se racourcissent pas.
Mais c'est-là une pure supposition ; car il est certain que les
rayons perdent de leur longueur, & dans un cylindre de glaise
& dans un rondin de bois, quand l'un & l'autre se dessechent ;
il faut donc avoir égard à leur racourcissement, & examiner
de combien la fente de notre cylindre en sera diminuée.

Cela est aisé, puisque ce cylindre étant composé d'une matiere homogene, le racourcissement des rayons, de même que
leur rapprochement doit être d'un douzieme : or, comme les
rayons des cercles sont entr'eux comme les circonférences,
on doit en conclure que la fente sera anéantie par le racourcissement des rayons : je vais rendre cela plus clair.

Pour cela, je reprends ma premiere hypothese, & je dis :
qu'en supposant que la contraction des parties latérales ait produit à la circonférence du cylindre un douzieme d'ouverture,
m f ; (*Fig. 3*), il est évident que si (ces parties restant dans
cet état), on supposoit que les rayons 1, 2, 3, 4, &c, se racourcissent d'un douzieme, la fente se refermeroit ; car la circonférence *e e e*, qui exprime ce racourcissement, n'est que
les $\frac{11}{12}$ de la circonférence 1, 2, 3, 4, &c.

L'expérience est d'accord avec ce raisonnement, puisqu'il
est certain qu'on peut, en y apportant les précautions nécessaires, dessécher un morceau de glaise, sans qu'il s'y fasse aucune fente. J'avoue que ces précautions sont difficiles à prendre ; & je pense que le seul moyen d'y réussir seroit de prendre une couche de terre assez mince, pour que toutes les
couches se desséchassent à la fois. Mais il n'en est pas de même d'un rondin de bois ; jamais il ne m'a été possible d'empêcher qu'il ne se gerçât en se séchant : d'où peut venir cette
différence ? Tâchons de la faire connoître d'une façon sensible.

J'ai supposé jusqu'à présent que le cylindre étoit fait d'une
matiere uniforme, tant au centre qu'à la circonférence ; qu'il
étoit d'une terre semblable, chargée d'une égale quantité d'eau,
& dont toutes les parties étoient capables d'une contraction
uniformément graduée ; mais une pareille supposition ne peut

avoir lieu à l'égard d'un rondin de bois : on a vu ci-devant, à l'occafion de l'âge des arbres, que le bois du centre des arbres en crûe, eft plus denfe, moins chargé de feve & moins fufceptible de contraction, que celui de la circonférence ; car ce n'eft pas fans raifon que j'ai avancé ci-devant, & que je prouverai avant de finir cet article, que dans les bois de la même qualité, ce font ceux qui contiennent le plus d'humidité, qui perdent le plus de leur volume en fe defféchant.

Ainfi, pour avoir un cylindre de glaife qui fût à cet égard comparable à un rondin de bois, il faudroit faire enforte que la terre du centre fût moins humectée que celle qui la recouvre, & ainfi de fuite jufqu'à la derniere couche qui feroit plus chargée d'eau que toutes les autres ; ou, ce qui revient au même, il faudroit former ce cylindre de glaifes de différentes natures, & mettre au centre celles qui fe retirent le moins en fe féchant ; & à la circonférence, celles qui fe retirent le plus.

On doit déja appercevoir que, lors du defféchement d'un pareil cylindre (n'ayant égard qu'à la feule circonftance que je viens d'établir), les tranches fe retirant en proportion de l'humidité qu'elles contiennent, il fe formera une fente large à la circonférence, & que cette fente fe terminera prefque à rien vers le centre ; parce qu'en ce cas, le racourciffement des rayons ne fera pas proportionnel à leur rapprochement.

J'ai effayé de parvenir à déterminer quelle feroit la quantité & la forme de cette fente dans un cylindre de glaife, tel que je viens de le fuppofer : cette recherche que je n'avois d'abord regardée que comme une fimple curiofité, m'ayant enfuite paru de quelque utilité pour l'intelligence de ce que j'ai à dire dans la fuite ; j'ai cru qu'il étoit à propos d'en rapporter ici le réfultat, mais le plus briévement qu'il me fera poffible.

J'ai dit que fi un cylindre étoit fait d'une matiere uniforme dans toutes fes parties, & fi l'on n'avoit point d'égard au racourciffement des rayons, il fe formeroit par le defféchement, une fente qui auroit un douzieme d'ouverture à la circonférence, & qui fe réduiroit à zéro au centre ; le triangle *a b c* (*Pl. XV. fig. 1.*) repréfente cette fente, & les cordes 1, 2, 3, 4, 5, &c.

5, &c, ou les orbes correspondants, les couches de glaise.

La premiere couche ayant, dans la supposition présente, un douzieme de contraction, la corde 1 conservera sa longueur.

La seconde couche n'est pas capable d'une aussi grande contraction ; & je suppose que cette différence soit $\frac{1}{12}$; ainsi la fente sera moins ouverte de cette somme qu'il faut soustraire de la corde 2, ce qui va au point *d*.

La troisieme couche est encore moins susceptible de contraction ; je suppose que c'est de $\frac{2}{12}$; il faut donc racourcir la troisieme corde de cette somme qui répond au point *e*. On peut suivre ainsi toutes les lignes jusqu'au centre, en supposant que la contraction diminue toujours uniformément ; & l'on obtiendra une portion de parabole *a, d, e, f, g, h, i, k, l, m, n, o, b* (*Fig. 1*), qui exprime la valeur de la fente dans l'hypothese présente, où l'on a supposé que la terre du centre ne se contractoit point, & que les couches devenoient de plus en plus contractiles, suivant une progression arithmétique simple, depuis le centre jusqu'à la circonférence où la contraction étoit d'un douzieme ; mais comme jusqu'à présent nous n'avons eu aucun égard au racourcissement des rayons, il est bon de faire voir qu'il ne peut pas anéantir la fente, comme cela est arrivé dans l'hypothese d'un cylindre fait d'une matiere uniforme.

Supposons pour cela que le rayon *a, b* (*Pl. XV. fig. 2*), se soit retiré d'un douzieme, ainsi que dans l'hypothese d'une matiere uniforme ; les lignes *i i i i i*, 1, 2, 3, 4, &c, se feront rapprochées d'un douzieme, &c ; mais dans l'hypothese présente, il n'y a plus que l'espace 1, 2, qui se rapproche d'un douzieme ; ainsi la ligne 1 viendra en *i*, les espaces 2 & 3 se contracteront moins ; ainsi il s'en faudra d'un douzieme de l'espace 2, *i*, que la ligne 2 ne joigne *i* ; par la même raison, il s'en faudra de deux douziemes, que 3 n'arrive en *i*, & ainsi de suite jusqu'à *b*, où la contraction étant zéro, il s'en faudra douze douziemes que 12 n'approche de *i*.

En additionnant toutes les différentes contractions, on verra que le rayon *a b*, perd dans cette hypothese $\frac{6}{144} + \frac{1}{288}$

de fa longueur, ce qui fait à peu-près la moitié de la contrac-tion qui feroit arrivée dans l'hypothefe d'une terre uniforme; ainfi le rayon ab, (Fig. 2), n'aura plus que la longueur bc, ce qui fermera de moitié la fente ac (Figure 1). La figure 3 rendra cela encore plus clair.

Le rayon AB fe racourcit lorfque le cylindre fe deffeche; mais ce ne fera plus d'un douzieme comme dans l'hypothefe d'une terre uniforme. La terre la moins humeÂtée eft celle qui fe contraÂtera le moins ; & ce fera celle qui contient le plus d'eau, qui fe contraÂtera le plus.

Ces principes établis, je fuppofe que le rayon AB eft divi-fé en parties égales, en 12, par exemple ; je fai que la partie du rayon AD eft plus denfe que la partie DE, ce qui m'affure que la contraÂtion fera moindre en AD qu'en DE, en DE moindre qu'en EF; enforte que fi AD fe racourcit d'une cer-taine quantité, DE fe racourcira, par exemple, de deux fois cette quantité ; EF de trois fois cette quantité ; FG de qua-tre fois, & ainfi de fuite jufqu'à BM qui fe racourcira de douze fois cette quantité.

Je fuppofe donc à préfent que BM fe contraÂte d'un dou-zieme de fa longueur, c'eft-à-dire, de $\frac{12}{144}$ de fa longueur, ou de $\frac{12}{1728}$ parties du rayon AB : la contraÂtion de M en N ne fera que de $\frac{11}{144}$ de fa longueur, ou de $\frac{11}{1728}$ du rayon ; la contrac-tion de la partie NO, fera de $\frac{10}{144}$ de fa longueur, ou de $\frac{10}{1728}$ du rayon AB ; la contraÂtion de la partie OP ne fera que de $\frac{9}{144}$, ou de $\frac{9}{1728}$ du rayon, & ainfi de fuite en progreffion arithmétique fimple, jufqu'au point A, qui eft le terme zéro de la progreffion. La fomme de cette progreffion fera donc la fomme de toutes les différentes contraÂtions qui fe font faites fur les parties AD, DE, EF, &c ; de forte que fi on les fouftrait du rayon AB, on aura la valeur du rayon, après que toutes les contraÂtions ont été exercées de D en A, de E en D, &c. Or la fomme de toute cette progreffion eft $\frac{78}{1728} = \frac{13}{288}$, ce qui approche beaucoup d'un vingt-quatrieme du rayon ; fuppofons-le ainfi pour plus grande facilité.

Ce qu'on dit de ce rayon eft commun à tous les autres AS,

AT, AB, AV, AQ, AR, & la circonférence $STBVQRS$ se trouvera, par la contraction des rayons plus près du centre d'un vingt-quatrieme en $b\,x\,y\,a$; enforte qu'elle ne fera que $\frac{23}{24}$ de la circonférence $STBVQRS$. Mais on a déja vu que dans l'hypothefe d'une terre uniforme, la contraction latérale ou le rapprochement des rayons, avoit produit une fente d'un douzieme d'ouverture ; c'eft-à-dire, que l'arc $STBVQ$ étoit $\frac{11}{12}$ ou $\frac{22}{24}$ de l'arc entier $QSTBVQ$; il faudra donc prendre fur le cercle entier $QSTBVQ \frac{23}{24}$, ou l'arc $b\,x\,y\,a\,b = \frac{23}{24}$, l'arc $STBVQ$, qui eft juftement la fente qui, par ces différentes contractions, s'eft réduite à $\frac{1}{24}$ de la premiere circonférence, au lieu d'un douzieme, de forte qu'elle eft plus petite de la moitié : ce n'eft cependant pas encore là tout ; car cette fente va bientôt prendre une autre forme.

Les cercles concentriques ne fe contractent pas uniformément, non plus que les parties des rayons que je viens d'examiner ; car comme il y a plus de denfité au centre qu'à la circonférence, il faut que la contraction foit auffi moindre au centre qu'à la circonférence ; & fi je divife la bafe du cylindre en douze cercles concentriques, je puis fuppofer (comme je l'ai fait en parlant des rayons) que la contraction fera douze fois plus grande à la circonférence extérieure BQ, qu'au centre A ; qu'elle fera onze fois plus grande fur la circonférence $a\,b\,M$ qu'au centre, & ainfi de fuite jufqu'en g, où elle fera zéro ; c'eft-à-dire que l'arc $a\,b$ étant $\frac{1}{12}$ ou $\frac{12}{144}$ de la circonférence, il faut que l'arc $c\,d$ ne foit que $\frac{11}{144}$ de la circonférence, $e\,d\,M\,c\,e\,f$ que $\frac{10}{144}$ de la circonférence $e\,f\,N\,e\,k\,h$, que $\frac{2}{144}$ de la circonférence $k\,h\,O\,k$, & ainfi de fuite jufqu'en g, où la contraction fera $\frac{0}{144}$; ce qui donne une courbe $A\,k\,e\,c\,a$ qui eft une portion de parabole : ainfi l'efpace $A\,k\,e\,c\,a\,b\,d\,f\,h\,A$, fera la fente du cylindre, en fuppofant toutes les contractions réunies.

Obfervant néanmoins que la courbe $A\,k\,e\,c\,A$ devroit être partagée en deux, dont une moitié refteroit du côté $A\,a$, & l'autre feroit du côté $g\,b$; mais je l'ai portée toute d'un côté pour la rendre plus fenfible dans cette figure, ainfi que dans la premiere.

O o o ij

On pourroit m'objecter que ce que je viens de dire est purement hypothétique, & refuser d'admettre la comparaison du cylindre de glaise, que j'ai faite avec un rondin de bois, si je négligeois de faire connoître en quoi ces deux objets font comparables, & en quoi ils different. Par-là je me trouve engagé à examiner ce qui se passe dans le Chêne, & encore à prouver que le bois du centre est plus dense que celui de la circonférence; que le bois de la circonférence est plus chargé d'humidité que celui du centre, & à établir quelle peut être à peu-près la somme de la contraction des couches ligneuses.

§. 2. *Que le Bois du centre est plus dense que le Bois de la circonférence.*

Pour pouvoir connoître à peu-près en quel rapport se trouve la diminution de densité des cercles ligneux, à mesure qu'ils s'écartent du centre, j'ai choisi dix rouelles de Chêne (telles que la figure 1 de la Planche XVI les repréfente), sans nœuds, sans roulures, sans cicatrices, &c, provenant d'autant d'arbres différents.

J'ai levé dans le diametre de ces rouelles des tranches semblables à *bb*, & j'en ai formé des parallélipipedes d'égale dimension 1, 2, 3, 4, 5. Je les ai pesés chacun en particulier, & j'ai fait une somme totale des poids de tous les morceaux numérotés 1, & la même chose des morceaux numérotés 2, 3, 4, 5; ce qui m'a donné les sommes suivantes en grains.

Le numéro un, 4344; le numéro deux, 4225; donc le numéro 1 est plus dense que le numéro 2, de 119.

Le numéro deux, 4225; le numéro trois, 4124; donc le numéro 2 est plus pesant que le numéro 3, de 101.

Le numéro trois, 4124; le numéro quatre, 3891, moins pesant que le numéro 3 de 233.

Le numéro quatre, 3891; le numéro cinq, 2391, moins pesant que le numéro 4 de 1500.

Je compare maintenant les numéros 2, 3, 4, 5 au numéro 1.

Le numéro un, 4344; le numéro deux, 4225 : différence 119 que je prends pour diviseur de 4225, poids du numéro deux; & il me vient au quotient $35 + \frac{60}{119}$.

Le numéro un, 4344, le numéro trois, 4124 : différence 220, que je prends pour diviseur de 4124, & je trouve $18 + \frac{41}{55}$.

Le numéro ùn, 4344; le numéro quatre, 3891 : différence 453, quotient $8 + \frac{89}{151}$.

Le numéro un, 4344; le numéro cinq, 2391 : différence 1953, quotient $1 + \frac{146}{651}$.

Il est certain, & nous l'avons remarqué dans le Livre premier sur l'âge des arbres, qu'il est très - rare de trouver des bois qui suivent une dégradation uniforme de densité, depuis le centre jusqu'à la circonférence, mille légers accidents changeant considérablement la densité du bois ; cependant comme dans l'expérience que je viens de rapporter, j'ai choisi mes rondelles avec beaucoup de soin ; & comme la somme qui se trouve sous chaque numéro, est un total de dix morceaux de bois pris d'autant d'arbres différents, je crois avoir quelque raison de penser que la diminution de densité suit, à peu-près, l'ordre que mon expérience indique, sur-tout depuis le numéro 1, jusqu'au numéro 4; car comme dans les morceaux de bois numérotés 5, il s'en trouvoit qui avoient de l'aubier, & d'autres qui n'en avoient pas, cela pouvoit contribuer à la grande différence que nous avons remarquée entre le numéro 4 & le numéro 5 : or, en supprimant le numéro 5, il paroît que la densité diminue à peu-près suivant la progression géométrique 1, 2, 4, 8, &c.

Au reste, je ne présente point cela sur le pied d'une précision géométrique ; ce n'est qu'un à peu-près ; & heureusement je n'ai ici besoin que de cela.

J'ai maintenant à examiner en quelle proportion se fait l'évaporation de l'humidité au centre & à la circonférence.

§. 3. *Quelle peut être la proportion de l'humidité contenue dans les différentes couches ligneuses.*

Nous avons prouvé dans le Livre premier que le bois des nouveaux bourgeons des arbres, est au bois du centre & du pied des mêmes arbres, comme les dernieres couches d'aubier sont au bois du cœur, pris aussi vers la souche ; ainsi il est indifférent de comparer la cime d'un arbre avec le cœur de cet arbre pris vers le pied, ou de comparer ce même point pris au pied avec la circonférence.

Cela posé, pour connoître à peu-près quelle quantité d'humidité il y a de plus dans le bois nouvellement formé, tel qu'est celui de la cime ou celui de la circonférence des arbres, que dans le bois plus ancien, tel qu'est celui du centre & du pied, j'ai choisi un jeune Chêneau bien droit, de 8 à 10 ans; j'ai fait enlever avec une varlope le bois de la circonférence, & j'ai fait ménager dans le centre un barreau (*Pl. XVI. fig. 2*) de 4 pieds de longueur, & seulement d'un quart de pouce en quarré; ensuite je l'ai fait scier en huit parties de demi-pied de longueur, je les ai numérotées, à commencer par le bout de la cime 1, 2, 3, 4, 5, 6, 7, 8.

Ces morceaux avoient toute leur seve: le numéro 8 pesoit 274 grains ; & le numéro un, 256.

Ainsi le numéro 8 avoit, quoique semblable en dimensions, 18 grains de seve ou de fibres ligneuses de plus que le n° 1, ce qui fait 14 + $\frac{1}{2}$.

Je les ai mis dans une étuve; & quand ils ont été bien secs, j'ai trouvé que le numéro 8 ne pesoit plus que 200 grains ; donc il avoit perdu 74 grains d'humidité.

Le numéro 1 ne pesoit plus que 164, par conséquent il étoit diminué de 92 ; donc le numéro 8 étoit plus dense que le numéro 1 de 36 grains ; c'est-à-dire, de 4 + $\frac{1}{2}$; donc le numéro 1 contenoit 18 grains d'humidité de plus que le numéro 8; c'est-à-dire, 14 + $\frac{1}{2}$.

Cette différence & d'humidité & de densité est considérable, fur-tout fi l'on fait attention que le barreau de quatre pieds de longueur fur $\frac{1}{4}$ de pouce en quarré, ne répond gueres qu'à un arbre d'un pouce & demi de diametre.

Comme à la feule infpection, le numéro 1 paroiffoit avoir plus diminué de volume que le numéro 8, mais qu'il ne paroiffoit pas que ce fût proportionnellement ni à la denfité, ni à la quantité d'humidité, il étoit donc néceffaire d'employer d'autes moyens pour parvenir à connoître en quelle proportion les couches ligneufes fe contractent.

§. 4. *En quelles proportions les couches ligneufes fe contractent-elles ?*

Pour connoître en général que le bois nouvellement formé & qui n'a pas acquis toute fa denfité, fe contracte plus que celui qui eft mieux formé, il faut fendre en quatre le tronc d'un jeune arbre : alors on verra que les brins s'écarteront en forme de lardoire, de forte que l'écorce fera à la partie intérieure de la courbe, ce qui eft occafionné par la contraction du bois extérieur, qui eft plus grande que celle du bois du cœur : nous rendrons cela plus fenfible dans la fuite, en expliquant les figures de la Planche **XXI.**

Il femble que, pour s'affurer de ce fait, il n'y auroit qu'à mefurer bien exactement un petit cube de bois verd, tel que celui de la figure 1, Pl. **XVI**, n° 5, pris à la circonférence de l'arbre *a b b*, & encore l'autre cube de pareille dimenfion n° 1, pris au centre du même arbre, les laiffer fe fécher l'un & l'autre, & enfuite les mefurer de nouveau.

J'ai employé ce moyen ; mais pour qu'il réuffiffe, il faut prendre bien des précautions.

1°, Il faut que l'arbre dont ces cubes font pris, foit gros, afin que la différence puiffe être bien fenfible ; 2°, il faut que cet arbre foit en crûe, pour que le bois du centre ne foit point altéré ; 3°, pour peu que ces cubes fe gercent en fe féchant, il n'y aura plus moyen de mefurer exactement leurs dimenfions ; 4°, il faut qu'au commencement de cette expérience, ces cubes foient exactement réduits entr'eux à de pareilles dimenfions, & rien n'eft fi difficile que de parvenir à cette précifion quand on fe fert de bois verd comme dans cette occafion ; enfin une gélivure, une roulure, une cicatrice, un nœud, &c ; tout cela dérange abfolument l'expérience.

J'ai néanmoins effayé d'exécuter avec foin ces expériences; elles m'ont à la vérité perfuadé que le bois de la circonférence fe retire plus en fe féchant, que le bois du centre ; mais c'étoit d'une façon fi peu fenfible, que je n'oferois prefque affurer cette vérité, fi elle ne fe trouvoit pas confirmée par quantité d'obfervations qui fe trouveront répandues dans tout ce Chapitre, & dont je vais préfenter quelques-unes.

Peu fatisfait des expériences dont il eft ici queftion, je pris fix rondins de Chêne de 12 ou 14 pouces de diametre, qui avoient été écorcés tout verds, & qu'on avoit tenus dans un lieu fec, pour qu'ils fe defféchaffent plus promptement.

Je mefurai les diametres de ces fix rondins, & j'en conclus une groffeur moyenne : je mefurai de même toutes les fentes de ces fix rondins, dont je conclus auffi une ouverture moyenne prife à la circonférence ; cette fente moyenne faifoit à peu-près un douzieme de la circonférence moyenne, parce qu'elle fe terminoit à rien vers le centre des rondins.

D'où je conclus que la contraction des couches ligneufes eft en même raifon que l'humidité qu'elles contiennent, & en raifon renverfée de leur denfité, fans cependant être proportionnelle ni à l'humidité ni à la denfité : c'eft-à-dire que, là où il y a plus d'humidité & moins de denfité, il y a plus de contraction. Mais de ce que dans un endroit il y auroit, par exemple, un tiers plus d'humidité, ou un tiers moins de denfité que dans un autre, il ne s'enfuit pas pour cela qu'il y auroit un tiers plus de contraction. En effet, fi dans un morceau de bois fec, la contraction augmentoit en raifon renverfée, & proportionnellement à la denfité, un pouce-cube du bois pris vers la circonférence, devroit autant pefer qu'un pouce-cube du bois du centre, ce qui n'eft pas. Ainfi, tout ce que l'obfervation apprend, c'eft qu'à la circonférence d'un rondin

où

où eft la plus grande contraction, le bois fe retire à peu-près d’un douzieme.

Quand on voit les fentes s’anéantir entiérement au centre, on en conclut qu’il n’y a point de contraction à cet endroit; jufques-là tout eft d’accord avec le cylindre de glaife que nous avons pris pour comparaifon, à cela près que, fuivant notre hypothefe, la fente du cylindre de glaife n’avoit dans fa plus grande ouverture qu’un vingt-quatrieme de la circonférence; au lieu que, fuivant notre obfervation, elle feroit dans un cylindre de bois d’un douzieme de la circonférence.

Mais les couches intermédiaires fuivent-elles dans leur contraction le même ordre que nous y avons fuppofé? C’eft ce que je ne fuis pas encore en état de prouver exactement par des expériences: peut-être y parviendrai-je dans la fuite; en attendant, je ferai enforte de trouver dans la théorie les lumieres que l’expérience me refufe.

Le centre des rondins eft le moins fufceptible de contraction; cela eft prouvé; donc le bois le plus vieux, le plus anciennement formé, eft le moins fufceptible de contraction.

Le bois de la circonférence eft celui qui fe contracte le plus; donc c’eft le bois le plus jeune qui eft le plus capable de contraction. D’après cela, n’eft-il pas naturel de penfer que la contraction des couches ligneufes eft proportionnelle à leur âge, mais en fens contraire; de forte que la plus jeune couche eft la plus contractile; celle qui fuit & qui eft plus ancienne eft moins contractile, & ainfi des autres jufqu’au centre; ce qui feroit une diminution uniforme de contraction, depuis le centre jufqu’à la circonférence; & c’eft cette nuance que j’ai effayé d’imiter par les différentes couches de glaife dont j’ai imaginé que devoit être compofé mon cylindre.

Je dis donc: les fibres ligneufes deviennent moins capables de contraction, à mefure qu’elles deviennent plus bois; à proportion qu’elles approchent plus du centre, elles deviennent de plus en plus ligneufes, jufqu’à ce que l’arbre commence à s’altérer de vieilleffe, & à tomber en retour; ainfi il faut néceffairement que les couches ligneufes foient d’autant moins fufceptibles de contraction, qu'elles feront plus anciennement formées.

Enfin, fi l'on examine avec attention beaucoup de gros bois, & fur-tout des rondines, on verra que les fentes approchent affez de la figure que nous avons déterminée.

On fent bien que pour juger de la figure de ces fentes, il faut, 1°, que l'arbre foit gros; 2°, que la fente foit grande; 3°, qu'elle foit unique, comme dans la Pl. XVI, figure 6; car s'il y a (comme cela arrive ordinairement) de petites fentes à la circonférence qui ne s'étendent pas jufqu'au cœur, telles qu'en *c c*, figure 5, la grande fente en fera diminuée d'autant, & feulement vers la circonférence; 4°, que le bois ne foit pas gras; car ces bois font moins fufceptibles de contraction, & font plus uniformes au centre & à la circonférence, que ne le font les bois forts; 5°, il faut qu'il ne fe trouve ni nœuds, ni roulure, ni retour, ni double aubier, ni couronne de bois dur; car tous ces accidents changent la forme des fentes.

§. 5. *Ce qui arrive au bois lorfque les couches extérieures fe deffechent avant les couches intérieures.*

J'ai fuppofé jufqu'à préfent que les couches ligneufes ou les tranches *a b c d* d'un cylindre, (*Pl. XVI. fig. 3*), fe defféchoient également dans un même efpace de temps; il eft cependant prefque impoffible que cela arrive ainfi; car c'eft le vent, le foleil, l'air chaud & fec qui caufent le defféchement: les tranches extérieures y étant plus expofées, il faut donc qu'elles perdent les premieres de leur humidité, & qu'elles fe contractent, tandis que celles qui feront vers le centre, refteront dans l'état où elles étoient. Examinons ce qui doit en arriver.

La tranche *a* (*Figure 3*), tendra à fe contracter, pendant que la tranche *b* confervera fon premier volume: la tranche *a* fera donc effort pour gl
iffer fur la tranche *b*.

Si la force d'union ou de cohéfion des fibres ligneufes qui compofent la tranche *a*, eft fupérieure à la force de contraction de cette tranche, il n'arrivera point de fente jufqu'à ce que quelque caufe extérieure rompe cet équilibre.

C'eft-là ce qui fait que, quand on laiffe tomber fortement fur un corps dur une piece de bois qui eft parvenue à un certain degré de defféchement, ou quand on la frappe avec une maffe, on la voit quelquefois s'ouvrir & s'éclater fubitement.

Mais quand les couches fe font defféchées à un certain point, la force de contraction prend ordinairement le deffus fur celle de cohéfion ; & alors il fe forme une fente.

C'eft quand cette fente s'ouvre, que la tranche *a* fait principalement effort pour glisser fur la tranche *b*.

Dans les bois de bonne qualité, l'union de la tranche *a*, avec la tranche *b*, eft ordinairement fupérieure à la force de cohéfion des fibres qui forment la tranche *b* ; alors la tranche *a* exerçant fa force de contraction fur la tranche *b*, elle la fait ouvrir ; & de proche en proche, la fente parvient quelquefois jufqu'au centre, comme on le peut voir dans la *Figure 6*.

On conçoit bien qu'en pareil cas, les tranches *b*, *c*, *d*, &c, (*Figure 3*), ne fe fendent point par leur propre contraction, mais parce qu'elles font entraînées par la tranche *a* qui eft celle qui fe contracte le plus ; & comme cette tranche *a*, eft capable de la plus grande contraction, il doit en réfulter une fente très-ouverte, & qui le fera d'autant plus que le centre reftant chargé de feve, la contraction ne peut s'exercer vers lui, en fuivant la direction du racourciffement des rayons.

Mais dans la fuite, la feve du centre fe diffipera, la contraction s'exercera en ce fens, & les fentes fe refermeront fenfiblement : c'eft une obfervation que j'ai faite plufieurs fois, furtout fur les bois que j'expofois à un prompt defféchement : on voit alors l'ouverture des fentes diminuer fenfiblement, & à mefure que les bois continuent à fe deffécher.

Je demande qu'on faffe attention que les fentes ne fe referment pas entiérement lorfque les billes font tout-à-fait defféchées, ce qui arriveroit fi la contraction étoit la même au centre & à la circonférence; & cela démontre à merveille que l'inégalité de l'évaporation de la feve dans les différentes couches ; n'eſt pas la ſeule cauſe des fentes, comme quelques-uns le penſent.

Enfin, dans les bois qui ont quelque froiſſure ou quelque diſpoſition à la roulure, la force de contraction de la tranche *a*, & la force de cohéſion de la tranche *b*, ſont ſupérieures à la force qui unit la tranche *a* avec la tranche *b* ; alors la tranche *a* ſe ſéparera de la tranche *b* ; & elle ſe contractera en gliſ-ſant ſur la tranche *b*, ſans que rien s'y oppoſe.

C'eſt ainſi que ſe forment ces fentes en zigzag, qui ſont re-préſentées dans la figure 3, & qui endommagent ſi ſouvent les bois : les Potiers de terre éprouvent ſouvent ces accidents, qui font tomber leurs ouvrages par pieces.

Il arrive très-fréquemment, que quand ces fentes qui ſui-vent la direction des couches annuelles, ſont près de la ſuper-ficie, la portion du rondin qui eſt entre la fente & la circon-férence du cylindre, quitte le bois qu'elle recouvroit & ſort en dehors, en faiſant une aſſez grande ouverture. Après ce que nous avons dit plus haut, il me ſuffit d'avertir que c'eſt encore là un effet de la contraction des couches extérieures, plus grande que de celles qu'elles recouvrent.

Les bois parfaits ſont rarement endommagés par ces fentes en zigzag, parce que la force de l'adhérence des couches li-gneuſes les unes aux autres, eſt plus conſidérable que la force de cohéſion qui unit les fibres dont ces couches ſont formées ; enſorte qu'il faut plus de force pour fendre un morceau de bois dans le plan des cercles, que par celui des lignes qui les cou-pent en tendant de la circonférence au centre ; c'eſt-à-dire, dans le ſens des mailles *c* ; & l'on aura plus de peine à fendre le morceau de bois (*Pl. XVI. fig. 4*), ſuivant la ligne *a b*, que ſuivant la ligne *c d*. Les Fendeurs de lattes ont ſans doute bien reconnu cette différence ; car ils commencent par faire des levées de la largeur de leurs lattes de *e* en *f*, qu'ils refendent enſuite de l'épaiſſeur que ces lattes doivent avoir, ſuivant la direction *g h* & *i k* ; de cette façon ils réſervent le ſens le plus favorable à la fente pour le temps où ils en ont le plus de beſoin. Il y a encore d'autres raiſons qui peuvent les engager

à en agir ainſi ; mais elles ne ſont pas de mon ſujet. Indépendamment de la plus grande facilité qu'il y a à fendre les bois
plutôt dans un ſens que dans un autre , on peut encore donner une bonne raiſon de la direction conſtante que les fentes
prennent de la circonférence au centre , par préférence à la
direction des couches annuelles.

Pour comprendre cette raiſon, il n'y a qu'à examiner la
coupe d'un rondin de bois, on y appercevra aiſément des
rayons *c, l, (Figure 4)*, qui partent du centre & qui s'étendent
juſqu'à la circonférence : l'union eſt apparemment moins intime
dans ces rayons, qu'on nomme *les mailles*; car c'eſt ordinairement dans quelques-uns d'eux que ſe forment les fentes. En
effet, par-tout ailleurs, ſi dans un arbre qui végete, les fibres
longitudinales ſe féparent, elles ne tardent pas à ſe réunir, &
par cette réunion, elles forment un réſeau ſur la ſurface des
rondins ; mais ces réſeaux ſont interrompus vis-à-vis les cloiſons, ou plans de fibres dont je viens de parler : celles-ci paroiſſent bien plus fines que les longitudinales, & elles ont une
autre direction , allant du centre à la circonférence. Ces endroits ſont donc moins fortifiées que les autres ; c'eſt donc là
où les fentes doivent ſe former & delà ſe prolonger juſqu'au
centre, à moins qu'un vice particulier ne les détermine à changer de direction & à ſe prolonger entre les couches annuelles.

§. 6. *Des arbres étoilés ou quadranés au cœur.*

Il nous reſte encore à expliquer une autre ſorte de fente qui
fait appeller *étoilés* ou *quadranés au cœur*, les bois qui en ſont
endommagés : ce qui leur fait donner ce nom, eſt une fente
où quelquefois pluſieurs qui ſe croiſent, comme dans la figure
5, ſous différents angles, & qui ouvrent le cœur des arbres :
les pieces où ſe trouvent de pareilles fentes, quand même
elles ne ſeroient pas fort grandes, ſont réputées défectueuſes,
& avec grande raiſon, puiſqu'elles ſont une marque aſſurée
que les arbres qui les ont fournis, étoient en retour quand on
les a abattus. Pour concevoir comment ſe forment ces fentes,

il faut fe fouvenir que nous avons dit dans le premier Livre
de cet ouvrage que, dans les arbres qui étoient en retour, ce
n'étoit plus le bois du centre qui étoit le plus pefant, comme
cela fe trouve dans les arbres qui font en crûe. Il fuit delà
que les bois qui dépériffent de vieilleffe, perdent de leur denfité ; & l'on a vu dans ce Chapitre qu'ils en perdent d'autant
plus, qu'ils font devenus plus vieux. Le *maximum* de la denfité n'eft donc plus au cœur *a* ; mais il fe trouvera dans un point
de l'efpace qui eft entre le centre & la circonférence, par
exemple en *b*, cette denfité va en diminuant de ce point *b*, au
centre *a*, comme de ce point *b* à la circonférence *c*. La contraction doit fuivre l'inverfe de la denfité : ainfi il n'y aura point
de fente en *b* ; mais il y en aura à la circonférence *c, c, c* ; &
au centre *a* ; celles-ci ne feront pas fort ouvertes ; enfin elles
affecteront toutes fortes de figures & de directions : il feroit
inutile d'en expliquer la caufe après ce qui a été dit, on doit
la fentir de refte.

Ce feroit peu d'avoir expliqué comment fe forment les
fentes dans les bois en rondins, & dans les bois équarris, fi nous
n'effayïons pas de trouver quelques moyens capables de diminuer leur progrès. Pour y parvenir, confidérons ce que pratiquent les Potiers de terre ; ils ont pour le moins autant de
befoin que nous, de prémunir leurs ouvrages des plus petites
gerces.

§. 7. *Pratique mife en ufage par les Potiers de terre, pour empêcher que leurs ouvrages ne fe fendent.*

QUAND un Potier de terre a bien détrempé & corroyé fon
argile, quand il en a formé un vafe, ou encore mieux s'il en
veut faire un cylindre folide & plein, il n'eft pas douteux
que fa terre fe gerceroit, fe fendroit & tomberoit par morceaux, s'il l'expofoit fur le champ à la cuiffon, ou fimplement
dans un lieu chaud, même au foleil ; en un mot, s'il en pré-
cipitoit le defféchement. Il y a peu de Potiers de terre qui
n'éprouvent de temps en temps cet inconvénient. L'expérience

journaliere leur apprend que pour s'en garantir, ils doivent tenir les ouvrages nouvellement faits dans un lieu frais, afin que l'humidité ne se dissipe que peu à peu ; le desséchement se fait ainsi plus uniformément au centre & à la circonférence du cylindre, & il n'arrive aucun désordre dans sa piece ; seulement le volume total de la terre diminue plus ou moins, suivant qu'elle perd plus ou moins d'humidité ; le rapprochement des parties se fait avec lenteur, & l'ouvrage conserve la forme que l'Ouvrier lui a donnée ; au lieu que des secousses dérangeroient & gâteroient entiérement son ouvrage.

Mais, comme je l'ai déja remarqué, l'argile des Potiers est une matiere uniforme ; les tranches qui sont au centre ne sont pas plus denses, elles contiennent autant d'humidité, & sont aussi capables de contraction que celles de la circonférence ; & tout cela ne se rencontre pas dans un rondin de bois.

D'ailleurs, les molécules de l'argile ne sont pas aussi intimement unies entr'elles, que le sont les fibres ligneuses d'une piece de bois ; elles peuvent glisser les unes sur les autres : si un Potier force doucement l'intérieur d'un tuyau qu'il travaille, il l'augmente de grandeur sans le rompre, ce qui seroit arrivé s'il l'avoit forcé brusquement ; mais ce seroit envain que l'on voudroit tenter de la même maniere, d'augmenter le diametre d'un tuyau de Chêne, même en agissant avec tout le ménagement possible.

Malgré ces différences que je ne peux m'empêcher de regarder comme importantes, il m'a cependant paru que cette pratique des Potiers pouvoit avoir son application au bois : si l'on ne peut, en la suivant, prévenir entiérement les gerces, du moins pourroit-on empêcher les grandes fentes de se former. C'est la preuve d'un pareil fait que j'espere établir par les expériences que je vais rapporter.

§. 8. *Premiere Expérience.*

Pendant l'Hiver de l'année 1734, je fis abattre environ 50 Chêneaux qui pouvoient avoir 8 à 9 pouces de diametre ;

je les fis dépouiller de leur écorce, & scier par tronces.

Ces tronces furent divisées en trois lots, & on fit ensorte qu'il y eût dans chaque lot une tronce de chaque arbre ; ensuite on les pesa; on mit un de ces lots sous un hangar exposé au Levant, & très-ouvert; un autre lot fut déposé sous un autre hangar plus frais & exposé au Nord; enfin on mit le troisieme lot dans un endroit beaucoup plus frais, dans une cave, qui étoit à la vérité percée de plusieurs soupiraux.

L'Automne suivante, les tronces que j'avois mises sous le hangar fort chaud étoient très-fendues ; aussi quand je les pesai, les trouvai-je fort légeres; elles avoient perdu presque toute leur seve.

Celles que j'avois mises sous le hangar frais, étoient moins gercées ; & elles avoient moins perdu de leur poids.

Enfin celles qui étoient restées dans la cave, n'étoient point gercées, & elles avoient peu perdu de leur poids.

§. 9. *Conséquences de l'Expérience précédente.*

On voit par cette expérience que les bois se fendent à proportion de l'humidité qu'ils perdent: aussi quand j'ai tenu des bois déja fendus assez de temps dans l'eau, & que par ce moyen je leur ai eu rendu autant d'humidité qu'ils pouvoient en avoir dans le temps où ils étoient encore verds, les gerces se sont-elles refermées entiérement, & si exactement qu'on ne pouvoit plus les appercevoir : cette proposition va être prouvée d'une autre façon.

§. 10. *Seconde Expérience.*

J'ai fait abattre plus de cent jeunes Chênes, & dix-huit gros Aunes ; je les ai fait scier par tronces de trois & de six pieds de longueur ; & après avoir eu l'attention de diviser en trois lots les tronces qui venoient des mêmes arbres, je fis équarrir celles d'un lot, écorcer celles d'un autre, & je conservai celles du troisieme lot avec leur écorce: toutes ces pieces
de

de bois furent mifes fous un hangar où elles refterent pendant deux ans : voici l'état où ces pieces de bois fe font trouvées après ce temps écoulé.

Celles qui avoient été écorcées étoient les plus fendues de toutes, même quand on les réduifoit au quarré; car il eft certain que fi l'on s'en fût tenu à la feule infpection de ces rondins, leurs fentes auroient paru plus ouvertes que celles des rondins équarris, fans qu'elles euffent été pour cela plus grandes.

Les pieces de bois en grume étoient beaucoup moins fendues que celles qui avoient été équarries; celles-ci cependant l'étoient fenfiblement moins que les pieces qui avoient été écorcées.

Il faut remarquer que comme tous ces bois n'étoient pas fort gros, & qu'ils avoient été tenus pendant deux ans fous un hangar fort ouvert, ils devoient être affez fecs.

§. 11. *Conféquences de l'Expérience précédente.*

Ce qui eft arrivé dans cette expérience s'accorde à merveille avec les principes que j'ai établis au commencement de ce Chapitre.

L'évaporation de la feve fe fait brufquement dans les bois écorcés; le rapprochement des fibres s'opere donc par des fecouffes; & voilà une caufe qui doit déja produire de grands éclats.

Cette évaporation fe fait promptement; la contraction doit donc s'opérer dans les couches extérieures avant qu'elles agiffent dans les intérieures; & voilà encore de quoi produire de grandes fentes, de quoi ouvrir les *roulures*, &c.

L'aubier & le jeune bois ayant été confervés dans les rondins écorcés; il y avoit beaucoup de différence entre la denfité du bois du cœur, & celle du bois de la circonférence; il faut donc convenir que tout tend à faire fendre & à faire éclater les rondins écorcés.

La denfité étoit moins inégale dans les bois équarris, puifqu'on avoit entiérement retranché, par l'équarriffage, l'aubier, & beaucoup du jeune bois; cette denfité refte même peu fen-

fible dans les bois qui, comme ceux de la précédente expérience, font d'un petit équarriffage; l'effet du deffechement
inégal des couches extérieures & des intérieures, diminuant
auffi dans les bois qu'on équarrit, fur-tout quand ces bois ne
font pas fort gros, les bois équarris fe doivent donc moins
fendre que les rondins écorcés.

Mais pourquoi les rondins qui étoient en grume fe font-ils
moins éclatés que les bois mêmes équarris? l'inégalité de denfité devoit s'y trouver comme dans les rondins écorcés? Cela
eft vrai: mais comme on a vu par les expériences rapportées
dans le premier article, que ces bois fe deffechent lentement,
& même que l'écorce eft une matiere fpongieufe qui fe charge
de l'humidité de l'air, l'évaporation de la feve fe fera donc
plus uniformément dans toutes les couches; le rapprochement
des fibres ligneufes ne fe fera pas par des fecouffes qui les
faffent éclater, mais par une force lente & ménagée qui obli-
gera les fibres à s'écarter les unes des autres; ainfi, au lieu de
grandes fentes, il fe formera un nombre de petites gerces qui
ne feront aucun tort aux pieces, & c'eft-là tout ce qu'on
peut defirer; car dans un rondin de bonne qualité, il faut néceffairement que les couches extérieures prêtent de quelque
façon que ce puiffe être.

J'ai fait encore plufieurs expériences qui démontrent l'évidence de ce que je viens d'avancer; je dois les rapporter ici
tout de fuite.

§. 12. *Troifieme Expérience.*

J'ai dit dans le premier article de ce Chapitre, que j'avois
fait abattre deux gros Chênes, dont l'un avoit été marqué *A*,
& l'autre *B* (*Pl. XVII. fig.* 1); que j'avois fait fcier leurs troncs
par billes de trois pieds de longueur; que chaque arbre m'en
avoit fourni quatre qui avoient été numérotées 1, 2, 3, 4; que
la bille numéro 1, de l'arbre *A*, étoit reftée en grume; que
celle numéro 2, du même arbre avoit été équarrie; que la
bille, numéro 3, étoit reftée en grume, & celle, numéro 4,
équarrie. A l'égard de l'arbre *B*, la bille, numéro 1, fut écor-

cée ; celle numéro 2, équarrie ; la bille, numéro 3, fut écorcée, & celle, numéro 4, équarrie. J'ai dit que tous ces bois
avoient été mis fous un même hangar ; & j'ai établi dans quelle
proportion s'étoit faite l'évaporation de leur humidité. J'ai
aussi donné mes remarques fur la différente qualité de leur
bois ; mais je n'ai rien dit des obfervations que j'avois faites
fur les fentes de ces différentes billes : voici le lieu d'en rendre compte.

Un plus grand détail me paroît cependant inutile, il fuffira
de favoir que les rondins qui avoient été écorcés, étoient tellement fendus jufqu'au cœur, qu'on auroit pu, avec les moindres efforts, en détacher des quartiers.

Quoique les billes équarries fuffent moins fendues que les
premieres, cependant elles l'étoient beaucoup plus que celles
qui étoient reftées dans leur écorce, & celles - ci l'étoient fi
peu, & feulement par les bouts, qu'en les équarriffant, toutes
les fentes qui étoient fort petites, ont difparu entiérement;
mais en y regardant de près, on y appercevoit un grand nombre de gerces, à la vérité fort petites, & qui ne pouvoient
pas empêcher que ces billes ne puffent être employées à
toute forte d'ufage.

§. 13. *Remarque.*

CETTE expérience confirme les conféquences que j'ai tirées
de mes deux premieres ; je n'ajouterai donc ici qu'une fimple
remarque ; c'eft qu'en obfervant attentivement le defféchement
des rondins écorcés de ma troifieme expérience, j'ai plus
particuliérement reconnu que, quand on fait deffécher trop
promptement le bois, il s'ouvre dans les premiers mois de
grandes fentes qui fe referment enfuite en partie, & que les
petites gerces difparoiffent entiérement.

Je fouhaitois fort qu'on pût exécuter de pareilles expériences en Provence, parce que je jugeois que la différence
entre les bois écorcés & ceux qui ne le feroient pas, y feroit
plus confidérable que dans nos Provinces, non-feulement parce que les arbres qui y croiffent, étant de meilleure qualité

que les nôtres, y gercent infiniment plus, mais encore parce que l'air y étant plus chaud & plus sec, fait fendre le bois d'une maniere extraordinaire.

M. de Héricourt, Intendant des Galeres, se prêta volontiers à mes vues ; en conséquence, tout fut disposé pour l'expérience pendant un séjour que je faisois à Marseille ; & après mon départ, M. Garavaque, Ingénieur de la Marine, ayant bien voulu se charger de suivre celles que j'avois commencées, il s'en acquitta de la maniere la plus satisfaisante pour moi : je vais rapporter ces expériences en détail.

§. 14. *Quatrieme Expérience.*

LE 18 Mai 1736, on abattit dans le terroir de Marseille quatre gros Chênes ; on les fit voiturer sur le champ dans l'Arsenal ; on les coupa par billes, & on en tira toutes les pieces qui pouvoient être propres pour la construction des Galeres ; on en équarrit une partie ; on en écorça une autre, & on laissa le reste en grume : toutes ces pieces furent déposées sous un même hangar.

Voici les observations qui ont été faites sur ces pieces de bois, vers le mois de Juin 1738, lorsqu'on les a examinées pour la derniere fois.

Les billons qu'on avoit conservés avec leur écorce, ne paroissoient point, ou presque point fendus sur leur longueur ; mais on voyoit des fentes assez considérables sur les bouts ou sur l'aire de la coupe. Ces gerces avoient commencé à se former dans la partie moyenne qui est entre le cœur & la superficie ; & elles avoient fait des progrès vers l'une & vers l'autre, sans pour l'ordinaire y être parvenues tout-à-fait ; quelques fentes cependant s'étendoient dans quelques pieces jusqu'au cœur, & même le traversoient (*Pl. XVII. fig.* 2), mais presque jamais elles n'atteignoient l'écorce ; ensorte que si l'on eût dépouillé ces billons de leur écorce, on n'auroit apperçu aucune fente considérable à la superficie, puisque de toutes celles qui paroissoient sur la coupe, aucune n'atteignoit la circonférence.

Pour s'affurer fi ces fentes qu'on voyoit par les bouts pénétroient bien avant dans les billons, & s'il ne s'en formoit pas d'autres dans l'intérieur, on fit couper à l'un des bouts de quelques billons, une tranche de deux pouces d'épaiffeur, & l'on trouva que les fentes diminuoient confidérablement dans l'intérieur; on en enleva enfuite une feconde tranche de la même épaiffeur, pour pouvoir pénétrer davantage dans l'intérieur du billon, & les fentes difparurent prefque entiérement, fans qu'on en découvrît de nouvelles. On fit auffi refendre à la fcie quelques-uns de ces billons, & on n'y découvrit aucune fente; mais quoiqu'il y eût deux ans & demi que les arbres avoient été abattus, ce bois étoit encore chargé de feve.

Ces obfervations ont été répétées plufieurs fois fur d'autres arbres, fans qu'on ait pu remarquer aucune différence confidérable.

Les billons du même temps, & qui avoient été équarris, étoient dans un état bien différent, quoiqu'ils euffent refté fous le même hangar où l'on avoit mis ceux en grume. Ils étoient traverfés de beaucoup de fentes, larges vers la fuperficie, & qui fe perdoient au centre où peu d'entr'elles y touchoient, quoique leur direction fût toujours vers cet endroit : voyez *Pl. XVII. figure 4,* & encore pour les arbres écorcés, la *figure 3.*

Enfin ces billons équarris étoient bien plus fecs, que ceux qui avoient été confervés en grume, quoique les uns & les autres euffent été abattus dans le même temps, & confervés dans le même lieu.

§. 15. *Conféquences de la précédente Expérience.*

Cette expérience, quoiqu'exécutée dans une Province éloignée, & fuivie par une autre perfonne que moi, s'accorde à merveille avec les précédentes.

L'écorce forme non-feulement un obftacle à l'évaporation de la feve; mais outre cela elle eft une forte d'éponge qui fe charge de l'humidité de l'air, comme nous l'avons démontré dans le précédent article : je penfe que c'en eft affez pour empêcher que les bois ne se fendent, & pour que la plûpart des fentes des bouts ne puissent atteindre la superficie des billons qui sont recouverts d'écorce.

Comme la seve a une libre issue par les bouts, il doit s'y former des fentes, mais qui ne pénétreront point avant dans le bois.

Le contraire de tout cela doit arriver dans les arbres équarris: c'est encore ce qu'on voit dans l'exposé de cette expérience.

Ce seroit cependant chercher à se faire illusion que de se persuader, qu'en ralentissant l'évaporation de la seve, il y auroit beaucoup à gagner du côté des fentes, si réellement on ne faisoit que les retarder; car s'il est vrai que le bois ne se fend qu'à proportion de l'humidité qu'il perd, on accordera volontiers qu'au bout d'un certain temps, celui qui est en grume se trouvera moins fendu que le bois écorcé ou équarri, puisqu'il est suffisamment prouvé que l'écorce fait un obstacle à l'évaporation de la seve. Mais aussi on conviendra qu'il faut à la fin que cette seve s'échappe; & si après un an d'abattage, lorsqu'on viendra à équarrir du bois qui sera resté pendant ce temps dans son écorce, il vient à se fendre comme si on l'avoit équarri tout verd, il est clair qu'on n'auroit rien gagné à le laisser en grume pendant ce même temps. C'est donc ici le lieu d'examiner si la lenteur du desséchement qui réussit si bien aux Potiers de terre, peut avoir son application à l'égard du bois.

§. 16. *Continuation des précédentes Expériences.*

C'est dans cette vue que j'ai écrit à M. Garavaque pour le prier de faire équarrir, neuf mois après leur abattage, quelques-uns des billons qu'il avoit conservés en grume; ce qu'il voulut bien exécuter. De mon côté, j'ai fait équarrir, un an après qu'ils avoient été abattus, les bois en grume de ma seconde expérience & encore ceux de la troisieme: tous sont restés plus d'un an en cet état. Il s'est formé sur ceux de M. Garavaque & sur les miens, beaucoup de gerces & quelques fentes, mais qui n'étoient ni fi ouvertes ni fi profondes que celles des billons qui avoient été écorcés ou équarris fur le champ : cette multitude de petites fentes n'a point empêché qu'on n'ait pu faire ufage de ces pieces.

§. 17. *Conféquences de ces Expériences.*

Ces expériences prouvent que les pieces de bois, ainfi que les ouvrages des Potiers de terre, fe fendent moins, quand on peut ralentir leur deffléchement, que quand on veut le précipiter ; mais avec cette différence, qu'en y apportant beaucoup de précautions, on peut empêcher les ouvrages de terre de fe fendre en aucune façon ; au lieu que les bois fe gercent, quelque précaution qu'on y apporte, & c'eft à l'inégale denfité du bois que j'attribue cette différence.

Cependant, puifqu'il eft démontré qu'on peut, en fufpendant l'évaporation de la feve, diminuer beaucoup les fentes, & faire qu'au lieu d'une grande fente, il s'en forme plufieurs petites & moins préjudiciables, c'eft déja un moyen de préferver les bois du dommage qu'elles leur caufent : ce moyen eft praticable en certains cas. Nous allons propofer d'autres expédients ; mais avant de finir cette matiere, il eft à propos de faire quelques obfervations relatives au bois qu'on conferve en grume.

§. 18. *Premiere Remarque.*

Nous avons dit dans le premier article de ce Chapitre, que les bois dont on fufpendoit le deffléchement, foit en les tenant dans des lieux frais, foit en les laiffant recouverts de leur écorce, étoient plus tendres que ceux qu'on expofoit à un prompt deffléchement ; on fait d'ailleurs que les bois tendres fe gercent moins que les bois forts : il pourroit donc arriver que cet affoibliffement des fibres ligneufes contribuât à diminuer le progrès des fentes ; mais je ne vois pas comment on pourroit, par des expériences, parvenir à faire une diftinction précife de ce que produit dans ce cas l'affoibliffement des fibres ligneufes, ou le fimple rapprochement tonique dont nous avons parlé.

§. 19. *Seconde Remarque.*

POUR efpérer quelques avantages de l'écorce, il ne fuffit pas de conferver les bois en grume l'efpace de deux ou trois mois. En preuve de ce que j'avance, je rappellerai ce qu'on a vu dans mes expériences précédentes, qu'un rondin couvert de fon écorce, qui devoit perdre, pour être réputé fec, un tiers de fon poids, n'en a perdu, pendant les mois de Février, Mars & Avril, qu'un quinzieme.

Cependant le foleil commence à avoir bien de la force en Mars & en Avril. Il n'eft pas douteux que ces rondins auroient beaucoup moins diminué de poids, fi on les eût abattus en Décembre, & pefés à la fin de Février. Mais je prends le cas le plus favorable à l'évaporation de la feve ; & l'on voit qu'au commencement de Mai le rondin dont il eft queftion ci-deffus, n'ayant diminué que d'un quinzieme, étoit peu différent, quant au poids, de ce qu'il étoit dans le temps précis de la coupe : ainfi, fi je l'avois fait équarrir au commencement de Mai, temps où le foleil a beaucoup de force, & dans lequel la feve s'évapore très-promptement, il eft clair qu'il fe feroit confidérablement fendu, & prefque autant que fi on l'avoit abattu dans cette même faifon, & équarri fur le champ.

J'ai encore pefé ce même rondin à la fin de Décembre, c'eft-à-dire, dix mois après avoir été abattu, il n'étoit encore gueres plus diminué de poids que d'un feizieme, au lieu d'un tiers qu'il devoit perdre, & qu'il a effectivement perdu par la fuite.

Cette expérience prouve qu'il faut au moins conferver les bois jufqu'à la fin de l'Eté dans leur écorce, fi l'on veut empêcher par ce moyen qu'ils ne fe fendent par grands éclats ; alors on pourra hardiment les équarrir, parce que les chaleurs étant paffées, il n'y aura point à craindre que le refte de la feve ne fe diffipe trop brufquement ; feulement une partie s'évaporera lentement pendant la faifon de l'Hiver, & les bois en feront plus en état de fupporter les chaleurs du Printemps & de l'Eté de l'année fuivante. Je

Je vais plus loin, & je dis qu'il vaudroit mieux les équarrir auffi-tôt qu'ils ont été abattus, pendant l'Hiver, que de
remettre ce travail au Printemps fuivant, parce que, comme
la feve s'échappe plus promptement d'un morceau de bois
équarri, que de celui qui refte en grume, il s'en diffipera davantage pendant l'Hiver, faifon où l'on doit moins redouter une
trop prompte évaporation, parce que, nonobftant l'équarriffage, elle s'opérera toujours lentement.

Cette évaporation lente n'eft pas à négliger : elle a monté
dans un gros morceau de bois quarré que j'avois pris du même
arbre qui m'a fourni le rondin dont je viens de parler, à près
d'un quart dans les mois de Février, Mars & Avril; & il fe
trouvoit fort fec à la fin de Décembre, ayant alors perdu plus
d'un tiers de fon poids; par conféquent une bonne partie de la
feve s'eft échappée doucement dans l'efpace de trois mois; au
lieu qu'elle fe feroit échappée brufquement, fi l'on eût remis
à équarrir cette piece de bois au Printemps fuivant.

§. 20. *Troifieme Remarque.*

J'ai prouvé dans le détail de mes expériences, que les bois
qui reftent en grume font moins fujets à fe fendre & à s'éclater, que ceux qu'on équarrit prefque auffi-tôt qu'ils ont été
abattus ; & j'ai penfé qu'on étoit redevable de cet avantage au
ralentiffement de l'évaporation de la feve occafionné par les
écorces. Malgré les preuves expérimentales que j'ai rapportées pour appuyer mon fentiment, quelques perfonnes exercées dans l'exploitation des forêts, en convenant avec moi du
fait, en donnent une autre raifon. Ils regardent l'écorce des
arbres comme une gaîne capable de réfiftance, & qui s'oppofe
à l'effort que font les fibres pour fe féparer.

Mais pour faire fentir que la réfiftance des écorces ne peut
produire un grand effet, je demande qu'on examine l'écorce
du Chêne ; il eft vrai qu'on découvrira, fur-tout fur les jeunes
branches, un épiderme dont les fibres ont plutôt une direction
circulaire que verticale par rapport à la longueur du tronc;

mais cet épiderme est si mince & si fragile qu'on le peut hardiment compter pour rien ; le surplus de l'écorce est une espece
de lassis, ou un assemblage de fibres ligneuses qui ont une direction longitudinale, mais qui sont mal unies latéralement les
unes avec les autres, & qui forment un réseau dont les mailles
sont remplies par des vésicules, ou un parenchisme, ou des
vaisseaux extrêmement capillaires, aussi incapables les uns que
les autres d'une grande résistance ; c'est en conséquence de
cette organisation que l'écorce peut résister avec force quand
on tire ses fibres suivant leur longueur, & qu'elle cede aisément quand on ne tend qu'à les séparer en tirant l'écorce dans
sa largeur.

Que l'on compare à présent cette foible résistance (que tout
le monde peut éprouver) à la force considérable des fibres
ligneuses qui tendent à se désunir, force capable de rompre
les assemblages de menuiserie les mieux conditionnés, & de
produire beaucoup d'autres effets dont je parlerai par la suite.

Je crois donc que la force des écorces, dans le cas dont il
s'agit, n'égale pas à beaucoup près celle d'une couche ligneuse.

On m'objectera que la grande résistance de l'écorce se voit
sensiblement dans un arbre qui végete, & que si l'on fend avec
la pointe d'une serpette l'écorce d'un arbre vigoureux suivant
la direction de son tronc, on voit en peu de temps la plaie
s'ouvrir & l'arbre grossir ; ce qui prouve que l'écorce opposoit
une grande résistance à l'effort des fibres ligneuses qui ten-
doient à s'étendre suivant la grosseur du tronc.

Ce raisonnement paroîtra concluant à qui n'aura pas examiné la chose de plus près : mais si l'on y veut prêter attention,
on s'appercevra bientôt que l'écartement de l'écorce ne vient
pas de ce que le bois se trouvoit gêné par l'écorce, mais de
ce que l'écorce l'étoit elle-même par le bois sur lequel elle
étoit étendue ; ainsi, pour entendre précisément ce qui en est,
il faut se représenter un morceau de parchemin mouillé, très-
mince & très-aisé à déchirer, qui seroit tendu sur un morceau
de bois ; ce parchemin ne seroit pas capable d'empêcher le
bois de se fendre, puisque je le suppose mince, aisé à se rompre

& expanfible ; mais fi l'on fait une incifion à ce parchemin, il eft clair que les levres coupées fe retireront en vertu de la tenfion & de l'élafticité du parchemin. Il en eft de même de l'écorce que l'on fend fur un arbre ; comme elle eft fur le bois dans un état de tenfion, elle fe retire, ce qui doit déja faciliter l'augmentation de groffeur de l'arbre ; outre cela, il s'échappe, des fibres coupées ou rompues, un fuc qui s'endurcit, & qui fait une augmentation de volume dans le lieu de la cicatrice, capable quelquefois de produire de bons effets, comme de redreffer de jeunes arbres un peu courbés, ou de leur donner de la groffeur dans les endroits où, par quelque accident, ils n'avoient pas pris affez de corps. Mais comme tout ceci n'eft pas de mon fujet, il me fuffit d'avoir prouvé que la réfiftance des écorces n'eft pas capable de produire un grand effet dans le cas dont il s'agit ici ; & je reviens à mon objet.

On a vu que, quand la fuperficie des rondins fe deffeche trop promptement en comparaifon du centre, les bois fe fendent confidérablement, & qu'on peut prévenir cet accident en retardant l'évaporation de la feve.

Je crois auffi avoir démontré qu'il fe formoit néceffairement des gerces fur un rondin qui fe deffeche, par la raifon que les couches du centre ne fe contractent pas proportionnellement à celles de la circonférence : on peut bien, en fufpendant l'évaporation de la feve, empêcher qu'il ne fe forme de grands éclats ; mais quelque chofe que l'on faffe, il eft néceffaire qu'il fe forme beaucoup de petites fentes fur la fuperficie d'un rondin qui fe deffeche. J'ai jugé que la même chofe n'arriveroit pas, fi l'on débridoit, pour ainfi dire, les cercles ligneux, pour leur faciliter la liberté de fe contracter ; ce qui m'a confirmé dans cette opinion, c'eft que j'ai remarqué que quand il fe formoit une grande fente à la circonférence d'un cylindre, il ne s'en trouvoit prefque pas dans le refte du corps de la piece : cette réflexion m'a engagé à faire l'expérience fuivante.

§. 21. *Cinquieme Expérience.*

Dans les premiers jours de Janvier, je fis débiter trois

tronces d'orme & trois tronces dans des Chênes qui avoient été abattus à la mi-Décembre : j'en fis écorcer deux de chaque espece de bois, & j'en confervai une auffi de chaque espece en grume ; je fis traverfer celles-ci dans leur longueur par un trait de paffe - par - tout *a b* qui alloit jufqu'au cœur. (Voyez *Pl. XVI. fig. 6.*) : j'en fis autant à une rondine d'Orme, & à une de Chêne écorcées.

J'ai dit ci-devant que les fentes fe forment dans l'endroit de la circonférence où les couches ligneufes font les moins fortes ; moyennant le trait de fcie *a b*, tous les cercles ligneux fe trouvant coupés, le lieu de la fente eft déterminé; & tout ce qui doit arriver, c'eft qu'à mefure que les couches fe retireront, le trait *a b* s'élargira, & formera l'ouverture *e b d* : voici ce qui eft arrivé. Les rondins fimplement écorcés, fe font beaucoup fendus en différents endroits de la circonférence, comme le repréfente la figure *3* (*Pl. XVII*). Les rondins écorcés & qu'on avoit traverfés d'un trait de fcie jufqu'à l'axe, fe font fendus auffi en plufieurs endroits de la circonférence, mais beaucoup moins que les autres, le trait de fcie s'étant élargi & tenant lieu d'une grande fente : ceux qui font reftés avec leurs écorces, fe font peu fendus dans toute la circonférence; il n'y a prefque eu que le trait qui s'eft ouvert.

§. 22. *Conféquences de l'Expérience précédente.*

On voit par cette expérience que je ne me fuis pas fort éloigné de la vérité, quand j'ai établi, fur une fimple fuppofition, la grandeur & la forme que doit avoir une fente qui confomme toute la contraction des couches ligneufes.

Outre cela, il me femble qu'il y a des cas où l'on pourroit traverfer ainfi, par un trait de fcie, des cylindres & des rouleaux fans porter aucun préjudice aux pieces; & alors ce feroit encore un moyen de diminuer les fentes, qui, répandues dans la totalité de ces pieces, leur deviendroient préjudiciables. Si, par exemple, on fe propofoit de faire un treuil, (*Pl. XVI. fig. 7*), comme on a coutume de faire dans toute la longueur du cylindre *A B*, une rainure *CD*, pour placer l'axe dans le centre, il eſt évident qu'on devroit, pour éviter les fentes, faire cette tranchée lorſque le cylindre eſt tout nouvellement abattu, encore verd & plein de ſeve ; au lieu qu'ordinairement on ne fait cette rainure que quand le bois eſt devenu ſec, & qu'alors il s'eſt beaucoup fendu. Mais ſi un trait de ſcie qui ne s'étend pas au-delà de l'axe de la piece, a déja diminué ſenſiblement les fentes, n'y a-t-il pas tout lieu de juger qu'on pourra diminuer ces fentes à proportion qu'on facilitera la contraction des couches ligneuſes ? Cela ſera aiſé à pratiquer toutes les fois que la deſtination des pieces permettra de les refendre en deux ou en quatre. Comme j'ai tenté ce moyen, on va voir quel a été le ſuccès de mon expérience.

§. 23. *Sixieme Expérience.*

J'ai fait refendre à la ſcie pluſieurs rondins de Chêne & quelques pieces de bois quarré ; les uns par un ſeul trait de ſcie qui paſſoit par l'axe de la piece, & qui la partageoit en deux, (*Pl. XVII. fig.* 5) ; d'autres, par deux traits de ſcie qui ſe croiſoient au centre & qui la ſéparoient en quatre (*fig.* 6) : je les ai laiſſés ſe deſſécher parfaitement pendant pluſieurs années, & au bout de ce temps, voici en quel état je les ai trouvés.

Les faces ſciées, qui d'abord étoient néceſſairement plates, comme *a b*, (*fig.* 5) *c d e f*, (*fig.* 6), étoient devenues courbes ; & quand on les appliquoit les unes ſur les autres, elles laiſſoient entr'elles les eſpaces *g h i*, *k l m* (*fig.* 7), & les eſpaces *n*, *o*, *p* ; *q*, *r*, *ſ* ; *t*, *u*, *x* ; *y*, *z*, & (*fig.* 8) : ces eſpaces devant être conſidérés comme autant de fentes, il n'eſt pas ſurprenant que les moitiés de ces rondins 1, 2, (*fig.* 7), ſe ſoient trouvés peu fendues, & que les quartiers 3, 4, 5, 6, (*fig.* 8), aient été preſque exempts de toute fente.

§. 24. *Conſéquences de l'Expérience précédente.*

1°, On voit par l'expérience précédente, que les ouvertures

g h i, *k l m*, (*fig.* 7), & *t u x*; *o p n*, &c. (*fig. 8*), qui tiennent lieu de fentes, font formées par des courbes qui approchent beaucoup de celles que j'ai déterminées au commencement de ce Chapitre.

2°, Il eſt évident que plus on débride, pour ainſi dire, les couches ligneuſes, plus on leur donne de liberté pour ſe contracter, moins on a à craindre qu'il ne ſe faſſe des fentes.

3°, Il n'y a donc plus à balancer : il faut refendre en deux ou en quatre toutes les pieces qui font deſtinées à l'être, auſſitôt que les arbres ont été abattus ; & ne pas, comme on le fait, conſerver en billes & en plançons, les pieces qui doivent être refendues pour faire des madriers, des plates-formes, des précintes ou les membres des Galeres, des chevrons, des membrures, des planches, &c.

Il ne ſera pas, je crois, inutile de rapporter encore ici pluſieurs obſervations particulieres que j'ai eu occaſion de faire, en exécutant l'expérience que je viens de rapporter.

§. 25. *Premiere Obſervation.*

Un rondin fendu en deux *a b*, (*Pl. XVII. fig.* 5), eſt moins endommagé par les fentes, que s'il étoit reſté dans ſon entier. Mais on concevra aiſément, en jettant les yeux ſur la Figure 1 de la Planche **XVIII**, qu'une piece de bois équarrie ſe fendra encore moins qu'un rondin, parce que les portions *a b c, c d e, e f g, g h a,* qui font de jeune bois capable de la plus grande contraction, font retranchées, & que ce retranchement fera auſſi que les ouvertures *i l m,* & *n o p,* feront moins grandes que dans le cas repréſenté par la Figure 7 de la Planche **XVII**.

§. 26. *Seconde Obſervation.*

Si au lieu de refendre une rondine par le centre, comme *a b*, (*Planche XVII. figure* 5), on la refendoit en *a b*, (*Figure 2, Planche XVIII*) ; on ſent bien, pour peu qu'on faſſe attention à la direction de la contraction, qu'il ſe doit ouvrir de grandes fentes en *e d* ; mais il ſera aſſez rare qu'il s'en forme de conſidérables à la circonférence *a f b*, & encore moins à celle *a g b*.

§. 27. *Troisieme Observation.*

Quand le cœur de l'arbre se trouve renfermé dans une piece de bois quarrée, mais plus d'un côté de la piece que d'un autre, il s'ouvre presque toujours de très-grandes fentes sur les faces de la piece qui sont les plus voisines du cœur; telles que les fentes *a, a, a,* (*Pl. XVIII. fig. 3 & 4*), & ces fentes se terminent à rien au centre de la piece.

§. 28. *Quatrieme Observation.*

Au contraire, si le cœur de l'arbre est hors de la piece, il ne se formera presque jamais de grandes fentes sur les faces qui forment l'angle qui répond au cœur de l'arbre; c'est-à-dire, sur les faces *ab, ac, ad, ae, af, ag, ah*: Voyez(*Pl. XVIII. Figure 5*).

§. 29. *Cinquieme Observation.*

Il ne se forme presque jamais de fentes sur les faces des pieces, lorsque ces faces se trouvent paralleles aux rayons qui s'étendent du centre à la circonférence. Il n'y en a point, par exemple, de *a* en *h*, de *a* en *g*, (*fig. 5*); & un secteur, tel que *agb*, (*fig. 2*), ne se fend que par des accidents particuliers.

§. 30. *Sixieme Observation.*

Lorsque le cœur de l'arbre est hors de la piece, & qu'il répond à son milieu, il se forme ordinairement quelques fentes en cet endroit, comme on le voit à la piece de la figure 4. Ceci se voit très-sensiblement dans les figures 1 & 2. de la Planche XIX. Voyez l'expérience du §. 35.

§. 31. *Septieme Observation.*

Si l'on creuse un rondin de bois, comme pour en faire un tuyau, ordinairement il ne se fend pas, à moins qu'on ne l'expose à un desséchement très-prompt; il diminue seulement de diametre, & il se forme quelques petites gerces à la superficie, telles què *a a a*, (*Pl. XVIII. fig. 6*); & fi on le féparoit en deux comme en *d*, (*fig. 7*), il fendroit encore moins.

§. 32. *Huitieme Obfervation.*

Ce que je viens de dire fur les fentes, eft communément vrai, mais n'eft pas toujours conftamment de même; car il arrive beaucoup d'accidents qui dérangent abfolument l'ordre commun : le double aubier, les nœuds, les couronnes de bois fort, les gélivures, la roulure, la quadranure, &c, dérangent l'ordre naturel. Outre cela, fi un des côtés d'une piece de bois refte conftamment tourné vers le foleil, elle fe fendra beaucoup pour cette feule raifon ; & au contraire, les faces qui font tournées vers la terre, ne fe fendent prefque pas ; c'eft pourquoi il y a des cas où il eft avantageux d'enchanteler les pieces de bois, en mettant plutôt un des côtés de la piece vers la terre qu'un autre ; le côté *a b* (*Figure 7*), par exemple, plutôt que le côté *e*.

§. 33. *Neuvieme Obfervation.*

Généralement parlant, il eft certain que les bois refendus ne fe fendent pas tant que les bois qu'on laiffe dans leur entier, foit qu'ils foient en rondins ou équarris ; & les fentes qui s'ouvrent fur les bois refendus ne leur caufent pas autant de préjudice, parce qu'elles n'entrent prefque jamais bien avant dans l'intérieur des pieces

§. 34. *Dixieme Obfervation.*

Une piece de quartelage qui feroit équarrie fur trois faces, & dont la quatrieme refteroit chargée de fon écorce, ne fe trouvera prefque jamais fendue fur cette face *e*. Voyez la figure 7.

§. 35. *Onzieme Obfervation.*

Les Figures 1 & 2 de la Pl. XIX, repréfentent l'aire de la coupe de deux pieces de bois quarré, bois de Provence, qui avoient été réduites, encore vertes, à huit pouces en quarré, comme on

le

le voit par les lettres *A B, C D,* (*Fig. 1*), & *E F, G H,* (*Fig. 2*),
les lignes infcrites *a b c d,* (*Fig. 1*), ainfi que *e f g h,* (*Fig. 2*),
marquent la groffeur des pieces lorfqu'elles ont été bien feches;
il faut obferver que ce deffein eft très-correct. *M N O,* (*Fig. 1*),
& *N B P,* (*Fig. 2*), marquent la direction des couches annuelles: *i i i i,* &c, marquent la direction des fibres rayonnées qui
ne vont pas toujours en lignes droites, & qui ne fe prolongent
pas toujours fans interruption depuis le centre jufqu'à la circonférence; *k,* le cœur de l'arbre; *L L L,* &c, les fentes.

On voit, 1°, que le cœur de l'arbre *k,* (*Fig. 1*), eft dans la
piece, & qu'elle fe trouve beaucoup plus fendue que la piece,
(*Fig. 2*), où le cœur eft dehors; 2°, la plus grande partie des
fentes fe trouve du côté *a d,* qui eft le plus voifin du cœur;
3°, on peut remarquer que les courbures *e f,* (*Fig. 1 & 2*),
reffemblent affez à celles que nous avons déterminées au commencement du fecond article de ce Chapitre.

En voilà, me femble, affez fur les pieces de bois refendues en
deux ou en quartelage; je vais maintenant examiner ce qui
doit arriver aux pieces débitées en plateaux, en membrures,
en bordages, & en planches de différentes épaiffeurs: il y a
lieu de croire que les bois débités de ces différentes façons fe
fendront encore moins, puifque les couches ligneufes ont pu
fe contracter d'autant plus facilement. Il eft à propos d'examiner cela en détail, & de rapporter les expériences que j'ai
faites fur des pieces de bois débitées de toutes ces manieres.

§. 36. *Septieme Expérience.*

La premiere figure de la Planche XX repréfente un arbre
verd qui a été refendu en planches épaiffes, ou en bordages,
par les lignes *a, b, c, d, e;* on a enfuite confervé ces planches
dans un lieu fec, jufqu'à ce qu'elles euffent entiérement perdu
leur humidité. On les a voulu pofer enfuite les unes fur les
autres, comme fi l'on avoit deffein d'en reformer un corps
d'arbre en entier; mais ces planches ne pouvoient plus fe joindre auffi exactement qu'elles le faifoient en *a,* en *b,* en *c,* en
d, en *e:* elles fe touchoient bien par leur milieu; mais leurs

bords reſtoient écartés, comme on le voit en *m m*, en *n n*, en *o o*, &c; par conféquent ces planches s'étoient toutes courbées; mais *m n*, moins que *n o*; *n o* moins que *o p*; *o p* moins que *p q*. La Planche *D*, (*fig.* 2), ne s'étoit cependant point courbée, & les ouvertures *a a*, *b b*, ont été produites principalement par la contraction des portions *c c*.

Voilà le fait; mais pour mieux concevoir par quelle méchanique il s'opere, il faut jetter les yeux ſur la figure 2, Planche XX.

La membrure *D*, (*fig.* 2), a été levée au cœur de l'arbre; elle eſt formée des couches *Y*, *X*, *V*, *T*, *S*, &c, qui font de différents âges, & par conféquent de différente denſité. Celle du cœur eſt la plus denſe, & *Y*, celle qui l'eſt le moins: toutes ces couches le contracteront; ainſi *a a*, & *b b* ſe rapprocheront du centre; la planche perdra de ſa largeur: ce n'eſt pas tout; elle diminuera auſſi d'épaiſſeur, plus en *Y* où le bois eſt moins denſe, qu'en *X V T S*, &c, où le bois devient denſe de plus en plus. Mais la planche ne ſe courbera pas, parce que la contraction ſera la même ſur la face *a a* que ſur la face *b b*.

Il n'en fera pas de même de la planche *m m*, *a a*, de la figure 1 : comme il y a plus de bois jeune à la face *n n*, qu'à la face *m m*, la face *n n* doit plus ſe contracter que la face *m m* : la planche ſe courbera donc, & les faces de cette planche prendront la figure repréſentée par les lignes ombrées ſur cette figure.

Toutes les planches de la figure 1, s'arqueront d'autant plus, qu'il y aura plus de différence entre la denſité du bois des faces *n n* & *o o*, *o o* & *p p*, *p p* & *q q*.

Conféquences de l'Expérience précédente.

1°, On voit clairement par l'expérience que je viens de rapporter, qu'une planche qui contient le centre d'un arbre, comme eſt la planche *D*, (*Pl. XX. fig.* 2), ne s'arque pas.

2°, Que toutes les autres planches s'arquent d'autant plus, qu'elles ſont plus éloignées de ce centre.

3°, Il eſt évident que les planches ſe doivent arquer d'autant moins qu'elles feront plus minces : ainfi les planches *a a*, *h h*, *h h*, *b b*, fe courberont moins que les planches *a a*, *b b*, *b b*, *c c*, *c c*, *d d*, qui font plus épaiffes.

4°, Ces planches feront toutes très-peu endommagées par les fentes ; celles qui feront fort épaiffes, auront feulement quelques gerces à la partie moyenne de la face convexe, & quelques fentes à leurs bouts ; mais comme les fentes des bouts font caufées par le racourciffement des fibres & non par leur rapprochement, j'en parlerai après que j'aurai rendu compte des expériences exécutées à Marfeille par M. Garavaque.

§. 37. *Huitieme Expérience.*

Lorsque j'étois à Marfeille, on reçut dans le port des billons encore verds de Chêne de Bourgogne pour en faire des lattes * : on a coutume de les conferver ainfi en billons, & de ne les refendre en lattes que quand on doit les employer. On trouve ordinairement ces billons traverfées par de grandes fentes qui font tomber beaucoup de bois en pure perte. Je fis refendre fur le champ plufieurs de ces billons en lattes, & je les mis fous un même hangar avec d'autres pieces que je confervai en billons. M. Garavaque les a vifités plus de quatre ans après : il a trouvé que les lattes refendues étoient fans aucune fente & en très-bon état ; mais les billons de comparaifon étoient fendus autant que le Chêne de Bourgogne peut l'être ; car, comme je l'ai déja remarqué, il ne s'ouvre jamais autant que les Chênes de Provence.

§. 38. *Conféquences de l'Expérience précédente.*

On peut conclure de cette expérience, qu'il eft très-avantageux, pour prévenir les fentes, de refendre tout verds les bois qui font deftinés à être débités ainfi, de fe hâter de percer les corps de pompe & tous autres tuyaux, de vuider les gouttieres, &c ; il en réfultera une grande économie, du moins

* Les lattes, pour le fervice des Galeres, font faites de madriers affez épais, & qu'on refend avec la fcie-de-long dans des pieces de bois quarré qu'on appelle *billons.*

pour les bois de Bourgogne, & proportionnellement pour ceux de Provence.

§. 39. *Neuvieme Expérience.*

LE 27 Mai 1736, M. Garavaque choisit douze billons de Chênes de Provence de diverse grosseur & de différents âges ; ces billons avoient quatre ou cinq mois de coupe.

Le bois de quatre de ces billons étoit d'environ 60 ans, & ces pieces portoient 10 à 12 pouces d'équarriffage.

Le bois de quatre autres billons étoit d'environ 100 ans : les pieces portoient 15 à 16 pouces d'équarriffage.

Le bois des quatre billons reftants, étoit beaucoup plus âgé : les pieces avoient 30 à 32 pouces de diametre.

Il fit refendre fix de ces billons, favoir, deux de chaque âge, en tranche de 5 à 6 pouces d'épaiffeur ; il les fit placer dans un magafin avec d'autres billons qui étoient reftés dans leur entier & qui devoient fervir de pieces de comparaifon.

Le 6 Juillet 1739, plus de trois années après le fciage de ces pieces, il trouva que les plateaux du bois le plus jeune étoient plus fendus que ceux du bois plus âgé ; & parmi les tranches du plus âgé, les unes étoient très-peu fendues, & d'autres ne l'étoient point du tout.

Les billons de comparaifon étoient fort ouverts, excepté du côté qui étoit tourné vers la terre.

Les dix-huit plateaux qu'on avoit tirés des fix billons étoient donc plus ou moins gercés ; M. Garavaque en trouva cinq fans aucune fente, neuf qui en avoient quelques-unes, mais qui ne pénétroient pas fort avant ; enfin quatre autres étoient tra-verfées de grandes fentes.

§. 40. *Conféquences de cette Expérience.*

VOILA donc quatorze pieces de bois de différents âges qui fe font confervées fans fe fendre confidérablement ; & dans ce nombre il y en a eu cinq qui s'en font trouvées totalement exemptes, il n'y en avoit que quatre ou cinq qu'on pût dire endommagées par les fentes ; au lieu que les six billons qu'on avoit confervés en entier comme pieces de comparaifon, fe font trouvés tous très - fendus; cependant ils étoient de bois de Provence, & les plateaux qu'on en a tirés avoient cinq ou fix pouces d'épaiffeur, & la plupart avoient été pris dans des pieces qui n'étoient pas fort groffes : tout cela influe beaucoup pour occafionner des fentes. Pour faire fentir combien cet article eft important, fur-tout pour les ouvrages cintrés, il faut jetter les yeux fur les figures 1, 2 & 3 de la Planche XXII. La premiere repréfente un plateau dont on veut faire trois eftamenaires pour les galeres ; il en feroit de même pour les flafques des affuts de canons, &c.

§. 41. *Dixieme Expérience.*

A peu-près dans le même temps, M. Garavaque fit refendre en bordages de trois pouces d'épaiffeur, un billon de Chêne de la même coupe, & qui étoit encore très-verd : ces bordages fe font confervés fans la moindre fente.

§. 42. *Conféquences de cette Expérience.*

Cette expérience démontre que j'ai eu raifon d'affurer qu'on pouvoit prévenir d'autant plus les fentes, qu'on refendra les bois en planches plus minces : j'ai pouffé cet examen jufqu'aux plus petites épaiffeurs, dont il eft inutile de rapporter le détail.

Après avoir donné des faits fur le rapprochement des fibres ligneufes, je vais maintenant prouver qu'elles fe raccourciffent, & examiner ce que ce racourciffement doit produire.

Article III. *Où l'on démontre que les fibres fe contractent fuivant leur longueur.*

Quoique les parties des plantes qui portent le fuc nouricier, & qui le diftribuent, foient ordinairement appellées *vaiffeaux*, à caufe qu'elles ont les mêmes fonctions que les vaifseaux des animaux, néanmoins leur structure, & quelques autres usages qui leur sont particuliers, montrent qu'elles ne sont le plus ordinairement que de véritables fibres.

Soit que ces fibres soient fistuleuses, comme elles le paroissent dans plusieurs plantes aquatiques & dans les arondinacées, soit qu'elles soient simplement fibreuses comme elles le paroissent dans plusieurs autres plantes, & comme je les ai observées dans l'anatomie de la poire. (V. *la Physique des Arbres*); il est certain que c'est par le moyen de ces parties que se doit faire la distribution du suc nourricier. Il y a cependant beaucoup d'apparence que les fibres ont encore d'autres usages: ils font en quelque façon le squélette des plantes, parce qu'en effet ils les soutiennent & les affermissent. M. Tournefort s'est particuliérement attaché à prouver que ces vaisseaux deviennent souvent des fibres capables de contraction, quand les parties, où elles se trouvent placées, ont entiérement pris leur accroissement, & qu'elles n'ont plus besoin de nourriture. Ainsi, de même que les vaisseaux ombilicaux du fœtus deviennent des ligaments dans un adulte; les vaisseaux des plantes qui souvent ne font que des fibres abreuvées du suc nourricier, deviendront des especes de muscles : en se desséchant, ces fibres perdent l'emploi de vaisseaux, elles en doivent donc perdre aussi le nom; mais si ces fibres, en se desséchant, se contractent, & si par leur contraction elles produisent quelques mouvements, ce ne peut être qu'en écartant certaines parties, en en resserrant d'autres; & il sera tout naturel alors de les considérer comme des especes de muscles.

Cependant, quoique dans cette circonstance, l'effet des fibres ligneuses soit le même que celui des fibres musculaires des animaux, le méchanisme qui le produit est très-différent. Quand un muscle animal se contracte, il se gonfle; il est probablement plus rempli de sucs; il gagne en grosseur ce qu'il perd en longueur; au lieu que les muscles végétaux, ou si l'on veut, les faisceaux de fibres ligneuses ne produisant leur effet qu'en vertu de leur desséchement, perdent en même temps de leur longueur, de leur grosseur & de leur poids. C'est un fait que j'ai particuliérement en vue d'établir, & que je vais essayer de démontrer. Pour éviter trop de longueur dans cette discussion, j'exhorte mes Lecteurs à voir ce que j'ai déja écrit sur cet objet dans mon ouvrage intitulé *Physique des Arbres,* dont je vais seulement donner ici le précis.

§. 1. *Sommaire du détail des Observations qui se trouvent dans le Traité de la* Physique des Arbres *, sur la contraction des fibres ligneuses.*

1°, Les capsules qui renferment les semences de l'Ellébore noir, sont composées de plusieurs cornets membraneux : chacun de ces cornets est un muscle creux à deux ventres, auxquels est attaché un tendon commun relevé à vive-arrête ; de ce tendon partent des fibres annulaires qui vont aboutir à un autre tendon qui se divise en deux parties, quand les fibres annulaires se contractent.

2°, Les capsules des Aconits sont, à quelque chose près, semblables à celles de l'Ellébore.

3°, Les capsules de la Couronne Impériale s'ouvrent en trois quartiers par la contraction des fibres qui les composent, lorsqu'elles viennent à se dessécher.

4°, Il en est de même des gousses des plantes légumineuses.

5°, Les fruits du Pavot épineux, du Concombre sauvage, de la Belsamine, fournissent des exemples de semblables contractions.

Nous allons maintenant tirer des conséquences de ces exemples pour éclaircir cette matiere.

§. 2. *Conséquences des Observations précédentes.*

Ces observations prouvent, 1°, que les fibres, en se desséchant, se contractent suivant leur longueur ; 2°, qu'elles se contractent d'autant plus, qu'elles sont plus longues ; 3°, qu'elles agissent par leur contraction sur les parties auxquelles elles sont adhérentes, & qu'elles leur font prendre différentes figures, suivant leur différente direction.

On ne peut donc s'empêcher de reconnoître dans les végétaux, des especes de mufcles, & des mouvements qui réfultent de la tenfion des fibres. Mais ces fortes de mouvements s'exercent-ils dans les fibres ligneufes d'un tronc d'arbre ? On ne le penfe pas communément: on croit au contraire
que ces fibres confervent toute leur longueur lorfqu'elles fe
deffechent; & cela, parce qu'on n'apperçoit pas aufli fenfiblement qu'un morceau de bois perde de fa longueur, qu'on le
voit diminuer de groffeur. Mais de ce que cette contraction
eft moindre, il ne s'enfuit pas qu'elle n'exifte réellement pas:
l'expérience fuivante va le prouver ; elle fera fentir que cette
contraction, quelque petite qu'elle paroiffe, produit néanmoins dans certains cas des défordres affez confidérables dans
le bois.

§. 3. *Premiere Expérience.*

J'AI pofé verticalement un chevron de Charme de 3 pouces
d'équarriffage, (*Pl. XXI. Fig. 3*), & de 18 pieds de longueur
nouvellement abattu : un des bouts de cette piece repofoit en
en bas fur une pierre de taille folide, & au bout fupérieur étoit
un index qui étoit traverfé à une petite diftance par un tou-
rillon ; & cet index répondoit, par fon extrémité, à un limbe
éloigné d'environ deux pieds de la cheville qui traverfoit l'index, ce qui devoit rendre le racourciffement du chevron bien
fenfible : en peu de temps le bout du cylindre remonta de 4 à
5 pouces fur le limbe ; mais enfuite il n'a plus fait que de petites variations.

§. 4. *Seconde Expérience.*

J'AI pris de groffes perches de différents bois, (*Pl. XXI. fig.*
1.); je les ai fait fendre en quatre, *a b c d*, comme quand on veut
en faire des cercles ; après avoir mis plufieurs de ces quartiers
dans l'eau, j'ai obfervé qu'ils y confervoient à peu-près leur
premiere direction, & qu'ils reftoient droits ; j'en ai laiffé à
l'air où ils fe font defféchés, mais en fe courbant de telle forte
qu'ils formoient un arc de cercle, (*Figure 2*), dont la partie
extérieure

extérieure *E* étoit formée par le cœur, & la partie intérieure *F* par l'écorce.

J'ai fait aussi refendre en deux une piece de bois quarrée encore toute verte, (*Fig.* 5), & aussi-tôt j'ai vu les bouts *a, a, a, a,* s'écarter les uns des autres, de sorte qu'il n'y avoit que les milieux *b* qui se touchoient, comme on le voit (*Fig.* 6) : lorsque j'en faisois refendre en quatre, tous les bouts s'écartoient de la même façon : on a fait la courbure très-forte dans la figure, pour rendre la chose plus sensible.

§. 5. *Conséquences des Expériences précédentes.*

On voit maintenant (sur-tout après ce qui a été dit au commencement de cet article) que les pieces dont je viens de parler, ne deviennent courbes que parce que les fibres se raccourcissent à proportion qu'elles perdent de leur humidité, & qu'elles se raccourcissent inégalement suivant leur différente densité : celles qui sont à la circonférence & qui sont moins ligneuses, plus que celles du centre qui le sont plus.

Nous voilà donc bien certains, que les fibres ligneuses perdent de leur longueur à mesure qu'elles se dessechent, & qu'elles en perdent d'autant plus, qu'elles sont plus longues & plus chargées d'humidité ; enfin que leur force de contraction agit suivant leur direction. Ces principes posés, voyons ce qui en doit résulter à l'égard des bois qui se dessechent.

Article **IV**. *Des inconvénients qui résultent du raccourcissement des fibres.*

Entre les rondins que j'ai fait dessécher subitement, il y en a eu qui se sont fendus en deux, en trois ou même en quatre (*Fig.* 7 & 10), & c'est ce que les Bûcherons appellent *s'ouvrir en lardoire.*

On sent bien que l'écartement des quartiers vient du raccourcissement des fibres longitudinales ; & quoique ce raccourcissement ne soit pas sensible dans une petite longueur, en comparaison du rapprochement de ces mêmes fibres ; cependant comme les fibres se prolongent dans toute la longueur des

T t t

pieces, la contraction étant d'autant plus grande, que les fibres font plus longues, elle ne laiffe pas d'être affez confidérable & de former une grande ouverture.

· Les bois rondins ne font pas fouvent endommagés par ces fortes d'éclats, non plus que les bois quarrés, la force de cohé-fion réfifte ordinairement à cette contraction ; & comme la force de cohéfion eft répandue dans toute la longueur de la piece, je crois qu'elle réfifteroit toujours à la contraction des fibres longitudinales, fi cette force de cohéfion n'étoit pas beaucoup affoiblie par les fentes que le rapprochement des fibres produifent. Mais s'il arrive par hazard, que deux ou trois grandes fentes s'étendent prefque jufqu'au centre d'un rondin, & qu'elles le partagent en plufieurs portions, c'eft alors que la contraction des fibres longitudinales s'exerce ; elle écarte les quartiers les uns des autres, & cela avec d'autant plus de facilité, qu'elle n'a plus à vaincre la cohéfion ; d'ail-leurs j'ai peu vu les bois gras ou vieux fe fendre de cette façon, & prefque jamais les bois forts & jeunes, quand je les ai con-fervés avec leur écorce, ou quand je les ai tenus dans un lieu frais pour empêcher qu'ils ne fe defféchaffent trop prompte-ment ; mais il y a des cas où ces fortes d'éclats font particu-liérement à craindre.

Quelquefois au lieu de débiter les arbres en quarré, on leve des croûtes épaiffes fur deux faces, & l'on n'ôte que peu de bois fur les deux autres côtés, ce qui rend ces pieces plus larges qu'épaiffes, ou méplates, (*Figure 8*) ; en cet état les croûtes deviendront courbes dans leur longueur, mais la piece du milieu s'éclatera par le bout, (*Fig. 10*). Ceci deviendra plus fenfible dans les arbres refendus en planches.

Je fuppofe que l'arbre (*Fig. 9* ou *IX*), foit refendu en plan-ches par les lignes *a*,*b*,*c*,*d*; je dis que la planche *aa* qui contient le cœur de l'arbre, reftera droite & fans s'arquer, parce que la contraction s'exerce également fur toutes les faces ; mais elle fe fendra en *f*, (*Fig. 10*). Pour en faire fentir la raifon, je divife cette planche (*Fig. 8*), en tranches par les lignes ponc-

* Les grandes lettres de la Figure IX indiquent les mêmes chofes que les petites lettres de la Figure 9.

tuées 1, 2, 3; la tranche 3 est composée du bois le plus jeune: elle se contractera donc plus que la tranche 2, & celle-ci plus que les tranches plus intérieures. Ainsi il faut concevoir deux forces antagonistes appliquées en *a, a*, (*Fig. 9*), qui tendent à séparer la planche par le milieu; & comme la force de cohésion a été considérablement diminuée par le retranchement des planches *b b*, *c c*, *d d*, (*Fig. 9*), cette force ne pourra résister à celle de la contraction, & il s'ouvrira une grande fente en *f*, (*Fig. 10*). J'ai observé à l'égard des fentes qui se font sur les plateaux & sur les plançons équarris, que les premieres causent moins de dommage, parce qu'elles ne sont ni si larges, ni si profondes, ni si obliques; les fentes qui se font sur les billons étant toujours comme des rayons, elles tranchent les bordages.

Il n'en sera pas de même des planches *b b*, *c c*, *d d*; celles-ci seront moins sujettes à se fendre, mais elles s'arqueront: on en sentira la raison en jettant les yeux sur les figures 11 & 12, qui représentent les planches *b b*, & *a a* de la figure 9; on y voit que les côtés *d*, *d*, sont formés de bois plus dense que les côtés *e, e*, & l'on en doit conclure que les côtés *e, e*, se contracteront plus que les côtés *d, d*; ce qui fera nécessairement arquer ces planches. Et comme cette différence de densité sera d'autant plus grande, que les planches seront plus éloignées du centre, la planche *d d*, s'arquera plus que la planche *b b*; aussi sera-t-elle moins sujette à se fendre par le milieu, parce qu'il y a moins de différence entre la densité du bois des côtés *d e, d e*, & celle du bois du milieu *f* (*Fig. 11*), qu'il n'y en a entre les côtés 3, 3, & le milieu 1 de la planche, (*Fig. 8*).

Aussi remarque-t-on constamment dans les arbres débités en planches, que celles du cœur, ou qui en approchent, sont plus fendues par les bouts, que celles qui en sont éloignées; & si l'on refendoit ces planches en deux, par exemple, la planche *a a*, (*Fig. 9*) par la ligne 1, 1 (*Fig. 8*), il est sûr que les moitiés ne se fendroient point; mais elles s'arqueroient chacune en sens contraire, comme on le voit dans la figure 12.

Une rondine qui étoit restée plus d'un an en grume, & dans son écorce, n'avoit qu'une seule gerce qui se faisoit voir sur le bois de bout; on leva dans le milieu de cette pièce une planche de deux pouces d'épaisseur, & dans laquelle étoit contenue cette gerce, que l'on voyoit s'ouvrir à mesure que la scie avançoit, parce qu'elle diminuoit la force de cohésion des fibres. Cette gerçure qui d'abord étoit peu considérable, devint en deux jours de temps une fente de deux pieds de longueur, après quoi elle s'arrêta à ce point, & ne fit par la suite aucun progrès : voilà un effet bien marqué de la tension des fibres longitudinales.

Jusqu'à présent, j'ai toujours supposé que les fibres ligneuses étoient dans une position réguliere. Cependant les nœuds, les cicatrices, l'insertion des grosses branches changent cette marche réguliere, & la rendent très-bizarre dans les bois de palisse, dans les baliveaux, &c ; car alors les effets de la contraction seront aussi fort irréguliers ; des faisceaux de fibres ligneuses qui iront aboutir à l'angle d'une planche, l'emporteront d'un côté ou d'un autre : on verra, par exemple, une planche se contourner en aile de moulin, parce que dans une partie de sa longueur, les fibres ligneuses se jetteront sur un de ses côtés ; si deux faisceaux de fibres ont des directions opposées, il se formera un éclat, & les portions séparées se voileront en des sens opposés. J'ai souvent pris plaisir à examiner avec attention les bois qu'on appelle *rebours* ; il m'a paru que les contours bizarres de ces pieces étoient toujours une suite, soit du rapprochement des fibres ligneuses, soit de leur contraction.

Article **V.** *Moyens tentés infructueusement pour empêcher les bois de se fendre.*

Pour essayer de prévenir les fentes qui se forment dans le bois, j'ai fait couvrir de brai des bois verds abattus dans la forêt d'Orléans, & des madriers de bois de Provence qui avoient été refendus encore tout verds, & qui étoient destinés à la construction d'une Galere. J'avois dessein de ralentir par-là l'évaporation de la seve ; mais comme le brai s'applique mal sur le bois humide & encore plein de seve, cet enduit n'a pas paru faire un grand effet ; car les bois de la forêt d'Orléans qui avoient été équarris, se sont fendus ; & si les madriers de Provence se sont peu fendus, c'est qu'ils avoient été refendus pendant qu'ils étoient encore tout verds : d'autres madriers de la même exploitation qui n'avoient point été enduits de brai, ne se sont presque pas fendus ; au lieu que quelques billons qu'on avoit conservés entiers pour servir de comparaison, se trouvoient très-fendus.

Je croyois encore parvenir à empêcher qu'il ne se formât des fentes aux pieces de bois récemment abattus lorsqu'elles se séchoient, si je les assujettissois fortement avec des moises de bois ou des liens de fer, de la maniere que le repréfentent les Numéros 2, 3, 4, &c, (*Fig.* 4) de la Planche XXII ; mais comme il arrive que le bois diminue de volume en se séchant, quelque attention que j'aie eu de faire resserrer les liens de ces pieces avec des coins, cela n'a pu empêcher qu'elles ne se soient beaucoup fendues.

Comme il étoit très-intéressant de faire répéter par d'autres que par moi une pareille expérience, j'ai engagé M. Garavaque à la faire sur des bois de Provence. Il voulut bien prendre la peine de choisir lui-même deux gros billons d'un Chêne très-dur & d'excellente qualité, qui avoit été abattu depuis deux mois : il les fit scier chacun en quatre, ce qui produisit huit pieces : il fit arrondir deux pieces de chacun de ces billons, & équarrir deux autres ; de forte qu'il y avoit quatre pieces rondes & quatre quarrées de chaque billon : le cœur de l'arbre se trouvoit dans les pieces numérotées 1, 2, 3, 4 ; & à celles numérotées 5, 6, 7, 8, le cœur étoit en dehors.

A peine ces pieces de bois furent-elles achevées d'être travaillées, qu'elles commencerent à se fendre, quoiqu'on les eût couvertes de haillons mouillés, aussi-tôt qu'elles eurent été travaillées. On serra les pieces, (N°. 2 & 6) avec des cercles de fer, & les pieces 4 & 8 avec des moises ; on les déposa ensuite sous un hangar.

Quoiqu'on prît soin tous les jours de frapper les cercles & les moises pour resserrer ces pieces, les fentes s'ouvroient cependant à vue d'œil ; celles qui étoient cerclées, se fendoient à peu-près autant que celles qui ne l'étoient pas.

Au bout de quatre mois, ayant présenté sur les pieces numérotées *1 , 2 , 5 & 6* , un fil de fer qui avoit été mesuré sur la grosseur qu'elles avoient avant l'expérience , leur volume se trouva être presque le même, le resserrement n'étoit indiqué que par les ouvertures des fentes.

Les fentes ont continué à s'ouvrir pendant près de dix mois, quoiqu'on ait toujours eu l'attention de serrer souvent les cercles & les moises.

Il est donc évident que ce moyen ne peut empêcher que les bois ne se fendent ; parce que comme le bois diminue de volume en se séchant, les cercles ne peuvent faire aucun obstacle à cette diminution.

Article VI. *Moyens de remédier aux dommages que cause la contraction des fibres.*

Par le détail où je viens d'entrer, il est constant que dans certains cas , la contraction des fibres ligneuses fait éclater les bordages par les bouts, & que dans d'autres elle les fait arquer. Ces inconvéniens ne sont cependant pas sans remede, ou bien ceux auxquels il seroit difficile de remédier, ne peuvent causer un grand préjudice aux pieces de bois : c'est ce qui me reste à prouver.

Il est vrai que si l'on abandonnoit à elles-mêmes les planches nouvellement sciées, elles s'arqueroient quelquefois beaucoup: on a coutume, après qu'elles ont été débitées, de les arranger les unes sur les autres, de façon cependant que l'air les frappe de tous côtés. Quoiqu'elles soient ainsi serrées les unes contre les autres, & absolument hors d'état de se voiler en aucun sens, il n'est pas si aisé d'empêcher que le bout des planches ne s'éclate ; mais heureusement cet inconvénient n'est pas considérable ; 1°, il n'arrive pas à toutes les planches de se fendre ainsi; il n'y a gueres que celles du cœur qui y soient exposées ; 2°, sur un bordage de 25 ou 30 pieds de long, il n'y a ordinairement que la longueur de deux ou trois pieds de l'extrémité, qui répond aux racines, qui se fende ; 3°, ces fentes n'obligent pas toujours de rogner un bordage ; si la fente n'est pas oblique, si elle n'est pas fort ouverte, on la peut calfater ; & si elle se trouve trop ouverte, on y rapporte un *rombaillet* ; 4°, on pourroit bien, s'il ne s'agissoit que de conserver quelques bordages, les empêcher de se fendre, en les garantissant du grand air & les tenant à couvert ; car j'ai remarqué dans les Ports où les bordages sont empilés sous des hangars, que les bouts qui sont les plus exposés à l'air ; ceux qui sont du côté de l'ouverture de ces hangars, sont plus fendus que les bouts qui sont tournés vers le fond, & par conséquent plus à l'abri du soleil & du vent. Mais quand même on ne pourroit prévenir ces accidents, il y aura toujours un grand avantage à refendre, le plutôt qu'il sera possible de le faire, les pieces destinées à faire des bordages , celles destinées pour la Menuiserie, l'Artillerie , &c, en un mot toutes celles qui ne doivent pas être employées en entier, plutôt que de les conserver en plançons, sur-tout quand elles seront de bois de bonne qualité ; car il est certain que ces bois se fendent infiniment plus que ceux qui sont tendres, gras ou usés. On souhaiteroit peut-être en savoir la raison ; mais les recherches que j'ai faites à ce sujet ne m'ont conduit qu'à de simples conjectures : après cet aveu, j'ai cru qu'il n'y auroit point d'inconvénient à les proposer, en attendant que je sois en état de donner quelque chose de plus satisfaisant.

Article **VII.** *Pourquoi les Bois de bonne qualité se fendent & se tourmentent plus que les autres Bois.*

Il semble qu'on pourroit comparer les bois de médiocre qualité, aux bois trop jeunes, & qui n'ont pas encore acquis toute la bonté dont ils sont capables. Par exemple, le bois de Bourgogne qui sera venu dans un terroir un peu humide, à l'aubier ou au jeune bois de Provence ; le bois de Lorraine, au jeune bois de Bourgogne, &c. A l'égard de la contraction du bois & des fentes, cette comparaison ne se peut soutenir,

puifque nous avons vu par toute la fuite de nos expériences &
de nos obfervations, que le jeune bois eft celui qui fe contracte le plus, & que les jeunes bois fe fendent & fe tourmentent plus que les autres ; au lieu qu'il eft très-certain que
les bois gras, même ceux qu'on appelle fimplement tendres,
fe gercent confidérablement moins que les bois forts : quand
j'ai cherché la raifon de ce fait, il m'a paru qu'il y avoit moins
de différence entre la denfité du bois du cœur & celle de
celui de la circonférence ; dans les bois tendres que dans les
bois forts. Comme nous avons prouvé qu'un cylindre, dont les
parties font compofées d'une matiere homogene, pourroit fe
deffécher fans qu'il fe formât aucune fente, il s'enfuivroit que
les bois, dont les parties approchent le plus de cette homo-
généité, doivent moins fe fendre que ceux qui s'en éloignent.

Cette raifon paroîtra fatisfaifante à qui voudra examiner des
bois defféchés avec le ménagement & les précautions requifes;
mais fi l'on fait attention que, même quand on précipite le
plus l'évaporation de la feve, les bois gras fendent encore
moins que les bois forts, on fentira qu'il faut qu'il s'y rencontre
quelque chofe de plus que de la denfité ; car dans l'hypothefe
même d'une matiere homogene, pour qu'il ne fe forme point
de fentes, il faut que le defféchement foit à peu-près le même
au centre qu'à la circonférence, pour que les rayons fe raccourciffent en proportion de leur rapprochement ; or, dans le cas
d'un defféchement précipité, les couches extérieures doivent
entrer en contraction avant que les rayons puiffent fe raccour-
cir ; & fi la contraction des couches extérieures étoit proportionnelle à l'humidité qu'elles contiennent, elle feroit confidérable dans les bois gras, parce qu'ils font fort chargés d'humidité.

J'ai quelques raifons pour penfer, 1°, que les bois gras ne
fe contractent pas autant que les bois forts ; 2°, qu'ils ne fe
contractent pas avec autant de force : c'eft ce que je vais effayer
d'établir.

1°, Il eft certain que dans un même efpace, il fe trouve
plus de fibres ligneufes dans un morceau de bois fort, que
dans

dans un morceau de bois gras ; donc, si la contraction du bois ne se fait que par le ressort des fibres ligneuses, le ressort & par conséquent la contraction, doivent être plus considérables dans un morceau de bois fort, que dans un morceau de bois gras.

2°, Je prouverai ailleurs qu'il y a plus de matiere raisineuse, gommeuse & mucilagineuse dans les bois forts, que dans ceux qu'on appelle gras ; il est d'ailleurs certain que ces matieres se retirent beaucoup & avec beaucoup de force quand elles se dessechent ; d'où je conclus encore que les bois forts se doivent contracter davantage, & plus fortement que les bois gras.

Ainsi, il faut concevoir que les bois gras sont susceptibles de peu de contraction : ils contiennent à la vérité beaucoup d'humidité, mais elle s'échappe, sans que les fibres ligneuses se rapprochent beaucoup ; au lieu que les jeunes bois de bonne qualité, sont chargés de quantité de seve, & cette seve est elle-même chargée d'une substance gélatineuse qui s'épaissit par le desséchement, & qui devient capable de contraction. Les fibres ne sont pas fort serrés dans le jeune bois, parce qu'il n'a pas encore acquis la densité qu'il doit avoir avec l'âge ; elles sont tendres, parce qu'elles sont très-humectées ; quand elles se dessechent, elles deviennent capables de ressort, & alors elles se contractent. Enfin je crois que la densité est moins inégale dans les bois gras que dans ceux qui sont forts, & tout cela doit concourir à empêcher qu'ils ne se fendent autant que les autres.

Essayons présentement de mettre à profit les lumieres que nos expériences & nos observations ont pu fournir.

ARTICLE VIII. *Conclusion.*

LES moyens que j'ai imaginés pour empêcher que les bois ne fussent endommagés par les fentes & par les éclats, se réduisent, ou à ralentir l'évaporation de la seve, ou à faire refendre les bois dans le moment qu'ils ont été abattus, & à les ré-

V u u

duire aux plus petites dimensions que leur destination pourra permettre : ces deux moyens ne peuvent cependant être employés à la fois ; ils ont chacun des avantages particuliers qu'il convient d'employer dans diverses circonstances différentes ; c'est ce qui me reste à expliquer.

§. 1. *Dans quel cas convient-il de ralentir l'évaporation de la seve ?*

On peut ralentir l'évaporation de la seve, soit en tenant les bois nouvellement abattus dans des lieux frais, à l'abri du soleil & du vent, soit en les conservant dans leur écorce.

Le premier moyen est impraticable pour une grande quantité de grosses pieces, quand même on auroit d'assez grands bâtiments ; il faudroit les empiler les unes sur les autres, mais alors l'humidité de tous ces bois qui ne pourroit se dissiper aisément, les feroit pourrir ; car quand il s'agit de grandes opérations, il ne faut jamais compter sur l'exactitude de soins pénibles & journaliers ; comme d'ouvrir, quand il regne un vent du Nord, les portes & les fenêtres, afin de dissiper l'humidité ; les fermer ensuite pour ralentir l'évaporation de cette humidité, sans l'intercepter. Ces attentions m'ont réussi, en petit ; & avec ces précautions, j'ai garanti des pieces qui m'étoient précieuses d'être endommagées par les fentes : je les tenois renfermées, couvertes de litiere que je renouvellois fréquemment jusqu'à la fin des chaleurs de l'Eté, après quoi je commençois à leur donner de l'air par degrés. Mais ces moyens qui n'effrayeront pas quiconque veut s'instruire par des expériences, ou à qui il importe de conserver en bon état quelques pieces de bois précieuses pour son usage, ne feroient point praticables pour de grandes exploitations. Au reste, j'avoue que tout ce que j'ai gagné par ces attentions a été de prévenir les grandes fentes, mais je n'ai pu empêcher qu'il ne s'en soit formé quantité de petites.

Il est plus aisé de conserver les bois dans leur écorce ; &

cela conviendroit particuliérement pour les baux, les quilles, les membres des vaiſſeaux, les poutres des bâtiments, les arbres des moulins, les moyeux de roues, & généralement pour tous les bois qu'on emploie dans leur entier & ſans être refendus. En conſervant ces pieces dans leur écorce, & en prenant le ſoin de recouvrir leurs extrémités avec de la terre ou de la mouſſe qu'on y aſſujettiroit avec un bout de planche, on parviendroit à empêcher qu'il ne s'y formât de grandes fentes; & c'eſt tout ce qu'on pourroit ſouhaiter pour de pareilles pieces, ſur-tout pour les membres des vaiſſeaux. Cette pratique n'eſt cependant pas ſans inconvénient.

1°, Le tranſport des bois en grume eſt très-difficile.

2°, Ces bois occuperoient bien de la place dans un Port; il faudroit des hangars d'une étendue immenſe pour les tenir à couvert, & il y auroit du riſque à les laiſſer à l'humidité; il faudroit les équarrir après que les chaleurs ſeroient paſſées.

3°, Il en couteroit beaucoup plus pour les équarrir & les travailler quand ils ſeroient ſecs, que pour les faire débiter dans les forêts.

4°, Comme ces bois ſe deſſechent très-lentement, il faudroit les conſerver long-temps dans les Ports avant de les employer.

5°, On a vu par les expériences précédentes, que la qualité du bois étoit toujours un peu altérée quand on ſuſpendroit l'évaporation de la ſeve; que cette altération étoit conſidérable quand c'étoit des bois de médiocre qualité, où il ſe trouvoit ordinairement des veines de bois tendre, ſur-tout ſi l'on avoit laiſſé long-temps ces bois dans les forêts, ou expoſés à la pluie.

On ne peut donc recourir à ce moyen que dans des cas particuliers: ſi, par exemple, en Provence où les fentes font beaucoup de déſordre dans le bois, & où le bois eſt de la meilleure qualité, on faiſoit une exploitation à portée des Arſenaux, on pourroit préférer de perdre quelque choſe ſur la qualité du bois pour prévenir les éclats & les fentes énormes qui le rendent quelquefois entiérement inutile.

V u u ij

Je prie qu'on obferve que je dis, à deffein, des fentes énormes; car il n'y a que ces fentes qui puiffent endommager les pieces deftinées à faire les membres; les habiles conftructeurs favent bien employer les membres fendus, placer les chevilles & les gournables dans le bon bois qui eft entre les fentes : ce ne font donc pas les groffes pieces, celles qui reftent dans leur entier, qui font les plus endommagées par les fentes; ce font les pieces qui doivent être refendues pour faire des madriers, des eftamenaires, des lattes pour les Galeres, les précintes, les bordages des Vaiffeaux, &c, les affuts des canons & tous les ouvrages de Menuiferie. Heureufement qu'on peut trouver le moyen de préferver ceux-ci d'un auffi grand dommage; & nous allons faire fentir quelle économie il en doit réfulter pour les bois qu'on emploie refendus.

§. 2. *Qu'il y a une économie confidérable à refendre les Arbres dans la forêt même, dans le temps qu'ils ont toute leur feve, & auffi-tôt qu'ils ont été abattus.*

J'ai prouvé par nombre d'expériences, que les bois fe fendent d'autant moins qu'ils font refendus en plus de parties.

Un arbre refendu en deux, fe fendra moins que s'il étoit refté dans fon entier; il fe fendra encore moins fi on le refend en quatre: fi on le refend en plateaux épais, il fe fendra plus que s'il étoit débité en quartiers, mais moins que fi on l'avoit refendu en deux; il ne fe fendra prefque pas fi on le débite en planches, fur-tout fi elles n'ont pas une grande épaiffeur, & fi on les refend dans le fens des mailles. Tout cela a été, me femble, fuffifamment prouvé par mes expériences : ainfi, pour mettre à profit les obfervations qu'elles m'ont fournies, il faut faire refcier dans les forêts mêmes les lattes, les madriers, les eftamenaires, & généralement les courbants qu'on deftine pour les Galeres, les précintes, les bordages & généralement toutes les pieces qui ne doivent pas être employées dans leur entier à la conftruction des Vaiffeaux; au lieu de voiturer ces pieces dans les Ports en billons ou en plançons, comme cela se pratique presque toujours, l'usage étant ordinairement de ne les refendre qu'à mesure que l'on en a besoin pour la construction : voici l'avantage considérable qu'il y auroit à suivre la pratique que je propose.

1°, Quand on vient à débiter ces billons ou ces plançons qu'on a laissé se dessécher dans leur entier, on rejette en rognures ou en copeaux, près de la moitié du bois de ceux qui sont destinés pour la construction des Galeres ; il y a aussi un déchet assez considérable sur les plançons destinés à faire des bordages, sur-tout quand ils sont de bon bois : voilà donc du bois, de la main-d'œuvre, & des frais de transport qu'on pourroit épargner en bonne partie, en suivant la méthode que je propose ; j'ajoute qu'il en coûtera moins de sciage quand les bois seront verds, que quand ils seront devenus secs.

2°, En refendant les bois dans les forêts, on pourra découvrir les vices intérieurs, que la plus grande application ne peut faire connoître quand ils sont dans leur entier. Si ces défauts sont considérables, les Marchands changeront la destination des pieces qui se trouveront tarrées ; ils éprouveront peu de perte, & on gagnera les frais de transport. Si les défauts sont légers, on empêchera, en les exposant à l'air, qu'ils ne fassent des progrès ; car tous les endroits attaqués de pourriture, sont désorganisés & chargés d'une humidité qui ne pouvant se dissiper à cause de la désorganisation des parties, fermente, se corrompt & porte l'altération dans les parties voisines : en découvrant la plaie, l'humidité se dissipe, & le progrès du mal est arrêté.

3°, Les bois refendus se dessechent bien plus promptement que les autres ; ils seront donc plutôt en état d'être employés : c'est déja un grand avantage ; mais outre cela, ces bois en seront plus fermes, puisque ceux que l'on fait dessécher lentement, sont plus tendres que les autres.

4°, La facilité du transport mérite bien qu'on y fasse attention ; car les pieces ainsi débitées, étant moins grosses, on les pourra enlever avec de petites voitures : dans les saisons humides, & par des chemins difficiles, s'il se rencontre de mauvais pas, on peut plus aifément décharger & recharger les voitures : bien plus, tous les membres des Galeres, fi l'on en excepte les *Rodes* & les *Capions*, peuvent être chargés à dos de mulet; ainfi, dans les endroits où les charrois ne pourroient parvenir à raifon de la difficulté du terrein, on pourroit enlever à fommes des bois précieux pour la conftruction des Galeres, & pour quantité d'oùvrages civils, & mettre à profit des arbres qu'on n'abandonne fouvent que parce qu'on les croit dans des lieux inacceffibles.

5°, Enfin ces bois ainfi refendus, pourront être rangés avec beaucoup plus d'ordre & avec moins de peine pour les Journaliers, fous les hangars & dans les chantiers, & ils y occuperont beaucoup moins de place.

Il eft inutile de faire remarquer que ce que je viens de dire, principalement fur les bois deftinés à l'Architecture navale, a auffi fon application pour ceux qui doivent être employés aux travaux civils & militaires, de même que pour les bois qui doivent être convertis en merrain, en traverfin, en lattes, en échalas, ou en autres ouvrages de fente.

Je ne m'arrêterai pas non plus à expliquer comment on pourroit faire ufage de mes expériences pour placer les traits de fcie avec adreffe ; car connoiffant à peu-près le point où dans tel & tel cas il fe doit former de plus grandes fentes, on pourra quelquefois placer le trait de fcie, de façon qu'il ne fe forme point de grandes fentes dans les parties qui en feroient particuliérement endommagées. Au refte, ces détails ne pourroient être abrégés, & ils deviendroient inutiles à ceux qui voudront réfléchir avec un peu d'attention fur ce qui a été dit; d'ailleurs, nous ne pourrons nous difpenfer d'en parler dans le Livre où il fera queftion du bois de fciage ; mais il eft très-important de faire attention aux deux conféquences fuivantes.

1°, Dans les cas où l'on aura peu à craindre les fentes, & où il fera important de ménager la qualité du bois, il faudra faire équarrir promptement les arbres.

Ainfi, fi l'on eft dans l'obligation de conftruire des Vaiffeaux, ou de faire de grandes charpentes avec des pieces de bois tendre ; comme il n'y a alors que les grandes fentes qui foient préjudiciables , & comme l'on fait que les bois tendres fe fendent peu , il faudra les équarrir promptement. De même , dans les pays froids où l'air eft fouvent chargé de brouillards , il ne faudra pas laiffer long-temps les bois dans leur écorce , parce que les bois qui croiffent dans le Nord fe fendent peu , & l'humidité qui regne dans l'air de ces contrées empêche que l'évaporation de la feve ne fe faffe trop brufquement.

2°, Dans les cas où l'on aura plus à craindre les fentes , qu'à ménager la qualité du bois , il faudra conferver l'écorce le plus long-temps qu'il fera poffible , ou faire refendre les bois tout verds. Ainfi , en Provence où les bois fe fendent beaucoup , il ne faudra écorcer les bois que le plus tard poffible , fi les pieces doivent être employées en entier ; mais fi leur deftination exige qu'on les refende , il ne faudra pas attendre qu'ils foient fecs ; le plutôt qu'on pourra y mettre la fcie , fera le meilleur ; finon on prendra le parti de les conferver en grume jufqu'au temps qu'on les voudra refendre, ou au moins refendre dans les Ports, & le plutôt poffible , tous les plançons , à mefure que les fourniffeurs les livreront.

J'ai dit qu'il falloit refendre le plutôt qu'il feroit poffible , tous les bois qui font deftinés à l'être ; j'aurois dû en excepter les *pieces de tour* qui ne peuvent être refendues avant le temps de la conftruction , parce qu'elles font affujetties à des gabaris trop précis ; mais j'ai cru cette exception inutile ; 1°, parce qu'il eft aifé de choifir pour ces fortes de pieces , les courbants qui font les moins endommagés par les fentes ; en fecond lieu , parce que je crois qu'il eft très-avantageux de ne point gabarier les pieces de tour en garniffant les parties courbes des Navires , avec des bordages droits attendris dans des étuves , pour les rendre propres à fe ployer fuivant le contour du Vaiffeau.

Je penfe qu'on conviendra aifément qu'il eft poffible de refendre en bordages tous les plançons droits , en prenant attention de donner aux bordages différentes épaiffeurs , fuivant le

beſoin qu'on pourroit en avoir : on trouvera peut - être quelque difficulté à refendre les plançons courbes , parce que, ſuivant différentes circonſtances , on les refend, ſoit en ſuivant la
courbure des plançons , ſoit ſur la face droite ; mais j'en parlerai dans le Livre ſuivant : on ſe procureroit ainſi de quoi
ſatisfaire à tous les beſoins de conſtruction.

Il y a encore un moyen de prévenir les fentes , c'eſt de refendre les bois ſuivant la maille , ou bien par des lignes dirigées à peu-près du centre à la circonférence ; mais comme je
m'apperçois que ce Chapitre eſt déja plus long que je ne m'étois
propoſé de le faire , je renvoie ce qui regarde cette façon de
débiter les bois, à l'endroit où je traiterai du bois de ſciage.

Le flottage fournit encore un moyen de prévenir un peu les
fentes : j'en parlerai amplement dans la ſuite.

Après avoir diſcuté les deux queſtions précédentes , qu'on
peut regarder comme un préliminaire eſſentiel ſur l'exploitation des gros bois , je vais maintenant parler des bois qui ſe
vendent en grume.

CHAPITRE III.

De l'exploitation des Bois que l'on vend le plus ordinairement en grume pour le Charron- nage, l'Artillerie, &c.

ARTICLE I. *Des Bois propres au Charronnage & au ſervice de la Marine.*

PRESQUE tous les bois de charronnage ſont de Chêne, ou
d'Orme, ou de Frêne : dans quelques Provinces on y emploie
le Hêtre.

Dans les hauts-taillis de 50 à 60 ans , on trouve des Chênes
de

de 30 à 40 pouces de circonférence : on les fcie à 18, 20 ou 22 pieds de longueur, & on les vend en grume aux Charrons pour faire des limons de charrette ; ils trouvent encore dans ces pieces de quoi faire des pommelles, ou de quoi faire du bois de corde, à moins qu'il ne fe trouve dans les branchages de quoi faire des ages & des manches de charrue ; comme nous en avons parlé dans l'exploitation des taillis, nous nous contenterons de faire remarquer qu'on fait ces parties des charrues indifféremment avec de l'Orme, du Frêne & du Chêne.

Si les corps de Chêne dont nous parlons, étoient fort gros au pied, on pourroit lever une ou deux longueurs de rais, & couper le refte pour en faire des limons : nous avons auffi parlé des rais à l'occafion des bois taillis.

On paye au Bûcheron 50 fous du cent d'abattage de ces bois. Les moyeux des roues fe font tous avec de l'Orme ; & l'efpece qu'on nomme *tortillard*, eft infiniment fupérieure aux autres.

Les moyeux pour les roues de carroffe, fe livrent en tronçons de 9 pieds & demi de longueur fur 30 pouces de circonférence ; & on appelle une pareille piece, *toife de moyeux*.

Les moyeux pour les groffes voitures, fe livrent auffi en grume, mais par paires ; les plus gros ont 51 à 52 pouces de circonférence ; la paire doit avoir 4 pieds & quelques pouces de longueur, il y en a de moins gros ; les petits doivent être de 36 pouces de circonférence, & les billons, pour la paire, ont 20 à 22 pouces de longueur.

On vend encore des moyeux pour les brouettes & les rouelles des charrues, qui ont 18 pouces de circonférence fur environ 12 pouces de longueur pour chaque moyeu.

Les effieux de Frêne & de Charme fe livrent auffi en grume ; les pieces doivent avoir 7 à 8 pouces de circonférence fur 6 ou 7 pieds de longueur ; il ne faut pas qu'ils foient ni trop verds ni trop fecs. On prend ordinairement ces pieces dans les bois de débit ou dans le *herfage* : on appelle *bois de débit* de jeunes arbres auxquels on ménage toute la longueur qu'ils peuvent porter, comme 30 ou 40 pieds fur 15 ou 18 pouces de circonférence vers le petit bout. C'eft avec ces bois qu'on fait les traverfes & quantité de menus ouvrages; ils fe livrent en grume, & de toute leur longueur.

Les bois de *herfage* font de menus bois en grume, propres aux Charrons de la campagne : on les nomme ainfi, parce qu'ils fervent à faire les herfes; au refte, les Charrons en font ufage pour tous ouvrages où leurs dimenfions permettent de les employer.

Les pieces de bois pour les armons doivent avoir 24 à 27 pouces de circonférence fur 6 pieds de longueur; fouvent on les prend dans les bois de débit.

Les fleches à arcade pour les carroffes font de 36 à 40 pouces de circonférence fur 10 à 12 pieds de longueur; il eft bon d'en ménager auffi de 12, 13, 14 & 15 pieds de lon-gueur, bien courbées, fans nœuds, & d'un beau *braquement*.

On livre auffi en grume des corps d'arbres, foit d'Orme, foit de Frêne, pour faire les brancards des Brelines; il eft bon que ces pieces aient de la courbure : les habiles Charrons favent en profiter pour donner plus de grace & de commodité à ces voitures. Comme on doit prendre les deux brancards dans une même piece, il faut qu'elle ait 36 à 40 pouces de circonférence, & 13 à 14 pieds de longueur. On laiffe ordi-nairement les corps d'arbres de toute leur longueur; ce que les Charrons en retranchent, leur fert à d'autres ufages.

Les brancards pour les chaifes de pofte & pour les cabrio-lets, fe prennent auffi dans des arbres qu'on livre en grume aux Charrons : ceux que l'on fait de Hêtre & de Frêne font très-bons; on refend ces arbres en deux ou en quatre avec la fcie, fuivant la groffeur des arbres : la longueur de ces bran-cards eft de 14 à 16 pieds.

On débite les pieces pour les *liffoires* depuis quatre pieds & demi de longueur jufqu'à 6 pieds & demi, fur 4 à 5 pouces d'épaiffeur, & depuis 6, 7, jufqu'à 15 & 18 pouces de lar-geur.

Les pieces pour les *moutons*, ont 6, 7 ou 8 pieds de long fur 6 à 8 pouces de large, & 4, 5 ou 6 pouces d'épaiffeur : on les prend ordinairement dans les bois de débit.

Les timons ont ordinairement 9 à 10 pieds de longueur, 4 à 4 pouces & demi d'équarriſſage vers le gros bout ; ce ſont les Charrons eux-mêmes qui les débitent, & ils ſe ſervent communément de pieces de Chêne ou de Frêne qu'on leur fournit en grume, comme bois de débit.

Les Charrons emploient les ſouches des gros Ormes à faire des *Pelotons* pour les Chaircuitiers, les Bouchers, les Cuiſiniers, &c.

On ne court aucun riſque de livrer aux Charrons qui travaillent en gros ouvrages, des corps d'Orme ou de Frêne de différente groſſeur, & de 10, 12, 15 ou 18 pieds de longueur ; les gros qui ont 27 à 30 pouces de circonférence, leur ſervent à faire des haquets à l'uſage des ports de Paris.

Les coquilles des carroſſes ſe font d'Orme : on les débite de 3 pieds & demi de longueur ſur 24 à 26 pouces de largeur, 3 pouces & demi d'épaiſſeur par un bout, & 4 & demi par l'autre.

Les pieces pour les jantes de roues ſe débitent dans les forêts ; on les fait quelquefois de brin, dans la partie d'une branche où ſe trouve une courbure convenable ; on frappe ces pieces ſur deux côtés, & on laiſſe toute leur largeur dans le ſens de la courbure : ordinairement on refend en deux les branches courbes qui ſe trouvent avoir depuis 24 pouces juſqu'à 30 de circonférence ; quand elles ſont plus groſſes, on y peut donner deux traits de ſcie pour en former trois jantes que l'on réduit à 2 pouces & demi ou à 3 pouces & demi, ſelon la force que doivent avoir les roues ; & ſuivant l'uſage de chaque pays, on les fait de 30, ou de 37 à 38 pouces. Quand on fait ces pieces de 6 à 7 pouces d'épaiſſeur, les Charrons qui travaillent pour les équipages, les refendent en deux : on les vend au cent.

Les gros corps d'orme qui ont 48 à 50 pouces de circonférence, ſe débitent pour les Charpentiers qui en font des écrous de preſſoir, des maies de preſſes ; on en fait auſſi des plateaux de 4 pouces d'épaiſſeur, dont les Charpentiers ſe ſervent pour les chanteaux des rouets de moulin, ou des tables de cuiſine, des établis de Menuisier, &c : nous en parlerons dans la suite.

On fournit à la Marine des plateaux d'Orme & de Frêne dont on fait des rouets de poulie : on fournit aussi des pieces en grume pour les boîtes de *Caliorne*, les caps de *mouton*, &c. On se sert encore d'Ormes fort droits, & où se trouvent peu de nœuds pour faire des corps de pompe & des tuyaux de conduite : c'est aussi quelquefois avec ce bois que l'on fait les membres des canots & des chaloupes.

ARTICLE II. *Des Bois propres au service de l'Artillerie.*

IL ne sera point question ici des perches, rames & ramilles dont on fait des fascines, des saucissons, des gabions & des claies, non plus que des arbres qu'on fend pour former des palissades : nous avons suffisamment parlé de ces objets dans le Livre des bois taillis.

L'Artillerie emploie beaucoup de planches de Chêne d'un pouce & demi d'épaisseur, & des chevrons de même bois de 3 à 4 pouces d'équarrissage qu'on emploie à faire les plates-formes des batteries. Mais comme nous n'avons rien de particulier à dire sur ces pieces de bois, nous remettons à en parler quand nous traiterons des bois de sciage.

Il est donc particuliérement question ici des pieces qu'on emploie pour les affûts, soit de canons, soit de mortiers.

Pour ces usages, on livre communément aux Artilleurs des pieces d'Orme ou de Frêne en grume, & quelquefois en plateaux ou en bois quarré : pour juger de la grosseur & de la longueur que ces pieces doivent avoir, il suffit de donner les principales dimensions des affûts.

§. I. *Des affûts pour les canons de Marine.*

COMME la force & la grandeur des affûts doivent être relatives au calibre des canons, il suffit d'en donner trois différentes dimensions, pour qu'on en puisse conclure aisément les calibres intermédiaires.

La longueur des affûts, (*Pl. XXIII. fig.* 2), pour les canons de 36 livres de boulet, doit être de 5 pieds 11 pouces : la longueur des flafques, (*Fig. 1*), de 5 pieds 6 pouces fur 6 pouces d'épaiffeur : la longueur des effieux d'avant, (*Fig. 3*), quatre pieds cinq pouces fur un pied 6 pouces de circonférence : la longueur & la groffeur des effieux de l'arriere, doivent être un peu moindres que pour ceux de l'avant ; mais on prend les uns & les autres dans des rondines d'Orme de 10 pieds de longueur fur 20 pouces de circonférence. Le diametre des roues d'avant, (*Fig. 4*), doit être d'un pied 6 pouces, & leur épaiffeur de 6 pouces.

La longueur des affûts pour les canons, de 18 livres de bale, eft de 5 pieds 4 pouces : la longueur des flafques, 5 pieds fur 5 pouces d'épaiffeur : la longueur de l'effieu d'avant, 3 pieds 7 pouces fur un pied 5 pouces 6 lignes de circonférence : le diametre des roues d'avant, 1 pied 3 pouces fur 5 pouces d'épaiffeur.

La longueur des affûts pour les canons de 8 livres de boulet, doit être de 4 pieds 6 pouces : la longueur des flafques, de 4 pieds 3 pouces fur 4 pouces 6 lignes d'épaiffeur : la longueur de l'effieu d'avant, de 2 pieds 10 pouces, & fa circonférence d'un pied 1 pouce 6 lignes : le diametre des roues d'avant, d'un pied 1 pouce, & de 4 pouces d'épaiffeur.

Il eft bon de favoir que les effieux & les roues dans chaque affût, font de plus grandes dimenfions pour l'avant que pour l'arriere; mais comme cette différence eft peu confidérable, elle n'influe point fur les fournitures ; & l'on peut conclure des dimenfions que nous venons de donner, que les fournitures des pieces de bois propres aux affûts de Marine, doivent être des qualités fuivantes.

1°, Pour les effieux, des pieces de bois d'Orme ou de Frêne, jeune & de brin en grume, droit & fans nœuds, qui aient depuis 5 pouces de diametre jufqu'à 7, & auxquels on laiffe toute la longueur qu'elles peuvent porter.

2°, Pour les roues, des plateaux d'Orme (on y a quelquefois employé du Hêtre, mais ce bois n'eft pas convenable); ces plateaux refendus à la fcie, doivent avoir différentes épaiffeurs, depuis 6 pouces jusqu'à 4 , & affez de largeur pour qu'on puiffe prendre des roues du diametre, foit d'un pied 6 pouces dans les plateaux de 6 pouces d'épaiffeur, & d'un pied 1 pouce dans ceux de 4 pouces d'épaiffeur, & pour les autres calibres à proportion.

3°, Pour les flafques , des plateaux d'épaiffeur depuis 6 pouces jufqu'à 4 pouces fix lignes , dont la longueur foit telle que dans les plateaux de 6 pouces, on puiffe prendre, fans déchet, des flafques de 5 pouces 6 lignes de longueur, & dans ceux qui n'ont que 4 pouces 6 lignes d'épaiffeur, des flafques de 4 pieds 3 pouces de longueur.

§. 2. *Des Affûts de Canons de Campagne & de Places.*

J'ai dit ci-devant que l'on fourniffoit pour le fervice de l'Artillerie, les bois ou en grume ou fimplement dégroffis, fur-tout pour les affûts ; ainfi on pourra juger de la groffeur des bois que l'on doit fournir pour ce fervice par la dimenfion des pieces qu'on en doit tirer; en conféquence , je vais donner les dimenfions des principales pieces d'affûts pour tous les calibres: ces affuts & les flafques doivent être de bois d'Orme bien fec, & les entre-toifes de bois de Chêne très-fec.

Pour les pieces de 33, les flafques, (*Pl. XXIII. fig. 5*), doivent avoir 14 pieds de longueur, 6 pouces d'épaiffeur, 17 pouces de largeur, & 7 pouces d'arc ou de ceintre ; ainfi, fi l'on vouloit prendre un affût dans une piece droite, il faudroit qu'elle eût 24 pouces de largeur; mais cette largeur n'eft pas néceffaire quand les arbres ont une courbure naturelle & convenable; trois entre-toifes de 8 pouces de largeur & de 6 pouces d'épaiffeur ; & celle de la lunette de 5 pouces 6 lignes d'épaiffeur, 18 pouces de largeur.

Pour les pieces de 24 , les flafques ont 13 pieds & demi de longueur, 5 pouces 6 lignes d'épaiffeur, 15 pouces de largeur, 7 pouces d'arc ou de ceintre ; trois entre-toifes de huit pouces de largeur, fur 6 pouces d'épaiffeur ; & celle de la lunette de 16 pouces de largeur fur 5 pouces d'épaiffeur.

Pour les pieces de 16, les flafques ont 13 pieds 3 pouces de longueur, 14 pouces de largeur fur 5 pouces d'épaiffeur ; l'arc ou le ceintre, 5 pouces 3 lignes ; les entre-toifes , 6 pouces 9 lignes de largeur fur 4 pouces 9 lignes d'épaiffeur ; & celle de la lunette de même épaiffeur, fur 15 pouces de largeur.

Pour les pieces de 12, les flafques ont 12 pieds de longueur, 4 pouces 6 lignes d'épaiffeur, 13 pouces de largeur, 11 pouces d'arc ou de ceintre ; les entre-toifes font, comme pour les canons, de 16, excepté l'entre-toife de la lunette qui a 14 pouces de largeur, & 4 pouces 3 lignes d'épaiffeur.

Pour les pieces de 8, les flafques ont 10 pieds 4 pouces de longueur, 4 pouces d'épaiffeur, 12 pouces de largeur, 10 pouces d'arc ou de ceintre ; les entre-toifes ont 5 pouces 6 lignes de largeur, 4 pouces d'épaiffeur ; celle de la lunette a 12 pouces de largeur, & 3 pouces 9 lignes d'épaiffeur.

Pour les pieces de 4, les flafques ont 9 pieds de longueur, 3 pouces d'épaiffeur, 10 pouces de largeur, 8 pouces 6 lignes d'arc ou de ceintre ; les entre-toifes ont 4 pouces de largeur & 3 pouces d'épaiffeur ; celle de la lunette a 10 pouces de largeur & 3 pouces d'épaiffeur.

Les moyeux des rouages fe font de bois d'Orme verd ; les jantes & les effieux , de bois d'Orme fec, les rais, de bois de Chêne fec & fans nœuds.

Pour les pieces de 33, les roues ont 4 pieds 10 pouces de diametre.

Les moyeux, (*Fig. 6*), ont 22 pouces de longueur & 20 pouces de diametre : 12 jantes, (*Fig. 7*), de 6 pouces 6 lignes de largeur, 4 pouces 6 lignes d'épaiffeur : 24 rais, (*Fig. 8*), de deux pieds & demi de longueur, de 4 pouces 9 lignes d'équarriffage vers le bout qui entre dans le moyeu, & qu'on nomme l'*empattage*, & dans le furplus de la longueur, ils peuvent avoir 6 lignes de moins, & la même chofe à peu-près pour toutes les rais des roues d'autre calibre ; c'eft ce qui fait que je ne marquerai que leur groffeur vers la patte, c'eft-à-dire, à l'endroit où les rais entrent dans les moyeux ; les effieux, (*Fig. 9*), ont 7 pieds 6 pouces de longueur, & 12 pouces de diametre.

Pour les pieces de 24, les roues ont 4 pieds 8 à 10 pouces de diametre ; les moyeux ont 21 pouces de longueur, 16 pouces de diametre ; les jantes, 6 pouces de largeur, 4 pouces d'épaisseur ; les rais, 2 pieds 6 pouces de longueur, 4 pouces 6 lignes vers l'empattage : les essieux pareils aux précédents.

Pour les pieces de 16, les moyeux ont 19 pouces 6 lignes de longueur & 15 pouces de diametre : le diametre des roues est de 4 pieds 2 pouces ; les jantes ont 5 pouces de largeur, 3 pouces 6 lignes d'épaisseur ; les rais ont 2 pieds 2 pouces de longueur, & 4 pouces d'équarrissage vers la patte ; les essieux, 7 pieds 4 pouces de longueur, & 10 pouces de diametre.

Pour les pieces de 12, les moyeux ont 19 pouces de longueur, 14 pouces de diametre ; les roues font de la même hauteur que celles des affûts de 16 ; les jantes ont 4 pouces 8 lig. de largeur, 3 pouces 3 lignes d'épaisseur ; les rais, 2 pieds 2 pouces de longueur, 3 pouces 6 lignes d'équarrissage à la patte : les essieux comme pour les pieces de 16.

Pour les pieces de 8, les moyeux ont 18 pouces de longueur, 11 pouces de diametre ; les roues ont 4 pieds de diametre ; les jantes ont 4 pouces 6 lignes de largeur, 3 pouces 6 lignes d'épaisseur ; les rais, 2 pieds 2 pouces de longueur, 3 pouces 6 lignes d'équarrissage à la patte : l'essieu, a 7 pieds 4 pouces de longueur, & 9 pouces de diametre.

Pour les pieces de 4, les moyeux ont 17 pouces de longueur, 9 pouces 6 lignes de diametre ; les roues ont 4 pieds de diametre ; les jantes ont 4 pouces de largeur, 2 pouces 6 lignes d'épaisseur ; les rais, 2 pieds 2 pouces de longueur, 3 pouces d'équarrissage à la patte ; les essieux ont 7 pieds 4 pouces de longueur, & 9 pouces de diametre.

Les avant-trains ne font que de trois grandeurs : les plus gros servent pour les pieces de 33 & de 24 : les moyens, pour les pieces de 16 & de 12 ; les petits pour les pieces de 8 & de 4.

Voici les proportions des pieces qui forment un gros avant-train ; 1°, une limoniere formée de deux limons de Chêne ou d'Orme, (Fig. 10), de 8 pieds 6 pouces de longueur ; 2°, deux entre-toises entre-toises ou *épares* de Chêne de 3 pieds de longueur, y compris les tenons : il n'y a à l'arriere que 2 pieds entre les limons ; 3°, la sellette (*Fig. 11*), qui repose sur l'essieu, & qui porte la cheville ouvriere, est faite d'Orme ou de Chêne : elle a 3 pieds 4 pouces de longueur, 5 pouces 6 lignes d'épaisseur, 18 pouc. de hauteur ; au milieu, à l'endroit où se met la cheville ouvriere, & 4 ou 5 pouces de chaque côté de cette cheville, la sellette est évidée ; 4°, l'essieu (*Fig. 12*), qui est d'Orme ou de Chêne, a 6 pieds 3 pouces de longueur, & 6 pouces de diametre.

Les moyeux des roues de l'avant-train sont faits d'Orme, & ont 16 pouces de longueur sur 8 à 9 pouces de diametre. Les jantes d'Orme sec ont 3 pouces 6 lignes de largeur, 2 pouces 6 lignes d'épaisseur ; il n'en faut que 10 ; on ne met à ces roues que 20 rais de Chêne, qui ont 2 pouces 6 lignes d'équarrissage à l'empatage : ces roues n'ont que 3 pieds 3 pouces de diametre.

Il suffit, je crois, d'avoir donné les dimensions d'un gros avant-train, parce que les autres sont formés des mêmes pieces, mais plus petites, sans que cette diminution de grandeur exige aucune précision : comme l'avant-train n'est pas, à beaucoup près, aussi chargé que l'arriere-train, il n'est pas nécessaire que sa force soit aussi exactement proportionnée au poids des canons ; d'ailleurs ces bois sont fournis bruts.

Article III. *De quelques autres bois qui se vendent en grume, & particuliérement de ceux qu'on nomme* Bois blanc.

Ces sortes de bois ne faisant jamais ou presque jamais l'objet de grandes exploitations, c'est ici le lieu d'en parler : en effet, lorsque ces bois sont en massif, on est dans l'usage de les vendre sur le pied de demi-futaie ; & lorsque ces arbres sont gros, c'est quand ils sont isolés, & ne sont ainsi que des arbres détachés.

Nous avons dit que quand ces bois étoient de force de taillis, on en faisoit des cerceaux, des perches, des échalas de brin, du charbon, de la corde ou du fagot. A l'égard des

Y y y

branchages des gros arbres, on les exploite comme les taillis; favoir, en charbon, en corde, en fagots ou en bourrées; ainfi comme nous n'avons rien à ajouter à ce que nous avons dit fur ces fortes d'exploitations, il ne s'agira dorénavant que de parler des troncs.

§. I. Du Bois de Tilleul.

Il y a dans nos forêts des Tilleuls à petites feuilles dont le bois eft très-ferme, quand les arbres ont crû dans des terreins qui ne font point trop humides; leur bois n'eft pas d'un grand blanc; leur couleur eft d'un roux un peu pâle. Il n'en eft pas de même des Tilleuls à grandes feuilles, qu'on nomme à Paris *Tilleuls de Hollande :* le bois de ceux-ci eft fort blanc & plus tendre que celui de nos forêts.

Ceci bien entendu, les plus gros Tilleuls à petites feuilles de nos forêts peuvent être débités en bois quarré, & fournir de fort bonnes poutres; mais communément on refend toutes les efpeces de Tilleuls en plateaux qu'on vend aux Sculpteurs qui travaillent pour les bâtiments civils; ou bien, quand on eft à portée des Ports où l'on conftruit des vaiffeaux, on les vend en grume pour certains ouvrages de fculpture dont on orne ces bâtiments, & qui exigent ordinairement de fort grandes pieces.

On les vend auffi en grume aux Tourneurs pour en faire différents ouvrages, & de petits barrils dans lefquels les Chaffeurs confervent leur poudre à tirer.

Souvent les Boiffeliers les achetent fur pied pour les faire travailler en fabots, comme nous l'expliquerons dans peu.

Enfin l'on en débite en planches de différentes longueurs & épaiffeurs, pour l'ufage des Menuifiers & des Layetiers, & en merrain pour les tonnes de marchandifes feches. On en fait encore quelques ouvrages de raclerie, fans compter l'ufage que l'on fait, foit de leur écorce pour des cordes, foit des perches pour divers emplois : nous avons fuffifamment parlé ci-devant de ces deux objets.

§. 2. *Du Bois de Peuplier.*

Quand les Peupliers noirs ont crû en bon terrein, on en peut faire quelques pieces de charpente pour des bâtiments de campagne & de peu de conféquence; on en fait des planches ou de l'aubage pour de légers ouvrages de Menuiferie, ou pour les Layetiers.

Au refte, comme toutes les efpeces de Peuplier peuvent s'employer aux mêmes ufages que le Tilleul, nous pouvons nous difpenfer de nous étendre davantage fur cette efpece de bois. On fe rappellera feulement que nous avons dit dans le Livre des taillis, qu'on faifoit des fourches avec toute forte de bois blanc; parce que la légéreté de ce bois le rend plus propre à cet emploi que les bois durs.

§. 3. *Du Bois de Marronnier-d'Inde.*

Le bois du Marronnier-d'Inde, quoique moins bon que le Peuplier, s'emploie cependant aux mêmes ufages: on en débite en planches & en membrures pour les Menuifiers & les Ebéniftes. Ce bois fe vend prefque toujours en grume & fur pied aux Sabotiers: quelquefois on fait percer les plus droits pour faire des tuyaux de conduite pour les eaux: les perches de ce bois fe vendent aux Tourneurs: les Teinturiers font quelque ufage de fon écorce.

§. 4. *Du Bois de Bouleau.*

Quand nous avons parlé des taillis, nous avons dit qu'on faifoit des balais avec les plus jeunes branchilles du Bouleau élevé en taillis; que cet arbre fourniffoit encore d'affez bons cerceaux; & que quand ces taillis étoient devenus plus grands, on en faifoit des cercles pour les cuves.

Au refte, on fait le même ufage des bois de bouleau que des autres bois blancs; favoir, des fabots, quelques ouvrages de tour & de raclerie. On fera bien de revoir *ce que nous* avons dit dans le Chapitre IV du Livre précédent, des avantages que l'on peut tirer des différentes especes de bois.

§. 5. *Du Bois de Sureau & de Buis.*

Le bois du vieux Sureau est très-dur : on l'emploie pour faire des peignes communs : les Tourneurs en font des boîtes rondes qui se ferment à vis : ce bois se vend en grume.

Les gros Buis se vendent à la livre aux Tourneurs qui en font divers ouvrages ; & aux Tabletiers, pour en faire des peignes ou autres petits ustensiles ; aux Graveurs en bois, &c. Quand les pieds de ce bois sont fort gros & bien sains, on en tire un gros prix.

Article IV. *Travail du Sabotier.*

Autrefois on faisoit quantité de sabots avec le bois de Noyer. Comme ce bois est léger, qu'il est liant & qu'il fend peu, ces sabots étoient d'un excellent usage ; mais depuis que l'Hiver de 1709 a rendu ce bois moins commun, on ne l'emploie plus à cet usage que dans des Provinces éloignées de Paris : les meilleurs sabots qu'on fait aujourd'hui, sont de branches de Hêtre, mais le plus ordinairement de bois blanc.

On vend aux Boisseliers ou aux Sabotiers & sur pied, les arbres propres à faire des sabots ; ce sont ces Ouvriers qui les abattent eux-mêmes avec la cognée, comme on fait les autres bois, c'est-à-dire, depuis le temps de la chûte des feuilles, jusqu'au mois de Mai.

On fait des sabots, soit avec des rondines, soit avec du bois fendu par quartiers : il faut que la rondine ou le bois fendu aient 18 à 20 pouces de circonférence pour faire un gros sabot ; de sorte que pour qu'un arbre puisse fournir quatre sabots de quartier, il faut qu'il ait au moins trois pieds de circonférence : dans les arbres plus menus, on ne peut prendre qu'un sabot dans une rondine. Lorsqu'elles ont moins que 18 pouces de grosseur, on en fait des sabots pour les femmes & les jeunes gens ; les plus petits propres aux enfants en jaquette, se nomment *Cotillons* ou *Camions.*

Pour faire les gros fabots, on fcie les corps d'arbres par tronces de 9 à 12 pouces de hauteur, (*Pl. XXIV. E F, fig. 6*), on les fait de plus en plus courts, à mefure que les fabots font plus petits; deforte qu'il y a des tronces qui n'ont que quatre pouces de hauteur.

On peut compter, à peu-près, qu'un arbre qui aura 45 à 50 pieds de tige fur 3 pieds de circonférence, mefurée à 10 ou 12 pieds du gros bout, fournira cinq à fix douzaines de fabots, dont les plus grands auront un pied de longueur, & les plus petits 3 ou 4 pouces, par conféquent deux de ces arbres pourront fournir une groffe, c'eft-à-dire, douze douzaines de fabots. Deux Ouvriers font ordinairement deux douzaines de fabots par jour. Dans la forêt de Villers-Cotrets, les Marchands paient la façon des fabots à la groffe; favoir, ceux pour hommes, 13 livres; ceux pour femmes, 10 livres; ceux de 8 à 9 pouces, 9 livres; les bâtards qui ont 6 à 8 pouces, 8 livres; & encore à plus bas prix, ceux qui font plus petits : les Marchands en gros vendent ces fabots aux détailleurs par affortiment, compofé de grands fabots pour les hommes, de moins grands pour les femmes, de plus petits, qui fe nomment *Sabots de pâtres*, ou *d'écoliers* ou *d'enfants* de 12 à 15 ans, & enfin de *Cotillons* ou *Camions* qui font pour les enfants en jaquette.

Les Marchands de la forêt de Villers-Cotrets apportent ordinairement ces fabots à Paris, où ils les vendent par groffes afforties. La groffe de fabots d'hommes n'eft que de 8 douzaines : celle de fabots de femmes eft de 12 douzaines : la groffe de fabots d'écoliers de 18 douzaines : les groffes de ces différentes efpeces fe vendent toutes un même prix; par exemple, 32 livres la groffe.

Pour la Province, les groffes de toutes les efpeces contiennent 156 paires de fabots, mais de différent prix établi fur celui des femmes; & en fuppofant que le prix courant de ceux-ci foit de 30 ou 31 livres la groffe, celle des fabots pour hommes eft d'un écu plus cher: ceux d'écoliers coûtent 3 liv. moins que ceux des femmes; les bâtards, 3 livres moins que ceux d'écoliers, & les camions ou cotillons, 3 livres moins que les bâtards. Il eſt bon de ne pas ignorer ces différents uſages.

Les ſabotiers commencent par abattre les arbres à raze-terre avec la grande cognée, comme les Bûcherons abattent les arbres dans les forêts ; ils obſervent les mêmes ſaiſons pour ne point endommager les ſouches ; & quand la ſaiſon preſſe, ils mettent les corps d'arbres ébranchés en gros tas, pour qu'ils ne ſe deſſechent point trop.

Lorſqu'ils ont abattu un certain nombre d'arbres, ils les coupent par tronçons, depuis un pied de longueur juſqu'à 4 poûces : pour ſcier commodément ces tronces, ils emploient deux eſpeces de ſelles *a, a* (*Pl. XXIV, fig. 1*), qui n'ont des pieds que d'un ſeul côté, l'autre qui porte à terre, & un peu plus haut s'éleve ſur chacun une forte cheville *b b* ; c'eſt dans l'angle que cette cheville forme, avec le deſſus de la ſelle *a a*, qu'ils mettent la piece de bois *cc*, qu'ils ſe propoſent de ſcier par tronces. On voit vers *d* le commencement d'un trait de ſcie.

La ſcie dont ſe ſervent les Sabotiers, eſt quelquefois un paſſé-par-tout (*Fig.* 2) ; ſouvent elle eſt montée & dentée comme celle des Charpentiers ; mais on lui donne beaucoup de voie pour qu'elle puiſſe paſſer aiſément dans le bois verd.

Quand les billes ſont trop groſſes, on les fend avec le coutre *k* (*Fig. 3*), à l'aide de la maſſe *h* (*Fig. 3**). Dans la forêt de Villers-Cotrets, les Sabotiers fendent leurs billes avec l'outil *i* (*Fig. 3*), qu'ils nomment un ciſeau, & qui n'eſt proprement que la lame d'un coutre ſans manche. Cet outil a 4 ou 5 poûces de longueur & 2 & demi ou 3 pouc. de largeur : ils ſe ſervent d'un coin de fer *g*, (*Fig. 3*) pour achever de fendre la rondine, & ils l'enfoncent avec le gros maillet *l* (*Fig.* 4), pour avoir des quartiers pareils à celui de la Figure 4, de grandeur à faire un ſabot : une tronce de deux pieds & demi de circonférence, peut être fendue en deux pour faire une paire de ſabots ; mais ſi elle n'avoit qu'un pied & demi, on n'en pourroit faire qu'un ſeul pour homme.

On ébauche le ſabot ſur le billot *a* (*Fig. 5*), avec la hache & l'herminette *b* (*Fig. 5*) : voici comment l'Ouvrier procede.

Suppoſons qu'il veuille faire un ſabot de la rondine E, (*Fig.*

6), il emporte avec la hache la partie *a a,* pour faire le deſſous du ſabot, comme on le voit en *F* (*Fig. 6*) ; puis encore avec la même hache, il retranche les parties *b, b,* & arrondit le deſſus du ſabot ; enſuite avec l'herminette, il fait les échancrures *c, c,* pour former l'entrée du ſabot & le talon.

Enfin, en ſe ſervant tantôt de la hache & tantôt de l'herminette, il donne à peu-près au morceau de bois la forme extérieure du ſabot, comme on le voit en *H* (*Fig. 6*) ou en *G* : il a l'attention d'ébaucher le ſabot du pied droit différemment de celui du pied gauche.

Pendant qu'un Ouvrier *A* (*Fig. 13*), ébauche les ſabots, comme je viens de le dire, un autre *B* ou *C*, les creuſe : pour faire cela commodément, il en aſſujettit une paire avec des coins dans l'entaille *o* du banc *nn* (*Fig. 7*), qui doit être établi d'une maniere bien ſolide dans la loge (*Fig. 8*). C'eſt ordinairement derriere ces bancs que ſont placés les lits des Sabotiers : ces lits conſiſtent en une ſimple couverture, un drap & de la paille ; & comme il eſt important que tous les outils ſoient bien tranchants, on les poſe pendant le jour ſur ces lits, & pendant la nuit on les ſuſpend aux perches qui forment la loge.

Une paire de ſabots étant ainſi aſſujettie dans l'entaille du banc, l'Ouvrier commence à percer chaque ſabot avec la vrille ou amorçoir *k* (*Fig. 9*) ; il fait à chaque ſabot un trou en *r* (*Fig. 7*), & un autre en *s ;* enſuite il acheve de les creuſer avec de larges tarrieres ; puis il les évuide avec les cuilliers *h, i, l,* (*Fig. 9*). Ces outils ſont très-tranchants ; il en a de différentes grandeurs, & proportionnés à celle des ſabots. Cette opération exige de l'adreſſe ; car, 1°, il faut que le ſabot ſoit plus large au point où répond le fort du pied qu'à l'entrée ; 2°, il ne faut pas laiſſer trop de bois, parce que cela l'appeſantiroit inutilement ; 3°, il faut creuſer le ſabot de façon que le pied y ſoit à l'aiſe ; & pour cela il eſt néceſſaire que la forme intérieure du ſabot ne ſoit point ſymmétrique, afin que les doigts de chacun des pieds y ſoient logés commodément ; 4°, il faut prendre garde de percer le ſabot d'outre en outre, & cependant de ne pas laiſſer trop de bois vers le bout : l'Ouvrier, pour éviter ces deux in-convénients, fonde de fois à autre l'intérieur avec le manche de la cuiller , & en compare la profondeur avec le dehors, pour juger à peu-près de l'épaisseur du bois qui doit rester au bout ; mais le plus ordinairement il en juge en mettant une main au bout du sabot & en regardant le fond par l'ouverture : ces Ouvriers se sont fait une habitude de juger ainsi à vue de l'épaisseur de leur bois. L'Ouvrier - perceur ébarbe les bords tranchants du sabot, & il efface les sillons de la cuiller avec un crochet tranchant, (*Fig. 10*) qui s'appelle *Rouette*.

Un troisieme Ouvrier *D* (*Fig. 13*), finit l'extérieur du sa-bot avec un couteau tranchant, (*Fig. 11*), qu'il appelle le *Paroir*, attaché par une boucle à un banc solide *s s*. On ne peut s'empêcher d'admirer avec quelle adresse les Sabotiers ma-nient cet instrument : quelquefois ils le font mordre beaucoup; d'autres fois ils n'enlevent que des copeaux extrêmement minces ; enfin, avec ce seul instrument, ils donnent aux sa-bots les différentes formes qu'ils doivent avoir, suivant l'usage des différents pays ; car ici on les veut ronds , ailleurs pointus; quelquefois les talons doivent être fort bas, d'autres fois on les veut hauts ; dans quelques Provinces, il faut que l'entrée soit très-ouverte, & telle qu'on la peut voir en *d* (*Fig. 12*), dans d'autres, on la demande plus petite, comme en *b, e* : on voit en *a* la coupe d'un sabot.

A mesure que les sabots sont faits , on les arrange par lits dans la loge,& on les couvre de copeaux, pour empêcher qu'ils ne se fendent.

Chaque art a ses finesses pour masquer les défauts : si par hazard il se trouvoit un nœud qui formât un trou, cela feroit rebuter une paire de sabots ; pour y remédier, le Sabotier le bouche de façon qu'il faut y regarder de bien près pour l'ap-percevoir ; il prend pour cela de la seconde écorce verte de jeunes Ormes qu'il pile sur un billot de bois, & il en forme une espece de pâte dont il remplit le trou, & passe ensuite pardessus un fer chaud, moyennant quoi il est difficile de voir le défaut lorsque le sabot est enfumé.

Une

Une ou deux fois chaque femaine on enfume les fabots, &
voici comment on procede. On pique en terre quatre gros piquets qui forment un quarré de 6 à 7 pieds de côté ; ces piquets
fortent de terre d'environ 18 pouces ; on fixe fur la tête de ces
piquets, aux deux bouts du quarré, deux fortes perches, fur
lefquelles on pofe en travers d'autres perches moins fortes,
qui forment une efpece de plancher, fur lequel on met quatre
rangs de fabots les uns fur les autres ; quand on met cinq rangs,
le dernier fe trouve mal enfumé.

On place les fabots à côté les uns des autres, la pointe en
en haut, le talon en bas, enforte qu'ils font un peu inclinés
du côté de leur entrée, afin que la fumée & la chaleur du feu
pénetrent mieux dans l'intérieur : on obferve le même ordre
pour les quatre rangées. On difpofe ainfi les fabots dès le foir,
& pendant la nuit on allume pardeffous un feu de copeaux
verds qui répand beaucoup de fumée, fans prefque faire de
flamme: c'eft afin de pouvoir mieux voir le progrès du feu qu'on
fait cette opération pendant la nuit ; car pendant le grand jour
on courroit rifque de mettre le feu aux fabots.

On enfume ordinairement quatre groffes de fabots à la fois,
& cela n'exige qu'une heure & demie ou deux heures de temps.

L'objet qu'on fe propofe par cette opération, n'eft pas feulement d'empêcher les fabots de fe fendre, mais de durcir le
bois, & lui donner de la couleur ; car fi par la fuite on expofoit au hâle ces fabots enfumés, ils fe fendroient beaucoup ;
mais comme le bois eft mince, on prévient qu'ils ne fe fendent,
en les tenant à couvert dans un lieu frais jufqu'à ce qu'ils fe
vendent.

Dans les Provinces des environs de Paris, on ne fait pas
l'ouverture des fabots auffi grande qu'en *d*, (*Fig.* 12) ; mais
on la tient plus étroite comme *b* ou *e* (*Fig.* 12) ; & afin d'empêcher qu'ils ne fe fendent vers l'ouverture, on y applique ce
qu'on appelle un *emblai*, qui eft où un brin de fil de fer, ou
une couroie *c* qui s'attache par-deffus, comme on peut le voir
en *b*. L'ouverture des fabots pour femmes, fe garnit d'une
peau de mouton *e* (*Fig.* 12), afin qu'elle ne leur bleffe pas le
coudepied.   Z z z

Dans la Marche, le Limoufin & l'Angoumois, on fait l'entrée des fabots fort grande, de forte qu'elle ne porte point fur
le coudepied; mais on y attache une courroie *d* (*Fig.* 12), qui
retient le coudepied, & empêche que le pied ne forte du
fabot; les talons de ces fabots font hauts & pointus; & pour
les faire durer plus long-temps, on les arme de petits fers *f, g*
(*Fig.* 12), qu'on y attache avec des clous.

La Figure 13 fait voir quatre Ouvriers en attitude qui travaillent les fabots: *A*, eft un Ouvrier qui ébauche; *B*, celui
qui perce; *C*, celui qui évide le dedans du fabot; *D*, celui
qui en pare les dehors.

On fait encore avec les mêmes bois des formes pleines pour
les Cordonniers, telles qu'en *A* (*Fig.* 14), ou brifées comme
en *B*; des femelles de galoches avec leur talon *C*; & des talons
de fouliers pour hommes & pour femmes *D, E*.

Tout cela s'ébauche avec la hache & l'herminette, & fe finit avec la plane de la figure 11. Les formes fe font le plus
ordinairement de Frêne, & les talons de Tilleul ou autre bois
blanc; on ne fait qu'ébaucher ceux-ci dans la forêt, & ce font
les Cordonniers qui achevent de les perfectionner.

ARTICLE V. *Maniere de faire de petits Barrils d'un feul bloc de Saule.*

Ces petits barrils ne font en ufage que dans quelques Provinces: ils font travaillés avec les mêmes outils qu'emploient
les Sabotiers, & ce font ordinairement ces mêmes Ouvriers
qui les font.

Le corps du barril eft fait d'un feul morceau taillé en rond,
avec un petit empatement en-deffous pour lui former un
point d'appui; les deux fonds font faits chacun d'une planche
du même bois. Voyez *Planche XXXI*, *Fig.* 18.

On creufe le corps du barril comme on creufe un tuyau,
avec des cuillers à peu-près femblables à celles des Sabotiers;
la forme extérieure du barril fe donne avec la plane dont les
Sabotiers fe fervent. Ils ont ordinairement depuis 8 pouces juf-

qu'à 15 de longueur fur 6 pouces, & au plus 9 de diametre,
L'ouverture pour emplir & vuider ces barrils, eft placée au
milieu du corps comme aux futailles ordinaires ; on tient le
bois plus épais à cet endroit qu'ailleurs, afin qu'on puiffe chaf-
fer le bouchon avec affez de force fans endommager le petit fût ; on y attache une main de fer retenue par deux viroles,
affez élevée pour y paffer la main fans être gêné par le bondon ; tout le refte du barril, excepté à l'endroit du bondon,
eft de 8 à 9 lignes d'épaiffeur ; à un pouce de diftance du bord
eft une rainure de deux lignes de profondeur pour recevoir
la piece du fond.

Lorfqu'on a taillé un fond felon le diametre du barril pris
au jable, (il eft effentiel de ne prendre cette mefure que
quand le bois eft bien fec), on taille les bords de ce fond en
chanfrein ; il faut que l'intérieur du barril, depuis le jable jufqu'au bord, aille un peu en s'évafant ; on force un peu le fond
pour le faire entrer dans cette partie évafée ; quand le fond
eft engagé dans cette partie, on met le barril avec le fond dans
une chaudiere d'eau bouillante ; le bois s'y attendrit & eft en
état de fe prêter aux efforts qu'il faut faire pour faire entrer le
fond dans le jable ; comme le barril fe refferre en fe féchant, le
fond joint exactement : quelques Ouvriers ferrent la partie du
barril qui répond au jable avec une corde & un garot ; il vaut
mieux que le fond foit un peu à l'aife dans le jable que trop
ferré ; car comme le bois fe comprime beaucoup en fe féchant
& en fe réfroidiffant, le fond qui ne fe retire pas proportionnellement feroit fendre le corps du barril.

Article VI. *Travail du Fendeur.*

C'est ici le lieu de parler des bois que l'on livre en grume
aux Fendeurs pour être débités felon différentes deftinations.

Quand les Bûcherons ont abattu les arbres, & qu'ils en ont
retranché les branches, le Marchand qui les a deftinés à faire
du bois de fente, livre en cet état les corps d'arbres, & quelquefois auffi les groffes branches aux Ouvriers Fendeurs, qui,

selon la groffeur & la longueur de ces tronces, les débitent
pour différents ouvrages que nous expliquerons dans la fuite.

Plufieurs motifs déterminent les Marchands à faire faire du
bois de fente; 1°, lorfque par la pofition d'une forêt, certaines
marchandifes font d'un débit avantageux, telles que le merrain,
le traverfin, les échalas, &c, pour les pays de vignoble; les
rames, les gournables ou chevilles pour la conftruction des vaiffeaux, lorfqu'on eft à portée des Ports de mer; ailleurs les cerches pour la Boiffellerie; aux environs des grandes villes, les
lattes pour les couvertures des toîts; & dans quantité d'endroits, les ouvrages de raclerie, qui confiftent en différents petits ouvrages de Hêtre, comme clayettes, lattes pour les fourreaux de fabre & d'épée, lanternes, panneaux de foufflets,
bâts, arçons de felle, &c.

2°, Quand le bois n'eft pas d'affez bonne qualité pour fournir de bonnes pieces de charpente; par exemple, un arbre mort
en cîme, ou qui, dans la longueur de fon tronc, a des nœuds
pourris ou des yeux de bœuf, ou dont le tronc fort court a
pris des contours défavantageux; ces arbres peuvent fournir
des billes faines; quoique courtes, elles font propres pour la
fente.

3°, Quand, par la difficulté des chemins, par l'éloignement des
rivieres navigables & des grandes routes, ou par la diftance
trop grande de la forêt, jufqu'aux lieux où l'on en pourroit
faire la confommation, le tranfport devient trop coûteux; enfin, quand quelques-unes de ces raifons empêchent de voiturer les groffes pieces de bois, alors on prend le parti de les convertir en ouvrages de fente qui peuvent être tranfportés facilement, foit par petites voitures, foit à fomme de cheval. Mais
le Marchand doit faire attention que fi d'un côté il retire un
grand produit du corps d'un gros arbre qu'il fait débiter en
fente, d'autre part, il lui en coûte néceffairement un prix
confidérable pour la façon.

Il feroit d'une bonne police de mettre des entraves à la cu-
pidité des Marchands, & de les détourner de couper par tronces les plus beaux & les plus gros arbres, pour en faire de la

cerche; car on pourroit faire de très-bons feaux avec du merrain de bois blanc, cerclés de fer, & débiter les arbres dont on fait de la cerche en bois de Menuiferie, de charpente ou de conftruction, fuivant la qualité & la nature du bois.

Je ne dis rien des échalas, des lattes ni du merrain, parce que tout cela peut fe prendre dans des arbres qui ne font pas fort gros.

On a pu voir dans la *Phyfique des Arbres*, qu'un tronçon de bois eft compofé de fibres qui s'étendant fuivant la longueur du tronc, forment fur l'aire de la coupe du tronc des orbes concentriques, & que ces fibres longitudinales font liées les unes aux autres par un tiffu cellulaire, & par des fibres tranfverfales, qui ont été nommées *infertions*.

La force qui unit ces fibres longitudinales les unes aux autres, eft beaucoup moindre que celle de ces mêmes fibres; & c'eft pour cela qu'il eft bien plus aifé de les féparer, que de les rompre. On peut remarquer que les fentes s'ouvrent toujours par les rayons ou infertions.

Les Ouvriers qui travaillent les bois dans les forêts ont bien fu profiter de cette propriété du bois pour le fendre, & en faire d'une façon expéditive plufieurs ouvrages qui, par cette manœuvre, font beaucoup meilleurs que s'ils étoient refendus à la fcie.

En effet, combien n'employeroit-on pas de temps à divifer avec la fcie des lattes, des douves de futailles, des cerches de Boiffeliers, &c? Au lieu que par l'induftrie qu'emploient les Fendeurs, ces ouvrages font faits prefque en un inftant. J'ajoute qu'ils font beaucoup meilleurs; ce qui deviendra fenfible fi l'on fait attention que la fcie ne fuivant point réguliérement les inflexions des fibres, elle les coupe, & ne fait que du bois tranché; au lieu que par la méchanique du Fendeur, ces fibres reftent dans leur entier, & les ouvrages en ont beaucoup plus de folidité.

Joignons à cela qu'en fendant le bois, on épargne ce que le trait de la fcie emporte, ce qui ne laiffe pas d'être confidérable; car ce trait ne pouvant être moindre que 2 à 3 lignes, cela fait l'épaiffeur d'une latte & prefque d'une douve qui a au plus 3 lignes : il eft bien vrai que le bois refendu à la fcie eft mieux dreffé que celui qu'on fend, & qu'on ne peut rendre droit qu'en retranchant du bois.

Il y a dans les forêts des Ouvriers qu'on nomme *Fendeurs*, qui s'occupent prefque uniquement à faire ces fortes d'ouvrages, qui ne laiffent pas, dans certains cas, d'exiger de l'adreffe de la part de ces Ouvriers, pour bien conduire la fente & mettre tout le bois à profit. Nous nous propofons de faire remarquer cela, après que nous aurons fait connoître les fignes qui peuvent faire conjecturer fi tel ou tel arbre fera propre pour la fente.

§. 1. *Des marques qui peuvent faire juger qu'un arbre fera propre pour la fente.*

On a déja vu lorfque j'ai parlé des bois taillis qu'on peut fendre différentes efpeces de bois, Châtaignier, Chêne, Bouleau, pour en faire des cerceaux pour les poinçons, des cercles pour les cuves, des cerches pour les cribles, &c ; on verra dans la fuite, qu'on peut également deftiner à faire des ouvrages de fente, quantité de bois de différentes efpeces. Il y a des efpeces de bois qui fe fendent beaucoup mieux que d'autres : le Chêne & le Hêtre fe fendent communément beaucoup mieux que l'Orme, l'Erable, &c. Je dis communément ; car j'ai vu des Ormes qui étoient auffi aifés à fendre que le Chêne ; mais cela ne fe rencontre pas ordinairement, & dépend quelquefois de l'efpece ; l'Orme-teille & celui qu'on nomme *Orme femelle* à larges feuilles, fe fendent ordinairement beaucoup mieux que l'Orme-tortillard : de même, parmi les Chênes, celui qui porte fon fruit en grappes, fe fend ordinairement mieux que celui dont les fruits font attachés à des queues fort courtes : au refte, on ne doit pas regarder ceci comme regle générale. Mais ce qui eft encore plus fingulier, c'eft que la même efpece d'arbre élevée dans le même terrein & à la même expofition, tantôt fe trouve être de bonne fente, & tantôt ne peut être employé à cete deſtination ; bien plus, il arrive aſſez communément qu'un arbre qui ſe fendra bien vers les racines, ſera très-difficile à fendre vers le haut de ſa tige.

En général, les Ouvriers jugent qu'un Chêne ſe fendra bien quand ſon écorce eſt fine, quand l'arbre diminue uniformément de groſſeur, & quand il a peu de nœuds.

Les bois *roux*, *pouilleux* & *vergetés*, ſe fendent quelquefois aſſez bien quand ils ont toute leur ſeve ; mais ces bois défectueux ſont d'un mauvais emploi.

Les bois *roulis* doivent être rejettés pour les ouvrages de fente, parce qu'ils donnent beaucoup de déchet.

On prétend que le Hêtre dont la tige n'eſt pas exactement arrondie, & où il ſe trouve des eſpeces de côtes qui s'étendent ſuivant la longueur du tronc, eſt le meilleur de tous pour la fente. Quand, lorſqu'on enleve dans le temps de la ſeve, un morceau d'écorce de ces arbres, on voit en le pliant en ſens contraire, c'eſt-à-dire, la cuticule en dedans, que les fibres longitudinales ſe ſéparent aiſément ; on préfere l'arbre où ces mêmes fibres ont une direction droite, & qui forment une hélice ou vrille très-alongée. Il y en a qui prétendent que quand les fibres tournent de droite à gauche, l'arbre ſe fend mieux vers la tête qu'au pied ; & que le contraire arrive ſi les fibres tournent de gauche à droite ; mais cette opinion ne paroît avoir aucun fondement : j'ai toujours vu que les arbres ſe fendoient d'autant mieux, que leurs fibres ſuivoient une ligne plus droite dans toute la longueur du tronc ; & peut-être que ce qui fait qu'une partie d'un même arbre ſe fend bien pendant qu'une autre eſt de mauvaiſe fente, c'eſt parce que la direction des fibres longitudinales ſe trouve dérangée, ſoit par l'inſertion de quelque groſſe racine, ſoit par l'irruption d'une groſſe branche. On peut conſulter ſur ce point ce que nous avons dit plus en détail dans la *Phyſique des Arbres* ſur la direction des fibres du bois.

Il arrive quelquefois que tous les arbres d'une vente ſe fendront mieux que ceux d'une autre : cela peut dépendre de la qualité du terrein ; car on remarque que les arbres qui pouſſent

avec force, se fendent mieux que ceux qui croiffent lentement. En général, les jeunes arbres se fendent mieux que les
vieux; & le bois verd se fend beaucoup mieux que le bois sec.

Il suit de ce que je viens de dire, qu'il y a des arbres dont
le bois se fend beaucoup plus réguliérement que d'autres; mais
qu'il n'est pas aisé de décider avec certitude, si un arbre sur
pied sera de bonne fente ou non.

On doit absolument rebuter tous les arbres noueux,
ainsi que ceux qui ont leurs fibres très-torses; je dis très-
torses, car on ne laisse pas de tirer parti des arbres dont les
fibres le sont un peu moins, pour les employer à des ouvrages
qui permettent de les redresser au feu : j'ai vu faire de très-
bons panneaux de menuiserie avec du merrain qui avoit ce
défaut.

Comme la direction des fibres des bois rustiques & très-
forts, n'est pas ordinairement droite & réguliere, ils sont
rarement propres à la fente.

Les bois gras se fendent affez bien, pourvu qu'ils ne soient
pas secs; car quand ils ont perdu toute leur seve, ils deviennent caffants; c'est pour éviter cela que les Marchands ont
grand soin de faire fendre leurs bois auffi-tôt qu'ils ont été abattus; 1°, parce qu'alors ils se fendent réguliérement, & sans
qu'aucune piece se rompe, 2°, parce que les fentes qui se forment dans les bois qui se sechent, leur occasionneroient un
déchet confidérable; 3°, parce que l'aubier du bois verd se
fend très-bien, & qu'on peut en paffer une partie avec le bon
bois; au lieu que cet aubier devient en pure perte, quand le
bois est trop sec; 4°, si l'on fend une groffe bille de bois gras
anciennement abattu, la circonférence de la piece a peine à
se fendre réguliérement; mais le centre conferve ordinairement affez de seve pour qu'on puiffe le bien fendre. Ce qui
rend avantageuse l'exploitation de la fente, c'est qu'on trouve
à employer pour différents ouvrages, les billes de toute longueur; savoir, de 6 pieds pour les échalas d'espaliers; de 4
& demi pour les échalas des vignes; de 4 pieds pour la latte;
de 3 & demi pour les merrains des demi-queues; de 2 pieds
2 pouces

2 pouces pour leur enfonçure ; de 2 pieds pour les barres ; de 18 pouces pour le paliſſon ; de 8 pouces pour les chevilles des Tonneliers, &c ; en conſéquence, on peut tirer parti de billes aſſez courtes qu'on leve, ſoit entre deux branches, ſoit entre deux nœuds.

Les Fendeurs ne laiſſent pas que de faire uſage des bois blancs ; ſavoir, le Tremble, le Peuplier, le Bouleau, le Saule, &c : ils en font du merrain pour des futailles, & des tonnes à enfermer le ſucre, & d'autres marchandiſes ſeches ; des tinettes pour contenir des beurres ; des barres, des chevilles pour les Tonneliers ; des paliſſons pour les entre-voûtes des planchers de Payſans, &c. Quand il s'agit d'ouvrages plus importants, on n'emploie guere que le Chêne & le Hêtre ; & dans les Provinces méridionales, le Châtaignier, le Mûrier, le faux Acacia. Dans nos Provinces, tous les ouvrages de fente ſe font avec le Chêne, & les ouvrages de raclerie avec le Hêtre.

§. 2. *Outils dont ſe ſervent les Fendeurs.*

Le métier de Fendeur n'exige pas un grand nombre d'outils : le principal eſt un *Attelier* ou *ſelle à fendre*, (Pl. *XXV.* fig. *1*). Pour s'en former l'idée, il faut ſe repréſenter un gros fourchet de bois *A B C* ; la branche poſtérieure *A B*, eſt plus élevée que la branche antérieure *C B*.

Ce fourchet eſt ſoutenu par un pied ſolide *D*, qui ſe trouve placé à la réunion des deux branches, & par le pied *E* placé vers l'extrémité de la branche *C*. A l'égard de la branche *A*, comme il eſt à propos, ſuivant la hauteur du corps de l'Ouvrier, & ſelon les ouvrages qu'il doit faire, de la tenir plus haute ou plus baſſe, elle eſt ſimplement ſoutenue par une fourche *F*. Mais comme pendant le travail, l'Ouvrier fait toujours des efforts qui ſoulevent cette branche *A*, elle eſt affermie par une piece de bois *G* qui paſſe ſur cette branche, enſuite ſous la branche *C* ; elle porte à terre par le bout inférieur *G*, & le bout ſupérieur eſt fortement lié au poteau vertical *H H*, qui eſt lui-même attaché par le bout ſupérieur, ſoit à quelque piece du plancher, si le travail se fait dans un bâtiment, soit à une branche d'arbre, si l'on fend dans la forêt ; le bout inférieur est un peu enfoncé en terre : de cette maniere l'attelier se trouve solidement assujetti.

On voit en *B*, à la réunion des branches, une petite plate-forme arrondie qui sert à poser la masse ou mailloche *I* qui doit être toujours à portée de la main du Fendeur.

Pour comprendre l'usage de cet attelier, supposons qu'on veuille fendre la piece de bois *N O* (*Fig.* 1) : on la pose presque verticalement en dedans des fourches, de façon qu'elle s'appuie contre la branche *C*; puis plaçant le tranchant du *Coutre P*, suivant la direction qu'on veut donner à la fente, on frappe sur le dos de ce coutre avec la masse *I*, (*Fig.* 1 & 12); cette fente étant commencée, pour la continuer, on place la piece de bois presque horizontalement dans la position *K L* ; de maniere que le bout *K* passe sous la branche *A B* de l'attelier, & le bout *L* sur la branche *C B* : il est évident qu'en appuyant alors sur le manche *M* du coutre, on fait étendre la fente suivant le fil du bois ; quand la fente est ouverte, on empêche qu'elle ne se referme en y introduisant un coin *Q* ; puis on avance fortement le coutre, qui coupe les fibres qui ne sont point séparées ; & en appuyant encore sur le manche, on prolonge la fente qui bientôt s'étend jusqu'à l'extrémité de la piece, que l'on tient toujours de plus en plus ouverte avec le coin *Q*.

Avant d'aller plus loin, il n'est pas hors de propos de faire une remarque sur la façon de manier le coutre ; & pour cela je suppose, pour rendre la chose plus sensible, qu'on veuille fendre le morceau de bois *a b* (*Fig.* 2), avec le coutre *c*, dont la lame est fort large ; on parviendra bien à forcer la fente de s'étendre jusqu'au bout *b*, soit en élevant, soit en abaissant le manche *c* du coutre ; mais l'effet ne sera pas absolument le même ; car si l'on éleve le manche *c*, le tranchant *e* du coutre, appuyera sur la portion *d b* de la piece de bois *a b*, pendant que le dos *f* du coutre appuyera sur *g b* de la même piece : or comme *f b* fait un plus long bras de levier que *e b*, la portion *g b* s'élevera, tandis que la portion *d b* restera presque immobile.

Si au lieu d'élever le manche *c* du coutre, on appuie deſſus pour l'abaiſſer, le contraire arrivera; c'eſt-à-dire, que le tranchant *e* s'appuyera ſur la partie *g b* de la piece de bois, & le dos *f* ſur la portion *d b*; & comme *f b* fait dans ce cas un plus long levier que *e b*, la portion *d b* de la piece de bois, deſcendra pendant que la portion *g b* reſtera preſque immobile.

Pour faire comprendre que cette circonſtance n'eſt point indifférente aux Fendeurs qui veulent bien conduire leur fente, ſuppoſons que la piece de bois *k l* (*Fig. 3*), ſoit fendue juſqu'en *m*; ſi on ſuppoſe les fibres de ce bois tendues bien parallelement, depuis *k* juſqu'à *l*, & que deux forces pareilles appliquées en *n* & en *o*, agiſſent en ſens contraire pour écarter les parties *n o*, la fente doit naturellement s'étendre en ligne droite juſqu'à *l*, & de ſorte que les morceaux *n l* & *o l* feront d'égale épaiſſeur; mais il n'en ſera pas de même ſi nous ſuppoſons une des deux forces appliquées en *p* (*Fig. 4*), & l'autre en *q*; la portion *r p* reſtera droite, & la portion *q s* ſe courbera beaucoup. On ſent évidemment que cela doit être, parce que la puiſſance appliquée en *p*, n'agit, pour augmenter la fente, que par le court levier *p t*; au lieu que la puiſſance appliquée en *q*, agit par un plus long levier *q t*: or, comme la courbure *s q* occaſionne la rupture de quelques fibres ligneuſes en *t*; il en réſulte que la fente quitte la direction qu'on lui ſuppoſoit avoir ſuivant l'axe de la piece, & elle s'approche d'autant plus du côté *ſ*, que la courbure *q s* eſt plus conſidérable. Les Fendeurs ignorent les conſéquences du raiſonnement que je viens de faire; mais ils ſavent très-bien appuyer ou élever le manche de leur coutre, pour faire prendre à leur fente la direction qui leur convient; c'eſt pour cela qu'ils retournent en ſens différents la piece *K L* (*Fig. 1*), afin de pouvoir manier plus commodément le manche de leur coutre, ſuivant la direction qu'ils veulent donner à la fente: ce n'étoit que par ſuppoſition que j'ai dit que le Fendeur relevoit ſon coutre; car il eſt évident qu'il ne peut faire force qu'en appuyant, & c'eſt pour cela qu'il retourne ſa piece, & qu'il appuye toujours ſur le manche du coutre, ce qui fait le même

A a a a ij

effet que fi, fans changer cette piece de fituation, il relevoit fon coûtre comme j'ai fuppofé qu'il faifoit.

Le Fendeur fait encore profiter de la courbure *q s*, (*Fig. 4*), d'une façon plus fenfible : pour le faire concevoir, fuppofons que la piece *k l* (*Fig. 3*), deftinée à faire deux lattes, foit placée dans l'attelier, de la même maniere que la piece de bois *K L* (*Fig. 1*); fi le Fendeur s'apperçoit que la fente s'approche trop de *m*, il met fa main en *q* (*Fig. 5*); & en appuyant, il fait prendre à cette partie la courbure *q s*; alors en portant fortement le tranchant du coutre dans l'angle *t*, la fente change bientôt de direction & s'approche de *s*. Les Fendeurs emploient fouvent & avec fuccès ces moyens pour fendre en ligne droite des pieces de bois, dont les fibres ont naturellement un peu d'obliquité.

Ces réflexions générales nous ont paru trop importantes fur cet objet, pour négliger de les rapporter. Je reviens maintenant au détail des outils.

Le coutre (*Pl. XXV. fig. 6*), a deux bifeaux; c'eft l'outil qui fert le plus au Fendeur : la partie *a b* eft de fer acéré, & tranchante; elle porte deux bifeaux, comme on le voit par la coupe *e*, la partie *d g*, eft le dos de ce coutre fur lequel l'Ouvrier frappe avec une maffe pour commencer la fente; ce dos eft d'environ deux lignes & demie d'épaiffeur; la longueur de *v* en *b*, eft de 9 pouces plus ou moins, fuivant les ouvrages qu'on a à fendre; les coutres des Fendeurs de cerches font néceffairement plus longs. La largeur du fer de *d* en *c* eft ordinairement de quatre pouces; la partie *c b* qui, comme on le peut voir par la coupe *e*, forme un coin mince & tranchant, eft terminée par une forte douille *i k*, plus ouverte du côté de *k*, que du côté de *i*; c'eft pour cela que le manche qui eft fait de bois, doit être plus menu par le bout *L* que par le bout *k*, qui eft entré à force dans la douille & qui excede un peu le fer du coutre.

C'eft avec ce coutre que l'Ouvrier commence la fente, & qu'il la prolonge tout le long de la piece, comme nous l'avons dit ci-deffus en parlant de l'attelier. Il eft évident que fi la longueur du manche **augmente** la force du Fendeur, la largeur du tranchant la diminue.

Le grand coutre (*Fig 7*), diffère du premier (*Fig. 6*); 1°, en ce que fon fer eft de 3 pouces plus long; 2°, fon manche a 18 pouces de longueur; 3°, la partie *a b c d*, n'a qu'un feul bifeau; la partie *a b* eft acérée & fort tranchante; & la partie *c d* forme un tranchant mouffe: la coupe de ce coutre eft repréfentée en *e*; il eft émincé à la partie *c d*, & échancré en *f* pour le rendre plus léger; car ce coutre ne fert point à fendre; les Ouvriers l'emploient comme une hache à main pour dégauchir leurs pieces, ainfi qu'on le voit dans la figure 8. Comme le tranchant de ce coutre eft fort large, il dreffe mieux les pieces de bois que ne pourroit faire le tranchant d'une coignée à main, dont le fer qui eft étroit, forme des efpeces de fillons fur le bois.

La figure 9 repréfente une forte cognée d'abatteur, & dont les Fendeurs fe fervent quelquefois pour dégroffir leurs pieces de bois; mais elle leur tient lieu plus fouvent de maffe; & c'eft avec la tête *a* de cette cognée qu'ils ont coutume de frapper des coins de bois dur qu'ils enfoncent dans les fentes des groffes billes: la forme de ces coins eft repréfentée par les figures 10; on les fait avec du charme; ils font fort longs, minces, & fort tranchants.

Les Fendeurs emploient auffi des fcies en paffe-par-tout, voyez *Fig. 11*), des mailloches (*Fig. 12*), & quelquefois une maffe ou gros maillet (*Figure 13*). La lame des fcies eft dentée comme *A A* (*Figure 11*), ou eft faite en feuillet qui porte des dents comme *B B*, auxquelles on donne beaucoup de voie pour faire paffer plus facilement la fcie dans le bois verd.

Quand les Fendeurs veulent partager en deux une bille de bois, ils marquent l'endroit de la fente avec le coutre à deux bifeaux ou avec la cognée; ils frappent fortement ces outils avec la maffe; puis ils mettent le tranchant d'un de leurs coins dans ce fillon, & en frappant avec la tête de leur cognée, cette fente s'ouvre. S'ils apperçoivent dans la fente quelques filandres de bois, ils les coupent avec le coutre: on eft furpris de voir une groffe bille de bois fe féparer en deux avec beaucoup de facilité; en fuppofant néanmoins que la piece eft de Chêne, fans nœuds, & que les fibres du bois font fort droites.

La figure 12 repréfente une maffe ou mailloche femblable à celle qu'emploient les Charrons, qui, en plufieurs circonf- tances fe fervent auffi d'un coutre pour fendre le bois qu'ils mettent en œuvre. Cette maffe ou mailloche eft faite d'un ron- din de charme, ou d'autre bois dur, dans lequel on ménage un manche *a* qui puiffe être empoigné commodément d'une main: elle fert prefque uniquement à frapper fur le dos du coutre à deux bifeaux.

On voit dans la *Figure 14* les coins de fer qui ne fervent guére qu'aux Ouvriers qui fendent le bois à brûler; comme ce bois, pour l'ordinaire, eft rempli de nœuds, & que fes fibres qui ont toutes fortes de directions, ne fe fendroient pas avec des coins de bois, on emploie ceux de fer, qu'on chaffe avec une groffe maffe (*Fig. 13*), qui fert également à frap- per les coins de fer & les gros coins de bois que l'on emploie alternativement, lorfque ceux de fer ont fait les premieres ouvertures.

La fcie en paffe-par-tout (*Fig. 11*), fert également aux Bûcherons, aux Scieurs de long & aux Fendeurs; fouvent même on fournit à ceux-ci les billes toutes fciées: quand les billes ne font pas trop groffes, on emploie des fcies pareilles à celles des Charpentiers, pour les débiter.

§. 3. *Des Rames pour les Galeres & pour la Marine.*

LES rames fe font avec du Hêtre de brin, que l'on fend à peu-près comme l'on fend les cercles de cuve, (voyez *ci-deffus Livre II*); toute la différence qu'il y a, c'eft que comme les arbres qu'on doit fendre pour cet objet, doivent être fort longs, il faut les foutenir fur un nombre fuffifant de chevalets, & avoir plufieurs coins qu'on infere dans la fente pour lui faire fuivre bien réguliérement le trait qu'on a tracé fur la piece.

Il faut que les arbres foient bien *filés*, de belle fente, & qu'il ne fe trouve aucun nœud dans l'étendue de 48 à 49 pieds de longueur pour les rames de toutes fortes de galeres ; avec cette différence, que pour les rames des Galeres extraordinaires, il faut que les pieds d'arbre puiffent fournir en longueur, à compter du bout de la pelle, qui fait le tiers de celle de la rame, 11 pieds ; de ce point jufqu'à l'*eftrope*, qui eft la partie qui porte fur la galere, 20 pieds ; de l'eftrope jufqu'au bout qu'on nomme le *genou*, 16 pieds : total 47 à 48 ; & pour les Galeres ordinaires, 41 pieds.

On peut tirer trois ou quatre rames des arbres qui ont plus de deux pieds & demi de diametre vers le pied ; mais on n'en peut tirer que deux de ceux qui n'ont précifément que deux pieds.

Lorfque l'arbre a été fendu en 2, 3 ou 4 pieces, on en en-leve le cœur, dont on ne peut faire ufage : on les livre en cet état, qu'on nomme en *attele* ou *ettele*, dans les Ports où les *Remolats* les travaillent & les perfectionnent.

On livre dans les Ports des rames en attele beaucoup plus courtes pour les Chébecs, les demi-Galeres, les Vaiffeaux, les Felouques, Chaloupes, Canots, &c : les Fourniffeurs fe conforment pour ces ufages aux dimenfions qui leur ont été fixées par les états de fourniture.

§. 4. *Comment on fend le Bois à brûler.*

On emploie pour le chauffage toutes les pieces de bois dont on ne peut faire aucun autre ufage, ou quand ces pieces font trop groffes & trop chargées de nœuds pour être œuvrées. Alors on les fend avec des coins de fer & de bois dur. Quand ce font des fouches fort groffes, on vient à bout de les mettre en éclats, en y employant le fecours de la poudre à canon. Pour cet effet, on perce avec une tarriere, un trou *a* (*Pl. XXVI. fig. 14*), de 5 ou 6 pouces de profondeur ; on le remplit de poudre à canon ; on ferme l'ouverture avec une cheville que l'on frappe à coups de maffe ; enfuite on perce une lumiere en *b* avec une vrille ; on amorce cette efpece de mine, à laquelle on met le feu avec une lance d'artifice *b*, & l'on a foin de fe retirer promptement au loin pour éviter d'être blessé par les éclats. Par ce moyen une souche se fend ordinairement en trois parties comme le représente *c d e* (*Fig.* 1 en *B*).

A l'égard des billes ordinaires, on en commence la fente avec un coup de cognée, & on y introduit un coin de fer & d'autres successivement, que l'on frappe avec une forte masse de bois : les rais pour les roues de voitures se fendent de la même maniere, ainsi que nous l'avons dit en parlant des taillis.

§. 5. *Comment on fend les chevilles pour les Tonneliers.*

Il convient que je parle de quelques ouvrages de peu de conséquence & aisés à faire, avant de traiter de ceux qui exigent plus d'adresse : je vais dire comment on fait les chevilles que les Tonneliers emploient pour les fonds de leurs futailles.

On fait ces chevilles avec toute sorte de bois : lorsque les Fendeurs se trouvent avoir des billes de Chêne qui n'ont que 8 ou 10 pouces de longueur, & qui par cette raison ne peuvent être employées à d'autres usages, ils les mettent à part pour occuper leurs apprentifs à en faire des chevilles ; mais quand il arrive que l'on manque de ces billes de fausse coupe, on se sert de bois de Tremble, de Peuplier, de Saule ou de Bouleau.

En Bourgogne on fait ces sortes de chevilles fort longues, parce qu'on en garnit tout le fond des demi-muids ; mais dans l'Orléanois, on ne donne à ces chevilles que 8 pouces de longueur pour les demi-quarts ; celles pour les quarts, sont moins longues ; en Angoumois, ces chevilles n'ont que 2 pouces de longueur, & ce sont les Tonneliers qui les font eux-mêmes. Tout le bois qu'on débite en billes pour l'usage de l'Orléanois, doit être scié à 8 pouces de longueur.

Le Fendeur (*Pl. XXVI. fig.* 2), assis sur un bloc de bois, prend une de ces billes *a* entre ses jambes ; il pose son coutre dans l'axe, & frappant avec la masse, il divise le tronçon en deux parties par la ligne 1, 1 (*Fig,3*) ; puis plaçant successivement le coutre suivant les lignes 2, 2, le tronçon se trouve partagé en quatre ; & chacune de ces parties ayant été ensuite

partagées

partagées par les lignes 3, 3 & 4, 4; il a six petites planches, (*Fig. 4*) d'un pouce d'épaisseur & de 8 pouces de hauteur sur différentes largeurs, à cause de la rondeur du tronçon. Il fend ensuite chacune de ces petites planches d'abord par la ligne 5 (*Fig. 5*), ensuite par les lignes 6, 6, enfin par les lignes 7, 7 &c. Un pareil tronçon, supposé de 8 pouces de diametre, fournit environ 40 chevilles.

Il faut ensuite dresser ces chevilles avec la plaine, les rendre plus menues par un bout que par l'autre, & les tenir même un peu moins épaisses qu'elles n'ont de largeur; mais cette derniere opération ne regarde plus le Fendeur, c'est le Tonnelier qui donne cette façon avec la plaine, à mesure qu'il veut employer ces chevilles.

Les fusées qu'on emploie pour faire les entrevoux des planchers des Paysans, n'étant que de longues chevilles de bois blanc, qu'on ne dresse point à la plaine, & auxquelles on donne 2 pieds de longueur sur 1 & demi ou 2 pouces en quarré, pour soutenir du trochis dont on forme les entrevoux de ces planchers, ces fusées (*fig. 5.*) se fendent comme les chevilles de poinçon: on fend de même à Paris des *diligences* ou petits cotrets, pour allumer le feu.

§. 6. *Comment on fend le Palisson & les Barres pour les futailles.*

On appelle *Palisson* de petites planches fendues (*Fig. 6*), ou des especes de douves dont on garnit l'entre-deux des solives des planchers des fermes & des maisons de peu de conséquence. On les fait ordinairement avec du bois blanc fendu à l'épaisseur d'un pouce, qui se trouve réduite à trois quarts de pouces quand elles ont été dressées à la doloire: leur longueur est fixée par la distance qui se trouve entre les solives, & qui est communément de 18 pouces, parce qu'on ne met que 6 pouces d'intervalle d'une solive à l'autre.

Les barres (*Fig. 7*), pour soutenir le fond des futailles, ont à peu-près la même épaisseur que les palissons; on les fait de différentes longueurs, suivant la grandeur des futailles ; mais celles qu'on emploie dans l'Orléanois pour les poinçons ou les demi-queues, doivent avoir 22 pouces de longueur. Comme le palisson & les barres se fendent de la même maniere, nous parlerons de tous les deux à la fois.

On n'a pas besoin d'attelier pour fendre les chevilles, parce que les billes dont on les tire sont fort courtes ; mais on ne peut guere s'en passer pour faire le palisson & les barres ; néanmoins au lieu de l'attelier (*Pl. XXV. fig. 1*), que nous avons décrit ci-devant ; on emploie souvent pour ces petits ouvrages, une chevre à scier du bois telle que celle, *Pl. XXVI. fig. 8 :* en y plaçant la piece *c* qu'on veut fendre sous la traverse d'en bas *a*, & sur celle du milieu *b*, on a un point d'appui assez solide pour résister à l'effort du coutre : il est cependant plus commode d'avoir un petit attelier qui, à la grandeur près, ressemble à celui de la Planche XXV. (*fig. 1*).

Quand on a scié les billes selon la longueur convenable, savoir, celles pour en faire du palisson, à 18 pouces, & celles pour les barres des demi-queues, à 22 pouces, le Fendeur prend une bille qu'il place verticalement, & posant son coutre dans le diametre de la piece, il le frappe avec une mailloche, & il commence la fente ; puis mettant le même morceau de bois dans la position où l'on voit la piece *c*, (*Fig. 8*), il appuie sur le manche du coutre ; alors la fente s'ouvre, mais il empêche qu'elle ne se referme, en y introduisant un coin ; ensuite il redresse le coutre, il le pousse plus avant dans la fente, il appuie de nouveau sur le manche, il fait suivre le coin ; de sorte que la piece de bois se trouve séparée en deux par la ligne 1, 1, (*Fig. 3*) ; après quoi il sépare en deux chaque moitié par les lignes 2, 2 ; enfin il fend encore chaque morceau en deux parties, par les lignes 3, 3, &c.

D'une bille de bois blanc de 8 pouces de diametre, on retire 8 palissons épais d'un pouce, qui se trouvent réduits à 9 lignes après qu'ils ont été dressés ; ou 9 barres, parce qu'elles sont un peu moins épaisses que les palissons. A l'égard de ceux-ci, on les laisse dans toute la largeur des billes dont ils font tirés ; mais on peut faire deux barres de celles qui font les plus larges.

Je remarquerai en paffant, que les Fendeurs qui font du douvain de Chêne, mettent à part une partie de leurs rebuts pour en faire des barres ; ce qui fait que l'on voit une affez grande quantité de barres qui font de bois de Chêne.

A mefure que les Fendeurs ont débité une bille, ils dreffent groffiérement les barres & les paliffons, avec le grand coutre à un feul bifeau, comme on le voit (*Pl. XXV. fig. 8*).

Le paliffon deftiné pour les bâtiments qui n'exigent aucune propreté, font employés tels qu'ils fortent des mains des Fendeurs ; mais ceux qu'on emploie dans les bâtiments qui méritent plus d'attention, font dreffés fur le plat avec la doloire, & encore fur le tranchant avec la colombe : ce travail eft du reffort des Tonneliers.

Pour ce qui eft des barres, on les livre brutes aux Tonneliers, & c'eft eux qui les dreffent avec la doloire ou la plaine, & ils les aminciffent par les deux bouts *a b* (*fig. 7*).

Le paliffon prêt à être employé, forme, comme nous l'avons dit, de petites planches (*Fig. 6*) ; les barres, (*Fig. 7*), fe terminent en tranchant par les deux bouts, afin qu'elles puiffent s'ajufter mieux dans les jables.

Dans la forêt d'Orléans les Marchands vendent les barres par cent, & ils ajoutent 8 chevilles par chaque barre.

On fend du Chêne de la même façon, pour en faire du bardeau qui fert à couvrir des moulins ou d'autres bâtiments : on donne affez communément à ce bardeau 10 pouces de longueur fur 5 de largeur, on le dreffe avec la doloire : on l'attache fur les couvertures avec des clous comme les ardoifes.

§. 7. *Comment on fend les Echalas, les Gournables ou chevilles pour les Vaiffeaux.*

Les échalas de vigne, qu'on nomme dans la forêt d'Orléans *du Charnier*, & dans le Bourdelois *de l'Œuvre*, ne font pas toujours de bois de fente ; on les fait souvent de menues perches de Tilleul, de Saule, de Peuplier, d'Aune, de Genevrier, de Pin, de Chêne, &c, que l'on coupe à 4 pieds & demi de longueur : on les arrange par bottes de 50 échalas ; 25 de ces bottes font une charretée. Quand on dit que les échalas coûtent 12, 15 ou 18 liv. la charretée, on entend que 1250 échalas valent cette somme.

Les plus mauvais échalas de rondin, font ceux d'Aune, ensuite ceux de Marseau, de Saule, de Peuplier ; ceux de Chêne ne valent guere mieux, parce qu'ils ne font que d'aubier. Les échalas de Pin font très-bons ; ceux de Genevrier font encore meilleurs ; & si l'on pouvoit en avoir de Cyprès & de Cedre, ils feroient de très-longue durée : je conviens que ces arbres font rares en France ; mais c'est parce qu'on ne veut pas les y multiplier ; car ils viennent avec une facilité étonnante, surtout dans les Provinces méridionales du Royaume.

On emploie rarement les gros troncs de bois blanc pour en faire des échalas de fente, parce qu'ils ne valent rien pour cet usage quand le cœur n'est pas sain ; & que quand ce bois est sain, on l'emploie plus utilement à faire des barres, des femelles de galoches, des fabots, de la voliche, &c. On refend en deux ou en trois les groffes perches de Saule pour en faire des échalas. Ces perches se fendent comme celles qu'on destine à faire des cerceaux : comme nous en avons parlé à l'article des taillis, nous nous contenterons d'avertir, que quand on a fait de ces échalas refendus, il faut avoir soin de les lier par bottes, avec de bonnes hares qui puiffent les ferrer très-fortement, & qu'il ne faut employer ces échalas dans les vignes que quand ils font bien fecs ; autrement, les brins en se féchant, deviendroient très-courbes, par la raison qu'en se féchant fans avoir été contenus par aucun lien, la circonférence du bois qui contient plus d'humidité que le centre, se retireroit davantage, & l'on courroit risque de rompre ces échalas en les piquant en terre.

Les échalas de Pin font faits de brins de 9, 10 ou 11 ans que l'on arrache : fans les refendre, on se contente feulement de les ébrancher & de les couper de longueur ; on les lie enfuite par bottes pour les vendre.

Si l'on veut faire des échalas de Genevrier, on doit y deftí-ner de jeunes pieds que l'on a foin d'émonder, pour les dé-terminer à former une tige bien droite. J'en ai fait tailler de cette façon qui ont formé de belles tiges ; mais j'avois la pré-caution de laiffer ramper au pied quelques branches dont l'om-bre étouffoit l'herbe : le Genevrier a cet avantage, qu'il fub-fifte dans les plus mauvais terreins ; il eft vrai qu'il y croît bien lentement, & qu'il n'y forme pas une auffi belle tige que dans les terreins de médiocre qualité où l'on pourroit les élever avec plus d'avantage.

Dans la plupart des vignobles de l'Orléanois, on ne fait ufage que des échalas de fente de Chêne : voici comment on les fend dans la forêt.

Comme il n'eft point effentiel que ces fortes d'échalas aient une figure réguliere, on n'emploie à cet ufage que les arbres qui font trop noueux pour en faire du douvain, de la latte, de la cerche, &c.

On coupe ces arbres par billes de 4 pieds & demi de lon-gueur (*Pl. XXVI. fig. 9*) ; on les fend d'abord en deux par le centre *A B*, comme on fend celles pour les barres ; enfuite on divife encore chaque moitié en deux par la ligne *C D*, tou-jours du centre à la circonférence, ce qui donne quatre quar-tiers ; chacun de ces quartiers eft encore divifé en deux par-ties par les lignes *E, F, G, H;* de forte que chaque bille fournit huit morceaux ou fegments de cylindre *A C E* (*Fig.* *10*), qui doivent être encore fendus de la maniere fuivante.

On commence par les fendre par la ligne *G F* (*Fig. 10*); on emporte par copeaux avec le grand coutre la partie *H*, qui n'eft que de l'écorce & de l'aubier ; enfuite on fend la planche *A E, F G* par les lignes *I, K*, qui doivent toujours être des rayons qui fe dirigent vers le centre *C*, & on en tire trois écha-las (*Fig. 11*), qui font, pour la plus grande partie, d'aubier : autrefois on rejettoit entiérement l'aubier ; mais maintenant, comme le bois eft devenu plus rare, on emploie tout ; quoi-

qu'un échalas d'aubier de Chêne dure moins qu'un rondin
de faule : on fend le reftant du quartier par la ligne *L M*; &
après avoir divifé en deux le morceau *F G L M* par la ligne
N O, on a deux échalas de bon bois; enfin la portion *L M C*,
étant encore fendue par la ligne *P Q*, on a un échalas triangulaire *P Q C*; & comme le morceau *L M P Q* fe trouve trop
menu pour faire deux échalas, & trop gros pour n'en faire
qu'un, on leve une tranche *R S*, qui n'eft pas à la vérité propre à grande chofe.

Comme la forme des échalas de vigne eft affez indifférente,
& qu'on s'embarraffe peu qu'ils aient un air de propreté, le
Fendeur ne fe donne pas la peine de les dreffer avec le grand
coutre : il les couche entre quatre piquets *A, B, C, D*, enfoncés en terre; (*Fig. 12*,) où il les arrange comme on *G H*. Ils
font fupportés à chaque bout par deux morceaux de bois *E F*,
afin que l'Ouvrier ait la facilité d'y paffer les harres pour les
lier en bottes comme dans la Figure 13 : chacune de ces bottes
doit contenir 50 échalas; 25 de ces bottes, comme nous l'avons
dit, font une charretée, & la quantité de 1250 échalas.

Les Ouvriers ont grande attention de mettre vers la circonférence des bottes & en parement, les échalas faits de cœur
de Chêne, & de renfermer au centre ceux d'aubier.

Outre les échalas pour les vignes, on en fait d'autres pour
les treillages des efpaliers; ceux-ci ont depuis 6 jufqu'à 7 pieds
& demi de longueur; & comme ils doivent être dreffés avec
la plaine par les Jardiniers, & quelquefois à la varlope par les
Menuifiers, on les fait de bois plus parfait. Au refte, la maniere de les fendre eft la même que celle des échalas de vigne.

Les gournables ou chevilles que l'on emploie dans la conftruction des Vaiffeaux, fe font de pur cœur de Chêne : il eft
important que ce bois ne foit point gras; le plus fort eft toujours le meilleur. On fend les gournables comme les échalas;
leur longueur doit être depuis 24 pouces jufqu'à 36 fur 2 pouc.
& demi ou 3 pouces d'équarriffage. Les gournables pour les
Vaiffeaux de 80 pieces de canon doivent avoir 15 lignes d'é-
quarriffage; 14 lignes pour les Vaiffeaux de 74 & de 64 canons;

13 lignes pour ceux de 50 pieces ; & 12 lignes pour les Frégates : on les vend au millier.

§. 8. *Comment on fend les lattes pour la tuile & l'ardoise.*

Jusqu'à préfent je n'ai expliqué que la maniere de fendre les ouvrages les plus communs : ces opérations font ordinairement commifes aux Apprentifs - Ouvriers ; maintenant je vais parler des ouvrages de fente qui exigent plus d'adreffe & d'expérience : les lattes font de ce genre.

On doit avoir déja remarqué que les Fendeurs divifent leurs quartiers fuivant deux directions ; tantôt ils les fendent fuivant les lignes dirigées, comme *A B*, ou *CD*, (*Pl. XXVII. fig. 1*) ; d'autres fois fuivant des lignes qui forment des rayons *EF*, *EG*, *EH*, *E I*, &c ; mais on doit obferver qu'ils ne fendent leur bois fuivant les lignes *AB, CD*, &c, que pour les premieres divifions où il refte beaucoup de bois, & que les fubdivifions qui font plus difficiles à exécuter, parce que les pieces qu'on leve font minces, fe doivent faire toujours fuivant les directions *EF, EG*, &c. La raifon de cela eft, qu'ils ont apperçu que la fente fe fait toujours plus réguliérement par des lignes qui s'étendent du centre à la circonférence ; c'eft-à-dire, fuivant la direction des infertions ou mailles, que dans toute autre direction ; & l'on en comprendra la raifon, fi l'on veut recourir à ce que j'ai dit dans la *Phyfique des Arbres*, que le tronc d'un arbre eft formé par des couches qui fe recouvrent les unes les autres, & qui forment fur l'aire de la coupe d'un tronçon de bois les cercles *L, L, L, L*, &c. Comme ces cercles font plus durs que la fubftance qui les unit, cela fait que, quand on dirige la fente fuivant les lignes *A B*, ou *CD*, &c, il s'y fait des éclats qui fe détachent des cercles, où le bois a moins d'adhérence, pour refter unis aux cercles qui ont plus de denfité. La même chofe n'arrive pas quand on fend le bois fuivant les lignes *EF, EG, EH*, &c, qui coupent perpendiculairement les cercles *L, L, L*. Nous avons encore fait remarquer dans le même Traité, qu'on voyoit fur la coupe d'une piece de bois, des lignes qui s'étendent du centre à la circonférence : Grew compare ces lignes aux lignes horaires des Cadrans ; il les nomme *infertions* ou *mailles* ; il dit qu'elles font formées par le tiffu cellulaire ; qu'on les apperçoit par plaques brillantes fur le plat d'un morceau de bois fendu : or il eft certain que le bois a beaucoup de difpofition à fe fendre par ces points ; & que c'eft ce qui fait que les arbres ne fe fendent jamais plus réguliérement, que fuivant les rayons qui s'étendent du centre à la circonférence. Quelque jugement que l'on porte de cette théorie, le fait n'eft pas moins certain ; & les Fendeurs favent très-bien que leur fente feroit peu réguliere, s'ils levoient les pieces minces & délicates fuivant toute autre direction que EF, EG, EH, &c. Il y a encore une remarque générale à faire & qui eft importante ; c'eft que la fente fe conduit mieux quand les deux portions qu'on fépare, font à peu-près de même épaiffeur, que quand l'une fe trouve fort épaiffe & l'autre très-mince ; c'eft ce qui fait que les Fendeurs féparent toujours, autant qu'il leur eft poffible, leurs pieces par moitié ou par tiers : s'ils ont à fendre le quartier E, F (*Pl. XXVII*, *fig.* 1), en 4 tranches, ils ne commenceront pas par placer leur coutre en aE, mais en bE ; enfuite ils diviferont chaque morceau en deux, par les lignes aE & cE.

Par la même raifon, s'ils ont à fendre en lattes le quartier abc (*Fig.* 2), ils commenceront par mettre le coutre en dd, puis en ee, & enfuite en ff ; chaque tranche fera divifée en lattes, d'abord par la ligne 1,1, puis par les lignes 2, 2, enfuite par les lignes 3, 3, &c.

Achevons d'expliquer par un exemple, la maniere de fendre les lattes quarrées pour la tuile.

On choifit pour cela des Chênes fans nœuds & les plus propres à la fente ; on les coupe par billes de 4 pieds de longueur, que nous fuppoferons avoir 9 pouces de diametre ; on les fend d'abord en deux ; chaque moitié encore en deux ; enfin chacun de ces quartiers encore en deux ; ainfi de chaque bille, l'Ouvrier retire huit quartelles femblables à abc (*Fig.* 2), qui font 5 pouces de b en c, & 3 & demi de a en c.

Il

Il commence par fendre cesquartiers fuivant la ligne *d d* (*Fig.* 2),puis *ee,* puis par la ligne *ff.* Il emporte avec le grand coutre l'écorce & une partie de l'aubier *a g e*; enfuite il leve dans la tranche *a c, e e,* trois échalas qui font prefque entiérement d'aubier, & qui n'ont que 4 pieds de longueur, au lieu de 4 pieds & demi qu'ils devroient avoir; c'eft la tranche *d d, e e,* qui fournit des lattes; cette tranche doit avoir 15 à 16 lignes d'épaiffeur, parce qu'elle donne la largeur des lattes pour la tuile, qu'on nomme *lattes quarrées.* L'Ouvrier commence par la divifer en deux par la ligne 1 1; enfuite il fend chaque moitié en deux, par les lignes 2, 2, de forte que chaque quart lui fournit trois lattes qui doivent avoir 2 lignes & demie ou 3 lignes d'épaiffeur.

La ligne *e e* étant plus longue que la ligne *d d,* les lattes doivent être plus épaiffes d'un côté que de l'autre; les Couvreurs mettent le côté le plus épais en en haut, pour recevoir le crochet de la tuile.

Quand une latte fe trouve confidérablement plus épaiffe par un de fes bouts que par l'autre, le Fendeur la met entre les deux fourchets de l'attelier; il la courbe en en bas; il appuie deffus avec fa main gauche; & avec fon coutre à deux bifeaux, il en enleve un copeau qu'il conduit jufqu'au bout de la latte; ou bien il fe contente d'enlever une partie de l'épaiffeur du bois avec le grand coutre.

Dans une bille de 9 pouces de diametre, la feule couronne dont *d d, e e* fait une partie, fourniroit environ 96 lattes. L'Ouvrier arrange enfuite les lattes par bottes de 50, (*Fig. 4*), entre quatre chevilles, difpofées comme le voit (*Fig. 5*).

Il ne faut que 20 bottes pour faire une charretée, par conféquent la charretée de lattes ne contient que 1000 lattes. Souvent la latte fe vend au cent de bottes.

On fend pour Paris, & on débite en lattes quarrées la tranche *a c e e* (*Fig.* 2), qui n'eft prefque que de l'aubier. On nomme cette latte, *latte blanche*; elle fert à latter les parties qui doivent être recouvertes de plâtre, comme plafonds, cloifons, &c: les Maçons prétendent que la latte de cœur de Chêne tache le

plâtre; mais ce peut être un prétexte pour employer la latte blanche qui leur coûte moins que l'autre. Dans la forêt d'Orléans,
on fait des échalas avec cette tranche. Les lattes à ardoise se
fendent comme celles pour la tuile; elles ont de même quatre
pieds de longueur, environ deux lignes & demie d'épaisseur;
mais comme elles doivent avoir 3 pouces & demi ou 4 pouces
de largeur, il faut que la tranche *fg d e* (*Fig. 3*), ait 4 pouces
d'épaisseur, ce qui oblige de choisir des arbres plus gros, & souvent on renonce à faire des échalas au-dessus de la tranche
fg, & en ce cas la ligne *fg*; est placée au bord de l'aubier, &
l'on tire de la latte de la tranche *d e*, *a b*: les bottes de lattes voliches ne sont que de 25 lattes.

A l'égard du triangle *h i k l*, (*Fig. 3*), on a coutume d'en
faire des échalas: nous remarquerons en passant, que les lattes
qu'on emploie en échalas sont peu estimées, non-seulement
parce qu'elles sont d'un demi-pied plus courtes que les autres,
mais encore parce que celles qui sont prises dans la tranche
a c e e (*Fig. 2*), ne sont presque entiérement que de l'aubier.

§. 9. *Comment on fend le douvain, le merrain ou tra-*
verfin, c'est-à-dire, les douves ou douelles de fond, &
celles de long pour les futailles.

LA maniere de fendre les douves ou douelles pour les futailles, differe peu de celle que nous avons expliqué pour les
lattes.

Il faut choisir du bois de belle fente qui ne soit point trop
gras: il est nécessaire que les rondines soient d'autant plus
grosses, qu'on a à faire des douves pour de plus grosses pieces,
parce que celles qui sont destinées pour de grosses futailles,
sont ordinairement plus larges que celles qu'on doit employer
pour des barrils, & qu'on prend toujours la largeur des douves
dans le même sens que les lattes de la *Figure 3*; il est évident
que la largeur des lattes quarrées, étant de 15, 16 ou au plus
18 lignes, elles peuvent être prises dans un arbre moins gros,
que les douves qui ont 4, 5 & même 6 & 7 pouces de largeur.

Les Tonneliers ne trouvent jamais le merrain trop large, parce qu'il avance d'autant plus leur ouvrage; néanmoins plus les douves de long font étroites, meilleures en font les futailles; & j'en ai vu de très-belles dont les douves n'avoient que 2 pouces, 2 pouces & demi ou 3 pouces de largeur.

J'ai dit qu'il falloit choisir pour le merrain des arbres de belle fente : on en fentira la néceffité, quand on fera attention que les futailles qui ne font affemblées qu'à plat-joint, doivent contenir des liqueurs précieufes, affez exactement pour ne point courir rifque qu'il s'en perde dans les tranf-ports : or des nœuds qui donneroient aux douves des contours irréguliers, ou qui occafionneroient un défaut de bois, ne conviendroient point à un affemblage exact à plat-joint, fur-tout pour des planches qui n'ont qu'une petite épaiffeur.

Les futailles qui feroient faites avec du bois perméable aux liqueurs, occafionneroient un grand coulage ; c'eft pour cela qu'on n'y emploie aucuns bois blancs, tels que Saule, Tremble, Peuplier, Tilleul, &c : on n'emploie communément pour les futailles qui doivent contenir du vin ou de l'eau-de-vie, que du Chêne.

Dans le Limoufin, l'Angoumois, &c, on fait de très-bonnes futailles avec le jeune Châtaigner ; j'ai vu de groffes tonnes faites avec de l'Acacia; enfin dans les Provinces méridionales du Royaume, on fait du merrain avec le Mûrier blanc.

On rebute le Chêne qui eft trop gras, non-feulement parce que ce bois eft perméable aux liqueurs, mais encore parce que comme il eft fort caffant, quelque douve pourroit fe rompre, lorfqu'on roule des pieces pleines fur un terrein dur où elles pourroient rencontrer un caillou.

Le bois de Chêne extrêmément gras, prend une couleur rouffe bien différente du bon Chêne dont le bois eft prefque blanc ; c'eft pourquoi il eft défendu par les Statuts des Tonne-liers d'Orléans, d'employer pour les futailles où l'on renferme des liqueurs, aucunes douves de bois rouge ou vergeté, ex-cepté la douve du bondon qu'il leur eft permis de mettre de ce bois.

Dans les Ports où l'on fait de grosses recettes de douvain, outre les marques extérieures qui font juger de la qualité du bois, on éprouve les douves en les frappant le plus fortement qu'il est possible sur l'angle d'une enclume ou d'une grosse pierre fort dure : alors si elles résistent à ce coup, ou si elles se rompent, on juge de la qualité de leur bois par les éclats qu'elles forment : si elles rompent net & sans éclats, c'est signe que le bois est gras ; & quand il est trop gras, on le rebute. Il est bon que ceux qui font exploiter des bois, soient avertis des défauts qui pourroient empêcher les Tonneliers d'acheter leur merrain, afin qu'ils évitent de laisser employer à cet usage certains bois qui n'y seroient pas propres.

On fait néanmoins à dessein du merrain & du traversin avec du Chêne rouge très-gras, avec du Hêtre, ou même avec des bois blancs ; mais ces douves ne font propres qu'à faire des tonnes pour le sucre, des barrils pour renfermer de la clincaillerie ou d'autres marchandises seches ; & pour ces objets, où l'exactitude n'est pas aussi nécessaire que quand il s'agit de contenir des liqueurs, on tient les douves fort minces.

Enfin, quand on a choisi le bois convenable à l'usage qu'on veut faire des futailles, on coupe les billes plus ou moins longues, suivant la grandeur des tonneaux qu'on se propose de construire. On fend d'abord les billes par quartiers, comme quand on veut faire de la latte ; mais comme il arrive souvent que les billes sont trop courtes pour des échalas ou des lattes, dans les parties qu'on n'emploie pas en merrain, on fait en-sorte que le segment qu'on fait au-dessus de *fg*, (*Fig. 3*), emporte tout l'aubier, parce qu'il est important qu'il n'y en ait absolument point dans les douves. On leve ensuite une tranche semblable *fg d e*, à laquelle on donne la largeur que les douves doivent avoir ; enfin on divise cette tranche, suivant les lignes 1, 1, 2, 2, &c, en observant de donner aux douves une épaisseur proportionnée à leur longueur.

A l'égard des tranches *h, i, k, l*, on peut les couper de longueur, & les fendre pour en faire des gournables ou chevilles pour la construction des Vaisseaux, supposé toutefois que ce bois foit bien fain, & ne foit pas gras ; car dans les recettes des gournables, les prépofés font très-difficiles fur la qualité du bois, & ils rebutent abfolument celui qui a quelque marque de retour.

Comme l'induftrie du Fendeur confifte à employer utilement tout fon bois ; s'il ne peut pas trouver dans la tranche *d e a b,* (*Fig. 3*), des douves pour de groffes futailles, il effayera d'en débiter pour des barrils, ou des lattes voliches qu'on emploie fur les jointures des batteaux, ou pour des ouvrages de moindre conféquence ; car ces fortes de billes font trop courtes pour les débiter en lattes propres aux Couvreurs.

Quand le douvain eft fendu, le Fendeur le dégauchit groffiérement avec le grand coutre à un bifeau : on le vend en cet état aux Tonneliers, qui le dreffent fur le plat avec la doloire, & fur le chant avec leur colombe ; ces opérations font partie de l'art du Tonnelier dont il n'eft pas ici queftion.

§. 10. *Tarif de la longueur, largeur & épaiffeur du traverfin & du merrain pour quelques futailles de différentes grandeurs.*

Pieces de 4.	*Longueur.*	*Largeur.*	*Epaiffeur.*
Merrain.	51 pouces.	6 pouces.	15 lignes.
Traverfin. . . .	38 pouces.	7 pouces.	18 lignes.
Pieces de 3.			
Merrain.	48 pouces.	6 pouces.	15 lignes.
Traverfin. . . .	34 pouces.	7 pouces.	15 lignes.
Pieces de 2.			
Merrain.	45 pouces.	6 pouces.	12 lignes.
Traverfin. . . .	30 pouces.	7 pouces.	14 lignes.
Demi-queue.			
Merrain.	36 à 37 pouc.	5 à 6 pouces.	7 à 9 lignes.
Traverfin. . . .	24 à 25 pouc.	5 à 8 pouces.	7 à 9 lignes.

Les Fendeurs ont foin de mettre de côté les pieces les plus courtes ou celles qui font échancrées par les bouts, parce qu'elles peuvent être employées à faire des chanteaux ou *accoinfons* pour les fonds.

Comme les jauges varient felon les différentes Provinces, on doit proportionner la longueur des douves à celle des fu-tailles, qui font le plus en ufage dans le pays où l'on en doit faire la confommation.

Quand les Tonneliers n'emploient que des douves étroites, leur ouvrage en eft bien meilleur; mais auffi leur prix doit être moindre que celui des plus larges, parce qu'il en entre beau-coup plus que de celles-ci dans la conftruction d'une futaille.

A Orléans, les Tonneliers achetent ordinairement le mer-rain au millier, afforti & compofé de 1400 douelles ou douves de long, & 700 de douves de fond, propres à faire des maî-treffes pieces & des chanteaux.

Le merrain pour les demi-queues, jauge d'Orléans, a deux pieds 6 pouces de longueur, 5 à 6 pouces de largeur: le traverfin a 2 pieds de longueur fur 6 à 7 pouces de lar-geur; l'épaiffeur de toutes ces douves, tant de long que de fond, eft de 5, 6 ou 7 lignes au fortir des mains du Fen-deur.

Les Tonneliers ont grande attention de flairer les douves avant de les employer, pour s'affurer fi elles n'ont aucune mauvaife odeur; car comme ils répondent du vin qui contrac-teroit un goût de fût dans les futailles qu'ils vendent, il leur eft important d'éviter cette perte. Il m'eft arrivé d'avoir fait rem-plir de bon vin, des tierçons que j'avois fait faire avec des douves puantes que les Tonneliers avoient rebutées; & ce vin n'y a pris aucun goût: il eft cependant certain qu'il y a des futailles qui gâtent le vin; mais je puis affurer que ni les Fen-deurs ni les Tonneliers n'ont point de méthode fûre pour les connoître parfaitement: ils rebutent abfolument les douves faites avec du bois du pied des arbres où il s'eft trouvé des fourmillieres, quoiqu'il ne foit pas certain qu'elles puiffent gâter le vin.

§. 11. *Maniere de fendre les Cerches pour les Boiſſeliers.*

Les Cerches ſont des planches minces, de bois de fil, & fendues comme les douves : elles ſervent à faire les caiſſes des tambours, les bordures des tamis, les ſeilles, les minots, les boiſſeaux & d'autres meſures de toutes grandeurs juſqu'au de-mi-litron, qui eſt la plus petite meſure pour les grains.

Les cerches ſont toutes faites de bois de Chêne ; & l'on choiſit pour ces ouvrages les bois de la plus belle fente.

La cerche eſt plus avantageuſe au Marchand que le mer-rain ; le merrain plus que la latte ; & la latte plus que les écha-las.

Les Marchands vendent aux Boiſſeliers pour faire des ſeilles, des boiſſeaux, &c, des cerches de trois eſpeces : celles qui retiennent le nom de *cerches* pour le corps des ſeaux, ont de-puis 10 pouces juſqu'à un pied, ou 13 pouces de largeur ſur 3 pieds, ou 3 pieds 6 pouces de longueur, & 3 à 4 lignes d'é-paiſſeur, dreſſées à la plaine. Les cerches qu'on nomme *bor-dures*, ſont de la même longueur & de la même épaiſſeur, mais elles n'ont que 4 à 5 ou 6 pouces de largeur. On en fournit en-core qu'on nomme *garnitures* ou *Apreſt-marchand* : celles-ci ne diffèrent des *bordures*, que parce qu'elles ont 6, 7 ou 9 pouces de largeur.

Les cerches pour les minots, ont quatre pieds & demi de longueur ſur 14, 15, 16 ou 17 pouces de largeur : les plus larges ſont réſervées pour les caiſſes de tambours : on vend en-core aux Boiſſeliers des *enfonçures* ; ce ſont des planches fen-dues : celles pour les ſeilles ont 10 à 12 pouces en quarré, & à 6 lignes d'épaiſſeur : il s'en fait de plus grandes pour les minots.

Les Marchands ont coutume de livrer par *aſſortiment* aux Boiſſeliers les cerches & enfonçures : un aſſortiment eſt com-poſé de huit bottes de grandes cerches ; chaque botte en con-tient ſix, en tout 48 ; plus, 16 bottes de garnitures ou *Apreſt-marchand* : ces bottes contiennent 12 cerches, en tout 192 :

les bottes de bordures contiennent plus de 12 cerches, & leur nombre augmente à proportion qu'elles font plus étroites; enfin pour compléter un pareil affortiment, on livre fix fonds pour chaque botte de grandes cerches, en tout 48.

Dans quelques endroits, une fourniture complette eft compofée de 108 corps de feaux en 18 bottes; plus, 108 bordures en 9 bottes, ou 216 bordures diftribuées en 18 bottes & 108 fonds.

Une bille de belle fente, de 3 pieds 6 pouces de longueur & de 4 pieds de diametre, peut fournir 200 cerches pour corps de feaux; ce qu'on retranche du cœur avant de la fendre, fournit de bons échalas. On donne à peu-près 7 liv. aux Fendeurs pour fendre un affortiment complet.

On pourroit imaginer que pour avoir des cerches d'un pied, & de 14 pouces de largeur, il faudroit fendre l'arbre par fon diametre, & enfuite par des lignes paralleles pour fournir de la garniture & de la bordure, mais cela n'eft pas praticable; il faut néceffairement carteler l'arbre, ainfi que nous l'avons dit pour débiter la latte, & comme nous le ferons voir encore dans le paragraphe fuivant,

§. 12. *Ordre que fuivent les Fendeurs dans leur travail.*

Un arbre fuppofé tel que celui de la Planche XXVII. (*Fig.* 6) & marqué *A*, ne pouvant être propre à faire une belle piece de charpente à caufe des branches *a, b, c,* & des nœuds qui s'y rencontrent, on l'abandonne aux Fendeurs qui le fcient par billes, pour les débiter en ouvrages auxquels on les juge propres, relativement à leur groffeur & à la longueur qu'il eft poffible de donner à chaque bille.

En fuppofant qu'un pareil arbre a 12 pieds de circonférence par le pied; on commence par donner un trait de fcie en *e,* pour en féparer la culaffe (*Fig.* 7), qu'a fourni l'abattage. On fend cette culaffe en deux par la ligne *g g;* chaque moitié encore en deux par les lignes *h, h,* ce qui donne des quartiers comme la *Figure 8;* on ôte le bois du cœur de ces
quartiers,

quartiers, repréfenté par le triangle ponétué *kk* (*Fig.8*) : on fend enfuite ces quartiers par les lignes *n, n, n,* (*Fig.9*) ; enfin on refend ces tranches par planches de demi-pouce d'épaiffeur, qui fervent à faire des fonds de feaux. Comme les culaffes ne peuvent pas fournir tous les fonds néceffaires, on y fupplée en coupant une rondelle entre les nœuds du corps de l'arbre ; comme par exemple en *a b* de la *Figure 6,* lorfqu'on peut y en trouver une de 7, 8, 9 ou 10 pouces de longueur : quelques-uns de ces fonds font faits de deux pieces ; alors on les affu-jettit avec de petits gougeons de fer.

Lorfqu'on peut lever dans le même arbre, entre *a* & *e* (*Fig. 6*), une bille bien faine & fans nœuds, de 3 pieds cinq à fix pouces de longueur, on la deftine à faire de la cerche pour les corps de feaux.

Suppofons qu'une bille.telle que celle de la *Figure* 10, fe trouve avoir 3 pieds 6 pouces de longueur, & 4 pieds de dia-metre : pour la débiter en cerches, l'Ouvrier qui doit la fendre en deux par la ligne ponétuée *r r*, place perpendiculairement le tranchant de la cognée fur cette ligne ; & frappant fur la tête de la cognée avec la mailloche *t* (*Fig. 11*), il commence une petite fente vers chaque extrémité du diametre *rr* (*Fig.*10).

Quand ces deux ouvertures font faites, il place dans chacune le tranchant d'un coin de bois de Charme, de Cormier ou de tout autre bois bien dur : ces coins *x* (*Fig. 11*) font fort longs, & ils ont peu d'épaiffeur ; & par cette raifon, la tête de la cognée fuffit pour ouvrir une fente ; fouvent même il n'eft pas befoin d'employer un troifieme coin pour divifer en deux une pareille bille ; néanmoins lorfque le Fendeur apperçoit quelques éclats qui tendent à interrompre le droit fil du bois, il introduit en cet endroit un troifieme coin qui procure une fépa-ration réguliere des deux moitiés : chàque moitié eft fendue enfuite en deux par la ligne *y y* (*Fig.* 12), & les quartiers de même en deux, par les lignes *z, z* ; puis ces chanteaux, dont le Fendeur enleve le bois du cœur qui fait un triangle, comme *k k* (*Fig. 13*), le font auffi en cartelles par les lignes *&, &* ; & celles-ci font encore fendues en deux pour en former d'au-

D d d

tres plus minces ; on porte celles-ci dans la loge où l'on travaille les cerches.

Mais en levant le triangle *k k*, il faut que le Fendeur prenne garde que la partie *m o, n o,* (*Fig. 14*), porte 11 à 12 pouces, qui eſt la largeur requiſe pour faire les cerches de ſeaux, dans un arbre de 4 pieds de diametre. Comme on ſe contente ordinairement de lever des cerches de 11 à 12 pouces de largeur, ce qui fait 22 à 24 pouces, le Fendeur peut emporter un priſme de 10 pouces de hauteur en *k k* (*Fig. 13*); & en ôtant, comme nous allons le dire, deux pouces de bois en *o*, il lui reſte un madrier de 12 pouces de *m* en *o*, & de 3 pieds 5 à 6 pouces de *m* en *n* ; on porte ces madriers à la loge des Fendeurs où l'on acheve de fendre les cerches. En ſuppoſant qu'une tronce (*Fig. 10*), ait 4 pieds de diametre, c'eſt-à-dire, 144 pouces de circonférence, chaque tranche ou chaque ſeizieme de cette tronce (*Figure 14*), doit avoir 9 pouces d'épaiſſeur du côté de *o o* ; mais elle n'aura au plus que 3 pouces du côté de *m n*. Comme dans chacune de ces ſeiziemes parties, on doit lever 12 cerches, il faut partager le côté *o* en 12 parties, & auſſi le côté *m n* en 12 ; & quand les cerches ſeront fendues, elles auront 9 lignes d'épaiſſeur du côté de *o*, & ſeulement 3 lignes du côté de *m n*. Les Fendeurs, ſans prendre aucune meſure, exécutent cependant ces diviſions très-exactement : reprenons l'ordre de leur travail.

Le Fendeur ayant un genou en terre, & tenant de la main droite le coutre, emporte, en hachant, le ſecteur *o, q, o* (*Fig. 14*); ainſi il équarrit la piece en emportant l'écorce avec une partie de l'aubier; cela ſe fait avec un coutre à deux biſeaux, dont la lame a un pied de longueur : il fend enſuite ſur la fourche ou l'attelier (*Pl. XXV. fig. 1*), la tranche en 2 par la ligne *p q* (*Fig. 14*); il fend encore chaque moitié en 3, & chaque tiers en 2, ce qui fait les 12 cerches.

J'ai dit ci-deſſus comment l'Ouvrier conduit la fente bien droite ; mais je dois faire remarquer ici que quand les arbres ſont moins gros, comme les cartelles forment un coin plus aigu, il ne ſeroit pas poſſible de diviſer le côté *n m* (*Fig. 14*), en

.it de cerches que le côté *o* ; par exemple , fi l'arbre n'a-
que 36 pouces de diametre , c'eft-à-dire , 108 pouces de
onférence , chaque cartelle d'un feizieme ne pourroit avoir
6 pouces & demi d'épaiffeur du côté de *n* , pendant que
? que l'on tireroit d'une rondelle de 4 pieds de diametre ,
it 9 pouces ; & par conféquent fi l'on vouloit conferver aux
hes la même épaiffeur du côté de *n* , on n'en pourroit tirer
8 au lieu de 12 ; cependant on pourroit refendre la
e *o* en 12 , puifque la partie *n* de la bille de quatre pieds de
ietre peut être divifée en cette quantité , quoiqu'elle n'ait
? pouces au plus de largeur ; mais la cartelle d'une bille de
ds de diametre , n'a que 18 pouces de largeur de *n* en *o*
. 13) : fi en ôtant le cœur de cette cartelle , & en la pelant
n écorce , on en tiroit un pied de bois , comme on fait
artelles d'une bille de 4 pieds , cette cartelle ne fe trou-
t plus avoir que 6 pouces de largeur , & elle ne pourroit
ir que de la bordure. Pour tirer de ces cartelles des cer-
pour les feaux , on fe contente de n'enlever que 5 pou-
u 5 pouces & demi du cœur , & on ne retranche qu'un
e & demi du côté de l'écorce ; alors la largeur de cette
lle fera de 11 pouces , ce qui eft fuffifant pour faire des
s de feaux ; mais auffi chaque cartelle n'aura que 2 pouces
t lignes d'épaiffeur du côté de *n* (*Fig. 15*) , ce qui ne peut
ir que 8 ou 9 cerches ; & comme on perdroit du bois en
evant que 8 cerches du côté de *o* , on commence par faire
levées *r* & *s* (*Fig. 15*) , dans la partie la plus épaiffe ,
lefquelles on fait des bordures ou de *l'apprêt-marchand* ;
la piece *o n* , qu'on fend en deux ; puis chacune de ces
és encore en deux , & encore chacune de ces pieces en
, & on aura 8 cerches pour des corps de feaux ; ce qui
été retranché du cœur , fournira de très-bons échalas ,
jui n'auront que 3 pieds 5 à 6 pouces de longueur ; en
:as on pourroit en faire des gournables.
iand les billes n'ont que 2 pieds & demi de diametre , on
eut tirer que 4 cerches dans la partie *o n* , & de la bor-
dans les levées *r , s* ; fi les tronces font encore moins

D d d d ij

groffes, on n'en tire que de l'*apprêt-marchand* & des bordures.

Lorfque les nœuds & les branches ne permettent de donner aux billes que 2 pieds & demi de longueur, on n'en tire que des cerches pour les quarts ou les litrons, & de la bordure pour l'affortiment de ces ouvrages.

Il arrive quelquefois qu'une cerche fendue a trop d'épaif-feur du côté de l'aubier; alors le Fendeur prend le coutre à un bifeau, avec lequel il enleve un *bordillon*, qui eft une bor-dure mince & étroite qui fert à lier les bottes; & fi le bois n'eft pas affez épais pour permetre de faire cette levée, il n'enleve feulement que quelques copeaux, ce qui épargne de la peine au Planeur.

Quand les billes font trop menues pour faire de la cerche, on les débite en merrain, en traverfin, en lattes, ou en écha-las.

Les trois Ouvriers qui font ordinairement attachés à une loge, fe réuniffent pour mener le paffe-par-tout & couper les billes. Chacun fe diftribue & fe charge d'une partie de l'ouvrage: l'un cartelle & enleve le cœur du bois des billes; l'autre écorce les cartelles & fend les cerches, les bordures & les fonds. Ces fonds fortent des mains du Fendeur dans l'état où ils doivent être pour être vendus; mais les cerches doivent paffer par les mains du Planeur pour être mifes d'épaiffeur.

Le banc à dreffer (*Pl. XXVIII. fig. 1*), eft compofé d'une planche inclinée *a b*, de 4 pieds & demi de longueur, 8 pouces de largeur, un pouce & demi d'épaiffeur: près l'un de fes bords & environ à 2 pieds du bout antérieur *b*, cette planche eft per-cée en *g* d'un trou, pour recevoir la queue d'un mentonnet *h*; cette queue eft fermement affujettie dans la planche du deffous *c d*: la planche fupérieure *a b*; eft foutenue à 2 pieds du terrein par 2 pieds *i i*, qui entrent d'un bon demi-pied en terre, & la partie *c* du bas de cette même planche eft arrêtée par quelques piquets & chargée d'un gros tronc d'arbre *k*, qui augmente fa folidité; la planche du deffous excede par le bout *d*, de 8 à 9 pouces l'à-plomb de la planche inclinée; elle a un mouvement de charniere en *a*, où elle eft retenue à l'aife par une cheville

clavetée ; de forte que quand le Planeur veut changer la fituation de fa cerche, il éleve le mentonnet *h*, en foulevant le bout
d de la planche avec fon pied ; quand il a placé convenablement fur la planche fupérieure la cerche *l m*, il l'affujettit fermement en cette fituation, en appuyant fon pied fur l'extrémité *d* de la planche de deffous, qui lui fournit un levier affez
long pour preffer fortement le mentonnet *h* contre la cerche
l m: après quoi il enleve des copeaux avec fa plane, & il diminue l'épaiffeur qui eft toujours trop grande du côté de l'aubier;
il retourne la cerche pour en faire autant à la partie qui étoit fous
le mentonnet. Quand ce côté de la cerche eft réduit à peu-près
à la même épaiffeur que le côté qui répondoit au cœur du bois,
le Planeur, pour s'affurer fi cette cerche eft de l'épaiffeur convenable dans toute fa longueur, la retire du banc; il en pofe un
bout à terre, la fait ployer d'abord dans une partie, enfuite
dans une autre (*Fig.* 2); & après avoir reconnu par la roideur
de la cerche l'endroit où il y a trop de bois, il la remet fur la
planche *a b*, pour enlever ce furplus avec la plane; il retire enfuite cette planche, la fait plier en aile de moulin pour voir fi
l'épaiffeur eft égale vers les deux bords; la grande habitude
qu'il a contractée, lui facilite le moyen de la réduire en très-
peu de temps, à l'épaiffeur convenable dans toute fa longueur;
après quoi, & afin qu'elle ne fe defféche point, il la couvre
d'un tas de copeaux verds.

Le Fendeur & le Planeur continuent ainfi leur travail jufqu'au foir, & finiffent par rouler les cerches par bottes, comme nous allons l'expliquer.

Quand il eft queftion de rouler les cerches, le Fendeur &
le Planeur fe réuniffent pour travailler de concert à cette opération. D'abord ils piquent en terre deux barres de fer *A A*
(*Fig.* 3), qu'on nomme *chenets*, pointues par un bout, & per-
cées par en haut de plufieurs trous, dans lefquels ils ajuftent
les crochets *B B* avec des clavettes: ces crochets foutiennent
à différentes hauteurs, & fuivant la longueur des cerches, la
tringle de fer *CC*.

On place cet établiffement au-deffus du vent & vis-à-vis un

grand feu de copeaux D (*Fig. 4*), auquel on préfente les cerches E (*Fig. 3 & 4*).

Le bois qui eft de bonne qualité, au lieu d'un œil rougeâtre qu'il avoit, devient blanc lorfqu'il eft chauffé: il n'en eft pas de même du bois roux; celui-ci ne perd jamais cette couleur: au refte, les cerches échauffées deviennent fort tendres & capables de fe plier à volonté; de temps en temps on les retire, on les retourne & on appuie le genou deffus (*Fig. 2*), pour connoître fi elles ont acquis de la foupleffe: pendant que le bois chauffe, le Fendeur prend un battant ou une demi-bordure ou bordurette (*Fig. 5*), qui eft une bordure manquée, étroite & mince; il fait un trou à chaque bout; il la plie en rond; il paffe dans les trous une laniere (*Fig. 6*), qui eft faite d'un copeau de bois verd fort mince, levé avec la plane fur une jeune branche de Charme ou de Chêne; enfuite il fait tourner chaque bout de cette laniere autour de la bordurette; & pour l'arrêter, il en paffe l'extrémité entre la laniere & le bout de la bordurette; enforte que plus les bouts de la bordurette font d'effort pour s'écarter, plus le nœud fe refferre; ce nœud eft repréfenté en H (*Fig. 8*): le diametre total du lien que forme cette bordurette, eft de 12 à 14 pouces.

On prépare auffi deux gardes ou battants I (*Fig. 8*), qui confiftent en deux petites planches minces que les Fendeurs ménagent en faifant les fonds des feaux: nous en expliquerons bientôt l'ufage.

Les cerches étant bien chaudes & fuffifamment pliantes, le Fendeur en tire trois du haloir; il en pofe une à terre, fur le bout de laquelle il place un rouleau (*Fig. 9*), qui a 3 pieds 4 pouces de longueur, 9 pouces & demi de diametre; à un des points de fa circonférence eft une grande mortaife M (*Fig. 9 & 10*), longue d'un pied 4 pouces, & profonde de 2 pouces: la coupe de ce rouleau eft repréfentée dans la *figure* 10, & fait voir la forme de cette mortaife: le Fendeur y engage le bout de la cerche (*Fig. 11*); & en tournant le rouleau, il fait prendre à cette cerche la courbure qui convient pour la mettre en botte; fur le champ il la déroule, & en met une autre à la place pour lui faire prendre le même pli. Quand ces trois cerches ont été roulées l'une après l'autre, il engage de nouveau l'extrémité de l'une d'elles dans la même mortaise ; & lorsqu'il en a plié ou roulé environ 6 pouces, il pose une seconde cerche sur celle-là ; il tourne un peu le rouleau, & place encore une troisieme cerche sur la seconde (*Fig 11*). Comme il faut plus de force pour plier ces trois cerches, le Fendeur & le Planeur se réunissent pour mener ensemble le rouleau ; ils ont soin que ces trois cerches soient roulées & bien serrées ; ensuite un troisieme Ouvrier souleve le rouleau par un bout, un autre retire ces trois cerches & les place dans le lien (*Fig. 7*) ; comme ce lien a un peu plus de diametre que ces trois cerches roulées, elles s'y déroulent un peu, de maniere que les bouts de la cerche extérieure ne se joignent pas : ces bouts ne manqueroient pas de se rompre vers les bords, s'ils n'étoient simplement réunis que par la bordurette, parce que ce bois est de fil, & que cette cerche fait effort pour se redresser ; pour empêcher cela, on met sous le lien, les gardes I, I (*Fig. 8*) qui sont, comme je l'ai dit plus haut, deux petits bouts de planches minces : ces gardes appuyant sur toute la largeur des cerches, empêchent qu'elles ne se fendent.

L'Ouvrier n'a encore mis dans le lien que 3 cerches, & il en faut 6 pour faire la botte. Il tire du haloir trois autres cerches, les roule séparément, & ensuite toutes trois à la fois, ainsi que les premieres, & il les place à force dans le vuide de la botte (*Fig. 7*), qui se trouve alors complette (*Fig. 12*) : on les empile six à six les unes sur les autres, afin que les Marchands voyent plus aisément si les cerches ont la largeur qu'ils desirent.

Nous avons dit qu'on tiroit les cerches qu'on nomme *aprêt-marchand*, autrement les bordures, de billes plus menues, ou dans des levées qu'on fait au bord des cartelles, & j'en ai établi la largeur : on met celles-ci par bottes comme les cerches de seaux, avec cette différence qu'il en entre 12 dans chaque botte, & que comme elles sont étroites, on n'y met point de garde, parce qu'il n'y a point à craindre qu'elles se fendent ; on n'emploie point aussi de demi-bordures pour les lier ; on se contente de percer les deux bouts de la bordure extérieure *F F* (*Fig.* 7), & d'y mettre une feule laniere *H*.

Les cerches pour les quarts & les litrons, fe font comme les autres, excepté qu'on les leve dans des billes plus courtes, & dans des arbres moins gros.

Article VII. *Des ouvrages de Raclerie.*

On fait dans les forêts avec du Hêtre, quantité de petits ouvrages que l'on nomme *Raclerie*. Ils s'exécutent la plupart de la même maniere que la fente des cerches, par des Ouvriers à qui on vend le bois en grume, & qui le travaillent également dans les forêts : nous allons entrer dans les détails qui leur font particuliers.

§. 1. *Des Cerches pour Clayettes, Chaferets, Cliffes ou Ecliffes.*

Toutes ces dénominations font fynonymes, & fignifient des cerches étroites & fort minces, dans lefquelles on dreffe les fromages.

On fait quelquefois ces fortes de petites cerches minces avec du bois de Chêne ; mais le plus ordinairement on y emploie le Hêtre, parce que ce bois peut être réduit à une moindre épaiffeur, & qu'il convient mieux pour les fromages ; c'eft auffi par cette raifon que l'on y deftine les picces de bois qui font de la plus belle fente. Indépendamment de tout cela, l'exploitation la plus avantageufe pour les Marchands, eft toujours celle qui peut fournir les pieces les plus délicates.

Les cerches pour les clayettes doivent avoir 3 pieds à 3 pieds & demi de longueur ; il fuffit que celles pour les caferettes aient deux pieds ; la largeur des unes & des autres eft de 3 pouces, 3 pouces & demi ou 4 pouces.

En conféquence, 1°, quand on peut lever entre deux nœuds ou entre deux branches, une bille de 3 ou 3 pieds & demi de longueur, on la deftine pour en faire des clayettes ou écliffes :
fi la

ſi la bille ne peut être que de 2 pieds, on ſe contente d'en faire des chaſerets (*Fig. 16*) ; 2°, comme la largeur des clayettes & des chaſerets n'eſt que de 3 à 4 pouces, on les peut prendre dans des arbres plus menus que les cerches pour les ſeaux, dont la largeur doit être d'un pied, ou de 6 pouces pour l'*Ap-prêt-marchand*.

Si l'on fait ces ſortes d'ouvrages avec du bois de Chêne, il faut retrancher au moins une partie de l'aubier : dans le Hêtre, la portion de l'arbre qui eſt la plus précieuſe, eſt le bois qui ſe trouve immédiatement ſous l'écorce ; c'eſt cette partie qui ſe fend le mieux, & que les Fendeurs conſervent avec le plus de ſoin. Ces Ouvriers commencent par ſcier les tronçons d'une lon-gueur convenable pour les clayettes ou les chaſerets ; ainſi en ſuppoſant une bille de 24 pouces de diametre & de 3 pieds de longueur, ils la fendent d'abord en deux, puis par quartiers, puis par demi-quartiers ; ils emportent 8 pouces du bois du cœur, dont il ſeroit cependant poſſible de tirer de menus ou-vrages ; mais le plus ſouvent on en fait du bois à brûler : la tranche ſe refend en deux, puis encore en deux, comme pour les cerches à ſeaux, excepté qu'on ne donne à celles-ci qu'une ligne ou une ligne & demie d'épaiſſeur. On acheve de mettre les clayettes d'épaiſſeur avec la plane, ſur le chevalet que nous avons décrit en parlant des cerches à ſeaux : on chauffe ces feuilles comme les cerches à ſeaux ; mais comme elles ſont plus minces, & par conſéquent plus aiſées à plier, on n'emploie point de rouleau, mais on les roule ſur le moulinet (*Pl. XVIII. Fig. 14*). C'eſt une eſpece d'attelier qui conſiſte en une fourche ſemblable à celle de l'attelier des Fendeurs, mais beaucoup plus légere ; les deux branches n'ont gueres que trois pouces de dia-metre, & elles ſont aſſez reſſerrées pour qu'il n'y ait de l'une à l'autre branche, au bout où elles s'écartent le plus, que 6 pou-ces de diſtance. On ſoutient cette eſpece de fourche à quatre pieds de hauteur ſur des fourchets enfoncés en terre ; & le tout eſt aſſez ſolidement établi, pour qu'en paſſant une cerche toute chaude, ſucceſſivement dans toute ſa longueur, entre les deux branches du moulinet, & en appuyant deſſus, on

E e e e

la force de prendre une courbure qui la difpofe à être mife
en botte: ayant percé une de ces cerches (*Fig. 15*), pour arrêter les deux bouts par un lien, un Ouvrier prend les cerches
qui ont été pliées au moulinet 3 à 3, & en les pliant, il les force
d'entrer dans celle qui fert de lien ; & quand il en a mis ainfi
fucceffivement 12 les unes dans les autres, la botte (*Fig. 13*),
fe trouve compofée de 13 écliffes, y compris celle qui fert
de lien : le Marchand paye le Fendeur à raifon de 10 fous du
cent, & il les vend à la groffe, qui eft compofée de 160 bottes,
36 ou 38 livres.

Ces écliffes fe vendent auffi à des Vanniers qui les garniffent d'ofier pour faire des chaferets (*Fig. 16 & 17*), ou ils
les vendent tout garnis d'ofier aux Boiffeliers : comme il y a
des Provinces où l'on dreffe les fromages fur des clayons (*Fig.
18*), en ce cas on ne garnit point d'ofier les cerches. Les Payfans dreffent leurs fromages dans des écliffes qu'ils retiennent
avec un lien de ficelle ou d'ofier ; dans d'autres endroits
on dreffe les fromages dans des chaferets, dont le fond
eft garni d'ofier (*Fig. 16 & 17*).

§. 2. *Lattes pour les fourreaux d'épée.*

Les lattes pour les fourreaux de fabre & d'épée, font de
vraies lattes de Hêtre qui ont 3 pieds 4 pouces de longueur,
3 pouces & demi de largeur par un bout, & 2 pouces & demi
par l'autre : on les fait les plus minces qu'il eft poffible : les
habiles Ouvriers en font qui n'ont qu'une ligne & demie d'é-
paiffeur ; mais, pour l'ordinaire, leur épaiffeur eft de deux
lignes.

On deftine à ces ouvrages des billes de 14 pouces de diametre ou environ. On fend ces billes par quartiers, enfuite par
demi-quartiers, & l'on a foin de réferver du côté de l'écorce,
une tranche de 3 pouces & demi d'épaiffeur ; le cœur de la
bille fe met avec le bois à brûler ; enfuite le Fendeur réduit
avec le coutre un des bouts de la tranche à deux pouces &
demi environ d'épaiffeur.

Il fend la tranche ainſi préparée en deux comme pour la latte ; chaque morceau encore en deux, & il continue ainſi juqu'à ce que ces lattes n'aient au plus que deux lignes d'épaiſ-ſeur. Comme la façon ſe paye au cent à l'Ouvrier, & que le Marchand les vend au compte ; il eſt évident qu'on tire d'autant plus de profit d'un arbre, qu'on fend les lattes plus minces.

Le Fendeur remet les lattes au Planeur qui les dreſſe ſur le chevalet, & les réduit à moins d'une demi-ligne d'épaiſſeur. Le Fendeur fait une table de ſon moulinet, en poſant ſur les branches de la fourche une planche épaiſſe ; c'eſt ſur cette planche qu'il poſe les cerches pour clayettes & chaſerets lorſ-qu'il les met en botte ; c'eſt auſſi ſur cette planche que celui qui fait les lattes pour fourreaux d'épée, les poſe, pour les mettre en botte de 25, liées de trois lanieres.

Les Ouvriers ne rejettent pas les lattes rompues ; ils les mettent au milieu des bottes, où elles ſont retenues par celles qui ſont entieres ; de ſorte qu'il y a telles bottes où il ne ſe trouve de lattes entieres que celles qui font la couverture.

Le Marchand donne aux Ouvriers 10 ſous du cent de lattes ; & il les vend à la groſſe de 3000 feuilles ou lattes, ſur le pied de 36 ou 38 liv.

§. 3. *Pieces pour les Rouets.*

Les Fendeurs débitent encore des pieces qu'on vend aux Tourneurs pour faire des rouets. L'ouvrage des Fendeurs pour cet objet, eſt de débiter les planches qui forment le banc ou table du rouet, & les cerches qui font la jante de la roue.

On ſcie les billes pour faire ces cerches à 6 pieds de lon-gueur ; & comme il ſuffit qu'elles aient 4 pouces de largeur, on les prend dans des arbres de 18 à 20 pouces de diametre : en les écœurant, on obſerve de n'en ôter que le ſuperflu, & que la tranche pour les cerches, puiſſe porter 4 pouces de large : on refend cette tranche en deux, & ainſi juſqu'à ce qu'on ait réduit les cerches à deux lignes ou deux lignes & demie d'épaiffeur dans le plus mince ; on les dreffe enfuite à la plane fur le chevalet, on les chauffe, & on les difpofe fur le moulinet à prendre la courbure qu'elles doivent avoir, fans le fecours du rouleau, parce que, comme les bottes ont un grand diametre, il faut peu de force pour plier ces cerches, qui d'ailleurs font minces : en cet état, on en forme des bottes de 12 cerches.

A l'égard des bancs, comme ils doivent avoir deux pieds & demi de longueur & 9 à 10 pouces de largeur, & 10 à 11 lignes d'épaiffeur, on les prend dans des billes plus courtes & plus groffes.

Les Marchands vendent ces fortes de cerches environ 25 fous la botte, formée de 12 pieces ; & les planches pour le banc ou table, fur le pied de 8 livres le cent.

§. 4. *Des Layettes.*

Les Ouvriers qui s'occupent à faire des *Layettes*, s'établiffent ordinairement aux bords des forêts de Hêtres ; c'eft-là qu'ils font les boîtes à perruque, des coffrets qu'on nomme *layettes*, parce qu'ils fervent à renfermer les layettes des enfants : les boîtes pour mettre des confitures feches, & pour une infinité d'autres ufages. Ces ouvrages fe vendent tout affemblés aux Layetiers de Paris par affortiment de fix, qui, diminuant toujours de grandeur, s'emboîtent les uns dans les autres. Ces boîtes ne font affemblées qu'avec des clous de fil d'archal ou de laiton, ainfi que les charnieres & les crochets qui les ferment. Nous ne nous étendrons pas davantage fur cet art qui fe pratique plus fouvent dans les Villes que dans les forêts. Mais les planches que les Layetiers y emploient & qu'on nomme *hauffes* ou *goberges*, font fendues au coutre dans les forêts, ou on les dreffe auffi à la plane, précifément comme la cerche de feau ; elles ont ordinairement 3 pieds & demi de longueur, 4 à 6 pouces de largeur, & doivent avoir, dreffées & blanchies, 3 lignes à 3 lignes & demie d'épaiffeur ; celles qui n'ont que 2 lignes ou 2 lignes & demie, ne font employées que pour les petites boîtes : les hauffes fe vendent par bottes.

§. 5. *Des Copeaux pour les Gaîniers, & ceux dont on fait les Rapés.*

Il n'y a aucun ouvrage de fente aussi délicat à faire que les copeaux ; mais il n'y a point aussi d'exploitation plus avantageuse pour le Marchand. Ainsi, quand on peut espérer d'avoir un grand débit du copeau, on destine à cet usage les bois propres à la plus belle fente.

Comme le copeau doit être très-mince, on le vend toujours très-cher, relativement au bois qu'il consomme : si un Hêtre pouvoit être entiérement débité en copeaux, il produiroit une somme considérable, quoiqu'il coûte beaucoup de main-d'œuvre, & qu'on perde beaucoup de bois. On coupe les billes à 3 pieds & demi de longueur ; on les cartelle & on les écœure pour en former des parallélipipedes *a b* assez réguliers (*Pl. XXIX. fig. 1*); on abat dans toute la longueur les angles *a* & *b*, pour qu'ils se tiennent plus solidement sur l'établi, comme on voit en *k* (*Fig. 4*); enfin, par le moyen d'une machine dont nous allons donner la description, on leve les copeaux sur celle des faces, qui répond de l'écorce au cœur de l'arbre ; de sorte qu'à l'épaisseur près, les copeaux sont fendus comme les clayettes & tous les autres ouvrages de fente, c'est-à-dire, du centre à la circonférence.

Comme la feuille de copeau est trop mince pour pouvoir être enlevée avec le coutre, on emploie un gros rabot qui la leve avec précision & avec promptitude. On pense bien qu'il faudroit que l'Ouvrier eût des bras prodigieusement vigoureux pour faire agir un rabot capable d'enlever les feuilles de copeaux d'un quart de ligne d'épaisseur, de 3 pieds & demi de longueur, & de 6, 12, ou quelquefois 14 pouces de largeur ; aussi emploie-t-on la machine représentée (*Pl. XXIX. fig. 2 &* *3*), qui multiplie la force : quatre hommes sont employés à la faire mouvoir. Voici la description de la machine que j'ai vu servir à cet usage : on auroit pu y retrancher une lanterne & une roue sans perdre de force.

A (*Fig.* 2 & 3), eſt une lanterne qui porte onze fuſeaux ; *B* hériſſon qui a 12 dents ; *C*, une autre lanterne à 8 fuſeaux & qui eſt enarbrée avec le hériſſon *B* : *D*, hériſſon qui porte 17 alluchons ; *E*, une bobine que l'on voit ponctuée à la Figure 2 ; elle eſt enarbrée avec le hériſſon *D* : tout ce rouage eſt porté par deux jumelles paralleles *L L* : *K* eſt la piece de Hêtre qui doit être réduite en copeaux : elle eſt reçue & ſolidement affermie entre deux autres jumelles *M M* (*Fig.* 2, 3 & 4) : *G* eſt le rabot qui doit lever les copeaux : les jumelles *L L*, & *M M*, ſont ſoutenues par des montants *O O*, aſſemblés dans deux forts patins *N N* : *H H* eſt la corde qui communique le mouvement du rouage au rabot · *I*, eſt un rouleau qu'on peut hauſſer & baiſſer pour maintenir la corde à la hauteur convenable. Le gros & fort rabot *G* détache les copeaux de la piece de bois *K* : un homme monté ſur un gradin , ſaiſit la poignée *P* du rabot, qu'il dirige dans ſa marche , & qu'il retire en arriere quand le copeau eſt levé ; & deux autres hommes ſont appliqués aux manivelles *F*, qui obligent la corde *H* de ſe rouler ſur la bobine *E*. Par cette machine, la force des hommes eſt multipliée ; mais il ſeroit aiſé de l'augmenter encore davantage : on pourroit auſſi la ſimplifier en ſupprimant la roue *B* & la lanterne *A*. On met ordinairement en *Q* une bobine ſemblable à *E*, parce que celle-ci étant établie plus bas , on roule la corde ſur la bobine la plus élevée, quand le bloc de bois *K* a beaucoup d'épaiſſeur ; & l'on tranſporte la corde ſur la bobine placée plus bas , quand, après avoir levé beaucoup de copeaux, le bloc eſt devenu plus mince , afin que la tirée de la corde ſoit toujours à peu-près horiſontale & parallele au plan ſupérieur de ce bloc : on conçoit que cela eſt néceſſaire pour que le rabot ſoit bien mené. Pour faciliter encore la direction de la corde, on la fait paſſer ſur le rouleau *I*, qui eſt reçu entre deux montants , & qu'on peut élever ou baiſſer à volonté.

Il eſt clair que quand on fait agir les manivelles , la corde *H*, ſe roulant ſur une des bobines , le rabot eſt tiré ſur le bloc , & en détache un large copeau ; & quand le fer ou lame du rabot eſt parvenu au bord oppoſé du bloc, après en avoir détaché un copeau, les Ouvriers appliqués aux manivelles, les tournent en sens contraire, pendant que celui qui est à la conduite de la poignée *P* du rabot, le rappelle en arriere pour le mettre en état de reprendre un autre copeau. Il est inutile de dire qu'il faut avoir des rabots de différentes grandeurs, suivant qu'on veut enlever des copeaux plus ou moins larges, comme depuis 6 jusqu'à 14 pouces.

Nous avons dit ci-devant, qu'il falloit quatre hommes pour servir cette machine; & cependant on n'en a vu jusqu'à présent que trois occupés; savoir un qui conduit le rabot, & deux qui tournent les manivelles : le quatrieme est chargé de ramasser & arranger les copeaux.

Ces quatre Ouvriers travaillant ensemble font 800 feuilles de copeaux par jour; on leur paye 4 sous de la botte, formée de 50 feuilles; & elle se vend environ 16 sous.

Quand celui qui ramasse les feuilles de copeaux, en a rassemblé 50, il les porte sous une presse (*Fig.* 5), formée de deux fortes membrures *a b, c d,* qui peuvent être rapprochées l'une de l'autre par deux vis *e f,* au moyen des leviers de fer *g h.* Il arrange les feuilles entre ces plateaux, dont la longueur doit être proportionnée à celle des copeaux; & après les avoir serrés entre ces plateaux avec les vis, il coupe avec une plane tout ce qui déborde, à peu-près comme les Relieurs rognent les feuilles des livres : au sortir de la presse, il lie chaque botte avec trois liens; c'est en cet état qu'on vend les copeaux.

On vend à bas prix ceux qui sont rompus aux Marchands de vin qui en font des rapés pour éclaircir leurs vins : on prétend que les copeaux de Hêtre leur donnent de la qualité. Ces copeaux se rassemblent en bottes de la même maniere qu'on le voit représenté par la Figure 6. Comme les Marchands trouvent un débit assez avantageux du bois à brûler, les Ouvriers ne ménagent point les bois qu'ils fendent pour les cerches & autres ouvrages de cette espece; celui qu'ils enlevent du cœur des pieces & qui pourroit servir à faire des lattes pour les fourreaux d'épées, est jetté au bois de corde : il est vrai que la partie de l'arbre qui se fend le mieux est toujours celle qui est plus voisine de l'écorce, & qu'on ne pourroit pas faire d'aussi belle fente du bois du cœur; mais il y a des cas où les Ouvriers devroient être plus économes du bois. Par exemple, pour assujettir le bloc, destiné à faire des copeaux, sur les pieces qui le soutiennent, ils entaillent le dessous en chanfrain, comme on le voit en K (*Fig. 4*); & cette partie ne peut plus servir à faire du copeau. Il ne seroit pas difficile d'imaginer un moyen simple d'assujettir ce bloc d'une autre façon, sans en rabattre les angles inférieurs, & par conséquent on tireroit un plus grand nombre de copeaux de cette piece de bois.

Les Gaîniers emploient beaucoup de copeaux, les Miroitiers en font aussi usage pour garantir le tein des glaces.

§. 6. *Des Panneaux ou Battans de Soufflets.*

Comme on fait des soufflets de différentes grandeurs, on coupe les billes de 12, 14 & 18 pouces de longueur.

On fend ces billes par quartiers qu'on écorce souvent fort peu, afin de ménager la largeur qui est nécessaire pour les grands soufflets; car on ne choisit ni le plus gros ni le plus beau bois pour cette sorte d'ouvrage, qui a encore l'avantage de n'exiger que des billes assez courtes.

Le Fendeur emporte avec son coutre le bois qu'il y a de trop du côté de l'écorce, pour en former des especes de planches (*Fig. 7*), qui soient à peu-près d'égale épaisseur du côté de l'écorce & du côté du cœur.

Un Ouvrier ébauche le soufflet avec une hache bien tranchante, & emporte les angles *a, b, c, d*; & comme le tuyau du soufflet doit être placé du côté de *e*, il laisse les levées *a, b*, plus épaisses que celles *c, d*, ce qui commence déja à donner une losange qui fait la forme alongée au corps du soufflet.

Le soufflet dégrossi passe au Planeur qui, sur une sellette semblable à celle dont se servent les Planeurs de cerches, réduit cette losange à l'épaisseur qu'elle doit avoir; savoir 14 à 15 lignes du côté de *e*, & 10 à 11 lignes du côté de *f*.

Il est bon de remarquer que sur la sellette à planer, il y a une
planche

planche à laquelle eſt faite une entaille ou mortaiſe qui en traverſe l'épaiſſeur auprès de la ſerre; c'eſt ſur cette planche que
l'on poſe verticalement le panneau que l'on veut planer ſur ſon
épaiſſeur.

Quand le Planeur a mis d'épaiſſeur le panneau de ſoufflet; il
le rend à celui qui l'a ébauché; celui-ci le préſente ſur un patron,
& trace avec de la pierre noire la figure exaƈte que ce panneau
doit avoir (*voy. Fig. 8*), & ſur le champ il emporte avec ſa
hache tout le bois qui excede le trait de la pierre noire ; &
avec autant de promptitude que d'adreſſe, il forme la poignée
g (*Fig. 8*), ainſi que tout le contour du ſoufflet juſqu'à *f*, avec
aſſez de préciſion, pour que le Planeur, qui reprend enſuite ce
panneau, n'ait plus qu'un coup à donner ſur le tranchant, pour
perfeƈtionner le contour, qui ſe trouve déja bien régulier au
ſortir des mains du premier Ouvrier.

On ſait que les ſoufflets ſont formés de deux panneaux, dont
celui de deſſous porte la ſoupape & la tuyere *a b c d* (*Fig. 9*);
le panneau ſupérieur *e f g h*, eſt plus court, parce que la
portion *e h c d*, qui porte la tuyere, appartient à celui de deſſous. Autrefois on travailloit à part ces deux panneaux, on
conſommoit plus de bois, & les Boiſſeliers étoient alors em-
barraſſés à trouver des panneaux qui puſſent s'ajuſter l'un à l'autre. On a remédié à ces petits inconvénients, en levant les
deux panneaux dans la même piece; ainſi, après qu'elle a été
formée, comme *a b c d e* (*Fig. 9*), on paſſe un trait de ſcie par la
ligne ponƈtuée depuis *a*, juſqu'à *h*, & pour cela, on aſſujettit
pluſieurs panneaux enſemble, comme dans la *Fig. 9*, dans une
encoche, qui eſt une piece de bois *A B* (*Fig. 10*), de 12 à 15
pouces de diametre, & d'environ 28 à 30 pouces de longueur:
cette piece eſt ſoutenue à 4 pieds & demi du terrein par quatre
forts pieds *c, c, c, c*, qui entrent en terre de quelques pouces ;
& pour augmenter la ſolidité de cette eſpece d'établi, on charge
les pieds de derriere avec des bûches *D*, qui ſervent outre
cela de degrés au Scieur pour s'élever au-deſſus de l'*encoche*.

Le devant de cette piece de bois eſt creuſé d'une grande
mortaiſe longue de 9 pouces de *E* en *F*, large de 3 pouces,

F f f f

& profonde de 4 pouces : c'eſt dans cette mortaiſe que l'Ouvrier met ſix ſoufflets à la fois par le bout de la tuyere ; il les y
aſſujétit avec des coins aſſez fermement, pour qu'un compa-
gnon qui poſe un de ſes pieds ſur le billot, & l'autre ſur les ſoufflets, puiſſe conjointement avec un ſecond Ouvrier placé dans
une foſſe au - devant de l'encoche, paſſer tous deux le trait
de ſcie entre chaque panneau pour les ſéparer. Il eſt eſſentiel
que ces ſoufflets ſoient fixés dans l'encoche, de maniere que
leurs ſurfaces ſoient exactement verticales ; afin que tous les
panneaux ſoient d'égale épaiſſeur ; il faut encore que les Ouvriers appuient bien légérement la ſcie, quand ils refendent
les poignées pour ne les pas rompre ; mais quand ils ſont à la
partie évaſée du ſoufflet, ils menent la ſcie à grands traits pour
avancer la beſogne : lorſque le feuillet de la ſcie eſt parvenu
à la mortaiſe de l'encoche, l'ouvrage eſt fini, parce qu'il n'y
a que la partie du panneau *e h d c* (*Fig. 9*), qui s'y trouve engagée, & celle-là ne doit point être ſéparée.

Ce ſont les Boiſſeliers à qui l'on vend ces panneaux ainſi
préparés, qui achevent de les ſéparer, & ils n'ont plus que le
trait de ſcie *e h* (*Fig. 9*) à y donner. Ce ſont auſſi les mêmes
Boiſſeliers qui font faire par les Tourneurs quelques moulures
ſur les panneaux des ſoufflets qu'ils veulent enjoliver.

§. 7. *Des Battoirs à leſſive.*

Les battoirs à leſſive ſont faits par les mêmes Ouvriers qui
font les ſoufflets. On ſcie les billes dont on les tire, à 12 ou
13 pouces de longueur ; la partie évaſée du battoir doit avoir
12 pouces de large, & l'épaiſſeur, vers le manche, doit être
d'environ 15 lignes. Quand la bille a été débitée en planches,
on les dreſſe à la plane ; puis on y préſente un patron dont on
trace le contour avec de la pierre noire ; enſuite un Ouvrier
emporte avec la hache tout ce qui eſt hors du trait, & le Planeur acheve l'ouvrage. (*Voyez Pl. XXX. fig. 4.*)

On enfume ces battoirs de la même maniere que les ſabots,

§. 8. *Des Ecopes.*

Pour faire les *Ecopes* (*Pl. XXX. fig. 5 & 6*) dont fe fervent les Bateliers, pour vuider l'eau qui entre dans leurs bateaux, on coupe les billes de bois à 4 pieds de longueur, parce que le manche *a b*, a 2 pieds & demi de longueur, & la cuiller *b c*, 18 pouces. On ne fend chaque bille qu'en quatre, de forte que chaque quartier *d d d d* (*Fig. 7*), doit faire une écope.

On dégroffit avec la hache, la cuiller & le manche de l'écope; on creufe la cuiller avec un *aceau* très-courbe & qui a le tranchant affez large (*Fig. 8*), & on finit de creufer la cuiller avec un autre outil (*Fig. 9*), qu'on nomme *tie*, qui eft une acette peu recourbée, mais dont la lame n'a que 2 pouces de largeur; cet inftrument qui eft très-tranchant, mené à petits coups, perfectionne l'intérieur de la cuiller; enfin, on met l'écope fur la fellette, où le Planeur en perfectionne l'extérieur.

§. 9. *Des Pelles à four & autres.*

Comme les pelles des Boulangers doivent avoir des pales de 18 à 20 pouces de longueur fur 11 à 12 pouces de largeur, on eft obligé d'y employer de gros arbres qui aient au moins 4 pieds de diametre; & quand le manche eft de la même piece que la pale (*Fig. 10*), comme ce manche doit avoir 7 pieds de longueur, il faut des billes de 8 pieds 7 à 8 pouces de longueur, ce qui confomme beaucoup de gros bois. On équarrit l'arbre, on le fend par quartiers & on l'écorce; chaque quartier eft refendu en deux autres quartiers; chacun de ces demi-quartiers l'eft encore en deux, & ainfi jufqu'à ce qu'ils foient réduits en planches d'environ quatre pouces d'épaiffeur qui doivent fournir deux pelles. On trace une pelle fur une face de la planche ainfi réduite (*Fig. 10*); on emporte avec la hache tout le bois fuperflu; on refend avec le coutre cette planche qui donne par ce moyen deux pelles, que l'on acheve de perfectionner fur le chevalet avec la plane.

On fait des pelles dont la pale eſt longue & étroite pour enfourner les pains longs, & pour certains uſages des Pâtiſſiers, (*Fig. 11*).

On conſomme néceſſairement beaucoup de bois pour les pelles, parce que leur manche eſt pris dans une tranche qui eſt de toute la largeur de la pale ; il eſt ſenſible que ſi l'on enlevoit à la ſcie les côtés *A* & *B* (*Fig. 10*), on pourroit employer ce bois à faire des petits ouvrages de fente ; mais ce n'eſt pas l'uſage.

J'ai vu des pelles dont le manche étoit rapporté (*Fig. 12*) ; elles ſont un peu plus lourdes, & ne ſont pas ſi ſolides que celles d'une ſeule piece ; mais auſſi elles dépenſent beaucoup moins de bois ; & comme le manche en eſt plus arrondi, il y a des Boulangers qui les préferent aux autres.

Les pelles à fumier (*Fig. 13*), & celles pour remuer les grains (*Fig. 14*), ſe font comme celles à four ; mais comme le manche de celles à fumier n'a que 2 pieds 6 pouces de longueur, & la pale, quatorze pouces de longueur ſur 10 à 11 pouces de largeur, & que le manche des pelles à grain, ainſi que la pale eſt de même longueur ſur 8 à 9 pouces de largeur, on coupe les billes plus courtes, & on y emploie des arbres moins gros. Il y a encore des pelles pour charger les terres & les gravois, qui ne different de celles à fumier, que parce que la pale en eſt plus petite. Les pelles à fumier & à gravois ſont plus épaiſſes en bois que celles à grain, & elles ſont peu creuſées dans leur face ſupérieure ; au lieu que les pelles à grain ſont minces & légeres, mais plus creuſées, ce qui exige qu'on tienne les tranches de bois un peu plus épaiſſes, afin d'y former des bords. Au reſte, quand les tranches ont été fendues & dreſſées à la plane, on y trace la figure de la pelle ; on emporte tout le bois ſuperflu avec la hache ; on forme le manche & le dos de la pale avec la plane ſur le chevalet, & on creuſe le dedans de la pale des unes & des autres avec l'aceau & la tie ; & l'on finit par les enfumer comme les ſabots.

10. *Travail de l'Ouvrier Arçonneur, des Atelles de colliers de chevaux , &c.*

Les Marchands de bois font faire quelquefois par leurs Ou-
ers exploitants des atelles de colliers , des bâts , des arçons
felle ; mais plus ordinairement , ce font des Ouvriers par-
uliers que l'on nomme *Arçonneurs* *, & qui viennent s'établir
x bords des forêts , qui travaillent ces fortes d'ouvrages pour
ur propre compte , & qui en achetent le bois des Marchands.
Il faut que le bois , pour être propre à ces ufages , foit fans
euds , & qu'il puiffe fe fendre aifément ; néanmoins il n'eft
s auffi important qu'il foit de belle fente , que pour quan-
é d'autres ouvrages de raclerie , parce que l'*Arçonneur* exécute
e partie de fon travail avec la fcie.
Il commence par fcier fes billes à la longueur de 3 pieds 6
uces , s'il fe propofe de faire les plus grandes atelles ; car
ur les petites atelles , ces billes doivent être plus courtes ,
il fe conforme à cet égard à l'ufage des pays ; car il y en a où
atelles portent de grandes oreilles , & d'autres où elles font
minées par un petit crochet. Après que la bille a été fendue
quartiers & en demi-quartiers , l'Arçonneur pofe une atelle fur
e de fes faces , pour en tracer le contour avec la pierre noire
l. XXX. *fig.* 1) ; enfuite il retranche le cœur *A* de ce quartier,
ébauche l'ouvrage avec une hache , il s'aide auffi de l'aceau;
quand la cartelle a reçu le contour de l'atelle (*Fig.* 2) , il
end à la fcie la piece de bois en autant d'atelles de 10 à 11
nes d'épaiffeur qu'elle en peut fournir. L'Arçonneur affu-
tit perpendiculairement fur un chevalet (*Fig.* 3) , les cartel-
dégroffies , pour les refendre horifontalement avec une fcie
long , comme font les Ebéniftes , mais il eft feul à mener
te fcie : voici comment il affujettit les cartelles.
Cette pratique eft cependant affez mal imaginée. Le cheva-
A B (*Fig.* 3) , confifte en un foliveau de 5 pieds de lon-
ur , de 6 , 8 ou 10 pouces de largeur , & de 8 à 9 pouces

Dans les forêts , on appelle ces Ouvriers *Arcoleurs.*

d'épaisseur ; il est soutenu comme un banc ordinaire, par quatre pieds solides *C*, qui l'élevent de deux pieds & demi au-dessus du terrein.

Au milieu est une coche ou entaille *D E*, de 4 à 5 pouces de profondeur. L'Ouvrier place verticalement les cartelles dans cette coche, où il la serre fortement avec des coins. Comme la piece a 3 pieds & demi de longueur, & qu'elle n'est retenue ici que par une de ses extrémités, dans une coche qui n'a que 4 à 5 pouces de profondeur, la scie appliquée en *F*, a une grande puissance pour la déranger ; ce qui oblige l'Ouvrier de l'assujettir par un, deux ou trois arcboutants *G*, dont il retient ceux des côtés sur le chevalet avec des tasseaux, & un troisieme qu'il appuie contre un arbre ou un mur à l'aide d'une entaille.

Si on se représente l'attitude de l'Ouvrier, tenant horizontalement une scie à refendre, on concevra qu'il doit être bien gêné en commençant chaque trait de scie à la hauteur de cinq pieds : pour plus de facilité, il incline la cartelle en arriere ; & à mesure qu'il avance les traits de scie, il en change la position, selon sa commodité.

Quand les atelles ont été refendues, on les finit avec la hache & l'aceau ; chaque atelle se travaille en particulier : on finit par les enfumer, & on les vend par paquets aux Bourreliers.

§. 11. *Maniere de faire les Bâts.*

L'Arçonneur se sert pour faire les bâts du même chevalet (*Pl. XXX. fig.* 3) ; d'un grand couteau tout de fer (*Pl. XXXI. fig.* 1), & qui est fort tranchant du côté de *a* ; d'un fort ciseau en bec-d'âne (*Fig.* 2), & de la tie (*Pl. XXX. fig.* 9). Il travaille sur un établi à peu-près semblable à celui du Menuisier ; ses outils sont pendus à des râteliers attachés au fond de sa loge, ou à la muraille s'il travaille chez lui.

Il emploie de gros corps d'arbres qu'il refend en cartelles, comme pour faire les atelles ; mais il faut ici que les cartelles aient au moins 28 à 30 pouces de face, suivant la grandeur des bâts ; car ceux des Mulets doivent être beaucoup plus grands que ceux qu'on fait pour les ânes.

Un bât eſt formé de deux pieces cintrées *a, b* (*Pl. XXXI. fig.* 3), que l'on nomme *courbes* (*Fig. 4*) ; celle du devant *a*, eſt plus relevée que celle de l'arriere *b* : ces deux courbes ſont liées par deux pieces ou eſpeces de planches *c*, preſque plattes (*Fig. 3 & 5*) ; on les nomme *les lobes.* Comme les fils du bois traverſent les courbes, quand on les évuide, on coupe les fibres par le travers.

Quand la cartelle a été fendue à une épaiſſeur convenable pour en pouvoir tirer pluſieurs courbes les unes ſur les autres, comme pour les atelles ; l'Ouvrier en trace tous les contours avec un patron (*Fig. 4*) ; puis il emporte avec la hache & la *tie*, tout le bois qui excede le trait de la pierre noire ; enſuite il aſſujettit la cartelle ſur le chevalet (*Pl. XXX. fig.* 3), avec des coins ; il ſépare autant de courbes qu'il en peut prendre dans l'épaiſſeur de ſa piece de bois, & emploie pour cela la ſcie à refendre, de la même maniere que l'Arçonneur, & ainſi que nous l'avons expliqué dans le paragraphe précédent.

Les courbes ſciées doivent être épaiſſes ; ce qui eſt néceſ-faire pour qu'on puiſſe les finir avec la plane, la tie, & même quelquefois avec une rape à bois. Les *lobes* ſe prennent, ainſi que les courbes, dans des cartelles d'environ 3 pieds & demi de longueur, que l'on diviſe ordinairement en trois ; de ſorte que ſuivant la grandeur des bâts, chaque partie doit avoir 15 à 17 pouces de long. La cartelle n'a beſoin que d'être équarrie; & comme elle eſt ordinairement aſſez épaiſſe pour en fournir pluſieurs, on la refend ſi le bois eſt de belle fente, ou on la ſé-pare à la ſcie, comme les courbes ; enſuite, avec l'acette & la tie, on la creuſe un peu ſur une de ſes faces, & on donne un peu de convexité à la face oppoſée ; enfin l'Arçonneur creuſe ſur la face ſupérieure deux rainures *d, d* (*Fig. 5*), plus lar-ges au fond qu'à l'entrée, pour recevoir les languettes *e, e,* des courbes (*Fig. 4*), qui étant plus épaiſſes au bord *e* qu'au fond, forment un aſſemblage à queue d'aronde : comme les languettes de ces courbes entrent dans les rainures des lobes, la courbe de l'avant ſe trouve liée avec la courbe de l'arriere, ce qui fait le bât monté. Ces rainures & ces languettes se font avec le couteau (*Fig. 1*), & le bec-d'âne (*Fig. 2*). Ce travail produit beaucoup de copeaux qui ne servent qu'à brûler.

Quelquefois, pour ménager le bois, on fait les courbes de deux pieces *e*, *e* (*Fig. 4 & 6*), qui s'assemblent à mi-bois, & qui sont jointes avec de la colle forte : les Bourreliers les fortifient encore avec une petite bande de fer. On enfume les courbes, les lobes & les atelles, comme nous l'expliquerons dans la suite.

§. 12. *Du travail des Arçons pour les selles.*

L'ÉTABLI de ces Ouvriers consiste en une forte table ronde qu'ils appuient contre un mur quand ils travaillent chez eux, ou contre les poteaux de leur loge lorsqu'ils travaillent dans la forêt ; souvent un billot solide leur suffit.

Leurs outils sont une hache, un aceau & une tie dont le fer est creusé comme une gouge : ils manient ces instruments avec beaucoup d'adresse lorsqu'ils creusent les parties qui doivent être concaves, & qui, au sortir de l'aceau & de la tie creuse, se trouvent coupeés fort uniment, proprement & réguliérement ; ils font encore grand usage de rapes à bois.

Il y a des arçons de quantité de formes différentes ; celle que nous prendrons ici pour exemple (*Fig. 7*), se nomme *arçon de cavalerie*. Le dos de cet arçon est formé de trois pieces, savoir le pontet *a*, & les deux bouts *b*, *b* : le devant est également formé de trois pieces ; savoir, le devant d'arçon *c*, & les deux pointes *d*, *d* ; le devant est joint à l'arriere par les deux panneaux *e*, *e*. L'Ouvrier trace toutes ces pieces sur des patrons de cuir ou de carton ; il les ébauche avec la hache, les perfectionné avec l'aceau & la tie ; puis il les assemble toutes à mi-bois, & les joint avec de la colle forte ; enfin il les finit avec la rape à bois.

L'arçon de femme, (*Fig. 8*), outre les pieces que je viens de nommer, & qui sont indiquées par les mêmes lettres, a de plus un dos *f*.

Quoique

Quoique les Arçonneurs ne confomment pas beaucoup de bois, ils ne s'embarraffent point, pour le ménager, d'entretailler les pieces les unes dans les autres. Ils prennent une bille de Hêtre qu'ils refendent & qu'ils coupent de la longueur qui leur convient; ils travaillent chaque piece en particulier, & abattent tout le bois fuperflu avec la hache & l'aceau. Quoique toutes les pieces foient jointes les unes avec les autres à *mi*-bois, favoir, les pointes avec le pontet (*Figure* 7), & que l'union de ces pieces exige de la précifion, néanmoins ils ne travaillent chacune de ces pieces qu'avec l'aceau & la rape, qu'ils favent manier avec beaucoup d'adreffe; ils fe conduifent par leurs patrons, qu'ils préfentent fréquemment fur les pieces qui doivent s'affembler à mi-bois : on enfume ces pieces.

§. 13. *Du travail des Tourneurs.*

Il y a encore des Tourneurs qui s'établiffent dans les foіêts où l'on exploite beaucoup de Hêtre : ces Ouvriers font avec ce bois des moules à fuif, des fébilles de toutes grandeurs, des fonds & des deffus de lanternes d'écurie, des rouets de poulie, des égrugeoirs, &c.

En détaillant le travail des moules à fuif & des fébilles, il fera facile de comprendre comment fe font les autres ouvrages.

Le Tourneur établit fon tour d'une façon très-groffiere fous une loge. Il enfonce en terre, & il affujettit folidement avec des coins, deux poteaux, *A*, *B* (*Pl. XXXI. fig.* 9), qu'il lie enfemble par les deux traverfes *C*, *C*; le poteau *B*, porte une pointe & fert de poupée; en conféquence il n'y a que la poupée *D* qui foit mobile : *E*, eft une piece de fer qui eft repréfentée féparément en *E* (*Fig. 16*), & qui eft attachée par un bout fur la poupée *D*, & appuyée par l'autre bout fur une des traverfes *F*, qui fervent à donner de la folidité au tour; car ces pieces *F*, font appuyées fur les poteaux de la loge : *G*, eft la perche à reffort à laquelle eft attachée la corde *H*, qui, après avoir fait deux révolutions fur le mandrin ou la *Clouiere I*, va

s'attacher à l'extrémité de la marche ou pédale *L* : la hauteur
des poteaux *A*, *B*, eft de 3 pieds 8 pouces ; la diftance entre eux
eft de 3 pieds ; la poupée *D*, a 8 pouces à peu-près de hauteur,
& il y a ordinairement 1 pied 6 ou 8 pouces de la poupée *D*,
au poteau *B* : *M* eft un billot fur lequel l'Ouvrier ébauche &
dégroffit fon ouvrage.

Il commence par fendre en deux une rondine (*Figure* 10),
qui eft d'un pied & demi de hauteur, & dont chaque moitié
doit fervir à faire un moule à fuif ou une fébille; il trace à volonté un cercle fur la face plate du morceau fendu (*Fig.* 11);
il en abat les angles avec fa hache, & en très-peu de temps il
ébauche très-adroitement fon morceau de bois, & lui donne
une figure très-approchante du dehors d'un moule à fuif, d'une
fébille ou de tel autre ouvrage qu'il fe propofe de tourner.

Il pofe le moule ébauché fur le billot *M*; il place pardeffus
un mandrin *I* (*Fig.* 12), qui eft garni à un de fes bouts de
pointes de clous, & qui pour cette raifon eft nommé *Clouiere*
(*Fig.* 13); il frappe pour faire entrer les pointes dans fa piece
de bois, qu'il met enfuite fur le tour, de façon que la pointe
de la poupée *D* (*Fig.* 9), entre dans le morceau de bois qu'on
travaille, & la pointe du poteau *B*, dans la clouiere, autour
de laquelle s'enveloppe la corde *H*, ou plutôt la courroie; car
c'eft prefque toujours de cette derniere, dont fe fervent ces
Ouvriers, au lieu que les Tourneurs ordinaires emploient une
corde de boyau.

La poupée étant bien affujettie par fon coin, l'Ouvrier pofe
le pied fur la marche pour faire aller le tour; & en appuyant
une main fur la piece qu'il tourne, il juge au taɛt fi elle eft bien
ou mal centrée : fi le centre eft trop haut ou trop bas, il frappe
fur fa piece avec fa mailloche pour qu'elle tourne plus rond;
enfuite l'Ouvrier appuyant fon dos fur une planche *K*, placée
derriere lui, & inclinée comme un pupitre, il prend en main
un cifeau *A*, qu'on nomme *plane* (*Fig.* 16), parce qu'il a le tranchant droit ; il l'appuie fur le fupport *E* (*Fig.* 9 & 16), & il
travaille la furface extérieure du moule.

Quand ce moule eft travaillé par dehors, il l'ôte du tour, &

il le retourne de façon que la pointe de la poupée *D*, entre
dans la clouiere, & la pointe du poteau *B* dans le moule; après
quoi, avec l'outil *B* (*Fig.* 16), il commence à le creuſer en
faiſant une rainure entre le noyau & le moule; il approfondit
enſuite cette rainure avec les outils *C*, *D*, *F*, *G* (*Fig.* 16),
dont les crochets augmentent toujours de grandeur, de ſorte
que le dernier *G*, porte 7 pouces: quand il juge qu'il approche
de l'épaiſſeur que doit avoir le moule vers ſon fond, il gratte
l'extérieur du moule avec ſon ongle, & il juge par le ſon que
le bois rend, s'il y reſte aſſez de bois. Comme la rainure eſt
aſſez large pour que l'Ouvrier ait la liberté d'incliner ſon outil, il creuſe le noyau en deſſous avec ſes crochets; mais à
la profondeur ſeulement de 3 à 4 pouces, ce qui ſuffit pour
qu'il puiſſe le détacher du fond du moule; il ſe ſert pour cela
de deux ciſeaux courbes (*Fig.* 14), qui n'ont que 4 pouces de
longueur; il enfonce un de ces ciſeaux dans la rainure à différents points, & en le frappant avec un marteau dans le ſens
des fibres du bois, il détache aiſément & proprement ce noyau.

Quand le noyau eſt détaché, l'Ouvrier retouche l'intérieur
du moule (cette opération ſe réſerve pour la fin de la journée);
il reprend chaque moule l'un après l'autre ſur le tour; il emploie une clouiere (*Figure* 13), plus longue & moins groſſe
que celle dont il s'étoit ſervi en premier lieu; il en fait entrer
les clous dans le fond intérieur du moule; il remet cette
piece ſur le tour, & travaille l'intérieur avec les crochets; &
comme il ne reſte plus qu'à perfectionner l'endroit du fond
où étoit attachée la clouiere, il ſe ſert, pour finir cette partie,
d'un petit aceau recourbé, ou d'une tie, & quelquefois même
il ſe contente de gratter cet endroit. Les moules finis d'être
travaillés, ſont mis en tas & recouverts de copeaux pour empêcher qu'ils ne ſe fendent au hâle juſqu'au Samedi, jour où
on les enfume.

Les noyaux que l'on a enlevés des moules, paſſent à d'autres
Ouvriers qui en font des ſébilles, que l'on travaille préciſément comme les moules à ſuif.

Si l'on ne veut pas employer les noyaux qui ſortent de ces

fébilles pour en faire de plus petites, on les réferve pour en faire du charbon. La façon des grandes & des petites fébilles fe paye un même prix l'une dans l'autre.

À chaque coup de pied que donne le Tourneur, les moules à fuif font un tour & demi : l'Ouvrier paroît travailler lentement ; mais fes copeaux font bien formés, & l'ouvrage avance. Ce font ces mêmes Tourneurs qui fabriquent & qui réparent toutes les pieces de leur tour, ainfi que leurs outils pour lefquels ils emploient ordinairement de vieilles limes.

Ces Tourneurs font encore avec du Hêtre, de l'Orme & du Frêne, les rouets de poulies.

§. 14. *Des Poulies & des Cuillers à pot, des Egrugeoirs, &c.*

Pour faire les rouets de poulie, on cartelle des tronces de Hêtre, de Frêne ou d'Orme, fciés felon la longueur que doit avoir le diametre des poulies ; on trace fur les planches fendu.s dans ces cartelles, le contour du rouet de poulie ; on l'ébauche avec la hache, après quoi on la fixe fur le tour avec la clouiere, ou mandrin à pointes : enfin on les finit & on y forme la gorge par les mêmes procédés que nous avons décrits dans le paragraphe précédent.

Les cuillers à pot & les égrugeoirs font toujours faits de bois blanc ; on les tourne à peu-près comme les fébilles.

§. 15. *Remarques générales.*

Dans certaines forêts, il eft d'ufage d'abandonner les copeaux aux Ouvriers qui en font leur profit ; dans d'autres endroits il leur eft feulement permis pour leur ufage, d'en brûler dans leurs loges. Les Marchands qui exploitent du charbon, réfervent les gros copeaux pour mettre au centre de leurs fourneaux, ou bien ils les vendent par tas ramaffés de l'étendue d'une corde, aux Payfans des environs, ou par charretées.

Les Ouvriers qui travaillent dans les forêts, établiffent tous

leurs atteliers fous des loges faites avec des fourches enfoncées
en terre, des traverfes qui fervent de fablieres & de filieres, par-
deffus lefquelles ils mettent des copeaux, des rames & du genêt en affez grande quantité, pour qu'ils puiffent être garantis
de la pluie ; ils ménagent une place découverte auprès de leur
loge, où ils chauffent les bois qui doivent être pliés, tels que les
cerches ; c'eft auffi dans cet endroit qu'ils enfument leurs ouvrages : fouvent ils conftruifent une autre loge en pain de
fucre près de la premiere, & femblable à celle des Sabotiers
(*Pl. XXIV. fig. 8*), au milieu de laquelle il y a toujours du feu
allumé, & où ils couchent & font bouillir leur marmite.

§. 16. *Maniere d'enfumer les ouvrages de Raclerie.*

QUOIQUE j'aie dit ci-devant comment on enfume les fabots,
je reviens cependant ici à parler encore de cette opération,
parce que les Ouvriers qui travaillent la raclerie, s'y prennent
un peu différemment. Ici, comme pour les fabots, on enfume
l'ouvrage auprès de la loge : c'eft ordinairement le Samedi au
foir & après le foleil couché, qu'on enfume tout ce qui a été
travaillé pendant le cours de la femaine ; & l'on choifit le foir
préférablement au plein jour, parce qu'on peut mieux remarquer le progrès du feu, & le gouverner en conféquence.

Il y a des ouvrages, tels que les moules à fuif & les fébilles,
qu'on n'enfume que par le dehors ; d'autres, comme les battoirs de leffive, les pelles, &c, s'enfument des deux côtés.

Pour cette opération, on place fur le chan une groffe
piece de bois équarrie *A B* (*Pl. XXXI. fig.* 17), de 9 pieds
de longueur, & de 2 pieds d'épaiffeur ; on pofe fur cette piece
les deux madriers *D E, F G*, de forte que les bouts *D* & *F*
pofent à terre, & les bouts *E G*, fur le bloc de bois. Ces madriers ont 7 à 8 pieds de longueur, & ils doivent être affez forts
pour fupporter les pieces dont on les chargera ; enfin on place
fur ces madriers à différentes hauteurs plufieurs fortes perches
H, I, K, L, fur lefquelles on arrange les pieces qui doivent
être enfumées, la face tournée vers le bas.

Quand toutes les perches font garnies, on allume au-deffous de petits copeaux humides qui rendent beaucoup de fumée & donnent peu de flamme : lorfqu'on eft obligé de fe fervir de copeaux fecs, on les mêle de gazons afin d'empêcher qu'ils ne brûlent avec trop d'ardeur. L'Ouvrier qui conduit le feu doit y veiller avec une attention continuelle, non-feulement pour que le feu ne prenne pas à l'ouvrage, mais encore pour que les pieces ne prennent pas trop de couleur, & qu'elles ne foient point noircies.

Quand les premieres pieces ont été convenablement enfumées, on en remet d'autres, & on retourne celles qui demandent à être enfumées des deux côtés.

On enfume ces ouvrages, non-feulement pour leur faire prendre une couleur qu'on trouve plus agréable que la couleur naturelle du bois, mais encore pour empêcher que les pieces ne fe fendent : malgré cette précaution, il arrive ordinairement que fur 2000 moules à fuif confervés pendant un an dans un magafin au frais, il s'en trouve 2 à 3 cents de fendus. Les bâts, les atelles & les pelles fe mettent plufieurs à la fois les unes fur les autres pour être enfumées : on n'enfume point les cuillers à pot.

ARTICLE VIII. *Du toifé des Bois en grume.*

ON vend une grande quantité de bois en grume ; favoir, aux Charpentiers pour faire des pilots ; aux Charrons pour la plus grande partie de leurs ouvrages ; à l'Artillerie pour les affûts ; aux Fendeurs ; aux Tourneurs, & à ceux qui font des ouvrages de raclerie. Affez fouvent ces bois en grume ne fe toifent point : les Charrons achetent les moyeux de roues à la paire ; les pieces pour limons, & les brancards à la piece ; les menus bois à la toife de longueur, les gros compenfant les menus. Chaque forêt a fes ufages différemment établis, & fi bien connus des vendeurs & des acquéreurs, que les uns & les autres n'ont point de fraude à craindre. Par exemple, les bois en grume de la forêt de Compiegne fe vendent à la fomme

qui eſt de huit ſolives ; mais lorſque ces pieces ſont bien équarries, elles ne produiſent que cinq ſolives ; de ſorte qu'il faut
environ vingt ſommes pour faire un cent de ſolives. Le plus
ſûr, tant pour l'acquéreur que pour le vendeur, eſt de toiſer
les bois en grume, non pas ronds comme des cylindres, ainſi que
l'on compte les mâts, mais comme s'ils avoient été équarris ;
parce qu'il ne ſeroit pas juſte de payer l'écorce & l'aubier,
autant que le bon bois. Il eſt vrai que l'acheteur y perd les copeaux ; mais auſſi il épargne les frais de l'équarriſſage. L'acheteur eſt encore favoriſé en ne comptant pas les pieces équarries à vive-arrête ni réduites au quarré ; il examine ſi ces pieces
diminuent réguliérement de groſſeur, depuis le point de l'abattage juſqu'au menu bout, ſans qu'il y ait de défournis conſidérables ; pour cet effet il prend avec une chaînette le pourtour
ou la circonférence au milieu de la piece ; il ſouſtrait de cette
longueur la dixieme partie, & il diviſe le reſtant en quatre, ce
qui lui donne l'équarriſſage.

Si la piece étoit mal faite, plus groſſe au milieu que vers les
extrémités, à raiſon des loupes, des nœuds trop conſidérables,
&c ; il prendra la circonférence aux deux extrémités, &
même en trois endroits différents ; & joignant ces ſommes, il
les diviſera par deux ou par trois, ce qui lui donnera la groſſeur
moyenne, ſelon laquelle il operera comme nous l'avons dit ;
puis connoiſſant l'équarriſſage des pieces, il les réduira en ſolives ou en pieds-cubes, ainſi qu'il le jugera à propos.

Exemple : un arbre de belle taille aura 10 pieds de circonférence au milieu ; ſi l'on retranche un dixieme, reſte 9 pieds,
qui étant diviſés par quatre, donnent pour l'équarriſſage de
la piece, 2 pieds 4 pouces. Cette regle eſt aſſez équitable
pour le Chêne ; mais comme le Hêtre a une écorce fort mince,
& qu'il n'a point d'aubier, il paroît juſte de ne diminuer qu'un
vingtieme.

Comme les Voituriers ſont chargés de voiturer l'écorce &
l'aubier, on leur paye leur voiture ſans aucune diminution ;
ainſi un arbre qui porte dix pieds de circonférence au milieu,
eſt payé au Voiturier comme s'il portoit 2 pieds 6 pouces

d'équarriffage. Nous paffons légérement fur ces toifés, parce que nous aurons occafion d'en parler plus amplement dans
la fuite.

Si cependant on veut toifer les bois en grume avec plus de
précifion, on pourra fuivre une méthode qui eft en ufage en
Flandre & qui m'a été communiquée par M. Fougeroux de
Blaveau, Ingénieur du Roi : je joints ici fon Mémoire tel
qu'il me l'a envoyé.

Article IX. *Méthode pour mefurer les Bois en grume, telle qu'elle fe pratique dans les forêts de Flandre.*

On mefure les bois ronds propres à la charpente, foit fur
pied, foit abattus, foit en faifceaux.

Le cent de faifceaux de bois en grume, produit ordinairement en bois équarri, 300 pieds de gîte.

Le pied de gîte a 16 pouces quarrés de bafe, & un pied de hauteur, & eft par conféquent la neuvieme partie du pied-cube;
ainfi le cent de faifceaux produit le tiers de 100 pieds-cubes, ou
bien $33\frac{1}{3}$ pieds-cubes, ou bien 3 faifceaux font un pied-cube*.

Le faifceau eft toujours de 30 pouces de hauteur; fa bafe
doit contenir en bois équarri 19,2 pouces, pour que fon cube
foit égal à 576 pouces-cubes, ou au tiers d'un pied-cube; ce
qui donne une piece de bois de 4,38 pouces de côté. Mais
comme une piece de cette mefure doit être prife dans une
piece de bois rond, il faut chercher quelle peut être la circonférence du cercle qui peut produire une piece de bois équarri
de 4,38 pouces; & cette circonférence fera la longueur du
premier faifceau.

Pour cela on cherchera le diametre du cercle dont le côté
du quarré infcrit, feroit de 4,38 pouces, qu'on trouvera de
61,9 pouces, & la circonférence de 19,45; ainfi on pourra dire
qu'une piece de bois rond, dont la circonférence a été trouvée
de 19,45, donnera une piece de bois équarri de 4,38 de côté,
ou une furface de 19 pouces 2 lignes, ou un faifceau multiplié

* On s'eft fervi de décimales dans tous les calculs qui ne font pas définitifs.

par

par 30 pouces. Cette longueur de 19,45 eſt donc la meſure de la circonférence d'un arbre qui produit un faiſceau ; cette quantité revient à 19 pouces 5 lignes, un peu plus ; mais comme il ſe perd toujours une certaine quantité de bois en équarriſſant, la pratique a démontré qu'il falloit lui donner 19 pouces 6 lignes.

Ainſi 19 pouces 6 lignes eſt la longueur du premier faiſceau; maintenant, ſi l'on veut avoir la longueur du ſecond faiſceau, ou la circonférence du cercle, dont la ſurface ſeroit double, laquelle par conſéquent multipliée par 30 pouces, donneroit deux faiſceaux; les ſurfaces étant comme le quarré des circonférences ou des diametres, on aura : La ſurface qui produit un faiſceau, eſt à une ſurface double, ou 1 eſt à 2, comme le quarré de la circonférence qui produit un faiſceau, eſt au quarré de la circonférence qui produit deux faiſceaux ; & extrayant la racine quarrée de ce nombre, on aura la circonférence du cercle qui produira une piece de bois équarrie, dont la ſurface multipliée par une longueur de 30 pouces, donnera deux faiſceaux.

Ainſi la proportion ſera $1 : 2 :: (19,5)^2$ 2 ou $380,25 : x^2 = 760,50$, dont la racine quarrée eſt 27, 57, qui ſera la longueur que doit avoir la ſeconde meſure ou ſecond faiſceau. Par une ſemblable proportion, on aura la longueur du troiſieme faiſceau, de 33,7, ainſi des autres. On pourroit, ſelon cette méthode, graduer une regle, ſur laquelle on rapporteroit, par le moyen d'une ficelle, la circonférence de l'arbre, pour connoître combien elle contiendroit de faiſceaux ; mais les Ouvriers ſe ſervent d'une méthode graphique pour diviſer leur regle, qui eſt fort juſte.

Ils élevent une perpendiculaire à l'extrémité d'une ligne, (*Pl. XXXII. fig. 1 & 2*), & portent ſur chacune de ces deux lignes, 19 pouces & demi que nous avons trouvé être la longueur du premier faiſceau, & tirent la diagonale, qui eſt la circonférence du cercle, dont la ſurface eſt double de celle de 19 pouces & demi ; laquelle diagonale eſt de 27, 57, comme nous l'avons trouvée par le calcul, & par conſéquent la longueur du ſecond faiſceau. Ils portent enſuite cette diagonale *a b*, ſur un

H h h h

des côtés , comme de *c* en *d*, & tirent la nouvelle diagonale *d b*. qui eſt la circonférence du cercle , dont ſa ſurface eſt triple ou la longueur du troiſieme faiſceau : portant enſuite cette nouvelle diagonale de *c* en *f* , ils tirent la nouvelle diagonale *f b*, qui fait la quatrieme meſure; par ce moyen ils graduent leur regle *C G* , juſqu'à la groſſeur des plus gros arbres , & mettent à côté des diviſions , les chifres 1 , 2 , &c , qui indiquent le nombre de faiſceaux toujours meſurés de la partie *c* inférieure de la regle.

DÉMONSTRATION.

LA démonſtration de cette méthode eſt évidente; car l'angle *a c b* étant droit , la diagonale *a b* eſt la racine quarrée de la ſomme de deux quarrés *a c* , *c b* , ou d'une ſurface double de celle d'un faiſceau ; & par conſéquent le côté homologue de cette ſurface.

La diagonale *d b*, eſt la racine quarrée de la ſomme des deux quarrés des côtés *d c* , & *b c* ; mais le quarré du côté *d c* eſt double de celui du côté *c b*, donc la diagonale *d b* eſt le côté homologue d'une ſurface triple de celle qui auroit la ligne *b c* pour côté , & par conſéquent la longueur du troiſieme faiſceau , & ainſi des autres ; & comme les ſurfaces des cercles ſont entr'elles comme le quarré de leurs circonférences , la ſurface du cercle qui aura deux faiſceaux de circonférence , ſera double de celle du cercle qui n'aura qu'un faiſceau de circonférence ; puiſque le quarré qui a deux faiſceaux pour côté , eſt double de celui qui n'a qu'un faiſceau pour côté , ainſi des autres.

OPÉRATION.

ON meſure avec une ficelle la groſſeur d'un arbre au milieu du tronc ; on rapporte cette ficelle ſur la regle , & l'on voit ſi elle contient 1 ou 2 faiſceaux ; on multiplie enſuite ce nombre de faiſceaux , par le nombre de 30 pouces que contient la longueur de l'arbre , & l'on a tout de ſuite la quantité de faiſceaux, & par conféquent de pieds de gîte , en multipliant le nombre de faifceaux par 3 , ou de pieds-cubes , en divifant le nombre de faifceaux par 3.

On pourroit s'éviter une opération, en divifant un parchemin en faifceaux en place d'une regle ; par ce moyen on auroit tout de fuite le nombre de faifceaux de la circonférence.

Comme les Marchands , lorfqu'ils vont faire l'examen d'un bois fur pied , font bien aifes , avant d'en faire le marché , de favoir le produit qu'ils pourront en retirer, fur-tout des arbres un peu confidérables , ils ont befoin d'une pratique fimple pour en connoître la hauteur ; chacun s'en fait une à fa mode. Celle que nous avons indiquée dans le Chapitre II du Livre III de cet ouvrage , eft une des plus fimples & des plus exactes. Voyez *page 259.*

La hauteur de l'arbre étant connue , ils en prennent la groffeur à 4 ou 5 pieds de terre , & ont , par la méthode ci-deffus détaillée , le nombre de faifceaux ou de pieds-cubes contenus dans l'arbre, qui peut être employé en charpente.

REMARQUES.

Comme la mefure en pieds de gîte & en faifceaux, n'eft pas ufitée en France, on peut fe fervir de la même méthode pour réduire tout de fuite les bois ronds, en pieds-cubes ou folives ; il fuffit fimplement, partant du même principe , de changer la divifion de la regle ou du parchemin avec lequel on mefure la circonférence.

Pour cela , on remarquera :

1°, Que la folive eft égale à 3 pieds-cubes.

2°, Que la folive fe divife en 6 pieds de folives , dont chacun vaut un demi-pied cube.

Ainfi toute mefure qui donnera des folives, ou pieds de folives , fe réduira aifément en pieds-cubes, & réciproquement.

La folive fe repréfente ordinairement par une piece de bois de 6 pouces d'équarriffage & de 12 pieds de longueur ; une pareille piece contient une folive ou 3 pieds-cubes ; c'eft dans

cette forme que je la confidérerai pour fervir de bafe à ma mefure, pour la réduction des bois ronds en pieds-cubes ou folives.

Ma premiere mefure fera la circonférence du cercle qui
étant équarri, porte une piece de bois de 6 pouces quarré:
cette piece, fur un pied de longueur, donnera un quart de
pied-cube ou un douzieme de folive; ainfi il en faudra 4
pieds de long pour produire un pied-cube, & 12 pieds pour
faire une folive.

Cette circonférence étant la premiere mefure, ou *faifceau*,
les autres en feront multiples; c'eft-à-dire, circonférences de
furfaces multiples: ainfi, pour avoir le cube de l'arbre propofé; après avoir mefuré fur la regle, ou avec le parchemin, le
nombre de mefures que contient fa circonférence, on multipliera le nombre trouvé par le quart du nombre de pieds contenu dans la longueur, fi c'eft en pieds-cubes qu'on veut
avoir le réfultat; ou par la douzieme partie, fi c'eft en folives
qu'on veut avoir le folide de la piece.

E X E M P L E.

Soit une piece de 3 mefures un quatrieme de circonférence
& de 24 pieds de longueur, dont on veut avoir le cube, en
pieds & en folives.

O P É R A T I O N.

1º, Si c'eft en pieds-cubes, on multipliera 3 faifceaux ou me-
fures $\frac{1}{4}$, par le quart de 24 pieds ou 6 pieds 3$^{\text{mef.}}$ $\frac{1}{4}$ ou $\frac{3}{12}$.

$$\text{par} \quad \ldots \quad 6^{\text{pieds.}}$$

$$\overline{}$$

$$18$$

$$1 - 6$$

$$\overline{}$$

Et on aura . . . . 19$^{\text{pieds.}}$ 6 pouces pour
le toifé de l'arbre en pieds-cubes.

2º, Si l'on veut avoir le cube de la piece en folives, on mul-

tipliera les 3 mesures un quart de la circonférence , par
le douzieme de la longueur ou de vingt-quatre pieds , & on
aura . . . . 3mes. ¼

multiplié par . . . 2^{pieds.}

Ce qui donnera . . . , ... 6 solives trois pieds
pour le toisé de l'arbre en solives, ce qui revient au même que
par l'opération précédente, puisque 6 solives 3 pieds font 19
pieds-cubes & demi ou 6 pouces.

Méthode pour graduer la regle , ou le parchemin.

ON cherchera la circonférence d'une piece qui puisse fournir 6 pouces d'équarrissage, & on trouvera cette circonférence
de 26 pouces 8 lignes ; mais on prendra 27 pouces à cause du
déchet pour l'écorce ; & cette longueur de 27 pouces sera la
premiere mesure dont on se servira pour graduer la regle ou
le parchemin, par la même méthode expliquée ci-dessus. Pour
y parvenir, on élevera une perpendiculaire *A C*, (*Pl. XXXII.
fig.* 2), à l'extrémité d'une ligne *A D* ; du point *A*, on portera
les 27 pouces que nous avons trouvés pour la longueur de la
premiere mesure , sur les lignes *AC*, *A D*, aux points *B* & *E*,
& *A E* sera la longueur de la premiere mesure : pour avoir la
seconde mesure, on tirera la diagonale *B E*, qu'on portera de
A en *F*, & *A F* sera la longueur de la seconde mesure : pour
avoir la troisieme mesure, on tirera une nouvelle diagonale *B F*,
qu'on portera de *A* en *G* ; & *A G* sera la troisieme mesure. On
continu a de la même façon de graduer la regle ou le parchemin *A D*, jusqu'à la longueur de la circonférence des plus
gros arbres que l'on peut avoir à mesurer.

Mais comme il peut y avoir des arbres à mesurer qui aient
une plus petite circonférence que 27 pouces ; où qu'il peut arriver que dans de plus gros arbres, la longueur des circonférences ne soit pas une mesure juste de faisceaux, alors il sera
avantageux d'avoir des subdivisions du premier faisceau, ou
d'un faisceau à l'autre. Pour avoir ces subdivisions , on menera

au-deſſus de la baſe *A B* de 27 pouces, qui a ſervi pour le tracé
des meſures, une parallele *a b*, qui lui ſoit égale, afin de ne pas
embrouiller la figure ; ſur cette ligne, comme diametre, on dé-
crira un demi-cercle ; puis on la diviſera en autant de parties
que l'on veut avoir de diviſions dans le faiſceau ou meſure : le
mieux ſeroit de la diviſer en douze parties, afin que la diviſion de la meſure fût correſpondante à celle du pied. De toutes
les diviſions faites ſur le diametre, on élevera des ordonnées
vers la circonférence : d'une des extrémités *a* du diametre, on
tirera des cordes à tous les points où la circonférence eſt ren-
contrée par les ordonnées, & on les rapportera par des arcs
de cercle ſur le diametre *a b*, & par des paralleles ſur la baſe
A B, qui lui eſt égale, puis par des arcs ſur le côté *A C* deſtiné
à la diviſion de la regle ; & ces cordes ainſi rapportées, ſeront
les diviſions de la premiere meſure, correſpondantes à celles
que l'on aura faites ſur le diametre *a b* ; c'eſt-à-dire, que *A* ¼
fera la circonférence du cercle qui portera l'équarriſſage d'une
piece égale en ſuperficie, au quart de celle qui a la meſure
entiere pour circonférence circonſcrite, ou 6 pouces de côté :
A ½ fera la meſure de l'arbre qui portera l'équarriſſage d'une
piece égale à la moitié de la ſuperficie de celle de 6 pouces
de côté, ou de 18 pouces quarrés, ainſi de *A* ¾.

Nota. Qu'au lieu de ¼, ½, ¾, on pourroit mettre 3, 6, 9
parties, en ſuppoſant la meſure diviſée en 12.

Ainſi le premier faiſceau ſera diviſé en autant de parties
que l'on aura diviſé de fois le diametre *a b* dans la figure 2,
Pl. XXXII, en 8 parties ; mais le mieux ſeroit de le diviſer
en 6 ou en 12.

Préſentement, pour avoir les diviſions intermédiaires, entre
1 & 2 faiſceaux ou meſures, on tirera des diagonales du point
E de la premiere meſure, aux diviſions ¼, ½, ¾ de la baſe *A B* ;
& les diſtances *F* ¼, *E* ½, *E* ¾, rapportées le long de la ligne
A C, partant toujours du point *A*, donneront les points intermédiaires ¼, ½, ¾, entre 1 & 2 meſures ou faiſceaux : on en
fera autant pour avoir les meſures intermédiaires entre les autres faiſceaux.

Pour éviter les erreurs, il faut fe fouvenir :

1º, Que pour réduire une piece en pieds-cubes, il faut multiplier le nombre de mefures & de parties de mefures de la circonférence, par le $\frac{1}{4}$ de la longueur de la piece mefurée en pieds.

2º, Que pour réduire une piece en folives, il faut multiplier le nombre de mefures & parties de mefures de la circonférence, par le $\frac{1}{12}$ de la longueur de la piece mefurée en pieds.

EXPLICATION des Planches & des Figures du Livre IV.

PLANCHE XIV,

Relative à la formation des Fentes.

LA FIGURE 1 repréfente un cylindre de bois : *a, d, d, d,* les cercles annuels ; *b b,* un barreau levé dans le diametre de ce cylindre ; *c c,* barreau levé fuivant la direction des fibres longitudinales ; *e, e,* direction des fibres longitudinales ; *f, f,* rayons qu'on apperçoit fur l'aire de la coupe d'un morceau de bois.

Figure 2, cylindre de glaife.

Figure 3, tranche très-mince levée fur l'aire d'un cylindre de glaife : *a f,* diametre de cette tranche : *a, b, c, d,* différentes couches de terre que l'on fuppofe être de denfités inégales : *a,* 1, 2, 3, 4, *m, f,* &c, la circonférence de cette tranche, pendant qu'elle eft humide : *e e e,* point où fe réduit cette circonférence quand la glaife eft devenue feche.

PLANCHE XV.

La FIGURE 1 repréfente une tranche fort mince d'un cylindre de bois : les couches 1, 2, 3, 4, 5, 6, &c, font fuppofées être de denfités inégales : *s,* lignes courbes *d e f,* & *a b,* re-

préfentent la forme que doit prendre une fente par la contraction des couches 1, 2, 3, &c.

La Figure 2 fait voir un rayon femblable à *a b* (*Fig.* 1), &
fait entendre ce qui doit réfulter de la contraction des rayons.

La Figure 3 fert à faire connoître ce qui doit réfulter de
la contraction des rayons & des couches ligneufes.

P L A N C H E *XVI*, *relative à la pefanteur du bois de différents
points du corps d'un arbre, & à la forme de certaines fentes.*

LA **F**IGURE *I* fert à démontrer la différence de denfité du
bois du cœur d'avec celui de la circonférence.

Par la *Figure* 2, on voit la différence de denfité du bois du
pied d'un arbre d'avec celui de la cîme.

La Figure 3, fait voir comment les couches ligneufes fe
féparent les unes des autres dans les *bois roulis* lorfqu'ils fe
deffechent.

La Figure 4, fait comprendre pourquoi les bois fe fendent
plus aifément dans la direction du centre à la circonférence
que dans toute autre.

Figure 5, arbre en retour *cadranné* dans le cœur.

Figure 6, arbre auquel on a donné un trait de fcie de *a* en *b*,
pour prévenir qu'il ne s'y forme point trop de fentes.

PL**A**N**C**H**E** *XVII.* *Elle fait voir comment le bois fe contracte
en fe féchant, & ce qui en réfulte.*

FIGURE *I*, piece de bois dont les parties numérotées 1 &
3, font reftées en grume, & celles numérotées 2 & 4, ont été
équarries.

Figure 2, exemple des fentes qui fe forment entre l'écorce
& le centre de l'arbre.

Figure 3, fentes qui s'étendent de la circonférence vers le
centre.

La Figure 4 fait voir la quantité de fentes qui fe forment
fur une piece de bois qui a été équarrie auffi-tôt qu'elle a été
abattue

abattue, & qu'on a laiſſé ſe deſſécher trop promptement ; il
faut remarquer que le bois qui en a été retranché, a empêché
que les fentes ne ſoient auſſi grandes que dans les pieces en
grume.

Figure 5, corps d'arbre refendu en deux par la ligne *a b*.

Figure 6, autre corps d'arbre refendu en quatre par les lignes
c d, & *e f*.

La *Figure 7* démontre ce qui réſulte du rapprochement des
fibres de la *figure 5*.

Par la *Figure 8*, on peut voir ce qui réſulte de la contraction des fibres de la *figure 6*.

P L A N C H E *XVIII. Cette Planche fait voir différentes aires
de coupes de pieces de bois faites en différents points, & les fentes
qui en réſultent.*

On voit par la *Figure 1*, que dans une piece de bois quarré
a c e f, refendue à la ſcie par une ligne *d h*, les faces qui répondent au cœur deviennent convexes, & les faces oppoſées
concaves.

Par la *Figure 2*, on voit ce qui arrive à une piece ronde,
ſciée par une ligne *a b*, ſoit à la partie *f* dans laquelle le bois
du cœur eſt compris, ſoit à la partie *g* qui ne contient pas de
bois du cœur.

Les *Figures 3, 4, 5* & *7*, font voir que les pieces de bois
où il ſe trouve du bois du cœur de l'arbre, ſont plus ſujettes à
ſe fendre que celles où il ne ſe trouve pas de ce bois.

La *Figure 6* repréſente un tuyau de bois, & fait voir qu'il
eſt peu ſujet à ſe fendre.

P L A N C H E *XIX. Cette Planche fait voir qu'une piece de bois
dans laquelle le cœur d'un arbre eſt compris, eſt plus expoſée aux
fentes que lorſque cette partie n'y eſt pas renfermée.*

F I G U R E *1*, ſurface d'un cube de bois qui étant encore verd,
avoit la forme que déſignent les lettres *A, B, C, D*, & qui
étant devenu ſec a pris celle de *a b c d* : on voit en *K* où ſe

trouve le cœur de l'arbre, qu'il s'y eft formé de grandes fentes *L*, *L*, &c.

Figure 2, autre cube qui avoit, étant verd, la forme *E F G H*, & que la féchereffe a réduit à celle de *e f g h* : le cœur du bois *K* qui fe trouve hors de la piece, eft très-peu fendu : ces deux Figures ont été deffinées très-exactement d'après nature.

PLANCHE *XX. Cette Planche démontre ce qui arrive aux planches fciées dans des arbres encore verds.*

FIGURE *1*, corps d'arbre refendu en planches encore tout verd : ces planches devenues feches & pofées les unes fur les autres, ne peuvent fe toucher aux points *m*, *n*, *o*, *p*, *q*, & ont peu de fentes.

Par la *Figure* 2, on voit que la Planche *a a*, *b b*, ne s'eft point bombée comme celle de la *figure 1*, & que les ouvertures *a*, *a* & *b*, *b*, font produites par la contraction des parties extérieures de l'arbre *c c*.

PLANCHE *XXI. On voit par les Figures, que les planches fe courbent à raifon du racourciffement des fibres longitudinales du bois.*

FIGURE *1*, tronc d'un jeune arbre fendu en quatre parties, par les lignes *a b* & *c d*.

La *Figure* 2 fait voir que chaque partie de cet arbre s'eft courbée du côté de l'écorce.

La *Figure* 3 montre comment les fibres longitudinales fe racourciffent à mefure que les arbres fe deffechent.

Figure 4, piece de bois quarré refendue en deux parties *a*, *a*.

On voit par la *figure 6*, que les bouts d'une piece refendue s'écartent en *a a* : cet écartement a été exprimé trop confidérable dans cette gravure.

Figure 7, arbre fendu en trois parties, lefquelles s'écartent les unes des autres en forme de lardoire.

Figures 8 & *9*, corps d'arbres refendus en planches.

La *Figure IX* fert à démontrer pourquoi il y a des planches qui fe tourmentent, & d'autres qui ne fe courbent point, & encore pourquoi les unes fe fendent, & d'autres ne fe fendent pas.

Les *Figures 10, 11 & 12* fervent à rendre raifon de ces faits.

PLANCHE *XXII. Cette Planche eft relative aux tentatives faites pour empêcher les bois de fe fendre.*

Les *Figures 1, 2 & 3*, font voir dans quelles circonftances les fentes portent le plus de préjudice, & comment on pourroit en grande partie le prévenir.

Figure 4, numéros 1, 2, 3, 4, portions de cônes & de pyramides tronquées, qui contiennent le cœur du bois des pieces : aux numéros 5, 6, 7, 8, le cœur eft hors des pieces : ces pieces, quoique cerclées & bien ferrées, fe font néanmoins fendues.

PLANCHE *XXIII, relative aux bois qui fe livrent en grume pour le fervice de l'Artillerie.*

FIGURE *1*, flafque d'un affût marin.
Figure 2, fond d'un affût marin.
Figure 3, effieu d'un affût marin.
Figure 4, roue d'un affût marin.
Figure 5, flafque d'un affût de campagne.
Figure 6, moyeu de la roue d'un affût de campagne.
Figure 7, jante d'un affût de campagne.
Figure 8, rais d'une roue d'affût.
Figure 9, effieu d'un affût de campagne.
Figure 10, moitié de la limoniere de l'avant-train d'un affût.
Figure 11, piece qui porte la cheville ouvriere aux avant-trains des affûts.

PLANCHE *XXIV. Détail du travail des Sabotiers.*

Figure 1, chevre fur laquelle les Sabotiers coupent le bois.
Figure 2, paffe-par-tout ou fcie dont ils fe fervent.

Figure 3, *h*, maffe des Sabotiers; *i*, cifeau qui fert quelque-fois à fendre; *k*, coutre, inftrument bien plus commode pour fendre; *m*, rondine qui doit être fendue; *g*, coin de fer qui fert à fendre les groffes rondines.

Figure 4, quartier d'une rondine propre à faire un fabot.

Figure 5, *A*, billot : *a*, ferpe pour ébaucher les fabots.

Figure 5 * 6, herminette avec laquelle on forme l'entrée & le talon d'un fabot.

Figure 6*, *E*, rondine propre à faire un fabot; *F*, la même rondine fur laquelle eft ponctuée la figure d'un fabot.

Figure 6 * *, (vers le bord oppofé de la planche) fabot *H* qui n'eft qu'ébauché; & au-deffous de la *figure* 6, *G*, fabot paré & fini en dehors.

Figure 7, piece de bois entaillée, dans laquelle on affujettit avec des coins une paire de fabots qui doit être évidée.

Figure 8, loge des Sabotiers : on voit dans cette loge la même piece en place.

Figure 9, vrille *K*, avec laquelle on commence à percer les fabots : *h*, *i*, *l*, cuillers de différentes grandeurs pour les creu-fer.

Figure 10, crochet ou *rouette*, pour polir & effacer les fil-lons que les cuillers ont pu faire au-dedans du fabot.

Figure 11, plane ou paroir pour finir les fabots en dehors.

Figure 12, *a*, coupe d'un fabot, fuivant fa longueur, pour en faire voir l'épaiffeur : *b*, fabot garni de fon *emblai* : *c*, *d*, fabots en ufage dans le Limofin; ils ont une grande entrée & font garnis d'une courroie : *e*, fabot garni d'un *miton* de peau de mouton; *f*, petit fer dont on arme quelquefois le deffous du ta-lon; *g*, autre petit fer qui s'attache fous le fort du pied.

Figure 13, *A*, Ouvrier qui ébauche un fabot : *B*, autre Ou-vrier qui perce; *C*, autre qui creufe : *D*, autre qui pare & finit le fabot.

Figure 14, *A*, forme de foulier pleine : *B*, forme brifée; *C*, femelle de galoche; *D*, talon pour homme; *E*, talon pour femme.

PLANCHE XXV. Outils à l'usage du Fendeur.

FIGURE 1 , attelier du Fendeur : *A B C*, grande piece four-
chue ; *D E F*, pieds qui la foutiennent ; *G H*, pieces de bois
enfoncées en terre pour donner de la folidité à l'attelier : *I*,
mailloche pour frapper fur le coutre : *O N*, piece difpofée pour
être fendüe avec le coutre *P* : *K L*, piece en partie fendue : *M*,
le coutre : *Q*, coin qui entretient l'ouverture de la fente.

Les *Figures* 2 , 3 , 4 & 5 font voir comment le Fendeur peut
conduire la fente bien droite.

Figure 6 , coutre à deux bifeaux fervant à fendre : *e*, coupe
de ce coutre.

Figure 7 , grand coutre à un bifeau ; *e* , coupe de ce coutre :
il fert à parer les pieces de bois , comme on peut le voir dans
la *figure 8*.

Figure 9 , grande cognée.

Figure 10 , grand coin de bois.

Figure 11, *A* , fcie dentelée ou paffe-par-tout : *B B*, fcie avec
une denture ordinaire.

Figure 12 , maffe.

PLANCHE XXVI. Travail du Fendeur.

FIGURE 1 , *A* , groffe tronce noueufe , qu'on veut fendre
avec de la poudre : *a* , trou de tarriere rempli de poudre à
canon, & fermé d'une cheville frappée à force : *b* , lance à feu
pour allumer la poudre.

Figure 1 *, *B* , la même piece de bois éclatée en trois parties
par l'effet de la poudre à canon.

Figure 2, Apprentif-Ouvrier occupé à fendre des chevilles
de poinçon entre fes jambes.

Figure 3 , cet Apprentif commence par fendre la bille en
deux par la ligne 1 , 1, puis par les lignes 2 , 2, puis par celles
3 , 3 , &c.

Figure 4 , enfuite il fend ces mêmes tranches , par les lignes
5 , 6 , 6, 7, 7 & 4 , 4.

Figure 5, bille deſtinée à être fendue pour en faire des fu-
ſées pour les entre-voux des planchers.

Figure 6, paliſſon ou petite planche ſervant aux entre-voux
des Fermes.

Figure 7, barre pour les fonds des futailles.

Figure 8, chevre ſervant d'attelier pour fendre les barres &
les paliſſons.

Figure 9, bille ſciée de longueur pour faire des échalas de
vigne : les lignes ponctuées *A B*, *C D*, *E F*, *G H*, indiquent
comment on doit diviſer cette piece par quartiers.

La *Figure* 10 indique comment on doit fendre le quartier
A E C, pour en tirer ſix ou ſept échalas . les autres quartiers ſe
fendent de même.

Figure 11 , un échalas.

La *Figure* 12 fait voir comment on arrange les échalas entre
quatre piquets pour en former des bottes.

Figure 13 , une botte d'échalas liée avec des harts.

Pₗₐₙcₕₑ *XXVII. Travail du Fendeur de Lattes & de Cerches.*

La *Figure* 1 fait voir comment le Fendeur cartelle les pieces,
toujours du centre à la circonférence *E A*, *E G*, *E H*, *E I*.

La *Figure* 2 repréſente un de ces quartiers qu'il fend d'abord
par les lignes *a c*, *e e*, *d d*, *ſ ſ*; enſuite, & pour lever les lattes , par les lignes 1, 1, 2, 2, 3, 3, &c.

La *Figure* 3 indique la même opération pour la latte voliche.

Figure 4 , petit attelier où l'on forme les bottes.

Figure 5 , botte liée.

Figure 6 , arbre abattu, & tel qu'on le délivre aux Fendeurs,
qui y donnent un trait de ſcie en *e* pour retrancher la culaſſe.

Figure 7 , la même culaſſe qui doit être cartelée par les lignes
g g, *h h*, &c.

Figure 8 , cartelle dont on doit retrancher le bois du cœur,
ſelon la ligne ponctuée *k k*.

Figure 9 , la même cartelle *écœurée*, & qui doit être refendue, ſuivant la direction des lignes ponctuées *n n*, pour en faire
des fonds de ſeaux.

Figure 10, tronce de bois deſtinée à faire des cerches pour des corps de ſeaux. Elle ſe fend d'abord par la ligne *r r.* La fente ſe commence avec le tranchant de la cognée, ſur la tête de laquelle on frappe avec la maſſe *t* (*fig.* 11), & cette premiere fente s'acheve avec les coins *x.*

La *Figure* 12 fait voir comment on cartelle chaque moitié de la tronce (*fig.* 10), d'abord par la ligne *y y*, enſuite par les lignes *z*, *z*, enfin par les lignes *&*, *&*.

La *figure* 13 indique la partie du bois du cœur qui doit être enlevée d'une cartelle, ſelon la ligne ponctuée *k k.*

La *Figure* 14 fait voir comment on écorce cette même cartelle, dont on enleve la portion *o q o.*

Figure 15, portions de bois *r s*, qui s'enlevent par le Fendeur, & dont il fait des bordures ou de *l'Aprêt-marchand.*

PLANCHE XXVIII. *Suite du travail du Fendeur.*

FIGURE 1, ſelle à planer, avec l'Ouvrier en attitude, pour dreſſer les cerches avec la plane.

Figure 2, Ouvrier qui plie les cerches en différents ſens, pour connoître ſi elles ſont par-tout d'égale épaiſſeur.

Figure 3, cerches préſentées au feu, appuyées ſur une barre de fer, ſoutenue par deux chenets.

Figure 4, profil d'une cerche *E*, & des chenets qui la ſou-tiennent vis-à-vis le feu.

Figure 5, bordure préparée pour lier les bottes.

Figure 6, laniere de bois qui attache la bordure des bottes,

Figure 7, bordure garnie de cette laniere.

Figure 8, petites planches qui ſervent de *gardes* pour empê-cher que les bords de la bordure ne ſe fendent.

Figure 9, rouleau ſervant à plier les cerches.

Figure 10, coupe de ce rouleau.

La *Figure* 11 fait voir la diſpoſition de trois cerches qui doi-vent être roulées.

Figure 12, botte de cerches : *a a* bordure qui aſſujettit cette botte; *b*, laniere qui lie la bordure; *c c*, gardes; *d*, cerches.

Figure 13, botte d'écliffes.

Figure 14, moulinet qui fert à plier les écliffes & les cer-ches de rouet, pour les difpofer à être mifes en bottes.

Figure 15, écliffe liée, préparée à recevoir celles qui doi-vent former une botte.

Figure 16, chaferet garni d'ofier, le fond mis en bas.

Figure 17, chaferet garni d'ofier, le fond mis en en haut.

Figure 18, écliffe à fromage pofée fur un clayon, ou tour-nette d'ofier.

PLANCHE **XXIX**. *Maniere de faire des Copeaux & des Panneaux de foufflets.*

FIGURE 1, piece parallélipipede de Hêtre, ébauchée pour en faire des copeaux.

Figure 2, machine pour former les copeaux, vue en éléva-tion.

Figure 3, la même machine vue en plan. *A, B, C, D,* rouages qui augmentent la force des Ouvriers qui font tourner les ma-nivelles; *F H,* corde qui communique le mouvement des roua-ges au rabot *G* : *I,* rouleau qui fe hauffe, ou qui fe baiffe, pour que la tirée de la corde foit horizontale : *K,* piece de bois fur laquelle on leve les copeaux : le graveur a fait cette piece trop forte par proportion avec le rabot : *L L, M M, N N,* bâti de forte charpente.

Figure 4, coupe tranfverfale de la même machine, par le mi-lieu du rabot : *M M,* bâti de charpente : *K,* piece de bois fur laquelle on leve les copeaux : *G,* corps du rabot, au-deffus duquel paroît le fer taillant de ce rabot.

Figure 5, preffe où l'on dreffe & où l'on rogne les copeaux.

Figure 6, copeaux tels qu'on les vend en paquet.

Figure 7, cartelle de Hêtre, deftinée à faire des panneaux de foufflets.

Figure 8, panneau de foufflet groffiérement ébauché.

Figure 9, le même panneau fini & plané.

Figure 10, encoche, ou établi dans lequel on affujettit les
panneaux

panneaux de foufflets, pour les féparer chacun en deux parties, dont celle du deffous doit être la plus longue.

EXPLICATION de la Planche XXX, qui contient en détail, la façon de faire les Ecopes, les Pelles à four, à bled & à fumier, les Battoirs de leffive, & les Attelles de collier de Chevaux & de Mulets.

FIGURE 1, cartelle deftinée à faire des attelles.

Figure 2, la même cartelle figurée en attelles, & qu'il n'eft plus queftion que de féparer par des traits de fcie pour en avoir plufieurs femblables à *B.*

Figure 3, encoche où l'on affujettit les attelles de la figure 2, pour les féparer enfuite par un trait de fcie.

Figure 4, battoir pour la leffive.

Figure 5, écope vue de côté.

Figure 6, écope vue par-deffus.

Figure 7, coupe d'un rondin dans lequel on doit lever quatre écopes.

Figure 8, aceau.

Figure 9, tie.

Figure 10, piece de bois préparée pour faire dès pelles à four.

Figure 11, pelle à four pour les Pâtiffiers.

Figure 12, pelle à four pour les Boulangers.

Figure 13, pelle à fumier.

Figure 14, pelle pour remuer les grains.

EXPLICATION de la Planche XXXI, qui expofe le travail de l'Arçonneur; & celui des Tourneurs qui font les Sébilles & les Moules à fuif.

FIGURE 1, cifeau de fer.

Figure 2, bec d'âne.

Figure 3, bât de mulet, monté,

Figure 4, courbe d'un bât.

K k k k

Figure 5 , lobe d'un bât.

Figure 6 , moitié d'une courbe faite de deux pieces.

Figure 7 , arçon de Cavalerie : *a* , le pontet : *b* , *b* , les deux bouts : *c* , le devant d'arçon : *d* , *d* , les pointes : *e* , *e* , les panneaux.

Figure 8 , arçon de femme garni de son dossier *f*.

Figure 9 , tour tel qu'on l'établit dans les forêts pour tourner les moules à suif , les sébilles , les rouets de poulies , &c : *A* , *B* , deux forts poteaux : *C* , *C* , deux pieces horizontales qui les assemblent : *D* , poupée mobile : *E* , crosse ou support : *F* , piece servant à donner de la solidité aux poteaux *A* , *B* , & qui servent outre cela à appuyer le support , & à porter la planche inclinée *K* , sur laquelle s'appuie l'Ouvrier quand il travaille : *G* , perche à ressort : *H* , corde : *I* , mandrin : *L* , pédale : *M* , billot sur lequel on ébauche les pieces.

Figure 10 , rondine qui doit être fendue en deux pour faire deux moules à suif.

Figure 11 , moitié de rondine sur laquelle est tracé un moule.

Figure 12 , sébille travaillée , posée sur sa clouiere ou mandrin à pointes *I*.

Figure 13 , clouiere.

Figure 14 , ciseaux courbes qui servent à détacher le noyau de bois que l'Ouvrier enleve de l'intérieur du moule qu'il tourne.

Figure 15 , moule à suif sortant des mains du Tourneur.

Figure 16 , outils du Tourneur.

Figure 17 , disposition du chevalet pour enfumer les pieces travaillées.

<h3 style="text-align:center">PLANCHE XXXII.</h3>

Les FIGURES de cette Planche servent à l'explication de la méthode qui se pratique en Flandre pour toiser les bois ronds.

Fin du quatrieme Livre.

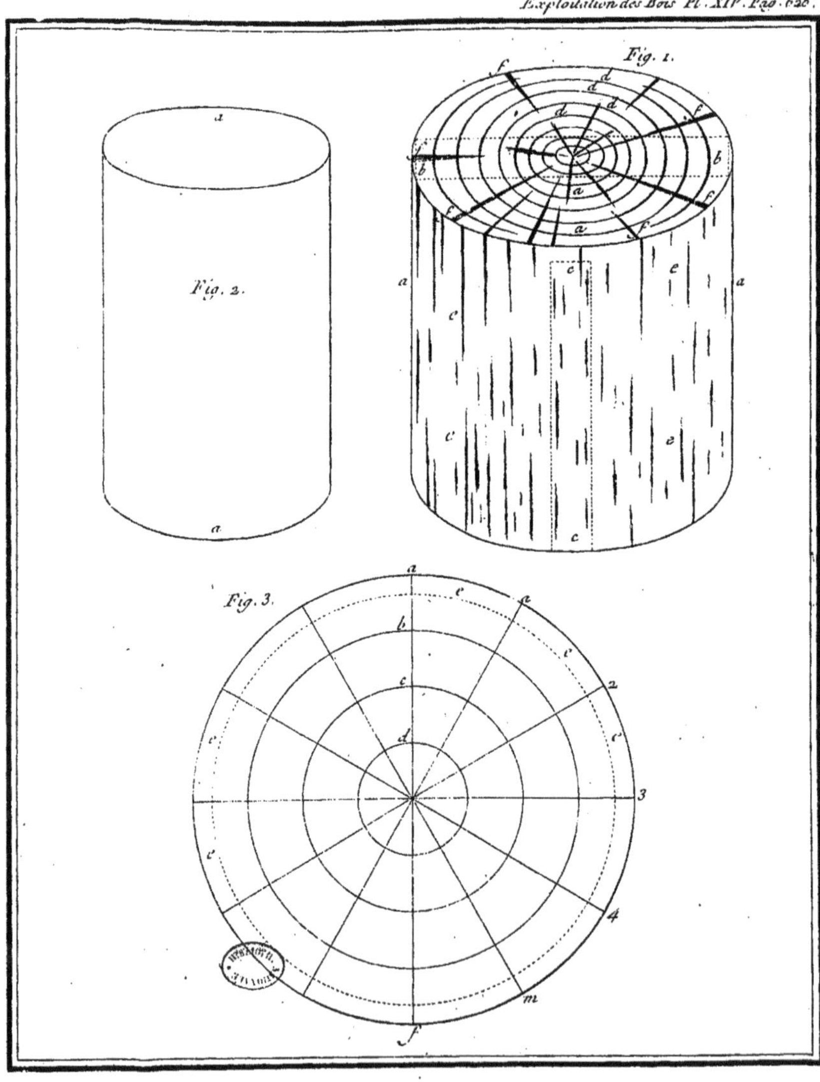

Exploitation des Bois Pl. XIV Pag. 626.
Fig. 1.
Fig. 2.
Fig. 3.

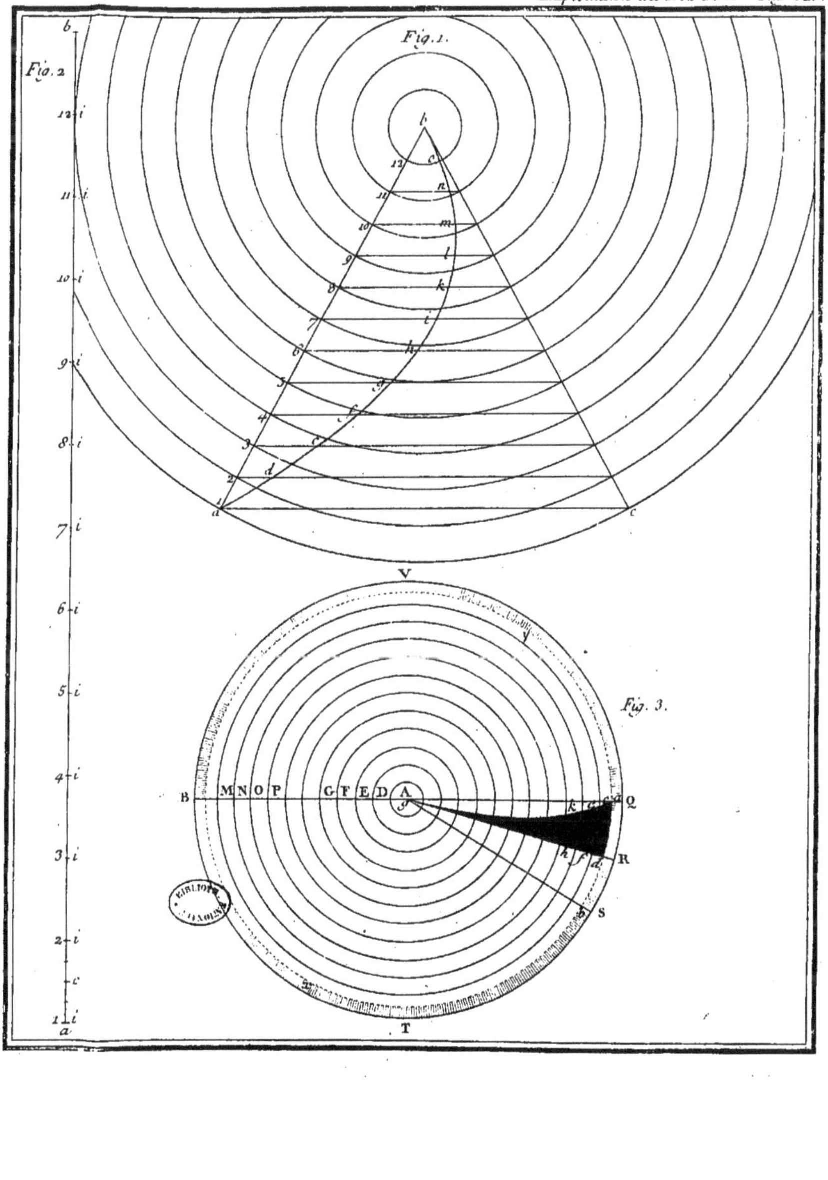

Fig. 2.
Fig. 1.
Fig. 3.
V
B M N O P G F E D A Q
R
S
T

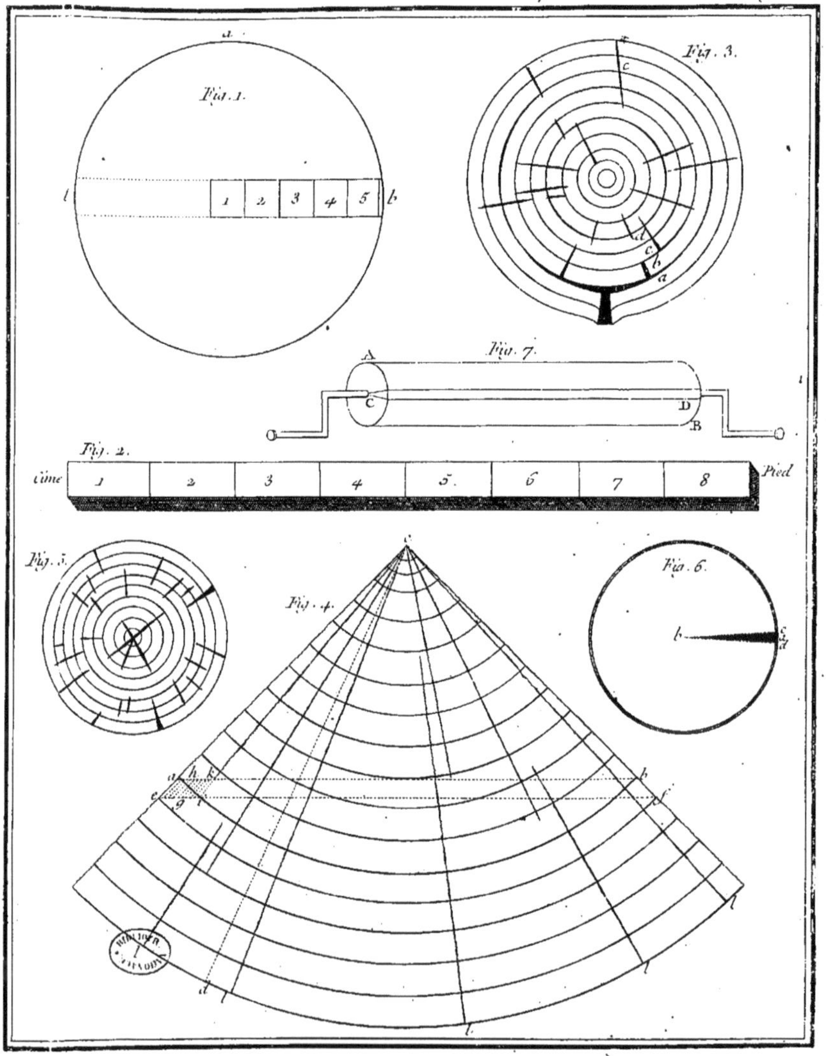

Fig. 1.
Fig. 3.
Fig. 7.
Fig. 2.
Fig. 5.
Fig. 4.
Fig. 6.
cime
Pied

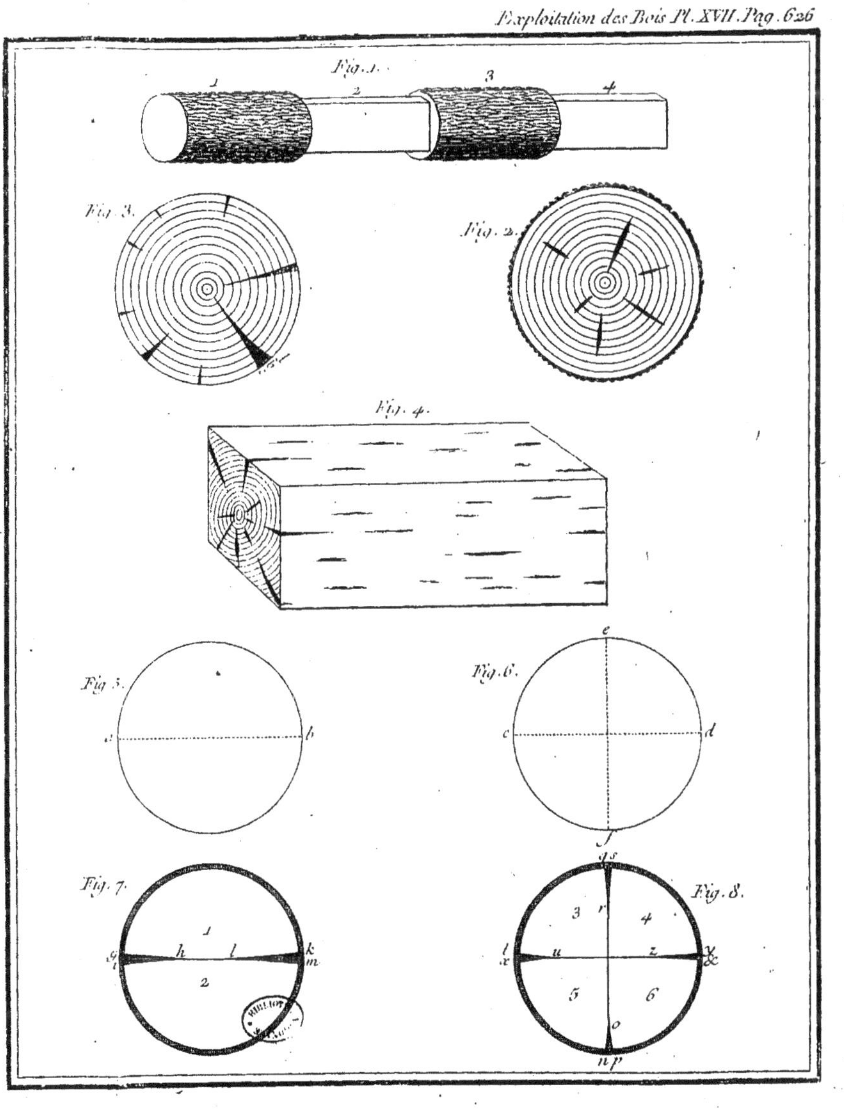

Fig. 1.
Fig. 3.
Fig. 2.
Fig. 4.
Fig. 5.
Fig. 6.
Fig. 7.
Fig. 8.

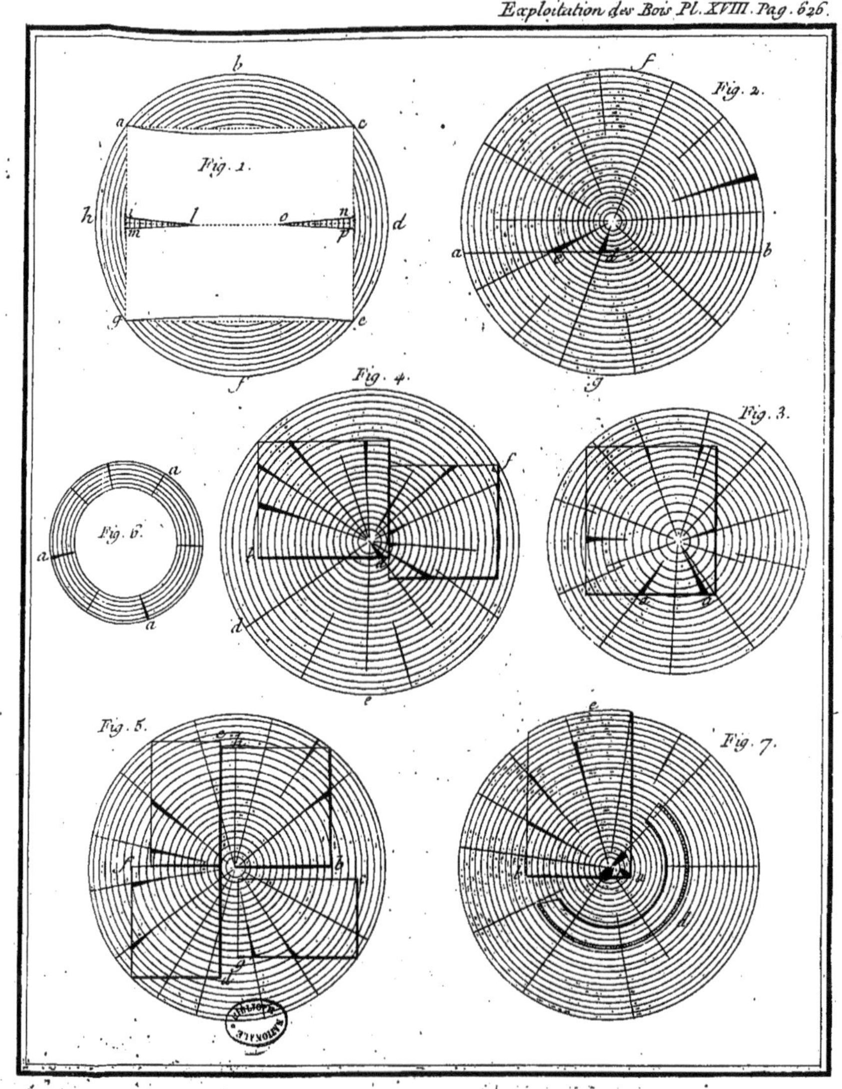
Fig. 1.
Fig. 2.
Fig. 4.
Fig. 3.
Fig. 6.
Fig. 5.
Fig. 7.

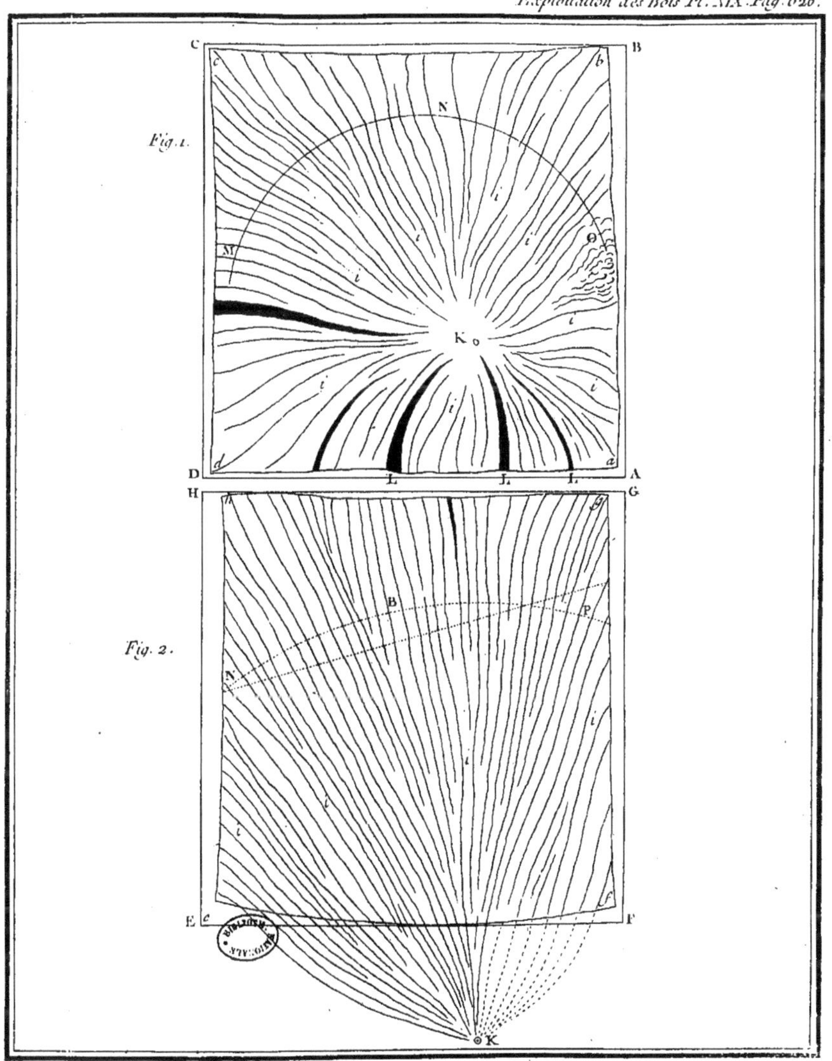
Fig. 1.
C c b B
N
M
θ
K o
D d L L L a A
H h g G
Fig. 2.
B P
N
i
E c F
K

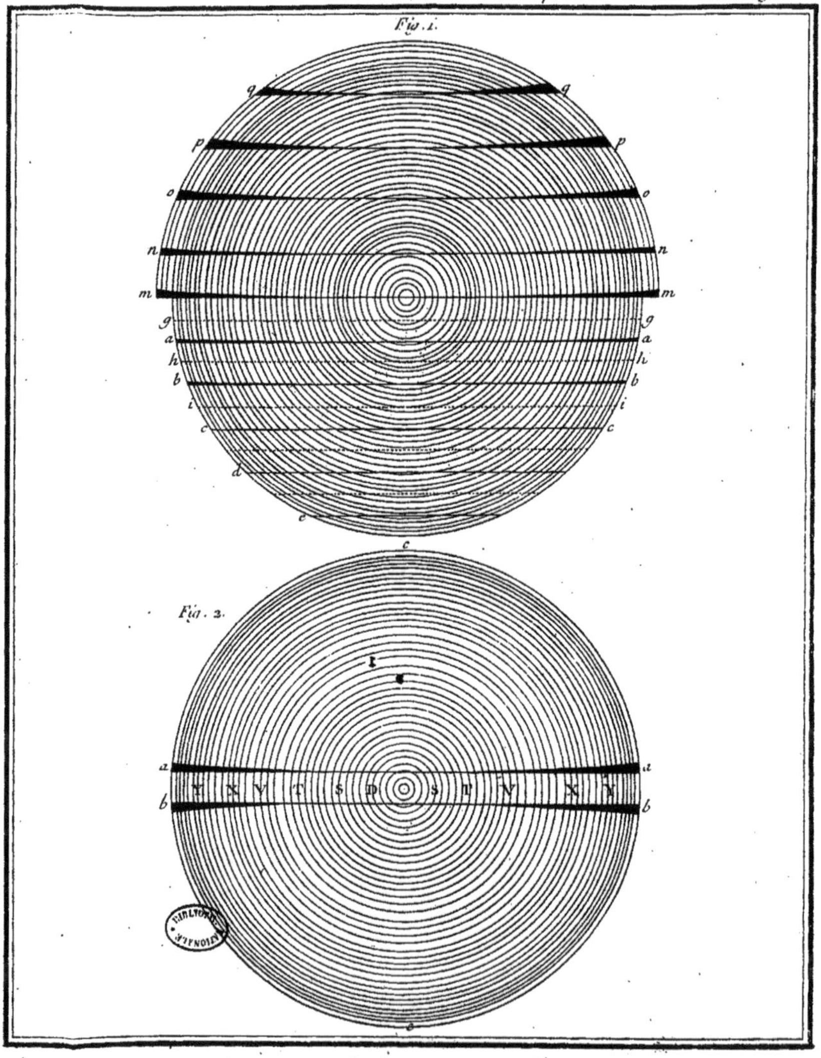

Fig. 1.
Fig. 2.

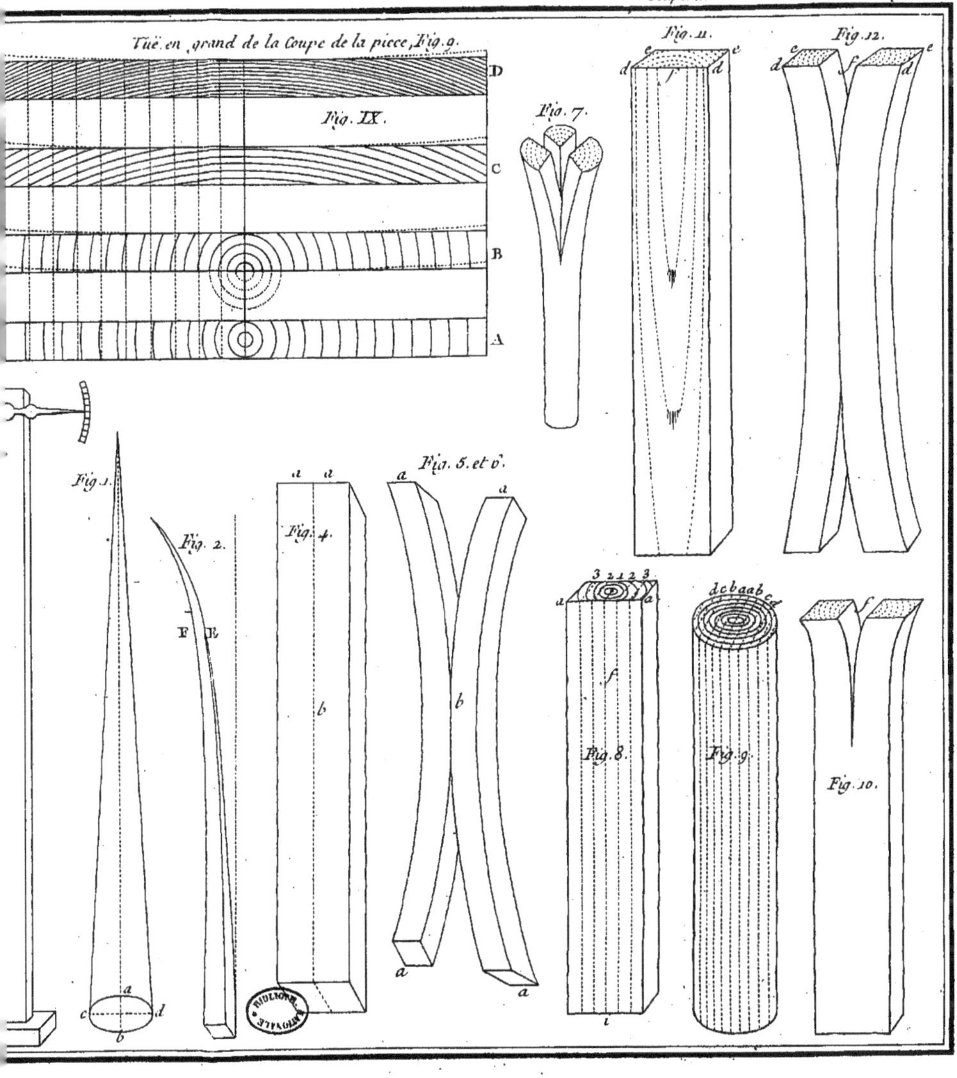

Tuë en grand de la Coupe de la piece, Fig. 9.
Fig. IX.
D
C
B
A
Fig. 11.
e
d
f
d
Fig. 12.
e
d
f
d
e
Fig. 7.
Fig. 1.
F L
Fig. 2.
a a
Fig. 4.
b
a
Fig. 5. et 6.
a
b
a
a
b
a
3 2 1 2 3
a
a
f
Fig. 8.
i
d c b a a b c d
Fig. 9.
e
f
Fig. 10.
a
c
b
d

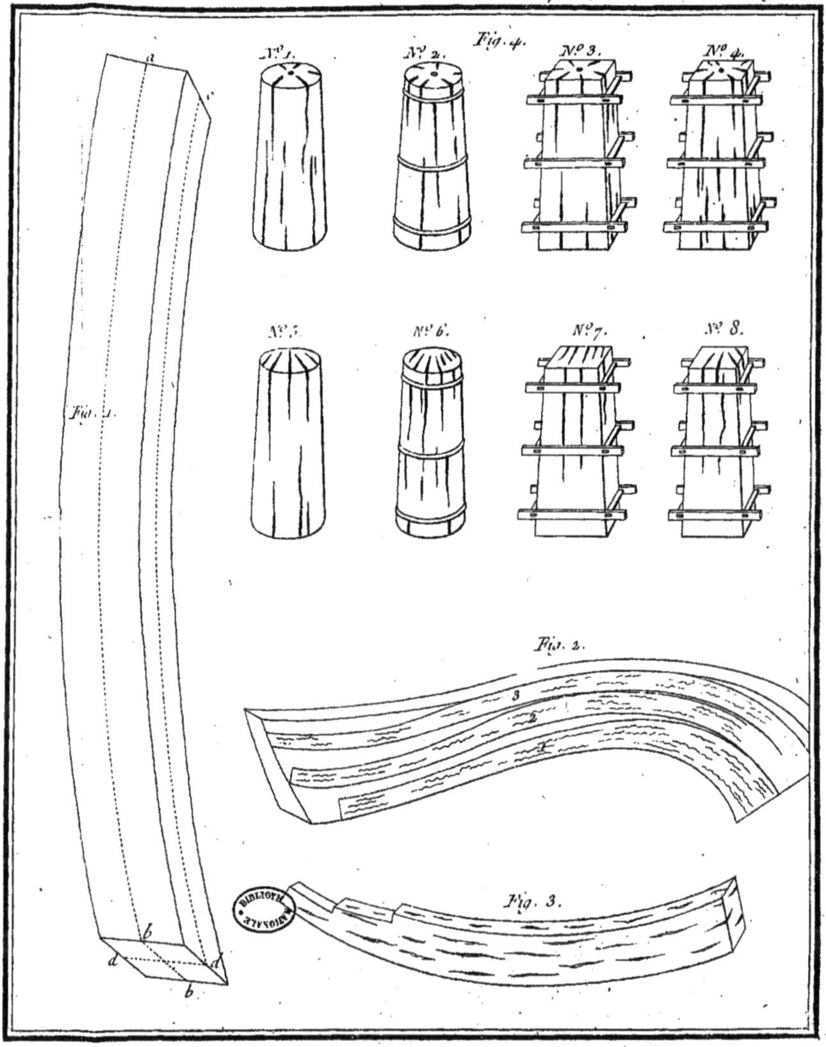

Fig. 4.

Nº 1. Nº 2. Nº 3. Nº 4.

Nº 5. Nº 6. Nº 7. Nº 8.

Fig. 1.

Fig. 2.

3
2
1

Fig. 3.

a
b
a
b

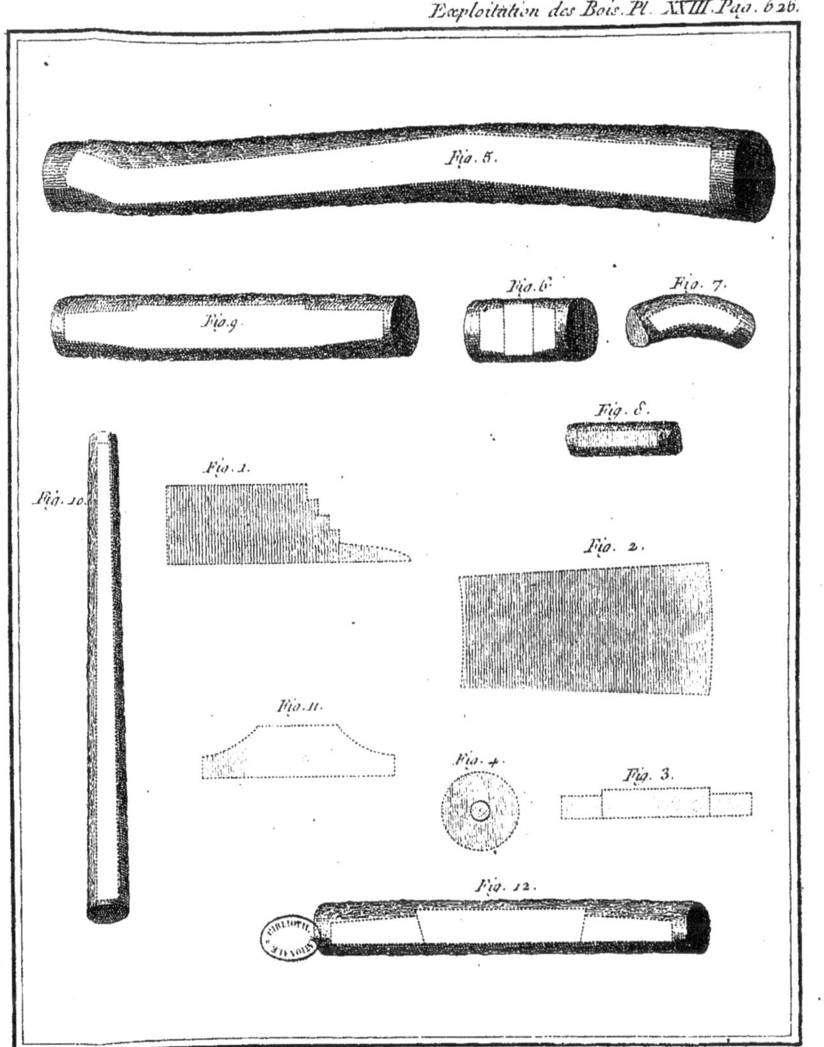
Fig. 5.
Fig. 6.
Fig. 7.
Fig. 9.
Fig. 8.
Fig. 10.
Fig. 1.
Fig. 2.
Fig. 11.
Fig. 4.
Fig. 3.
Fig. 12.

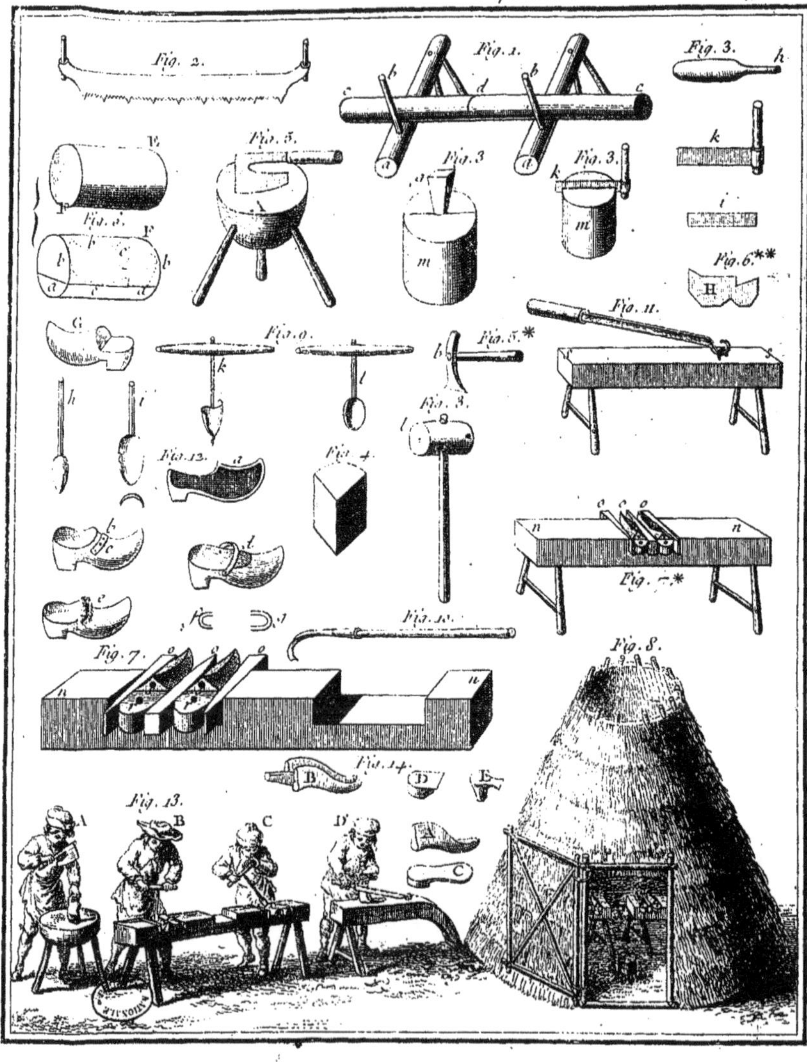
Fig. 2.
Fig. 1.
Fig. 3.
Fig. 5.
Fig. 9.
Fig. 11.
Fig. 6.
Fig. 13.
Fig. 4.
Fig. 7.
Fig. 8.
Fig. 14.
Fig. 13.
A B C D

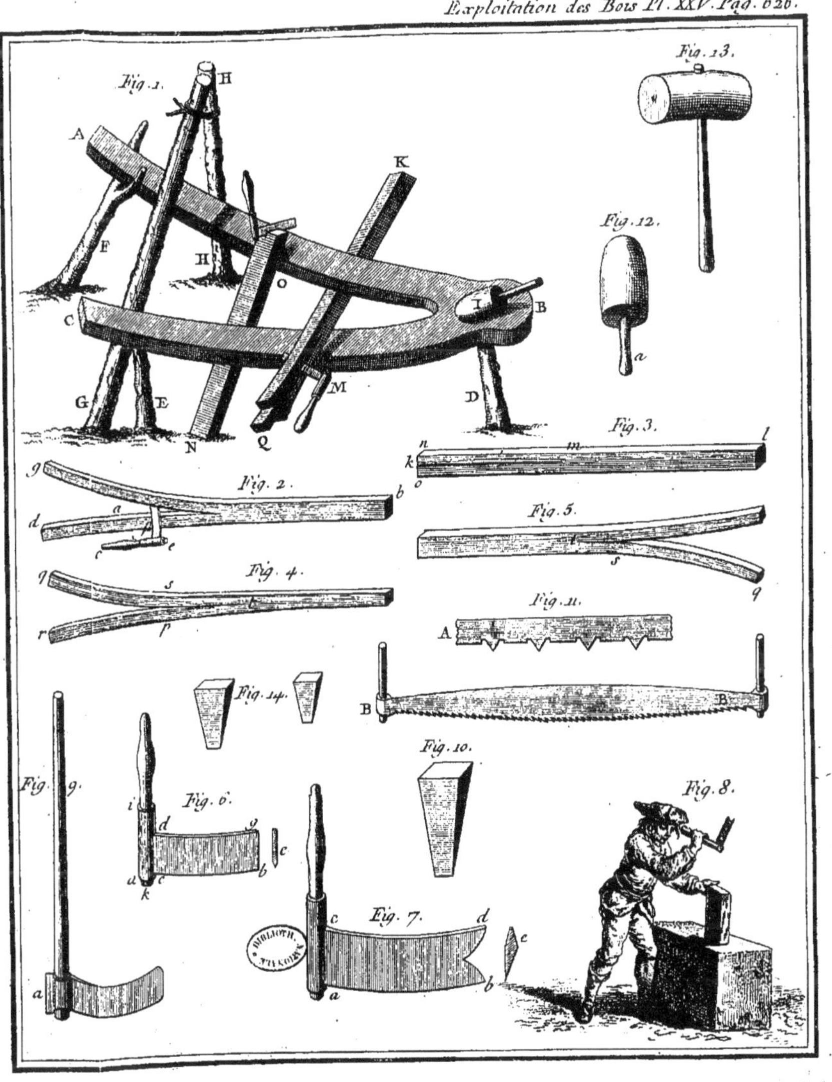
Fig. 1.
A
H
F
H
K
C
O
I
B
G
E
D
N
Q
M
Fig. 13.
Fig. 12.
a
Fig. 3.
n m l
k
o b
Fig. 5.
s
Fig. 2.
g
d a
c e
Fig. 4.
q s
r p
q
Fig. 11.
A
B B
Fig. 14.
Fig. 10.
Fig. 8.
Fig. 9.
i
d g
a c
k
c
Fig. 6.
b
Fig. 7.
c d
a b
e
a
BIBLIOTH.

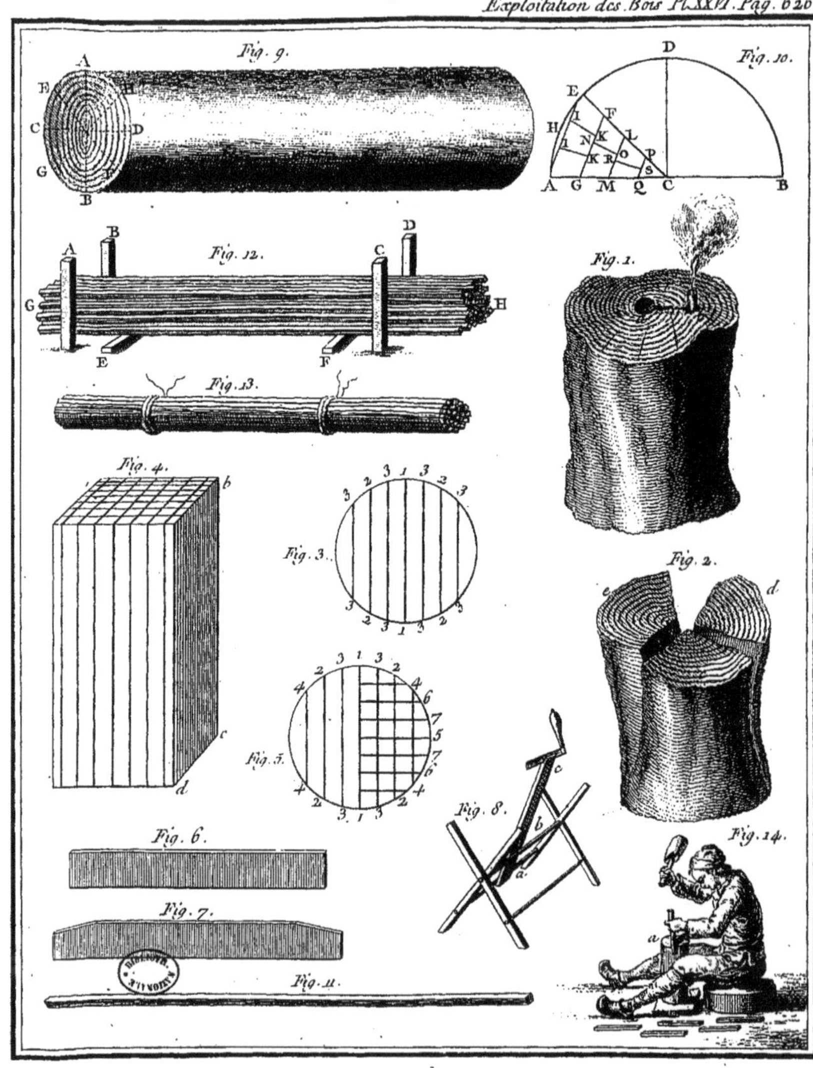
Fig. 9.
Fig. 10.
Fig. 12.
Fig. 13.
Fig. 4.
Fig. 3.
Fig. 5.
Fig. 6.
Fig. 7.
Fig. 11.
Fig. 1.
Fig. 2.
Fig. 8.
Fig. 14.

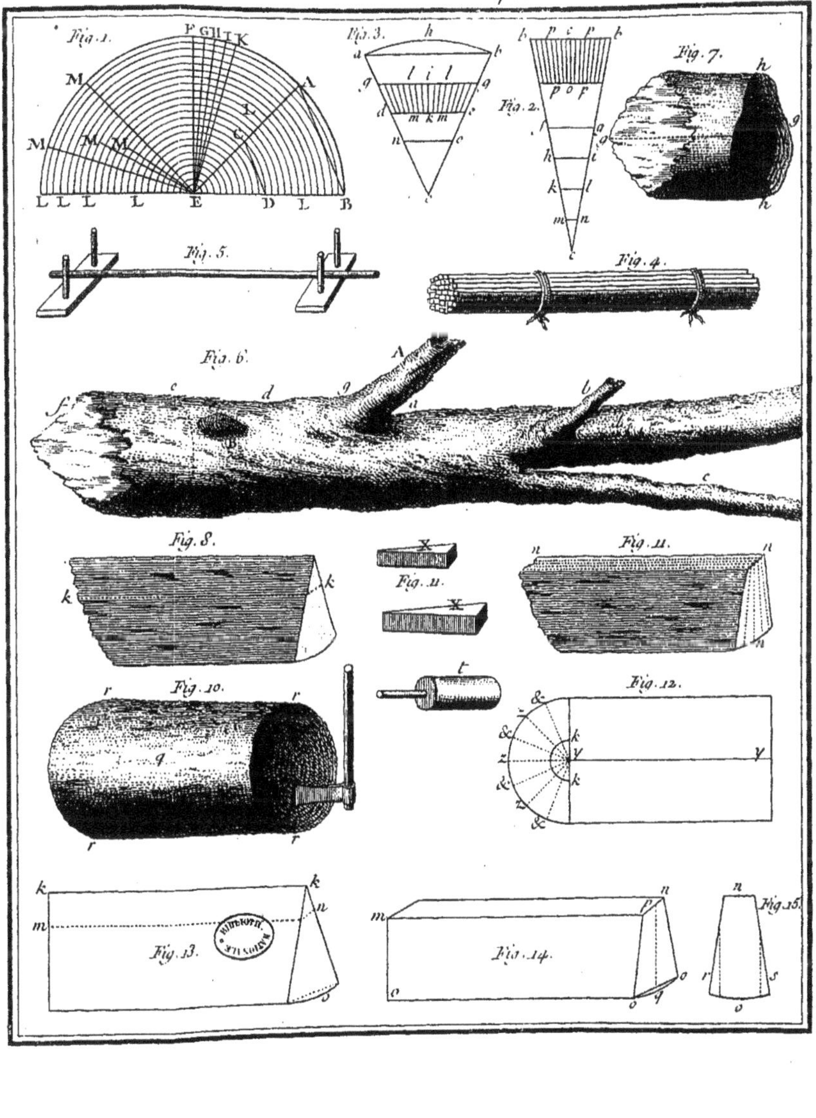

Fig. 1.
Fig. 3.
Fig. 2.
Fig. 7.
Fig. 5.
Fig. 4.
Fig. 6.
Fig. 8.
Fig. 9.
Fig. 11.
Fig. 10.
Fig. 12.
Fig. 13.
Fig. 14.
Fig. 15.

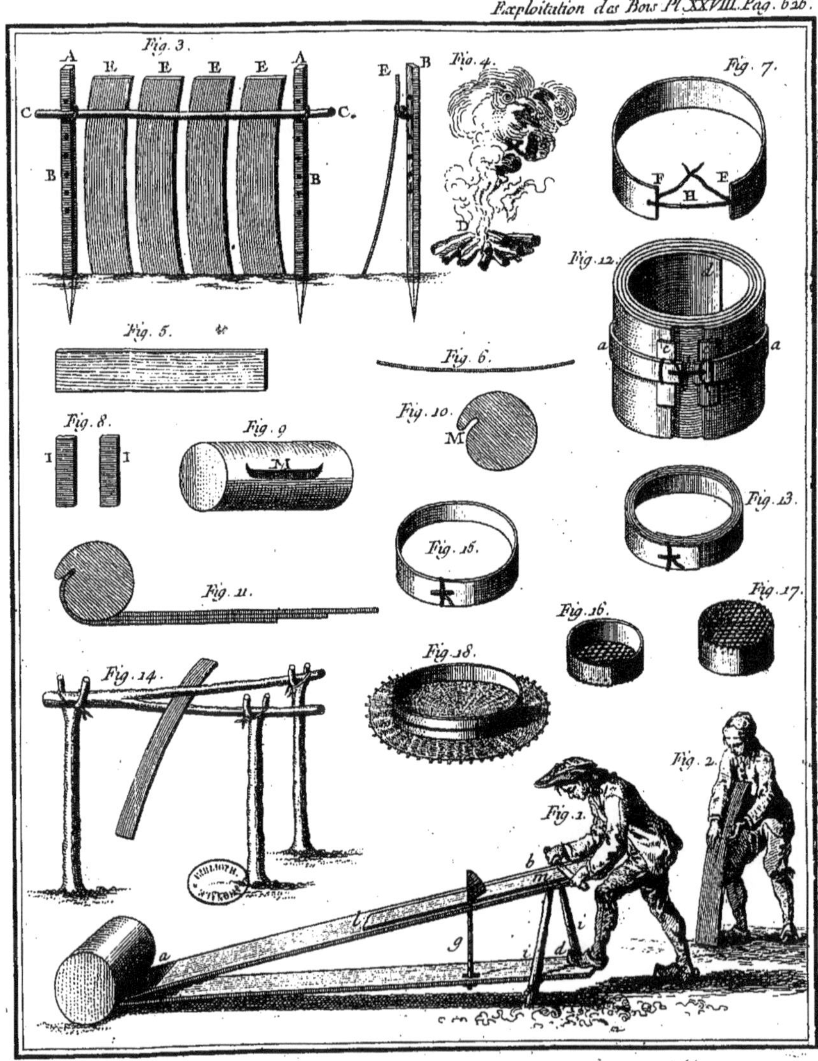
Fig. 3.
Fig. 4.
Fig. 7.
Fig. 5.
Fig. 6.
Fig. 12.
Fig. 8.
Fig. 9.
Fig. 10.
Fig. 11.
Fig. 13.
Fig. 15.
Fig. 16.
Fig. 17.
Fig. 14.
Fig. 18.
Fig. 1.
Fig. 2.

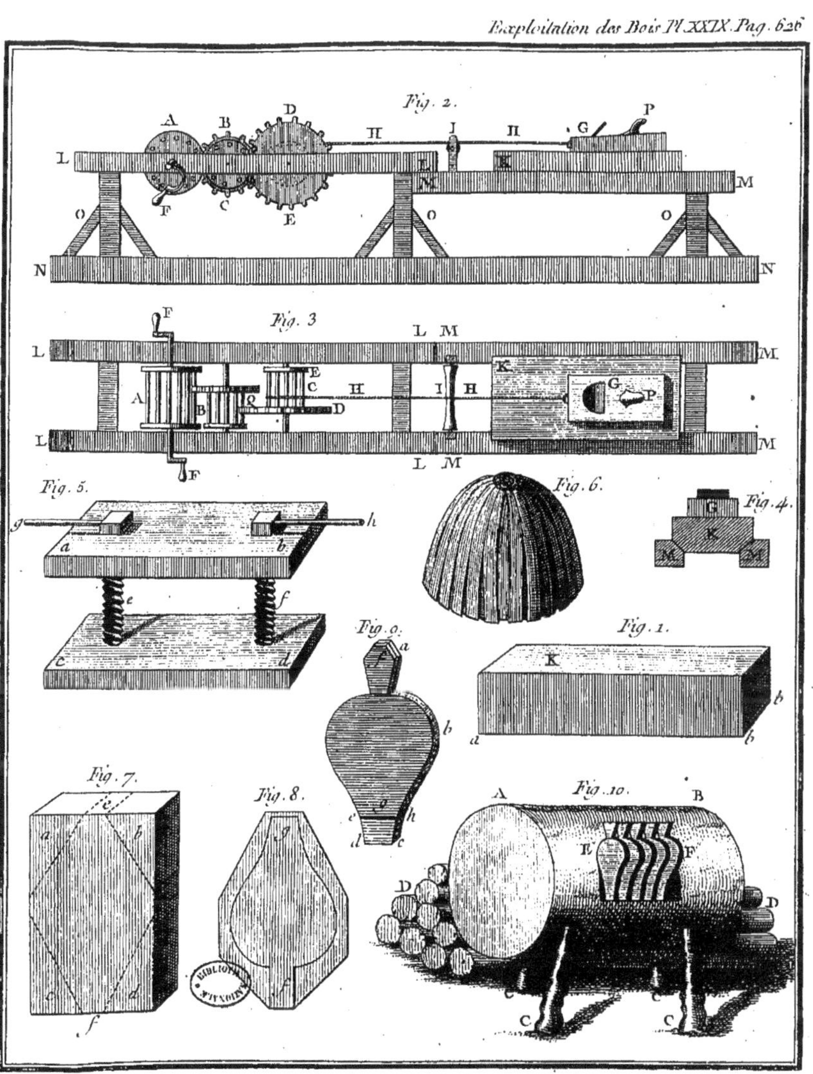
Fig. 2.
Fig. 3
Fig. 5.
Fig. 6.
Fig. 4.
Fig. 9.
Fig. 1.
Fig. 7.
Fig. 8.
Fig. 10.

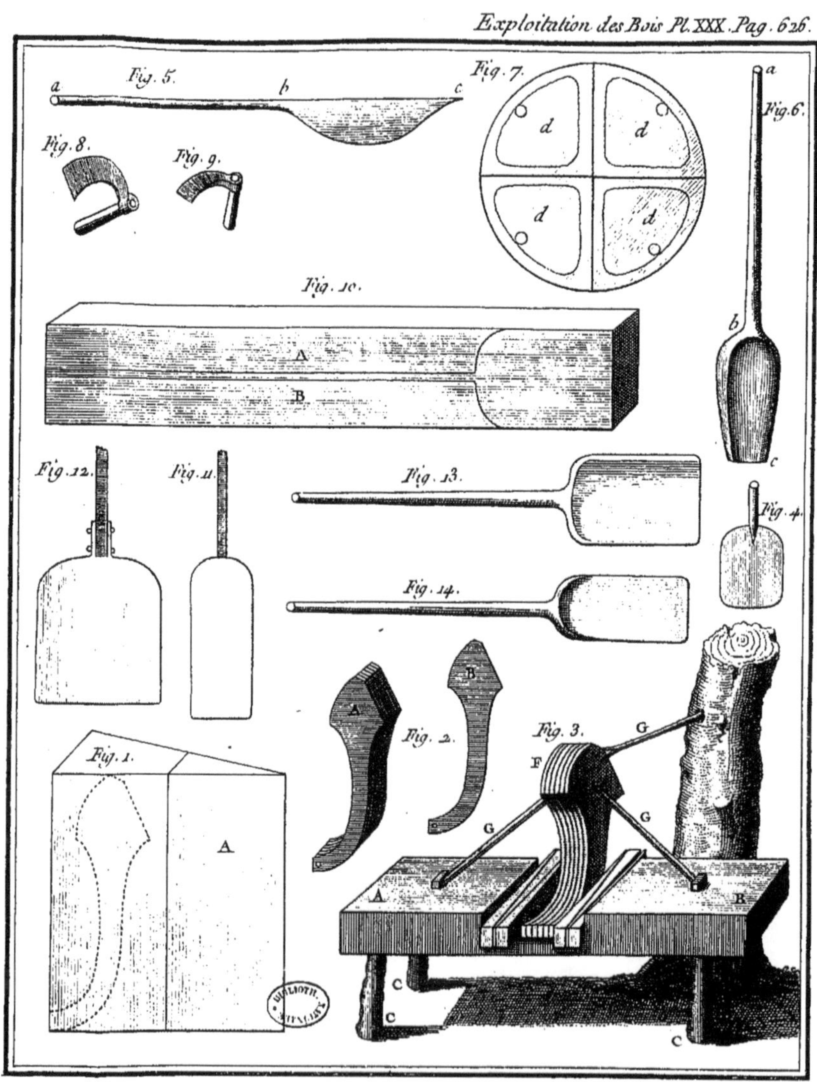
Fig. 5.
a
b
c
Fig. 7.
d
d
d
d
Fig. 8.
Fig. 9.
a
Fig. 6.
b
c
Fig. 10.
A
B
Fig. 12.
Fig. 11.
Fig. 13.
Fig. 4.
Fig. 14.
B
A
Fig. 2.
Fig. 3.
G
F
G
G
G
Fig. 1.
A
A
B
C
C
C

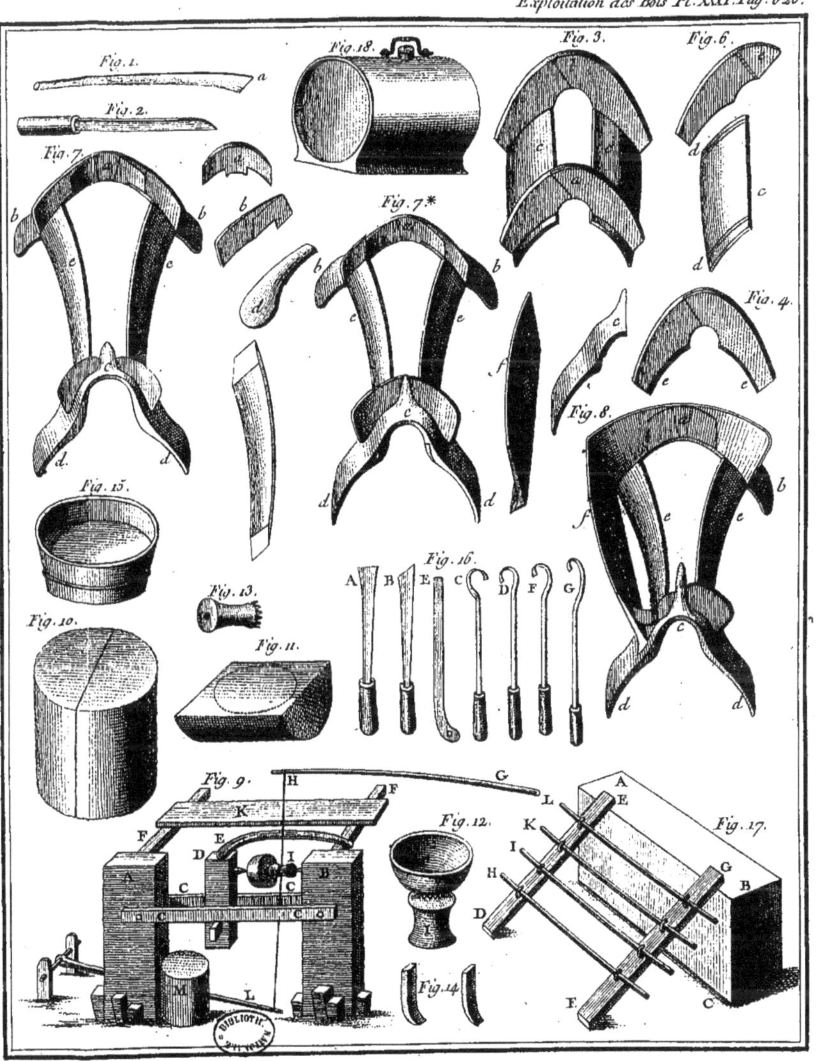

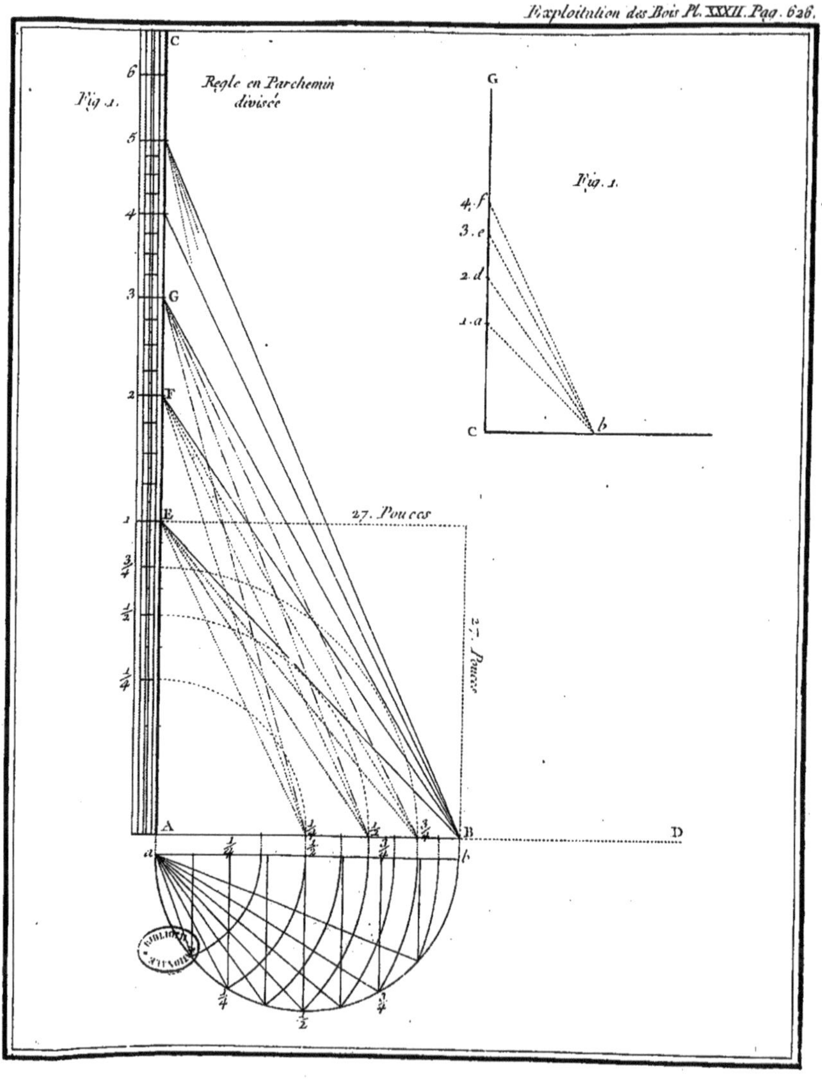

Exploitation des Bois Pl. XXXII. Pag. 626.
Fig. 1.
Regle en Parchemin
divisée
Fig. 1.
27. Pouces
27. Pouces
C
G
F
E
A
B
D
G
6
5
4
3
2
1
3/4
1/2
1/4
4. f
3. e
2. d
1. a
C
b
a
b
1/4
1/2
3/4
1/4
1/2
3/4
1/4
1/2
3/4

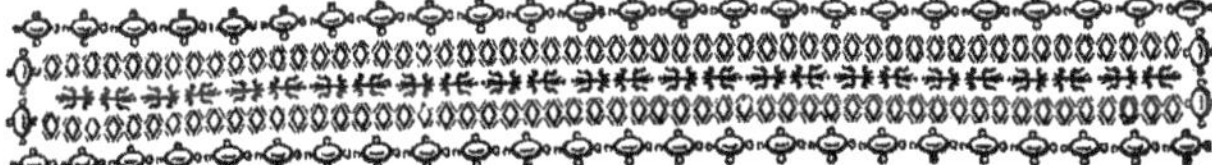

LIVRE CINQUIEME.

De l'exploitation des Bois quarrés.

Comme les ouvrages de Charpenterie, tant pour les Bâtiments civils, que pour les Vaiſſeaux, conſomment beaucoup de bois quarrés, on doit, quand on exploite une forêt, mettre à part toutes les belles & grandes pieces pour les équarrir. Ce n'eſt cependant pas toujours la pratique des Marchands de bois: quand ils apperçoivent qu'ils trouveront un débit plus avantageux du bois de fente, ils font débiter en billons les plus belles pieces, & ils les réduiſent, pour ainſi dire, en copeaux pour en faire de la latte, du merrain, & ſur-tout de la cerche. Comme toutes ces choſes & autres peuvent ſe trouver dans des arbres de moyenne groſſeur, & qu'on peut y employer des bois qui commencent à être gras; on ſacrifie rarement de beaux & grands arbres pour ces ſortes d'ouvrages : mais je ſuis toujours fâché de voir couper par morceaux les plus belles pieces pour les débiter en cerches ; car ſi l'on ſe rappelle ce que nous avons dit ſur l'art du Fendeur, on comprend qu'on ne peut lever de belles & grandes cerches que dans de fort gros arbres, ſains, exempts de nœuds, & dont le bois n'eſt point fort gras. Il ſeroit à deſirer qu'on ne fît de la cerche qu'avec les billes courtes qui peuvent ſe prendre entre deux nœuds ; ſi ces pieces viciées ne fourniſſoient pas autant de cerches qu'on en conſomme , il n'y auroit pas grand mal, puiſqu'il eſt poſſible de faire de petits ſeaux aſſez légers avec du merrain de bois blanc cerclé de fer très - mince: la rareté des beaux bois de charpente devroit déterminer les

K k k k ij

Marchands de bois à prendre ce parti, excepté dans les cas
où la difficulté des chemins les obligeroit de réduire les bois
par petites pieces, pour pouvoir être enlevées à dos de bêtes
de fomme.

Je fuppofe que les Bûcherons ont abattu les arbres ainfi que
nous l'avons expliqué; qu'ils les ont ébranchés; qu'ils ont
converti en bois de corde les branches qui ne font propres
qu'à cet ufage; qu'ils ont fait des fagots & des bourrées avec
les rames; & qu'enfin le menu bois a été converti en charbon.
Je fuppofe encore qu'on a délivré aux Fendeurs les bois qui
font propres à faire de la fente & de la raclerie; enfin qu'on a
vendu aux Charrons & aux Fournisseurs de l'Artillerie, les
pieces qui fe vendent en grume; & aux Charpentiers celles qui
font propres à faire des pilots. Après l'enlevement de tous ces
bois, il ne doit plus refter dans la vente que les pieces qui doivent être équarries; alors les Marchands doivent connoître à
peu-près ce qu'ils pourront avoir de bois quarré, fuivant les
regles d'approximation que nous allons rapporter.

§. 1. *De la réduction des bois ronds en bois quarrés.*

Si la circonférence d'un arbre eft moindre que deux toifes,
on défalque la neuvieme partie, & on divife le reftant en quatre, ce qui donne fon équarriffage. Par exemple, fi la circonférence eft de 12 pieds, ou 144 pouces, cette fomme étant divifée par 9, il vient 16 au quotient; lefquels fouftraits de 144,
il refte 128, qui divifés par 4, feront connoître que la piece
aura 23 pouces d'équarriffage.

Si l'arbre avoit 3 ou 3 toifes & demie de circonférence, il
faudroit fouftraire fept parties: s'il avoit 4 ou 4 toifes & demie,
on ôteroit 7 parties, & du reftant, une vingtieme partie: s'il
avoit 6 ou 6 toifes & demie, on ôteroit la cinquieme partie,
& du reftant, la vingtieme partie: s'il avoit 7 ou 7 toifes &
demie, on ôteroit la quatrieme partie, & du refte, la feizieme.
Si l'arbre avoit 9 toifes, on ôteroit la quatrieme partie, & du
refte, la fixieme. Les fouftractions étant faites, on divife la

fomme reftante par quatre, pour avoir la valeur de chaque face.

Par ces approximations, les Marchands pourront faire un inventaire fuffifamment exact des bois quarrés qu'ils pourront tirer des arbres de leurs ventes, afin de fe rendre compte à eux-mêmes.

§. 2. *Diftinction des bois droits & des bois courbes.*

L ES bois droits font les plus précieux pour le fciage & pour les charpentes des bâtiments civils; car je comprends dans ce que j'appelle *bois droits*, des pieces qui n'ont qu'un peu de courbure, & que les Charpentiers favent employer pour faire des jambes de force, & plufieurs autres pieces qui n'exigent abfolument pas que les bois foient parfaitement droits. Mais les bois fort courbes font très-recherchés pour différents ouvrages, comme pour les roues des moulins, les ceintres des voûtes, pour la conftruction des bateaux, & fur-tout pour celle des Vaiffeaux; car on peut direque la Marine emploie toute forte de bois droits ou courbes, pourvu qu'ils foient de bonne qualité & d'un échantillon convenable; les courbes mêmes font fouvent plus précieufes que les pieces droites. Il eft donc à propos d'expliquer comment on doit équarrir toutes fortes de pieces de bois droits ou courbes, & détailler comment les *Chabins*, (c'eft ainfi qu'onnomme les Ouvriers la plupart Auvergnats, chargés d'équarrir les bois), doivent s'y prendre pour tirer tout le parti poffible des bois qu'ils doivent travailler. Je vais d'abord parler des bois qui font droits & alignés fur toutes leurs faces.

CHAPITRE PREMIER.

Méthode pour équarrir les Bois droits.

ON peut dire en général que les pieces de bois droites ne peuvent jamais être trop longues, à moins que la groffeur de la tête ne differe trop de celle du pied. Ainfi, avant de rogner ces pieces, il faut les bien examiner & tâcher de leur faire porter le plus de longueur qu'il eft poffible fuivant une ligne droite, & fans trop trancher le fil du bois ; fi la piece eft un tant foit peu courbe dans un fens, il vaut prefque toujours mieux fuivre cette courbure que de l'affamer vers la partie convexe.

Pour ménager toute la longueur que l'arbre peut porter, il faut, avant de le couper de longueur, le faire rouler fur le terrein, en examiner avec foin tous les côtés, & voir celui qui s'aligne le plus droit, afin de juger par le coup d'œil, jufqu'où cette ligne peut s'étendre ; quand on a décidé cette longueur, on fait couper l'arbre à la fcie par l'extrémité d'en haut qui eft le plus menu de la piece.

On fait enfuite tourner l'arbre fur chacune de fes faces avec le fecours des leviers, jufqu'à ce qu'on ait trouvé le côté qui s'alignera le mieux dans toute fa longueur ; puis on le cale folidement, & on l'appuie fermement pour qu'il ne puiffe changer de fituation.

On prend enfuite le diametre du petit bout avec une regle divifée en pouces ; la moitié de la moyenne proportionnelle du tiers & du quart, indiquera de combien de pouces il faut charger la ligne fur le corps d'arbre que l'on a deffein d'équarrir, d'abord fur deux faces oppofées : donnons un exemple.

Je fuppofe un arbre d'environ 30 pieds de longueur, & qui ait au petit bout *A B* (*Pl. XXXIV. fig.* 1), où il a été rogné, 24 pouces de diametre, franc d'écorce ; il faut prendre le tiers de ce diametre, qui eft 8 pouces ; puis prendre le quart qui eft

6 pouces ; lesquels, ajoutés aux huit précédents, feront 14
pouces, dont la moitié est 7 ; c'est la quantité de bois qu'il faut
retrancher de cet arbre, moitié du côté *A*, & moitié du côté
B, pour son premier équarrissage, ou pour le parage des deux
premieres faces : on divisera donc 7 pouces en deux, & ce sera
3 pouces & demi de bois qu'il faudra retrancher, ce qui indique de quelle quantité il faut charger la ligne *e h* & *f g*, sur
chaque côté de l'arbre ; après quoi il ne restera plus à cette
piece, quand elle sera travaillée sur ces deux faces opposées,
que 17 pouces vers la tête, au lieu de 24 qu'elle avoit en
grume. A l'égard du pied, on doit avoir attention de lui laisser
2 à 3 pouces de plus qu'au petit bout : ce surcroît de dimension sert à redresser les pieces quand elles se sont déjettées ;
d'ailleurs, il arrive souvent que dans un bâtiment, une piece
de charpente est plus chargée à un de ses bouts qu'à l'autre,
ou qu'elle doit être soutenue du côté du petit bout par une cloi-
son ; dans ces cas, on place le gros bout vers le côté qui doit
supporter une plus grande charge.

Les deux coups de lignes *e h* & *f g*, étant jettés sur toute la
longueur de la piece, & tracés bien à plomb sur les bouts,
doivent être exactement suivies par l'Ouvrier dans toute leur
longueur.

Pour bien dresser ces deux premieres faces, l'Ouvrier commence par faire de distance en distance des entailles *d d* (*Planch.*
XXXIII. fig. 2), qu'il approfondit jusqu'aux lignes *c c*, &
ensuite il enleve le bois *f f* qui se trouve compris entre ces entailles, ayant attention de ne point entrer plus profondément
dans la piece que les lignes *c, c*, & de conduire ces faces bien
à plomb ; c'est pour cette raison qu'il faut que les pieces soient
solidement calées ; au reste, c'est le coup d'œil qui doit guider
l'Ouvrier pour former ces faces bien à plomb.

Le premier parage étant fait sur les deux faces opposées, on
renverse la piece sur le côté qui est le moins à vive-arrête,
comme on le voit représenté (*Pl. XXXIII. fig.* 2). L'Ouvrier
examine avec attention le contour que sa piece doit avoir ; il
la cale de façon que les faces travaillées soient bien de niveau,

c'eft-à-dire, bien paralleles à l'horizon, afin que les quatre faces fe coupent exactement à angle droit.

Si la piece n'a aucune courbure, on jette un coup de ligne fur les faces qui ont été parées en premier lieu, & l'on fait enforte qu'elles n'avivent pas trop la piece, mais qu'il paroiffe des défournis & un peu d'aubier aux angles, pour faire voir au Marchand que la piece n'a pas été trop frappée fur fes quatre faces.

Les lignes *c, c* (*Fig.* 2) étant jettées; & les entailles *dd* étant faites de diftance en diftance, on emporte les entre-deux *ff*, comme nous l'avons déja dit, en prenant foin que la cognée n'entre point trop dans la piece, & que les faces foient bien perpendiculaires à l'horizon; car quand un mauvais Ouvrier ne conduit pas fes faces à plomb, les Charpentiers font obligés d'ôter beaucoup de bois lorfqu'ils les travaillent pour les mettre en œuvre, ce qui les affoiblit. Au refte, il eft facile de s'appercevoir de ce défaut, en préfentant une équerre fur les angles de la piece équarrie.

Il arrive quelquefois qu'on a befoin que certaines pieces foient beaucoup plus groffes par un bout que par l'autre; par exemple, pour faire des meches de cabeftans (*Fig.* 3), des arbres tournants de moulin (*Fig.* 4. *A*), des jumelles de preffoir (*Fig.* 5), &c; dans ce cas, on fait enforte que les lignes *c, c* (*Fig.* 2) fe rapprochent vers le petit bout, ou bien on fait une retraite vers *a* (*Fig.* 3), & l'on équarrit féparément la partie *b a*, & la partie *c a*.

D'autres fois on équarrit *méplat* une piece, comme on en peut voir la coupe *a b c d* (*Pl. XXXIV. fig.* 2): on verra dans la fuite qu'il y a des circonftances où cette façon d'équarrir eft très-avantageufe; par exemple, pour les bordages & les précintes; comme il faut que ces pieces foient à vive-arrête, il faut que les plançons qui doivent fournir ces pieces n'aient point de défourni, ce qui fait qu'il eft fouvent avantageux de les débiter méplat. Il y a à la vérité un peu à perdre fur le *cubage*; car en fuppofant que la piece quarrée *e f g h* (*Pl. XXXIV. fig.* 1), ait 16 fur 16, la furface de fa coupe fera de 256; au

lieu

lieu que la piece méplate *a b c d* (*Fig. 6*), ayant 19 fur 13 , la furface de fa coupe ne fera que de 247; ce qui fait 9 pouces de moins, qui fe multiplient dans toute la longueur; mais auffi on a moins de défournis , & les bordages font plus larges ; d'ailleurs, on peut lever à la fcie, aux côtés en *I K*, deux bordages, & deux croûtes *L M*, qui payeront bien leur façon ; enfin fi cette piece étoit chargée dans le fens *LM*, elle feroit plus forte, même que la piece *e f g h* (*Fig.* 1). Nous aurons occafion de parler ailleurs plus en détail de cette façon de débiter les bois.

ARTICLE. *Façon d'équarrir les Bois courbes.*

CES fortes d'arbres exigent plus d'attention de la part des Ouvriers que les bois droits ; mais comme ils font très-précieux pour la Marine, ils méritent qu'on prenne à leur égard ces foins particuliers.

A moins que ces bois n'aient une courbure très - confidérable, on doit chercher à leur en donner plus qu'ils n'en ont naturellement, ayant cependant attention d'éviter de trop trancher les fibres du bois.

Pour y parvenir, après avoir paré la piece (*Pl. XXXIII. fig.* 13) fur fon droit, & lui avoir formé deux faces oppofées, comme je le dirai bien-tôt, on trace fur cette piece un trait *e f g* du côté qui eft convexe ; on charge la ligne fur les bouts *e* & *g*, & l'on fait enforte que fon milieu *f* approche le plus qu'il eft poffible de l'écorce, comme on le. voit dans cette figure. Pour tracer réguliérement ce trait, on pique dans la piece en différents endroits, des pointes de fer fur lefquelles on couche le cordeau, ou, encore mieux, on fe fert d'une regle très - mince & flexible qu'on fait porter fur toutes ces pointes ; puis on trace avec de la craie la ligne *h f i*, & l'on fait enforte de lui donner la courbure la plus réguliere qu'il eft poffible.

Lorfque la courbure extérieure & convexe eft bien formée, elle fert à tracer la courbure concave ou intérieure *a d b* ; on a foin qu'il refte des défournis en *a* & en *b*, & que la piece foit plus frappée en *d*.

A l'égard du parage de ces pieces fur le plat, j'ai déja dit qu'il fe faifoit comme aux pieces droites ; on les frappe feulement davantage comme quand on veut équarrir méplat, afin de leur donner plus de largeur pour que les Charpentiers puiffent y promener leurs gabaris, & augmenter ou diminuer la courbure fuivant que les circonftances l'exigent. Ainfi on peut donner comme un principe général de l'exploitation des bois courbes, qu'il faut beaucoup les frapper fur le plat, & ôter très-peu de bois aux furfaces courbes ; c'eft pour cela qu'on eft dans l'ufage de commencer par travailler les deux furfaces droites ; les courbes en deviennent plus aifées à travailler, & l'on y emporte peu de bois : on laiffe, par exemple, tout le bois *g b* & *e a* (*Fig. 13*).

Les pieces qui ne peuvent s'aligner droites dans aucun fens ne font pas d'une grande utilité, ni pour la charpente, ni pour la conftruction des vaiffeaux : on verra néanmoins que ces courbures fur deux fens, quand elles ne font pas confidérables, ne doivent point faire rejetter les groffes pieces ; qu'on les débite en plançons pour les bordages ; & que cette courbure en deux fens devient très-précieufe, quand elle peut fervir à faire des *barres d'arcaffe* ou des *liffes d'ourdi.*

Quoique les Ouvriers qui débitent les bois dans les forêts, foient fuppofés favoir à peu-près quelle peut être la deftination des pieces qu'ils travaillent ; ce font cependant les Charpentiers qui affignent leur véritable deftination ; ainfi il ne faut regarder ce que nous allons dire fur les dimenfions des pieces que comme des à-peu-près.

CHAPITRE II.

Dimenſions des Pieces qu'on débite pour les Bâtiments civils.

On doit ménager aux pieces toute la longueur qu'elles peuvent porter ; cependant voici les longueurs qu'on a coutume dans les forêts , de donner aux pieces qu'on deſtine à la charpente, 6 , 9 , 12 , 15 , 18 , 21 , 24 , 27 & 30 pieds , & ainſi en augmentant de 3 en 3 pieds ; rarement en fait-on au-deſſus de 24 ; de même qu'on ne débite point de bois quarré au-deſſous de 6 pieds.

A l'égard de leur équarriſſage , ceux qui n'ont que 3 pouces & demi ou 4 pouces , font réſervés pour les chevrons de rempliſſage , & jambettes ou aiſſeliers ; on fait auſſi des *jambettes* & des *aiſſeliers* de 4 & 6 , ou de 5 & 7 , pour les chevrons de ferme qui portent ce même équarriſſage : ainſi que leurs *contrefiches* : on fait encore des *coyaux* & des *empanons* avec des bois de 4 pouces d'équarriſſage. Les bois qui en ont 5 & 6 , s'emploient pour les *entraits* , les ſablieres des petits bâtiments & les cloiſons.

Les plates-formes ont aſſez ſouvent 4 & 6 juſqu'à 4 & 12 pouces ; les bois qui portent 7 & 8 pouces , font d'un grand uſage : on les emploie pour les *faîtes* & *ſous-faîtes* des grands bâtiments , *chevrons de croupe,* leurs *entraits, pannes* & *ſablieres,* *arrêtieres, liens, jambettes, coyaux , liernes ,* &c.

Suivant la grandeur des appartements , on emploie des *ſolives , ſoliveaux* & *chevêtres* , tantôt de 4 & 6 , tantôt de 5 & 7 , ou même de 10 & 11 pouces , lorſqu'on y emploie de fortes ſolives & qu'on ſupprime les poutres.

On donne aux *poutres* depuis 15 pouces juſqu'à 24 , ſuivant leur portée & la charge qu'elles doivent ſoutenir.

A l'égard des *limons* d'eſcaliers , leur force & leur longueur

varient beaucoup : les Charpentiers les prennent dans les pieces qui approchent le plus des dimenſions qu'ils jugent convenables.

Je ne parle point non plus des bois courbes qu'on emploie
pour les ceintres, les plafonds, &c, parce que leur courbure
varie beaucoup : à l'égard des plafonds, on les forme preſque
toujours de pieces preſque droites, que l'on taille ſelon les
courbes requiſes.

Il ne faut pas croire que les bois dont je viens de donner
les dimenſions, ſoient toujours employés aux uſages indiqués :
un chantier qu'on garniroit de pieces de chacune de ces dimenſions, ſeroit réputé bien aſſorti pour les bâtiments civils.

ARTICLE I. *Des principales Pieces pour les Preſſoirs.*

DANS les bois qui ſe trouvent à portée des vignobles, où
des endroits où l'on fait du cidre, on fera bien de conſerver les
principales pieces qui peuvent ſervir aux preſſoirs.

Les anciens preſſoirs étoient preſque tous à arbre ou à levier; mais comme il eſt difficile de trouver des pieces de 42
ou 46 pouces d'équarriſſage, & de 25 à 28 pieds de longueur,
preſque tous les preſſoirs qu'on fait maintenant, ſont à roue
ou à étau; ainſi nous ne parlerons ici que de ceux-là. Voici
quelles en ſont les pieces les plus précieuſes ; car les autres
ſe peuvent prendre dans les aſſortiments ordinaires de bois
quarrés.

Les jumelles (*Pl. XXXIII. fig. 5*), doivent être de Chêne
& pivotées, parce que le bas *A* doit avoir au moins deux
pieds d'équarriſſage : le corps *B*, dans une longueur de 10 pieds,
porte 14 à 15 pouces d'équarriſſage; & au-deſſus il doit y avoir
une tête *C*, de 3 à 4 pieds de longueur, & de 18 à 19 pouces
de groſſeur. On n'équarrit pas cette partie à vive-arrête, non
plus que la culaſſe *A*, afin de ménager la groſſeur de la piece,
& ſouvent on profite d'un fourchet pour former cette tête : la
longueur totale des jumelles doit être de 18 à 20 pieds.

Il faut des pieces de 13 à 14 pieds de longueur, & de 12 à

14 pouces d'équarriffage, pour faire les *fous-arbres* & *les portes-may* : on prend les pieces de *may* dans des bois quarrés de 10 pieds de longueur fur 10 pouces d'équarriffage.

L'écrou eft fait d'une piece d'Orme, & doit être d'une grof-feur confidérable ; il doit avoir 13 à 14 pieds de longueur, 28 à 30 pouces de largeur, & 24 pouces d'épaiffeur.

Les meilleures vis fe font de Noyer ; on en fait auffi de Cormier & d'Orme : elles doivent avoir 6 pieds de longueur, 16 pouces d'équarriffage vers la culaffe, & 12 pouces au moins à l'extrémité oppofée.

Les chanteaux de la roue ont 5 pieds de longueur, 5 pouces d'épaiffeur, & 18 pouces de largeur : on les prend, autant qu'il eft poffible, dans des pieces un peu courbes, pour éviter la perte du bois en les ceintrant.

Les autres pieces fe trouvent dans les affortiments de bois de charpente.

ARTICLE II. *Des Pieces les plus confidérables pour la conftruction des Moulins à chandelier.*

LES deux pieces de croifée qui portent le pied du bourdon, doivent avoir 22 pieds de longueur, 16 pouces d'équarriffage, les quatre liens, même équarriffage, & 12 pieds de lon-gueur.

Le *bourdon* qu'on nomme en quelques endroits l'*attache*, 20 pieds de longueur, 24 pouces d'équarriffage dans toute fa longueur.

Le *couillard* eft formé de quatre pieces, de 18 pouces de largeur, 8 pouces d'épaiffeur, trois pieds de longueur.

Les deux pieces de *charti*, 18 pieds de longueur & 14 pou-ces d'équarriffage.

Le *fommier* qui pofe fur le bout d'en haut du bourdon, 12 pieds de longueur, 24 pouces de largeur, & 18 pouces d'épaif-feur.

Les deux *pannes meulieres*, 18 pieds de longueur, & 8 pou-ces d'équarriffage.

L'*arbre tournant*, 20 pieds de longueur, 24 pouces d'équarriſſage par la tête, 9 pouces au petit bout, quatre chanteaux de bois d'Orme pour le rouet, chacun de 7 pieds de longueur, 2 pieds de largeur, 4 pouces d'épaiſſeur.

Les quatre *parements* qui portent les dents ſont faits de bois d'Orme, ils doivent avoir chacun 8 pieds de longueur, 9 pouces de largeur, & 5 pouces d'épaiſſeur.

Les *plateaux* pour la *lanterne*, 2 pieds de longueur ſur pareille largeur, & 5 pouces d'épaiſſeur.

La *priſon*, 8 pieds de longueur, 12 pouces de largeur, 8 pouces d'épaiſſeur.

Deux *ventrieres* de 16 pieds de longueur, 12 pouces de largeur, 10 pouces d'épaiſſeur chacun.

Le *joug* qui porte l'arbre, 12 pieds de longueur, 12 pouces d'équarriſſage.

Le *pâlier*, 8 pieds de longueur, 10 pouces d'équarriſſage.

Les quatre *poteaux-corniers*, 18 pieds de longueur, 9 pouces d'équarriſſage.

Les deux ſeaux, 12 pieds de longueur, 10 pouces d'équarriſſage.

La *queue*, 25 pieds de longueur, 15 pouces d'équarriſſage au gros bout, 8 pouces à l'autre : elle doit être un peu courbe.

Deux *corps de verge* de 25 pieds chacun de longueur, 10 pouces de largeur par un bout ſur 8 d'épaiſſeur ; à l'autre bout 4 pouces d'équarriſſage.

Tous les autres bois ſont du colombage de 5 & 6, ou 6 & 7 pouces ; comme ils ſe trouvent communément dans les Chantiers, il ſeroit ſuperflu de les détailler : j'en dis autant des *planches voliches* & des *bardeaux*.

Il y a des moulins à vent qui exigent de plus fortes pieces que celles dont nous venons de parler : il y en a auſſi de plus petits. C'eſt par cette raiſon que nous nous ſommes bornés à donner ſeulement les dimenſions des pieces d'un moulin de grandeur moyenne.

A l'égard des moulins à eau, leur grandeur varie encore plus que celle des moulins à vent : au reſte, les rouets & les lan-

ternes font les mêmes ; la roue à *aubes* qui eſt quelquefois
fort grande , eſt faite de pieces courbes de Chêne , qui ſe
trouvent difficilement.

L'arbre-tournant a 18, 20, 22 pieds de longueur ſur 15,
18, 20 pouces d'équarriſſage.

ARTICLE III. *Des principales Pieces pour la conſtruction des Bateaux de riviere.*

COMME il y a bien des ſortes de bateaux pour la navigation
des rivieres , il faudroit un traité particulier pour pouvoir entrer dans l'énumération de toutes les pieces dont ils ſont
formés ; je me borne ſeulement ici à faire remarquer que
preſque tous les bois qui ſervent à leur conſtruction , doivent
être fort longs , & qu'ils exigent de groſſes pieces très-rares à
trouver , principalement des *femelles* & des *ailes :* les planches
de bordage & de fond doivent être fort longues & épaiſſes : les
liures qui ſont des pieces courbes ſervant à élever les bords des
bateaux, les *clans,* les *crouchaux*, les *chefs, plats-bords , maſſes
de gouvernail,* toutes ces pieces & pluſieurs autres ſe trouvent
difficilement même dans les grandes forêts. Ainſi quand on
exploite des bois à portée des grandes rivieres navigables, il
faut avoir l'état des dimenſions des pieces les plus rares, parce
qu'on eſt aſſuré de les vendre avantageuſement.

Je me propoſe de parler plus en détail de l'échantillon des
bois propres à la conſtruction des Vaiſſeaux; mais je le ferai
précéder de quelques réflexions générales : quoiqu'elles regardent principalement les exploitations qu'on fait pour la Marine, elles auront cependant leur application & leur utilité
pour tous les bois de gros échantillon.

CHAPITRE III.

Des Bois pour la Marine.

ARTICLE I. *Réflexions générales fur les Bois qu'on exploite pour la Marine.*

On diftingue les bois de Chêne qui fervent à la conftruction des Vaiffeaux en *bois droits*, ou plus exactement en *bois longs*; parce qu'une partie des bois que l'on comprend dans cette claffe, font un peu courbes ; & en *courbans*, ou *bois courbes*, ou *bois tords*, ou *bois de gabari :* ces termes font tous fynonymes.

La claffe des *bois longs* comprend les pieces dont on fait les *quilles*, les *baux*, les *barreaux*, les *étambots*, les *ferre-bauquieres*, les *iloirs*, les *bordages*, les *vaignes*, &c.

Les bois de gabari font toutes les pieces propres à faire les *étraves*, les *contre-étraves*, les *porques*, les *courbes d'étambot*, d'*arcaffe* & autres, les *varangues de fond* & *acculées* ; celles de *porques*, les *guirlandes*, les *membres*, comme *genoux-de-fond*, premiere, feconde & troifieme *alonges*; les *alonges-de-revers*, celles d'*écubier* ; les *pieces de tour*, *pointes de précintes*, &c.

Toutes les pieces de *gabari* doivent être droites fur deux faces oppofées ; il n'y a que leur différente courbure qui faffe connoître les ufages auxquels elles peuvent être employées.

Les *bois longs* qu'on livre dans les Ports, font, à deux ou trois pouces près, équarris à vive-arrête.

Quelquefois les bois de gabari qu'on tire des forêts de Provence pour le Port de Toulon, ont été gabariés dans les forêts mêmes ; mais cela ne s'eft pratiqué que quand ils étoient deftinés en particulier à une conftruction ordonnée.

Lorfqu'on a fuivi cette pratique, on ne leur donnoit, en les façonnant dans la forêt, que l'épaiffeur néceffaire ; & fur la largeur

geur on faifoit feulement excéder l'équarriffage d'un ou de deux pouces, de forte que chaque piece avoit fa deftination déterminée & fixe.

Mais quand on exploitoit des bois pour les radoubs, on fe contentoit de fuivre la figure propre à chaque arbre, & on les équarriffoit, à deux ou trois pouces près de la vive-arrête, de forte qu'on ne donnoit à ces pieces aucune deftination déterminée.

Les bois de gabari qu'on tire de différentes Provinces pour les Ports de Breft & de Rochefort, font tous travaillés comme ceux de Provence pour les radoubs, ou pour l'approvifionnement général de l'Arcenal; ces pieces ne font pas entiérement équarries à vive-arrête, & on ne leur donne aucune deftination marquée; leurs dimenfions & leur courbure font telles, que chaque arbre a pu les donner; on a feulement foin que ces bois aient deux ou trois pouces de plus fur la largeur que fur leur épaiffeur; cependant il y a prefque toujours du bois à retrancher fur l'épaiffeur.

Affez communément les Anglois ne donnent aucune façon aux bois avant de les tranfporter dans les Ports; ils en retranchent feulement les branches inutiles & l'écorce, & fouvent ils les livrent dans les Arcenaux avec deux & même plufieurs groffes branches.

Les Hollandois tiennent le milieu entre ces pratiques; ils font équarrir groffiérement le bois dans les forêts; je dis groffiérement, parce que tous les bois qui viennent dans leurs Ports ont des défournis, & leurs dimenfions excedent affez confidérablement les pieces de conftruction.

Chacune de ces pratiques a fes avantages & fes inconvénients. Il y a très-peu de déchet fur les bois longs qui ont été équarris dans les forêts à peu-près à vive-arrête: outre que leur tranfport occafionne moins de frais, on ne paye point, lors de la réception, le bois qu'il faudra retrancher par la fuite; on épargne outre cela fur la main-d'œuvre qui eft confidérable, & cependant néceffaire pour réduire ces pieces à leurs dimenfions. D'autre part, quand les bois n'ont été que médiocrement travaillés, on a l'avantage d'en pouvoir changer la deftination,

M m m m

& l'on eft en état de fatisfaire aux befoins actuels, parce qu'on peut, à la faveur de leur plus grande groffeur, & en ména- geant les parties des pieces qui ne font point *flacheufes*, faire, foit un bau ou un demi-bau avec un plançon à peu-près droit, ou bien trouver une précinte dans telle piece qui auroit été équarrie à vive-arrête, mais qui ne porteroit que la largeur or- dinaire des bordages.

Il eft vrai que fi l'on avoit une parfaite intelligence de toutes les parties de l'exploitation, on pourroit faire cette économie dans les forêts mêmes, en y faifant refendre les arbres en pré- cintes, iloirs, bordages, &c : par ce moyen on préviendroit que les bois ne fe fendiffent, & en même-temps on rendroit leur tranfport plus facile ; on ne peut difconvenir qu'il y auroit encore une grande économie à gabarier dans les forêts les bois deftinés à faire des membres, parce qu'il ne fe trouveroit pref- que point de déchet lorfqu'on les emploieroit aux conftructions; mais cette pratique ne peut avoir lieu que quand les forêts fe trouvent à portée des Ports où l'on conftruit, & lorfque ces forêts ont affez d'étendue pour qu'on puiffe y trouver des affor- timents complets : c'eft ce qui fe rencontre bien rarement.

Il y a un autre inconvénient à *gabarier* les bois dans les fo- rêts: fi les pieces ne doivent pas être employées promptement, elles fe fendent, elles fe tourmentent, leur fuperficie s'altere; & rarement peut-on les employer fuivant leur deftination, parce qu'on leur laiffe très-peu de bois à retrancher. On pourroit bien remédier à une partie de ces inconvénients, fi l'on confervoit les bois dans l'eau; mais peut-être auffi leur cauferoit-on d'autres dommages : c'eft ce que je me propofe d'examiner dans la fuite.

Comme il eft toujours très-difficile, & fouvent même ab- folument impoffible de porter les gabaris dans les forêts, on a dreffé des tarifs où font énoncées les dimenfions des pieces & leur courbure. Si l'on ne confidere ces tarifs que comme des à-peu-près qui ne doivent fervir que pour dénommer provi- fionnellement les pieces dans les inventaires, à la bonne heure; mais dans les exploitations, il faut bien fe garder de réduire exactement les pieces selon les dimensions des tarifs ; car il arriveroit que par la suite plusieurs de ces pieces perdroient une partie de leur mérite : je vais le prouver.

Il arrive rarement qu'un Constructeur fasse plusieurs Vaisseaux de même rang, parfaitement semblables dans toutes leurs parties ; à plus forte raison se trouve-t-il plus de différence, lorsque plusieurs Vaisseaux ne sont pas construits par les mêmes Constructeurs : de plus, il est sensible que la courbure des pieces change nécessairement pour les Vaisseaux de différents rangs. Il faudroit donc faire un tarif immense pour fixer, même à peu-près, la courbure que les pieces de gabari doivent avoir dans différentes circonstances : un pareil ouvrage seroit difficile à exécuter. Mais supposons-en la possibilité, il deviendroit inutile ; car qui sont ceux qui, chargés du prodigieux détail de l'exploitation des bois, pourroient se mettre les calculs d'un tel ouvrage dans la tête ? Disons plus, quand même on se le feroit rendu bien familier, on ne pourroit travailler avec l'exactitude que donne la méthode de porter les gabaris dans les forêts, qui est sans contredit la plus exacte ; & malheureusement cette méthode n'est praticable que dans des cas particuliers ; outre cela, je vais faire voir qu'elle est sujette à des inconvénients.

Un Charpentier qui, muni de ses gabaris, va faire une exploitation, s'occupe entiérement de la recherche des pieces qui lui sont demandées ; il diminue celles qui sont trop grosses, & les réduit aux foibles dimensions qu'exigent ses gabaris ; il redresse à la hache & aux dépens du bois celles qui sont trop courbes ; il racourcit celles qui sont trop longues ; en un mot, le Charpentier uniquement occupé de remplir l'état que le Constructeur lui a donné, ne s'embarrasse en aucune façon d'économiser les bois ni de ménager les pieces rares.

Pour faire sentir jusqu'où peut s'étendre une pareille déprédation, supposons qu'un arbre puisse fournir quatre pieces précieuses, & qu'on n'ait besoin que d'une de ces pieces pour le Vaisseau dont on porte les gabaris, le Charpentier commencera par exploiter celle-là, puis il travaillera le reste du corps de l'arbre

fuivant les autres gabaris dont il aura befoin ; en conféquence
il fera tomber les trois autres pieces dans des qualités infé-
rieures : voilà donc trois pieces perdues, & qu'on auroit dû
ménager, foit pour la conftruction d'autres Vaiffeaux, foit
pour des radoubs.

Un Armateur qui n'auroit qu'un Vaiffeau à conftruire, pourroit chercher le bois dont il auroit befoin dans un bouquet
qu'il auroit acheté, parce que fon unique but eft de conftruire
ce Vaiffeau ; encore cet Armateur fe gardera-t-il de détruire
les pieces rares qui ne pourroient fervir à cette conftruction ;
il préférera de les vendre un prix avantageux, plutôt que de les
dégrader pour les employer à fon Vaiffeau.

Mais dans les Arcenaux du Roi où il y a des *pontons*, des
rats, des *gabares*, des *chattes*, des *canots*, des chaloupes, des
frégates, des flûtes, de gros Vaiffeaux à conftruire ou à radou-
ber, il convient d'être afforti en bois de toutes efpeces ; & le
meilleur parti qu'on puiffe prendre, eft de tirer de chaque arbre autant de pieces qu'il en peut fournir ; parce que dans de
pareils Arcenaux, on trouve toujours à les employer felon la
deftination où ils peuvent être propres ; & l'on ne doit fe déterminer à faire de grands déchets, que dans les circonftances
où la néceffité en fait un befoin abfolu : en pareil cas forcé,
on eft obligé de travailler un arbre, comme l'on dit, *à la demande du gabari*, & quelquefois un même arbre peut fournir
une *courbe Capucine*, ou un *ringeot*, ou un *genou de fond*, ou une
varangue acculée, ou une *alonge* ; on choifit entre toutes ces
deftinations, les pieces dont on fe trouve avoir actuellement
befoin, & celles qui peuvent occafionner le moins de perte.

Quand on fe borne à façonner les bois dans les forêts, felon la figure des arbres, & la groffeur qu'ils peuvent fournir,
ainfi que nous venons de le dire, on ne peut éviter qu'il n'y
ait plus ou moins de déchet felon que l'épaiffeur des pieces
differe plus ou moins de la largeur ; mais auffi, plus on aura
laiffé de bois à retrancher, plus on trouvera de reffources pour
l'équerrage, & pour varier les deftinations.

Nous avons dit que les Anglois ne donnent dans les forêts

aucune façon à leurs bois : par cette méthode ils augmentent beaucoup le prix des tranſports ; mais auſſi il y a dans cette pratique une ſi grande économie de matiere, qu'elle peut dédommager de la dépenſe du tranſport. Il y a certaines pieces qui ſe rencontrent ſi rarement, & qui ſont néanmoins ſi eſſentielles aux conſtructions, qu'on ne peut apporter trop d'attention à les ménager. Cependant quand les tranſports ſe font par terre, on ne peut prendre toutes ces précautions que pour les pieces qui ſont fort rares & précieuſes ; mais on peut les étendre à un plus grand nombre, lorſque la plus grande partie du tranſport ſe peut faire par eau ; dans ce cas, & quand le tranſport des bois devient facile, je crois qu'on doit ſuivre la méthode des Anglois, parce que toutes les parties d'un arbre peuvent être employées à leur vraie deſtination. Par exemple, un arbre de 24 pouces de diametre, dans lequel on trouveroit, ſuivant la pratique de nos Ports, un plançon de 16 à 17 pouces d'équarriſſage, pourroit encore produire, en ſuivant la méthode Angloiſe, quatre bordages de deux, trois ou quatre pouces d'épaiſſeur, aux endroits marqués *I K* (*Planche XXXIV. fig. 6*). Mais pour tirer de cette économie le meilleur parti poſſible, il faudroit avoir dans les Ports des moulins à ſcies pour lever les doſſes avec le moins de frais poſſible : nous ferons voir dans la ſuite que ces moulins produiroient encore d'autres avantages.

Une utilité aſſez importante de la méthode Angloiſe & dont je n'ai point encore parlé, c'eſt de tirer de chaque arbre les pieces les plus précieuſes que l'arbre puiſſefournir par ſes dimenſions & ſa figure, & de ſe les procurer ſelon le beſoin qu'on en peut avoir, bien plus avantageuſement qu'on ne pourroit faire, ſi l'on alloit chercher des arbres ſur pied dans les forêts, comme on fait quelquefois lorſque les beſoins ſont preſſants.

J'ajoute, comme nous l'avons déja dit en rapportant le détail des recherches que nous avons faites ſur ce qui peut produire les fentes, que les arbres qui ne doivent point être refendus à la ſcie, ſe conſervent mieux dans les Ports, lorſqu'ils reſtent enveloppés de leur aubier, que quand ils ont été équarris ; parce que l'aubier ralentit la diffipation de la feve, & qu'il empêche que le bois ne fe fende beaucoup.

Les Hollandois, en fe contentant d'équarrir groffiérement leurs arbres, fe procurent une partie des avantages de la méthode Angloife, quant à l'économie de la matiere, & aux reffources qu'ils fe ménagent relativement à la deftination des pieces ; & ils évitent en partie l'inconvénient de la difficulté du tranfport.

Chacune de ces méthodes a donc fes avantages & fes inconvénients. On ne peut gueres fe difpenfer de réduire, le plus exactement qu'il eft poffible, à leurs juftes dimenfions, les grandes pieces qu'on eft obligé de tirer des forêts éloignées ; tout ce qu'on doit exiger des Fournifleurs, c'eft qu'ils ne coupent pas en deux les belles pieces, dans la vue d'en rendre le tranfport plus aifé ; mais on fera bien de ne faire équarrir que groffiérement, fur-tout les bois courbes, lorfqu'on les tirera des forêts voifines des Ports où fe font les conftructions, ou de ceux où l'on peut les embarquer fur des rivieres navigables ; parce que dans ce cas la matiere eft plus importante à conferver que la voiture à ménager. On pourroit même alors livrer les arbres fimplement écorcés, fi l'on prévoyoit que les bois duffent y refter long-temps avant d'être employés. Quand on doit garder long-temps les pieces avant de les employer, on eft obligé de retrancher un peu de bois de la fuperficie ; il convient alors de les tenir un peu plus groffes que les dimenfions précifes qu'elles doivent avoir pour être mifes en place.

Enfin, en toute occafion, il faut avoir foin de prendre, précifément pour chaque piece, l'arbre qui lui convient & qui ne peut être propre qu'à cette deftination : en s'écartant de cette regle, il arrive fouvent qu'on coupe pour des befoins preffants, des Chênes qui feroient mieux employés à des pieces beaucoup plus importantes. C'eft par cette raifon qu'il faut défendre aux Ouvriers de former le gabari des pieces aux dépens du bois.

Nous avons déja dit qu'à l'égard des bois de *gabari*, il les falloit tenir toujours *méplats*, & de maniere que leur largeur excede de 4, 5 ou 6 pouces leur épaiffeur, afin de fournir les

Ports de pieces qui puiſſent être employées à différentes deſtinations. Il eſt vrai que les pieces exploitées ſuivant ces principes, ne paroîtront pas fort contournées lors de la livraiſon ;
mais on pourra leur donner autant de courbure que le Conſtructeur en aura beſoin : cette méthode s'éloigne moins de celle
où on livre les bois en grume.

On voit qu'il faut varier l'exploitation des bois ſuivant les
circonſtances : dans les cas où les bois ſont rares & les voitures
commodes, on ne doit que dégroſſir les arbres & même les livrer
en grume, ſimplement dépouillés de leur écorce. Quand les bois
ſont communs & les voitures difficiles, on eſt obligé de gabarier
les pieces dans les forêts, & de leur donner à peu-près les dimenſions qu'elles doivent avoir quand on les mettra en place.

Si l'on fait une exploitation pour une conſtruction qu'il importe d'exécuter promptement, & que la forêt ſoit voiſine du
Port, il conviendra de gabarier les bois dans la forêt même ;
mais s'il ne s'agit que de faire des approviſionnements de bois,
il ſera mieux de les tirer groſſiérement équarris.

Je paſſe à une conſidération qui, pour être d'un autre genre,
n'en eſt pas moins digne d'attention.

Article II. *Qu'il eſt très-avantageux de prendre
dans les arbres les moins gros, les membres de conſtruction relatifs à leurs échantillons.*

On deſire toujours dans les Ports d'avoir de très-gros Vaiſſeaux ; & dans cette idée on ne ceſſe de demander aux Fourniſſeurs de fort groſſes pieces, ſauf à les réduire ſi l'on n'a
que des Vaiſſeaux de moindre rang à conſtruire.

Je dis que les dimenſions qui excedent celle des membres
des Vaiſſeaux qu'on conſtruit, telles qu'on a coutume de les
fixer aux Fourniſſeurs & aux Officiers commis aux recettes,
font un préjudice conſidérable au ſervice de la Marine.

Je prie qu'on faſſe attention qu'il ne s'agit pas ici de pieces
dont on pourroit retrancher du bois dans les forêts ; je ne prétends rien changer à ce que je viens de dire à ce ſujet ; mais je

me plains de ce qu'en fuivant les regles auxquelles on affujettit les Fourniffeurs, on fe met dans le cas, pour avoir la fatif-
faction de tailler, comme l'on dit, en plein drap, de prendre
des membres d'une groffeur médiocre dans de très-gros arbres ; je me plains encore de ce qu'on exige des Conftructeurs,
que tous les membres qu'ils font mettre en place, foient équarris à vive-arrête, & fans qu'on puiffe voir aux angles ni flaches
ni défournis : je vais tâcher de faire connoître combien cette
pratique eft contraire au bien du fervice.

Il eft conftamment vrai que plus les pieces pour les membres
font groffes, plus elles renferment de défauts & de principes de
corruption. Il eft encore vrai que les gros & vieux arbres qui
fourniffent les pieces d'un fi gros échantillon, ont été prefque
tous rebutés par ceux qui long-temps avant les avoient déja
jugés d'une qualité médiocre, ou d'un tranfport trop difficile:
le temps où ces arbres ont depuis refté fur pied, les a rendus
encore plus défectueux ; ils ont continué à s'ufer de plus en
plus ; & peut-être que dans cet état ils ont encore éprouvé les
rigueurs de l'Hiver de 1709 qui aura achevé de les gâter, &
de les rendre non-feulement inutiles, mais même dangereux
pour le fervice. Si l'on fe rappelle ce que j'ai dit dans cet ouvrage fur l'âge des arbres, & les expériences que nous avons
faites pour parvenir à connoître quelle pouvoit être la faifon
la plus favorable pour les abattre ; on conviendra que tous
ceux de cette efpece font fur le retour, que leur cœur eft
affecté d'une corruption commencée ou prochaine : cependant
quand on travaille dans les Ports les pieces de gros échantillon,
pour les réduire aux dimenfions qu'elles doivent avoir, on
ôte le bois de la circonférence qui dans ce cas eft le meilleur,
& l'on conferve la partie déja altérée ; de-là vient le peu de
durée de tous les ouvrages qu'on conftruit avec de fort gros
bois : fouvent c'eft à tort qu'on s'en prend à la nature du terrein
où ces arbres ont crû, ou bien à la faifon dans laquelle ils ont
été abattus.

Comme je crois avoir fuffifamment prouvé que tous les arbres de gros échantillon font en retour, & que tous les arbres
en

en retour, ont dans leur intérieur un principe de corruption, on doit en conclure qu'il faut donner la préférence aux arbres qui n'ont que la grosseur précise & convenable à l'échantillon des Vaisseaux qu'on veut construire : le Roi ne seroit pas tenu de payer aux Fournisseurs le bois qu'il faut retrancher, ni les journées d'Ouvriers qu'il faut employer pour réduire les grosses pieces aux dimensions requises : au lieu de mettre en œuvre des bois usés, & qui ont un commencement de pourriture, on emploieroit du bois vif & moins chargé de défauts. En conséquence de ces principes, il ne faudroit pas rejetter des membres qui auroient des défournis ; car pourvu que dans ces membres les faces qui se touchent, puissent se joindre exactement, il est fort indifférent que celles qui répondent aux mailles soient flacheuses ou non.

Pour éviter toute équivoque, il est bon de se rappeller que j'ai dit dans le Livre précédent, que le bois du centre des arbres en crûe est le plus parfait. Ainsi, dans les circonstances où l'on emploie du jeune bois, c'est celui du cœur qu'on doit ménager avec le plus de soin. Mais j'ai prouvé aussi que, dans les bois fort gros, & par conséquent très-vieux, le bois du centre a presque toujours contracté un commencement d'altération qui se manifeste bien-tôt par la pourriture. Si l'on pouvoit dans ce cas retrancher le bois du cœur, pour n'employer que celui de la circonférence, on supprimeroit la partie déja viciée, & ce qui resteroit seroit le moins mauvais ; mais cela ne se peut pratiquer pour les membres des gros Vaisseaux, ni pour les poutres des bâtiments civils ; & c'est en partie pour cette raison que les Frégates & les Vaisseaux Marchands, qu'on construit avec du bois de petit échantillon, durent plus long-temps que les gros Vaisseaux. Cependant on peut faire une application de ce que je viens de dire, pour avoir de meilleurs bordages ; car si l'on leve au milieu d'un plançon (*Pl. XXXIV. fig.* 8), une tranche *A B,* qu'on pourroit employer à des ouvrages de peu de conséquence, on supprimeroit le centre de ce plançon qui est ordinairement la partie viciée ; & le bois des bordages *CC, DD* en seroit d'un meilleur emploi : j'ai vu suivre cette pratique avec succès.

N n n n

Je me fuis trouvé dans l'occafion de vérifier ce que je viens de dire, lorfque j'étois préfent à la vifite que l'on faifoit de plufieurs gros Vaiffeaux, pour reconnoître s'ils étoient en état de faire campagne. J'annonçois alors, avant qu'on eût délivré les bordages, que la pourriture des membres fe trouveroit ou à leur fuperficie ou dans leur intérieur. Voici ce qui me guidoit dans mon jugement.

Si je voyois par le contour des membres, que le cœur de la piece fe devoit trouver à l'extérieur du membre, j'annonçois que la pourriture fe manifefteroit au dehors du membre, auffi-tôt qu'on auroit levé le bordage ; fi au contraire le cœur de l'arbre fe devoit trouver à l'intérieur du membre, j'affurois que quand on auroit levé le bordage, l'extérieur du membre paroîtroit fain ; mais qu'en le perçant avec une tariere, on reconnoîtroit bien-tôt que l'intérieur étoit pourri. Cette obfervation juftifie ce que j'ai dit dans le Chapitre de l'âge des arbres, pour rendre raifon de ce que la plupart des groffes poutres pourriffent dans l'intérieur.

Ces réflexions, quoique préfentées uniquement ici pour les bois de Marine, peuvent donc avoir leur application à tous les bois de gros échantillon qui s'emploient dans les bâtiments civils. Mais comme je ferai obligé de revenir fur ce même objet, je termine cette digreffion pour reprendre le fil de mon objet ; en conféquence, je vais donner les dimenfions des principales pieces qui entrent dans la conftruction des Vaiffeaux.

Article III. *Dimenfions des principales pieces qui entrent dans la conftruction des Vaiffeaux de Guerre.*

J'ai dit qu'on diftinguoit en général tous les bois fervant à la conftruction des Vaiffeaux, en *bois droits, & bois courbes.* En me conformant à cette divifion, je ferai un paragraphe particulier de chacun de ces bois.

Je repréfenterai en figures quelques membres tracés fur les arbres même, pour faire mieux comprendre la façon de les exploiter ; mais comme par cette méthode je craindrois de trop multiplier les figures, je me bornerai pour plufieurs de ces pieces, à en marquer à peu-près le contour.

§. 1. *Des Bois droits.*

Les pieces de quille (*Pl. XXXIII. fig. 9*), doivent être des plus fortes dimensions ; elles ne peuvent être jamais trop longues ; & autant qu'il est possible, elles doivent être bien droites sur tous les sens. Leur longueur est ordinairement entre 30 & 40 pieds , & leur équarrissage de 20 pouces sur 18 , ou de 17 sur 16 , ou de 16 sur 15 , ou de 15 sur 14, &c, suivant la force des bâtiments pour lesquels on les destine.

Les pieces pour les *baux* & les *barreaux* (*Fig. 10*) B , sont à l'égard des Vaisseaux, ce que les *Pontons* sont aux bâtiments civils : on laisse à ces pieces toute la longueur qu'elles peuvent porter ; elles doivent être droites & bien alignées sur deux faces opposées ; & dans l'autre sens , elles doivent être un peu courbes : la longueur ordinaire des baux est depuis 28 pieds jusqu'à 40 , & plus s'il se peut : on les fait souvent de deux pieces; & en ce cas il suffit que chaque piece porte depuis 24 jusqu'à 28 pieds de longueur ; leur équarrissage doit être de 18 pouces sur 17 , ou de 17 sur 16 , ou de 16 sur 15 , ou de 15 sur 14. Comme les baux des Vaisseaux de différents rangs, sont de différente grosseur ; & comme tous ceux d'un même Vaisseau ne doivent pas être d'une pareille force, le Constructeur choisit dans les pieces de cette espece qui se trouvent dans l'Arcenal, ceux qui conviennent le mieux au bâtiment qu'il construit.

Quant à la courbure des baux , elle varie depuis 7 pouces jusqu'à 10 ; c'est-à-dire, qu'en tendant une ligne dans toute la longueur de la piece, comme le représente la ligne ponctuée *a b* (*Fig. 13*), la longueur de la fleche *d c*, doit être de 7 à 10 pouces, c'est-à-dire, de deux à trois lignes par pied selon la longueur du bau.

Les pieces d'*étambot* (*Fig. 11*), doivent être d'égale épaisseur dans toute leur longueur ; mais on doit les tenir plus larges par le bas que par le bout supérieur : leur longueur varie depuis 25 jusqu'à 35 pieds ; leur largeur depuis 18 pouces jusqu'à 20 ; & leur épaisseur depuis 14 pouces jusqu'à dix-huit :

N n n n ij

tout cela doit être entendu relativement au rang des Vaiſſeaux.

Les *bittes* dont on peut prendre une idée (*Fig. 4*), ſont ali-gnées droites ſur leurs quatre faces ; mais elles ſont environ d'un tiers plus menues par un bout que par l'autre ; elles doivent avoir depuis 19 juſqu'à 25 pieds de longueur ; & d'é-quarriſſage, 15 pouces ſur 16, ou 13 ſur 14 vers le gros bout.

Il faut, outre les bois dont nous venons de parler, avoir un aſſortiment de plançons, & d'autres bois droits auxquels on aſſigne différentes deſtinations, ſuivant les beſoins : on ne peut ſe paſſer d'avoir beaucoup de plançons à refendre à la ſcie, pour en faire des *iloirs,* des *précintes,* des *bordages,* des *vaignes;* on y trouve encore des *barrots,* des *barottins,* des *contre-quilles,* des *contre-étambots,* des *barres* de Gouvernail, des *ſerres,* des *gouttieres ,* &c.

Exemple d'un aſſortiment de Bois longs.

Longueur en pieds.	Equarriſſage en pouces.
35 . . à . . 40	16 . . . ſur . . 15
32 . . à . . 40	15 . . . ſur . . 14
30 . . à . . 36	14 . . . ſur . . 13
28 . . à . . 34	13 . . . ſur . . 12
25 . . à . . 30	11 . . . ſur . . 12
24 : . à . . 27	11 . . . ſur . . 11
22 . . à . . 27	10 . . . ſur . . 11
22 . . à . . 26	9 . . . ſur . . 10
18 . . à . . 21	10 . . . ſur . . 11
16 . . à . . 20	9 . . . ſur . . 10
20 . . à . . 24	8 . . . ſur . . 8
16 . . à . . 22	7 . . . ſur . . 7
10 . . à . . 16	6 . . . ſur . . 6
8 . . à . . 12	7 . . . ſur . . 7

Enfin des *chevrons* de différente longueur, & de trois ſur quatre.

§. 2. *Bois courbes, Bois tords ou Bois de Gabari.*

Ces bois doivent être tous bien frappés sur le droit ; leur largeur, dans le sens de la courbure, doit être d'un tiers plus forte que leur épaisseur : ceci doit être regardé comme une regle générale.

Les *ringeots* ou *brions* (*Pl. XXXIII. Fig. 12*), font partie de la *quille*, & de l'étrave ; ainsi ces pieces doivent former les deux branches d'une équerre fort ouverte ; la branche *b d* qui fait la prolongée de la quille, doit être plus longue que celle *b c* qui se joint à l'*étrave*, & de sorte qu'elle soit à l'autre à-peu-près comme 3 est à 5 $\frac{1}{2}$: pour connoître l'ouverture de l'angle de ces branches, on prolonge la ligne ponctuée *b a* ; & il faut, pour les gros Vaisseaux, qu'il y ait autant de fois 7 lignes de *a* en *c*, qu'il y a de pieds de *b* en *c* ; à l'égard des moyens, six lignes suffisent. Quoique ces regles varient suivant les intentions des Constructeurs, cependant les à-peu-près que nous venons de donner, pourront être utiles à ceux qui font des exploitations de bois : au reste, il y a des *ringeots* qui ont, de *a* en *d*, 16 pieds de longueur ; d'autres 26, & dont l'équarrissage est de 21 pouces sur 18, ou 19 sur 16, ou 15 sur 18, ou 14 sur 17.

Les pieces d'*étrave* représentées en grume (*Fig. 7*), doivent avoir le plus de largeur qu'il est possible de leur donner ; elle doit excéder d'un tiers leur épaisseur ; leur courbure doit être de 12, 14, 15 lignes par pieds de leur longueur ; en sorte qu'une pareille piece qui auroit 24 pieds de longueur, doit avoir une fleche de 24 à 26 pouces ; ainsi la ponctuée *a c b*, faisant la corde de la piece d'étrave (*Fig. 13*), la fleche *c d* doit avoir 24 à 26 pouces. L'équarrissage de ces pieces est de 20 sur 16, ou de 19 sur 15, ou de 18 sur 14.

Les pieces pour *contre-étraves* doivent être travaillées comme les *étraves* : leur longueur doit être au moins de 15 pieds, leur largeur d'un cinquieme plus fort que leur épaisseur : elles doivent avoir plus de courbure que les pieces d'étrave, de sorte que la fleche d'une piece qui auroit 15 pieds de longueur, de-vroit être au moins de 20 pouces.

On peut faire avec les pieces d'*étrave* & de *contre-étrave*, des *genoux de fond* & de *porques*, pourvu que ces pieces aient depuis 13 jufqu'à 18 pieds de longueur, & d'équariffage 18 fur 16, ou 17 fur 15.

Les *varangues de fond A* (*Fig. 14*), ont depuis 13 jufqu'à 24 pieds de longueur, & d'équarriffage 15 pouces fur 14, ou 14 fur 12, ou 13 fur 12 : leur courbure doit être d'un dou-zieme de leur longueur.

On prend dans les mêmes pieces des *varangues*, des *porcs*, des *alonges d'écubier*, des *pieces de tour*, quelques *guirlandes*, des *marfouins*, &c. Il eft bon que certaines pieces, telles que celles (*Fig. 15*), foient courbes, principalement par un de leurs bouts, & que quelques autres pieces aient leur princi-pale courbure dans le milieu de leur longueur.

Les *guirlandes B* du fond des Vaiffeaux (*Fig. 14*), celles (*Pl. XXXIV. fig. 16*); les *courbes de pont* (*Fig. 17*); les *cour-bes d'arcaffe* (*Fig. 18*); les *courbâtons* (*Fig. 19*), les *varangues acculées*, & les *fourcats* (*Fig. 20, 21 & 22*), toutes ces pieces doivent être bien travaillées fur le droit : leur largeur doit être au moins d'un quart plus confidérable que leur épaiffeur.

A l'égard des *courbes*, il faut que le bras qui forme la courbe, ait au moins les deux tiers de la longueur du corps ; & il ne faut point les rogner : de plus, la groffeur du bras doit être proportionnée à celle du corps ; enfin les bras de ces fortes de pieces doivent faire, avec leur corps, un angle de 80, 90, 100, 110 ou 120 degrés au plus ; paffé ce terme, on ne peut plus les confidérer comme des courbes ; elles ne peuvent être employées que pour des *genoux de fond*, des troifiemes *alonges*, ou pour quelques *varangues acculées*, lorfqu'elles font bien fournies dans leur colet : il faut pour cela que ces pieces aient au moins 13 à 14 pieds de longueur ; & leur courbure doit être depuis 12 jufqu'à 18 & 20 lignes d'arc par pieds de leur longueur ; enforte qu'un *genou* ou une troifieme alonge qui

auroit 12 pieds de longueur, doit avoir au moins 12 pouces
de fleche ; ceux qui porteroient 15, 18, ou même 20 pieds,
feroient beaucoup plus utiles pour les conftructions.

Les premieres & fecondes alonges, ainfi que celles de revers (*Figures* 23, 24 *&* 25), fe trouvent aifément dans les
forêts, & les Fourniffeurs en livrent en plus grande quantité
qu'on ne leur en demande ; de forte qu'il en refte toujours
beaucoup d'inutiles & qui pourriffent dans les Ports. Les plus
courtes de ces pieces doivent avoir 12 à 14 pieds de longueur :
plus leur courbure eft confidérable, plus elles font avantageufes pour les conftructions & les radoubs.

Les *liffes d'ourdi* ou *barres-d'arcaffe*, doivent avoir deux courbures, ce qui les rend difficiles à rencontrer ; leur longueur
ordinaire eft depuis 24 pieds jufqu'à 34 ; & leur équarriffage,
de 16 à 21 pouces : il faut que la courbure foit dans un fens,
de 3 lignes par pied de la longueur de la piece, & dans l'autre
fens de quatre lignes.

Pour travailler ces pieces après qu'elles ont été coupées de
longueur, on les met en chantier, de façon qu'une ligne droite
tirée d'un bout à l'autre, puiffe rentrer au milieu de la piece
d'un quart de fa longueur réduite en pouces, pour pouvoir
tracer une ligne courbe dont la fleche ait cette valeur:

Suppofons, par exemple, qu'on ait à travailler une *liffe
d'ourdi* de 24 pieds de longueur, & de 24 pouces de diametre
vers fon petit bout ; il faut faire charger la ligne fur chaque
bout de 3 pouces & demi pour le premier parage ; la ligne
droite étant bien tendue, on la marque d'aplomb fur toute la
longueur de la piece, & on examine s'il fe trouve au milieu
6 pouces de plus de bois, que fur les bouts ; ces 6 pouces fervent à donner à cette piece la rondeur requife fur le premier
fens ; car 6 pouces eft le produit du quart de 24 pieds, qu'il
faut réduire en pouces, ou bien en prendre le douzieme qui
fait 6 pouces.

Si dans cet alignement, les 6 pouces ne fe trouvoient pas à
l'extérieur de la ligne vers le milieu, il faudroit tourner la
piece jufqu'à ce qu'ils puffent s'y rencontrer ; ou recharger la

ligne droite fur la piece, fi fon épaiffeur le permettoit, jufqu'à ce qu'on ait trouvé une fleche de 6 pouces.

On divifera enfuite la longueur de la piece fur la ligne droite, en autant de parties égales qu'on voudra, par exemple, en 6; & on portera fur la divifion du milieu, 6 pouces, ce qui doit faire la plus grande courbure; fur celle des côtés, 5 pouces; fur celles qui fuivent, 4 pouces; & de même, on marque fur chaque divifion la courbure que la piece doit avoir, & on la fait enfuite parer d'aplomb fuivant cette courbure.

· Quand la piece a été ainfi parée fur fes deux premieres faces, on la renverfe fur le côté paré, qu'on doit mettre bien parallele à l'horizon; quand elle a été bien calée, on préfente la ligne, de façon qu'elle fe charge fur le milieu, d'un tiers de fa longueur, divifé par douze, ou réduit en pouces; c'eft-à-dire, pour l'exemple préfent, de 8 pouces, parce qu'on a fuppofé que cette liffe avoit 24 pieds de longueur. On opere enfuite fur cette feconde face, comme on a fait pour la premiere; mais fa courbure doit être plus grande que celle de la premiere, puifqu'elle eft d'un douzieme du tiers de la longueur de la piece, au lieu que l'autre n'étoit que d'un douzieme du quart de cette même longueur.

On pourroit fuivre la méthode que je viens d'indiquer pour le parage des autres bois courbes, avec cette différence qu'on commenceroit par aligner bien droit deux faces oppofées, & que l'on opéreroit fur la face courbe, comme je viens de l'expliquer; mais comme il faut peu travailler les pieces courbes fur le tors, on fe difpenfe de prendre tant de précautions.

Nous avons dit qu'il falloit être bien afforti dans les Ports de toutes fortes de bois droits; il n'eft pas moins important d'avoir un bon affortiment de bois tors bien alignés, & frappés fur le plat, & qui n'aient point été *affamés* dans l'intérieur de leurs courbes, pour la faire paroître plus confidérable.

J'ai déja averti qu'on ne doit entendre toutes les mefures que j'ai données que comme des à-peu-près, que je crois fuffifants pour guider ceux qui font chargés de l'exploitation des bois dans les forêts. Si néanmoins on defiroit opérer avec plus

de

de précifion fur cet objet, on doit confulter le premier Chapitre, & les Tables de mes *Eléments d'Architecture Navale*.

CHAPITRE IV.

Des Bois de fciage.

APRÉS avoir parlé des bois qu'on équarrit à la cognée, &
qu'on nomme affez communément les *Bois quarrés*, je dois
parler de ceux qu'on refend avec la fcie de long, & qu'on nomme *Bois de fciage*, lors même qu'ils reffemblent par la forme
aux bois quarrés ou équarris. Ainfi une folive ou un chevron
eft compris dans les bois quarrés, quand il a été équarri à la
cognée; & lorfque ces mêmes pieces ont été refendues avec
la fcie de long, elles font réputées bois de fciage.

Par l'opération de la fcie de long, on ménage beaucoup de
bois, & l'ouvrage s'expédie affez promptement, fur-tout quand
on fait agir plufieurs fcies par des moulins à eau ou à vent.

On a coutume de commencer par équarrir à la cognée les
bois qu'on deftine à être refendus à la fcie; cependant il y a
des cas où il paroît plus convenable de refendre à la fcie les
bois, fans les avoir auparavant équarris; c'eft ce que je ferai
connoître, après que j'aurai expliqué en peu de mots le travail
du Scieur de long.

ARTICLE I. *De la maniere de refendre les Bois avec
la fcie de long.*

LES Scieurs de long ne peuvent être moins de deux Ouvriers pour exécuter leur travail; communément ils font trois,
& ce n'eft pas trop pour monter de groffes pieces fur leur chevalet. Quand une pareille piece a été mife en place, un Ouvrier *A* (*Pl. XXXV. fig. 1 &2*), monté fur cette piece, releve la fcie & la dirige fur le trait; un ou deux autres *B*, placés au-

deſſous de la piece, tirent la ſcie en en-bas ; & comme les
dents de la ſcie ne mordent qu'en deſcendant, il faut plus de
force pour la faire deſcendre que pour la remonter ; c'eſt pour
cette raiſon qu'il y a ordinairement deux Ouvriers en bas. Je
dis que les dents de la ſcie ne mordent dans le bois qu'en deſcendant, non-ſeulement parce que ces dents qui ſont cro-
chues dans ce ſens ne mordent point en montant, mais encore
parce que les Scieurs de long écartent la ſcie du bois, quand
ils la remontent, & qu'ils l'appuient ſur le bois en deſcendant.

La premiere opération des Scieurs de long, conſiſte à établir la piece qu'ils doivent travailler ſur un chevalet (*Fig.* 2),
ou ſur des treteaux (*Fig. 1*) ; car cette piece doit être aſſez
élevée, pour que les deux Scieurs qui reſtent en bas, puiſſent
être placés deſſous.

Lorſqu'ils travaillent dans des Chantiers où ils trouvent ordinairement du ſecours pour élever les pieces fort peſantes ;
ils ont coutume de ſe ſervir de deux forts treteaux *C D* (*Fig.*1) ;
& quand ils ont ſcié un bout de la piece, comme, par exemple,
en *E*, ils écartent le treteau *C* du treteau *D*, & ils travaillent
entre ces deux treteaux qui ſont fort commodes pour cette
opération toutes les fois qu'on peut avoir du ſecours pour
monter les pieces deſſus. Mais comme il arrive ſouvent que
les Scieurs ſe trouvent ſeuls dans les ventes, il leur ſeroit im-
poſſible d'élever de lourdes pieces ſur de pareils treteaux ; en
ce cas ils établiſſent eux-mêmes un chevalet qui a un treteau
fort ſimple & néanmoins très-ſolide.

Ils prennent pour cet effet un rondin de bois (*Fig. 3*) ; ils
y font avec leurs cognées les entailles *a b, f g*, un peu obliques
à l'axe du rondin, afin que les pieds du treteau s'écartent par
le bas : les entailles ſont plus étroites par le haut du côté de
a & *b*, que du côté de *f* & de *g*, c'eſt-à-dire, par le bas, afin que
les pieds ne puiſſent entrer plus avant qu'on ne les y a chaſſés.

Ces entailles ſont auſſi plus larges par le fond que par leur
entrée, afin que les pieds qui forment par leurs bouts d'en haut,
une eſpece de queue d'aronde, ne puiſſent ſortir de l'entaille.

On fait trois entailles pareilles, une en *a*, l'autre en *b* &

la troifieme en *d* ; celle-ci n'eft que ponctuée dans la figure , parce que comme elle eft cachée derriere la partie du rondin qui fait le deffus du treteau , on ne la peut pas voir ici.

Les pieds de ce treteau font formés par trois pieces de bois femblables à celle marquée *c e* ; elles font rondes dans toute leur longueur, excepté au bout fupérieur *c* qui eft équarri , de façon que la face qui doit remplir le fond de l'entaille , foit plus large que celle de devant. On comprend que quand ces pieds ont été chaffés à grands coups de maffe, de façon que le bout *c* qui eft en forme de coin , entre à force dans l'entaille *a* ; ils y font folidement affujettis par un affemblage à queue d'aronde : ces trois pieds mis en place , forment le treteau folide *C* (*Fig.* 2).

Il eft queftion enfuite d'élever fur ce trêteau ou chevalet, la piece de bois qui doit être refendue à la fcie , telle, par exemple, que celle cotée *D* ; & comme ces fortes de pieces font ordinairement affez groffes & pefantes, les trois Scieurs de long doivent ufer d'adreffe & de force pour y réuffir. En ce cas ils établiffent un plan incliné compofé de deux longues membrures de bois , dont ils pofent un bout fur le chevalet & l'autre à terre ; enfuite ils font couler, fur ce plan incliné, la piece à refendre ; ils la tournent, & après l'avoir mife de travers & en équilibre fur le chevalet, ils la lient fur les membrures *G H*, avec des cordes *E, F.* Lorfqu'ils ont fcié la piece au-delà de la moitié de fa longueur, ils la retournent, & l'entretenant toujours en équilibre fur le chevalet, ils lient la moitié fciée fur les mêmes membrures, & achevent de fcier l'autre partie de cette piece.

Quand ils ont à fcier une très-groffe piece & trop pefante pour pouvoir être élevée fur le chevalet, ou lorfqu'ils ne veulent pas en prendre la peine, ils fouillent un trou en terre, dans lequel defcendent les deux Ouvriers qui doivent rabattre la fcie.

Avant de monter la piece qui doit être refendue , foit fur les treteaux , foit fur le chevalet, les Ouvriers tracent les traits qu'ils doivent fuivre en la débitant (*voyez fig. 4*) : ces traits fe marquent avec une ligne ou cordeau frotté dans du charbon de paille délayé dans de l'eau ; enfuite on cale la piece avec beaucoup d'attention, & bien à plomb fur le chevalet ; & pour cela on tient vis-à-vis de l'œil un fil à plomb , qu'on bornoye fur les deux faces verticales de la piece : après quoi le Maître Scieur *A* monte fur la piece , & commence le fciage avec fes deux Aides *B*.

Comme c'eft l'Ouvrier d'en haut qui dirige la fcie fuivant le trait, il doit être plus attentif que les deux autres ; fon travail eft auffi très-pénible, parce que c'eft lui qui releve la fcie.

A chaque coup de fcie, les Scieurs d'enbas la tiennent d'abord perpendiculairement , & à mefure qu'elle defcend, ils tirent le bas de la fcie vers eux; celui d'en haut attire en même temps à lui le haut de la fcie ; de forte que le tranchant de cette fcie décrit une courbe néceffaire pour dégager de deffus le trait la pouffiere que la fcie a détachée du bois. Toutes les fois que l'Ouvrier remonte la fcie, il la recule un peu, afin que les dents ne frottent point contre le bois , ce qui le fatigueroit beaucoup, parce que fes bras ne font point en force, quand ils remontent la fcie. Pour rendre encore la fcie plus coulante , on en frotte de temps en temps le feuillet avec de la graiffe, & l'on enfonce un coin dans l'ouverture du trait déja commencée, ce qui, joint à la voie que l'on donne aux dents de la fcie , lui donne beaucoup de jeu pour aller & venir. Quand les Scieurs enfoncent trop leurs coins , ils forcent les fibres du bois , ce qui fouvent occafionne des éclats qui endommagent les pieces : les Menuifiers rencontrent ces éclats lorfqu'ils travaillent les bois de fciage à la varlope.

Les feuillets pour les fcies de long font de différentes épaiffeurs : les uns font fort épais , & ils réfiftent plus que les autres ; mais auffi ils font des traits fort larges dans le bois : d'autres font plus minces & mieux dreffés , ceux-ci font des traits plus fins , & ils paffent plus aifément dans le bois ; mais il faut bien les ménager , fur-tout quand on travaille du bois rebours & ruftique : on s'en fert ordinairement pour refendre les bois dans les chantiers, & les plus épaiffes feuilles de fcie fervent à travailler le bois dans les forêts : on en emploie encore de plus fortes pour les fcies qui fe meuvent par le moyen de l'eau.

Quoiqu'on refende prefque toujours à la fcie des bois droits
(*Pl. XXXV. fig. 4*), on refend auffi quelquefois des bois courbes, foit dans le fens de leur courbure (*fig. 5*), pour en faire
des bordages, foit perpendiculairement à la courbure (*fig. 6*),
pour en faire des pieces de tour.

M. le Normand qui a été Intendant de la Marine, a établi
à Rochefort une police admirable fur les travaux de la conftruction des Vaiffeaux : il eft parvenu à faire lever à la fcie
prefque tout ce qu'on réduifoit autrefois en copeaux avec
la cognée, & il en a réfulté une affez grande économie,
puifque le bois ainfi débité à la fcie, dédommage amplement
de la main-d'œuvre, les Charpentiers y trouvent auffi leur
compte, parce qu'ils viennent à bout, en variant l'établiffement des pieces fur les chevalets, de former fi bien avec la
fcie l'équerrage de leurs pieces, que j'ai vu des membres qui
avoient été ainfi refendues en aile de moulin. Comme ces fortes de pratiques ne peuvent avoir leur application que dans des
cas particuliers, je ne m'étendrai pas davantage fur cet objet;
mais je vais entrer dans quelques détails fur la façon de débiter
les bois droits avec la fcie de long.

ARTICLE II. *Différentes méthodes qu'on emploie pour
débiter les bois de fciage.*

COMME les gros bois étoient autrefois très-communs, on
commençoit par équarrir une piece, comme on le peut voir
(*Pl. XXXV. fig. 7*); enfuite on la refendoit en quatre *a, b, c, d,*
dont on faifoit quatre folives de fciage fort propres, & peu
fujettes à fe fendre par les raifons que nous avons amplement
détaillées dans le Livre précédent. Mais aujourd'hui que les
gros bois font rares, on emploie beaucoup de folives de brin
mal équarries, qu'on recouvre de plâtre ou avec du plaque en
bourre, pour former des plafonds qui couvrent toutes les dé-
fectuofités du bois.

On cartelle encore à la fcie les bois dans les forêts éloignées
où il fe trouve de gros arbres ; mais on deftine ceux-ci à faire

des planches; en conséquence on refend ces cartelles en planches, tantôt comme le représente la cartelle *A A* (*Pl. XXXVI. fig. 1*); d'autres fois suivant les lignes *B B*. En suivant l'une ou l'autre méthode, le cœur de l'arbre ne se trouve point au milieu des planches, & elles sont moins sujettes à se fendre que quand on refend par le diametre *C D*, ainsi qu'on le pratique souvent, sur-tout à l'égard du bois de Sapin, & quand on cherche à donner plus de largeur aux planches. Mais en gagnant de ce côté-là, je vais faire voir que l'on perd beaucoup à d'autres égards.

Pour comprendre qu'il n'est point indifférent de scier les arbres suivant leur diametre, ni même dans toutes sortes de directions, il faut faire attention, qu'après qu'ils ont été cartelés, l'on apperçoit sur certaines planches de Chêne, des taches brillantes, qui ressemblent assez à la couche intérieure d'un noyau de pêche. Comme ces taches sont brillantes, quelques personnes les ont nommées *Miroirs*; à Paris, on les appelle plus à propos *Mailles*; & l'on estime les bois qui en portent beaucoup, sur-tout ceux dont on fait les panneaux de menuiserie, parce qu'ils se retirent moins que les autres, & qu'ils sont peu sujets à se tourmenter & à se fendre.

Reste à savoir d'où dépendent ces taches brillantes qu'on nomme *les mailles*. Si l'on s'adresse aux Menuisiers, la plupart diront que c'est la nature de certains bois; & en effet il se trouve des planches qui ont beaucoup de mailles, & d'autres qui n'en ont presque point. Je ne nie pas qu'il y a des bois qui ont essentiellement plus de mailles que d'autres, mais il est certain que, suivant la façon de les refendre, on peut faire paroître beaucoup ou peu de mailles. Je me suis assuré de ce fait par des expériences exactes; & pour rendre clairement ma pensée, je renvoie à la *Figure I de la Planche XXXVI*, qui représente l'aire de la coupe d'un rondin de Chêne. On y apperçoit des cercles concentriques qui se montrent sur la cartelle *E F*; on y voit outre cela des rayons qui s'étendent du centre à la circonférence: ces rayons que Grew a nommés *insertions*, sont des prolongements du tissu cellulaire ou vésiculaire. Ce sont les

cercles concentriques, qui marquent fur les planches les traces qu'on voit en *B* (*Figure* 2) ; & ce font les lignes rayonnées
qui font les mailles ou marques brillantes qu'on voit en *A*,
(*même figure*). Il s'enfuit que quand on refend un arbre par fon
diametre, c'eft-à-dire, parallélement à la ligne *C D* (*Fig.* 1),
comme on fcie ordinairement les planches de Sapin, on apperçoit fur leur plat des traces femblables à *B* (*Fig.* 2), & que ces
traces feront d'autant plus larges, que les planches approche-
ront plus de la circonférence *F* (*Fig.* 1), principalement, parce
que les traits de la fcie font prefque paralleles aux couches annuelles; & que comme elles font coupées très-obliquement,
elles fe montrent plus larges.

Il en fera autrement fi l'on refend la cartelle *A* (*Fig.* 1), fuivant la direction *A A*, ou fuivant des rayons qui s'étendroient
du centre à la circonférence ; car on y appercevra quantité
de mailles, comme en *A* (*Fig.* 2), parce qu'alors on divife le
bois fuivant la direction des infertions, ainfi que les appelle
Grew ; & comme par cette méthode on coupe la plupart de
ces infertions très-obliquement, les mailles fe montrent fort
larges & en grande quantité : on en voit beaucoup fur le merrain qui eft toujours refendu dans le fens du centre à la circonférence, c'eft-à-dire, felon la direction de ces infertions ; c'eft
ce qu'on appelle refendre les bois à la maille; & c'eft de cette
maniere qu'on débite en Hollande les bois pour la Menuiferie.

Si, comme le pratiquent les Scieurs de long dans nos forêts,
on fcie les bois fuivant la direction *B B* & *G G* (*Fig.* 1), on
appercevra quantité de mailles fur les planches qui feront levées du côté *B B*, & fort peu fur celles qui le feront du côté
G G ; parce que dans celles-ci les traits ont été dirigés prefque
perpendiculairement aux infertions, au lieu que pour les planches *B B*, les traits ont coupé les infertions fort obliquement.
Et fi l'on refend une cartelle, comme nous l'avons fait à deffein,
fuivant la direction *H H* (*Fig.* 1), on n'appercevra point de
mailles.

Tout ce que je dis ici, je l'ai très-exactement vérifié : j'ai
fait refendre une groffe piece de Chêne dans toutes les di-

rections qui font marquées fur la *Figure 1*. J'ai apperçu quantité de mailles fur les planches levées, fuivant la direction marquée à la cartelle *A A* ; il y en avoit auffi fur les planches *B B,* très-peu & même point fur les planches *G G* , & aucune fur les planches de la cartelle *H H.*

Ces obfervations qui prouvent que l'abondance des mailles dépend de la direction qu'on donne au trait de la fcie, font dans certains cas fort importantes ; car les planches qui ont beaucoup de mailles ne fe gerfent & ne fe tourmentent prefque pas ; au lieu que celles qui n'en ont point, fe tourmentent & fe couvrent d'une infinité de petites fentes d'un tiers de ligne d'ouverture ; ce qui eft très-défagréable pour les ouvrages de menuiferie, & particuliérement dans les bois des panneaux. J'ai vérifié toutes ces chofes dans le Chantier de M. Moreau, Marchand de bois , Fauxbourg S. Antoine, qui fait débiter une grande quantité de bois pour la menuiferie.

On porte en Hollande beaucoup de bois de Lorraine & des rives du Rhin , fendus en cartelles , comme pour en faire du bois de fente. Les Hollandois, à l'aide de leurs moulins à fcies conftruits avec beaucoup de précifion, refendent ces bois fur la maille, comme en *A A* (*Figure 1*) ; ils favent tirer parti du prifme triangulaire du bois qui fe trouve au centre, & mettre tout à profit. Ces bois ainfi refendus font les meilleurs de tous pour faire les panneaux des belles menuiferies ; au lieu que les bois des Vauges qui ne font prefque jamais refendus fur la maille , ne font pas à beaucoup près d'auffi bon & bel ouvrage, Je ne penfe pas cependant qu'il foit également avantageux de débiter toutes fortes de bois fur la maille ; car, en conféquence de ce que j'ai démontré, en parlant, dans le Livre précédent, du travail des Fendeurs , que tous les bois ont une grande difpofition à fe fendre fuivant la direction des infertions , & qu'ils s'éclatent naturellement fuivant celle de la maille ; il me paroît clair qu'une mortaife que l'on feroit dans un battant refendu, fuivant la direction de la maille du bois, doit être plus expofée à s'éclater, que celle qui feroit faite dans un battant refendu dans un autre fens.

Il

Il n'eſt gueres poſſible de prêter cette attention à l'égard des bois qu'on refend à la ſcie pour les pieces de charpente, telles que les chevrons, les ſolives, &c, non plus que pour celles qui ſont deſtinées aux conſtructions de la Marine, *pré-cintes*, bordages, *vaigres*, &c.

J'ai ſeulement dit, & je le répete, que dans beaucoup de cas il feroit très-avantageux de lever dans le milieu des plan-çons deſtinés pour des bordages, une tranche telle que *A B* (*Pl. XXXIV. fig. 8*), afin que le cœur du bois qui, dans les groſſes pieces, a très-ſouvent contracté un commencement d'al-tération, ne ſe trouvât pas dans les bordages ou précintes *C C*, *D D* ; & qu'il feroit ſouvent plus à propos de refendre les pie-ces preſque rondes & ſans être équarries, comme le repré-ſente la *Figure 6*, *Planche XXXIV*, pour y lever de larges planches de *L* en *M* ; & pour ſe procurer dans les parties *I* & *K*, des planches & des membrures dont on pourroit tirer un très-bon parti, au lieu qu'en ſuivant l'uſage ordinaire, on paſſe beaucoup de temps à réduire ces parties en copeaux.

Enfin on ſe ſouviendra que j'ai fait voir combien il étoit avantageux, ſi l'on veut prévenir que les bois ne ſe fendent, de refendre dans les forêts mêmes les pieces à la ſcie, long-temps avant qu'elles ſe ſoient deſſéchées.

ARTICLE III. *Echantillon du Bois de ſciage, tant pour la Charpenterie, que pour la Menuiſerie.*

QUAND on débite les bois dans les forêts, & qu'on les deſ-tine à quelque ouvrage projetté, on peut, pour éviter la perte du bois, ſe conformer aux états que fourniſſent les Charpen-tiers ou les Menuiſiers ; mais comme on ſe trouve rarement dans ce cas, les Marchands ſont débiter leurs bois ſuivant les dimenſions conformes aux uſages les plus ordinaires, afin d'aſ-ſortir leurs Chantiers de bois qui puiſſent ſatisfaire aux de-mandes des uns & des autres. Je crois devoir placer ici des états qui puiſſent mettre les Marchands en état de garnir leurs Chantiers de bois bien aſſortis.

P p p p

§. 1. *Bois de sciage pour la Charpenterie.*

1°, Les *contre-lattes* qu'on met fur les combles d'ardoife entre les chevrons, doivent avoir un demi-pouce d'épaiffeur, fur 4 à 5 pouces de largeur.

2°, Les *chanlattes* qui fervent à former les égouts, doivent être fendues en bifeau (*Pl. XXXV. fig. 8*), c'eft-à-dire, fuivant la diagonale d'une piece quarrée : elles doivent avoir 5 pouces de largeur, 9 lignes d'épaiffeur fur un bord, & venir en tranchant fur l'autre.

3°, Les *chevrons* ordinaires qui fervent à la couverture des bâtiments, fe débitent de 3 & 4 pouces en quarré; ils doivent être francs d'aubier, & avoir peu de nœuds : il s'en fait auffi de 4 pouces d'équarriffage qu'on peut employer à plufieurs ouvrages.

4°, Les *poteaux* : ils ont ordinairement 4 & 6 pouces d'équarriffage ; ils fervent à faire du colombage aux pans de bois des cloifons , &c.

5°, Les *folives* de fciage ont ordinairement 5 & 7 pouces en quarré : à l'égard des folives de brin, nous en avons parlé plus haut.

6°, Les *limons d'efcalier* & les *battants de porte cochere* fe débitent de plufieurs largeurs & épaiffeurs : favoir de 3 & 6 pouces ; de 4 & 8 ; de 4 & 9 ; de 4 & 10 ; de 5 & 10 ; de 5 & 12, &c, fur 12 jufqu'à 18 pieds de longueur.

7°, On prend les *gouttieres* dans des pieces bien droites de 8 & 9 pouces d'équarriffage que l'on fait fcier en deux diagonalement, c'eft-à-dire, d'angle en angle ; le fciage fait le deffus de la gouttiere ; on le creufe & on laiffe un bon pouce d'épaiffeur en tout fens : il faut conferver ces pieces à couvert, fi l'on veut qu'elles ne fe fendent point.

8°, Les longueurs ordinaires des bois de fciage pour la charpente font 6, 12, 18 ou 21 pieds.

Quoique les bois que je viens de nommer, foient débités principalement pour les ouvrages de charpente, les Menuifiers ne laiffent pas d'en acheter pour les employer, foit dans leur entier, foit pour les refendre de nouveau; comme il arrive auffi que les Charpentiers emploient quelquefois des bois qui ont été débités pour les Menuifiers.

§. 2. *Bois de fciage pour la Menuiferie.*

1°, On débite deux efpeces de *membrures* pour la menuiferie : les unes ont 3 pouces d'épaiffeur fur 6 de largeur ; les autres ont un pouce & un quart d'épaiffeur fur 12 de largeur: la longueur des unes & des autres eft de 6, 9, 12, ou 15 pieds.

2°, Les *planches* font de différente épaiffeur: celles qu'on nomme *entrevoux*, parce qu'elles fervent communément à remplir l'entre-deux des folives, ont 9 lignes d'épaiffeur & 9 pouces de largeur.

3°, Les planches pour les ouvrages courants, ont 13 lignes d'épaiffeur, franc du trait, fur un pied de largeur; & quand elles font feches, elles fervent à faire les planchers.

4°, On débite d'autres planches de 18 lignes d'épaiffeur fur 11 pouces de largeur : on emploie communément celles-ci à faire les bâtis, & des cuves pour la vendange.

5°, On refend encore des planches de 2 pouces d'épaiffeur, & auffi larges que la groffeur d'un arbre peut le permettre : on s'en fert pour les bâtis des lambris à double parement, les dormants des croifées, les trappes, &c.

6°, On refend de la *voliche* de Chêne d'un demi-pouce d'épaiffeur qui s'emploie aux panneaux de menuiferie, & au revêtement des moulins à vent.

La voliche d'Orme s'emploie par les Charrons pour les fonds des charrettes, pour les tombereaux, les brouettes : la voliche de bois blanc fert aux Menuifiers à faire des enfonçures d'armoire: les Layetiers en font des caiffes d'emballage & plufieurs autres menus ouvrages.

7°, On refend encore à la fcie des *plateaux* d'Orme & de Hêtre de 4 ou 5 pouces d'épaiffeur, dont on fait les établis des Menuifiers, les tables de cuifine, les étaux de Bouchers &

de Chandeliers, les coquilles & les *liſſoires* des équipages, *&c.*

8°, On débite dans le Noyer, l'Erable, le Hêtre, & même le Chêne, des madriers de 2 pouces & demi à 3 pouces d'épaiſſeur, ſur 5 à 6 pouces de largeur, pour faire des meubles & des montures de fuſil (*Pl. XXXV. fig. 9*). Au reſte, le Noyer, le Hêtre, l'Erable ſe débitent auſſi en planches & en voliches, de différentes épaiſſeurs.

On débite pour Paris le bois de Hêtre en poteaux de quatre pouces quarrés, depuis 6 juſqu'à 10 pieds de longueur; en membrures qui ont deux pouces une ligne d'épaiſſeur, franc ſcié, depuis 6 juſqu'à 8 pouces de largeur, ſur 6, 9, 12 pieds de longueur; enfin en planches de 13 lignes d'épaiſſeur, franc du trait, 11 à 12 pouces de largeur, ſur 6, 9, 12 pieds de longueur.

Il n'eſt pas inutile de mettre ici l'état des bois de Menuiſerie, tels qu'on les trouve dans les Chantiers de Paris.

§. 3. *Bois de Chêne & de Sapin, de ſciage, qu'on trouve le plus ordinairement dans les Chantiers des Marchands de Paris.*

On diſtingue à Paris les bois de ſciage, en *Bois François* & *Bois étrangers.*

Les *Bois François* ſe tirent communément des forêts de Champagne, du Bourbonois & de la Bourgogne : ces bois aſſez ruſtiques, s'emploient ordinairement pour les ouvrages ſolides & expoſés aux injures de l'air.

Les bois de la forêt de Fontainebleau ſont plus tendres, plus aiſés à travailler & plus beaux; on en feroit de très-belle menuiſerie, ſi on les refendoit ſur la maille; mais ils ne durent qu'autant qu'ils ne ſont point expoſés aux injures de l'air.

Les *Bois réputés étrangers*, ſe tirent des forêts de Vauge en Lorraine. Si ces bois étoient débités ſur la maille, ils feroient excellents pour faire les plus belles menuiſeries, car ils ſont tendres, d'un grain uniforme; ils ont encore moins de nœuds & de malandres que ceux de la forêt de Fontainebleau : ils font prefque toujours francs d'aubier, & ils ne fe déjettent ni ne fe tourmentent point.

Il vient encore à Paris des planches minces, qu'on nomme *Bois de Hollande* : on en fait les panneaux des beaux lambris. Ces bois, comme nous l'avons déja dit, font tirés des forêts voifines du Rhin & de la Lorraine, par les Hollandois qui les refendent avec leurs moulins à fcie : la fupériorité de ces bois fur ceux du pays de Vauge, confifte en ce qu'ils font refendus très-réguliérement, & prefque tous fur la maille. Pour donner une idée de la précifion avec laquelle les moulins à fcie de Hollande refendent les bois, il fuffira de dire que j'ai vu dans le Chantier de M. Moreau, Marchand de bois, des tringles refendues en Hollande pour faire du treillage, dont cent de ces tringles réunies, ne faifoient qu'un folide de 2 pouces un quart de largeur fur 2 pouces & demi d'épaifleur.

On apporte encore de Lorraine du merrain de fente, qu'on nomme *Courfon,* & qui eft affez grand pour faire les petits panneaux de Menuiferie.

On trouve communément dans les Chantiers, en bois de France : 1°, des battants de portes cocheres, qui ont 3, 4 ou 5 pouces d'épaifleur fur 6, & jufqu'à 10 pouces de largeur, & depuis 12 jufqu'à 15 pieds de longueur : ce font-là les plus grandes pieces que les Menuifiers emploient ordinairement.

2°, Des membrures, dont les unes ont 6 pouces de largeur fur 3 d'épaifleur; d'autres 11 pouces de largeur fur 2 pouces & un quart d'épaifleur.

3°, Des planches qui portent ordinairement 21 lignes d'épaifleur, mais qui paffent pour un pouce & demi; leur largeur eft de 8 pouces.

4°, Des planches dites d'un pouce d'épaifleur, & qui portent cependant jufqu'à 15 lignes : elles ont 9 à 10 pouces de largeur.

La longueur de toutes ces planches, eft de 6, 9, 12 ou 15 pieds.

Le prix des bois de France eft, favoir, ceux de Champagne & du Bourbonnois, 110 à 115 livres le cent de toifes courantes, réduites à un pouce d'épaisseur; par conséquent 50 toises courantes de planches de deux pouces d'épaisseur, font un cent de toises; mais il faut cent toises courantes de planches d'un pouce & demi, pour faire le cent ordinaire de toises, à cause de leur peu de largeur.

Le bois de Fontainebleau se vend, depuis 120 jusqu'à 130 livres, le cent de toises.

Le bois que l'on amene de Vauge & de Lorraine est exactement échantillonné : il se vend au cent de toises réduites à 10 pouces de largeur sur un pouce d'épaisseur : il faut 66 toises deux tiers courantes de planches, pour faire le cent de toises, lorsque les planches ont 15 lignes d'épaisseur sur 7 pouces de largeur; de sorte que chaque toise, dont le cent fait ce qu'on nomme le cent de bois de Vauge, est composée de 720 pouces-cubes.

Le bois de Hollande n'est pas exactement échantillonné quant à la largeur; mais la longueur est exactement de 9 ou 12 pieds, &c; en conséquence, comme les planches qui passent pour avoir 6 pouces de largeur, en ont quelquefois sept, & d'autres fois cinq seulement, on forme les lots à moitié de planches larges, & moitié de planches étroites, de sorte que ce bois réduit comme celui de Vauge, à 10 pouces de largeur sur un pouce d'épaisseur, se vend 170 livres le cent de toises.

Les bois de Sapin qu'on vend à Paris, se tirent ordinairement d'Auvergne & de Lorraine : les premiers sont moins beaux, débités d'inégale épaisseur, percés de trous, & remplis de nœuds.

Les bois de sapin de Lorraine ont moins de nœuds; & ils sont en général mieux travaillés. Ceux-ci sont débités en planches de 12 pieds de longueur sur 9 à 10 pouces de largeur, & un pouce d'épaisseur.

On en trouve aussi de 12 pouces de largeur sur 10 à 11 lignes d'épaisseur; & quoique ces planches n'aient que 10 à 11 pieds de longueur, elles passent pour deux toises à cause de leur largeur : ces deux sortes se vendent 130 livres le cent de planches.

l y en a encore qui ont 12 pouces de largeur, 15 lignes
paiſſeur, & 12 pieds de longueur: on les vend 200 livres le
t de planches.
Les planches qu'on nomme *Feuillets*, ont 8 pouces de lar-
r, 7 lignes d'épaiſſeur, 11 pieds de longueur : elles ſe ven-
t 80 livres le cent.
Les planches d'Auvergne ont 12 pieds de longueur, 12
ces de largeur, 15 lignes d'épaiſſeur; enfin la voliche a 6
ls de longueur, 9 pouces de largeur, & 6 lignes d'épaiſſeur:
ſe vend 40 livres le cent.

Des Bois de ſciage qu'on emploie pour la Marine.

°, Les *bordages* qui ſont des planches épaiſſes qu'on cloue
es membres & ſur les ponts pour empêcher l'eau d'entrer
les vaiſſeaux, ne peuvent jamais être ni trop larges ni trop
s. Leur épaiſſeur varie ſuivant le rang des Vaiſſeaux, &
re ſuivant la place où on les met; car dans un même
ſeau il y a des bordages de pluſieurs épaiſſeurs différentes,
iis 2 pouces juſqu'à 5 : au haut des œuvres-mortes, & ſur
ponts, on emploie des bordages de Pin.
, Les *vaigres* qui ſont les bordages intérieurs qui revêtent
edans des Vaiſſeaux: leur épaiſſeur varie comme celle des
ages; ce ſont de vrais bordages placés en dedans des
ſeaux; mais comme on ne les calfate point, les fentes ou
ques autres défauts ne leur cauſent aucun préjudice.
, Les *précintes* ſont de forts bordages plus larges & une
plus épais que les précédents : cette épaiſſeur varie depuis
uces juſqu'à 9.
, Les *ſerre-bauquieres*, les *ſerre-gouttieres*, &c, ſont des pie-
l peu-près ſemblables aux précintes; mais on les emploie
l'intérieur des Bâtiments.
, Les *iloirs* ſont des pieces pareilles aux précintes ; on les
e ſur les ponts, dans le ſens de la longueur du Vaiſſeau.
, Les *épontilles* ſont des bois quarrés qui étaient & forti-
les baux & les barrots : celles de la cale ſont de brin,

& simplement équarris ; celles des entre-ponts & du deffous des gaillards , font ordinairement de Pin refendu en chevrons, de 2 pouces & demi, 3 ou 4 pouces d'équarriffage.

7°, Les *planches* pour border les foutes & faire les emménagements , varient d'épaiffeur depuis 1 pouce jufqu'à 2 pouces & demi : elles font toujours de Sapin.

Je paffe légérement fur tous ces articles , parce qu'on trouve les dimenfions exactes de tous les bois de fciage , au commencement de mon *Architecture Navale*.

Je ne parle point ici des bois de fciage pour le Charronnage, & pour l'Artillerie. On peut confulter ce que j'en ai dit au Chapitre précédent à l'occafion des bois en grume.

Il y a beaucoup d'économie à fe fervir de moulins à fcie pour débiter les bois ; mais comme nos moulins font groffiérement conftruits , ils confomment beaucoup de bois par la largeur du trait, & il n'eft pas poffible de tirer dix planches d'un pouce d'une piece qui porte un pied de largeur : il feroit très-poffible d'en établir d'auffi parfaits que ceux de Hollande.

J'ai dit qu'on faifoit des vifites & des martelages dans les forêts, pour marquer fur pied les arbres propres à être employés pour de grandes conftructions ; mais en faifant le détail des attentions qu'il falloit apporter pour bien faire ces fortes de vifites , j'ai averti qu'il n'étoit pas poffible de porter un jugement auffi certain fur les bonnes ou les mauvaifes qualités du bois quand les arbres font fur pied, qu'après qu'ils ont été abattus , débités , & en partie defféchés.

Comme on envoie quelquefois dans les forêts qu'on exploite, des Charpentiers, ou autres gens connoiffeurs pour faire choix, marquer & retenir les bois dont on prévoit avoir befoin pour de grandes entreprifes ; je vais donner en leur faveur le détail de ce qu'il eft néceffaire qu'ils obfervent pour bien faire ces fortes de vifites.

CHAPITRE

CHAPITRE V.

Exposition des défauts les plus considérables qui doivent faire rebuter les Arbres abattus.

Les signes que j'ai indiqués ci-devant (*Livre III*). pour connoître, à la seule inspection des arbres sur pied, les défauts qui doivent les rendre suspects, ne sont pas aussi certains que ceux par lesquels on les peut découvrir, en examinant le bois même, après que les arbres ont été abattus & en partie débités : les défauts qu'on découvre alors, sont ; 1°, d'être *roulis* ou *roulés* ; 2°, d'être *cadranés* & ouverts dans le cœur ; 3°, d'être *gélifs* ; 4°, d'être *gras* & *roux* ; 5°, d'avoir un *double aubier*, & le bois de différente couleur, ou *vergeté*. Je vais parler de ces défauts dans autant d'articles particuliers ; mais je dois avertir qu'ils deviennent plus sensibles à mesure que les arbres sont plus secs, & que plusieurs de ces défauts sont très-difficiles à reconnoître quand les arbres sont récemment abattus, & encore remplis de sève, ou quand on les retire de l'eau.

Article I. *De la Roulure.*

On dit qu'un arbre est *roulis* ou *roulé*, quand il se trouve une fente ou une solution de continuité qui suit la direction des couches annuelles (*Pl. XXXV. fig. 10*) ; c'est-à-dire, quand il y a, dans l'intérieur d'un arbre, des cercles concentriques qui ne sont pas unis & adhérants les uns aux autres. Quelquefois ces fentes ne sont presque pas apparentes dans les arbres pleins de sève ; mais elles s'ouvrent à mesure que les arbres se dessechent ; & alors on remarque qu'elles n'ont assez souvent que quelques pouces d'étendue, comme en *a* (*Figure 10*) ; mais souvent elles en ont davantage ; elles s'étendent quelquefois dans toute la circonférence de l'arbre, comme en *b* ; ensorte qu'on est surpris de voir une couronne de bois vif qui entoure un noyau de bois mort qu'on peut faire fortir à coups de maffe, & alors il ne refte plus qu'un tuyau de bois vif : quand la roulure ne s'étend pas dans toute la circonférence, le noyau de bois ainfi renfermé par la roulure, fe trouve être d'un bois vif ; mais quand ce bois eft mort, on le trouve quelquefois pourri, & d'autres fois très-fain & très-dur.

On juge bien, fans qu'il foit néceffaire de le dire, que la roulure endommage d'autant plus une piece de bois qu'elle a plus d'étendue, & qu'elle eft plus ouverte ; mais dans tous les cas elle forme un grand défaut ; non-feulement parce qu'elle augmente à mefure que le bois fe deffeche ; mais encore parce que quand on vient à refendre à la fcie un arbre roulé, les morceaux fe féparent, & il ne refte plus que des éclats. Ce défaut tire moins à conféquence quand on emploie les arbres dans leur entier ; mais dans ce cas-là même, la roulure eft un vice effentiel ; car l'eau & la feve qui s'amaffent dans ces fentes, y forment un germe de pourriture ; d'ailleurs fi la roulure a beaucoup d'étendue, la piece en devient confidérablement plus foible.

Quand on veut employer ces arbres à faire de la fente, on peut quelquefois en tirer un parti avantageux ; cela dépend du point où la roulure fe trouve placée, & de l'adreffe du Fendeur qui faura tirer des lattes, des échalas, & quelquefois du merrain, du bois qui fe trouve, foit dans l'intérieur, foit à l'extérieur de la roulure.

Plufieurs caufes peuvent occafionner la roulure : d'abord il faut fe rappeller que nous avons déja dit que les couches ligneufes fe forment entre l'écorce & le bois, & que dans leur naiffance elles font très-tendres : or, il eft fenfible que lorfque le vent agite & plie en différents fens les jeunes arbres, leur écorce, qui n'eft prefque pas adhérente au bois, peut s'en féparer dans quelques points, fur-tout quand les arbres font en feve & chargés de leurs feuilles : en Hiver le poids du givre peut produire le même effet malgré l'adhérence de l'écorce au bois ; comme il eft prouvé que l'écorce ne fe réunit jamais au bois quand elle en a été une fois détachée, il refte toujours une folution de continuité qui fépare les couches annuelles en tout ou en partie, fuivant que la défunion de l'écorce d'avec le bois aura été plus ou moins confidérable. L'écorce peut dans certains cas produire des couches ligneufes;c'eft pourquoi la féparation de l'écorce d'avec le bois, quand même elle fe feroit dans toute la circonférence, ne feroit pas fuivie de la mort de l'arbre : on obferve qu'alors il fe forme de nouvelles couches ligneufes qui l'aident à fubfifter; mais ces couches ligneufes reftent toujours féparées des anciennes, & c'eft cette folution de continuité qu'on nomme *roulure*. Ce défaut peut encore être produit; 1°, par les voitures dont les moyeux endommagent l'écorce, 2°, par les animaux qui fe frottent contre le tronc des jeunes arbres, ou qui en entament l'écorce avec leurs dents; ces accidents produifent des roulures partielles; 3°, par les copeaux d'écorce que les Officiers des Eaux & Forêts enlevent, pour frapper l'empreinte de leur marteau fur le corps des arbres de réferve : il eft vrai que ces plaies fe recouvrent par la fuite; mais le bois qui fe forme en ces endroits, ne peut plus s'unir parfaitement avec l'ancien, & il refte dans l'intérieur de l'arbre une roulure ou une gélivure, qui n'a pas à la vérité beaucoup d'étendue; 4°, par cette même raifon, les chancres guéris & recouverts de nouveau bois & d'écorce, forment un femblable défaut, mais plus préjudiciable à l'arbre, parce qu'ordinairement le bois qui fe recouvre eft un bois déja carié; 5°, une des plus dangereufes roulures, eft celle occafionnée par une féparation de l'écorce d'avec le bois, qui eft produite par une furabondance des fucs qui doivent former les nouvelles couches ligneufes. Quand cet accident ne fait pas périr l'arbre, il fait au moins contracter à l'ancien bois un commencement de pourriture qui ne fe répare jamais. J'ai vu des têtards de Saule qui avoient 3,4 ou 5 roulures (*Pl. XXXV. figure* 11); c'eft-à-dire, prefque autant que le nombre de fois qu'ils avoient été étêtés. En un mot, tout ce qui peut occafionner la féparation de l'écorce d'avec le bois, ou la défunion des couches ligneufes, produit la roulure; c'eft pour cela que les arbres ifolés, les baliveaux élevés dans un taillis, & qui fe trouvent par la fuite & après les taillis abattus, expofés aux vents & aux injures de l'air, font plus fujets à être roulés, que ceux qui ont été élevés dans un maffif de bois ; & encore que ceux qui ont toujours refté expofés en plein air.

J'ai occafionné artificiellement des roulures, en détachant l'écorce du tronc d'un arbre, & en la remettant fur le champ en fa place ; ce morceau d'écorce ainfi replacé, s'eft greffé avec celle qui étoit reftée adhérente au bois ; il s'eft formé d'épaiffes couches ligneufes ; mais à l'endroit où l'écorce avoit été féparée du bois, il eft refté une folution de continuité, autrement dit une roulure.

Article II. *De la Gélivure.*

On appelle *Gélivure* toute fente qui s'étend du centre du tronc d'un arbre à la circonférence, comme en *a b* (*Pl. XXXV. fig. 1 2*) ; quelle que foit la caufe qui la produife. Cette dénomination vient de ce que les fortes gelées font quelquefois fendre les gros arbres ; ces fentes à la vérité fe recouvrent enfuite par de nouvelles couches ligneufes;mais comme les fibres ligneufes qui ont été féparées par accident les unes des autres, ne fe réuniffent jamais, il refte dans l'arbre une fente, qu'on nomme *gélivure,* parce que, comme je viens de le dire, elle eft ordinairement occafionnée par la gelée.On a enfuite étendu ce terme; & on a nommé *gélivures*, toutes fortes de fentes qui fe trouvent dans le bois ; mais on n'y comprend pas celles qui font une féparation des couches annuelles. Ainfi une plaie recouverte, une groffe branche coupée, dont la fection a été recouverte par un nouveau bois ; les fentes qu'occafionnent les coups de tonnerre, font nommés des *gélivures*, comme fi elles réfultoient de l'effet des fortes gelées : les *revêtures* qui font des plaies recouvertes, font des gélivures quelquefois très-confidérables.

Je foupçonne qu'il y a encore des gélivures formées par une trop grande abondance de la feve. Des perfonnes dignes de foi m'ont affuré avoir vu fortir d'un Tilleul un jet de feve par une fente qui s'étoit faite fubitement à l'écorce du tronc, & avec un bruit auffi éclatant qu'un coup de piftolet, & que cet écoulement avoit duré pendant plufieurs minutes. J'ai occafionné quelques gélivures dans le corps des jeunes arbres, en les ployant, & en les forçant beaucoup, & de la même maniere que pourroit faire un grand vent, ou un poids très-confidérable de givre.

Il eft fenfible que ces fentes intérieures qui s'ouvrent quand les arbres fe defféchent, forment des défauts d'autant plus confidérables qu'elles ont plus d'étendue ; & qu'elles font bien plus nuifibles aux pieces qu'on deftine au fciage & à certains ouvrages de fente, qu'à celles qu'on doit employer dans toute leur groffeur, ou qu'on deftine à être fendues & débitées en petites pieces.

On pourra prendre aifément l'idée des différentes caufes de la gélivure, lorfqu'on fera perfuadé, comme nous l'avons dé· montré dans la *Phyfique des Arbres* (Partie II. pag. 50), que les fibres ligneufes ne fe réuniffent jamais lorfqu'une fois elles ont été féparées : c'eft ainfi qu'en pliant bien fort de jeunes arbres, dònt je voulois rompre une partie du corps ligneux, j'occafionnois dans leur intérieur des roulures & des gélivures que j'ai retrouvé quelques années après, quoique les plaies extérieures euffent été parfaitement cicatrifées.

Il arrive affez fouvent que la roulure & la gélivure fe trouvent réunies dans un même corps d'arbre.

ARTICLE III. *De la Cadranure.*

La cadranure eft une gélivure dans le cœur d'un arbre ; comme les fentes qu'elle occafionne, fe croifent & femblent former les lignes horaires d'un cadran (*Pl. XXXV. fig. 13*); cela lui a fait donner le nom de *Cadranure* : il eft bon de diftinguer cet accident de la gélivure, parce qu'il provient d'une toute autre caufe. La cadranure ne fe rencontre que dans les gros & vieux arbres : elle provient de l'altération du bois du cœur dans les arbres qui font en retour. Il faut que cette altération foit pouffée à un point extrême, pour que la cadranure fe manifefte dans les arbres encore remplis de feve : elle ne fe déclare ordinairement que quand ils font en partie defféchés ; & affez fouvent un arbre fe trouve cadrané par le bout qui répondoit aux racines, pendant qu'il ne l'eft pas au bout oppofé d'où partoient les branches. Ce défaut eft plus redouta-

ble que la gélivure, parce qu'il défigne une altération , &
même un commencement de pourriture dans le bois du cœur,
comme nous l'avons prouvé en parlant de l'âge des arbres.
Au refte, il ne faut prêter aucune attention à certaines fentes
qui s'apperçoivent au cœur d'un arbre , quand elles ne font
pas plus confidérables que celles qu'on voit répandues dans le
refte de l'aire de la coupe : la cadranure occafionne des fentes
beaucoup plus ouvertes que celles-là.

On peut fouvent employer en bois de fente les arbres cadranés, parce qu'en retranchant le cœur, on emporte le mauvais bois qui fe trouve toujours au centre.

Article **IV**. *Du double Aubier.*

Les arbres venus dans des terreins maigres & fecs, font
auffi fujets à avoir un double aubier ; c'eft-à-dire , une couronne de bois tendre & imparfait *a* (*Fig. 14*), qui environne
le cœur *d,* ou centre d'un arbre. On trouve au-deffus de ce
bois tendre une couronne de bon bois *c* , & enfin l'aubier ordinaire *b*. Ce défaut eft effentiel , & fait qu'un pareil arbre n'eft
pas même bon à être employé en entier; parce que le double
aubier , qui eft fouvent de plus mauvaife qualité que le vrai
aubier, tombe bien-tôt en pourriture; & à plus forte raifon,
les arbres attaqués de cette maladie , ne font point propres à
être débités en bois de fciage ou de fente.

J'ai trouvé des arbres qui avoient deux aubiers féparés l'un
de l'autre par une couronne de bois de bonne qualité, & qui
me paroiffoit à peu-près femblable à celui du centre que l'aubier intérieur recouvroit. J'ai voulu reconnoître de quelle qualité pouvoit être ce faux aubier & le bois des arbres fujets
à ce défaut ; pour cet effet, je fis tailler quatre morceaux de
ce bois en parallélipipedes & d'égale pefanteur ; le premier
morceau étoit du bois du centre ; le fecond, du bois qui envi-
ronnoit l'aubier extraordinaire; le troifieme, d'aubier ordinaire;
& le quatrieme de cet aubier accidentel, ou bois blanc qui envi-
ronnoit le bois du centre : les ayant enfuite pefés dans l'eau,
j'ai remarqué que le morceau de bois blanc *a* (*Fig. 14*) , étoit

de beaucoup plus léger que les autres *b, c, d,* & même quelquefois plus que l'aubier ordinaire *b* ; comme ce morceau avoit été taillé d'un plus gros volume que les autres, pour pouvoir égaler leur poids, & comme il avoit de grands pores, il s'étoit chargé de beaucoup plus d'eau que les autres morceaux. Voici la proportion dans laquelle ces morceaux se sont chargés d'eau :

EXPÉRIENCE.

Avril le matin.	Le Bois du centre (d) pesoit,	Le Bois (c) au-dessus de l'aubier accidentel (a) pesoit,	L'Aubier ordinaire (b) pesoit,	L'Aubier accidentel (a) pesoit,
Avant que d'avoir été mis dans l'eau.				
20	749^{grains}	749	749	749
Après avoir été tous plongés au même instant dans l'eau.				
21	763$\frac{1}{2}$	763$\frac{1}{2}$	819	950
22	779	779	831	974$\frac{1}{2}$
23	788$\frac{1}{2}$	788$\frac{1}{2}$	837	993
24	797	796	833	1001$\frac{1}{2}$
25	801$\frac{1}{2}$	802$\frac{1}{2}$	832	1009
26	808	807$\frac{1}{2}$	834$\frac{1}{2}$	1011$\frac{1}{2}$
27	813$\frac{1}{2}$	811$\frac{1}{2}$	840	1025
28	818	820$\frac{1}{2}$	847	1036
29	820$\frac{1}{2}$	822	837$\frac{1}{2}$	1032
30	827	826	838	1038
5 *Mai*	841	837$\frac{1}{2}$	847$\frac{1}{2}$	1047$\frac{1}{2}$
9	847$\frac{1}{2}$	844	836$\frac{1}{2}$	1046
17	859$\frac{1}{2}$	855$\frac{1}{2}$	840	1057
25	875$\frac{1}{2}$	866	855$\frac{1}{2}$	1076
2 *Juin*	880	870	840	1070
10	892	877	869	1097
18	893	877$\frac{1}{2}$	846	1085
6 *Juillet*	907	884$\frac{1}{2}$	897	1117
26	919	886	922	1137
26 *Aoust*	924$\frac{1}{2}$	885	888$\frac{1}{2}$	1137
26 *Septemb.*	930	887	880	1127
26 *Octobre*	935$\frac{1}{2}$	892	948$\frac{1}{2}$	1168

Cette expérience fait connoître combien la substance du double aubier est rare, & combien ses pores sont grands par la quantité d'eau qui, après avoir pris la place de l'air, a donné à ce morceau de *bois* une augmentation considérable de poids. Si j'avois continué cette expérience jusqu'à la parfaite imbibition, le bois du cœur seroit devenu le plus pesant, comme il arrive en bien des circonstances, proportionnellement néanmoins au volume de l'un & de l'autre ; car ce morceau de double aubier dont la substance étoit beaucoup plus légere, avoit été taillé plus gros que celui du centre, afin qu'il pût égaler son poids.

Le double aubier est produit par une maladie qui attaque les arbres, & qui se guérit au bout d'un certain temps ; mais pendant que cette maladie subsiste, elle cause une altération considérable dans toutes les couches ligneuses qui se forment pendant que la maladie subsiste ; de sorte que cette couronne de bois vicieux dans son origine, ne peut jamais se rétablir, quoique cette partie ne soit pas morte. Cette maladie peut être occasionnée par différentes causes : je suppose, par exemple, que les racines aient à traverser une très-mauvaise veine de terre, ou qu'elles aient été arrêtées dans leur progrès par quelque corps fort dur ; l'arbre restera languissant pendant plusieurs années, & tout le bois qui se sera formé dans ce temps-là, aura souffert de cette disette : en un mot, toutes les causes un peu durables qui pourront influer sur la vigueur d'un arbre, & se réparer ensuite, occasionneront le double aubier.

Article V. *De la Gélivure entrelardée.*

La couronne de faux aubier s'étend rarement dans toute la circonférence d'un arbre ; elle n'en occupe quelquefois que le quart ou la cinquieme partie : assez souvent on trouve cette portion de mauvais bois morte ; quelquefois même elle est recouverte d'une écorce pareillement morte. C'est-là ce que les Bûcherons appellent *Gélivure entrelardée* : il seroit plus exacte de la nommer une *Roulure entrelardée*. Comme ce défaut se rencontre

itre particuliérement dans les bois plantés fur des côteaux
ofés au Levant ou au Midi ; il eft à préfumer qu'il eft oc-
ionné, foit par la grande ardeur du foleil, qui a defféché
orce & l'aubier feulement du côté tourné à cette expofi-
n, foit par le verglas dans le temps des grands froids de
iver ; ce verglas aura endommagé l'écorce & l'aubier, mais
lement du côté expofé au foleil. Cette écorce & cet aubier
rts auront été recouverts comme une plaie ordinaire ; mais
oiqu'enveloppés dans la fuite par de bon bois, ils ne forme-
it pas moins un défaut confidérable dans l'intérieur de
bre.

On pourroit regarder cette efpece de gélivure comme un
uble aubier partiel, & cela eft effectivement vrai, quand la
rtion viciée n'eft pas morte ; mais comme elle eft prefque
ijours défectueufe, j'ai cru devoir en faire une diftinction
:ticuliere & un article féparé.

RTICLE VI. *De la différente couleur du Bois fur*
l'aire de la coupe.

ON n'eft point furpris de voir l'aubier beaucoup plus blanc
e le bois, parce qu'on fait que l'aubier eft un bois impar-
:, dont l'emploi eft mauvais, & qu'il faut le retrancher dans
 pieces que l'on deftine aux ouvrages de quelque confé-
ence. Ainfi on ne tient compte de la groffeur d'un arbre
'après avoir fait fouftraction de l'aubier ; tout ce qu'on peut
iger, c'eft que l'aubier ne foit pas trop épais. Je parle ici de
rtaines efpeces d'arbre dont l'aubier eft apparent ; car il n'eft
efque pas fenfible dans plufieurs autres efpeces de bois, au
mbre defquels il faut comprendre les bois blancs, quoi-
e dans les arbres de cette efpece, le bois de la circonfé-
ice foit plus tendre & moins denfe que celui du cœur. Mais
tte différence de denfité paffe par des degrés infenfibles ;
 lieu que dans le Chêne, l'Orme & autres bois durs, il y a
 paffage fubit de l'état d'aubier à celui du bois formé, dont
eft difficile de trouver la raifon.

En Provence, on eftime le bois de Chêne lorfqu'il eft de couleur jaune-clair, c'eft-à-dire, couleur de paille : en Ponent, on fait cas de celui qui, quand on le travaille avec l'hermi-nette, montre un petit œil couleur de rofe, que l'on nomme dans le pays, *couleur de guigne* : je donnerois la préférence à celui couleur de paille : par-tout on augure mal des bois qui ont la couleur jaune foncé & terne, tirant fur le roux.

Dans les arbres bien conditionnés, l'aubier à part, le bois eft d'une couleur affez uniforme, qui devient feulement un peu plus foncée à mefure qu'elle approche du cœur. Dans les arbres d'une qualité parfaite, cette différence eft peu fenfible, & la nuance n'eft point interrompue ; mais fi l'on y remarque des changements fubits de couleur, par exemple, des veines blanchâtres qu'on nomme *blanc de Chapon*, ou des veines rouffes, qui femblent plus humides que le refte, on a lieu de foupçonner que ces bois qu'on nomme *vergettés*, ont un com-mencement de pourriture ou d'autres défauts qui ne tarderont pas à fe manifefter après qu'ils auront perdu leur feve. Ces défauts feront, ou des gouttieres, ou des gélivures, des rou-lures, des doubles aubiers, des veines rouffes, qui marquent le retour ; en un mot, des parties où le bois a été mal formé, parce qu'il aura pu arriver que les racines qui y portoient la nourriture, feront mortes par quelque accident, ou bien que ces accidents auront été occafionnés par une fucceffion de plufieurs années peu favorables à la végétation.

Ces différences de couleur fe manifeftent encore davantage quand on vient à débiter les bois en fciage, ou qu'on les quar-telle pour en faire des ouvrages de fente : alors on reconnoît trop tard ces défauts, & l'on n'eft plus en état d'établir la def-tination des pieces fur leur bonne ou mauvaife qualité.

Le Chêne qu'on nomme *Chêne noir*, parce que fon bois eft très-brun, a l'aubier fort épais ; fon bois eft très-dur ; fes feuilles font velues. On en trouve rarement qui puiffent fournir de groffes pieces, parce qu'il croît très-lentement.

Le plus dur des Chênes de toutes les efpeces eft l'Ilex, qui ne perd point fes feuilles en Hiver ; mais il ne fournit point non plus de grosses pieces. On emploie son bois dans la Marine pour faire les essieux des poulies, & des *anspects* pour l'Artillerie.

Article VII. *De l'inégalité d'épaisseur des couches ligneuses.*

Il n'est pas possible que les couches ligneuses soient exactement d'une même épaisseur, parce qu'il y a des années beaucoup plus favorables que d'autres à la végétation. Si dans une année les arbres croissent avec force, les couches ligneuses de leur bois seront épaisses, pendant que celles qui seront formées dans une année froide & seche, seront très-minces ; nous prouverons dans peu que l'épaisseur des couches dépend de la vigueur des arbres ; au reste, cet inconvénient est peu de chose ; il est inévitable, & il existe dans tous les arbres, parce qu'il est dépendant des saisons. Mais ce défaut mérite attention quand l'inégalité d'épaisseur des couches est trop grande ; car dans les terreins maigres & arides, pour peu que l'année soit seche, les arbres n'y font que de foibles productions, & les couches ligneuses qui se forment dans ces circonstances, sont si minces, qu'à peine peut-on les distinguer les unes des autres. Quand l'inégalité d'épaisseur de ces couches est trop considérable, elles sont ordinairement mal jointes les unes aux autres ; & ce défaut doit rendre suspectes des pieces qui, par leurs dimensions, seroient d'ailleurs jugées propres à des ouvrages de service. Ce défaut dans le bois, est communément accompagné d'autres encore plus considérables, comme d'être *roulis*, *gélifs*, d'avoir un double aubier, ou d'être affecté de *gélivure entrelardée*.

Article VIII. *Des Bois dont les fibres sont trop torses.*

Il y a des arbres qui ont les fibres de leur bois très-droites, & c'est presque toujours une perfection ; dans d'autres, les fibres sont tellement torses, qu'elles décrivent des hélices autour

R r r r ij

de l'arbre, ce qui eſt un défaut, principalement dans le Chêne que l'on deſtine à des ouvrages de fente : il eſt beaucoup moins important dans l'Orme qu'on emploie à des ouvrages de Charronnage. Les Ouvriers qui fendent le Hêtre pour en faire des ouvrages de *raclerie*, ne ſont pas fâchés d'y voir les fibres un peu contournées. Au reſte, à moins que cette torſion ne ſoit bien conſidérable, on ne la craint pas beaucoup ; car, par le moyen du feu, on vient à bout de redreſſer une piece de fente qui ſe trouve un peu voilée en aile de moulin ; & cette direction des fibres ne fait aucun tort aux arbres qu'on emploie en entier.

Article IX. *Des Nœuds & des Loupes.*

Comme nous avons ſuffiſamment parlé de ces défauts dans le Chapitre où il a été queſtion des arbres étant ſur pied, nous nous bornerons ici à dire que, quand ſur une piece équarrie, on apperçoit un nœud pourri, il faut le ſonder avec une tarriere, ou un ciſeau étroit, pour s'aſſurer ſi ce nœud pénetre bien avant, ou ſi la pourriture n'eſt que ſuperficielle.

Article X. *Du Bois gras, tendre & roux.*

Les défauts que nous avons détaillés dans les précédents articles, ne ſont quelquefois pas ſi redoutables que ceux dont il eſt maintenant queſtion : un vice local occaſionne une perte de bois, parce qu'on eſt obligé de retrancher la partie qui en eſt attaquée ; mais celui dont il eſt queſtion dans cet article, ſe trouve ordinairement répandu dans toute l'habitude de l'arbre : voici en quoi il conſiſte.

Le bois de bonne qualité doit avoir ſes fibres fortes & ſouples, rapprochées les unes contre les autres, lors même qu'il eſt devenu ſec : les copeaux qu'on leve avec la cognée, ne doivent point ſe rompre quand on les plie, ou ſi on les plie au point de les rompre, ils doivent ſe ſéparer par grandes filandres ; au lieu que les bois que les Ouvriers nomment *bois gras*, & qu'on devroit plutôt appeller *bois maigres*, ſe rompent

net & sans éclats ; les copeaux qu'on leve avec la varlope,
se rompent, au lieu de former des rubans ; & quand on les
froisse entre les doigts, ils se réduisent en petites parcelles.
Le bon Chêne a les pores petits ; il se polit sous la varlope,
& il devient brillant ; au lieu que le Chêne gras a les pores
grands & ouverts, & il reste toujours terne. Le bon Chêne,
lorsqu'on le travaille avant qu'il soit sec, est d'une couleur
rouge-pâle à peu-près comme la rose simple ; cette couleur se
passe quand il devient sec, & il est alors couleur de paille ;
au lieu que le Chêne gras est roux & terne ; on en voit même
où cette couleur rousse tire sur le fauve. Quand on examine du
bois de bonne qualité, avec une forte loupe & au grand jour,
on apperçoit dans les pores une espece de vernis, qui, joint
à ce que les fibres sont fort serrées, lui donne du brillant ; au
lieu qu'en examinant de la même façon les bois gras, on les voit
d'une aridité qui n'offre rien de satisfaisant. J'ai surchargé des
barreaux de bon bois, bien sec, ils ont supporté un poids considérable sans plier ; ils ont enfin rompu avec bruit & par grands
éclats, pendant que des barreaux de bois gras ont rompu net
sous une petite charge, sans presque faire d'éclats ; &, comme
disent les Ouvriers, ils ont rompu comme un navet : voyez
pour la disposition de cette expérience la Planche II du Livre II.

La grandeur des pores & l'aridité des bois qui sont gras,
fait qu'ils sont facilement pénétrés par les liqueurs : si l'on fait
tomber une goutte d'eau sur un morceau de bon bois, elle ne
le pénetre point, elle reste ramassée en gouttes ; & au contraire
elle entre dans le bois gras & s'étend de toute part. Quand l'air
est fort humide, on voit les gouttes d'eau couler sur les bons
bois ; au lieu qu'elles pénetrent aisément les bois gras. Une
futaille de bois gras consomme beaucoup de vin ; & les douves qui en sont faites, sont toujours humides à l'extérieur ; au
lieu que les futailles faites avec un bois de bonne qualité tiennent exactement les liqueurs, même celles qui sont spiritueuses,
telles que l'eau-de-vie ; les douves sont toujours seches à l'extérieur.

Il ne faut pas conclure de ce que jé viens de dire, que les bois gras ne font bons à être employés à quoi que ce foit. Les belles menuiferies font faites avec le bois que l'on nomme improprement *Bois de Hollande*, & qui eft fort gras. Le bois qui n'eft pas trop gras fe fend affez bien quand il eft verd; & c'eft par cette raifon qu'on en fait de la latte, de la cerche & même du merrain : quand ce défaut eft extrême, il rompt fous les outils des Fendeurs; mais comme le bois gras n'a point de force, tous les ouvrages qu'on en fait ne font pas de longue durée; il ne vaut rien, fur-tout pour être employé en poutres, qui doivent être chargées de poids confidérables, ou quand elles doivent avoir de longues portées. Et comme les fibres des bois de cette nature ont peu d'union entre elles, ils ne doivent point être employés pour en faire des arbres & des roues de moulin, ni d'autres ouvrages où il doit y avoir des affemblages qui fatiguent beaucoup. Il ne faut pas non plus les employer aux ouvrages de menuiferie ou de charpenterie qui font expofés à l'air, particuliérement pour des portes d'éclufes, pour des membres de Vaiffeaux, &c; parce que, comme ces bois font facilement pénétrés par l'eau, ils tombent promptement en pourriture. Comme ces fortes de bois ne peuvent ployer fans fe rompre, ils ne font pas propres à fournir des bordages de vaiffeaux, que l'on eft obligé de forcer pour les ajufter aux différents contours de la carène. Enfin, pour ne point trop m'étendre fur ce point, comme ces bois fe trouvent en partie ufés, avant que d'avoir été abattus, on ne doit en faire ni gournables ni aucuns membres de Vaiffeaux, parce que ces pieces qui fe trouvent placées dans un lieu néceffairement chaud & humide, tomberoient promptement en pourriture : le meilleur parti qu'on en puiffe tirer, eft de les employer pour les menuiferies de l'intérieur des maifons.

Le bois de tout arbre qui aura crû dans un terrein fabloneux & humide, eft auffi gras que celui des plus vieux arbres : de tous les bois que j'ai vu employer pour la Marine, ceux qu'on avoit tirés de Lorraine, réuniffoient à la fois tous les caractéres des bois gras & en retour : leur couleur étoit d'un jaune

foncé & terne; ils étoient ouverts dans le cœur, & j'en ai vu
où cette ouverture régnoit dans toute l'étendue des pieces, &
dont l'altération étoit fenfible en plufieurs endroits : auffi la
plus grande partie de ces bois étoit tombée en pourriture,
avant la fin d'une conftruction.

Article XI. *D'un autre défaut très-confidérable & qu'il eft bien difficile de reconnoître.*

J'ai vu des bois dont la fibre étoit fouple & pliante, dont le
grain paroiffoit ferré, & dont les pores fembloient même être
fuffifamment remplis de fubftance gélatineufe, & qui néanmoins pourriffoient promptement : à peine étoient-ils renfermés entre les bordages & les vaigres d'un vaiffeau; que fi on les
examinoit avec une loupe, on appercevoit dans les pores de
ce bois de petites taches jaunes avant-coureurs d'une prompte
pourriture; cependant au milieu d'un membre pourri, on voyoit
des fibres tellement faines, que quand on les détachoit, elles
pouvoient être pliées fans rompre, & même être tordues
comme de la ficelle. On ne pouvoit pas dire que ces bois
fuffent gras; mais je penfe qu'un fi prompt dépériffement pouvoit venir d'une difpofition particuliere à la corruption & dont
il ne m'a jamais été poffible de reconnoître la véritable caufe:
ces bois avoient été envoyés du Canada.

Article XII. *Que la grande épaiffeur des couches ligneufes, eft fouvent un figne que le bois eft de bonne qualité.*

Quand les pores d'une piece de bois font fort ferrés, il eft
toujours avantageux que les couches ligneufes qui indiquent
l'accroiffement d'une année, fe trouvent épaiffes.

1º, L'épaiffeur de ces couches, quand elle ne provient pas
de l'humidité du terrein, eft un figne infaillible que l'arbre,
lorfqu'il étoit fur pied, étoit vigoureux, & qu'il végétoit avec
grande force. Il eft démontré que ce qui caufe une plus grande

épaiffeur des couches ligneufes, plutôt d'un côté du corps de l'arbre que de l'autre, provient de l'infertion de quelque vigoureufe racine qui y porte beaucoup de nourriture. Dans les arbres de lifiere, les couches ligneufes font ordinairement plus minces du côté qui regarde le plein de la forêt, que du côté de l'air libre, parce qu'ils pouffent de fortes racines dans le terrein du voifinage qui fe trouve libre, & que ces racines y trouvent beaucoup de nourriture, qu'elles portent à la partie du tronc où elles répondent. C'eft pour cette même raifon que les couches annuelles des arbres jeunes & vigoureux, font plus épaiffes que celles des vieux arbres qui commencent à dépérir; & que ces couches deviennent plus épaiffes dans un bon terrein, que dans une terre maigre.

2°, On fait que les couches annuelles dont nous parlons, font féparées par des couches intermédiaires d'un tiffu moins ferré ; celles-ci font tellement poreufes, que fi l'on coupe tranfverfalement une tranche fort mince de Chêne ou d'Orme, on peut voir le jour au travers. Or, toutes chofes fuppofées égales, il faut convenir que ces couches intermédiaires contribuent à affoiblir le bois ; par conféquent, plus il fe trouvera de ces couches dans un même efpace, & moins le bois aura de force ; parce que la force de cohérence des couches les unes aux autres, contribue beaucoup à celle du bois ; ainfi plus les couches ligneufes font épaiffes, moins il y a de couches intermédiaires dans une épaiffeur de bois fixée.

ARTICLE XIII. *De plufieurs autres défauts.*

IL faut fonder attentivement les endroits où il y a eu des chancres, des loupes, des nœuds en partie pourris, comme font les gouttieres, les meches & yeux de bœuf, ou les croiffances d'écorce qu'on trouve recouvertes du bois vif, & qui fe rencontrent affez fouvent avec une gélivure entrelardée ; parce que quelque maladie aura affecté une partie du corps d'un arbre, & que le refte du bois qui eft vigoureux, l'aura recouverte. Il arrive affez fouvent que vers le haut du tronc, les branches

prennent

prennent de la groffeur, & qu'en fe réuniffant, elles enferment entr'elles une portion d'écorce : ces croiffances qui font des marques de la vigueur de l'arbre, ne lui font point de tort. Il faut examiner avec attention fi quelque partie d'un arbre n'était point morte avant l'abattage ; car quelquefois on peut profiter d'une branche morte pour faire une courbe précieufe ; mais il faut examiner très-attentivement une pareille branche, parce que fouvent elle fe trouve être de mauvais bois.

Article XIV. *De la différente pefanteur des Bois.*

On doit toujours préférer les bois qui, dans une même efpece, font les plus lourds, fur-tout quand ils font fecs.

Bien des caufes influent fur la pefanteur des bois ; le terrein & l'expofition où ils ont pris leur croiffance ; leur âge, leur degré de féchereffe. Il n'eft donc pas auffi facile qu'il le paroît d'abord, de fixer exactement le poids des bois de même efpece. Je croyois qu'il fuffifoit de pefer des madriers de Chêne exactement équarris, & d'en conclure le poids d'un pied-cube ; mais j'en ai trouvé dans un même climat de beaucoup plus pefants les uns que les autres ; & j'étois toujours en doute fur le degré de leur deffréchement : je réferve cet article pour une autre occafion ; je me bornerai ici à rapporter, mais comme des à-peu-près, les poids effectifs des bois de Chêne, tirés de différentes Provinces, & abattus depuis 12 ou 18 mois.

Il y a des bois de Chêne qui nouvellement abattus & encore pleins de feve, flottent fur l'eau ; d'autres qui fe tiennent entre deux eaux, & quelques autres qui plongent au fond.

La partie ligneufe eft toujours plus pefante que l'écorce ; la feve eft de fort peu plus légere. Mais la grande quantité d'air qui eft contenue dans les pores du bois le fait flotter, jufqu'à ce que ces pores fe trouvant remplis d'eau, l'obligent à tomber au fond du fluide. Il faut donc que le tiffu du bois foit bien ferré pour qu'il puiffe être *fondrier* ; c'eft ainfi qu'on appelle le bois qui tombe au fond de l'eau : il fe trouve néanmoins certains bois qui plongent jufqu'au fond de l'eau, lors même qu'ils ont perdu prefque toute leur feve ; d'autres qui nagent pendant quelque temps entre deux eaux & qui bien-tôt tombent au fond, & d'autres qui reftent très-long-temps dans l'eau avant de devenir *fondriers*. On pourroit donc fe fervir de ce moyen pour juger de la denfité plus ou moins grande des bois ; cependant, lorfqu'une piece faine à l'extérieur renferme un nœud pourri, ou une gouttiere, ou une roulure, &c, cette piece qui à raifon de la denfité de fon bois, auroit dû devenir promptement *fondriere*, flottera long-temps, à caufe du vuide qu'elle renferme dans fon intérieur, & qui fera quelquefois long-temps à fe remplir d'eau. Voici la différente pefanteur des bois, telle que j'ai pu la recueillir : il s'agira toujours d'un pied-cube.

Le bon Chêne blanc de Provence pefe, étant verd, depuis 80 jufqu'à 90 livres ; & le fec, depuis 65 ou 72 jufqu'à 76.

Le Chêne blanc de Champagne pefe, étant verd, depuis 68 jufqu'à 70 ; & devenu fec & prefque ufé, 53 livres : la plupart de ces mêmes bois abattus depuis un an, pefent 60 livres.

Je n'ai pu avoir de Bretagne le poids du pied-cube d'un Chêne nouvellement abattu ; mais dans les bois réputés fecs, qu'on employoit aux conftruétions dans cette Province, il s'en eft trouvé qui pefoient 60 livres, d'autres 58 ; un cube pris d'une piece reftée depuis 7 ans dans un magafin fort fec, ne pefoit que 52 livres.

On m'a écrit de Québec que les bois nouvellement abattus pefoient aux environs de 80 livres ; mais qu'un an après, ils ne pefoient au plus que 60.

J'ai appris de Bayonne, que le pied-cube du bois de Chêne y pefoit depuis 74 jufqu'à 82 livres ; mais je n'ai pu favoir à quel degré de féchereffe pouvoit être ce bois.

Comme l'on fait que le pied-cube d'eau douce pefe 70 livres, & celui d'eau de mer 72 ; on en peut conclure que les bois qui font fondriers furpaffent ce poids, & qu'ils font d'une excellente qualité.

ARTICLE XV. *Conséquences de ce qui précede ; avec différentes remarques sur la visite & la réception des Bois dans les forêts.*

1°, QUOIQUE j'aie dit qu'il falloit rebuter les pieces tarées, j'ajoute qu'il faut excepter celles qui ne le font que par un vice local, comme, par exemple, un nœud pourri qui procede d'une branche rompue : souvent un pareil défaut n'affecte pas le reste d'une piece qui peut se trouver de bois de bonne qualité ; en ce cas il faut retrancher l'endroit vitié ; voir si ce qui reste, sera de dimension suffisante pour être employé utilement à quelqu'ouvrage, & ne la recevoir que sur ce pied. Mais si le vice affectoit entiérement la substance de l'arbre, alors il faudroit le rebuter sans retour, quand bien même le Fournisseur offriroit de la donner à bas prix, parce que ces sortes de pieces ne peuvent, en aucun cas, être d'un bon service, & qu'elles pourroient, lorsqu'elles auroient été mises en œuvre, porter la corruption aux pieces auxquelles elles toucheroient. Ces sortes de pieces ne font absolument pas perdues pour le Marchand ; il sait bien en tirer parti & en trouver la destination.

2°, Lorsque les pieces font fort grosses, je ne crois pas qu'il soit toujours avantageux d'exiger qu'elles soient équarries à vive-arrête. On ne peut à la vérité se relâcher sur ce point, quand les bois doivent être apparents & placés dans des endroits qui exigent de la propreté : mais nous avons démontré que l'intérieur des grosses pieces de bois est presque toujours altéré ; & quand on frappe trop avant une piece, il arrive qu'on retranche le bon bois, & qu'on ne conserve que le mauvais. Cette réflexion a son application dans des cas particuliers ; & l'on en doit excepter les bois de sciage. Mais comme il ne seroit pas juste de payer ces pieces flacheuses comme celles qui font à vive - arrête, les Marchands ne doivent pas faire difficulté de diminuer quelque chose sur l'équarrissage.

3°, Quoique j'aie dit très - affirmativement que les bois en

retour font de mauvaife qualité ; fi cependant on fe rendoit
trop difficile fur ce point, il ne fe trouveroit aucune groffe
piece recevable ; car, d'après les expériences que j'ai rapportées, principalement dans l'endroit où il eft queftion de l'âge
des arbres, j'ofe affurer qu'il eft impoffible de trouver de groffes & longues poutres, des pieces de quilles, des étembots,
des baux de premier pont, &c, dans d'autres arbres que ceux
qui font fur le retour : les dimenfions de ces pieces font telles,
qu'on ne les peut trouver que dans les plus gros Chênes, &
qui font par conféquent très-vieux ; car il ne fuffit pas que le
pied puiffe fournir l'équarriffage requis, il faut encore que ces
pieces foutiennent cette groffeur dans une longueur de 35 à
40 pieds : il eft donc probable que de pareils arbres font âgés
de 2 ou 300 ans ; & l'on peut conclure que toutes les groffes
pieces qu'on en peut tirer, fe trouvent affeétées de marques
de retour. Il eft bien trifte qu'on foit réduit à une pareille extrémité ; mais que gagneroit-on à fe faire illufion ? J'en appelle
à l'expérience des Ingénieurs qui ont été chargés de l'entre-
tien des grandes éclufes ; aux Architeétes qui ont fait mettre
en place de longues & fortes poutres ; & aux Conftruéteurs de
Vaiffeaux qui font défolés de voir ces bâtiments durer fi peu :
en un mot, tous ceux qui ont été chargés d'employer beaucoup de bois, doivent avoir remarqué que c'eft toujours le cœur
des pieces qui eft le plus altéré. Après ce que j'ai répété tant
de fois dans cet Ouvrage, il eft, je crois, très-bien prouvé
que la caufe d'un fi prompt dépériffement vient de ce que les
arbres fe trouvoient en retour ; & j'ajoute que lorfqu'on eft
dans la néceffité d'employer des bois vitiés intérieurement, on
n'a que la feule reffource de rebuter ceux où il fe trouve des
défauts trop confidérables.

4°, Comme il eft avantageux que les bois de gabari foient
bien frappés fur le plat, & qu'ils aient beaucoup de largeur
fur le tord, il eft bon qu'ils foient livrés flacheux ; pour, qu'à
la faveur de ces défournis, on puiffe promener les gabaris, &
varier la deftination de ces pieces : en ce cas, comme les
Fourniffeurs perdent quelques pieds-cubes, lorfqu'ils les

châtient beaucoup fur le plat, il feroit jufte de les indemnifer de cette perte, & de recevoir les pieces fur le même pied que fi elles étoient à vive-arrête.

5°, Pour mieux connoître les défauts qui peuvent rendre les pieces fufpectes, il faut les faire retourner fur toutes leurs faces : fi l'on y apperçoit quelques défauts, on doit faire parer ces endroits avec l'herminette; & lorfqu'ils pénetrent dans la piece, on les fondera, foit avec le cifeau, foit avec une tarriere, jufqu'à ce qu'on ait atteint le fond de la carie; car quand une plaie n'eft pas bien nettoyée, le vice fait du progrès, & fouvent, quand on vient à travailler ces pieces, on les trouve hors d'état d'être employées. Nonobftant ces attentions, il arrive fouvent qu'en travaillant les pieces, on découvre dans leur intérieur des défauts qu'on n'avoit pu découvrir avant.

6°, Comme il eft important d'examiner les bouts des pieces pour connoître fi elles n'ont pas de roulures, de gélivures, de cadranures, de double aubier ; fi la couleur du bois eft uniforme, fi les couches ligneufes font épaiffes, &c, il faut faire lever à la fcie une tranche, pour nettoyer le bout des pieces ; mais on ne doit donner chaque trait de fcie qu'à une petite épaiffeur, pour ne point déprécier la piece ; car il y a des cas où une fouftraction de longueur un peu confidérable, feroit beaucoup de tort aux Fourniffeurs.

7°, Quand une piece a été jugée bonne, il faut la rouler fur de gros copeaux ou fur des chantiers, pour qu'elle ne touche point immédiatement à terre : il fera bon auffi de la couvrir de copeaux, pour la garantir du hâle, ralentir fon defféchement, & empêcher qu'elle ne fe fende.

8°, A mefure qu'une piece de bois a été vifitée & eftimée bonne, celui qui eft chargé de la vifite, la doit marquer de l'empreinte de fon marteau, & numéroter chaque piece avec une rouane : voici comme on a coutume de marquer chaque numéro :

1   2   3   4   5   6   7   8   9   10   11
12   13   14   15   16   17   18   19   20   21

Les dixaines font défignées par des croix ; pour marquer cent, on fait un O ; pour mille, on fait un 9.

9°, Celui qui fait la recette des bois, en dreffe un inventaire à peu-près femblable à celui dont j'ai donné la formule dans le Livre troifieme. Il obfervera de marquer, autant qu'il lui fera poffible, la nature du terrein & l'expofition ; fi les arbres étoient ferrés les uns contre les autres, ou ifolés, &c.

10°, Il fera important de prendre une connoiffance parfaite des chemins par lefquels les grandes pieces pourront être voiturées jufqu'aux rivieres navigables les plus prochaines, ou jufqu'à la mer, & de marquer à combien de lieues les bois en font éloignés ; ce qu'il coûtera par pied-cube ou par folive pour les charrois, & fi l'on en peut trouver facilement.

En cas qu'il y ait des difficultés pour les chemins, on propofera les moyens de les réparer, & la dépenfe que cela exigeroit. Enfuite on détaillera les pieces qui ont été marquées, leurs dimenfions, leurs réductions en pieds-cubes ou en folives ; le prix dont on fera convenu avec le Marchand & les Voituriers, fuivant le prix courant du pays. Comme on fuppofe qu'on aura fait un toifé exact des bois, ou une réduction des pieces, foit en pieds-cubes, foit en folives, fuivant l'ufage des lieux, nous donnerons des méthodes pour faire ces toifés.

11°, La vifite & le martelage qu'on fait dans les forêts, ne font fouvent que des opérations provifionnelles, parce qu'on remet à faire une recette définitive, lorfque les bois auront été rendus à leur deftination. Mais il eft important d'apporter autant d'attention & de févérité à ces recettes provifionnelles qu'aux recettes définitives. Ordinairement les Fourniffeurs demandent de l'indulgence à celui qui fait les premieres recettes ; & ils fe perfuadent avoir fait un bon coup, quand ils ont fait paffer à cette vifite une piece fufpecte; mais ils fe trompent: les défauts peu fenfibles d'abord, deviendront très-apparents quand la feve fe fera évaporée; & une piece de cette efpece fera infailliblement rejettée lors de la recette définitive; d'où il arrivera que le Fourniffeur fe trouvera chargé de quantité de bois de rebut qui lui auront occafionné beaucoup de frais inutiles, & dont il fe trouvera très-embarraffé; au lieu que fi ces bois avoient été rebutés dans la forêt, il en auroit pu tirer parti, en les faifant débiter en bois de fente, en bois de fciage ou autrement. Il eft donc également avantageux aux Acquéreurs & aux Fourniffeurs, que les recettes provifionnelles foient faites avec exactitude & avec rigueur: fi cela eft fenfible à l'égard des Fourniffeurs, il en réfulte auffi un avantage pour l'Acquéreur, qui fe fait fouvent une peine de refufer des bois qui lui font livrés, & qu'il fait avoir occafionné beaucoup de perte aux Marchands: d'ailleurs, quand des bois de bonne qualité font en trop grande quantité d'un même échantillon, on fe trouve chargé de bois inutiles; & quand il s'agit de l'approvifionnement des bois pour la Marine, comme le Roi les fait ordinairement voiturer par fes gabares, ces frais font à fa charge & abfolument inutiles.

12°, Si les Fourniffeurs entendoient mieux leurs intérêts, ils engageroient ceux qui font les recettes dans les forêts, à ne marquer que les bois les plus parfaits; & ils fe chargeroient par leurs marchés de livrer les bois aux Ports où fe font les conftructions, & dans lefquels on doit faire la recette définitive, à la charge, par le Roi, de fournir des gabares pour le tranfport par mer, à moins qu'on n'aimât mieux, au nom de Sa Majefté, ordonner que les recettes définitives fuffent faites à l'embouchure des grandes rivieres telles qu'Indret, le Havre, Bayonne, &c. Mais dans le cas où les Marchands & les Fourniffeurs feroient tenus de livrer leurs bois dans les Ports où l'on conftruit, il feroit jufte de ftipuler qu'il y auroit des gabares affectées au tranfport des bois, afin que la livraifon en fût faite le plus diligemment qu'il feroit poffible; car rien n'eft fi important aux Fourniffeurs que de livrer promptement leurs bois. J'ai toujours vu avec peine qu'on laiffoit au Havre ou fur l'ifle d'Indret, une prodigieufe quantité de bois, qu'on n'enlevoit pour les Ports du Roi qu'au bout de deux ou trois ans : les bois expofés pendant un fi long efpace de temps à toutes les injures de l'air, amoncelés en groffes piles dans un lieu prefque marécageux, continuellement rempli d'exhalaifons & de brouillards, s'altéroient fi prodigieufement, que les Fourniffeurs ne les reconnoiffoient plus ; ils étoient en partie ruinés par les rebuts qu'on faifoit aux recettes définitives, quoique les Commiffaires touchés de l'injuftice qu'on leur faifoit, euffent l'indulgence de recevoir des pieces qu'ils auroient rebutées dans d'autres circonftances.

Les Fourniffeurs doivent donc porter toute leur attention, & ne rien épargner pour fe mettre en état de livrer leurs bois le plus promptement qu'il leur feroit poffible, & de ne les pas abandonner, comme ils font ordinairement par une économie mal entendue, pendant un temps confidérable fur le bord des rivieres.

Comme je dois avoir également en vue le bien du fervice & les intérêts des bons Fourniffeurs, je confeille pour l'un & l'autre objet, de livrer & de recevoir les bois le plus promptement qu'il eft poffible, aux Ports où l'on fait des conftructions : le fervice du Roi y trouvera fon intérêt, parce qu'on ne préfentera pas des bois ufés ; & les Fourniffeurs auront infiniment moins de pieces de rebut.

CHAPITRE

CHAPITRE VI.

Du Toiſé des Bois quarrés.

ON toiſe les bois de différente façon ſuivant les uſages des lieux; mais nous ne ferons ici mention que de deux méthodes: la premiere, celle de faire la réduction des pieces au pied & parties de pied-cube : celle-ci eſt en uſage pour toutes les fournitures des bois de Marine, & pour les bois de charpente dont on fait les toiſés dans les Ports de mer.

L'autre méthode, en uſage dans pluſieurs Provinces pour les fortifications, les bâtiments civils, & particuliérement à Paris, eſt de réduire tous les bois de charpente à la ſolive ou à la piece.

ARTICLE I. *Du Toiſé en pieds-cubes.*

ON meſure en pieds & en partie de pieds les trois dimenſions d'une piece; ſavoir, la longueur, la largeur & l'épaiſſeur; on les multiplie l'une par l'autre, & le produit donne le nombre de pieds & parties de pieds-cubes contenus dans la piece.

Il faut donc multiplier l'épaiſſeur par la largeur, & le produit par la longueur; il faut enſuite diviſer le ſecond produit par 144, ou bien prendre le douzieme de ce total, & encore le douzieme du douzieme; les parties reſtantes du premier douzieme feront des lignes cubes; & les parties reſtantes du ſecond douzieme, feront des pouces-cubes.

PREMIER EXEMPLE. Soit une piece de 20 pieds de longueur ſur 10 pouces de largeur & 10 pouces d'épaiſſeur: 20 multiplié par 10 de largeur donne 200, qui multipliés par 10 d'épaiſſeur donne 2000; en la diviſant par 12, il vient $166\frac{8}{12}$; diviſant enſuite 166 par 12, il vient $13\frac{10}{12}$; d'où il ſuit que la piece en queſtion cube 13 pieds 10 pouces 8 lignes cubes, par-

T t t t

ce que 10 douziemes de pied, eft autant de pouces, & 8 douziemes de pouces eft autant de lignes.

Second Exemple. Soit une piece de 50 pieds de longueur,
de 15 pouces de largeur, & de pareille épaiffeur : on multiplie
1 pied 3 pouces largeur, par un pied 3 pouces épaiffeur ; il
vient pour la furface de la bafe 1 pied 6 pouces 9 lignes, qu'il
faut multiplier par 50 pieds, longueur de la piece : il vient 78
pieds 1 pouce 6 lignes cubes, qui eft le toifé de la piece.

Article II. *Du Toifé en Pieces ou Solives.*

En fait de toifé, on appelle *folive*, une piece de bois quarré de 6 pouces d'équarriffage fur 12 pieds de longueur. Ainfi
ce qu'on nomme une *folive*, contient 3 pieds-cubes.

Mais comme dans tous les toifés ordinaires, la toife eft la
mefure principale, on réduit la folive à un parallélipipede d'une
toife de longueur fur 72 pouces quarrés, ou la moitié d'un
pied quarré qui eft 144 pouces.

En confidérant ainfi la folive, on la divife, de même que la
toife, en fix parties égales, qu'on nomme *pieds de folive* : ainfi
un pied de folive eft un parallélipipede d'un pied de hauteur fur
72 pouces quarrés de bafe.

Le pied de folive fe divife comme le pied de Roi, d'abord
en 12 pouces, & enfuite en douzieme de pouce, c'eft-à-dire, en
12 lignes ; enforte que le pouce & la ligne de folive font des
parallélipipedes de 72 pouces de bafe fur un pouce ou fur une
ligne de hauteur : ceci bien entendu, il y a plufieurs manieres
de réduire les bois quarrés en folives.

§. 1. *Premiere Méthode.*

On mefurera la longueur d'une piece en toifes, & fa largeur & fon épaiffeur en pouces ; après avoir multiplié le nombre de pouces de la largeur, par le nombre de pouces de l'é-
paiffeur, on aura le nombre de pouces quarrés contenus dans
la bafe de la piece : on multipliera ce produit par le nombre

de toifes qui fait la longueur de la piece ; enfin on divifera ce produit qui indique combien la piece contient de toifes de barreaux d'un pouce d'équarriffage, ou, pour parler le langage des Toifeurs , des *toifes pouces-pouces* ; on divifera , dis-je , cette fomme par 72 , qui eft la bafe ou équarriffage d'une folive ; & comme 72 barreaux d'un pouce quarré & d'une toife de longueur font une folive, le quotient fera le nombre de folives contenues dans la piece : ce qui eft évident, puifque la folive eft un parallélipipede de 72 pouces quarrés de bafe fur 6 pieds de hauteur.

Exemple. Si l'on veut réduire en folives une piece de bois de 50 pieds de longueur , ou de 8 toifes 2 pieds , fur 15 pouces d'équarriffage, on multiplie les deux côtés de la bafe l'un par l'autre : 15 pouces étant multipliés par 15 pouces, produifent 225 pouces quarrés pour la furface de la bafe, qu'on multipliera par 8 toifes 2 pieds qui eft la longueur de la piece. On aura 1875 toifes *pouces-pouces* ou de barreaux d'un pouce quarré de bafe ; en divifant 1875 par 72 , qui eft la furface de la bafe de la folive, on aura 26 folives *zéro* pieds 3 pouces , qui eft le toifé de la piece propofée.

§. 2. *Seconde Méthode plus abrégée que la premiere.*

On regarde le nombre de pouces d'une dimenfion, celle de la groffeur ou de la largeur , par exemple, comme des pieds ; le nombre de pouces d'une autre dimenfion, celle de l'épaiffeur , fi l'on veut , comme des demi-pieds ; & après avoir réduit ces pieds & ces demi-pieds en toifes, on multiplie ces deux nouveaux nombres l'un par l'autre, & le produit par le nombre de toifes contenu dans la longueur ; ce qui donne des folives & parties de folives.

La raifon de cette opération eft évidente ; car en confidérant une des dimenfions de la groffeur comme des pieds, on la rend douze fois trop grande ; & l'autre comme des demi-pieds , elle devient fix fois trop grande ; ce qui donne à la furface de la bafe de la piece, une étendue 72 fois trop grande : multipliant enfuite cette étendue par la vraie longueur de la piece, cela produit un cube 72 fois trop grand ; mais en regardant les termes de ce produit comme des folives & parties de folives, au lieu de toifes-cubes qu'il eft véritablement, puifqu'il eft compofé de dimenfions exprimées en toifes multipliées l'une par l'autre, on le divife par 72 ; parce que la bafe d'une folive eft 72 fois plus petite que celle de la toife-cube ; & par conféquent ce produit confidéré comme folive, eft fa jufte valeur.

EXEMPLE. Quinze pouces de largeur fuppofés être autant de pieds, feront deux toifes trois pieds.

Quinze pouces d'épaiffeur fuppofés être des demi-pieds, feront une toife un pied fix pouces : en multipliant l'un par l'autre, on aura trois toifes *zéro* pieds, neuf pouces, qu'il faut multiplier par la longueur de la piece, huit toifes deux pieds ; confidérant les toifes-cubes & parties de toifes-cubes, comme des folives & des parties de folives, on aura, comme par la premiere méthode, pour le toifé de la piece, 26 folives *zéro* pieds trois pouces : voici encore d'autres exemples.

EXEMPLE. Si une piece de bois a trois toifes de longueur & douze pouces d'équarriffage, on multiplie 12 par 12 ; il vient 144 qu'on divife par 72, & l'on a deux folives par toife ; & comme la piece a trois toifes, elle contient fix folives.

Ou bien, ce qui revient au même, après avoir multiplié 12 par 12 (144), il faut multiplier cette fomme par la longueur de la piece, trois toifes, il vient 432, qu'il faut divifer par 72, on trouvera fix au quotient, qui eft le nombre de pieces contenues dans la piece de bois. Il eft évident qu'on doit opérer de même pour les pieces méplates qui ont plus de largeur que d'épaiffeur.

EXEMPLE. Si une piece a 18 pouces de largeur fur 6 pouces d'épaiffeur, il faut multiplier 18 par 6 ; il vient 108 pouces quarrés : en les divifant par 72, on voit que chaque toife de ce bois contient une piece & demie.

Il faut remarquer que ce qui refte d'une divifion font des pouces quarrés : pour les exprimer par $\frac{1}{4}$ $\frac{1}{3}$ $\frac{1}{2}$ $\frac{2}{3}$ $\frac{3}{4}$ de pieces, il faut favoir que 18 pouces font $\frac{1}{4}$, que 24 pouces font $\frac{1}{3}$, que 36 pouces font $\frac{1}{2}$, que 48 pouces font $\frac{2}{3}$, & que 54 pouces font $\frac{3}{4}$ de piece : le furplus de ces fractions font des pouces, dont il faut 72 pouces pour faire une piece.

Article III. *Pratiques pour abréger les opérations du toifé, fur-tout à l'égard du Bois de fciage.*

1°, Quand les folives de fciage pour les bâtiments ont 5 fur 7 pouces d'équarriffage, on a coutume de compter la toife courante pour une demi-piece. Quoique le produit de 5 multiplié par 7, ne foit que 35, & que 35 & 35 ne faffent que 70 au lieu de 72; cependant il eft d'un ufage conftant qu'une folive de fciage de 12 pieds de long fur 5 & 7, paffe pour une piece, à caufe que ce bois a été façonné à deffein felon ces dimenfions : il étoit à propos de faire connoître cette exception de la regle générale.

2°, Une piece longue d'une toife, qui a 9 pouces de largeur fur 4 pouces d'épaiffeur, eft réputée une demi-piece.

3°, Une toife de poteau de 4 & 6 pouces d'équarriffage fait une piece.

4°, Quatre toifes de membrure de 3 & 6, font une piece.

5°, Quatre toifes & demi de chevron de 4 & 4 pouces, font une piece.

6°, Six toifes de chevrons de 3 & 4 pouces d'équarriffage, font une piece.

7°, Huit toifes de chevron de 3 & 3 pouces quarrés, font une piece.

8°, Douze toifes de barreaux de 2 & 3 pouces quarrés, font une piece.

9°, Dix-huit toifes de barreaux de 2 & 2 pouces quarrés, font une piece.

10°, Trente-fix toifes de barreaux méplats de 1 & 2 pouces quarrés, font une piece.

11°, Soixante-douze barreaux d'un & un pouce quarré, font une piece.

Les Toiſeurs qui ſavent ces regles de pratique, abregent beaucoup leur travail; car s'ils ont à toiſer, par exemple, une grille formée de barreaux de bois de 2 & 2 pouces quarrés, & de 6 pieds de longueur, ils voient ſur le champ qu'il faut 18 barreaux pour faire une piece : ils ont de ſemblables pratiques pour réduire promptement en pieces les ſolives, les poteaux, les membrures, les chevrons, &c, de différentes groſſeur & longueur, ce qui abrege beaucoup le travail. Mais comme d'après ce que nous venons de dire, il eſt aiſé de ſe former ſoi-même des méthodes lorſqu'on a quantité de pieces de bois d'un même échantillon à réduire en pieces, nous ferons remarquer, en finiſſant cette matiere, que pour s'épargner beaucoup de travail, lorſqu'on toiſe les bois dans les forêts, il faut faire des lots particuliers de tous les bois de pareilles dimenſions; par ce moyen on aura beaucoup de facilité pour les réduire en pieds-cubes ou en ſolives.

*EXPLICATION des Planches & des Figures
relatives au Livre V.*

PLANCHE XXXIII.

LA FIGURE *1* qui sert à indiquer de combien il faut charger
la ligne sur un arbre en grume qu'on doit équarrir, se voit sur
la Planche suivante (*XXXIV*).

La *Figure* 2 représente un arbre qui a été paré sur deux
faces, & qu'il faut parer sur les deux autres pour l'équarrir ;
a b, arbre scié de longueur ; *c c*, trait de ligne qui indiquent
la quantité de bois qu'il faut retrancher ; *d d*, premieres entailles qui pénetrent jusqu'à la ligne *c c*, & qui déterminent
l'épaisseur de la tranche de bois *f f*, qui est à ôter.

Figure 3, piece qui porte deux équarrissages différents, *b a*,
c a.

Figure 4, piece équarrie à dessein, plus grosse du côté de
b que du côté de *a*.

Figure 5, une jumelle de pressoir à étau : *A*, culasse ; *B*,
corps de la jumelle ; *C*, tête.

La *Figure 6* qui représente une piece équarrie méplat, est
sur la Planche suivante (*XXXIV*).

Figure 7, piece courbe propre à faire une étrave : les lignes
ponctuées qu'on voit sur le bout *a*, marquent l'épaisseur de
bois qu'il faut enlever pour parer cette piece sur le plat.

La *Figure 8* qui représente un *plançon* duquel on tire deux
bordages, après avoir levé une tranche dans le milieu, est sur
la Planche suivante (*XXXIV*).

La *Figure 9* représente un arbre de belle taille, dont le tronc
peut fournir une piece de quille.

Figure 10, bel arbre dont le tronc est un peu courbe, mais
qui peut fournir un *bau B*, & encore une piece de gabari *C*.

Figure 11, arbre bien droit, qui peut fournir une piece
d'*étambot*.

Figure 1 2 , Ringeot droit depuis *d* jufqu'à *b*, & depuis *b* jufqu'à *c*, mais qui fait une inflexion en *b*.

La Figure 1 3 , fait voir la maniere de mefurer la courbure d'une piece *a b*, ligne tendue pour avoir la mefure de la fleche *c d*; la ligne ponctuée *g e*, marque ce qu'on doit retrancher du bois, fans en ôter en *f*.

Figure 1 4, arbre dont le tronc eft un peu courbe, & qui pour cette raifon peut fournir une *Varangue* de fond : *B*, fourchet du même arbre dont on peut faire une *Varangue* aculée, ou une guirlande de fond.

Figure 1 5 , piece dont la courbure eft principalement vers la partie *a*, ce qui la rend très-propre à s'empatter avec une piece plus courbe, telle qu'un *Genou de fond*.

PLANCHE XXXIV.

LA FIGURE 1 repréfente l'aire de la coupe d'un arbre, fur lequel on trace les lignes pour l'équarrir.

Figure 6 , aire de la coupe du même arbre qu'on veut équarrir méplat.

Figure 8 , aire de la coupe du même arbre dans lequel on fait une levée *A B*, où le bois eft ufé, & enfuite les deux bordages *C C*, *D D*.

Figure 1 6 , guirlande.

Figure 1 7 , courbe de pont.

Figures 1 8 & 1 9, courbes d'arcaffe & courbâtons.

Figures 2 0 , 2 1 & 2 2 , varangues aculées.

Figures 2 3 , 2 4 & 2 5 , premieres, fecondes alonges, & alonges de revers.

PLANCHE XXXV.

FIGURE 1 , piece de bois établie fur deux treteaux ou chevalets, & les Scieurs de long en travail: *A*, Scieur qui releve la fcie: *B*, Scieur qui l'abaiffe; ordinairement il y a deux Scieurs en bas, fur-tout pour les groffes pieces: *C D*, treteaux;

teaux ; *E F*, la piece de bois à fcier établie fur les treteaux.

Figure 2, piece de bois quarré montée fur un chevalet, tel qu'on l'établit dans les forêts ; *A*, le Scieur d'en haut ; *B*, un des Scieurs d'enbas ; *C*, le chevalet ; *D*, la piece de bois à fcier; *E F*, liens de corde qui l'affujettiffent aux madriers *G H*.

Figure 3, détail du chevalet : *a b d*, les entailles qui doivent recevoir les pieds ; *c e*, un des pieds du chevalet.

Figure 4, piece de bois quarré fur laquelle on a tracé avec la ligne, les traits que doit fuivre la fcie.

Figure 5, piece courbe fur laquelle les traits ont été pareillement tracés.

Figure 6, piece courbe qui doit être fciée en roue.

Figure 7, aire de la coupe d'un arbre qui doit être équarri pour en tirer une piece *a b c d*, laquelle fera refendue en croix, pour être enfuite cartelée.

Figure 8, piece qui doit être refendue par une ligne diagonale, & deftinée à être débitée en *chanlattes*.

Figure 9, piece débitée pour des affûts de fufil.

Figure 10, coupe d'un arbre *rouli*, ou *roulé ; a*, roulure partielle ; *b*, roulure complette.

Figure 11, arbre qui renferme plufieurs roulures.

Figure 12, coupe d'un arbre qui a des gélivures telles que *a , b*.

Figure 13, coupe d'un arbre qui eft cadrané dans le cœur.

Figure 14, coupe d'un arbre qui contient un double aubier : *d*, bois du cœur ; *a*, aubier furnuméraire ; *b*, aubier naturel ; *c*, couronne de bon bois.

Planche XXXVI.

La Figure 1 repréfente la coupe d'un gros arbre qui a été d'abord fcié par quartiers : le quartier *A A* eft refendu fur la maille : *B B , G G*, quartier refendu dans un autre fens ; les planches jufqu'à *B B*, contiennent de la maille ; celles du côté de *G G* n'en ont prefque point : le quartier *H H* eft refendu encore dans un autre fens, & les planches n'ont prefque point de maille : on voit dans le quartier *E F*, les couches annuelles, & les rayons ou infertions.

Figure 2, *A*, taches brillantes que l'on voit dans le bois ouvré, & que l'on nomme *mailles* : *B*, traces qui réfultent de la coupe des couches annuelles, lorfqu'un arbre a été fcié fuivant la direction *C D* (*Fig. 1*).

Fin de la feconde Partie.

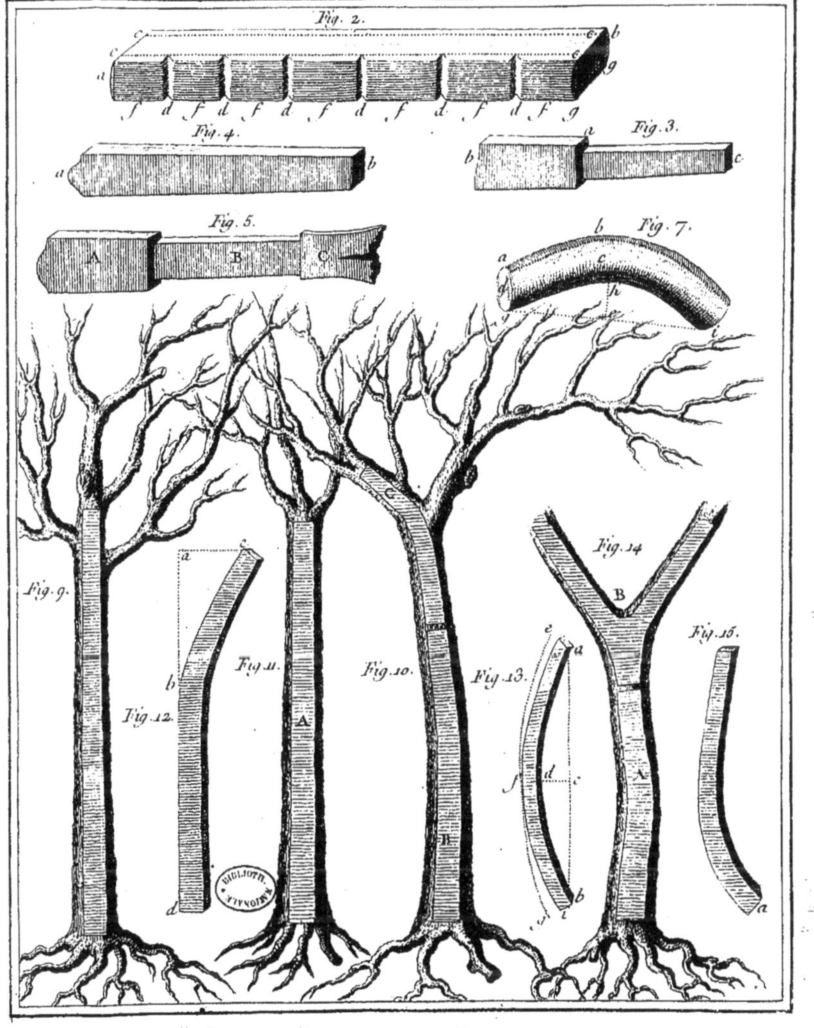
Fig. 2.
Fig. 4.
Fig. 3.
Fig. 5.
Fig. 7.
Fig. 9.
Fig. 11.
Fig. 10.
Fig. 12.
Fig. 13.
Fig. 14.
Fig. 15.

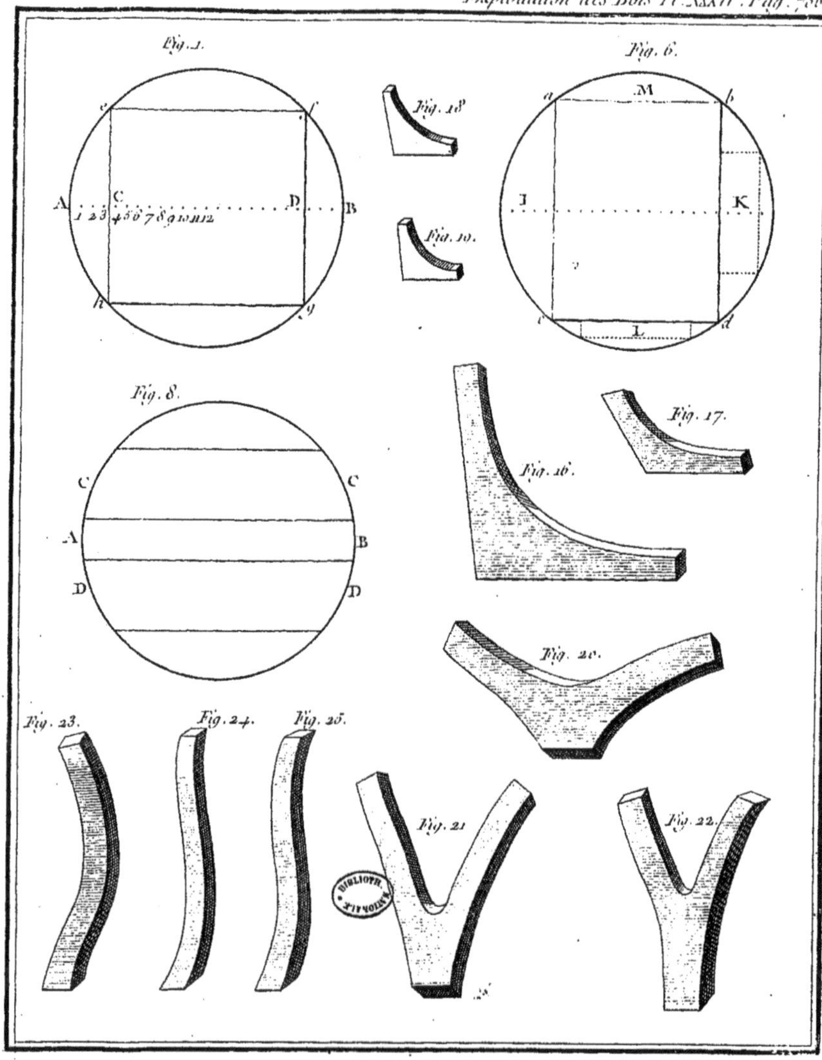

Fig. 1.
Fig. 6.
Fig. 18.
Fig. 19.
Fig. 8.
Fig. 16.
Fig. 17.
Fig. 20.
Fig. 23.
Fig. 24.
Fig. 25.
Fig. 21.
Fig. 22.
A C D B
1 2 3 4 5 6 7 8 9 10 11 12
a M b
I K
L
C C
A B
D D

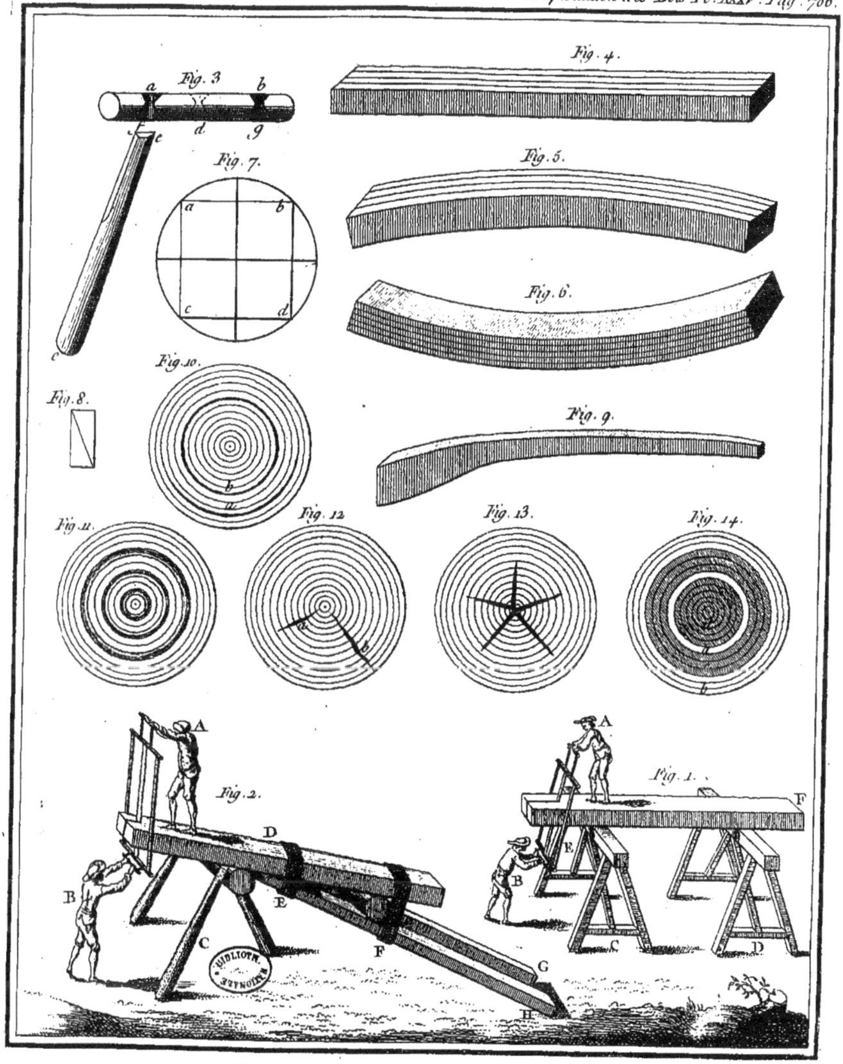

Fig. 3.
a
b
c
d
e
f
g
Fig. 4.
Fig. 5.
Fig. 6.
Fig. 7.
a
b
c
d
Fig. 8.
Fig. 9.
Fig. 10.
a
b
Fig. 11.
Fig. 12.
a
b
Fig. 13.
Fig. 14.
b
Fig. 2.
A
B
C
D
E
F
G
H
Fig. 1.
A
B
C
D
E
F

Fig. 1.

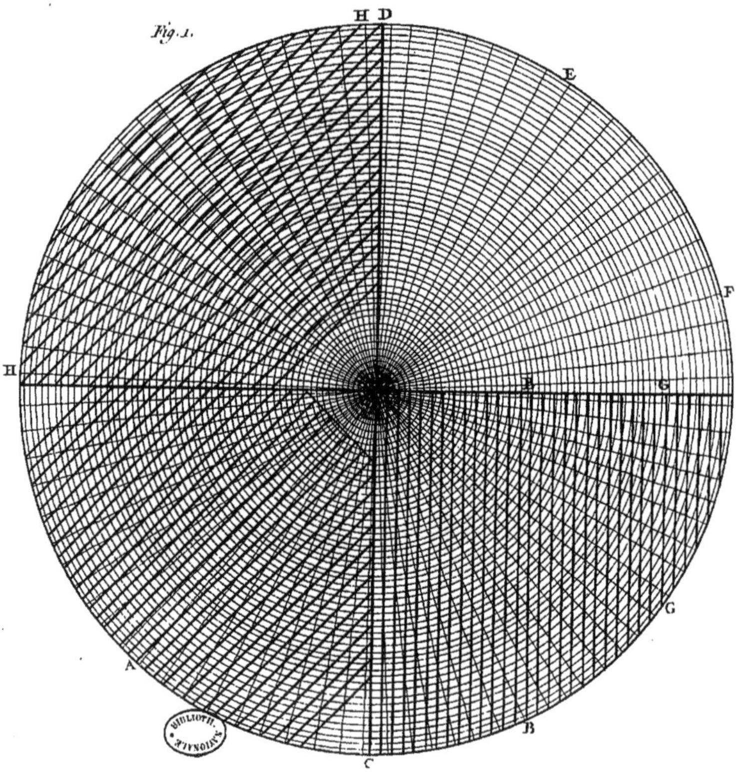

H D
E
F
H
G
G
A
B
C

Fig. 2.

A
B

Extrait des Regiſtres de l'Académie Royale des Sciences.

Du neuf Mai mil ſept cent ſoixante-quatre.

MEſſieurs DE JUSSIEU, GUETTARD & BEZOUT qui avoient été nommés pour examiner *le Traité de l'Exploitation des Bois*, faiſant partie du Traité complet des Bois & Forêts, par M. DUHAMEL, en ayant fait leur rapport, l'Académie a jugé cet Ouvrage digne de l'impreſſion ; en foi de quoi j'ai donné le préſent Certificat. À Paris le 9 Mai 1764.

GRANDJEAN DE FOUCHY, *Secr. perpét.*
de l'Académie Royale des Sciences.

PRIVILEGE DU ROI.

LOUIS par la grace de Dieu, Roi de France & de Navarre : A nos amés & féaux Conſeillers, les Gens tenant nos Cours de Parlement, Maîtres des Requêtes ordinaires de notre Hôtel, Grand Conſeil, Prevôt de Paris, Baillifs, Sénéchaux, leurs Lieutenans Civils, & autres nos Juſticiers qu'il appartiendra, SALUT. Nos bien-amés LES MEMBRES DE L'ACADEMIE ROYALE DES SCIENCES de notre bonne Ville de Paris, Nous ont fait expoſer qu'ils auroient beſoin de nos Lettres de Privilege pour l'impreſſion de leurs Ouvrages : A CES CAUSES, voulant favorablement traiter les Expoſans, Nous leur avons permis & permettons par ces Préſentes de faire imprimer, par tel Imprimeur qu'ils voudront choiſir, toutes les Recherches ou Obſervations journalieres, ou Relations annuelles de tout ce qui aura été fait dans les Aſſemblées de ladite Académie Royale des Sciences, les Ouvrages, Mémoires ou Traités de chacun des Particuliers qui la compoſent, & généralement tout ce que ladite Académie voudra faire paroître, après avoir fait examiner leſdits Ouvrages, & qu'ils feront jugés dignes de l'impreſſion, en tels volumes, forme, marge, caractères, conjointement, ou féparément & autant de fois que bon leur ſemblera, & de les faire vendre & débiter par tout notre Royaume, pendant le tems de vingt années conſécutives, à compter du jour de la date des Préſentes ; ſans toutefois qu'à l'occaſion des Ouvrages ci deſſus ſpécifiés, il puiſſe en être imprimé d'autres qui ne ſoient pas de ladite Académie : faiſons défenſes à toutes ſortes de perſonnes, de quelque qualité & condition qu'elles ſoient, d'en introduire d'impreſſion étrangere dans aucun lieu de notre obéiſſance ; comme auſſi à tous Libraires & Imprimeurs d'imprimer ou faire imprimer, vendre, faire vendre & débiter leſdits Ouvrages, en tout ou en partie, & d'en faire aucunes traductions ou extraits, ſous quelque prétexte que ce puiſſe être, ſans la permiſſion expreſſe & par écrit deſdits Expoſans, ou de ceux qui auront droit d'eux, à peine de conſiſcation des Exemplaires contrefaits, de trois mille livres d'amende contre chacun des contrevenans; dont un tiers à Nous, un tiers à l'Hôtel-Dieu de Paris, & l'autre tiers auxdits Expofans, ou à celui qui aura droit d'eux, & de tous dépens, dommages & intérêts; à la charge que ces Préfentes feront enregiftrées tout au long fur le Regiftre de la Communauté des Libraires & Imprimeurs de Paris, dans trois mois de la date d'icelles; que l'impreffion defdits Ouvrages fera faite dans notre Royaume, & non ailleurs, en bon papier & beaux caractères, conformément aux Réglemens de la Librairie; qu'avant de les expofer en vente, les Manufcrits ou Imprimés qui auront fervi de copie à l'impreffion defdits Ouvrages, feront remis ès mains de notre très-cher & féal Chevalier le Sieur DAGUESSEAU, Chancelier de France, Commandeur de nos Ordres, & qu'il en fera enfuite remis deux Exemplaires dans notre Bibliothèque publique, un en celle de notre Château du Louvre, & un en celle de notredit très-cher & féal Chevalier le Sieur DAGUESSEAU, Chancelier de France, le tout à peine de nullité defdites Préfentes : du contenu defquelles vous mandons & enjoignons de faire jouir lefdits Expofans & leurs ayans caufe pleinement & paifiblement, fans fouffrir qu'il leur foit fait aucun trouble ou empêchement. Voulons que la copie des Préfentes qui fera imprimée tout au long, au commencement ou à la fin defdits Ouvrages, foit tenue pour düement fignifiée ; & qu'aux copies collationnées par l'un de nos amés & féaux Confeillers & Secretaires, foi foit ajoutée comme à l'original. Commandons au premier notre Huiffier ou Sergent fur ce requis, de faire, pour l'exécution d'icelles, tous actes requis & neceffaires, fans demander autre permiffion, & nonobftant Clameur de Haro, Charte Normande & Lettres à ce contraires; CAR tel eft notre plaifir. DONNÉ à Paris le dix-neuvieme jour du mois de Mars, l'an de grace mil fept cent cinquante, & de notre Regne le trente-cinquieme. Par le Roi en fon Confeil.

Signé, M O L.

Regiftré fur le Regiftre XII. de la Chambre Royale & Syndicale des Libraires & Imprimeurs de Paris, numéro 430, folio 309, conformément au Réglement de 1723, qui fait défenfes, article 4, à toutes perfonnes, de quelque qualité qu'elles foient, autres que les Libraires & Imprimeurs, de vendre, débiter & faire afficher aucuns Livres pour les vendre, foit qu'ils s'en difent les Auteurs ou autrement ; à la charge de fournir à la fufdite Chambre huit exemplaires de chacun, prefcrits par l'article 108 du même Réglement. A Paris le 5 Juin 1750.

Signé, LE GRAS, Syndic.